Patologia e avversità dell'alveare

Patologia e avversità dell'alveare

a cura di
Emanuele Carpana
Marco Lodesani

Presentazione di Giuseppe Cacopardi

a cura di
Emanuele Carpana
CRA-API, Consiglio per la Ricerca e
la sperimentazione in Agricoltura
Unità di ricerca di apicoltura e bachicoltura,
Bologna

Marco Lodesani
CRA-API, Consiglio per la Ricerca e
la sperimentazione in Agricoltura
Unità di ricerca di apicoltura e bachicoltura,
Bologna

ISBN 978-88-470-5649-7 ISBN 978-88-470-5650-3 (eBook)

DOI 10.1007/978-88-470-5650-3

9 8 7 6 5 4 3 2 1 2014 2015 2016 2017

Layout copertina: Ikona S.r.l., Milano
Impaginazione: Graphostudio, Milano

Springer-Verlag Italia S.r.l. – Via Decembrio 28 – I-20137 Milan
Springer is a part of Springer Science+Business Media (www.springer.com)

Presentazione

Oggigiorno il miele sta diventando un prodotto sempre più apprezzato dai consumatori. Se da un lato devono essere utilizzati strumenti diversi per qualificare il prodotto e informare il consumatore, dall'altro le caratteristiche del prodotto devono essere più standardizzate e controllate, partendo anche dalla corretta gestione dei problemi sanitari nell'azienda apistica. Questo tema è particolarmente sentito dagli apicoltori italiani, che sempre più necessitano di conoscenze tecniche specialistiche.

La ricerca, da parte sua, può rappresentare il tramite per ridurre la distanza fra chi produce miele e chi consuma, sviluppando una serie di strumenti conoscitivi utili per un corretto uso e un efficace controllo delle patologie apistiche. È quindi importante conoscere le varie patologie apistiche e le indicazioni tecniche, soprattutto con riferimento alle innovazioni fornite dalla ricerca sperimentale. Nel presente volume vengono affrontate, a un livello tecnico-scientifico, tutte le patologie conosciute delle api e, più in generale, le problematiche sanitarie dell'apicoltura: dall'epidemiologia alla normativa, dalle avversità ambientali ai residui nei prodotti dell'alveare.

Patologia e avversità dell'alveare è un'opera completa ed esaustiva, con una vasta e minuziosa raccolta di riferimenti normativi e documentazioni esemplificative e integrata da una attenta lettura interpretativa e suggerimenti applicativi. Le indicazioni tecniche e i contributi scientifici rendono questo volume particolarmente interessante anche dal punto di vista pratico.

Il volume rappresenta quindi un punto di riferimento indispensabile per guidare attraverso un ampio percorso procedurale coloro che vogliano approfondire i numerosi aspetti della patologia delle api, con prospettive diverse e molteplici, tali da raggiungere destinatari diversi: l'apicoltore, il tecnico addetto all'assistenza sanitaria, il veterinario, il naturalista, il ricercatore, lo studente.

Dott. Giuseppe Cacopardi
Direttore Generale
Direzione Generale dello Sviluppo Rurale
Ministero delle Politiche Agricole, Alimentari e Forestali

Prefazione

Negli ultimi decenni l'apicoltura è stata investita da un susseguirsi di emergenze sanitarie che hanno condizionato pesantemente l'esercizio dell'impresa apistica. Nuove parassitosi si sono diffuse in conseguenza dei commerci e dei movimenti su scala intercontinentale, mentre malattie infettive già note si sono manifestate a un livello di espansione e gravità inaspettato. Ma è il quadro di fondo che è mutato: l'alterazione degli agroecosistemi nei paesi industrializzati crea un ambiente inadatto se non ostile alle api da miele, minacciandone la sopravvivenza stessa. I recenti fenomeni di moria delle api, a cui i mezzi di informazione di massa hanno dato grande risonanza, sono la testimonianza più eclatante di un processo di declino della salute delle api legato anche all'ambiente. Il benessere delle api come riflesso della salubrità del territorio è un concetto che si è ampiamente affermato, anche tra i non addetti al settore.
A queste problematiche la ricerca, sia di base sia applicata, ha risposto con una fertile produzione sperimentale che ha portato nuove importanti acquisizioni scientifiche. Così diversi aspetti della patologia delle api sono stati oggetto di revisione: l'eziologia, la patogenesi, le tecniche diagnostiche, gli strumenti di controllo. I fattori responsabili di spopolamenti e mortalità degli alveari sono stati evidenziati nella loro complessità e in questo contesto è stato approfondito il ruolo degli avvelenamenti da pesticidi utilizzati in agricoltura. Si è fatto strada il concetto di multifattorialità dei fenomeni patologici che colpiscono l'alveare e conseguentemente è stato promosso un approccio integrato nelle azioni di lotta.

Il trasferimento dei risultati della ricerca e delle nuove conoscenze che ne derivano è di fondamentale importanza per supportare il settore apistico nel processo continuo di innovazione tecnica necessario per fronteggiare i problemi connessi alle malattie e più in generale alle avversità che colpiscono gli alveari.

Questo libro nasce dunque dall'esigenza di rendere disponibile al settore apistico italiano un trattato sulla patologia delle api esaustivo e aggiornato. Mancava infatti un'opera in lingua italiana che recepisse l'evoluzione delle conoscenze degli ultimi decenni in questa materia. L'iniziativa, inoltre, dà seguito ad altre opere editoriali nel campo della manualistica tecnico-scientifica che il CRA-API ha curato negli ultimi anni.

Il libro vuole essere una guida per conoscere e affrontare le malattie e le avversità ambientali che deprimono la salute delle api. Vengono infatti descritti i numerosi aspetti della patologia delle api, con prospettive diverse e molteplici, tali da raggiungere destinatari diversi: l'apicoltore, il naturalista, il ricercatore, il tecnico addetto all'assistenza sanitaria, il veterinario, lo studente. Accanto alle nozioni più aggiornate sono fornite molte informazioni pratiche per la gestione sanitaria nell'azienda apistica. La trattazione è di livello scientifico, corredata pertanto da molti riferimenti bibliografici, che indirizzano il lettore desideroso di approfondimenti.

È stato particolarmente curato l'apparato iconografico e la ricchezza di figure e di fotografie costituisce un valore aggiunto a supporto della trattazione dei vari argomenti.

Al fine di garantire un adeguato approfondimento dei vari argomenti trattati, la redazione dei capitoli del libro è stata affidata a specialisti riconosciuti, che potessero dare un contributo di conoscenze basate anche sull'esperienza diretta nel campo della ricerca scientifica o della professione.

Il volume è stato strutturato in modo tale da poter essere letto nella sua completezza, poiché è stato seguito un ordine ragionato di presentazione dei concetti; nello stesso tempo ogni capitolo è completo e indipendente dagli altri, pur essendovi logicamente collegato, in modo tale che possa essere letto e approfondito anche un singolo argomento.

I primi capitoli sono di carattere introduttivo: dopo un excursus storico sulla patologia delle api, si tratta della diffusione geografica e dell'impatto economico delle malattie. Quindi vengono affrontati, a scopo propedeutico, concetti di epidemiologia, profilassi e terapia, nella loro peculiare applicazione in apicoltura. Un ampio capitolo è dedicato alle difese naturali dell'alveare contro le malattie, mettendo in evidenza i meccanismi, sia individuali sia sociali, che ne stanno alla base e dando spazio anche ad alcuni approfondimenti a livello fisiologico e biochimico.

Quindi, dal capitolo 3 al capitolo 8, si procede alla disamina delle malattie infettive e parassitarie, suddivise per gruppi eziologici: batteri, virus, funghi, protozoi, acari. Un paragrafo introduttivo per ciascuno di questi gruppi aiuta a inquadrare l'argomento in un insieme unitario e coerente. Vengono trattati tutti gli aspetti delle malattie, come l'eziologia, la patogenesi, la diffusione, la diagnosi, gli strumenti di prevenzione, terapia e sanificazione, fornendo lo stato delle conoscenze aggiornato oltre che molte indicazioni di interesse pratico. Segue la trattazione delle classi di animali predatori delle api, tradizionalmente definiti "i nemici delle api": insetti, anfibi, rettili, uccelli e mammiferi. Si è voluto dedicare particolare cura a questa parte, che spesso viene presentata in modo sommario nei manuali correnti, ma che può destare un interesse tutt'altro che marginale.

Il capitolo 11 è interamente dedicato ai problemi di avvelenamento da parte dei pesticidi impiegati in agricoltura. Si tratta di un tema di grande attualità e di sicuro interesse, non solo per gli apicoltori ma anche per i veterinari e i tecnici incaricati di eseguire accertamenti e controlli in campo. Infatti l'argomento viene affrontato anche negli aspetti applicativi, che riguardano la diagnosi, il campionamento, la valutazione, la prevenzione. L'avvelenamento causato dalle diverse categorie di pesticidi viene collegato ai fenomeni di moria degli alveari che hanno drammaticamente caratterizzato l'ultimo decennio. Vengono pertanto spiegati i pericolosi effetti sub-letali di alcune molecole, nonché le interazioni tra pesticidi e altri fattori avversi che minano lo stato di salute delle api, come agenti patogeni, stress alimentari e ambientali.

Il capitolo 12 è dedicato ai problemi legati ai trattamenti farmacologici degli alveari e mette in guardia sui pericoli associati all'uso di sostanze farmacologicamente attive, come la contaminazione del miele e degli altri prodotti dell'alveare e la farmacoresistenza, fenomeno di cui l'apicoltura ha già avuto esperienza.

Il capitolo 13 illustra i concetti di approccio integrato alla gestione sanitaria degli alveari. Sulla scorta dei criteri che si sono affermati nella moderna zootecnia, vengono proposti modelli applicativi per l'apicoltura, basati sulle buone pratiche di gestione e sulla lotta integrata contro la varroasi.

L'ultima parte del libro è un'ampia trattazione sulla normativa sanitaria in apicoltura, particolarmente curata e completa dei testi delle disposizioni legislative. Accanto alle norme di Polizia Veterinaria, a livello nazionale e comunitario, vengono riportate le note del Ministero della Salute, che esprimono i nuovi orientamenti riguardanti il controllo delle principali malattie delle api. Infine viene sviluppata la normativa sull'impiego del farmaco e sui residui.

In sintesi, il volume propone una visione globale e integrata delle problematiche sanitarie delle api, con l'auspicio che possa dare un contributo culturale significativo al settore apistico italiano, al quale prioritariamente è rivolto.

Emanuele Carpana e Marco Lodesani

Indice

Elenco degli Autori

David Baracchi School of Biological and Chemical Sciences, Queen Mary University of London, Londra, Regno Unito

Stefano Bassi Istituto Zooprofilattico Sperimentale della Lombardia e dell'Emilia Romagna, Sezione di Modena

Emanuele Carpana CRA-API, Consiglio per la Ricerca e la sperimentazione in Agricoltura, Unità di ricerca di apicoltura e bachicoltura, Bologna

Antonella Cersini Ufficio Staff Biotecnologie, Istituto Zooprofilattico Sperimentale delle Regioni Lazio e Toscana, Roma

Fabio Coloretti Dipartimento di Scienze e Tecnologie Agroambientali (DISTAL), Alma Mater Studiorum - Università di Bologna

Cecilia Costa CRA-API, Consiglio per la Ricerca e la sperimentazione in Agricoltura, Unità di ricerca di apicoltura e bachicoltura, Bologna

Raffaele Dall'Olio Laboratorio di microbiologia/genetica, CRA-API, Consiglio per la Ricerca e la sperimentazione in Agricoltura, Unità di ricerca di apicoltura e bachicoltura, Bologna

Antonio Felicioli Dipartimento di Scienze Veterinarie, Università di Pisa

Ignazio Floris Dipartimento di Agraria, Sezione di Patologia vegetale ed Entomologia, Università degli Studi di Sassari

Giovanni Formato Unità Operativa di Apicoltura, Istituto Zooprofilattico Sperimentale delle Regioni Lazio e Toscana, Roma

Antonio Lavazza Virologia, Istituto Zooprofilattico Sperimentale della Lombardia e dell'Emilia Romagna, Brescia

Marco Lodesani CRA-API, Consiglio per la Ricerca e la sperimentazione in Agricoltura, Unità di ricerca di apicoltura e bachicoltura, Bologna

Piotr Medrzycki CRA-API, Consiglio per la Ricerca e la sperimentazione in Agricoltura, Unità di ricerca di apicoltura e bachicoltura, Bologna

Franco Mutinelli Istituto Zooprofilattico Sperimentale delle Venezie, Centro di referenza nazionale per l'apicoltura, Legnaro (Padova)

Claudia Nassuato Azienda Sanitaria Locale di Brescia, Unità Organizzativa Veterinaria, Direzione Generale Salute Regione Lombardia, Milano

Francesco Nazzi Dipartimento di Scienze Agrarie e Ambientali, Università degli Studi di Udine

Claudio Porrini Dipartimento di Scienze Agrarie (DipSA), Alma Mater Studiorum - Università di Bologna

Stefano Turillazzi Dipartimento di Biologia, Università degli Studi di Firenze

Introduzione

1

Marco Lodesani, Claudia Nassuato

1.1 Cenni storici sulle patologie delle api

Marco Lodesani

Il mondo delle api e dei loro prodotti ha caratterizzato estesamente la cultura e la mitologia di tutta l'umanità nel corso della storia. Le api sono state osservate e ammirate nei loro singolari costumi sociali; poeti, filosofi, politici e religiosi ne hanno tratto insegnamenti, ispirazioni e riflessioni sui temi della vita. L'uomo imparò a ricavare il miele prima, e ad allevare le api poi, già in epoca preistorica, come rappresentato nelle pitture rupestri del Mesolitico in Africa, India, Australia e Spagna (quest'ultima datata intorno al 7000 a.C.), raffiguranti raccoglitori di miele arrampicarsi sugli alberi per raccogliere il miele di colonie d'api, così come nelle illustrazioni realizzate tra il 2400 e il 600 a.C. in Egitto. Da ciò si deduce che gli esseri umani hanno sempre avuto un debole per le sostanze dolci e hanno sfidato spesso grandi pericoli per ottenere il "nettare degli dei"; per secoli, infatti, nel nostro Occidente, il miele ha costituito la sola fonte di sostanza zuccherina realmente abbondante.

Api e miele sono anche stati spesso associati con la fertilità e sono numerose le attribuzioni simboliche che nelle epoche antiche riguardano questo insetto. Il termine greco che designa l'ape, *melissa*, appare più volte nella mitologia greca come nome proprio di ninfe e figure femminili e diviene inoltre appellati-

M. Lodesani (✉)
CRA-API, Consiglio per la Ricerca e la sperimentazione in Agricoltura
Unità di ricerca di apicoltura e bachicoltura, Bologna
e-mail: marco.lodesani@entecra.it

C. Nassuato
Azienda Sanitaria Locale di Brescia
Unità Organizzativa Veterinaria, Direzione Generale Salute Regione Lombardia, Milano
e-mail: claudia_nassuato@regione.lombardia.it

A cura di E. Carpana, M. Lodesani, *Patologia e avversità dell'alveare*,
DOI: 10.1007/978-88-470-5650-3_1, © Springer-Verlag Italia 2014

vo stabile delle sacerdotesse in diversi culti (Demetra, Persefone, Artemide, ecc.). Zeus viene talvolta chiamato “Melisseo” (uomo-ape), perché da piccolo era stato nutrito dalle api di Creta, a cui aveva poi donato il colore aureo.

L’origine della conoscenza scientifica sul mondo delle api risale ad Aristotele (300 a.C.), che in almeno tre opere importanti cita e studia le api. Il filosofo greco fu l’unico a non credere al mito di Aristeo, cioè che le api nascerebbero dalla decomposizione di un cadavere di toro o di bue. Si dovrà tuttavia aspettare il sedicesimo secolo per vedere invalidata questa speculazione. Altro mito degli antichi, contestato da Aristotele, è che: “il miele cade dall’alto. È il sudore del cielo, una specie di saliva degli astri” (Plinio). L’ape contiene insomma, per gli antichi, il germe del divino. Virgilio nelle *Georgiche* dice che le api “hanno una parte della mente divina e il respiro dell’etere”. Lo stesso poeta, nell’*Eneide*, ritorna sul tema e vi aggiunge il concetto dell’immortalità dell’anima, paragonando le anime che volano presso il Lete a sciami di api ronzanti.

Il comportamento sociale della colonia d’api ha quindi da sempre affascinato i suoi osservatori e sovente è stato paragonato all’organizzazione della società umana, Questa analogia ha contribuito a rendere così popolare la società delle api. Nel Medioevo tutta la realtà veniva letta secondo una chiave allegorica. Dunque, l’ape diventava una trasparente immagine di virtù, in particolare per la sua operosità, che l’ha resa una degli animali più rappresentati nell’arte, nell’araldica e nell’illustrazione medievale. Laborioso, magico, impenetrabile, casto, simbolo di resurrezione, ideale di comunità, fertilità, divinità, sono alcuni degli attributi più frequentemente associati a questi insetti e al loro modello di società.

Da quando l’uomo ha iniziato ad allevare le api e non più a “cacciarle” per ottenere il miele, e soprattutto più recentemente con l’avvento dell’apicoltura razionale, ha dovuto fare i conti anche con le sue malattie e avversità. Alcune di queste sono note sin dai tempi più antichi: Aristotele, Virgilio e Plinio riconobbero alcune malattie, senza tuttavia poterne indicare le cause. Fra i nemici delle api sono citate le vespe, le cince, le rondini, il gruccione, le rane (che “le afferrano al volo negli stagni quando vanno a bere”), i rospi, l’orso, le lucertole, i serpenti, ecc. Alcuni autori greci e latini, ripresi poi nel medioevo, accusavano il nettare primaverile dell’olmo, del tasso, del mandorlo e del corniolo come alimenti che rendono le api particolarmente soggette ad ammalarsi. La peste, citata sin dagli scritti di Aristotele (in *Storia degli animali*), era ben conosciuta come la peggiore malattia, con la parola greca usata per designarla che significa “ulcera roditrice”. Anche Columella, in *Dell’Agricoltura*, è prodigo di consigli contro alcune avversità delle api. Per la tarma della cera consigliava l’uso di una lanterna di bronzo che “in estate e in autunno, sul far della sera, l’apicoltore la accenderà e la porrà di fronte all’apiario” stimolando, così, le farfalle a uscire e a “bruciarsi le ali”.

Più recentemente, un noto studioso francese del XVI secolo, Liébaut, nota come a volte si producano, senza ragione, delle mortalità diffuse: “Le api portano fuori i corpi delle vittime mentre le altre restano dentro, tristi, senza far rumore, come in un lutto pubblico". Nello stesso secolo Jacobs, studioso tedesco, riconobbe l'esistenza di una malattia (probabilmente la peste americana) che poteva essere curata ritagliando tutti i favi, lasciando alla fame la colonia per tre giorni e trasferendo poi le api in una nuova arnia e rimettendola nella postazione occupata prima di tale trattamento.

Occorre aspettare il XVIII secolo perché i ricercatori comprendano alcuni aspetti della complessità della biologia della colonia d'api e riconoscano alcune patologie che la affliggono in modo distintivo. Solo alla fine del XIX secolo, grazie allo sviluppo delle scienze microbiologiche, si gettarono le basi delle conoscenze odierne sull'eziologia delle più diffuse patologie apistiche. Già nel 1882, Dzierzon riconobbe due tipi di malattie della covata: una meno grave e curabile, l'altra maligna e incurabile (si trattava, con probabilità, di peste europea e peste americana): scoprì la patogenesi circa 2200 anni dopo Aristotele che l'aveva sospettata senza metterla in evidenza.

Fino alla metà del XIX secolo, è possibile che la diffusione delle malattie tendesse a rimanere circoscritta in un'area delimitata; nel corso dell'ultimo secolo, invece, le patologie delle api si sono propagate, per svariati motivi, in tutto il mondo. Fra le cause di tale condizione vi è senz'altro l'impiego del favo mobile che, nello spostamento da un alveare a un altro di covata, miele e api e nella possibilità di trasportarle a distanza, distribuisce agenti patogeni. Si può quindi affermare che la diffusione delle malattie e dei parassiti delle api sia assai facilitata dall'uomo e dai metodi di conduzione sui quali si basa l'apicoltura moderna.

Per una chiara distinzione di alcuni agenti eziologici e l'attribuzione delle cause di mortalità occorre, tuttavia, aspettare l'inizio del secolo scorso, quando una grave moria di api nell'isola di Wight spinse numerosi studiosi di diverse nazioni ad affrontare il problema, anche sotto differenti punti di vista e metodi; il risultato fu quello di chiarire che l'epizoozia era causata da due temutissime malattie infestive delle api adulte – un protozoo parassita intestinale (*Nosema apis*) e un acaro parassita delle trachee (*Acarapis woodi*) – la cui azione concomitante nelle colonie aveva generato il temibile quadro patologico.

Nell'ultima decade, gli apicoltori hanno riferito un insolito indebolimento e perdita di colonie, in particolare nei Paesi dell'Europa occidentale, fra cui Francia, Belgio, Svizzera, Germania, Regno Unito, Paesi Bassi, Italia e Spagna. In America del Nord, la perdita di colonie osservata a partire dal 2005 è la maggiore mai registrata negli ultimi 50 anni. Scienziati americani hanno coniato il termine "sindrome dello spopolamento degli alveari" (*Colony Collapse Disorder*, CCD) per descrivere questo fenomeno. L'allarme degli operatori del settore poi trasmesso ai mass media e all'opinione pubblica ha impresso una significativa accelerata nello studio dei fattori – biotici e abiotici – supposti responsabili dell'anomala mortalità. Tali fenomeni, registrati anche in Italia, sono verosimilmente il risultato di un concorso di fattori, tra cui agrofarmaci, cambiamenti del paesaggio vegetale, mutamenti del clima, parassiti e patogeni; vari autori hanno ipotizzato che derivino dalle interazioni fra patogeni e altri fattori di stress ambientali, soprattutto pesticidi.

Molti progressi sono stati raggiunti, grazie alla diffusione delle tecniche molecolari che consentono la rilevazione, l'analisi, la manipolazione, l'amplificazione (PCR) e il clonaggio degli acidi nucleici, nel rilevamento, differenziazione e quantificazione di molti agenti patogeni delle api. Tra i più studiati sono i virus. Finora sono stati identificati una ventina di virus responsabili di infezione delle api mellifere e alcuni di essi (in particolare IAPV) sono ritenuti coinvolti nei fenomeni di spopolamento degli alveari, che rientrano nella nota sindrome CCD. Come conseguenza, anche il ruolo dell'acaro *Varroa destructor* nell'induzione e nella trasmissione di infezioni virali è stato oggetto di numerosi studi e di sperimentazioni finalizzate a mettere a punto tecniche manipolative e di selezione per il contenimento dell'infestazione da parte del parassita. È stato infatti dimostrato che elevati livelli di infestazione da varroa determinano, oltre che danni diretti, effetti depressivi sulle difese immunitarie delle api, tali da facilitare lo sviluppo di infezioni virali che possono portare al collasso le colonie.

Lo studio delle interazioni tra pesticidi (neonicotinoidi) e collasso delle colonie ha permesso di creare e validare un modello interpretativo del fenomeno delle mortalità, tale per cui alcuni principi attivi, interferendo con il sistema immunitario dell'ape, possono indirettamente facilitare esplosioni virali che possono rapidamente condurre a morte le colonie.

Anche la recente introduzione del microsporidio patogeno *Nosema ceranae*, una nuova specie del genere Nosema, è stata molto indagata, anche a livello di interazioni (additive, antagonistiche, sinergiche) con altri patogeni, secondo un approccio innovativo rispetto a quello dell'equivalenza: un patogeno = una malattia. Lo studio delle interazioni fra diversi fattori (ambientali, genetici, patologici, ecc.) ha sicuramente aiutato il processo di valutazione e di conoscenza dei complessi quadri sintomatologici sottesi alle citate mortalità.

Oggi si è affermato il concetto secondo il quale, almeno per le più diffuse malattie, l'obiettivo degli interventi umani non è l'eradicazione vera e propria, ma il controllo degli agenti patogeni entro limiti di attenzione, al di sotto dei quali lo stato di salute degli alveari è salvaguardato. Spesso le patologie contagiose delle api assumono una diffusione a carattere endemico, con interessamento, per lo meno a livello latente, di gran parte se non della totalità degli alveari presenti in una determinata area. È auspicabile che in futuro la necessità primaria di tutelare la salute delle api e la salubrità del prodotti da esse ricavati, spinga il settore – peraltro già molto sensibile a queste tematiche – verso l'implementazione di metodi di prevenzione e lotta diversi dall'intervento chimico, come la selezione di ceppi resistenti, l'utilizzo di efficaci tecniche di disinfezione e la diffusione di tecniche di lotta biotecnica.

1.2 Diffusione geografica e impatto economico delle principali malattie delle api

Marco Lodesani

1.2.1 Introduzione

Una caratteristica che accomuna le principali malattie delle api è che esse tendono ad assumere una diffusione endemica; in altre parole, gran parte degli alveari di un determinato territorio è interessata dalla presenza degli agenti causali di malattia, almeno a livello latente o subclinico. L'eradicazione delle malattie infettive o parassitarie è pertanto particolarmente problematica, se non impossibile. Questo è dovuto a una serie di fattori, tra i quali la facilità di propagazione mediante le api, le tecniche apistiche e il commercio, la possibilità di diffusione attraverso l'attrezzatura di agenti microbici sporigeni (peste americana, nosemosi, ascosferosi) e lo stretto rapporto tra i cicli biologici dell'ospite e del parassita (varroatosi).

Le malattie delle api, oltre che dipendere da uno o più agenti eziologici (batteri, virus, miceti, protozoi, acari), possono essere causate da alterazioni fisiologiche a eziologia non ben definita, che solitamente insorgono a seguito di condizioni ambientali particolari e sfavorevoli; come tali, non sono trasmissibili in forma epidemica ma non per questo sono meno pericolose. Possono, infatti, agire come concausa e in modalità interattiva con diversi altri fattori ambientali, genetici e patologici, generando quadri sintomatologici complessi e di difficile interpretazione.

Occorre anche ricordare che in una così popolosa e multiforme società qual è una colonia d'api, agisce un complesso sistema di fattori in grado di contrastare parassiti e patogeni in generale. Già da parecchi decenni sono state segnalate e studiate delle variazioni naturali tra colonia e colonia e tra colonie di ceppi, razze e specie diverse nei riguardi della resistenza alle malattie.

In passato, la scarsa comprensione dei meccanismi di azione e dei molteplici modi nei quali gli agenti patogeni sfruttano il proprio ospite hanno ostacolato lo sviluppo di strategie di controllo e di prevenzione sostenibili. Ancora oggi, nonostante l'enorme progresso testimoniato dal proliferare di pubblicazioni scientifiche relative alla patologia delle api, c'è un estremo bisogno di azioni concertate da parte dei vari specialisti di tutte le aree di competenza, biologica, tossicologica, genetica e ambientale, per spiegare le cause dell'aumento dei casi di mortalità che ha caratterizzato l'ultimo decennio e per sviluppare strategie di prevenzione basate sulle nuove conoscenze e, soprattutto, su un nuovo approccio che tenga conto delle interazioni (additive, antagonistiche, sinergiche) tra i diversi patogeni e i vari agenti ambientali di stress.

1.2.2 Impatto economico in Italia, in Europa e nel mondo

L'importanza delle api quali impollinatori è ben nota: secondo le stime dell'Organizzazione delle Nazioni Unite per l'alimentazione e l'agricoltura (FAO), delle 100 specie di colture che forniscono il 90% di prodotti alimentari in tutto il mondo, 71 sono impollinate dalle api. Il valore economico dell'impollinazione in agricoltura è stimato essere 153 miliardi di Euro, che corrisponde a 1/10 del valore totale della produzione agricola mondiale [1]. In particolare, il 35% circa della produzione globale dei raccolti a fini alimentari dipende dagli impollinatori [2]. Negli attuali modelli di agricoltura industriale, gran parte delle colture che richiedono l'impollinazione usufruiscono del servizio fornito dagli apicoltori [3].

In Europa, la maggior parte delle specie coltivate (84%) dipende direttamente dagli insetti impollinatori. Negli USA, almeno 130 diverse colture sono impollinate dalle api, per un valore annuale di 9 miliardi di dollari. Dall'impollinazione dipende un valore aggiunto dei raccolti pari a 15 miliardi di dollari, in particolare per mandorle, piccoli frutti, frutta e ortaggi. Dei 2,4 milioni di colonie di api presenti negli USA, il solo raccolto delle mandorle in California ne richiede 1,3 milioni.

In Italia, il 79% della produzione agricola è beneficiata dall'impollinazione. Il Reddito Agricolo Diretto (RAD), calcolato sul 56% del Prodotto Lordo Vendibile (PLV) del comparto agricolo del 1996, è pari a 1.578,3 milioni di Euro (1.233,8 per le sole api), con un contributo da parte di ogni singolo alveare di circa 1.240 Euro [4].

Oltre ai citati benefici indiretti all'attività agricola, le api contribuiscono direttamente alla ricchezza e al benessere dell'uomo grazie anche alla produzione di miele, di prodotti alimentari ad azione nutraceutica (polline, gelatina reale), della cera, della propoli, del veleno, nonché alla vendita di api regine, di colonie, ecc. La PLV del settore apistico si aggira sui 25–30 milioni di Euro, quindi ben poca cosa rispetto all'incremento del valore in agricoltura derivato dal servizio di impollinazione. Si evince, pertanto, che il valore economico del settore apistico vada ben oltre il reddito derivato dalla vendita dei prodotti dell'allevamento e la necessità di salvaguardia del settore.

Sulla base di comunicazioni e rapporti delle Associazioni apistiche, le perdite di alveari registrate in Italia nell'inverno 2007–2008 si aggirerebbero attorno al 30–40% nel nord e al 10–30% nelle zone centrali e meridionali. Queste indicazioni sono confermate dai dati ricavati da questionari anonimi compilati da apicoltori, sintetizzati nella Tabella 1.1 [5]. Se si stima, quindi, una perdita di 200.000 alveari, si deduce che la perdita economica per mancata impollinazione si è aggirata sui 250 milioni di Euro.

Le analisi condotte da uno studio commissionato dall'Unione Europea, nell'ambito del Progetto "ALARM", all'Istituto Nazionale della Ricerca Agronomica (INRA) e al Centro Tedesco per le Ricerche Ambientali (UFZ) riferiscono di una contrazione del 9,5% del valore globale dei prodotti commestibili di derivazione agricola. Più in particolare, il solo comparto ortofrutticolo-

Tabella 1.1 Risultati ottenuti dall'elaborazione dei questionari anonimi distribuiti agli apicoltori nelle diverse regioni in anni differenti

Anno	Regione	Numero di apicoltori	N. di colonie nella stagione attiva	N. di colonie morte in tarda estate e autunno	N. di colonie morte la primavera seguente	N. di colonie troppo deboli per essere produttive
2007–2008	Emilia Romagna	81	2460		935 (38%)	
	Veneto	200	3513		1299 (37%)	
2008–2009	Emilia Romagna	119	10940	1443 (13%)		
	Emilia Romagna	199	12360		2930 (24%)	
	Marche	49*	4166	795 (19%)	638 (15%)	385 (9%)
	Lazio	26*	7644	130 (2%)	1748 (23%)	234 (3%)
	Veneto	166*	5057	1083 (21%)	865 (17%)	551 (11%)
	Abruzzo	34*	3098	573 (19%)	340 (11%)	227 (7%)

* I questionari utilizzati per le statistiche sono stati sviluppati dal gruppo di ricercatori afferenti all'azione COST FA0803 "COLOSS" (*prevention of honey bee COlony LOSSes*)

lo registra una perdita produttiva di 50 miliardi di Euro/anno, mentre il comparto degli oli di semi evidenzia una perdita produttiva pari a 39 miliardi di Euro/anno. Il totale del valore che l'impollinazione delle api conferisce alle coltivazioni di interesse alimentare in Europa è valutato pari a 14,2 miliardi di Euro/anno.

L'attività apistica rappresenta, in ogni caso, un modello di sfruttamento agricolo non distruttivo, con un impatto ambientale benefico, cosa che rende l'apicoltura attività agricola di elezione per le aree marginali e le zone protette. Inoltre, la presenza stessa delle api è indice di una corretta gestione del territorio: l'ape è di fatto un utile indicatore dello stato di salute dell'ambiente, da cui dipende anche il grado di salubrità per l'uomo. Il mantenimento della biodiversità vegetale è associato alla ricchezza di specie di insetti pronubi; quindi, maggiore è la biodiversità di pronubi, migliore è lo stato di salute di un territorio. A causa dello stretto legame tra gli impollinatori e la sicurezza alimentare, qualsiasi problematica sanitaria e ambientale investa le api, così come la perdita degli impollinatori selvatici, è di crescente preoccupazione. Anche se si sta ancora dibattendo il problema di quanto ci si trovi di fronte a una crisi globale degli impollinatori [6, 7], non c'è dubbio che la popolazione di molti insetti solitari, così come di altri Apoidei (soprattutto Megachilidi e Bombi), sia in calo [7, 8]. Data la crescente dipendenza delle colture dall'impollinazione nel Nord America e nell'Europa [3], il declino delle popolazioni di *Apis mellifera* in queste regioni, registrato all'inizio del secolo, è allarmante e ha generato un significativo aumento nello studio dei fattori – biotici e abiotici – supposti responsabili dell'anomala mortalità. Studi recenti hanno dimostrato il ruolo dei pesticidi in molti casi di spopolamento e mortalità e l'esposizione a queste sostanze chimiche è stata associata con alcune alterazioni nel comportamento sociale e nei meccanismi di difesa dai patogeni [9–11].

Anche l'espandersi delle monocolture, che mettono a rischio la biodiversità e distruggono gli ecosistemi naturali, contribuisce a creare un ambiente inospitale. La disponibilità di piante differenti e, quindi, di una dieta variata, basata su tipi diversi di fiori, è essenziale per la sopravvivenza delle api. L'Unione Internazionale per la Conservazione della Natura (IUCN) stima che in poche decine di anni più di 20 mila piante da fiore scompariranno. A differenza delle api domestiche (*Apis mellifera*) che vengono almeno in parte accudite dagli apicoltori – anche se non si può certo affermare che siano animali addomesticati – le altre specie di impollinatori selvatici hanno bisogno di un habitat incontaminato per poter costruire le loro colonie, habitat che sono sempre più rari a causa dell'antropizzazione.

1.2.3 Commercio di api

Le valutazioni del rischio epidemiologico, stabilite dai dettami del diritto internazionale, non tengono conto dell'eventuale introduzione di ceppi patogeni diversi [12] o di diversi aplotipi dei parassiti [13] e non proteggono contro l'introduzione di ceppi di patogeni potenzialmente più virulenti, anche se già presenti nel paese importatore. La rilevazione di *Acarapis woodi* in Europa e il suo precoce collegamento alla malattia dell'isola di Wight hanno portato il governo federale degli Stati Uniti a un'azione di restrizione commerciale (Honeybee Act, 1922). Questa legge ha avviato un lungo periodo di restrizioni delle importazioni negli Stati Uniti dalla maggior parte degli altri paesi, restrizione che ha comunque impedito l'ingresso dell'acaro tracheale *A. woodi* per oltre 66 anni. L'incremento del flusso commerciale mondiale, anche di merci non apistiche, può infatti essere un mezzo di introduzione accidentale di nuovi parassiti e malattie. Ad esempio, il piccolo scarabeo dell'alveare, *Aethina tumida*, è probabilmente giunto negli Stati Uniti tramite una spedizione di agrumi importati dal Sudafrica [14].

1.2.4 Diffusione delle malattie

1.2.4.1 Malattie infettive

Da fonti storiche (vedere il capitolo 1.1), risulta evidente che le malattie pestose dell'alveare erano presenti già nell'antichità, così come probabilmente altri stati patologici di scarsa rilevanza epidemiologica. Ciononostante, stando alle più recenti rilevazioni [15], certi paesi non hanno ufficializzato la presenza di alcune fra le più comuni affezioni. Un esempio per tutti è la Repubblica Dominicana che non ha ancora ufficializzato la presenza della peste americana; i sospetti nascono dal fatto che ad Haiti, che occupa una parte della stessa isola occupata dalla Repubblica Dominicana, è stata già da tempo diagnosticata e dato il libero volo delle api e degli sciami da una parte all'altra dell'isola è alquanto improbabile che una parte del territorio isolano ne sia indenne. Una delle ragioni che rendono non definitivi e scarsamente attendibili i dati di assenza di determinate malattie in alcune aree del pianeta – nonostante vi sia il ragionevole sospetto della distribuzione cosmopolita, ad esempio, delle patologie pestose – sta nella diversità delle normative che regolano la materia nei rispettivi stati e nel tipo di apicoltura. La maggior parte dei paesi in cui non risultano presenti alcune malattie, infatti, appartengono ad aree del pianeta (Africa e stati ex URSS) relativamente alle quali scarseggiano informazioni sullo stato dell'apicoltura.

La covata a sacco, la malattia virale più studiata e con sintomatologia chiara e distinta, è molto diffusa, come le patologie batteriche, mentre altri agenti virali, non strettamente associati alla varroa, appaiono meno presenti a causa probabilmente di difficoltà di diverso genere a livello di indagine epidemiologica e di diagnosi.

1.2.4.2 *Nosema spp.*

Nosema apis, che raramente porta a morte il suo ospite, è capillarmente presente sia nelle naturali aree di distribuzione di *A. mellifera* (Africa, Europa, Medio Oriente), sia in quelle in cui è stata introdotta dall'uomo; le analisi genetiche (sequenza del DNA) indicano, infatti, che questo microsporidio era l'unico agente eziologico della nosemiasi nell'ape occidentale fino al 1990 [16]. Nell'estate del 2005, la presenza di *N. ceranae* è stata confermata in Spagna, per la prima volta al di fuori dell'areale di distribuzione naturale di *A. cerana*, suo ospite naturale. Si ipotizza che *N. ceranae* abbia saltato la barriera di specie cerana-mellifera con relativa diffusione tra le colonie di *A. mellifera*, probabilmente a causa dell'incremento del commercio internazionale. Le più recenti indagini indicano una diffusione globale negli ultimi 15 anni [16], con rilevazioni ufficiali in tutta Europa (Regno Unito e Repubblica d'Irlanda inclusa), Nord e Sud America, Nord Africa e Australia. Per quanto riguarda l'Italia, i dati dell'ultimo Bollettino del progetto di monitoraggio apistico nazionale BeeNet [17] confermano i dati degli anni precedenti, ossia l'assenza di campioni positivi per *N. apis* e la presenza ubiquitaria della nuova specie in tutte le regioni italiane (Fig. 1.1).

1.2.4.3 *Varroa destructor*

L'acaro parassita *Varroa destructor* è il più dannoso parassita dell'alveare. Dal suo ospite originale, *Apis cerana*, questo acaro si trasferì in colonie di *Apis mellifera* importate in Asia. Solo allora ci si rese conto di quanto devastanti fossero gli effetti sull'ape occidentale. Il passaggio del parassita da una specie all'altra non avvenne istantaneamente, ma si pensa abbia interessato un periodo di 50–100 anni [18]. Da quel momento, l'acaro si è diffuso in tutto il mondo ed è diventato quasi cosmopolita nella distribuzione (Fig. 1.2). Non è ancora presente in Australia, ma gli esperti prevedono che vi entrerà nel prossimo futuro, perché negli ultimi anni si è diffuso in paesi vicini – Nuova Zelanda e

Papua Nuova Guinea – e il commercio con quei paesi, in passato, è stato florido.

Quei paesi in cui non è ancora (ufficialmente) entrato mantengono rigorosi controlli e procedure per diminuire la probabilità di un'importazione accidentale dell'acaro. In Australia è in atto un severo programma di monitoraggio (*Queensland Beekeeper Mite Surveillance Project*) che coinvolge un elevato numero di apicoltori. È ben noto, infatti, che la diagnosi precoce è l'elemento essenziale per evitare ingenti danni al patrimonio apistico e per contenere e rallentare la diffusione del parassita.

1.2.4.4 *Aethina tumida*

La distribuzione di questo coleottero parassita è rappresentata in Figura 1.3. La prima e unica segnalazione in Europa è del 2004, in Portogallo, all'interno di circa centoventi gabbiette di api regine provenienti dal Texas (USA). Fortunatamente, il focolaio è stato chiuso tempestivamente con successo. Da recenti studi [19] basati sulla variabilità genetica di alcune regioni del DNA mitocondriale di campioni del coleottero provenienti dagli USA, Australia, Canada e Africa, suggerisce l'introduzione in Canada a partire dall'Australia e solo in un secondo momento dagli USA, mentre la popolazione presente in Australia sembra di provenienza nord americana più che africana.

1.2.4.5 *Tropilaelaps spp.*

Tropilaelaps clarae e *T. mercedesae* sono acari patogeni per *Apis mellifera*. La loro diffusione è limitata all'Asia e all'Indonesia. Sino ad ora non sono giunte segnalazioni della loro presenza nei paesi dell'UE. In ogni caso, diversamente dalla varroa, il *Tropilaelaps* non può nutrirsi sulle api adulte perché l'apparato boccale non è adatto a penetrare la membrana del corpo delle api. A causa di ciò, un blocco di covata prolungato lo toglierebbe di mezzo senza necessità di interventi chimici, quindi il *Tropilaelaps* sarebbe assai pericoloso in Italia meridionale, mentre al nord i danni dovrebbero essere meno gravi. Tuttavia, il parassita è comparso anche in aree della Cina dove l'inverno è assai freddo e si ha certamente un blocco di covata per parecchi mesi; qualcuno ha ipotizzato che il parassita abbia degli ospiti alternativi, ma questi non sono stati individuati.

1.3 Nozioni di epidemiologia, profilassi e terapia

Claudia Nassuato

L'ape mellifera può essere colpita da diversi agenti infettivi e parassitari (Tabella 1.2). Un aspetto determinante nella trasmissione delle infezioni e delle parassitosi e nella loro evoluzione in forme patologiche, è rivestito dalla peculiare struttura sociale dell'ape mellifera [21]. Vive in colonie all'interno delle quali vi è una precisa ripartizione dei compiti, atta a garantire lo sviluppo e il sostentamento della famiglia e, ove necessario, ad attuare comporta-

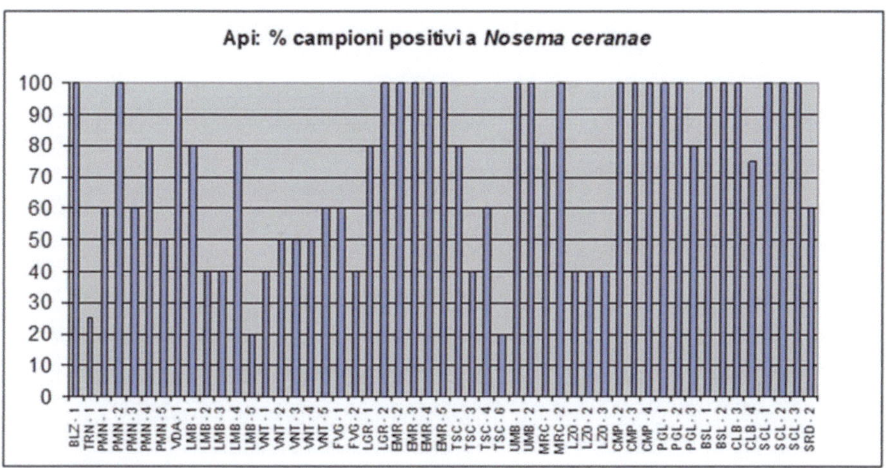

Fig. 1.1 Percentuale di campioni positivi a *Nosema ceranae* nel monitoraggio BeeNet relativo all'autunno 2012. Nell'asse delle ascisse sono riportati i moduli regionali (indicati con la sigla della regione, che può avere più di un modulo) nelle quali è stato eseguito il monitoraggio [17]

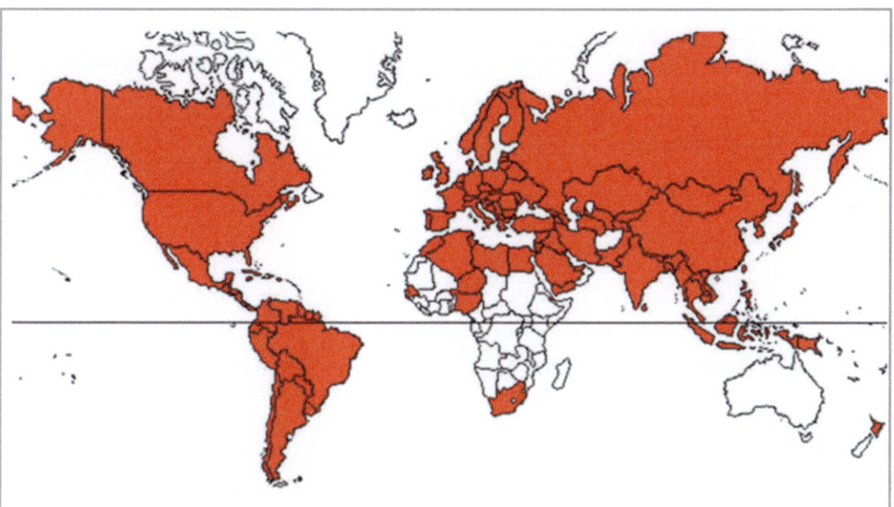

Fig. 1.2 Distribuzione dell'acaro varroa nel mondo al 2010 (aree in rosso) [20]

menti di difesa sociale nei confronti delle aggressioni esterne. Le colonie sono organismi costituiti da tre caste: un'ape regina, diverse migliaia di api operaie (da 15.000, nel periodo invernale, a 50.000 durante il periodo produttivo), e poche centinaia di fuchi [22]. Un numero consistente di giovani api, tra i 3 e i 12 giorni di vita, si occupa del nido di covata (api nutrici). Tra quelle con oltre 6 giorni di età, una ventina ha il compito di accudire la regina pulendola e

Tabella 1.2 Principali malattie delle api

Tipo di patogeno	Agente eziologico	Nome comune/malattia	Stadio colpito
batteri	*Paenibacillus larvae*	peste americana°	covata
	Melissococcus plutonius	peste europea°	covata
virus	DWV	malattia delle ali deformi	api adulte
	SBV	covata a sacco	covata
	ABPV	paralisi acuta	api adulte
	CBPV	paralisi cronica	api adulte
	BQCV	virus della cella reale nera	covata
	IAPV	virus israeliano della paralisi acuta	api adulte
	KBV	kashmir virus	api adulte
protozoi	*Nosema apis*	nosemiasi (forma diarroica)	api adulte
	Nosema ceranae	nosemiasi	api adulte
	Malphigamoeba mellificae	amebiasi	api adulte
	Crithidia mellificae	critidiosi	api adulte
	Leptomonas apis	leptomonosi	api adulte
funghi	*Ascosphaera apis*	ascosferosi/covata calcificata	covata
	Aspergillus flavus e *fumigatus*	aspergillosi/covata pietrificata	covata
acari	*Varroa destructor*	varroatosi°	covata api adulte
	Tropilaelaps clarae e *mercedesae*	acariosi*°	covata
	Acarapis woodi	acariosi respiratoria°	api adulte
coleotteri	*Aethina tumida*	piccolo scarabeo dell'alveare*°	covata

* malattie esotiche soggette a notifica alla Commissione (Direttiva 82/894/CEE); ° lista OIE

nutrendola con la pappa reale secreta dalle ghiandole ipofaringee [23]. Altre api, tra i 12 e i 17 giorni di vita, sono dedite alla costruzione dei favi (api ceraiole), all'immagazzinamento delle scorte (api magazziniere) e alla rimozione dei morti. Infine, le api più vecchie provvedono alla salvaguardia della colonia all'ingresso dell'arnia (api guardiane) prima di dedicarsi, in ultimo, alla ricerca di fonti di sostentamento al di fuori dell'alveare (api esploratrici e api bottinatrici). La sciamatura rappresenta la forma naturale e peculiare di riproduzione delle colonie di api. Si verifica quando da una colonia, caratterizzata da una notevole vitalità in termini di covata e di individui adulti, ha origine una nuova famiglia, costituita dalla vecchia regina, da un nucleo di api operaie e da pochi fuchi, che si allontanano dal proprio alveare lasciandovi una nuova giovane regina. Da una famiglia possono originare più famiglie, nel qual caso sono guidate da nuove regine ancora vergini. Da ciascuna famiglia madre, nell'ape europea, può prodursi una media di 1,5 nuove colonie ogni anno [24].

1.3.1 Meccanismi di trasmissione delle malattie nell'ape mellifera

Alcuni patogeni colpiscono la sola covata (*Paenibacillus larvae*, *Melissococcus plutonius*), altri le sole api adulte (*Nosema spp.*), oppure entrambi gli stadi vitali (*Varroa destructor*, DWV) (Tabella 1.2). È possibile, inoltre, distinguere una modalità di trasmissione di tipo verticale e una orizzontale [24]; entrambe le modalità possono realizzarsi tra singoli individui all'interno della colonia o tra colonie [22].

La trasmissione verticale si realizza quando l'agente patogeno viene trasmesso da una generazione di api a un'altra. All'interno dell'alveare ciò ha luogo quando, durante l'accoppiamento nel volo nuziale, l'ape regina o i fuchi trasmettono l'agente patogeno alla propria progenie. A livello di colonia, la trasmissione verticale si realizza attraverso il fenomeno della sciamatura [21]. I patogeni ospitati dalle api che lasciano l'alveare perpetuano l'infezione nelle colonie figlie. Inoltre, durante la sciamatura, il nuovo nucleo di api va alla ricerca di una nuova casa che le ospiti. Può accadere che si imbatta in un'arnia abbandonata e vi si stabilisca. Un'arnia abbandonata potrebbe recare in sé un'elevata carica infettante per la presenza, ad esempio, di spore di peste americana, capaci di sopravvivere a lungo disperse all'interno di scaglie adese alle pareti delle celle di covata, nella cera o nel miele e, in questo modo, la nuova colonia potrebbe infettarsi. Va rammentato, tuttavia, che spesso un'infestazione si autolimita: ad esempio, colonie fortemente infestate da varroa tendono a sciamare in misura minore.

Con trasmissione orizzontale s'intende la trasmissione tra api appartenenti a una stessa generazione [25]. Ciò accade sia tra un individuo e un altro all'interno dello stesso alveare, sia tra colonie. Lo scambio di patogeni può avvenire per contatto diretto, come nel caso di *Acarapis woodi*, o per contaminazione del cibo manipolato e scambiato. Ad esempio, la trasmissione delle spore di *Paenibacillus larvae* o di *Ascosphaera apis* alla covata avviene ad opera delle api nutrici durante la nutrizione delle larve. Virus sono stati isolati dall'intestino, dalle feci e in campioni di polline e miele [26]. Una via d'infezione altamente efficiente è garantita dal fenomeno della trofallassi. Attuata da api operaie e fuchi, consiste nello scambio di cibo rigurgitato dalla borsa melaria, arricchito da enzimi secreti dalle ghiandole salivari e ipofaringee, e consente la trasformazione del nettare in miele. Questo particolare comportamento delle api consente, ad esempio, la trasmissione di *Nosema ceranae* [27], di *Paenibacillus larvae* e di alcuni virus. Le api operaie che accudiscono la covata provvedono anche alla rimozione di larve morte, infette o infestate (comportamento igienico delle api) [28] anche mediante cannibalismo. Sebbene questo comportamento sia principalmente uno strumento di difesa con il quale viene ridotta la carica infettante, esso può talora rappresentare anche una via di diffusione dei patogeni [21], in particolare se la rimozione delle larve infette avviene dopo che il patogeno ha già raggiunto lo stadio di sviluppo infettante [29].

Tra colonie, la trasmissione orizzontale si realizza principalmente attraverso i fenomeni di deriva e di saccheggio. La deriva si verifica quando le api, di ritorno dal volo, non fanno rientro al proprio alveare ma si dirigono verso altre arnie. Interessa fuchi e api bottinatrici che abbiano difficoltà di orientamento, a causa d'infezioni, parassitosi o intossicazioni, ed è favorita dalla presenza di un numero elevato di arnie collocate a poca distanza le une dalle altre e dall'assenza di segni distintivi [24]. Sebbene le api guardiane, all'ingresso dell'alveare, svolgano il rituale di riconoscimento, talora le api estranee vengono ugualmente accolte dopo l'offerta del nettare raccolto durante l'attività di bottinatura. Ciò consente l'ingresso nella nuova colonia anche di eventuali patogeni recati dagli intrusi, come varroe presenti sul corpo.

In carenza di fonti nutritive avviene che colonie forti vadano in cerca di riserve di miele e polline di altre colonie. Questo fenomeno, noto come saccheggio, si realizza più facilmente a carico di colonie deboli e, con molta probabilità, affette da malattie. Rappresenta, pertanto, una via attraverso la quale le colonie forti entrano in contatto con i patogeni [22]. Le api che hanno attuato il saccheggio possono contrarre infezioni o parassitosi: ad esempio, possono essere infestate da varroe in fase foretica, oppure trasportare miele contaminato da *Melissococcus plutonius*, da spore di *Paenibacillus larvae* e di *Nosema spp.*, o miele recante residui di antibiotici.

Le api bottinatrici possono infettarsi anche durante l'attività di raccolta sulle sorgenti alimentari, quali fiori o acqua contaminata [21].

Anche alcune pratiche di allevamento possono favorire la trasmissione orizzontale di patogeni. Tra queste, ad esempio, è altamente rischioso lo scambio o il riutilizzo di favi che possono essere infetti con spore di peste americana, *Nosema spp.*, *Ascosphaera apis* o larve di *Aethina tumida*. Uno schiacciamento accidentale di api infette durante la manipolazione dei telaini, può comportare la contaminazione dei favi [30]. Lasciare i favi incustoditi ed esposti può indurre fenomeni di saccheggio o di sciamatura e propagare le infezioni e le parassitosi. Gli apicoltori attuano pratiche di divisione e riunione delle famiglie, che, rendendo omogenee le famiglie in termini numerici e di vitalità [24], sfavoriscono sciamatura e saccheggio. Tuttavia, allo stesso tempo, possono rappresentare una via di trasmissione dei patogeni. Ad esempio, se la suddivisione delle famiglie determina uno squilibrio nella stratificazione per età, la distribuzione dei compiti si altera e ciò può comportare una riduzione nel comportamento igienico di rimozione delle larve infette [22]. Non ultimo è il rischio di trasmissione dei patogeni a seguito dell'introduzione, spesso anche a seguito di importazione da altri paesi o continenti, di regine, pacchi d'api o

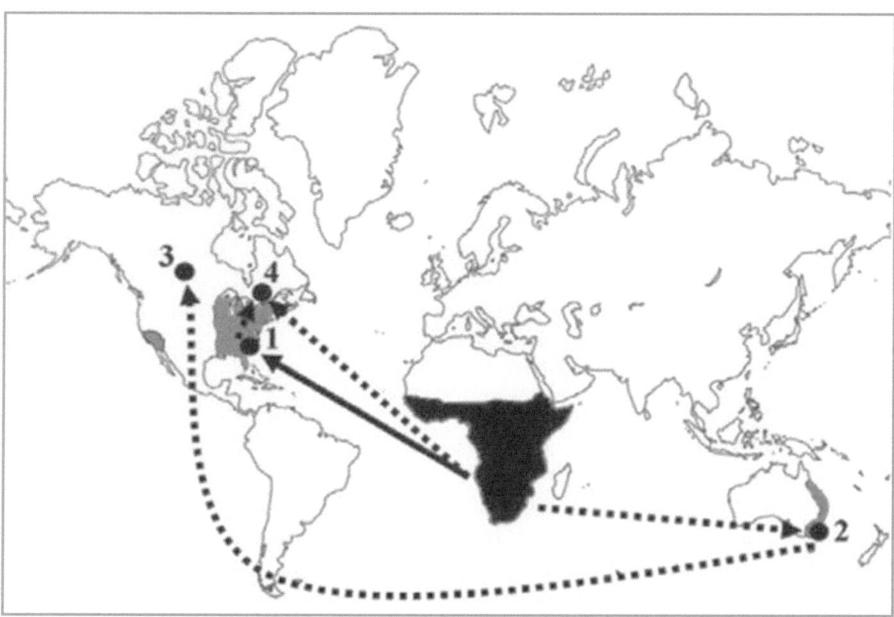

Fig. 1.3 Mappa della distribuzione di *A. tumida* nel mondo (al 2010). L'area nera rappresenta l'areale nativo di *A. tumida* (Africa sub-sahariana). Le zone grigie indicano popolazioni ben consolidate negli Stati Uniti e in Australia. I cerchi numerati rappresentano eventi di dispersione distinte: 1) 1996, Carolina del sud, Stati Uniti; 2) 2001, Sydney, Australia; 3) 2006, Alberta, Canada; 4) 2008, Québec, Canada. La linea continua dall'Africa agli Stati Uniti è quella ufficiale in quanto, prima del 1996, il parassita non era mai stato segnalato al di fuori del suo areale originario [19]

miele [31] acquistati senza opportune garanzie sanitarie. Infine, la pratica del nomadismo può favorire la disseminazione di patogeni, ad esempio quando si spostino alveari affetti da *Paenibacillus larvae* o dal coleottero *Aethina tumida* [30].

La virulenza è il grado con cui un agente esprime la propria patogenicità. Per quanto spesso sia la conseguenza inevitabile della riproduzione del patogeno, è funzionale all'agente patogeno fintanto che ne favorisce la trasmissione a nuovi ospiti. In generale, infatti, una virulenza troppo elevata porta rapidamente alla morte dell'ospite e può compromettere le possibilità di trasmissione dell'infezione. Tuttavia, anche in questo caso, va distinto il danno arrecato all'individuo dall'impatto sull'intera colonia. Ad esempio, il comportamento igienico delle api, benché non riduca il danno prodotto dal *Paenibacillus larvae* sugli individui, è in grado di contenerne l'impatto sulla colonia perché diminuisce la carica batterica complessiva [24]. La virulenza, che dipende dalle caratteristiche intrinseche del ceppo patogeno e dalla sua dose infettante, è strettamente connessa alle modalità di trasmissione dell'infezione. In caso di trasmissione verticale ci si attende una virulenza moderata, in modo che la famiglia sia in grado di riprodursi efficientemente e passi l'infezione alle colonie figlie [22]. Ad esempio, l'acaro *Acarapis woodi*, la cui diffusione avviene prevalentemente attraverso la sciamatura, raramente compromette la vitalità della colonia, eccezion fatta per l'elevata mortalità a carico delle api invernali. Allo stesso modo, il virus delle ali deformi (DWV), in grado di diffondere per via verticale, dalla regina e con il seme alla progenie o attraverso la sciamatura, è di ampio riscontro analitico in assenza di sintomatologia [25], dando origine a una sorta di "latenza". La virulenza di un patogeno dipende anche dalle capacità difensive e di reazione dell'ospite: una perdita di api operaie, seppur ampia, può essere compensata da una riserva di api "a riposo" mobilitate in caso di necessità mascherando l'effetto nocivo sulla famiglia [24].

Nel caso di patogeni veicolati da vettori, poiché le possibilità di trasmissione del patogeno non dipendono più dalla sopravvivenza e vitalità dell'ospite, il livello di virulenza risulta più elevato fino a condurre a mortalità la colonia. Varroa si nutre dell'emolinfa delle larve e delle api adulte, causando uno stress nutrizionale e uno stato di immunosoppressione e agisce come principale vettore per la trasmissione di diversi virus. In particolare, *Varroa destructor* rappresenta un vettore biologico per il DWV, che vi replica attivamente prima di infettare le api e manifestarsi in forma clinica con la tipica sintomatologia [25]. È stato ipotizzato che l'azione sinergica tra *Varroa destructor* e DWV sia capace di abbreviare la durata della vita delle api invernali e che sia alla base dei meccanismi che determinano mortalità delle famiglie durante il periodo invernale [32].

Una virulenza altrettanto elevata può riscontrarsi in condizioni di ampia disponibilità di ospiti da infettare o quando il patogeno è in grado di produrre forme di resistenza che sopravvivono a lungo anche in assenza dell'ospite. È questo il caso dei ceppi più aggressivi di *Paenibacillus larvae* che affliggono la covata con mortalità elevata, determinando un forte indebolimento della colonia. Infine, la virulenza, in genere, è piuttosto elevata quando un patogeno entra in contatto con una popolazione per la prima volta, in assenza di un periodo di adattamento parassita-ospite. Questo è il fenomeno osservato a seguito dell'introduzione di *Varroa destructor* nella popolazione di *Apis mellifera*, caratterizzata da forte indebolimento delle famiglie. Ben diversi sono i riscontri d'infestazione descritti nell'*Apis cerana*, specie originaria dell'Asia, coevolutasi con varroa e in grado di rimuovere le femmine fertili di varroa dal corpo delle compagne e di ucciderle [24]. Nell'ape cerana, inoltre, varroa è in grado di colpire esclusivamente la covata maschile, mentre nell'ape mellifera sono affette indifferentemente covata femminile e maschile [33].

La virulenza espressa da un patogeno è limitata dagli svariati meccanismi di difesa che le api attuano a livello sia individuale sia di colonia. A livello individuale è nota l'azione di filtro esercitata dal proventricolo nei confronti delle spore di *Paenibacillus larvae*. Le api operaie, inoltre, provvedono alla pulizia, spulciandosi, del proprio corpo (*self-grooming*) e di quello delle api compagne (*allo-grooming*) [28, 29], rimuovendo i parassiti. Per proteggere l'alveare, le api utilizzano la propoli, dotata di proprietà antibatteriche e antimicotiche, con cui non solo rivestono e riparano i favi di covata e sigillano eventuali fessure, ma rivestono e mummificano morti e intrusi che non riescano a rimuovere ed espellere all'esterno [30]. La sciamatura stessa rappresenta per la famiglia un modo di alleggerire la carica batterica o parassitaria tramite il blocco naturale della covata e l'allontanamento di parte degli individui adulti della colonia [22, 24, 28].

Le api, oltre che da agenti infettivi e parassitari, sono attaccate da diversi predatori tra insetti, come la *Vespa velutina*, anfibi, rettili e mammiferi, ma le più grandi minacce per la loro sopravvivenza sono la carenza di biodiversità e di fonti alimentari legate all'agricoltura intensiva e l'impiego indiscriminato dei pesticidi cui le api sono marcatamente sensibili. La possibilità di contaminazione delle api è stata dimostrata per neonicotinoidi e fungicidi attraverso l'esposizione a polveri disperse dalle seminatrici pneumatiche durante la semina di mais conciato. Residui sono stati riscontrati anche nel terreno, nel polline e nelle piante sviluppatesi da semi trattati con rischio di esposizione tramite guttazione [34]. Con Regolamento n. 485/2013 l'Unione Europea ha vietato l'uso e la vendita di sementi conciate con prodotti fitosanitari contenenti le sostanze attive clothianidin, thiamethoxam e imidacloprid [35]. Sono svariate, tuttavia, le molecole ad oggi impiegate in agricoltura, che rappresentano un rischio se utilizzate senza attenzione al loro potenziale tossico verso gli insetti pronubi.

Agenti infettivi, parassitari, contaminanti e fattori ambientali, ancorché talora responsabili di specifici quadri nosologici, concorrono a una rete complessa di interazioni e meccanismi causali che portano all'insorgenza di episodi complessi di spopolamento e mortalità delle api.

1.3.2 Perdita delle colonie

Negli anni 2006–2007, negli Stati Uniti si sono registrati svariati casi di spopolamento in colonie di *Apis mellifera*. Tali episodi, inquadrati nella cosiddetta "sindrome dello spopolamento degli alveari" o *Colony Collapse Disorder* (CCD), risultavano caratterizzati da: rapida scomparsa (in giorni o settimane) di api operaie in presenza di regina in un alveare altrimenti sano [21] senza api morte nell'alveare o nelle aree circostanti, con un rapporto api nutrici/covata alterato a favore della covata e in assenza di fenomeni di saccheggio. I livelli di varroa e *Nosema spp.* riscontrati al momento del collasso della famiglia erano contenuti entro quantità non in grado di causare danni economici né di giustificare una diminuzione della popolazione di api. Le famiglie colpite da CCD presentavano, in media, cariche virali elevate e presenza di coinfezioni, in particolare con *Nosema spp.* Nella patogenesi della CCD sono state ipotizzate, accanto a un ruolo di *Varroa destructor*, in grado di compromettere lo stato immunitario e di veicolare l'ingresso di virus, responsabilità dei pesticidi e contaminanti o di stati di carenza nutrizionale [36]. Questi episodi di CCD hanno, ad ogni modo, richiamato l'attenzione della comunità scientifica portando a svariate segnalazioni, in tutto il mondo, di perdita delle famiglie [37] non ascrivibili alla CCD ma parimenti caratterizzate da quadri multifattoriali.

Lo studio delle sindromi multifattoriali, che difficilmente sono riproducibili in laboratorio, si avvale degli strumenti forniti dall'epidemiologia. L'epidemiologia è tradizionalmente definita come lo studio della distribuzione dei determinanti di malattia o di eventi associati allo stato di salute ai fini del controllo delle malattie in popolazioni definite [38]. Essa indaga l'esistenza e la natura di eventuali associazioni tra evento patologico e cause di malattia o fattori di rischio mettendo a confronto gruppi di popolazione caratterizzati da livelli diversi di frequenza di malattia e di esposizione a possibili cause. La natura di tali associazioni è di norma complessa ed è multifattoriale: a una causa possono corrispondere più eventi e viceversa, a uno stesso evento possono concorrere più concause. Tradizionalmente si distinguono cause necessarie e cause sufficienti. Una causa necessaria è un fattore senza il quale la malattia non si manifesta. Una causa sufficiente è un fattore in presenza del quale si riscontra sempre la malattia. In verità, nella realtà, esiste una rete minima e necessaria di interazioni di diversi fattori che agiscono contestualmente o in sequenza, attraverso uno o più meccanismi causali che determinano l'insorgenza di malattia. Un episodio di malattia è frutto dell'interazione tra: 1) un agente eziologico dotato di una specifica capacità infettante e virulenza; 2) un ospite, il cui livello di suscettibilità all'infezione è connesso allo stato immunitario e al proprio patrimonio genetico; e 3) la capacità di altri fattori ambientali di modificare e influenzare il rapporto agente patogeno-ospite. Alcuni fattori concorrono in maniera sinergica con un effetto additivo, frutto della somma dei singoli effetti, o moltiplicativo e cioè potenziato dall'interazione. Altri fattori esercitano, invece, un effetto antagonista: si tratta dei cosiddetti fattori di prevenzione che sono in grado di posporre il manifestarsi degli episodi di malattia o di ridurne la frequenza nella popolazione. Nella realtà, comunque, è complicato distinguere semplici associazioni da vere relazioni causa-effetto. Un vero nesso di causalità, ad ogni modo, non può esistere se non è rispettata la sequenza temporale: una causa deve necessariamente precedere l'effetto [39]. In altre parole, l'esposizione alla causa deve precedere l'insorgenza della malattia.

In Italia, segnalazioni di perdita di colonie in primavera-estate sono state principalmente ascritte a intossicazioni da pesticidi, mentre le morie invernali sono state ricondotte a infestazioni da *Varroa destructor* e forme virali associate [5]. A livello europeo, tra i fattori di rischio delle perdite invernali sono state riportate coinfezioni di *Varroa destructor*, DWV [40] e virus della paralisi acuta (ABPV) [41]. A tutt'oggi si stanno indagando le possibili cause di perdite delle colonie. Recentemente è stata richiamata l'attenzione dei ricercatori sull'eventuale ruolo nelle morie di api svolto dai batteri endosimbionti dei parassiti [42].

Per poter chiarire le cause e i fattori di rischio che determinano malattie, perdite di colonie e spopolamenti e individuare misure preventive e di controllo, riveste fondamentale importanza standardizzare i metodi di ricerca epidemiologica e di raccolta dati da parte della comunità scientifica. Il network internazionale COLOSS (COlony LOSSes) è stato creato proprio con l'obiettivo di coordinare gli sforzi dei ricercatori mirati a spiegare e prevenire gli episodi di perdita delle colonie [37]. Da questa attività è scaturito il BEE BOOK (www.coloss.org/beebook) che si propone come uno standard per l'attività di monitoraggio e la ricerca. Anche il report *Bee mortality and bee surveillance in Europe*, pubblicato nel 2008 dall'Autorità Europea sulla Sicurezza Alimentare (EFSA) su mandato della Commissione Europea, ha ammesso la natura multifattoriale dei fenomeni di mortalità delle api e ha posto l'attenzione sulla necessità di armonizzazione dei sistemi di sorveglianza [43].

Nel 2012 è stato avviato a livello europeo, su adesione volontaria di 17 Stati Membri, un progetto pilota di sorveglianza finanziato dalla Commissione Europea e coordinato dal Laboratorio di referenza europeo per la salute delle api, attivato nell'aprile 2011 a Sophia Antipolis, Francia. Il progetto, cui partecipa anche l'Italia, si propone di stimare la mortalità delle colonie, i livelli di prevalenza delle principali malattie e di individuare i fattori di rischio alla base dell'estinzione delle famiglie. Presupposti di tale studio epidemiologico, che mira a raccogliere dati accurati e confrontabili, sono una terminologia condivisa, in particolare per il concetto di mortalità delle famiglie durante il periodo invernale e nella stagione produttiva e in caso di malattia, e l'armonizzazione dei protocolli di campionamento e delle metodiche di analisi di laboratorio [44].

1.3.3 Profilassi e terapia

L'Organizzazione Mondiale per la salute Animale (OIE) ha stilato delle linee guida per il controllo ufficiale delle malattie delle api ritenute necessarie per il controllo delle malattie endemiche e per garantire la sicurezza degli scambi internazionali di api, loro prodotti e attrezzatura apistica nei confronti delle malattie esotiche [45].

In ciascuno Stato Membro dovrebbe esistere un'anagrafe ufficiale degli apiari presenti sul territorio, imprescindibile per attuare un sistema di sorveglianza ufficiale permanente. Le informazioni, da registrarsi con cadenza annuale, dovrebbero consistere nella localizzazione delle postazioni, stanziali e nomadi, anche mediante coordinate geografiche, nel corrispondente numero medio di colonie e nei dati anagrafici dell'apicoltore. Il sistema di sorveglianza ufficiale permanente, coordinato dall'Autorità Veterinaria, dovrebbe prevedere:

- visite annuali su un campione di apiari proporzionato al rischio dell'area, nel periodo più indicato per il riscontro delle malattie e eventuali ulteriori visite in occasione di spostamenti o operazioni commerciali a rischio per la diffusione delle malattie;
- la raccolta di campioni ufficiali per la diagnosi delle malattie;

- eventuali trattamenti sulle colonie e misure di sanificazione efficaci (pulizia, disinfezione o disinfestazione), inclusa la distruzione, preferibilmente con il fuoco, di colonie e attrezzature, per assicurare l'eradicazione di qualsiasi focolaio di malattia.

Il commercio internazionale, inoltre, dovrebbe essere consentito ad apiari riconosciuti da parte dell'Autorità Veterinaria a seguito di visite e campionamenti ufficiali favorevoli effettuati con almeno cadenza annuale, e dichiarati indenni dalle malattie della lista OIE sulla base di campionamenti periodici. Gli apicoltori dovrebbero avere l'obbligo:

- di notifica all'Autorità competente in caso di sospetto delle malattie della lista nel proprio apiario o in apiari epidemiologicamente collegati;
- di introdurre in apiario esclusivamente api, attrezzature o prodotti provenienti da apiari con uguale stato sanitario certificato dall'Autorità competente o sottoposto a procedura di risanamento;
- di assicurare la protezione nei confronti di contaminazioni esterne, in particolare negli scambi di regine e accompagnatrici e effettuare campionamenti durante il periodo di allevamento e di spedizione, con cadenza mensile, per il controllo ufficiale.

In aggiunta ai sistemi di sorveglianza ufficiali, per contrastare la diffusione delle malattie è fondamentale che gli apicoltori mettano in atto le cosiddette buone pratiche apistiche [22]. Questo approccio consiste nell'identificare i possibili pericoli in grado di compromettere la salute delle api, la sicurezza e qualità del miele e la produttività, nel definire in termini qualitativi l'entità del danno potenzialmente arrecato e, infine, nell'attuare delle pratiche di allevamento mirate e adeguate per la prevenzione e il controllo di ciascun pericolo. Ad esempio, tra le buone pratiche apistiche rientrano l'identificazione delle arnie e il loro posizionamento in un luogo adeguato, l'ispezione periodica degli alveari, la selezione dei fornitori, l'applicazione dei prodotti anti-varroa con modi e tempi coordinati con gli apiari siti nell'area per evitare le reinfestazioni, la garanzia di un apporto nutritivo adeguato, il bilanciamento delle colonie [23], la sostituzione periodica dei favi, ottenuta rimuovendo dai telaini i vecchi favi e applicando nuovi fogli cerei sui quali le api costruiranno le nuove cellette in modo da eliminare spore o parassiti che vi possono sopravvivere [24] e la pulizia e disinfezione delle attrezzature. In merito alle procedure di disinfezione, è necessario tener conto dello spettro di azione dei disinfettanti, del livello di concentrazione efficace, delle modalità e dei tempi minimi di applicazione, della resistenza del patogeno. I virus, in genere, sono molto resistenti ai disinfettanti; una volta rimossi i detriti dell'alveare ed eliminati col fuoco si può procedere alla sanificazione delle attrezzature con sostanze ossidanti. I batteri, invece, nella forma vegetativa sono generalmente suscettibili ai disinfettanti, mentre le spore possono essere distrutte con una soluzione al 5% di soda caustica a 80°C o impiegata in miscela con l'ipoclorito di sodio. I funghi, infine, sono sensibili alle alte temperature e alla maggior parte dei disinfettanti [46]. Il Codice dello OIE, nel capitolo dedicato alla peste americana, riporta, tra le modalità per la disinfezione delle attrezzature oggetto di importazione, in aggiunta all'ipoclorito di sodio all'1%, anche l'irraggiamento con raggi gamma (10 kGy) o l'immersione in paraffina a 160°C (nel solo caso del legno) [45].

L'apicoltore, inoltre, in qualità di produttore primario di alimenti per l'uomo, è responsabile della sicurezza dei prodotti immessi sul mercato. È tenuto, pertanto, a proteggere il prodotto da possibili contaminazioni, comprese quelle da residui di medicinali attraverso un utilizzo corretto di medicinali autorizzati e una puntuale registrazione dei prodotti impiegati; deve tenere conto di eventuali risultati di laboratorio di rilevanza per la salute umana, applicare procedure di pulizia e sanificazione adeguate e, infine, attuare misure correttive appropriate a seguito di riscontro di problematiche sanitarie [47, 48].

Tra il 2002 e il 2013 sono state molteplici le segnalazioni ufficiali al Sistema Rapido di Allerta per gli alimenti e i mangimi (RASFF) di residui di cloramfenicolo, tetracicline e ossitetracicline, streptomicina, sulfadiazina e sulfatiazolo e metaboliti dei nitrofurani non solo in miele di importazione, in particolare dalla Cina, ma anche in miele di origine comunitaria [49]. L'uso indiscriminato degli antibiotici favorisce l'insorgere di episodi di farmacoresistenza, spuntando le armi per la lotta alle malattie e vanificando gli sforzi dei sistemi di controllo. Ad esempio, all'impiego intensivo, avvenuto in alcuni paesi, delle tetracicline per il controllo della peste americana, è conseguito il riscontro di ceppi resistenti a tetracicline e ossitetracicline [50]. A sfavore dell'impiego di antibiotici, inoltre, vi è l'incapacità di un effettivo controllo della diffusione di peste americana o nosemiasi, poiché i patogeni non vengono eliminati ma la loro presenza viene mascherata annullandone la sintomatologia [23]. La fumagillina, che alle concentrazioni di impiego indicate dal fornitore è effettivamente in grado di contrastare il *Nosema spp.*, a concentrazioni residuali, come potrebbe avvenire in un alveare a distanza dal trattamento principale, sortisce un effetto di aumento della produzione di spore da parte di *Nosema ceranae* [51]. L'impiego di antibiotici in apicoltura in Europa è attualmente vietato e non sono previsti limiti massimi residuali [52].

Negli ultimi anni, gli acaricidi di sintesi più in uso contro *Varroa destructor* sono stati il pesticida organofosforato coumaphos, il piretroidi tau-fluvalinate e l'amitraz. Si tratta di sostanze lipofiliche che tendono ad accumularsi nella cera. Sono noti i fenomeni di resistenza al tau-fluvalinate e al coumaphos [53]. La resistenza agli acaricidi della varroa rappresenta un problema drammatico per l'apicoltura ed è stata posta in relazione con le perdite di colonie diffuse a livello mondiale. Per ridurre l'impatto di tali perdite, è essenziale una pronta evidenziazione della popolazione di varroa resistente e la disponibilità di metodi diagnostici affidabili per testare la suscettibilità dell'acaro varroa a diversi acaricidi. Inoltre, è necessario continuare a condurre ricerche per individuare nuove sostanze varroacide [33] che non diano luogo al problema dei residui nel miele e che non abbiano ripercussioni nocive sulle api, come invece accade per i pesticidi [24]. L'eradicazione della varroa non è un obiettivo perseguibile; si tratta oramai di una malattia a distribuzione ubiquitaria che può essere soltanto tenuta sotto controllo. Tale controllo può essere garantito

Tabella 1.3 Medicinali veterinari autorizzati per le api in Italia

Denominazione	Principio attivo-componenti	Forma farmaceutica/ modalità di somministrazione	LMR
Apibioxal	acido ossalico	polvere, gocciolatura, sublimazione, assenza di covata	non richiesto
Apistan	tau-fluvalinate	strisce	non richiesto
Api Life Var	timolo, mentolo, ess.eucalipto, canfora	tavolette	non richiesto
Apivar	amitraz	strisce, assenza di covata	200 ppb (Reg 37/2010)
Apiguard	timolo	gel	non richiesto
Thymovar	timolo	strisce	non richiesto

associando l'impiego razionale di acaricidi, opportunamente alternati per limitare i fenomeni di resistenza, a pratiche apistiche che riducano la carica parassitaria come il blocco di covata o attraverso la selezione genetica di linee naturalmente resistenti. A livello di alveare, l'obiettivo è di contenere l'infestazione entro il livello critico che determina perdite economiche all'apicoltore [33].

L'Agenzia europea per i medicinali (EMA) ha redatto delle raccomandazioni per lo sviluppo di nuovi trattamenti anti-varroa [54]. Queste linee guida promuovono lo sviluppo di "metodi alternativi di controllo della varroa", basati su misure biotecniche di rimozione fisica del parassita in associazione all'impiego giudizioso di acidi organici e olii essenziali quali acido ossalico, acido formico, acido lattico e timolo, le cui caratteristiche sono buona efficacia, basso rischio di residui e compatibilità. Questi prodotti, tuttavia, risentono di notevole variabilità di efficacia a causa della sensibilità alla temperatura ambientale, allo scarto ridotto tra la dose letale per il parassita e la tossicità per l'ospite e all'impegno e attenzione d'uso che impongono all'apicoltore [28]. I medicinali veterinari attualmente autorizzati in Italia per le api sono acaricidi da impiegarsi in assenza di melario, esenti dall'obbligo di ricetta medico veterinaria (Tabella 1.3).

Una delle possibilità di lotta alla varroa che i ricercatori stanno approfondendo è quella di selezionare linee di api naturalmente resistenti [24, 28]. Questa possibilità nasce dall'osservazione di ciò che avviene in natura: fuchi diversi sono caratterizzati da un patrimonio di geni che determinano una diversa resistenza alle malattie, variando da un elevato livello di tolleranza a uno stato di totale suscettibilità [55]. Le api operaie figlie dello stesso padre sono provviste di elevata somiglianza genetica [24]. Pertanto, l'accoppiamento della regina con una media di 12 fuchi garantisce una sufficiente eterogeneità genetica della colonia aumentandone, nel complesso, le chance di sopravvivenza [55].

Alcuni riscontri suggeriscono, inoltre, che esiste maggiore tolleranza alle malattie e allo stress in ceppi indigeni, meglio adattati alle condizioni ambientali del luogo di origine [56]. Attraverso le più recenti metodiche di laboratorio, pertanto, i ricercatori stanno cercando di individuare marker genetici di tratti di resistenza ereditabili in base ai quali operare la selezione di individui resistenti alle diverse malattie.

Tra le nuove prospettive di lotta vi sono, infine, strumenti di controllo biologico quali feromoni e ormoni, in grado di interferire con le capacità riproduttive e la crescita dell'acaro, o patogeni, predatori o antagonisti del parassita come alcuni funghi appartenenti al genere *Beauveria* [57].

Bibliografia

1. Gallai N, Salles JM, Settele J, Vaissiere BE (2009) Economic valuation of the vulnerability of world agriculture confronted with pollinator decline. Ecological Economics 68:810–821
2. Klein A-M, Vaissiere BE, Cane JH et al (2007) Importance of pollinators in changing landscapes for world crops. Proc Royal Soc B 274:303–313
3. Aizen MA, Morale CL, Morales JM (2008) Invasive mutualists erode native pollination webs. Plos Biol 6:e31
4. Accorti M, Luti F (2000) Imenotteri e impollinazione. Edizioni della Giunta regionale Toscana, Firenze, pp 219–231
5. Mutinelli F, Costa C, Lodesani M et al (2010) Honey bee colony losses in Italy. Journal of Apicultural Research 49(1):119–120
6. Allsopp MH, de Lange WJ, Veldtman R (2008) Valuing insect pollination services with cost of replacement. PLoS One 3:e3128
7. Steffan-Dewenter I, Westphal C (2008) The interplay of pollinator diversity, pollination services and landscape change. J Appl Ecol 45:737–741
8. Ghazoul J (2013) Pollination decline in context. Science 340:923–924
9. Thompson HM (2003) Behavioural effects of pesticides in bees – their potential for use in risk assessment. Ecotoxicology 12:317–330
10. Nazzi F, Brown SP, Annoscia D et al (2012) Synergistic parasite-pathogen interactions mediated by host immunity can drive the collapse of honeybee colonies. PLoS Pathog 8(6):e1002735
11. Henry M, Beguin M, Requier F et al (2012) A common pesticide decreases foraging success and survival in honey bees. Science 336:348–350
12. Palacios G, Hui J, Quan PL et al (2008) Genetic analysis of Israel Acute Paralysis Virus: distinct clusters are circulating in the United States. J Virol 82:6209–6217
13. Solignac M, Cornuet JM, Vautrin D et al (2005) The invasive Korea and Japan types of Varroa destructor ectoparasitic mites of the Western honeybee (Apis mellifera) are two partly isolated clones. Proc Roy Soc Lond B 272:411–419
14. Le Conte Y (2008) Climate change: impact on honey bee populations and diseases. Rev Sci Tech 27:499
15. Ellis JD, Munn PA (2005) The worldwide health status of honeybees. Bee World 86(4):88–101
16. Klee J, Besana AM, Genersch E et al (2007) Widespread dispersal of the microsporidian Nosema ceranae, an emergent pathogen of the western honey bee, Apis mellifera. J Invertebr Pathol 96:1–10
17. BeeNet: apicoltura e ambiente in rete. Anno II – N. 2 Supplemento Agosto-Settembre 2012. http://www.reterurale.it/flex/cm/pages/ServeBLOB.php/L/IT/IDPagina/12049. Accessed 04 October 2013
18. Webster TC, Delaplane KS (2001) Mites of the honey bee. Dadant and Sons, Hamilton, IL

19. Lounsberry L, Spiewok S, Pernal SF et al (2010) Worldwide diaspora of Aethina tumida (Coleoptera: Nitidulidae), a nest parasite of honey bees. Ann Entomol Soc Am 103(4):671–677
20. Ellis JD, Zettel Nalen CM (2013) Varroa Mite, Varroa destructor Anderson and Trueman (Arachnida: Acari: Varroidae). University of Florida, Department of Agriculture and Consumer Services. EENY-473, https://edis.ifas.ufl.edu/pdffiles/IN/IN85500. Accessed 4 October 2013
21. Evans JD, Schwarz RS (2011) Bees brought to their knees: microbes affecting honey bee health. Trends Microbiol 19(12):614–620
22. Fries I, Camazine S (2001) Implications of horizontal and vertical pathogen transmission for honey bee epidemiology. Apidologie 32:199–214
23. Formato G, Smulders FJ (2011) Risk management in primary apicultural production. Part 1: bee health and disease prevention and associated best practices. Veterinary Quarterly 31(1):29–47
24. Royce LA, Rossignol PA (1990) Epidemiology of honey bee parasites. Parasitology Today 6(11):348–353
25. De Miranda JR, Genersch E (2010) Deformed wing virus. J Invertebr Pathol 103:S48–S61
26. Chen Y, Evans J, Feldlaufer M (2006) Horizontal and vertical transmission of viruses in the honey bee, Apis mellifera. J Invertebr Pathol 92:152–159
27. Smith ML (2012) The honey bee parasite Nosema ceranae: transmissible via food exchange? PlosOne 7(8):e43319
28. Rosenkranz P, Aumeier P, Ziegelmann B (2010) Biology and control of Varroa destructor. J Invertebr Pathol 103:S96–S119
29. Evans JD, Spivak M (2010) Socialized medicine: individual and communal disease barriers in honey bees. J Invertebr Pathol 103:S62–S72
30. Mutinelli F (2011) The spread of pathogens through trade in honey bees and their products (including queen bees). Rev Sci Tech Off Int Epiz 30(1):257–271
31. Genersch E (2010) American foulbrood in honeybees and its causative agent, Paenibacillus larvae. J Invertebr Pathol 103:S10–S19
32. Dainat B, Evans JD, Chen YP et al (2012) Dead or alive: deformed wing virus and Varroa destructor reduce the life span of winter honeybees. Appl Environ Microb 78(4):981–987
33. Dietemann V, Nazzi F, Martin SJ et al (2013) Standard methods for varroa research, J Apicult Res doi:10.3896/IBRA.1.52.1.09
34. Krupke CH, Hunt GJ, Eitzer BD et al (2012) Multiple routes of pesticides exposure for honey bees living near agricultural fields. PlosOne 7(1):e29268
35. Commissione Europea (2013) Regolamento di esecuzione (UE) n. 485/2013 della Commissione del 24 maggio 2013 che modifica il regolamento di esecuzione (UE) n. 540/2011 per quanto riguarda le condizioni di approvazione delle sostanze attive clothianidin, tiametoxam e imidacloprid, e che vieta l'uso e la vendita di sementi conciate con prodotti fitosanitari contenenti tali sostanze attive
36. Van Engelsdorp D, Evans JD, Saegerman C et al (2009) Colony collapse disorder: a descriptive study. PlosOne 4(8):e6481
37. Neumann P, Carreck NL (2010) Honey bee colony losses. J Apicult Res 49(1):1–6
38. Szklo M, Nieto FJ (2000) Epidemiology: beyond the basic. Aspen Publishers, Gaithersburg, ML
39. Rothman KJ (2002) Epidemiology. An introduction. Oxford University Press, New York
40. Dainat B, Evans JD, Chen YP et al (2012) Predictive markers of honey bee colony collapse. PLoS One 7(2):e32151
41. Genersch E, von der Ohe W, Kaatz H et al (2010) The German bee monitoring project: a long term study to understand periodically high winter losses of honey bee colonies. Apidologie 41:332–352
42. Aebi A, Neumann P (2011) Endosymbionts and honey bee colony losses? Trends Ecol Evol 26(10):494
43. A Report from the Assessment Methodology Unit in Response to Agence Francaise de Securite Sanitaire des Aliments (AFSSA) (2008) Bee mortality and bee surveillance in Europe. The Efsa Journal 154:1–28

44. European Union Reference Laboratory for honeybee health (2011) Basis for a pilot surveillance project on honeybee colony losses. http://ec.europa.eu/food/animal/liveanimals/bees/docs/annex_i_pilot_project_en.pdf. Accessed 15 July 2013
45. World Organisation for Animal Health (OIE) (2013) Terrestrial Animal Health Code, 22nd edn. OIE, Paris. http://www.oie.int/international-standard-setting/terrestrial-code/access-online. Accessed 8 September 2013
46. Titera D, Bednár M, Dolínek J et al (2009) Hygiene in the apiary: a manual for hygienic beekeeping. Bee Research Institute Do l:1–35
47. Commissione Europea (2004) Regolamento n. 852/2004 del Parlamento Europeo e del Consiglio del 29 aprile 2004 sull'igiene dei prodotti alimentari
48. Decreto Legislativo 6 aprile 2006, n. 193, Attuazione della direttiva 2004/28/CE recante codice comunitario dei medicinali veterinari (GU n. 121 del 26/05/2006 – Suppl Ordinario n. 127)
49. Rapid Alert System for Food and Feed (RASFF) https://webgate.ec.europa.eu/rasff-window/portal. Accessed 18 August 2013
50. De Graaf DC, Alippi AM, Antúnez K et al (2013) Standard methods for American foulbrood research. J Apicult Res doi:10.3896/IBRA.1.52.1.11
51. Huang WF, Solter LF, Yau PM, Imai BS (2013) Nosema ceranae escapes fumagillin control in honey bees. PlosOne 9(3):e1003185
52. Commissione Europea (2010) Regolamento (UE) n. 37/2010 della Commissione del 22 dicembre 2009 concernente le sostanze farmacologicamente attive e la loro classificazione per quanto riguarda i limiti massimi di residui negli alimenti di origine animale
53. Johnson RM, Dahlgren L, Siegfried BD, Ellis MD (2013) Acaricide, fungicide and drug interactions in honey bees (Apis mellifera). PlosOne 8(1):e54092
54. European Medicines Agency (2011) Guideline on veterinary medicinal products controlling Varroa destructor parasitosis in bees. http://www.ema.europa.eu/docs/en_GB/document_library/Scientific_guideline/2010/11/WC500099137.pdf. Accessed 12 November 2013
55. Tarpy DR (2003) Genetic diversity within honeybee colonies prevents severe infections and promotes colony growth. Proc Biol Sci 270(1510):99–103
56. Costa C, Büchler R, Berg S et al (2012) A Europe-wide experiment for assessing the impact of genotype-environment interactions on the vitality and performance of honey bee colonies: experimental design and trait evaluation. J Apicult Sci 56(1):147–158
57. Dietemann V, Pflugfelder J, Anderson D et al (2012) Varroa destructor: research avenues towards sustainable control. J Apicult Res 51(1):125–132

Le difese naturali delle colonie di api contro le malattie

2

David Baracchi, Stefano Turillazzi, Antonio Felicioli

2.1 Difese individuali e immunità sociale

David Baracchi, Stefano Turillazzi

2.1.1 Introduzione

2.1.1.1 La socialità e le malattie

Le malattie possono influire seriamente sulla sopravvivenza e sul successo riproduttivo degli organismi viventi e rappresentano un potente agente di selezione naturale. La crescente consapevolezza dello stretto rapporto che intercorre tra socialità e malattie ha portato negli ultimi anni a un interesse sempre più vivo da parte della comunità scientifica e a interrogativi di tipo generale su questo affascinante argomento della biologia: che ruolo ricopre la socialità nell'evoluzione della resistenza alle malattie? L'alta densità di individui, spesso associata alle colonie di insetti sociali, le rende più suscettibili alle infezioni e alla trasmissione di patogeni? La vita di gruppo è in grado di offrire nuovi meccanismi di cooperazione che permettono di abbassare il rischio di incorrere in malattie ed epidemie? Le conoscenze fino ad oggi acquisite suggeriscono che la socialità sia generalmente associata a una maggiore esposizione ai patogeni

D. Baracchi (✉)
School of Biological and Chemical Sciences, Queen Mary University of London
Londra, Regno Unito
e-mail: d.baracchi@qmul.ac.uk

S. Turillazzi
Dipartimento di Biologia, Università degli Studi di Firenze
e-mail: stefano.turillazzi@unifi.it

A. Felicioli
Dipartimento di Scienze Veterinarie, Università di Pisa
e-mail: antonio.felicioli@unipi.it

A cura di E. Carpana, M. Lodesani, *Patologia e avversità dell'alveare*,
DOI: 10.1007/978-88-470-5650-3_2, © Springer-Verlag Italia 2014

e al rischio di epidemie [1, 2]. Le cause primarie sono da ricercarsi soprattutto in fattori intrinseci alla socialità stessa, quali l'alta densità di popolazione, il frequente contatto fisico tra i compagni di nido e la ridotta variabilità genetica [2–4]. Nonostante ciò, gli imenotteri sociali (api, vespe e formiche) e le termiti hanno avuto un enorme successo in tutti gli ecosistemi a conferma di efficaci strategie e meccanismi di difesa evoluti nei confronti di numerosi agenti patogeni. Studi recenti hanno di fatto dimostrato che il comportamento sociale può, in alcuni casi, anche essere associato a una riduzione del carico parassitario a causa di risposte immunitarie densità-dipendenti o strategie difensive collettive [5, 6]. La socialità permette, infatti, di acquisire un alto grado di protezione contro i parassiti a livello di colonia, con difese comportamentali rese possibili solamente grazie alla collaborazione di tutti i membri del gruppo [5–7]. Il fatto che la socialità porti da un lato all'aumento del rischio di trasmissione di malattie e, dall'altro, a nuove strategie difensive non rappresenta una contraddizione ma è una diretta conseguenza delle dinamiche coevolutive che si instaurano ogni volta che un parassita incontra il suo ospite. Continui adattamenti e contro-adattamenti derivanti dalla corsa agli armamenti tra ospite e parassita vengono, infatti, messi continuamente in atto da entrambe le parti in un sistema evolutivo costantemente in equilibrio [8].

2.1.1.2 L'ape e le sue strategie difensive

Le colonie di api, con le loro riserve di miele e polline, l'elevata massa di covata e di api adulte, sono obiettivi fortemente remunerativi per molti predatori e patogeni. La temperatura costante e relativamente elevata e gli alti livelli di umidità mantenuti in un nido di api rendono la colonia stessa un ambiente perfetto per l'incubazione di microrganismi come protozoi, funghi, batteri e virus. In risposta, le api hanno evoluto numerosi adattamenti fisiologici e comportamentali per ridurre al minimo l'aumento del rischio di infezioni e malattie epidemiche [9]. Come tutti gli animali vertebrati e invertebrati, le singole api di tutte le età e caste posseggono meccanismi individuali fisiologici e immunologici per limitare l'impatto deleterio dei microorganismi patogeni [10–12]. Questi meccanismi coinvolgono sia un aumento della "resistenza" che della "tolleranza" ai diversi agenti patogeni. La "resistenza" alle infezioni, definita come la capacità di opporsi al processo infettivo, è raggiunta mediate l'innalzamento di barriere meccaniche, chimiche e fisiologiche (prima linea di difesa) o mediante l'attivazione di risposte di difesa appropriate una volta che l'infezione è avvenuta (seconda linea di difesa). La "tolleranza" agli agenti patogeni, definita come la capacità dell'ospite di sopportare lo sviluppo del patogeno senza subire danni apprezzabili, è raggiunta compensando i costi energetici o il danno tissutale causato dai patogeni o dalla risposta immunitaria stessa dell'ape. Chiaramente, quando un insetto, come la singola ape, vive all'interno di un sistema sociale, è in grado di mettere in atto e sfruttare sia le difese individuali che quelle collettive, creando i presupposti per una selezione che agisce simultaneamente a entrambi questi livelli [13].

2.1.2 Le difese individuali

2.1.2.1 Genetica

Recenti dati ottenuti dal genoma dell'ape hanno dimostrato che essa possiede un minor numero di geni coinvolti nella risposta immunitaria (in tutte le sue fasi, dal riconoscimento del patogeno alla produzione dei peptidi antimicrobici) rispetto a specie solitarie come *Anopheles gambiae* e *Drosophila melanogaster* [14]. Per esempio, l'ape ha la metà delle proteine adibite al riconoscimento dei peptidoglicani rispetto a *D. melanogaster*, *A. gambiae*, e *Tribolium castaneum* [10, 14] e possiede un solo gene proPO (precursore molecolare fondamentale per la risposta immunitaria) rispetto ai nove di *A. gambiae* e ai tre di *D. melanogaster* [10]. Anche se l'ape presenta gli stessi pathways metabolici implicati nella risposta immunitaria (Toll, IMD JAK/STAT, e JNK), questi percorsi sembrano essere ridotti e semplificati rispetto ad alcune specie solitarie [10, 14]. Questa ridotta flessibilità delle capacità dell'ape di riconoscere e resistere ai patogeni (almeno a livello molecolare) potrebbe essere spiegata dal fatto che le api compensano tale lacuna mediante meccanismi di difesa collettiva che emergono a livello di colonia [7, 9]. Negli insetti sociali la genetica influenza le difese immunitarie non solo a livello genomico ma anche a livello di variabilità coloniale. Esistono numerose evidenze che la variabilità genetica coloniale contribuisce alla resistenza verso i parassiti in bombi e api [15–17]. Le api regine si accoppiano con una media di 13 fuchi e tra le varie ipotesi utilizzate per spiegare questa poliandria estrema, la più accreditata è quella che una maggior variabilità genetica ai loci per la resistenza alle malattie porterebbe a una diminuzione della suscettibilità alle malattie stesse [3, 4, 16, 17]. Ad esempio, Tarpy [16] e Seeley e Tarpy [17] hanno trovato che le colonie di *A. mellifera* le cui regine erano state inseminate artificialmente con più maschi erano in grado di resistere meglio alle infezioni di *Ascosphaera apis* (agente eziologico della covata calcificata) e di *Paenibacillus larvae* (agente eziologico della peste americana).

2.1.2.2 Barriere meccaniche e secrezioni antisettiche

La prima linea di difesa della singola ape è costituita da barriere meccaniche. Queste barriere sono rappresentate dal tegumento (formato dall'interno verso l'esterno dalla membrana basale, l'epidermide, la cuticola e uno strato epicuticolare composto principalmente da cere, lipidi e peptidi derivanti dal veleno), e dagli strati epiteliari interni (intestino) che prevengono l'adesione e la penetrazione di agenti estranei nel corpo dell'insetto. Oltre a questa difesa esterna, una seconda linea di "resistenza" dell'insetto è costituita da inibitori fisiologici in grado di indurre cambiamenti nel pH e in altri parametri metabolici nell'intestino dell'insetto e/o da secrezioni ghiandolari (in particolare, le secrezioni delle ghiandole ipofaringee, mandibolari, salivari e della ghiandola del veleno) in grado di produrre sostanze chimiche battericide e fungicide. Ad esempio, il peptide royalisina, di cui è nota l'attività antifungina e antibatterica (nei confronti di *Paenibacillus larvae*) [18, 19], è stato isolato e caratterizzato dalla pappa reale delle api e il suo mRNA è stato ritrovato nelle ghiandole ipofaringee, in quelle mandibolari e nelle ghiandole salivari toraciche delle operaie [19].

La ghiandola del veleno, nelle api così come in altri imenotteri aculeati, è stata recentemente indicata come la più importante fonte di sostanze antimicrobiche [20]. L'applicazione di veleno sulla superficie del corpo come mezzo di protezione contro i patogeni è stata studiata nelle formiche [21], nelle vespe [22–24] e in quattro specie di api da miele [25, 26]. Il veleno di ape è composto da un ampio spettro di molecole, che spaziano da ammine biogene a peptidi e proteine la cui struttura e funzione sono stati in gran parte determinati. Melittina, apamina e MCD sono i principali composti della frazione peptidica del veleno e ci sono numerose riprove sperimentali che, sebbene l'apamina manchi di proprietà antisettiche [27], la melittina possiede una forte attività antimicrobica e antivirale [20]. Inoltre, il fatto che l'MDC di altri artropodi mostri attività antifungina e antimicrobica suggerisce che anche quello dell'ape possieda proprietà analoghe [20]. La presenza di peptidi del veleno sulla cuticola di almeno quattro specie di api può essere spiegato con la spalmatura del veleno sulla cuticola mediante l'auto-grooming. Questo concorda con la totale assenza dei peptidi del veleno sulla cuticola dei fuchi di *A. mellifera* e *A. cerana* [25, 26].

2.1.2.3 Il sistema immunitario dell'ape

La linea di difesa che entra in gioco quando le prime barriere vengono violate è rappresentata dalla risposta cellulare e da quella umorale. La prima si riferisce a risposte coordinate di diverse sottopopolazioni di emociti (cellule presenti nell'emolinfa) che sono in grado di riconoscere, fagocitare e neutralizzare corpi estranei, mentre la seconda comporta la sintesi, indotta direttamente dalle infezioni, di peptidi antimicrobici e proteine a partire dalle riserve di grasso presenti nel corpo dell'insetto (corpi grassi) e, in maniera minore, dalle stesse cellule emocitarie.

Sistema cellulare

L'immunità cellulare è presente in tutti gli invertebrati. Quattro tipi di emociti sono comuni a tutti gli insetti: i proemociti (le cellule staminali che possono differenziarsi in altri tipi di emociti), i granulociti, i plasmociti e i lamellociti [28]. Il conteggio totale degli emociti viene generalmente utilizzato come misura indiretta dell'immunocompetenza cellulare di un individuo [11]. Il numero basale di emociti correla positivamente con la capacità di incapsulamento [29], con l'attività della fenolossidasi [30] e con la resistenza ai parassitoidi [31]. I granulociti rilasciano fattori chemiotattici nell'emolinfa per attirare i plasmatociti e giocano un ruolo importante nella coagulazione dell'emolinfa, nella guarigione delle ferite e nei processi immunitari quali la formazione di noduli e l'incapsulamento, sia nell'adulto che nella larva [32]. I plasmociti sono gli omologhi funzionali dei macrofagi dei vertebrati e possono fagocitare piccoli corpi estranei (come batteri e lieviti) e aderire e contrassegnare quelli più grandi come corpi non-self. Quando l'emolinfa viene infettata da una grande quantità di batteri o spore funginee, gli emociti producono noduli. Entro pochi minuti dall'infezione i batteri vengono aggregati e neutralizzati grazie all'intervento dei granulociti. Successivamente, i plasmociti si aggregano formando intorno all'aggregato uno strato di cellule necrotiche e melanizzate e cellule batteriche morte che vengono racchiuse all'interno di un nodulo sclerotizzato [32]. In molti insetti, grossi corpi estranei come larve e uova di parassitoidi evocano una risposta cellulare nota come incapsulamento, un processo analogo a quello sopra descritto, ma di dimensioni più rilevanti, che produce una grossa struttura melanizzata in seguito alla differenziazione dei plasmociti in lamellociti. Nel giro di 24 ore circa queste cellule specializzate e appiattite si attaccano al corpo estraneo e lo incapsulano, producendo uno strato duro di melanina attorno ad esso. La capacità di incapsulare un corpo estraneo correla positivamente con la resistenza dell'insetto alle infezioni virali [33], ai parassiti [34] e ai parassitoidi [35].

Nel caso specifico dell'ape esiste un marcato polietismo temporale, in cui il passaggio da nutrice a bottinatrice è associato a un marcato declino nell'immunità: un aumento sistemico dell'ormone giovanile induce la morte degli emociti attraverso picnosi nucleare [36, 37]. Questa reazione a cascata termina con una drammatica perdita di emociti e, con essi, di tutte le importanti funzioni immunologiche che essi ricoprono quali la fagocitosi, l'incapsulamento, la nodulazione, e la riparazione delle ferite [38]. Inoltre, le cellule immunitarie producono anche peptidi antibatterici, e contengono la maggior parte dell'enzima che regola la fenolossidasi (PO, vedi di seguito) e i passaggi cruciali nella risposta immunitaria di melanizzazione [39].

Sistema umorale

Come per l'immunità cellulare, i processi immunitari umorali dell'ape sono simili a quelli degli altri invertebrati non sociali. L'immunità umorale è determinata dalla componente antimicrobica non cellulare dell'emolinfa e la risposta immunitaria è indotta dalle ferite o dalla presenza di patogeni all'interno del corpo [10]. Una stima indiretta dell'immunocompetenza umorale può essere effettuata mediante la quantificazione dei corpi grassi. Il grasso corporeo degli insetti è funzionalmente analogo al fegato dei vertebrati e produce molte delle proteine coinvolte nella difesa dai patogeni. L'ape possiede quattro pathways molecolari principali e interconnessi tra di loro: Toll, IMD Jak/STAT, e JNK (Fig. 2.1) [10]. Questi percorsi sono costituiti da proteine che riconoscono gli antigeni dei parassiti, proteine che modulano e amplificano il segnale di riconoscimento e proteine effettrici o metaboliti direttamente coinvolti con l'inibizione dei parassiti stessi. Le vie metaboliche attivate portano al rilascio di fattori che inducono la trascrizione di geni che codificano per peptidi antimicrobici o altri effettori, come quelli coinvolti nella melanizzazione (pathway della PO, vedi in seguito). Nell'emolinfa dell'ape sono stati identificati almeno 4 peptidi antimicrobici (apidecina, abaecina, hymenoptaecina e defensina) che

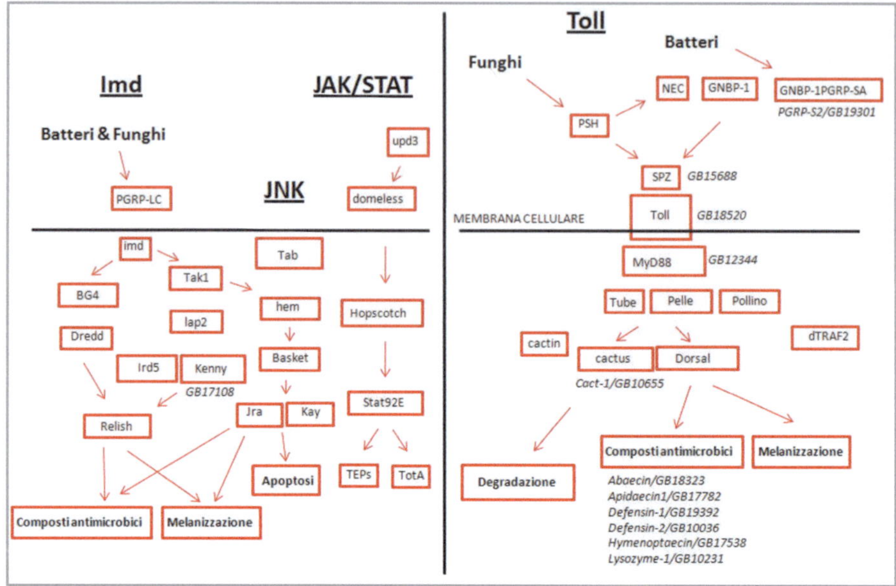

Fig. 2.1 Pathways molecolari proposti per *Apis mellifera*: Toll, IMD Jak/STAT, e JNK. I nomi nei riquadri fanno riferimento a quelli di *Drosophila melanogaster*, mentre i nomi in italico si riferiscono a geni sovraespressi in *A. mellifera* in seguito a un'infezione. Modificato con autorizzazione da [10]

sono prodotti da emociti e corpi grassi in risposta al riconoscimento di varie classi di microbi. Alcune proteine antimicrobiche sono poco selettive nella loro attività e sono efficaci contro molti batteri. Al contrario, altre proteine presentano un'alta selettività mediata dalla specificità di legame con classi di molecole tipiche dei patogeni stessi come i peptidoglicani batterici o i residui di betaglucano dei funghi.

È stato recentemente dimostrato che il sistema immunitario di apidi (*Bombus terrestris*) è in grado di rispondere in modo specifico a patogeni incontrati in precedenza, conferendo protezione verso successive esposizioni agli stessi per oltre tre settimane [40]. Sempre nei bombi (*B. terrestris*) è stato dimostrato che le regine artificialmente infettate con lipopolisaccaridi (LPS) batterici sono in grado di trasmettere verticalmente alle figlie una maggiore competenza immunitaria [41]. Queste scoperte potrebbero aprire le porte alla possibilità di sviluppare vaccini anche per insetti.

Il pathway della fenolossidasi (PO) è una componente centrale della risposta immunitaria nell'emolinfa degli insetti connessa con i pathways molecolari sopracitati. Sebbene la PO svolga un ruolo importante nell'immunocompetenza cellulare, essa può funzionare come proteina immunitaria umorale indipendente. La PO viene prodotta quando il suo precursore (proPO) è attivato in risposta a un qualsiasi stimolo prodotto da un patogeno. La PO agisce ossidando i derivati della tirosina per formare chinoni tossici (battericidi) che vengono poi polimerizzati in melanina (proteina che indurisce e si oscura intorno a un corpo estraneo permettendone l'isolamento dall'emolinfa). Esiste una relazione ben documentata tra l'attività della PO e la resistenza degli insetti ai virus [42], ai batteri [43], ai funghi [44], ai parassiti [45] e ai parassitoidi [42].

2.1.2.4 Simbionti intestinali (microbiota)

L'intestino degli insetti rappresenta un ambiente ottimale per la colonizzazione microbica, e i batteri dell'intestino forniscono potenzialmente molti benefici per i loro ospiti, in particolare per il metabolismo del cibo e per la difesa da patogeni [46]. Sebbene un ostacolo all'evoluzione di un'intima associazione tra insetti e microrganismi intestinali sia la mancanza di vie di trasmissione verticale tra gli individui, gli insetti sociali rappresentano un'eccezione proprio grazie alla vita di gruppo. Nell'ape, i batteri simbionti dell'intestino posteriore degli adulti sono acquisiti nei primissimi giorni dopo lo sfarfallamento, grazie alle interazioni tra i vari individui della colonia [47].

Studi indipendenti dei profili di comunità batteriche, basati su sequenze di rRNA 16S, mostrano che le operaie di *A. mellifera* e di alcune specie di *Bombus* ospitano un numero consistente di microrganismi intestinali distintivi che non si ritrovano nelle api solitarie [48]. Questo microbiota è costituito da almeno otto filotipi distinti: tre Gram-positivi (due *Firmicutes* collocabili all'interno dei *Lactobacillus* e un *Bifidobacterium*) e cinque Gram-negativi (due α-proteobatteri, un β-proteobacterium, due γ-proteobatteri strettamente affini) [47]. Queste specie costituiscono più del 99% di tutte le sequenze batteriche rilevate negli intestini di api provenienti da diverse colonie e diverse aree geografiche [49], suggerendo uno stretto e duraturo rapporto di coevoluzione mutualistica con i loro ospiti. Inoltre, il sequenziamento del metagenoma del microbiota intestinale delle api ha rilevato un notevole grado di diversità genetica all'interno di queste poche specie batteriche intestinali [46]. L'analisi suggerisce che le diverse specie batteriche abbiano acquisito specifiche abilità che avvantaggiano direttamente l'ospite (critiche, per esempio, per difendere l'ape da altri patogeni oppure per la digestione dei carboidrati e la degradazione della parete dei pollini) che sono state selezionate in seguito alla stretta relazione simbiontica instaurata con l'ospite stesso [47]. I batteri endogeni ritrovati nelle api hanno inoltre dimostrato di essere in grado di inibire la crescita del fungo *Ascosphaera apis* (covata calcificata) e del batterio *Paenibacillus larvae* (peste americana) [50].

2.1.3 Le difese di gruppo

2.1.3.1 Il superorganismo e l'immunità sociale

L'analogia tra colonie di insetti sociali e organismi pluricellulari fu proposta per la prima volta da Morton Wheeler [51] che coniò il termine *superorganismo* per indicare una colonia di insetti. L'approccio di Wheeler si basava essenzialmente su evidenti similitudini (parallelismi funzionali) tra molte delle caratteristiche proprie dei due tipi di organizzazione biologica. Per esempio, i singoli membri di una colonia venivano equiparati alle cellule di un organismo pluricellulare, i sessuati alle cellule della linea germinale, i feromoni agli ormoni e così via (Fig. 2.2). A questo approccio se ne è aggiunto, in seguito, uno di tipo evolutivo che ha riconosciuto come la selezione delle colonie di insetti eusociali avvenga primariamente a livello di gruppo e che la risoluzione dei problemi sia prevalentemente collettiva [52].

Le società di insetti e gli organismi pluricellulari devono far fronte alla stessa intensa pressione selettiva di parassiti e patogeni [53] e presentano una serie di analogie negli adattamenti che hanno evoluto per affrontare questa sfida [13]. Sia gli individui che la società hanno bisogno di rilevare e reagire in maniera appropriata a un parassita e/o patogeno invasore, e questi compiti sono svolti dal sistema immunitario umorale e cellulare negli organismi pluricellulari e dai membri del gruppo nelle società [13]. L'idea chiave è che, agendo collettivamente, gli individui di una colonia possano allestire una difesa più efficiente caratterizzata da proprietà emergenti. Questa difesa immunitaria sociale include numerosi meccanismi: molti aumentano la prevenzione della trasmissione delle malattie limitando, allo stesso tempo, l'accesso a individui alieni; altri sono attivati una volta che i patogeni abbiano invaso la colonia. In ogni caso, il fattore comune a questi meccanismi di difesa è che sono tutti basati su comportamenti altruistici o su azioni collettive che arrecano beneficio primariamente alla colonia e solo raramente all'individuo che le compie [7]. Di conseguenza, il sistema di immunità sociale può essere compreso soltanto come un adattamento a livello di colonia.

2.1.3.2 L'alveare come superorganismo

Per quanto riguarda le api da miele, l'idea di considerare l'alveare come un *superorganismo* è stata largamente accettata, ribadita e riveduta in alcuni testi recenti come quelli di Moritz e Southwick [54], Tautz [55] e Seeley [56]. Le difese di un alveare nei confronti di un'ampia gamma di predatori, parassiti e patogeni sono state oggetto di innumerevoli ricerche, ma è solo recentemente che si è cominciato a considerare certi fenomeni vedendoli in un'ottica integrata di risposta a livello coloniale piuttosto che di reazioni di una sommatoria di singoli individui [9, 12]. Nel caso delle difese sociali, è importante distinguere tra difese preventive, atte a impedire l'ingresso di parassiti o patogeni all'interno del nido e difese curative, messe in atto quando i parassiti o patogeni siano già riusciti a penetrare all'interno della colonia.

2.1.3.3 Difese preventive

Uso di secrezioni e sostanze chimiche come cordone sanitario

Una delle prime difese collettive della colonia è rappresentata dall'uso di secrezioni con attività antimicrobica prodotte dai membri della colonia o raccolte dall'ambiente. Numerose specie di api spesso disinfettano i materiali del loro nido con propoli [57] ed è stato recentemente dimostrato che le colonie di *A. mellifera* aumentano il tasso di foraggiamento per la raccolta di resine in seguito all'infezione del fungo *Ascophaera apis* (covata calcificata) [58]. Non è pertanto da escludere che l'uso di queste sostanze (secrete o raccolte) possa aumentare in caso di altre gravi patologie della colonia come quelle dovute a *Paenibacillus*, *Nosema* o a svariate virosi.

Come è stato spiegato nel paragrafo 2.1.2.2, nel veleno degli imenotteri aculeati sono presenti numerosi composti con attività antimicrobica [20]. Il veleno dell'ape non fa eccezione e il 50% del peso secco della secrezione è costituito da melittina (peptide antimicrobico). Questo peptide è facilmente reperibile sulla superficie del corpo delle api operaie e sulla cera del nido, ed è stato ipotizzato che costituisca un'ulteriore difesa chimica contro i microorganismi [25, 26]. In particolare, specie che nidificano in cavità e che potrebbero essere esposte a un numero maggiore di patogeni, come *A. mellifera* e *A. cerana*, presentano una maggior quantità di veleno sulla cera dei favi rispetto a specie che costruiscono il favo all'aperto, come *A. andreniformis* e *A. dorsata* [26]. La funzione e l'utilizzo del veleno vanno dunque oltre lo stereotipo classico di difesa contro i predatori, rappresentando un ottimo esempio di immunità sociale, e il nido, almeno in *A. mellifera* e *A. cerana*, rappresenta un medium dove il veleno agisce come antisettico [26].

Riconoscimento di individui malati o parassitati all'entrata dell'alveare

Le api guardiane rappresentano il primo filtro per prevenire l'ingresso di patogeni e parassiti dentro l'alveare. Questi individui sono abili nel discriminare individui "diversi" e sono in grado di impedire loro l'entrata nell'alveare. Questa capacità è già stata osservata in api guardiane in grado di respingere individui affetti da paralisi cronica (indotta dal virus CBP) [59]. Ma, mentre è ben noto che le guardiane respingono api provenienti da altri alveari grazie al profilo degli idrocarburi presenti sulla loro cuticola [60], non è ancora certo se specifiche particolarità del profilo medino anche il riconoscimento di individui malati o parassitati provenienti dall'esterno. Ciò rimane, tuttavia, altamente probabile, in quanto gli idrocarburi cuticolari sono effettivamente alla base della discriminazione della prole e degli adulti infetti all'interno dell'alveare [59–63].

Immunità e organizzazione sociale

L'organizzazione coloniale negli insetti sociali è stata modellata principalmente da fattori legati all'ottimizzazione ergonomica [64] ma, poiché essa può interagire con numerose variabili epidemiologiche, ne è stata evidenziata l'importanza anche per la difesa dalle malattie infettive [4, 7]. Dato che i patogeni possono diffondersi sia direttamente, a causa della vicinanza spaziale e dei contatti fisici, che indirettamente, attraverso la condivisione della superficie del nido [65], è stato recentemente proposto che, all'interno delle colonie, il tasso dei contatti tra i vari membri sia regolato e limitato al massimo (immunità da organizzazione) [7, 66]. I primi risultati di uno studio ancora in corso (Baracchi, unpublished) mostrano come questo modello teorico sia effettivamente valido nel caso dell'ape e come una colonia di api sia altamente strutturata in compartimenti sia su scala sociale (rete di interazione) che su scala spaziale (uso dello

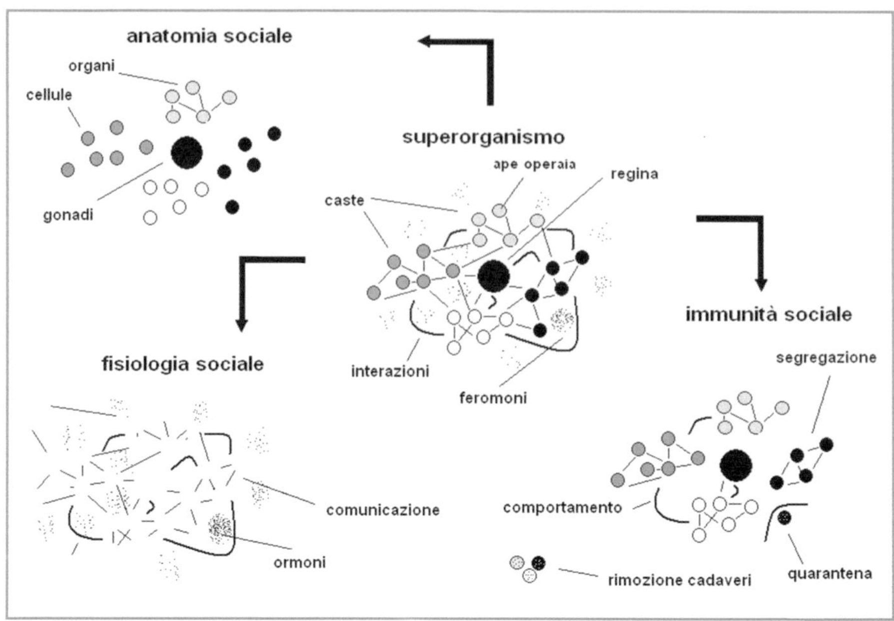

Fig. 2.2 Parallelismi funzionali tra una generica colonia di insetti sociali e un organismo pluricellulare

spazio sul favo) (Fig. 2.3). Le bottinatrici, più esposte ai patogeni ambientali, sono ai margini della rete sociale e confinate alla periferia del favo, mentre il nucleo della rete è formato da giovani api e dalla regina, la quale è completamente circondata da api giovanissime e schermata da quelle più anziane. Da questo punto di vista, è interessante notare che se le operaie nutrici contraggono un'infezione da *Nosema* interrompono immediatamente la cura per la regina e iniziano a bottinare, riducendo la probabilità di infettare altre nutrici e la regina stessa [67]. Inoltre, operaie bottinatrici che per ragioni di tipo ergonomico interrompono la loro attività di bottinamento e tornano a svolgere attività all'interno del nido vanno anche incontro a una reversione dell'immunosenescenza, riacquistando una discreta immunocompetenza [68].

2.1.3.4 Difese curative

Strategie collettive di comportamento

La febbre sociale nelle api da miele messa in atto contro il fungo *Ascosphaera apis* è uno dei comportamenti collettivi antisettici (*sensu* [9]) più caratteristici [69]. Il fungo *A. apis* necessita di un lieve decremento della temperatura media della covata per potersi sviluppare all'interno della larva e causarne la morte. Tuttavia, il piccolo incremento della temperatura del favo di circa 0,56 °C (che rappresenta il 20% del range di temperatura standard del favo di covata) indotto dalle operaie in risposta all'infestazione è in grado di limitare lo sviluppo della malattia [69].

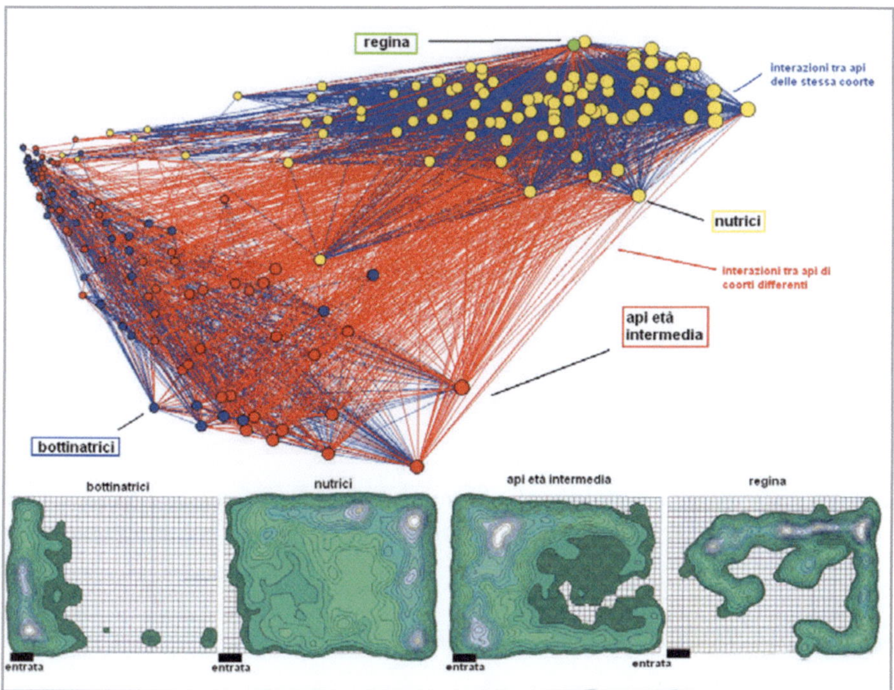

Fig. 2.3 In alto, interazioni tra regina, api nutrici, api di età intermedia e bottinatrici in una colonia di *Apis mellifera ligustica*. In basso, area del favo (di un singolo telaietto) maggiormente frequentata da parte delle tre coorti di operaie e dalla regina (la più alta frequenza di presenze, 95%, è indicata dall'isoclina bianca, quella più bassa, 5%, dall'isoclina verde scuro). D. Baracchi, Tesi di dottorato, dato non ancora pubblicato

Il comportamento di grooming, un'accurata pulizia del proprio corpo (*auto-grooming*) o del corpo di una compagna di nido (*allo-grooming*), è un altro importante meccanismo di difesa nei confronti di ectoparassiti diffuso in *Apis* e in vari insetti sociali. L'allo-grooming rappresenta un importante tratto comportamentale teso a limitare l'infestazione da varroa all'interno delle colonie dell'ape orientale (*A. cerana*), ospite originario di questo acaro. Nonostante questo comportamento sia presente anche in *A. mellifera*, la sua efficacia nel prevenire le infestazioni da varroa è tuttora in discussione [70]. È stato suggerito che l'inefficacia del comportamento di allo-grooming in *A. mellifera* sia dovuta principalmente all'incapacità degli individui "igienisti" di rimuovere l'acaro con le proprie mandibole [71], oltre che al ridotto numero di individui per colonia specializzati in questo compito.

Il comportamento igienico [63, 72–74] e da becchino [75] sono altri tipi specifici di comportamento con cui le api da miele individuano e rimuovono dal nido la prole immatura malata o parassitata da varroa, adulti affetti dal virus delle ali deformi (DWV) e i cadaveri di api morte. Questi specifici comportamenti vanno distinti dal comportamento di rimozione dei rifiuti che viene mostrato dalle api allo scopo di tenere pulito il favo [75]. Un comportamento altruistico estremo, forse unico nel regno animale, è inoltre rappresentato da una forma di suicidio adattativo che è stata documentata in diversi insetti sociali e nell'ape (*A. mellifera*), dove operaie malate si allontanano volontariamente dalla colonia senza far più ritorno [76].

Il contesto più significativo per tutti questi comportamenti è presumibilmente la prevenzione della trasmissione di malattie all'intera colonia. La rimozione di api infette può essere intesa solo come un adattamento a livello di colonia, poiché gli agenti patogeni possono diffondersi rapidamente attraverso di essa e devastarla [4, 9]. Le api igieniste devono essere considerate come elementi del sistema immunitario sociale dell'alveare e la loro esistenza rafforza sicuramente l'idea che una colonia di api debba essere considerata come un superorganismo integrato che rappresenta un'unità di selezione indipendente.

2.2 Recenti acquisizioni sui meccanismi molecolari di difesa contro le infezioni batteriche

Antonio Felicioli

2.2.1 La fenolossidasi e la glucosio ossidasi

Il sistema immunitario innato dell'*Apis mellifera* ha iniziato a interessare gli scienziati a partire dagli anni '60, quando studiosi come White [77] indagarono alcuni enzimi che avevano proprietà antibatteriche nel miele (inibina). In particolare, sono stati individuati due enzimi, la fenolossidasi e la glucosio ossidasi. La prima rappresenta, insieme agli emociti, parte dell'immunità innata dell'ape. La fenolossidasi è presente sotto forma di un proenzima, la profenolossidasi, che viene attivato tramite una serino-proteinasi, l'α-chimotripsina [78]. Essa catalizza il processo attraverso il quale la tirosina viene convertita in melanina [79]. La melanina partecipa ai processi di incapsulamento e formazione di noduli in risposta ai patogeni [80]. Le larve di ape hanno bassi livelli di attività fenolossidasica [81], mentre nella fase di pupa ne sussiste un incremento, poiché la fenolossidasi contribuisce alla formazione della cuticola [78, 82]. In funzione dell'età, la fenolossidasi subisce delle variazioni nelle api adulte: nelle api operaie aumenta raggiungendo un plateau nella prima settimana di vita da adulto, nelle api regine aumenta al crescere dell'età, mentre nei fuchi diminuisce lentamente [83]. Infine, l'attività fenolossidasica subisce delle variazioni anche in seguito a somministrazione di diete differenti [84]. La glucosio ossidasi, invece, ha un ruolo nell'immunità sociale del superorganismo ape [84]. Essa è secreta dalle ghiandole ipofaringeali e la sua massima produzione avviene a 6–12 giorni di vita da immagine [85, 86]. Anche l'attività glucosio ossidasica subisce delle variazioni in seguito a somministrazione di diete differenti [84]. La glucosio ossidasi è presente nel miele [87] e nella gelatina reale [85, 88]. Questo enzima, come descritto nell'*A. mellifera* da Schepartz e Subers

[89], è coinvolto nella reazione in cui il D-glucosio, in presenza di ossigeno e acqua, produce acido gluconico e perossido di idrogeno. Il prodotto iniziale dell'ossidazione del glucosio è il glucono-δ-lattone, che risulta un inibitore competitivo della glucosio ossidasi [90] anche se idrolizza spontaneamente in acido gluconico [91]. Sia l'acido gluconico che il perossido di idrogeno contribuiscono alla disinfezione della colonia e alla prevenzione di eventuali contaminazioni di patogeni e diffusioni di malattie [84]. L'acido gluconico risulta l'acido più rappresentato nel miele [92].

2.2.2 Api, pesti e proteine

L'*A. mellifera* è soggetta a gravi infezioni batteriche e, tra queste, la peste europea e la peste americana. La peste europea è causata dal *Melissococcus plutonius*, un batterio Gram positivo, non sporigeno ma che possiede la capsula, risultando così molto resistente alle avversità ambientali. La peste americana ha come agente eziologico il *Paenibacillus larvae*, un batterio Gram positivo, sporigeno e anaerobio facoltativo (Fig. 2.4).

Sia il *M. plutonius* che il *P. larvae* causano malattie molto contagiose della covata. Mentre per la peste europea è in parte risolvibile mediante le buone pratiche di conduzione apistica, la peste americana è una malattia con obbligo di denuncia e attualmente l'unica soluzione adottata è quella della distruzione per mezzo del fuoco dell'intera famiglia di api e del materiale contaminato. Per questo motivo, grande attenzione suscitano la messa a punto di tecniche diagnostiche precoci e ricerche volte alla comprensione dei meccanismi molecolari sulla patogenesi del *P. larvae* e delle difese naturali adottate dall'*A. mellifera* contro di esso. Antúnez et al. [93] hanno dimostrato la presenza di una metalloproteasi nelle forme vegetative, sulla superficie della spora di *P. larvae* e nel secreto emesso nel mezzo di coltura. Questa proteina è prodotta in vivo durante l'infezione delle larve d'ape ed è capace di idrolizzare le proteine del latte, suggerendo che possa essere coinvolta nella degradazione larvale. Con l'uso di un modello sperimentale sono state individuate 10 proteine (coinvolte nella trascrizione, traduzione, metabolismo, sviluppo cellulare, trasporto, ripiegamento proteico, degradazione di polisaccaridi e motilità) secrete dal *P. larvae* che risultano altamente tossiche e immunogeniche quando le larve vengono esposte ad esse [94]. Antúnez et al. [95] hanno identificato un potenziale fattore di virulenza secreto dal *P. larvae*, l'enolasi. Poppinga et al. [96] hanno identificato nel genoma i geni codificanti per una proteina splA S-layer, probabilmente anch'essa coinvolta nei processi di virulenza. Per quanto riguarda, invece, la risposta immunitaria innata di tipo individuale da parte delle api, studiando larve sane di 5 giorni e campioni infettati da *P. larvae*, Chan et al. [97] hanno osservato un incremento dei livelli di profenolossidasi, lisozima e imenoptaceina nei campioni infettati. Inoltre, il gene per l'abeacina mostra una significativa up-regulation 24 ore dopo inoculazione orale con *P. larvae*, precisamente quando il batterio supera l'epitelio dell'intestino dell'ape [98].

Spivak e Reuter [99] hanno dimostrato che colonie di api selezionate per comportamenti igienici hanno maggiore resistenza alla peste americana. Alcuni costituenti della propoli (flavonoidi, pinocembrina, 3-O-acetil pinobanksina, caffeati) sono risultati attivi contro il *P. larvae* [100, 101].

2.2.3 Attività della fenolossidasi, della glucosio ossidasi e di alcune proteinasi in api sane e infette da *P. larvae*

Dal 2010, nel laboratorio di Biochimica delle api del Dipartimento di Scienze Veterinarie dell'Università di Pisa, nell'ambito del progetto nazionale APE-NET, sono state condotte indagini biochimiche volte all'individuazione di nuovi indicatori di benessere per l'ape. In particolare, queste indagini, utilizzando tecniche proteomiche e mediante l'utilizzo di un apiario sperimentale allestito all'uopo, si sono rivolte all'attività della fenolossidasi, della glucosio ossidasi e proteinasica in larve sane e infette da *P. larvae*. Alcuni risultati ottenuti indicano la presenza di una risposta immunitaria innata sia individuale che sociale da parte delle larve di ape all'infezione da *P. larvae*. Le larve, oggetto dell'indagine, sono state campionate per peso diverso corrispondente a età diversa (Fig. 2.5) (larve di 0,01 g, larve di 0,05 g, larve di 0,1 g, prepupe e pupe) provenienti da famiglie sane dell'apiario sperimentale e da famiglie malate con sintomi di peste americana conclamata e provenienti da un apiario di un apicoltore che, a seguito dell'obbligata denuncia dello stesso alla ASL di competenza, è stato distrutto. Le larve e le pupe così ottenute sono state sottoposte alle misure dell'attività fenolossidasica e glucosio ossidasica. In tutti i campioni è presente una differenza significativa di attività fenolossidasica tra i campioni di controllo e i campioni provenienti da telai infettati dal *P. larvae*, con una generale diminuzione di attività fenolossidasica nei campioni infetti (Fig. 2.6). Per quanto riguarda la glucosio ossidasi, dall'istogramma di Figura 2.7 si osserva una differenza significativa di attività glucosio ossidasica tra i campioni di controllo e i campioni provenienti da telai infettati dal *P. larvae*. Nei campioni di larva provenienti da telaio infettato si evidenzia, nelle larve molto piccole (0,01 g), una minore attività glucosio ossidasica rispetto ai campioni di controllo per poi avere un andamento opposto nelle larve grandi (0,1 g).

Gli stessi campioni larvali e pupali sono stati analizzati anche mediante elettroforesi per attività, così da mettere in risalto le differenze nell'attività proteinasica generale tra individui sani e infetti. I risultati riportati in Figura 2.8 mostrano come l'infezione nelle larve coincida con una diversa attività proteinasica (presenza di bande bianche ad altezze diverse) nelle larve piccole e medie e che le differenze in parte si annullano nelle larve grandi. Gli stessi esperimenti, condotti in presenza di inibitori di proteinasi mirati, ha consentito di relegare le differenze nell'attività proteinasica rilevata tra campioni sani e infetti alla famiglia delle serino/cisteino proteinasi. I campioni di prepupa sana e di prepupa proveniente da favo infetto da *P. larvae* sono stati studiati anche attraverso delle zimografie bidimensionali (Fig. 2.9). Nel campione sano sono

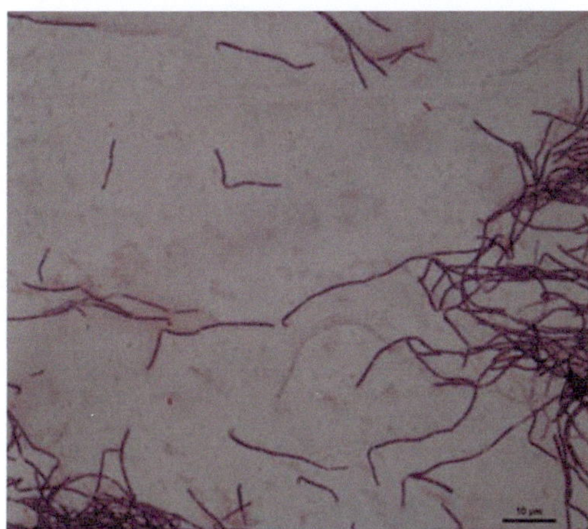

Fig. 2.4 *Paenibacillus larvae* al microscopio (100x) con colorazione Gram (fotografia Simona Sagona)

Fig. 2.5 Metodo per la collezione delle larve di ape mellifica in base alle dimensioni e al peso: in **a** è visibile l'uso dell'acqua corrente per estrarre le larve dalle cellette disopercolate senza ucciderle e danneggiarle; in **b** visione d'insieme delle larve raccolte e dislocate in modo crescente per grandezza (fotografia di Simona Sagona)

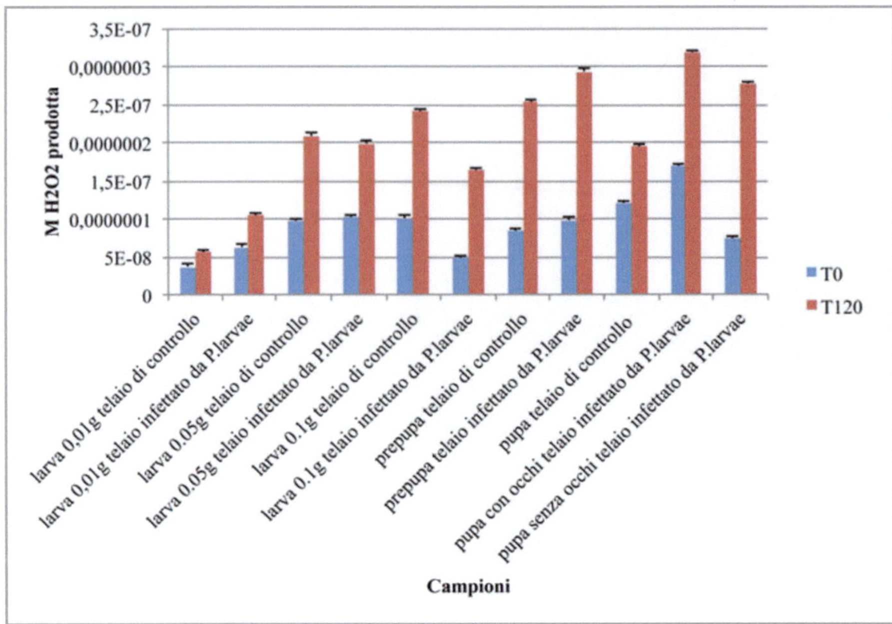

Fig. 2.6 Attività glucosio ossidasica in termini di molarità di H_2O_2 prodotta in campioni di larve, prepupe e pupe infette e sane (T0, T120 sono i tempi di lettura allo spettrofotometro in minuti)

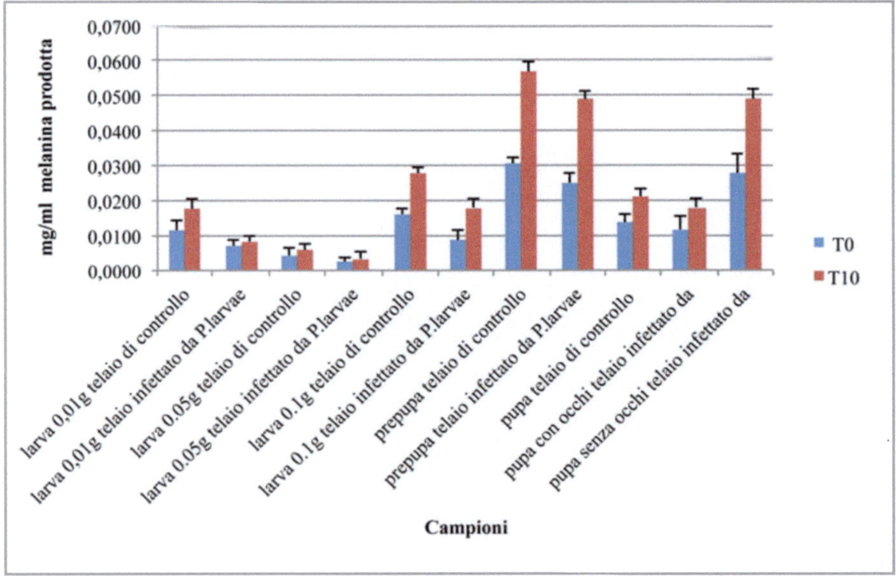

Fig. 2.7 Attività fenolossidasica in termini di mg/ml di melanina prodotta in campioni di larve, prepupe e pupe infette e sane (T0, T10 sono i tempi di lettura allo spettrofotometro in minuti)

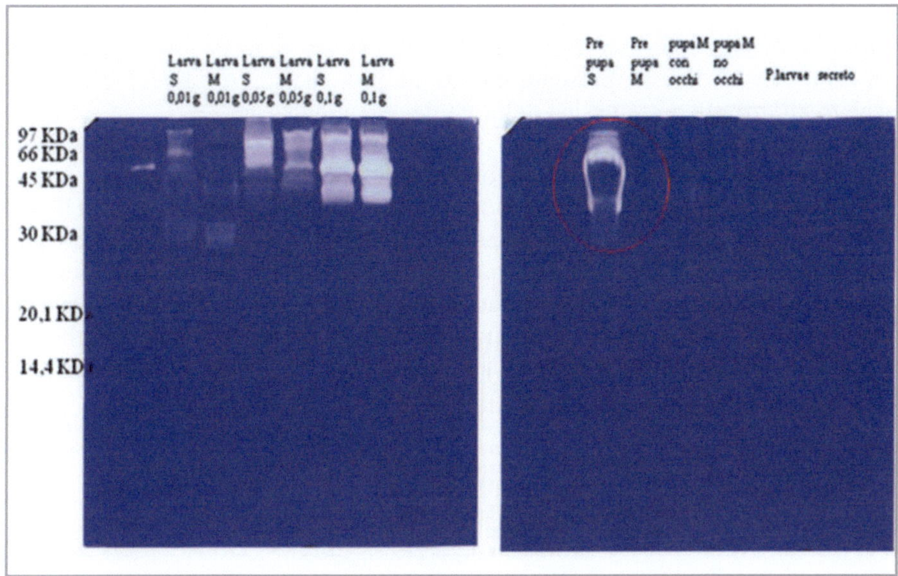

Fig. 2.8 Zimografie di campioni, infetti (*M*) e sani (*S*), di larve, prepupe e pupe

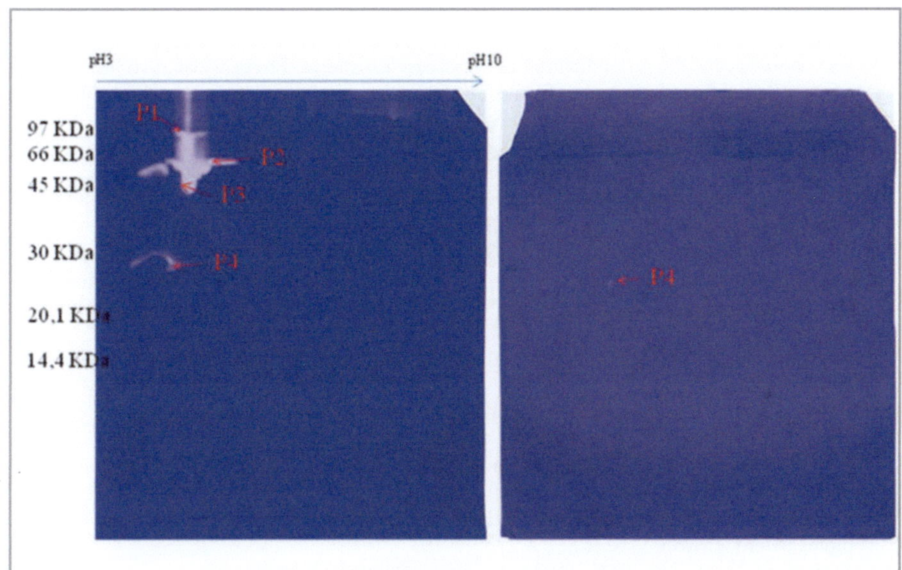

Fig. 2.9 Zimografie bidimensionali di prepupa sana (*sinistra*) e prepupa infetta da *P. larvae* (*destra*). I diversi spot sono indicati con la lettera P, la barra in alto indica il gradiente di pH utilizzato e i valori a lato indicano la massa molecolare

risultati degli spot proteinasici non presenti nel campione di prepupa infetto. Queste proteinasi sono state nominate P1, P2, P3, P4. Solo P4 è presente anche nel campione infetto ma presenta un'attività proteinasica nettamente inferiore rispetto all'attività proteinasica della P4 del campione sano.

Il prosieguo di questo tipo di indagini potrebbe consentire la delineazione di nuove pratiche apistiche che risultino vantaggiose per il contenimento di malattie batteriche senza adulterare i prodotti finali delle api. L'estensione dell'impiego della glucosio ossidasi dell'ape all'intera famiglia anche mediante l'alimentazione, così come l'amplificazione dell'attività di batteri simbionti e secernenti glucosio ossidasi, potranno in futuro forse dare un contributo di tipo "nutraceutico" al contenimento di alcune infezioni batteriche delle api che sia compatibile sia col benessere delle api che con la qualità dei prodotti apistici.

Bibliografia

1. Brockmann HJ (1984) The evolution of social behaviour in insects. In: Krebs JR, Davies NB (eds) Behavioural ecology: an evolutionary approach. Blackwell, Oxford, pp 340–361
2. Hughes WO, Boomsma JJ (2004) Genetic diversity and disease resistance in leaf-cutting ant societies. Evolution 58:1251–1260
3. Sherman PW, Seeley TD, Reeve HK (1988) Parasites, pathogens, and polyandry in social Hymenoptera. Am Nat 131:602–610
4. Schmid-Hempel P (1998) Parasites in social insects. Princeton Univ Press Brockmann, Princeton, NJ
5. Hughes WO, Eilenberg J, Boomsma JJ (2002) Trade-offs in group living: transmission and disease resistance in leaf-cutting ants. Proc R Soc B 269:1811–1819
6. Traniello JF, Rosengaus RB, Savoie K (2002) The development of immunity in a social insect: evidence for the group facilitation of disease resistance. PNAS 99:6838–6842
7. Cremer S, Armitage S, Schmid-Hempel P (2007) Social immunity. Curr Biol 17:R693–R702
8. Van Valen L (1973) A new evolutionary law. Evol Theor 1:1–30
9. Wilson-Rich N, Spivak M, Fefferman NH et al (2009) Genetic, individual, and group facilitation of disease resistance in insect societies. Ann Rev Entomol 54:405–423
10. Evans JD, Aronstein K, Chen YP et al (2006) Immune pathways and defense mechanisms in honey bees Apis mellifera. Insect Mol Biol 15:645–656
11. Wilson-Rich N, Dres ST, Starks PT (2008) The ontogeny of immunity: development of innate immune strength in the honey bee (Apis mellifera). J Insect Physiol 54:1392–1399
12. Evans JD, Spivak M (2010) Socialized medicine: individual and communal disease barriers in honey bees. J Invertebr Pathol 103:s62–s72
13. Cremer S, Sixt M (2009) Analogies in the evolution of individual and social immunity. Proc R Soc B 364:129–142
14. Weinstock G, Robinson G, Gibbs R et al (2006) Insights into social insects from the genome of the honeybee Apis mellifera. Nature 443:931–949
15. Baer B, Schmid-Hempel P (1999) Experimental variation in polyandry affects parasite loads in a bumble bee. Nature 397:151–154
16. Tarpy D (2003) Genetic diversity within honeybee colonies prevents severe infections and promotes colony growth. Proc R Soc B 270:99–103
17. Seeley TD, Tarpy DR (2007) Queen promiscuity lowers disease within honeybee colonies. Proc R Soc B 274:67–72
18. Crailsheim K, Riessberger-Galle U (2001) Honey bee age-dependent resistance against American foulbrood. Apidologie 32:91–103

19. Klaudiny J, Albert T, Bachanova K et al (2005) Two structurally different defensin genes, one of them encoding a novel defensin isoform, are expressed in honeybee Apis mellifera. Insect Biochem Mol Biol 35:11–22
20. Kuhn-Nentwig L (2003) Antimicrobial and cytolytic peptides of venomous arthropods. Cell Mol Life Sci 60:2651–2668
21. Obin MS, Vander Meer RK (1985) Gaster flagging by fire ants (Solenopsis spp.): functional significance of venom dispersal behavior. J Chem Ecol 11:1757–1768
22. Turillazzi S, Mastrobuoni G, Dani FR et al (2006) Dominulin A and B: two new antibacterial peptides identified on the cuticle and in the venom of the social paper wasp Polistes dominulus using MALDI-TOF, MALDI-TOF/TOF, and ESI-Ion Trap. J Am Soc Mass Spectrom 17:376–383
23. Baracchi D, Dapporto L, Teseo S et al (2010) Medium molecular weight polar substances of the cuticle as tools in the study of the taxonomy, systematics and chemical ecology of tropical hover wasps (Hymenoptera: Stenogastrinae). J Zool Syst Evol Res 48:109–114
24. Baracchi D, Mazza G, Turillazzi S (2012) From individual to collective immunity. The role of the venom as antimicrobial agent in the Stenogastrinae wasp societies. J Insect Physiol 58:188–193
25. Baracchi D, Turillazzi S (2010) Differences in venom and cuticular peptides in individuals of Apis mellifera (Hymenoptera: Apidae) determined by MALDI-TOF MS. J Insect Physiol 56:366–375
26. Baracchi D, Francese S, Turillazzi S (2011) Beyond the antipredatorydefence: honey bee venom function as a component of social immunity. Toxicon 58:550–557
27. Baracchi D, Mazza G, Michelucci E et al (2013) Top-down sequencing of Apis dorsata apamin by MALDI-TOF MS and evidence of its inactivity against microorganisms. Toxicon 71:105–112
28. Williams MJ (2007) Drosophila hemopoiesis and cellular immunity. J Immunol 178:4711–4715
29. Rantala MJ, Koskimaki J, Taskinen J et al (2000) Immunocompetence, developmental stability and wingspot size in the damselfly Calopteryx splendens L. Proc R Soc B 267:2453–2457
30. Cotter SC, Kruuk LE, Wilson K (2004) Costs of resistance: genetic correlations and potential trade-offs in an insect immune system. J Evol Biol 17:421–429
31. Kraaijeveld AR, Limentani EC, Godfray HC (2001) Basis of the trade-off between parasitoid resistance and larval competitive ability in Drosophila melanogaster. Proc R Soc B 268:259–261
32. Ribeiro C, Brehelin M (2006) Insect haemocytes: what type of cell is that? J Insect Physiol 52:417–429
33. Washburn JO, Kirkpatrick BA, Volkman LE (1996) Insect protection against viruses. Nature 383:767
34. Doums C, Schmid-Hempel P (2000) Immunocompetence in workers of a social insect, Bombus terrestris L., in relation to foraging activity and parasitic infection. Canad J Zool 78:1060–1066
35. Kraaijeveld AR, Hutcheson KA, Limentani EC et al (2001) Costs of counter defenses to host resistance in a parasitoid of Drosophila. Evolution 55:1815–1821
36. Rutz W, Gerig L, Wille H, Luscher M (1974) A bioassay for juvenile hormone (JH) effects of insect growth regulators (IGR) on adult worker honeybees. Bull de la Soc Entomol 47:307–313
37. Amdam GV, Simoes ZL, Hagen A et al (2004) Hormonal control of the yolk precursor vitellogenin regulates immune function and longevity in honeybees. Exp Gerontol 9:767–773
38. Millar DA, Ratcliffe NA (1994) Invertebrates. In: Turner RJ (ed) Immunology: a comparative approach. J Wiley & Son, West Sussex, pp 29–68
39. Soderhall K, Cerenius L (1998) Role of the prophenoloxidase-activating system in invertebrate immunity. Curr Opin Immunol 10:23–28
40. Sadd B, Schmid-Hempel P (2006) Insect immunity shows specificity in protection upon secondary pathogen exposure. Curr Biol 16:1206–1210
41. Sadd B, Schmid-Hempel P (2007) Facultative but persistent transgenerational immunity via the mother's eggs in bumblebees. Curr Biol 17:R1046–R1047

42. Wilson K, Cotter SC, Reeson AF et al (2001) Melanism and disease resistance in insects. Biol Lett 4:637–649
43. Ashida M, Brey P (1997) Recent advances in research on the insect prophenoloxidase cascade. In: Brey PT, Hultmark D (eds) Molecular mechanisms of immune responses in insects. Chapman & Hall, London, pp 135–172
44. Ochiai M, Ashida M (1988) Purification of a b-1,3-glucan recognition protein in the prophenoloxidase activating system from hemolymph of the silkworm, Bombyx mori. The J Biol Chem 263:12056–12062
45. Leonard C, Ratcliffe NA, Rowley AF (1985) The role of prophenoloxidase activation in non-self recognition and phagocytosis by insect blood cells. J Insect Physiol 31:789–799
46. Engel P, Martinson VG, Moran NA (2012) Functional diversity within the simple gut microbiota of the honey bee. PNAS 109:11002–11007
47. Martinson VG, Moy J, Moran NA (2012) Establishment of characteristic gut bacteria during development of the honeybee worker. Appl Environ Microbiol 78:2830–2840
48. Cox-Foster DL, Conlan S, Holmes EC et al (2007) A metagenomic survey of microbes in honey bee colony collapse disorder. Science 318:283–287
49. Moran NA, Hansen AK, Powell JE et al (2012) Distinctive gut microbiota of honey bees assessed using deep sampling from individual worker bees. PLoS ONE 7:e36393
50. Sabate DC, Carrillo L, Carina Audisio M (2009) Inhibition of Paenibacillus larvae and Ascosphaera apis by Bacillus subtilis isolated from honeybee gut and honey samples. Res Microbiol 160:193–199
51. Wheeler WM (1911) The ant colony as an organism. J Morphol 22:307–325
52. Seeley TD (1995) The wisdom of the hive. The social physiology of honey bee colonies. Harvard Univ Press, Cambridge, MA
53. Seeley TD (1997) Honey bee colonies are group-level adaptive units. Am Nat 150: S22–S41
54. Moritz RF, Southwick EE (1992) Bees as superorganisms: an evolutionary reality. Springer Verlag, Berlin Heidelberg New York
55. Tautz J (2008) The buzz about bees: biology of a superorganism. Springer Verlag, Berlin Heidelberg New York
56. Seeley TD (2010) Honeybee democracy. Princeton University Press, Princeton, NJ
57. Simone M, Evans JD, Spivak M (2009) Resin collection and social immunity in honey bees. Evolution 63:3016–3022
58. Simone M, Spivak M (2012) Increased resin collection after parasite challenge: a case of self-medication in honey bees? PloS one 7:e34601
59. Waddington K, Rothenbuhler W (1976) Behavior associated with hairless black syndrome of adult honeybees. J Apicult Res 15:35–41
60. Dani FR, Jones GR, Corsi S et al (2005) Nestmate recognition cues in the honeybee: differential importance of cuticular alkanes and alkenes. Chem Sens 3:477–489
61. Richard FJ, Aubert A, Grozinger C (2008) Modulation of social interactions by immune stimulation in honey bee, Apis mellifera, workers. BMC Biol 60:50
62. Salvy M, Martin C, Bagnères AG et al (2001) Modifications of the cuticular hydrocarbon profile of Apis mellifera worker bees in the presence of the ectoparasitic mite Varroa jacobsoni in brood cells. Parasitology 122:145–159
63. Baracchi D, Fadda A, Turillazzi S (2012) Evidence for antiseptic behaviour towards sick adult bees in honey bee colonies. J Insect Physiol 58:1589–1596
64. Oster GF, Wilson EO (1978) Caste and ecology in the social insects. Princeton Univ Press Brockmann, Princeton, NJ
65. Otterstatter M, Thompson JD (2007) Contact network and transmission of an intestinal pathogen in bumble bee (Bombus impatiens) colonies. Oecologia 154:411–421
66. Naug D, Smith B (2007) Experimentally induced change in infectious period affects transmission dynamics in a social group. Proc R Soc B 274:61–65
67. Wang DI, Moller FE (1970) The division of labour and queen attendance bahavior of Nosema-infected worker honeybee. J Econ Entomol 63:1539–1541
68. Amdam GV, Aase AL, Seehuus SC et al (2005) Social reversal of immunosenescence in hon-

ey bee workers. Exp Gerontol 40:939–947

69. Starks PT, Blackie CA, Thomas D et al (2000) Fever in honeybee colonies. Naturwissenschaften 87:229–231
70. Rosenkranz P, Aumeier P, Ziegelmann B (2010) Biology and control of Varroa destructor. J Invertebr Pathol 103:96–119
71. Peng YS, Fang Y, Xu S et al (1987) The resistance mechanism of the Asian honey bee, Apis cerana Fabr., to an ectoparasitic mite Varroa jacobsoni Oudemanns. J Invertebr Pathol 49:54–60
72. Rothenbuhler WC, Thompson VC (1956) Resistance to American foulbrood in honey bees: differential survival of larvae of different genetic lines. J Econ Entomol 49:470–475
73. Spivak M, Gilliam M (1998) Hygienic behaviour of honey bees and its application for control of brood diseases and Varroa: Part I. Hygienic behaviour and resistance to American foulbrood. Bee World 79:124–134
74. Spivak M, Gilliam M (1998) Hygienic behaviour of honey bees and its application for control of brood diseases and Varroa mites. Part II: studies on hygienic behaviour since the Rothenbuhler era. Bee World 79:165–182
75. Visscher PK (1983) The honey bee way of death: necrophoric behaviour in Apis mellifera colonies. Anim Behav 31:1070–1076
76. Rueppell O, Hayworth MK, Ross NP (2010) Altruistic self removal of health-compromised honey bee workers from their hive. J Evol Biol 23:1538–1546
77. White JW jr, Subers MH, Scheoartz AI (1963) The identification of Inhibine, the antibacterial factor in honey, as hydrogen peroxide and its origin in a honey glucose-oxidase system. Biochimica et biophysica acta 73:57–70
78. Laughton AM, Siva-Jothy MT (2011) Standardised protocol for measuring phenoloxidase and prophenoloxidase in the honey bee, Apis mellifera. Apidologie 42:140–149
79. Pye AE (1974) Microbial activation of prophenoloxidase from immune insect larvae. Nature 251:610–613
80. Nappi AJ (1973) The role of melanisation in the immune reaction of larvae of Drosophila Algonquin against Pseudeucoila bochei. Parasitology 66:23–32
81. Laughton AM, Boots M, Siva-Jothy MT (2011) The ontogeny of immunity in the honey bee, Apis mellifera L. Following an immune challenge. J Insect Physiol 57:1023–1032
82. Zufelato MS, Lourenço AP, Simõnes ZL et al (2004) Phenoloxidase activity in Apis mellifera honey bee pupae, and ecdysteroid-dependent expression of the prophenoloxidase mRNA. Insect Biochem Molec Biol 34:1257–1268
83. Schmid MR, Brockmann A, Pirk CW et al (2008) Adult honeybees (Apis mellifera L.) abandon hemocytic, but not phenoloxidase-based immunity. J Insect Physiol 54:439–444
84. Alaux C, Ducloz F, Crauser D, Le Conte Y (2010) Diet effects on honeybee immunocompetence. Biology Letters 6:562–565
85. Takenaka T, Ito H, Yatsunami K, Echigo T (1990) Changes of glucose oxidase activity and amount of gluconic acid formation in the hypopharyngeal glands during the lifespan of honey bee workers (Apis mellifera L.). Agric Biol Chem 54:2133–2134
86. Ohashi K, Natori S, Kubo T (1999) Expression of amylase and glucose oxidase in the hypopharyngeal gland with an age-dependent role change of the worker honeybee (Apis mellifera L.). Eur J Biochem 265:127–133
87. White JW Jr (1966) Inhibine and glucose oxidase in honey. A review. American Bee Journal 106:6
88. Furusawa T, Rakwal R, Nam HW et al (2008) Comprehensive royal jelly (RJ) proteomics using one- and two-dimensional proteomics platforms reveals novel RJ proteins and potential phospho/glycoproteins. J Proteome Res 7:3194–3229
89. Schepartz AI, Subers MH (1964) The glucose oxidase of honey. Purification and some general properties of the enzyme. Biochimica et Biophysica Acta 85:228–237
90. Wilson R, Turner APF (1992) Glucose oxidase: an ideal enzyme. Biosensors & Bioelectronics 7:165–185
91. Takahasashi T, Mitsumoto M (1963) Transformation and hydrolysis of D-glucono-γ and δ-lactone. Nature 199:765–767

92. Stinson EE, Subers MH, Petty J, White JW Jr (1960) The composition of honey. V. Separation and identification of the organic acids. Arch Biochem Biophys 89:6–12
93. Antúnez K, Arredondo D, Anido M, Zunino P (2011) Metalloprotease production by Paenibacillus larvae during the infection of honeybee larvae. Microbiology 157:1474–1480
94. Antúnez K, Anido M, Evans JD, Zunino P (2010) Secreted and immunogenic proteins produced by the honeybee bacterial pathogen, Paenibacillus larvae. Veterinary Microbiology 141:385–389
95. Antúnez K, Anido M, Arredondo D et al (2011) Paenibacillus larvae enolase as a virulence factor in honeybee larvae. Veterinary Microbiology 147:83–89
96. Poppinga L, Janesch B, Fünfhaus A et al (2012) Identification and functional analysis of the S-Layer protein SplA of Paenibacillus larvae, the causative agent of American foulbrood of honey bees. PLoS Pathog 8(5):e1002716
97. Chan QW, Melathopoulos AP, Pernal SF, Foster LJ (2009) The innate immune and systemic response in honey bees to a bacterial pathogen, Paenibacillus larvae. BMC Genomics 10:387–395
98. Evans JD (2004) Transcriptional immune responses by honey bee larvae during invasion by the bacterial pathogen, Paenibacillus larvae. J Invertebr Pathol 85:105–111
99. Spivak M, Reuter GS (2001) Resistance to American foulbrood disease by honey bee colonies Apis mellifera bred for hygienic behavior. Apidologie 32:555–565
100. Mihai CM, Mãrghitaş LA, Dezmirean DS et al (2012) Interactions among flavonoids of propolis affect antibacterial activity against the honeybee pathogen Paenibacillus larvae. J Invertebr Pathol 110:68–72
101. Bilikova K (2013) New anti-Paenibacillus larvae substances purified from propolis. Apidologie 44:278–285
102. Ruiz-Arguso T, Rodriguez-Navarro A (1975) Microbiology of ripening honey. Appl Microbiol 30:893–896

Malattie batteriche

3

Ignazio Floris, Emanuele Carpana, Stefano Bassi,
Giovanni Formato, Antonella Cersini, Marco Lodesani

3.1 Introduzione

Ignazio Floris

I batteri sono microrganismi unicellulari dotati di parete cellulare che conferisce loro una certa rigidità e una forma caratteristica, presentano una struttura nucleare piuttosto semplificata, tanto da essere definiti "procarioti" per distinguerli dagli "eucarioti" come i funghi e altri organismi più complessi. Le dimensioni sono solitamente dell'ordine di pochi micrometri, ma possono variare da circa 0,2 μm dei micoplasmi fino a 250 μm in lunghezza di alcune spirochete. Anche la forma è variabile e può essere ricondotta a due morfologie

I. Floris (✉)
Dipartimento di Agraria, Sezione di Patologia vegetale ed Entomologia
Università degli Studi di Sassari
e-mail: ifloris@uniss.it

E. Carpana • M. Lodesani
CRA-API, Consiglio per la Ricerca e la sperimentazione in Agricoltura
Unità di ricerca di apicoltura e bachicoltura, Bologna
e-mail: marco.lodesani@entecra.it

S. Bassi
Istituto Zooprofilattico Sperimentale della Lombardia e dell'Emilia Romagna, Sezione di Modena
e-mail: stefano.bassi@izsler.it

G. Formato
Unità Operativa di Apicoltura
Istituto Zooprofilattico Sperimentale delle Regioni Lazio e Toscana, Roma
e-mail: giovanni.formato@izslt.it

A. Cersini
Ufficio Staff Biotecnologie
Istituto Zooprofilattico Sperimentale delle Regioni Lazio e Toscana, Roma
e-mail: antonella.cersini@izslt.it

A cura di E. Carpana, M. Lodesani, *Patologia e avversità dell'alveare*,
DOI: 10.1007/978-88-470-5650-3_3,

fondamentali: a bastoncino (bacilli) e a sfera (cocchi). I bacilli, a loro volta, possono assumere forme diverse, ricurve a virgola (es. *Vibrio cholerae*), a elica (es. *Campylobacter jejuni*), ecc.

I batteri rappresentano tra le prime forme di vita apparse sulla Terra e hanno colonizzato la maggior parte degli habitat: vivono nel suolo, nell'acqua, nelle sorgenti calde acide, nelle scorie radioattive e negli strati profondi della crosta terrestre nonché in altri organismi viventi (piante e animali). Ci sono in media un miliardo di cellule batteriche in un grammo di terreno e circa 10 milioni in un millilitro di acqua dolce. Si stimano altresì 5×10^{30} batteri sulla Terra, pari a una biomassa che supera quella di tutte le piante e gli animali. Dal punto di vista ecologico, sono importanti nei cicli della materia, nella fissazione dell'azoto dall'atmosfera, nei processi di decomposizione della sostanza organica, forniscono i nutrienti per sostenere la vita anche in ambienti particolarmente ostili, convertendo composti disciolti quali l'idrogeno solforato e il metano in energia, grazie alla loro estrema adattabilità. Sono fondamentali nell'industria alimentare (lattiero-casearia, delle carni, dei vegetali conservati), nel trattamento delle acque reflue, nei processi industriali di estrazione di metalli, nel recupero alla produttività di aree marginali, nel settore delle biotecnologie e in quello farmaceutico. La maggior parte dei batteri non sono stati ancora caratterizzati e solo una parte delle specie possono essere coltivate in laboratorio.

Ci sono più cellule batteriche nell'organismo umano di quanto non vi siano cellule umane nel corpo, con un gran numero di batteri soprattutto sulla pelle (circa un miliardo di UFC) e nell'intestino, dove sono state classificate circa 500 specie diverse. La maggior parte di questi batteri sono resi inoffensivi dal sistema immunitario, alcuni sono benefici (batteri probiotici), altri sono patogeni e possono provocare gravi malattie infettive, tra le quali il colera, l'antrace, la salmonellosi, la listeriosi, la tubercolosi. I batteri producono anche la maggior parte degli antibiotici oggi impiegati contro le infezioni microbiche negli animali, inclusi gli insetti, e nelle piante. L'impiego indiscriminato degli antibiotici ha causato la selezione di microrganismi resistenti (soprattutto quando i determinanti genici sono trasmissibili) che talvolta non consentono l'effettivo controllo delle infezioni batteriche; un problema, quest'ultimo, che investe anche le batteriosi delle api [1]. Sono state identificate un centinaio di specie potenzialmente dannose agli insetti (entomopatogene), appartenenti a tre grandi famiglie: Bacillaceae, Enterobacteriaceae e Pseudomonadaceae.

Alcune di queste specie, come il *Bacillus thuringiensis* (Bt), vengono da tempo impiegate con successo nella lotta microbiologica agli insetti nocivi e sono alla base di alcune importanti manipolazioni genetiche di piante coltivate per indurre resistenza contro i fitofagi (es. il mais Bt resistente alla Piralide). Il Bt e le piante transgeniche rappresentano una delle tematiche emergenti anche in riferimento alle api per la valutazione dei loro effetti sulle comunità microbiche intestinali. Negli insetti target (es. larve di lepidotteri, incluse le tarme della cera), la tossina Bt, dopo l'ingestione, forma pori nelle cellule epiteliali intestinali e, di conseguenza, distrugge la funzionalità intestinale. Altre proteine, usate per proteggere le piante da insetti infestanti, come gli inibitori di proteasi (PI), sono note per influenzare la digestione delle proteine, bloccando le proteasi e riducendo la capacità digestiva dell'insetto.

Molte piante sono state manipolate con successo per la produzione di inibitori della proteasi, ed è stato dimostrato che riducono la crescita e la sopravvivenza di una vasta gamma di insetti parassiti quando vengono aggiunte al loro cibo. Gli studi finora condotti per valutare l'impatto delle piante transgeniche sulle api non hanno rivelato effetti negativi delle Bt-tossine, mentre si è registrato un aumento della mortalità quando le api sono state alimentate con alte concentrazioni di proteasi di tipo serina, ad esempio l'inibitore della tripsina di soia Kunitz (SBTI) [2]. Poiché sia la tossina Bt che SBTI influenzano i processi di digestione degli insetti sensibili, si ipotizza che le comunità batteriche intestinali possano essere indirettamente colpite, alterando la fisiologia dell'intestino. Di conseguenza, il microbiota può essere un indicatore che mostra i cambiamenti quando vengono ingerite quantità subletali di prodotti transgenici.

Tra le specie di batteri che causano malattie gravi agli insetti utili annoveriamo i più temibili patogeni delle api, come gli agenti della peste americana (*Paenibacillus larvae*) e della peste europea (*Melissococcus plutonius*) [3]. Queste malattie sono le più studiate rispetto ad altre batteriosi delle api, anche per il loro forte impatto economico sull'apicoltura. La denominazione generica di peste è stata utilizzata fino al 1906. Poi, nell'introduzione alla famosa pubblicazione di White [4] sui batteri nell'apiario sono stati utilizzati per la prima volta i termini "peste europea" e "peste americana", mettendo comunque in chiaro che la denominazione non si riferisce alla distribuzione geografica delle malattie, ma alle aree dove sono state inizialmente indagate dal punto di vista scientifico [5].

Finora la maggior parte degli studi si sono concentrati su questi agenti di malattie [6], mentre molta meno enfasi è stata data ai batteri non patogeni e alla loro potenziale azione benefica per le singole api o l'intera colonia. Oggi vi è una crescente consapevolezza dell'importanza della comunità microbica intestinale (microbiota) per la salute e lo sviluppo ontogenetico delle api [7]. Gli animali che vivono in comunità sociali, infatti, ospitano una flora intestinale caratteristica e importante per la nutrizione e la difesa dai patogeni. Il recente sviluppo dei metodi molecolari offre la possibilità di analizzare le comunità microbiche nel loro complesso (metagenomica).

Studi applicati al tratto intestinale delle api (*Apis mellifera*) hanno evidenziato una comunità microbica distintiva seppure composta da un limitato set specie-specifico. Sequenziando il metagenoma del microbiota intestinale delle api è stato però riscontrato, inaspettatamente, un notevole grado di diversità genetica all'interno delle poche specie batteriche rilevate, suggerendo la presenza di ceppi batterici con distinte capacità funzionali legate a differenti interazioni con l'ospite: dalla formazione di biofilm al metabolismo dei carboidrati, alla degradazione della pectina, ecc., evidenziando specializzazioni di nicchia e funzioni che possono essere strategiche dal punto di vista immunitario e per l'utilizzo dei nutrienti. L'associazione e la coevoluzione di questi simbionti con i loro ospiti potrebbe essere alla base della diversificazione genetica e funzionale di questi batteri ape-specifici [8].

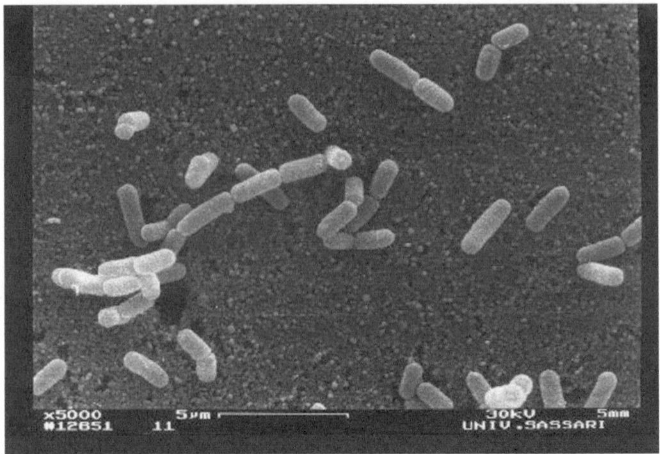

Fig. 3.1 Batteri del genere *Lactobacillus* osservati al microscopio elettronico a scansione (foto Università di Sassari, Dipartimento di Agraria, Sezione di Microbiologia generale e applicata)

Studi più mirati hanno indagato diversità, specificità dell'ospite e modalità di trasmissione di alcune delle specie di batteri intestinali più comuni di api e bombi, come *Snodgrassella alvi* e *Gilliamella apicola*, evidenziando il ruolo che la socialità può svolgere nella trasmissione verticale e aprendo alla possibilità di una coevoluzione, o almeno di una stretta associazione, dei batteri intestinali con i loro ospiti [9]. Nei confronti di *Paenibacillus larve* è stata anche valutata la potenziale azione antagonistica di batteri lattici (LAB) (Fig. 3.1) isolati da alimenti fermentati e utilizzati come probiotici. Inoltre, è stata valutata la capacità dei LAB di indurre l'espressione di geni di peptidi antimicrobici. Diversi ceppi di batteri lattici, identificati come *Enterococcus sp.*, *Weissella sp.*, *Lactobacillus sp.*, *Bifidobacterium sp.*, ma anche isolati di *Bacillus subtilis*, *B. pumilus*, *B. licheniformis*, *B. cereus*, *B. megaterium*, *Brevibacillus laterosporus* sono stati selezionati per le loro capacità di attivazione immunitaria nelle api o per la loro potenziale azione di biocontrollo, utile per impedire lo sviluppo delle malattie batteriche [6, 10, 11].

Gli stress biotici e abiotici possono causare sulle api un impoverimento della microflora intestinale (disbiosi) e rappresentare un indicatore sensibile di alterazione della fisiologia intestinale, aprendo la strada a vari patogeni e parassiti [12]. Questo aspetto è senz'altro da tenere in debita considerazione anche tra le cause che concorrono, a livello globale, al collasso delle colonie di api. Infine, una recente ipotesi ha riguardato la possibilità che le api raccolgano direttamente sui fiori bottinati batteri benefici per la salute umana [13]. I batteri provenienti dai fiori si ritrovano in diverse parti anatomiche delle api, nelle larve e nel miele di diversi tipi, e sono rappresentati essenzialmente dai generi *Lactobacillus* e *Bifidobacterium*. È emerso che le api e la nuova microflora LAB si sono evoluti in reciproca dipendenza l'una dall'altra, suggerendo addirittura che il miele possa essere considerato un prodotto fermentato a causa del coinvolgimento di tali batteri lattici nella sua elaborazione.

3.2 Peste americana

Emanuele Carpana, Stefano Bassi

3.2.1 Introduzione

3.2.1.1 Cenni storici

Sin dai tempi antichi è nota una condizione patologica della covata delle api mellifere caratterizzata dalla decomposizione delle larve e dall'emanazione di odori sgradevoli. La prima segnalazione documentata viene attribuita ad Aristotele (quarto secolo a.C.), che descrive nella sua *Storia degli animali* una situazione patologica dell'alveare accompagnata dall'emanazione di un cattivo odore. Nel 1769 il naturalista tedesco Schirach coniò il termine "*foulbrood*" [4], che può essere tradotto letteralmente in "covata disgustosa" e che equivale alla sindrome conosciuta nell'apicoltura italiana come "peste". Verso la fine del diciannovesimo secolo, la nascente scienza microbiologica fornì gli strumenti per indagare sugli agenti causali delle manifestazioni morbose della covata descritte fino ad allora in modo del tutto sommario. Così, nel 1885 in Inghilterra, Cheshire e Cheyne determinarono l'agente eziologico di una particolare forma di peste e lo chiamarono *Bacillus alvei* [14]. Ma questa scoperta non esauriva certo la casistica sintomatologica delle più diffuse manifestazioni patologiche della covata e divenne presto chiaro che il termine "peste" fosse riferibile ad almeno due distinte malattie. Infatti, all'inizio del Novecento l'americano White isolò il batterio responsabile di un'altra nota manifestazione patologica a carico delle larve e lo nominò *Bacillus larvae* [4, 15]. La malattia, descritta con precisione dallo stesso autore, fu chiamata "*American foulbrood*" (peste americana), mentre alla situazione patologica cui si riferivano gli inglesi Cheshire e Cheyne due decenni prima fu riservato il nome di "*European foulbrood*" (peste europea). Occorre, a questo proposito, precisare che i nomi con cui sono tuttora conosciute le due principali malattie batteriche delle api non sono indicativi della loro distribuzione geografica, bensì dei continenti dove ne furono identificati gli agenti eziologici.

Dalla prima descrizione di White fino ai giorni nostri, la peste americana è stata oggetto di numerosi studi. La classificazione dell'agente eziologico è stata più volte revisionata e la denominazione attuale del batterio è *Paenibacillus larvae* [16]. Nel tempo sono stati approfonditi diversi aspetti della patogenesi e dell'epidemiologia, così come sono stati messi a punto nuovi metodi e strategie di profilassi. Tuttavia, l'impatto economico della peste americana è tendenzialmente cresciuto di pari passo con lo sviluppo dell'apicoltura professionale e intensiva.

3.2.1.2 Generalità e diffusione

La peste americana (AFB) è una grave e diffusa malattia delle api mellifere, sostenuta dal batterio Gram+ e sporigeno *Paenibacillus larvae* [16], che colpisce gli stadi larvali delle api, ma è in grado di produrre effetti letali sull'intera colonia. Essa rappresenta a tutt'oggi uno dei principali problemi di patologia apistica ed è causa di perdite economiche considerevoli per gli apicoltori di tutto il mondo. L'infezione si trasmette mediante le spore che, per le loro caratteristiche di resistenza, rimangono vitali per un tempo indefinito nel materiale apistico da esse contaminato, rendendo molto probabili le recidive. La diffusione dell'infezione all'interno di un apiario e fra apiari o persino fra paesi diversi è facilitata dalle pratiche apistiche che sono alla base dell'apicoltura moderna, quali lo scambio di materiale tra alveari, la gestione di numerosi alveari in un'area ristretta o la commercializzazione anche su scala mondiale di api e miele [17, 18].

Le variabili climatiche e stagionali non incidono in maniera importante sulla prevalenza e sull'andamento della malattia. La peste americana è di conseguenza largamente diffusa, interessando la maggior parte dei paesi di tutti i continenti, eccezion fatta per alcune regioni tropicali, dell'Africa e dell'Asia [19].

Nel Sud America il problema della peste americana è relativamente recente: il batterio responsabile è stato isolato per la prima volta nel 1980 da miele argentino e il primo focolaio è stato registrato in Argentina nel 1989 [17].

La peste americana è compresa nell'elenco delle malattie denunciabili secondo la World Organisation for Animal Health (OIE), ed è considerata malattia rilevante dal punto di vista socio-economico e sanitario, oltre che significativa nel commercio internazionale di animali e di produzioni animali.

A causa della virulenza e della contagiosità dell'infezione, nella maggior parte dei paesi la peste americana è soggetta a denuncia e, in linea generale, le autorità sanitarie ritengono che il sistema di controllo più efficace per prevenirne la diffusione sia l'incenerimento degli alveari colpiti e la sterilizzazione dell'attrezzatura contaminata. Solo in alcuni paesi extraeuropei è consentito il ricorso ad antibiotici, anche se queste sostanze non sono risolutive ai fini della guarigione, dal momento che la loro azione si limita a mascherare i sintomi della malattia senza intaccare la vitalità delle spore, ostacolando quindi la possibilità di contrastare efficacemente la diffusione dell'infezione.

3.2.2 Patogenesi

Il batterio *Paenibacillus larvae* produce endospore particolarmente resistenti che sono l'unica forma infettante di questo microrganismo. Solo gli stadi larvali possono essere infettati, assumendo le spore attraverso il cibo contaminato. La suscettibilità all'infezione diminuisce con l'età della larva: prove di infezione sperimentale hanno dimostrato che essa è massima tra le 12 e le 36 ore dalla schiusa dell'uovo, quando l'ingestione di circa 10 spore costituisce la dose letale 50% (LD_{50}), ovvero la dose che, somministrata in una sola volta, uccide il 50% degli individui [18]. Oltre le 48 ore di età non si osserva più relazione tra dose e mortalità e le larve acquisiscono una resistenza sempre maggiore, fino al punto che possono essere infettate solo con l'ingestione di milioni di spore [20, 21].

Le spore, una volta ingerite con l'alimento contaminato, raggiungono il mesointestino, dove germinano circa 12 ore dopo [22].

Fino a un recente passato, si riteneva che le forme vegetative di *P. larvae* penetrassero attraverso l'epitelio intestinale dopo la germinazione, iniziando a proliferare solo dopo aver invaso l'emocele [20], dando così origine a un'infezione setticemica. Oggi, sulla base delle recenti ricerche di Yue e collaboratori [22], basate su tecniche di biologia molecolare, si sa che il batterio colonizza il mesointestino e vi prolifera in maniera massiva prima di attraversarne la parete, comportandosi così come un commensale che si nutre delle sostanze alimentari ingerite dalla larva. Solo in un secondo momento, le cellule batteriche, che hanno oramai colonizzato l'intestino, attraversano la membrana peritrofica e attaccano l'epitelio intestinale fino a invadere l'emocele e a proliferare nell'emolinfa. Segue la degradazione dei tessuti e la decomposizione dei resti della larva fino alla formazione di una caratteristica massa di colore bruno cioccolato, di consistenza semifluida e collosa, che corrisponde allo stadio "filamentoso" (Fig. 3.2). Il batterio produce enzimi proteolitici la cui attività permette la penetrazione attraverso la parete intestinale e la conseguente invasione e distruzione dei tessuti dell'ospite [18]. Le proteasi agiscono anche come immunosoppressori in quanto capaci di distruggere alcune molecole antibatteriche inducibili del sistema immunitario umorale dell'insetto, come le apidecine [17, 23].

Allo stadio filamentoso segue un processo di disseccamento dei resti larvali che porta alla formazione di una scaglia di consistenza dura, che aderisce in maniera tenace alla parete inferiore della cella [20].

Alla luce delle recenti acquisizioni, l'età in cui la larva infetta muore è molto variabile. Studi basati su prove biologiche di esposizione al patogeno eseguite in laboratorio dimostrano che la mortalità delle larve infette inizia già 2–3 giorni dopo l'infezione, ossia ancora nella fase di alimentazione e in cella aperta, per poi proseguire nelle fasi successive all'opercolatura (larva che fila il bozzolo, propupa e pupa) [24].

Il tempo impiegato dal batterio per uccidere le larve esprime il suo grado di virulenza ed è piuttosto variabile. Tale caratteristica è genotipo-specifica. Il tempo necessario per uccidere tutte le larve che muoiono a seguito dell'infezione (LT_{100}) varia da 5–7 giorni, nel caso dei ceppi più virulenti, a 12–13 giorni, nel caso dei ceppi meno virulenti. Anche il numero di spore ingerite influenza la rapidità con cui le larve infette muoiono [25].

A livello sintomatologico, i rilevamenti più significativi a fini diagnostici riguardano gli stadi dopo l'opercolatura: le alterazioni di colore a carico delle larve infette diventano ben visibili tra i 10 e i 15 giorni dalla schiusa dell'uovo e sono relative soprattutto a propupe e pupe [20].

Alla fase vegetativa del batterio, che porta alla decomposizione della larva, segue la sporulazione. La maggior parte delle spore si forma nelle larve 11 giorni dopo la schiusa dell'uovo, in quantità di circa 2500 milioni per individuo, il che corrisponde a un notevole potenziale infettivo. Le api operaie difficilmente riescono a rimuovere il materiale contagioso costituito dalle larve di consistenza molto viscosa nello stadio filamentoso e dalle scaglie fortemente aderen-

Fig. 3.2 La consistenza collosa e "filante" della larva decomposta consente la prova dello stecchino per la diagnosi in campo della peste americana: introducendo nella cella uno stecchino ed estraendolo lentamente vi rimane attaccato un filamento che può superare i 2 cm di lunghezza. (foto di Stefano Bassi, Istituto Zooprofilattico Sperimentale della Lombardia e dell'Emilia Romagna)

ti alle pareti delle celle. Nel tentativo di rimuovere questi materiali, esse si contaminano con le spore finendo per diffonderle nell'alveare e per trasmetterle con il cibo alle giovani larve. Dotate di elevata resistenza alle avversità ambientali, le spore possono rimanere infettanti per decenni nel materiale contaminato e per questo sono responsabili delle frequenti recidive che caratterizzano la malattia [17]. Le caratteristiche di resistenza e durata delle spore, unitamente all'enorme quantità con cui vengono prodotte nell'alveare infetto, sono fattori che rendono conto dell'elevata contagiosità della peste americana, nonché delle difficoltà che si incontrano nel suo controllo. Il meccanismo patogenetico si collega a quello epidemiologico e *P. larvae* può essere visto come un "killer obbligato": deve uccidere necessariamente l'ospite che infetta affinché la conseguente disgregazione dei tessuti larvali permetta la liberazione delle spore nell'ambiente circostante e, quindi, la propagazione dell'infezione [18].

3.2.3 Eziologia

3.2.3.1 Caratteristiche generali

Paenibacillus larvae è un batterio Gram+, sporigeno, anaerobio facoltativo. Le forme vegetative sono mobili, a forma di bastoncino, e piuttosto variabili come dimensione (0,5–0,6 μm × 1,5–6 μm); si presentano in forme singole, in catene o filamenti (Fig. 3.3). Produce endospore di forma ovale e di dimensioni pari a circa 0,6 × 1,3 μm (Fig. 3.4) [17, 26].

Come già detto, solo le spore possono indurre l'infezione nelle larve. Dotate di elevata resistenza alle alte temperature, al disseccamento e ai disinfettanti chimici in genere, le spore possono sopravvivere per molti anni nei materiali e nei prodotti dell'alveare [17, 20]. Le prove di sopravvivenza di maggior durata hanno dimostrato che le spore sono capaci di germinare anche dopo 35 anni di permanenza nelle scaglie [27].

3.2.3.2 Classificazione di *Paenibacillus larvae*

Il batterio responsabile della peste americana fu identificato e descritto per la prima volta da White nei primi anni del secolo scorso [4]. Basandosi sulla morfologia delle cellule batteriche e sulla capacità di produrre endospore, White chiamò il batterio *Bacillus larvae*. Nel 1950, Katznelson descrisse un altro

Fig. 3.3 Forme vegetative di *Paenibacillus larvae* in un preparato da coltura evidenziato con colorazione di Gram (foto di Gianluca Rugna, Istituto Zooprofilattico Sperimentale della Lombardia e dell'Emilia Romagna)

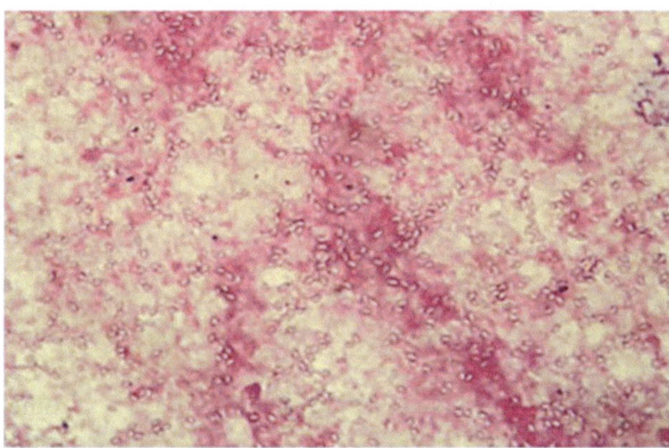

Fig. 3.4 Spore di *Paenibacillus larvae*, in un preparato da larva morta, colorato con carbol-fucsina (foto di Stefano Bassi, Istituto Zooprofilattico Sperimentale della Lombardia e dell'Emilia Romagna)

bacillo sporigeno isolato da larve morte che si trasformavano in scaglie di consistenza polverosa e lo classificò come *Bacillus pulvifaciens* [28]. Ma l'associazione tra questo batterio e la rara "malattia della covata polverosa" venne presto messa in dubbio dallo stesso scopritore. A fronte di due soli casi documentati di isolamento di *B. pulvifaciens* da larve polverizzate [28, 29], la questione della patogenicità e della virulenza del batterio rimase irrisolta per più di 50 anni [18].

Quando le tecniche analitiche di genetica molecolare si affermarono nella tassonomia batterica, il genere *Bacillus* si mostrò assai eterogeneo dal punto di vista filogenetico; di conseguenza, *Bacillus larvae* e *Bacillus pulvifaciens* vennero attribuiti al nuovo genere *Paenibacillus* e riclassificati come *Paenibacillus larvae* e *Paenibacillus pulvifaciens* [30]. Studi successivi evidenziarono un elevato grado di omologia genetica tra i due batteri, che vennero così classificati come due sottospecie appartenenti alla medesima specie: *Paenibacillus larvae* subsp. *larvae* e *Paenibacillus larvae* subsp. *pulvifaciens* [26].

La presenza delle due sottospecie era giustificata dal fatto che i due batteri possedevano caratteristiche fenotipiche differenti e davano luogo a due patologie ritenute diverse tra loro.

Ma nel 2006 un lavoro svolto da Genersch e collaboratori [16], riguardante uno studio comparato delle caratteristiche fenotipiche e genetiche di numerosi ceppi delle due sottospecie nonché prove di infezione sperimentale, portò alla conclusione che i due batteri davano luogo a una malattia con le stesse caratteristiche e che il livello di omologia genetica era tale da non giustificare l'esistenza di due sottospecie. Anche le differenze a livello fenotipico (caratteri colturali, morfologia delle spore, fermentazione dei carboidrati, ecc.) vennero ritenute insufficienti per giustificare il mantenimento delle due sottospecie.

A seguito dei risultati ottenuti da Genersch e collaboratori si giunse alla classificazione accettata oggi, che vede il riconoscimento dell'unica specie *Paenibacillus larvae*, senza differenziazione in sottospecie. Di conseguenza, ammettendo l'identità di *P. l. larvae* e *P. l. pulvifaciens*, la covata polverosa scompare dalla lista delle malattie delle api ufficialmente riconosciute.

La specie *P. larvae* presenta una certa eterogeneità a livello fenotipico, ma solo con l'ausilio di metodi molecolari è stato possibile realizzare una tipizzazione intraspecifica coerente. In particolare la genotipizzazione, eseguita mediante repetitive element PCR (rep-PCR) con impiego di enterobacterial repetitive intergenic consensus (ERIC) *primers*, permette di identificare quattro genotipi, denominati ERIC I, ERIC II, ERIC III e ERIC IV, tutti egualmente patogeni per le larve ma con diversa virulenza [24].

3.2.3.3 Genotipi e virulenza

L'applicazione del suddetto metodo molecolare a ceppi di riferimento come a ceppi di campo di *P. larvae* ha consentito di discriminare 4 genotipi corrispondenti, in termini analitici, ad altrettanti pattern elettroforetici. I genotipi ERIC I e II corrispondono alla ex sottospecie *P. l. larvae*, mentre la ex sottospecie *P. l. pulvifaciens* si identifica ora nei genotipi III e IV [16].

ERIC I è considerato il genotipo classico di *P. larvae* ed è responsabile della peste americana nella forma più tipica dal punto di vista sintomatologico ed epidemiologico. Studi epidemiologici dimostrano che ERIC I può essere isolato frequentemente in Europa e in America, mentre ERIC II sembra essere limitato all'Europa. In Italia, l'indagine di Bassi e collaboratori ha consentito l'isolamento e la caratterizzazione di entrambi i genotipi [31].

ERIC III e IV invece non sono rinvenuti in campo da decenni e la loro patogenicità è stata dimostrata solo nelle infezioni sperimentali in laboratorio. In pratica, ERIC I e II sono i principali genotipi di *P. larvae* [18] e solo a questi due si farà riferimento nel prosieguo della trattazione.

Molto importante dal punto di vista diagnostico è il diverso grado di virulenza riscontrato nei diversi genotipi. Da prove di infezione sperimentale in laboratorio, risulta che ERIC I richiede circa 12–13 giorni per provocare la morte di tutte le larve infette (LT_{100}). Ciò significa che, in condizioni naturali, una percentuale elevata di larve (quasi la metà) muore dopo l'impupamento e ha la possibilità di trasformarsi nella tipica forma collosa e filante e infine in una scaglia, dando origine quindi a sintomi ben riconoscibili.

Gli altri tre genotipi risultano più virulenti e provocano la mortalità del 100% delle larve dopo 5–7 giorni dall'infezione. Di conseguenza, gli individui infetti muoiono prevalentemente nello stadio larvale, prima dell'impupamento e, non avendo ancora acquisito la consistenza viscosa, possono essere rimossi dalle api adulte con relativa facilità. Le larve morte con lesioni tipiche sono in numero molto ridotto; pertanto, il quadro clinico che ne risulta non è ben definito come nel caso di infezione da ceppi ERIC I [18, 24].

Il grado di virulenza espresso a livello individuale, cioè nelle singole larve, è correlato negativamente con quello manifestato a livello di intera colonia; infatti, l'attività di rimozione delle larve morte espletata dalle api adulte (comportamento igienico) è più intensa ed efficace sulla covata morta in stadio disopercolato, condizione quest'ultima prevalente in caso di peste americana provocata da ceppi ERIC II [32]. Inoltre, la rimozione precoce delle larve morte, prima cioè della formazione delle spore, è un meccanismo di difesa a livello sociale che ostacola in modo efficiente la trasmissione e, quindi, lo sviluppo della malattia all'interno dell'alveare [33].

Si comprende facilmente come le differenze a livello di virulenza tra i diversi genotipi di *P. larvae* abbiano importanti riflessi sul piano epidemiologico. Infatti, la probabilità di sviluppo e di propagazione della peste americana dipende prima di tutto dal numero di spore prodotte. Più larve muoiono dopo l'impupamento, più spore vengono prodotte, e più rapida è la diffusione dell'infezione all'interno dell'alveare e tra alveari. Secondo questo concetto, il genotipo ERIC I, oltre a produrre sintomi più evidenti e quindi più facilmente rilevabili al controllo clinico, risulterebbe quello più trasmissibile.

La Tabella 3.1 riassume le principali caratteristiche, in relazione alla virulenza, dei genotipi ERIC I e II che, in condizioni naturali, risultano i responsabili dei focolai di peste americana.

La virulenza può essere valutata anche determinando, mediante prove bio-

Tabella 3.1 Caratteristiche distintive dei due genotipi prevalentemente responsabili dei focolai di peste americana, in relazione alla loro azione patogena

Genotipo	ERIC I	ERIC II
Tempo necessario per l'uccisione delle larve infette (LT_{100})	12-13 gg circa	5-7 gg circa
Grado di virulenza di *P. larvae* a livello di larve	Basso	Elevato
Grado di virulenza di *P. larvae* a livello di colonia	Elevato	Basso
Percentuale di larve morte dopo l'opercolatura	Elevata	Bassa
Rimozione delle larve infette	Ridotta	Intensa
Sintomi tipici (larve filanti)	Evidenti	Poco evidenti
Produzione di spore	Forte	Ridotta
Diffusione all'interno della colonia	Rapida	Lenta

logiche di laboratorio, la concentrazione di spore di *P. larvae* necessaria a provocare la malattia e la morte della larva. È stato dimostrato che questo parametro è notevolmente influenzato dalle differenze ceppo-specifiche. Infatti, la LD_{50} è risultata variare con un fattore pari a 10 tra i diversi ceppi del batterio. In altre parole, per raggiungere lo stesso livello di mortalità, per i ceppi più virulenti è sufficiente una concentrazione di spore nella dieta larvale circa 10 volte inferiore rispetto ai ceppi meno virulenti [24].

La genotipizzazione batterica ha importanti riflessi applicativi. È utile negli studi epidemiologici condotti allo scopo di individuare la fonte di infezione, scoprire la relazione esistente tra singoli focolai, riconoscere ceppi particolarmente virulenti e, infine, monitorare i programmi di lotta contro la peste americana.

3.2.4 Diagnosi

3.2.4.1 Sintomatologia e diagnosi in campo

I sintomi tipici della peste americana, riferibili in particolare al genotipo ERIC I, possono essere rilevati nel corso delle ispezioni degli alveari senza particolari difficoltà. Le manifestazioni cliniche appaiono ben evidenti solo quando la mortalità interessa in modo consistente la covata opercolata, con alterazioni progressive che riguardano gli stadi di larva e di pupa, come illustrato nelle Figure 3.5 e 3.6 [34].

In realtà, come già detto nella trattazione della patogenesi, la mortalità della covata inizia alcuni giorni prima dell'opercolatura delle celle ma, in tal caso, le larve vengono in gran parte rimosse dalle api operaie, sfuggendo così al controllo diagnostico visivo. La mortalità precoce delle larve è prevalente nel caso di infezione da genotipo ERIC II, ragion per cui tale infezione viene diagnosticata con maggiore difficoltà (Tabella 3.1) [18].

La prima valutazione visiva è quella del favo nel suo complesso. La covata appare irregolarmente distribuita in celle aperte e celle opercolate, producendo un aspetto a mosaico nei casi di malattia in stato avanzato (Fig. 3.7). Le celle aperte, infatti, possono contenere le larve morte ridotte a scaglie oppure sono vuote a seguito della rimozione della covata infetta da parte delle api operaie. Scendendo nel particolare, si osservano opercoli di colore scuro, umidicci, infossati, di spessore ridotto, spesso forati e lacerati a causa dell'azione delle api che tentano di ripulire le celle (Fig. 3.8) [17, 35].

Dal favo appestato emana un odore fetido caratteristico, paragonato alla vecchia colla da falegname. Esaminando l'interno delle celle è possibile verificare le alterazioni di colore e di forma che le larve morte hanno subito. Dopo la morte, la larva assume un colore bianco sporco, che diventa giallino e quindi, dopo 1–2 settimane, bruno. Nel frattempo, i tessuti diventano soffici, acquosi e il tegumento si rompe facilmente. Con il passare del tempo la larva si riduce di volume, abbassandosi sempre più verso il fondo della cella (Figg. 3.5, 3.6) finché, a 3–4 settimane dalla morte, assume un colore bruno cioccolata molto peculiare (Figg. 3.9, 3.10) e quella consistenza semifluida, viscosa e filamentosa che costituisce un noto elemento diagnostico: se in tale massa si immerge uno stecchino, estraendolo lentamente vi rimane attaccato un lungo filamento (Fig. 3.2). Segue un graduale disseccamento e, dopo circa 6 settimane, la trasformazione finale in un residuo, la scaglia, di colore molto scuro (Figg. 3.5, 3.6). Le scaglie giacciono lungo la parete inferiore della cella, alla quale restano tenacemente adese, tanto da non poter essere facilmente rimosse. Esse sono facilmente visibili per il loro colore scuro nei favi nuovi, mentre sono poco distinguibili nei favi vecchi. Spesso, della pupa morta è possibile osservare la proboscide che rimane estesa verso la parete superiore della cella durante le fasi di putrefazione e disseccamento del corpo, dividendo così anteriormente l'apertura della cella medesima a mo' di filamento (Figg. 3.6, 3.11). Questo aspetto sintomatologico è ritenuto un indicatore abbastanza attendibile della peste americana [35].

La diagnosi clinica, effettuata durante i controlli in campo, si basa essenzialmente sul riconoscimento delle lesioni sopra descritte e ha un valore presuntivo, per quanto attendibile. Il più delle volte si tratta di riconoscere la malattia in uno stadio relativamente precoce, quando ancora poche celle presentano alterazioni macroscopiche. In tal caso, è importante ispezionare attentamente il favo per individuare le celle con opercoli scuri, infossati o con piccoli fori e, infine, verificare al loro interno l'aspetto e la consistenza delle larve.

Si ribadisce, inoltre, l'esistenza di casi non ben caratterizzati sotto il profilo sintomatologico, in particolare quelli legati alle infezioni con particolari ceppi del genotipo ERIC II. È possibile, in questi casi, riscontrare sintomi atipici come i seguenti:

- gli opercoli delle celle non diventano scuri;
- le larve degenerate sono di colore bruno chiaro o grigio, di consistenza più acquosa e con scarsa tendenza a formare filamenti;
- le scaglie sono di colore bruno o grigio e si possono rimuovere dalle celle con facilità;

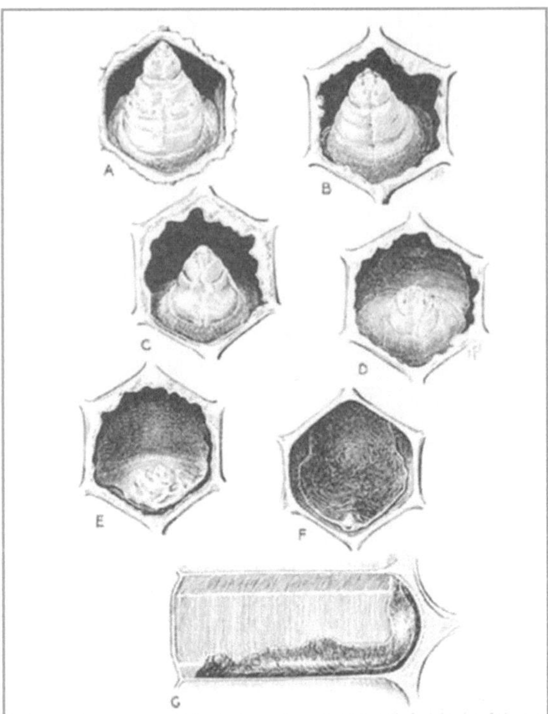

Fig. 3.5 Trasformazioni progressive della larva morta per peste americana, nello stadio di propupa, fino alla formazione della scaglia (da [34])

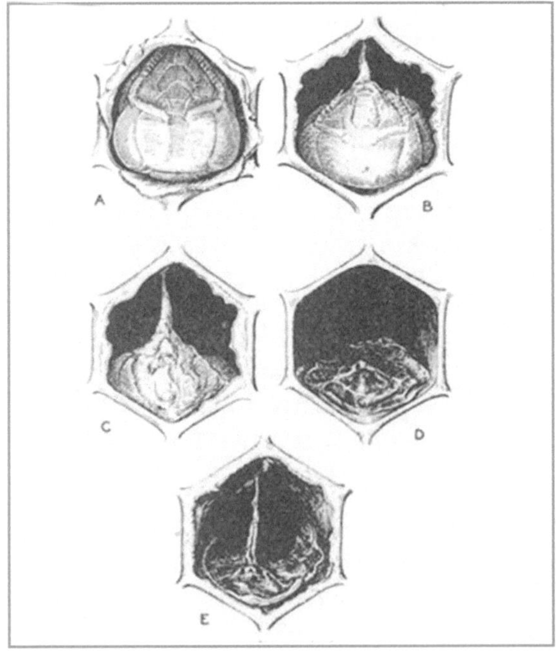

Fig. 3.6 Trasformazioni progressive della pupa morta per peste americana, fino alla formazione della scaglia (da [34])

Fig. 3.7 Favo con covata colpita da peste americana (foto di Stefano Bassi, Istituto Zooprofilattico Sperimentale della Lombardia e dell'Emilia Romagna)

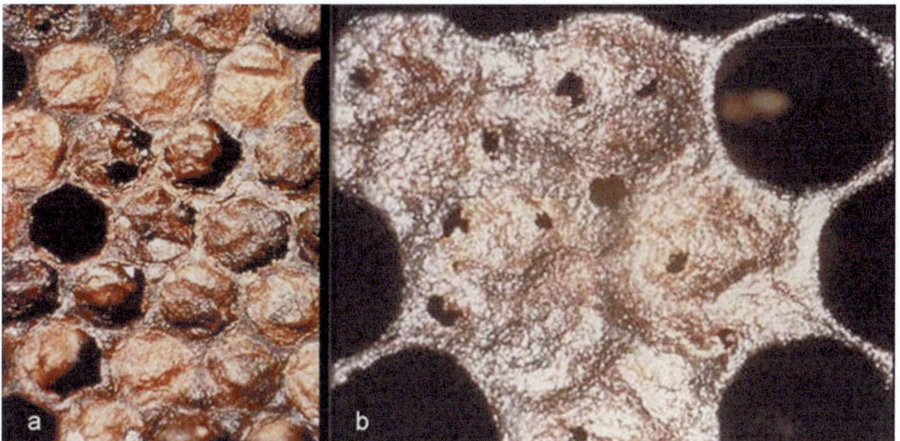

Fig. 3.8 Particolari di covata con sintomi di peste americana: sono evidenti gli opercoli depressi e forati

- sono presenti larve bianche o grigie morte nelle celle disopercolate.

Inoltre, l'infezione in uno stadio ancora iniziale può, come già detto, sfuggire al controllo ispettivo a causa della rimozione delle larve infette effettuata dalle api.

A sostegno della diagnosi formulata sulla base dell'esame clinico, sono oggi disponibili kit diagnostici basati su tecniche immunologiche. Di semplice e rapido utilizzo anche in campo, questi strumenti presentano elevata specificità e, per questo, sono adatti alla diagnosi di conferma della malattia, se applicati a larve interessate dai sintomi [36].

Fig. 3.9 Particolare di covata con sintomi di peste americana. Si nota una larva in stato di avanzata decomposizione (foto di Gianluca Paganelli, Istituto Zooprofilattico Sperimentale della Lombardia e dell'Emilia Romagna)

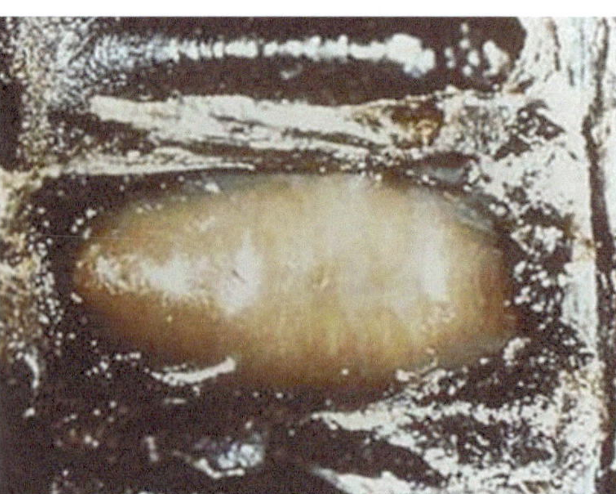

Fig. 3.10 Propupa nello stadio caratterizzato dal colore bruno e dalla tipica consistenza collosa

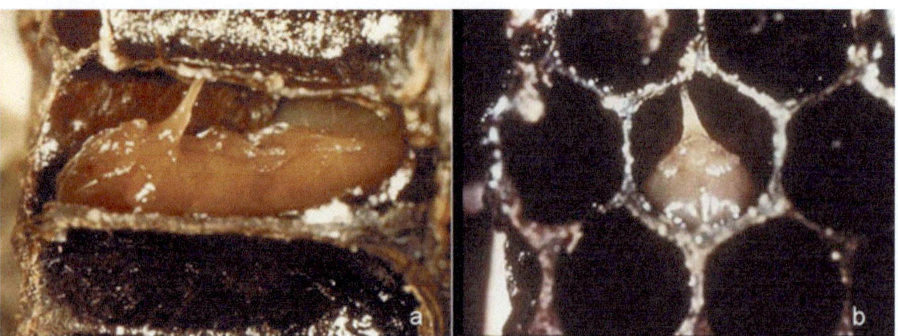

Fig. 3.11 Pupa morta per peste americana, vista di profilo (**a**) e dall'apertura delle cella (**b**). Si nota la sottile proboscide estesa verso la parete superiore della cella

3.2.4.2 Diagnosi di laboratorio

La conferma definitiva della diagnosi di campo può essere ottenuta mediante l'esame di laboratorio di campioni di covata (favi o porzioni di favo). La procedura di routine prevede l'esame visivo e olfattivo del campione per rilevare gli elementi sintomatologici e, quindi, l'esame al microscopio ottico finalizzato a verificare la presenza delle spore di *P. larvae* nelle larve in decomposizione.

3.2.4.3 Esame microscopico

Su un vetrino da microscopia si stende, diluendo con acqua sterile, una idonea quantità di materiale prelevato da larve o pupe in stadio filamentoso, oppure già ridotte a scaglie [17, 37, 38]. Tale substrato contiene una grande quantità di spore, quasi in coltura pura. La microscopia a contrasto di fase, a 400 ingrandimenti, consente di valutare bene forma e dimensione delle spore, che appaiono come corpuscoli ovali, rifrangenti, della dimensione di circa 0,6 × 1,3 µm (Fig. 3.4). È possibile evidenziare meglio le spore mediante colorazione del preparato con carbol-fucsina oppure con nigrosina, osservandole poi con obiettivo a immersione in olio, a 1000 ingrandimenti. Le spore appaiono luminose con il contorno color amaranto nel primo caso e chiare su sfondo scuro nel secondo. Utilizzando la tecnica del vetrino a goccia pendente si possono osservare i tipici movimenti Browniani delle spore di *P. larvae*, fenomeno non comune agli altri bacilli dell'alveare. Nel caso di campionamento di larve infette di età inferiore ai 10 giorni, è possibile osservare anche alcune forme vegetative e, talora, le caratteristiche formazioni a treccia dovute alla coalescenza dei flagelli peritrichi di più cellule (Fig. 3.12). Questa peculiarità è ritenuta valida per l'identificazione univoca di *P. larvae*.

Normalmente l'esame microscopico è sufficiente ai fini della conferma diagnostica, anche se è sempre bene procedere all'esame colturale e alla successiva identificazione degli isolati.

3.2.4.4 Esame colturale

P. larvae è un batterio esigente dal punto di vista delle condizioni nutrizionali e richiede terreni ricchi di sostanze azotate e fattori vitaminici [38]. I terreni di coltura impiegati oggigiorno permettono di isolare questo microrganismo con una certa facilità. Possono essere utilizzate preparazioni commerciali di uso generico nei laboratori clinici: agar cuore-cervello con supplemento di tiamina (Brain Heart Infusion + Tiamina, BHIT, oppure agar sangue, Columbia agar base addizionato di sangue defibrinato di ovino, bovino o equino). Ma i risultati migliori, soprattutto nel rapporto di germinazione delle spore, si ottengono con terreni specificatamente studiati, il più utilizzato dei quali è MYPGP agar (composizione per litro: Mueller-Hinton broth 10 g, estratto di lievito 15 g, K_2HPO_4 3 g, glucosio 2 g, sodio-piruvato 1 g, agar 20 g). Si preparano sospensioni in acqua sterile di larve o pupe, possibilmente in stadio filamentoso o di scaglia. Tali sospensioni, ricche di spore, vanno riscaldate a 80 °C per 10–15 minuti allo scopo di uccidere tutte le forme vegetative dei microrganismi e in seguito seminate sulla superficie di piastre Petri contenenti il terreno di coltura. Le piastre vengono incubate a 34–37 °C e preferibilmente, ma non necessariamente, in atmosfera arricchita con 5–10% di CO_2, in quanto le condizioni di microaerofilia facilitano la germinazione delle spore. Generalmente, dopo 2 giorni di incubazione compaiono le prime colonie.

3.2.4.5 Identificazione di *P. larvae*

L'identificazione di specie dei ceppi che presentano colonie sospette ha lo scopo di confermare in maniera definitiva la presenza del patogeno. Può rendersi opportuna anche un'identificazione a livello intraspecifico per accertare il genotipo di appartenenza dei ceppi isolati, mediante l'impiego di idonee tecniche molecolari [18, 24, 31, 38–40].

L'aspetto morfologico delle colonie di *P. larvae* può variare leggermente in base al terreno utilizzato per l'isolamento. Ma le differenze più evidenti sono legate al genotipo e riguardano sia l'aspetto che la pigmentazione delle colonie. Quelle del genotipo ERIC I sono di colore bianco-grigiastro o beige, opache o traslucide, a volte diafane e quasi trasparenti, con superficie piatta, granulosa, asciutta e margine moderatamente irregolare (Fig. 3.13a); quelle del genotipo ERIC II hanno una pigmentazione arancione di intensità variabile, superficie liscia e leggermente ombelicata, non sono mai trasparenti e presentano generalmente un margine netto (Fig. 3.13b).

L'esame microscopico dopo colorazione di Gram consente di evidenziare forme vegetative Gram positive e caratterizzate dal punto di vista morfologico come descritto nel paragrafo sull'eziologia (Fig. 3.3).

Il profilo fenotipico di *P. larvae* può essere completato da alcuni test biochimici di importanza diagnostica, utili a differenziare *P. larvae* dagli altri bacilli sporigeni presenti nell'alveare. Le colonie cresciute sul terreno colturale possono essere sottoposte al test della catalasi, verso il quale *P. larvae* risponde negativamente, a differenza della maggior parte degli altri bacilli sporigeni (generi *Bacillus*, *Brevibacillus, Paenibacillus*).

La capacità di fermentare alcuni carboidrati con produzione di acidi può essere utile, entro certi limiti, per differenziare i due genotipi: il genotipo ERIC I si distingue dagli altri tre genotipi ERIC perché fermenta la salicina ma non il mannitolo e viceversa [18]. A questo proposito, sono disponibili kit commerciali che consentono di ottenere un profilo completo di *P. larvae* relativamente all'acidificazione dei carboidrati [38].

Recentemente sono stati sviluppati diversi metodi molecolari basati sulla PCR per l'identificazione di *P. larvae,* ma con applicazioni generalmente limitate alla ricerca.

Infine, vanno annoverate le tecniche immunologiche, come immunofluorescenza ed ELISA. Tali metodiche si sono dimostrate adatte ad applicazioni di routine, per l'identificazione di ceppi batterici isolati mediante esame colturale o per la conferma diagnostica in campioni di larve con segni clinici di malattia [38].

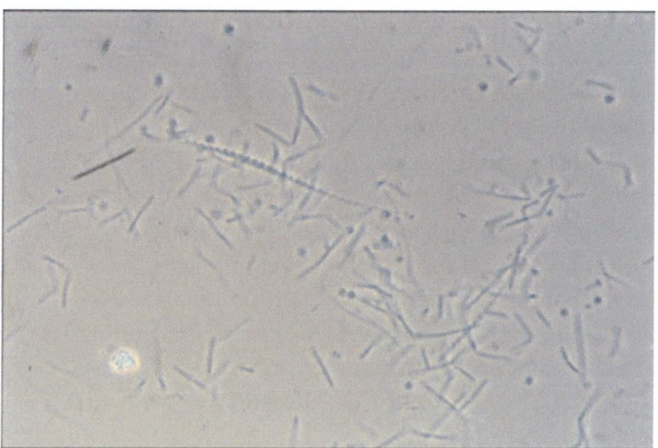

Fig. 3.12 Foto al microscopio ottico di forme vegetative di *Paenibacillus larvae*, tra le quali sono visibili le tipiche trecce ciliari formatesi per coalescenza dei flagelli peritrichi di più cellule

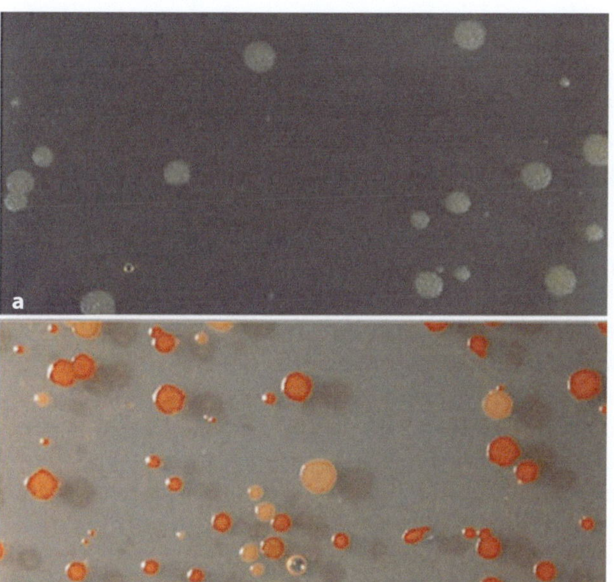

Fig. 3.13 Colonie di *Paenibacillus larvae* di genotipo ERIC I (**a**) e ERIC II (**b**), isolate su terreno MYPGP (**a** foto di Emanuele Carpana, CRA-API Unità di ricerca di apicoltura e bachicoltura; **b** foto di Gianluca Rugna, Istituto Zooprofilattico Sperimentale della Lombardia e dell'Emilia Romagna)

3.2.4.6 Diagnosi indiretta

La diagnosi clinica è spesso tardiva e, con ogni probabilità, quando la malattia viene diagnosticata si è già diffusa all'interno dell'apiario o ad altri apiari. Inoltre, l'ispezione clinica degli alveari può essere particolarmente laboriosa e dispendiosa, soprattutto se interessa grossi impianti apistici oppure se è applicata nel contesto del monitoraggio del territorio. Occorre tener presente, infine, che gli stadi iniziali di malattia, caratterizzati da scarsa sintomatologia, spesso non vengono rilevati con l'esame visivo; allo stesso modo, possono sfuggire all'ispezione le forme atipiche sotto il profilo sintomatologico, di cui si è già detto precedentemente.

La diagnosi indiretta, invece, non è finalizzata alla ricerca dei sintomi della malattia ma alla determinazione del livello di contaminazione da spore in matrici dell'alveare come api adulte, miele, cera, che fungono così da indicatori della presenza dell'infezione anche in alveari asintomatici. È infatti noto che la peste americana può persistere negli alveari in forma endemica anche per molti anni senza determinare manifestazioni cliniche [41].

L'indagine diagnostica preclinica è applicabile nel contesto di piani di monitoraggio della peste americana organizzati a livello aziendale o territoriale, con il fine di mettere in atto appropriate misure di profilassi. L'efficacia di un metodo di diagnosi preclinica si basa soprattutto sul valore predittivo, ovvero sulla valutazione del rischio di sviluppo della malattia sulla base della carica di spore presenti.

L'utilità di questo tipo di indagine a scopo preventivo è oggi generalmente riconosciuta e sono disponibili per i laboratori metodi standard, basati sulle tradizionali tecniche microbiologiche e, più recentemente, sulla tecnologia della PCR, finalizzati alla determinazione quantitativa del carico di spore in campioni di api adulte e di prodotti dell'alveare quali il miele, il polline, la cera e i detriti raccolti sul fondo dell'arnia [38–40].

Il miele è l'indicatore che è stato utilizzato con maggiore frequenza [42–47]. Ma è con la ricerca delle spore in campioni di api che si ottengono migliori risultati sotto il profilo della sensibilità e del valore predittivo del risultato analitico [48–50].

Un metodo introdotto recentemente consiste nella determinazione del grado di contaminazione da spore nei detriti cerosi raccolti sul fondo dell'alveare [51, 52]. Il vantaggio di questo metodo è che non richiede l'apertura degli alveari e i campionamenti si possono eseguire anche nel periodo invernale, consentendo così di controllare lo stato dell'infezione prima dell'inizio della stagione attiva.

Le procedure di laboratorio di routine per la ricerca delle spore nelle diverse matrici si basano generalmente sulle tecniche microbiologiche tradizionali. Considerando che si tratta di metodi diagnostici quantitativi, è importante garantire la massima riproducibilità dei risultati, mediante la standardizzazione delle procedure previste nelle diverse fasi, a partire dal campionamento.

La prima fase analitica prevede l'omogeneizzazione del campione con tecniche diverse in dipendenza della tipologia del medesimo. Segue il trattamento termico dell'omogenato finalizzato all'uccisione dei microrganismi non sporigeni, che in seguito potrebbero svilupparsi sul terreno colturale rendendo difficoltosa la lettura dell'esame. A questo riguardo, dalla letteratura non si ricavano temperature e tempi di trattamento termico univoci ma, in linea di massima, si propongono in alternativa due condizioni estreme: 80 °C per 10–15 minuti e 95 °C per 3–5 minuti. Si preparano quindi appropriate diluizioni che, in aliquote precise, vengono distribuite sul mezzo di coltura solido (si veda il paragrafo relativo all'esame colturale). In considerazione del fatto che i materiali prelevati dagli alveari sono comunemente contaminati da diverse specie di batteri sporigeni, per limitare la loro crescita si consiglia di addizionare al terreno antibiotici come acido nalidissico e acido pipemidico. Inoltre, nei casi in cui l'isolamento di *P. larvae* sia disturbato dalla presenza di funghi nel campione, lo sviluppo di questi ultimi può essere inibito mediante l'aggiunta al terreno di amfotericina B. Le piastre vengono incubate alla temperatura di 34–37 °C per 7 giorni, in atmosfera arricchita con 5–10% di CO_2. Dal conteggio delle colonie tipiche, conoscendo i fattori di diluizione e il volume delle aliquote inoculate, è possibile calcolare le unità formanti colonia (UFC) per unità di campione (ad esempio, per grammo di miele, per ape, ecc.). Occorre sottolineare che in condizioni di laboratorio, nei substrati colturali solidi il rapporto di germinazione delle spore è piuttosto ridotto, mediamente 5–10% del totale con oscillazioni tra lo 0,5 e il 20%, in funzione del terreno impiegato e delle differenze nella capacità di crescita dei diversi ceppi di *P. larvae* presenti nei campioni. L'esame colturale tende quindi a sottostimare, anche in maniera considerevole, il numero di spore effettivamente presenti, limitando l'attendibilità del dato numerico ottenuto [53]. Questo limite può, in linea teorica, essere superato dagli attuali metodi molecolari basati sulla PCR quantitativa, ma ancora non sono stati validati protocolli analitici standardizzati che garantiscano la necessaria riproducibilità [54].

Il rapporto di germinazione delle spore nel substrato colturale varia in dipendenza del genotipo ERIC. È noto, inoltre, che ceppi diversi hanno una diversa sensibilità rispetto al trattamento termico previsto dai protocolli analitici per decontaminare il campione dalle forme vegetative [53]. Di conseguenza, i due genotipi più diffusi ERIC I e ERIC II non vengono rivelati nella stessa proporzione con l'esame colturale. Inoltre, come detto in precedenza, le infezioni determinate dal genotipo ERIC II spesso vengono sottostimate a livello di esame clinico e, di conseguenza, il risultato degli esami di laboratorio può perdere di attendibilità predittiva. Da queste considerazioni emerge l'opportunità di introdurre, al fine di una più corretta interpretazione dei risultati, l'identificazione del genotipo dei ceppi di *P. larvae* via via isolati nel contesto delle indagini precliniche.

Il discorso sull'applicazione dei metodi di diagnosi indiretta sarà ripreso più avanti, nell'ambito della profilassi della peste americana.

3.2.5 Epidemiologia

3.2.5.1 Epidemiologia nell'alveare

La fonte primaria di infezione è naturalmente la larva morta, i cui tessuti si sono trasformati in un ammasso di spore. Le api operaie nel tentativo, il più delle volte vano, di asportare dalle celle questo materiale di consistenza viscosa finiscono per imbrattarsene il corpo e per contaminare il contenuto della borsa melaria. Inevitabilmente le api spargono meccanicamente il materiale contagioso tutt'intorno: sulle superfici in legno all'interno dell'arnia, sui favi, nel miele, nel polline e anche nel cibo somministrato alle giovani larve suscettibili all'infezione [35].

L'infezione viene trasmessa alle larve giovani allorquando la concentrazione di spore nella gelatina nutritiva loro somministrata dalle api nutrici raggiunge la dose infettante, che per larve di età inferiore ai 2 giorni è molto bassa (si veda il paragrafo "Patogenesi"). È particolarmente critico il momento in cui le api giovani dedite alla pulizia delle celle cambiano occupazione e diventano api nutrici, trasferendo direttamente dalle celle infette alle larve sane il carico di spore di cui si sono contaminate. Ma esiste anche possibilità di reinfezione di larve allevate in celle contenenti residui di individui morti, anche se si tratta di una modalità relativamente infrequente, al contrario di quanto si potrebbe pensare [20].

Le larve malate possono essere rilevate dalle api molto presto dopo l'infezione e, in parte, vengono rimosse prima dell'opercolatura della cella o, comunque, prima della formazione delle spore (undicesimo giorno dalla schiusa dell'uovo) [20]. La rimozione precoce, quindi, è la condizione necessaria perché l'attività igienica sia efficace e l'infezione si mantenga a livello subclinico. Le larve non rimosse sono destinate a trasformarsi in scaglie, che restano aderenti alle pareti delle celle senza che le api possano staccarle. Tuttavia, a volte le api riescono a demolire con le mandibole le pareti delle celle con le scaglie, riuscendo così a eliminare mediante ingestione il materiale infetto [41].

La trasmissione mediata dalle api nutrici può essere ridotta dall'azione del proventricolo, organo del tratto digerente che funziona come un filtro capace di trasferire spore e granuli pollinici dalla borsa melaria al mesointestino. Mentre il nettare o il miele contenuti nella borsa melaria ritornano in circolo nell'alveare mediante la trofallassi o lo stoccaggio nelle celle, ciò che è contenuto nell'intestino, se non viene digerito, è destinato ad essere espulso all'esterno con le feci; questo meccanismo di allontanamento delle spore di agenti infettivi riduce il rischio di contaminazione del miele [41].

Sebbene la peste americana abbia generalmente un esito letale per la colonia, l'attività igienica delle api operaie può in alcuni casi fermare l'infezione ai primi stadi, ma è comunque probabile che almeno una parte di spore persista in una o più matrici dell'alveare, mantenendo l'infezione allo stato latente o subclinico. Tuttavia, data la longevità delle spore, ci si può aspettare che, anche a lunga distanza di tempo, alcune larve possano essere infettate e che la malattia si sviluppi se esse non vengono tempestivamente rimosse dalle api operaie [20].

Sembra che l'abbondanza del flusso nettarifero sia una condizione favorevole alla regressione spontanea dell'infezione o, comunque, renda meno probabile lo sviluppo della malattia conclamata in alveari infetti a livello subclinico. Ciò viene attribuito al fatto che il nettare fresco opera una diluizione delle spore presenti nell'alveare tale da ridurre la probabilità che le larve siano raggiunte dalla dose infettiva [20].

In sintesi, l'evoluzione dell'infezione appare alquanto variabile. Sebbene il decorso della malattia conclamata sia generalmente maligno, alcune colonie con livelli minimi di sintomi possono andare incontro a una guarigione apparente, sebbene spesso solo temporanea, mentre molte colonie risultano contaminate da quantitativi di spore anche significativi senza manifestare sintomi di malattia per anni, come hanno dimostrato numerosi studi [17, 55]. Come già detto trattando della diagnostica preclinica, il miele è stato spesso oggetto di controllo analitico quale indicatore della prevalenza delle infezioni subcliniche. Tuttavia, la quantità di spore rilevabile nel miele è correlata solo debolmente con lo stato clinico della peste americana. D'altra parte, sono stati ottenuti risultati estremamente variabili quando si è cercato di determinare la dose di spore necessaria a trasmettere l'infezione e la malattia alle colonie di api mediante l'alimentazione [17]. Sono, infatti, diversi i fattori che influiscono sulla probabilità di sviluppo della peste americana e, secondo i dati sperimentali, i più importanti sono di natura intrinseca: la variabilità nella capacità di difesa delle colonie di api contro l'infezione e il diverso grado di virulenza che caratterizza ceppi diversi di *P. larvae*.

Specifici studi hanno messo a confronto linee di api suscettibili con linee tolleranti, evidenziando che le differenze tra le linee possono rendere conto per un fattore pari a 2 della dose di spore necessaria per provocare i sintomi clinici in una colonia. Molto più determinante sembra essere l'influenza del ceppo di *P. larvae*. Prove di infezione sperimentale hanno dimostrato che le differenze ceppo-specifiche nella virulenza dell'agente eziologico spiegano un fattore di variazione pari a 10 della LD_{50} (concentrazione letale per il 50% degli individui).

Combinando i fattori di variazione determinati sperimentalmente per le due variabili di influenza considerate, si ottiene un valore complessivo pari a 20, il che significa che, in linea teorica, in alcune colonie la dose di spore necessaria a provocare i sintomi clinici può essere 20 volte maggiore che in altre. Considerando che vi sono anche altre variabili di influenza, come quelle ambientali, cui si è fatto cenno sopra a proposito del flusso nettarifero, ci si aspetta una variabilità ancora maggiore nella suscettibilità delle colonie alla malattia e quindi si può concludere che dalla quantificazione della concentrazione di spore nel miele è difficile ricavare informazioni predittive attendibili sulla comparsa dei sintomi clinici negli alveari [24]. Altre matrici, come le api adulte, risultano essere indicatori migliori rispetto al miele, sebbene vada comunque considerato l'effetto dei fattori citati per spiegare i frequenti casi di falsi positivi, cioè di alveari contaminati ma asintomatici. Infine, un'altra ragione che spiega la scarsa correlazione tra carica di spore e sintomi è la possibilità che le colonie siano infettate con il genotipo ERIC II, che può produrre una sintomatologia atipica che spesso sfugge all'ispezione visiva (si vedano i paragrafi "Genotipi e virulenza" e "Sintomatologia e diagnosi in campo").

3.2.5.2 Epidemiologia tra alveari

Si è già detto che le differenze di virulenza tra i diversi genotipi di *P. larvae* hanno significativi riflessi a livello epidemiologico e che il genotipo ERIC I è quello che viene trasmesso con più facilità. Si tratterà qui di seguito delle modalità più comuni di propagazione dell'infezione tra alveari e tra apiari.

Nella trasmissione delle malattie infettive si distinguono classicamente una via di trasmissione orizzontale e una verticale. La trasmissione orizzontale della peste americana è quella che avviene più frequentemente e si verifica sia all'interno dell'alveare che da un alveare all'altro [55, 56].

La trasmissione orizzontale può essere conseguente sia all'attività delle api (trasmissione naturale) che all'attività dell'uomo (trasmissione mediata dall'uomo).

La propagazione per via naturale avviene con una frequenza relativamente bassa, soprattutto a causa della rimozione delle spore attraverso il comportamento igienico e del fatto che solo le larve molto giovani sono suscettibili all'infezione [17]. La trasmissione naturale avviene a causa del saccheggio (*robbing*) e della deriva (*drifting*).

Il saccheggio è una modalità di trasmissione della malattia frequente e importante, mentre il volo di deriva ha un'importanza inferiore [56]. Il saccheggio si verifica quando, a causa della scarsità di alimento, le api attaccano un'altra colonia per impossessarsi del miele. Una colonia debole, per malattia o altre cause, ha una ridotta capacità di difendersi e viene saccheggiata più facilmente. Nel miele delle colonie colpite da peste americana sono presenti, in quantità variabili ma elevate, spore di *P. larvae* e quindi, attraverso il miele saccheggiato l'infezione passa da una colonia all'altra.

Che il saccheggio rappresenti una delle vie di trasmissione orizzontale più comuni e importanti è cosa nota da tempo, ma poco si sapeva sull'andamento della propagazione delle spore di *P. larvae* a seguito del fenomeno e sull'importanza della distanza dalla fonte di infezione. Una recente sperimentazione ha evidenziato che il rischio di trasmissione attraverso il saccheggio è concreto fino alla distanza di 1 km dagli alveari ammalati [56].

Il volo di deriva, invece, ha importanza modesta, in ogni caso limitata alla diffusione della malattia tra alveari dello stesso apiario. Infatti, solo una piccola percentuale di api si trasferisce per deriva da una colonia all'altra e raramente porta con sé un carico di spore sufficiente a dare origine a una nuova infezione [57].

La diffusione per via orizzontale mediata dall'uomo è universalmente riconosciuta come la più importante ed è quella che si realizza con maggior frequenza. Questa trasmissione è legata soprattutto a operazioni proprie della pratica apistica e al commercio di materiale. Infatti, lo sviluppo dell'apicoltura moderna, basata sull'interscambiabilità e sul riutilizzo del materiale, nonché sulla frequente movimentazione delle colonie e sul commercio, ha creato condizioni favorevoli alla persistenza delle spore e alla diffusione dell'infezione [17, 35].

Particolare attenzione va riservata all'acquisto di alveari o sciami, poiché possono essere infetti a livello latente. All'interno dell'azienda apistica, l'infezione può essere rapidamente propagata da un alveare all'altro mediante il trasferimento di favi di covata infetti oppure con lo scambio di favi del nido o del melario che hanno contenuto miele contaminato. Rischiosa è pure la nutrizione con miele o polline che possono contenere significative quantità di spore. In particolare, il polline può venire contaminato dalle larve infette che, eliminate dalle api, finiscono nelle trappole di raccolta. Anche le arnie e le loro parti possono essere veicolo di trasmissione. L'equipaggiamento dell'apicoltore (tuta, guanti e leva), spesso preso in causa, ha un'importanza nettamente minore rispetto ai fattori precedenti. Altri mezzi di propagazione costituiscono un rischio più teorico che pratico e possono quindi essere trascurati: api regine, celle reali, fogli cerei, terreno davanti all'alveare, attrezzi vari [58].

La diffusione su grandi distanze, infine, avviene principalmente con il commercio di materiale vivo.

La trasmissione verticale si verifica quando c'è il passaggio dell'infezione da una generazione a un'altra. Il patogeno *P. larvae* si può trasmettere verticalmente con la sciamatura che è, infatti, la modalità con la quale una colonia si riproduce: da una colonia "madre" si genera una colonia "figlia". Quindi, l'infezione a livello subclinico si mantiene nel tempo con entrambe le modalità di trasmissione, orizzontale e verticale [55].

È stato dimostrato che la sciamatura naturale comporta una riduzione sensibile della concentrazione di spore negli sciami prodotti da colonie con sintomi di peste americana e quindi caratterizzate da carichi notevoli di spore [55]. Questa riduzione è generalmente sufficiente per prevenire l'insorgenza della malattia nelle colonie figlie.

La modalità di risanamento che si realizza con la sciamatura naturale viene riprodotta nella tecnica apistica con la sciamatura artificiale eseguita a scopo profilattico, come si vedrà più avanti.

3.2.6 Difese dell'alveare contro l'infezione

La colonia di api possiede diversi sistemi di difesa contro l'infezione da *P. larvae*, sia a livello di individuo, cioè di singolo insetto, sia a livello di organizzazione sociale. Infatti, come già detto, non è infrequente che le colonie rimangano infette solo a livello subclinico per un tempo indefinito. Pur non esistendo colonie immuni, esistono diversi gradi di tolleranza che corrispondono, almeno in parte, a una variabilità genetica, che può quindi essere oggetto di selezione.

Le spore non trasmettono l'infezione alle api adulte, e tale resistenza sembra legata soprattutto alla presenza nel mesointestino di sostanze a elevata attività inibente. Sono suscettibili all'infezione le giovani larve di tutte le caste, più suscettibili le larve reali, meno suscettibili quelle maschili. Si ritiene che queste differenze siano dovute alla quantità di polline presente nell'alimentazione, più alta nelle larve di fuchi. Questa proprietà del polline viene attribuita alla presenza di sostanze inibenti e di microrganismi antagonisti nei confronti di *P. larvae* [59, 60].

Un limite importante allo sviluppo della peste americana nell'alveare è determinato dal fatto che le larve sono suscettibili all'infezione solo fino a 48 ore di età. La resistenza acquisita con l'età sembra conseguente anche all'ispessimento della membrana peritrofica, fenomeno che impedisce al batterio di attraversare la barriera costituita della parete intestinale [60].

È stato dimostrato che larve appartenenti a differenti linee di api presentano livelli diversi di resistenza innata all'invasione di *P. larvae* e che tale resistenza si manifesta già a un'età inferiore alle 24 ore. Non è stato tuttavia chiarito il meccanismo che ne sta alla base [17].

Un altro fattore di resistenza associato all'alimentazione delle larve è rappresentato da sostanze antibatteriche secrete dalle api adulte e aggiunte al cibo larvale, principalmente acidi grassi (come l'acido 10-idrossi-trans-2-decenoico) e peptidi [60, 61]. Si ipotizza, inoltre, che le differenze nelle proprietà antibatteriche del cibo larvale tra colonie caratterizzate da diversi gradi di suscettibilità all'infezione abbiano una base genetica. È stata dimostrata, infine, nelle larve l'azione inibente di sostanze di produzione endogena, sebbene non siano state identificate [59].

Il proventricolo delle api, come già descritto, funziona come un filtro che rimuove le spore dall'alimento presente nella borsa melaria. L'effetto di questo meccanismo è la riduzione della contaminazione del cibo somministrato alle larve ed è più efficiente nelle colonie caratterizzate da un maggior grado di tolleranza verso la peste americana [60].

Il sistema immunitario che agisce nell'emolinfa dell'ape prevede sia reazioni cellulari che attività antimicrobica di molecole proteiche e costituisce una difesa contro l'invasione di microrganismi e parassiti. I batteri patogeni, e in particolare *P. larvae*, sono in grado di contrastare le difese immunitarie mediante meccanismi di resistenza passiva e attiva. Nello specifico, *P. larvae* produce enzimi extracellulari che inattivano proteine inducibili, del tipo delle cercropine, presenti nell'emolinfa, aprendosi la strada per colonizzare l'emocele e moltiplicarsi causando una setticemia fatale per le larve [23].

Il fattore di tolleranza considerato più importante attiene l'immunità sociale delle colonie ed è ben noto nella comunità scientifica come *hygienic behavior*, definizione coniata nel 1956 da Rothenbuhler [62] e che equivale a "comportamento igienico". Esso consiste nell'abilità espressa dalle api operaie di individuare, disopercolare e rimuovere le larve ammalate o morte, prima della formazione delle spore, cioè prima che il patogeno diventi infettivo. Le colonie tolleranti sono caratterizzate da una maggiore rapidità ed efficienza nell'operazione di rimozione delle larve, tant'è che difficilmente si ammalano. Infatti, come dimostrato sperimentalmente, nelle colonie tolleranti le api rimuovono le larve entro l'undicesimo giorno dalla schiusa. Nelle colonie suscettibili, invece, la rimozione è meno solerte e prosegue oltre l'undicesimo giorno. L'attività igienica è normalmente compiuta dalle api di età media, compresa tra 15 e 20 giorni [63].

Il carattere del comportamento igienico è da oltre 50 anni oggetto di studio e ha un notevole interesse applicativo, in quanto è ereditabile e può essere migliorato con la selezione. Inoltre, questo meccanismo entra in gioco anche nella rimozione della covata infetta dal fungo *Ascosphaera apis* (agente causale della covata calcificata) e parassitizzata da *Varroa destructor* [63].

La genetica del comportamento igienico è stata per lungo tempo un esempio di effetto di singoli geni, a eredità di tipo mendeliano, su un comportamento complesso. Infatti Rothenbuhler, il primo a descrivere e a studiare il fenomeno, concluse che il comportamento igienico è controllato da due geni recessivi, uno per l'apertura delle celle e uno per la rimozione delle larve [64]. Studi più recenti, basati anche su tecniche molecolari, suggeriscono un modello ben più complesso e di tipo quantitativo, basato su almeno 7 loci, dove le colonie igieniche e le non igieniche sono due estremi di un carattere che varia in maniera continua [65].

L'espressione del comportamento igienico di una colonia è il risultato di una complessa interazione tra genotipo, fattori interni e ambiente. Inoltre, può variare notevolmente sia a livello di colonia che a livello individuale. La rapidità e l'efficienza della rimozione può essere influenzata dalle condizioni di raccolto e dalla percentuale di api nella colonia capace di mettere in atto l'attività igienica. Quest'ultima dipende prima di tutto dalla composizione genetica della colonia [66]. Secondo le prime osservazioni sperimentali, perché una colonia esprima il comportamento igienico al massimo livello è sufficiente che contenga una percentuale compresa tra il 13 e il 50% di api portatrici dei geni alla base del carattere [63].

Alla luce di approfondimenti sui meccanismi biologici che regolano l'attività igienica, l'espressione fenotipica del carattere risulta dipendere soprattutto da stimoli olfattivi: la sensibilità rispetto alle sostanze odorose emesse dalla covata malata risulta maggiore nelle api operaie igieniche che, di conseguenza, si dedicano prevalentemente all'apertura delle celle contenenti larve infette, mentre le altre compagne di nido, meno sensibili agli stimoli odorosi, si dedicano prevalentemente alla rimozione [67].

3.2.7 Profilassi

3.2.7.1 Misure generali di prevenzione

La peste americana è, nella maggior parte dei paesi, una malattia soggetta a denuncia obbligatoria e i provvedimenti per il suo contenimento sono regolati da specifiche norme sanitarie, la cui applicazione può comportare forti limitazioni alle imprese nell'esercizio dell'attività apistica. Infatti, in mancanza di metodi di trattamento risolutivi, in grado cioè di determinare il superamento completo dell'infezione, la distruzione delle colonie malate è l'intervento che generalmente viene indicato a fini del risanamento [17, 35]. La prevenzione è quindi fondamentale per evitare l'insorgenza della malattia e i costi che ne derivano, legati non solo alle perdite di alveari e di produzione ma anche alle restrizioni imposte dalle norme di polizia veterinaria.

Nell'ambito della profilassi, rivestono importanza notevole le misure volte a proteggere l'alveare dall'introduzione di materiale infetto e, nel contempo, a mantenere o ridurre la concentrazione di spore al di sotto della soglia di rischio. Come già discusso in precedenza, le maggiori responsabilità nella diffusione della malattia vanno attribuite alle pratiche apistiche e, quindi, il ruolo dell'apicoltore è molto importante nel tenere sotto controllo ogni possibile forma di trasmissione. In particolare, è necessario rispettare alcune misure preventive di carattere generico per evitare le principali modalità di diffusione dell'infezione quali il saccheggio, lo scambio di favi o altro materiale tra gli alveari, la nutrizione con miele o polline contaminati, l'acquisto di alveari o sciami.

Occorre, inoltre, attuare le buone norme di igiene e profilassi, come il regolare e frequente ricambio dei favi, efficace nel mantenere bassa la carica di spore, e la disinfezione, che assicura la sicurezza sanitaria di arnie e attrezzatura in genere, come si vedrà più avanti in questo capitolo.

Anche le variabili dell'ambiente possono avere un ruolo nella prevenzione: la disposizione dell'apiario in prossimità di buone fonti di raccolto garantisce, durante la stagione attiva, un continuo flusso di nettare fresco che va a diluire la carica di spore presente nell'alveare. È auspicabile, inoltre, l'impiego di api regine appartenenti a linee selezionate per la tolleranza verso la peste americana.

Un fattore fondamentale è l'ispezione sistematica degli alveari, finalizzata a rilevare i sintomi iniziali della malattia. La diagnosi precoce consente, infatti, di intervenire tempestivamente con i provvedimenti di risanamento del caso, evitando l'ulteriore propagazione dell'infezione. Ma a scopo profilattico risulta più efficace la diagnosi preclinica, argomento già affrontato parlando di tecniche diagnostiche e che verrà ripreso più avanti.

Quanto detto sul ruolo dell'apicoltore nella prevenzione sottolinea l'importanza della preparazione professionale e della formazione in materia sanitaria.

Le aziende apistiche possono opportunamente seguire specifiche strategie di prevenzione, ovvero sistemi di gestione controllata che consentano di ottimizzare le misure di prevenzione messe in atto. Uno di questi sistemi è la quarantena, proposta da Goodwin in Nuova Zelanda [58]. Si tratta di evitare ogni scambio di materiale e attrezzatura tra gli alveari in modo che l'unica possibilità di trasmissione dell'infezione sia quella mediata dalle api che, come già riferito, non è rapida se si impedisce il saccheggio. Il metodo di lavoro suggerito è in realtà piuttosto impegnativo e difficile da seguire. Più praticabile è l'alternativa proposta dallo stesso autore, cioè la quarantena a livello non di singolo alveare ma di apiario. Così facendo, in caso di insorgenza della malattia, si ha la garanzia che gli altri apiari non siano stati contagiati ed è possibile mantenere segregata l'attrezzatura di pertinenza dell'apiario infetto.

3.2.7.2 Gestione del focolaio

In caso di insorgenza della peste americana, si applicano in Italia le misure coattive previste dal Regolamento di Polizia Veterinaria (D.P.R. 8 febbraio 1954, n. 320), finalizzate al risanamento del focolaio. Si rimanda al capitolo specifico sulla normativa sanitaria in questo volume per una trattazione dettagliata sui contenuti delle norme sanitarie in materia. Di seguito ci si limita a un cenno su alcuni aspetti applicativi delle norma, che si dimostrano particolarmente critici.

Il Regolamento di Polizia Veterinaria accomuna in un breve articolato (154–158) malattie delle api assai diverse tra loro per eziologia, epidemiologia, patogenesi e possibilità di cura, assoggettandole a comuni provvedimenti restrittivi. Ma dal 1954 ad oggi molte cose sono cambiate sia nella pratica apistica in generale e nella sua organizzazione, che nelle conoscenze scientifiche riguardanti le malattie diffusive delle api. Questo fa sì che alcuni aspetti del Regolamento risultino datati rispetto allo stato attuale dell'apicoltura e delle conoscenze. Il risultato è che la norma sanitaria appaia, almeno per certi versi, inadeguata per controllare in maniera efficace l'insorgenza e la diffusione della peste americana e ne venga percepito solo il lato repressivo. Questo limite non favorisce la necessaria collaborazione tra produttori e servizi veterinari e ha contribuito alla frequente elusione delle norme regolamentari da parte degli apicoltori. Questi ultimi, infatti, spesso preferiscono omettere la denuncia dei focolai e gestire in proprio il problema, mediante interventi che si possono rivelare inappropriati rispetto alla necessità di limitare la diffusione dell'infezione nel territorio e di salvaguardare il miele dal rischio di contaminazione con residui di sostanze farmacologicamente attive eventualmente utilizzate in modo illegittimo.

I limiti ricordati sopra, unitamente alle difformità interpretative nell'applicazione delle prescrizioni del Regolamento di Polizia Veterinaria, hanno da tempo convinto gli addetti al settore dell'opportunità di una revisione delle norme, soprattutto in direzione di una più razionale e rapida gestione dei focolai, anche in aderenza alle nuove acquisizioni scientifiche. Le note di chiarimento emanate in data 18/4/2012 dal Ministero della Salute in merito all'applicazione delle prescrizioni del Regolamento rappresentano una prima risposta ufficiale a questa esigenza di uniformità applicativa e di ammodernamento (per i contenuti della nota si rimanda al capitolo 14).

Un particolare aspetto critico nell'attuazione del Regolamento riguarda l'estensione delle restrizioni e degli accertamenti clinici agli apiari che si trovano nell'area sospetta definita da un raggio di 3 km attorno al focolaio. Questa prescrizione, oltre che fortemente limitativa, risulta di difficile realizzazione pratica e, comunque, comporta il rischio di forte dilazione dei tempi di chiusura del focolaio e revoca dei divieti, a scapito quindi della regolare ripresa dell'attività produttiva delle aziende apistiche coinvolte. Inoltre, alla luce delle recenti acquisizioni della ricerca [56], la trasmissione della malattia mediata dalle api si verifica entro il raggio di 1 km dal focolaio, mentre non è dimostrata oltre tale distanza. A distanze maggiori, risulta quindi più utile eseguire verifiche mirate a impianti apistici che possono avere un collegamento epidemiologico con il focolaio, a prescindere dalla distanza (per esempio apiari della stessa azienda che hanno scambiato materiale con l'apiario infetto).

Il provvedimento regolamentare indicato per le colonie colpite dalla malattia conclamata è la distruzione per incenerimento, mentre arnie e attrezzatura, se non eliminati, devono essere disinfettati. È importante sottolineare che queste misure si applicano solo nei confronti delle colonie con sintomi accertati di malattia e che devono essere condotte con la massima rapidità anche sulla base del solo riscontro clinico.

Secondo il Regolamento, inoltre, in caso di malattia allo stadio iniziale sono ammessi trattamenti curativi che, allo stato attuale, in mancanza di farmaci registrati per l'uso specifico, possono coincidere solo con interventi di tipo tecnico e segnatamente con la messa a sciame, di cui si tratterà in seguito. Lo stato iniziale di malattia non è in realtà definibile in maniera univoca, anche per la complessità dei fattori coinvolti nell'evoluzione clinica dell'infezione, come si è discusso trattando della sintomatologia e della diagnostica.

In realtà, nei territori a elevata prevalenza della peste americana, la completa applicazione delle disposizioni del Regolamento, in particolare la distruzione delle unità colpite, risulta difficoltosa anche perché in contrasto con le esigenze economiche immediate degli apicoltori. Inoltre, laddove sussistano condizioni di forte diffusione della peste americana, è particolarmente rilevante la presenza di colonie infette a livello subclinico, che sfuggono all'ispezione clinica ma possono essere causa di reiterati focolai di malattia nella medesima azienda anche a distanza di breve tempo.

3.2.7.3 Diagnosi preclinica

La possibilità di individuare le colonie in cui l'infezione è presente ma non si esprime ancora in forma clinica consente di mettere in atto misure di prevenzione per contrastare l'insorgenza e la diffusione della malattia, con un vantaggio economico evidente anche in considerazione delle limitazioni imposte dalla legislazione per l'eradicazione dei focolai. La diagnosi indiretta è essenzialmente preclinica e ha valore predittivo, in quanto sussiste una correlazione tra carica di spore contaminante l'alveare e il rischio di sviluppo della malattia clinicamente accertabile.

La contaminazione degli alveari con le spore di *P. larvae* è molto diffusa e, in sé, non fornisce indicazioni particolarmente utili a livello di profilassi se non la si considera a livello quantitativo. Si è già trattato, nel paragrafo sulla diagnostica, dei metodi di diagnosi indiretta, che consistono nella determinazione quantitativa delle spore in diverse matrici campionate dagli alveari (miele, polline, cera, api). Tali strumenti diagnostici sono applicabili in programmi di monitoraggio a livello territoriale oppure solo aziendale [38] e permettono di individuare gli apiari o i singoli alveari che, superando soglie critiche di contaminazione prestabilite, sono considerati a rischio di sviluppo della malattia e richiedono pertanto controlli mirati, nell'eventualità di dover ricorrere a provvedimenti di risanamento. Inoltre, la diagnosi indiretta può essere uno strumento di indagine per valutare la prevalenza o il livello dell'infezione subclinica nell'area campionata e per eseguire verifiche periodiche sull'esito dei programmi di profilassi o risanamento messi in atto.

Le metodiche più impiegate e di più semplice applicazione prevedono l'analisi del miele o delle api [42–50]. La loro sensibilità varia a seconda della matrice impiegata. La sensibilità esprime la percentuale di alveari con sintomi clinici in cui è dimostrabile la presenza di spore di *P. larvae*; essa è massima per le api (100%), mentre per il miele il valore è più basso (85–95%). Con l'esame del miele esiste, quindi, una non trascurabile probabilità di avere campioni falsi negativi, ovvero alveari sintomatici in cui non è possibile dimostrare la presenza di spore. L'alta sensibilità, in generale, è conseguenza del fatto che gli alveari colpiti da peste americana normalmente contengono un'elevata concentrazione di spore facilmente rilevabile al controllo analitico, anche nella fase subclinica. La specificità esprime, invece, la percentuale di alveari senza sintomi di malattia in cui non sono dimostrabili spore di *P. larvae*. Per entrambe le matrici in oggetto la specificità è relativamente bassa (35–75%), come conseguenza del fatto che è frequente riscontrare una contaminazione da *P. larvae* in assenza di sintomi (falsi positivi). Infatti, come già detto, sono diffuse le infezioni subcliniche, in cui le spore persistono negli alveari a livello endemico anche per molto tempo senza dare origine a sintomi di malattia rilevabili. Le ragioni di questa condizione sono molteplici ma, in sostanza, risiedono nei fattori già menzionati nei paragrafi precedenti: mancato raggiungimento della dose infettante in caso di lieve contaminazione; meccanismi di tolleranza verso l'infezione, come il comportamento igienico; ceppi di *P. larvae* meno virulenti; sintomi atipici non ben evidenziabili all'ispezione visiva; fattori ambientali come un flusso nettarifero abbondante che determina la diluizione delle spore presenti nell'alveare e, quindi, la riduzione della loro concentrazione. Il neozelandese Goodwin, a fronte della variabilità della concentrazione di spore negli alveari asintomatici rilevata mediante l'analisi di campioni di api, preferisce restringere la definizione di infezione subclinica ai casi in cui mancano sintomi apparenti ma sono presumibilmente presenti alcune larve ammalate o morte che vengono efficacemente rimosse dalla api. Gli altri casi asintomatici sarebbero classificati come semplice contaminazione, senza alcun effetto patologico [68].

Le caratteristiche del metodo di indagine diagnostica hanno importanti riflessi pratici. In generale, un metodo con bassa specificità identifica un maggior numero di alveari o apiari con infezioni subcliniche (presenza di spore in assenza di malattia) e sul piano epidemiologico è vantaggioso nell'ottica dell'attuazione degli interventi di profilassi. Se, invece, la finalità dell'esame è semplicemente diagnostica, è importante che soprattutto la sensibilità sia ottimale perché lo scopo principale è quello di identificare tutti i casi di malattia [48].

Sul piano della profilassi, per un più razionale utilizzo dei risultati dei test di diagnosi indiretta, ovviando alla bassa specificità, si ricorre alla valutazione quantitativa dei risultati, suddividendoli in classi di contaminazione alle quali corrispondono diversi livelli di rischio di malattia; si può altresì individuare una soglia critica di concentrazione di spore al di sopra della quale la probabilità di presenza o insorgenza dei sintomi è molto elevata, per cui diventa necessario intervenire con provvedimenti profilattici [69, 70].

Il miele è la matrice che è stata utilizzata per prima come indicatore della prevalenza dell'infezione [42]. Possono essere campionati singoli alveari, prelevando circa 50 g di miele in prossimità della covata opercolata [46, 69]. Il momento di campionamento più opportuno ai fini della prevenzione è a fine inverno o inizio primavera, anticipando cioè l'inizio della stagione produttiva.

Spesso si ricorre al campionamento di massa, prelevando il miele già confezionato in vasi oppure dai maturatori nei laboratori di smielatura. In tal caso, si tratta di campionamenti collettivi che forniscono informazioni complessive a livello aziendale e sono adatti per programmi di monitoraggio di interi territori [43, 71, 72].

Nei territori a elevata prevalenza dell'infezione la percentuale di positività dei campioni può raggiungere l'80%, ma con valori estremamente variabili tra le aziende. La valutazione quantitativa dei valori di concentrazione di spore diventa quindi necessaria per poter interpretare gli esiti dei controlli analitici. Ricerche condotte indipendentemente in paesi diversi, tra i quali anche l'Italia, sono concordi nell'opportunità di suddividere i risultati in almeno tre classi di contaminazione, corrispondenti a crescenti livelli di rischio sanitario, e individuano nella concentrazione di circa 5000 UFC per grammo di miele la soglia di guardia al di sopra della quale è molto probabile la presenza negli apiari della malattia conclamata e si rendono pertanto necessari controlli e provvedimenti profilattici (Fig. 3.14) [46, 69, 71].

Diversi studi dimostrano, tuttavia, che l'esame colturale del miele non ha una sensibilità ottimale e che quindi, a causa del rischio non trascurabile di falsi negativi, non è il metodo più adeguato a livello prognostico. La spiegazione più plausibile è che il miele viene immagazzinato nell'alveare in periodi diversi e, quindi, il campione prelevato non necessariamente rispecchia lo stato corrente dell'infezione quanto, piuttosto, il livello dell'infezione al momento in cui il nettare è stato raccolto. Inoltre, i risultati analitici che si ottengono analizzando il miele presentano generalmente una correlazione non soddisfacente con la presenza dei sintomi di infezione. Pertanto, soprattutto quando l'indagine diagnostica riguarda singoli alveari, è preferibile l'esame delle api, dato che il relativo metodo è dotato di sensibilità ottimale e consente, inoltre, di individuare e valutare con più precisione le infezioni subcliniche [48–50, 68].

Le api si possono prelevare sia dal nido sia dal melario in numero di 50–100 a campione, in qualsiasi momento della stagione attiva. Lo studio di Gende e collaboratori individua una soglia di contaminazione pari a 3000 UFC per ape, che separa le infezioni clinicamente manifeste da quelle subcliniche [70].

Se il fine è, invece, quello di ricavare un'indicazione generale sulla prevalenza e la gravità dell'infezione subclinica a livello di apiario, è possibile campionare individualmente solo una percentuale di alveari (ad esempio 20%), oppure raccogliere un campione collettivo, cioè composto da più alveari. In tal caso, il risultato analitico è relativo all'apiario nel suo insieme e la sensibilità del metodo è più bassa rispetto all'esame individuale.

Recentemente è stata messa a punto una metodica per la ricerca delle spore di *P. larvae* nei detriti cerosi raccolti sul fondo dell'alveare [51, 52]. Questo strumento di diagnosi preclinica viene utilizzato nella Repubblica Ceca nel contesto delle azioni obbligatorie di controllo della peste americana nel territorio. L'aspetto innovativo di questa tecnica risiede nel fatto che non è necessario aprire gli alveari e, di conseguenza, il campionamento può essere eseguito anche nel periodo invernale.

La raccolta del materiale, prevalentemente ceroso, che si deposita sul fondo dell'arnia può essere effettuata agevolmente mediante il cassettino diagnostico di cui oggi sono dotate tutte le arnie (Fig. 3.15). L'analisi dei detriti invernali può avere forte efficacia preventiva, poiché consente di individuare con accettabile approssimazione gli alveari o gli apiari infetti a rischio di insorgenza della malattia nel corso della stagione attiva. È così possibile eseguire specifici provvedimenti profilattici non generalizzati ma mirati alle situazioni a rischio sanitario, limitando tempi e costi di gestione. Il metodo può essere altresì impiegato per monitorare la prevalenza dell'infezione in vaste aree, con possibilità di individuare i focolai di infezione. Le prove eseguite in Italia da Bassi e collaboratori [73] confermano la validità della metodica nel valutare le infezioni subcliniche e mettono in evidenza come il rischio di sviluppo della malattia conclamata cresca proporzionalmente al grado di contaminazione da spore dei detriti (Fig. 3.16).

3.2.7.4 Messa a sciame

Si tratta di un metodo antico tuttora in uso, che conosce diverse varianti applicative ma che, nella sostanza, consiste in una sciamatura artificiale. Esso comporta il trasferimento della popolazione di api adulte in un'arnia sicura dal punto di vista sanitario (nuova o bonificata) dopo aver eliminato tutti i favi [37]. In questo modo, con i favi viene distrutto il materiale altamente contagiante, covata e scorte alimentari, mentre si recupera la popolazione adulta, mettendola in condizione di ricostruire il nido in una situazione ottimale dal punto di vista sanitario. Lo scopo è quello di risanare la colonia infetta riducendo la concentrazione di spore a un valore minimo, non pericoloso.

La messa a sciame può essere applicata a complemento delle misure di eradicazione dei focolai oppure a scopo di profilassi, a prescindere cioè dalla presenza della malattia, al fine di normalizzare le condizioni sanitarie di apiari caratterizzati da situazioni critiche a livello subclinico, soprattutto nei territori dove la peste americana presenta una significativa incidenza.

Nella forma di applicazione più semplice, la messa a sciame prevede il trasferimento diretto della popolazione di api adulte in un'arnia nuova o disinfettata, dove sono stati collocati dei fogli cerei. Il miele contaminato rimasto nella borsa melaria viene consumato dalle api nell'immediata attività di costruzione dei favi.

Le variazioni alla tecnica di base sono finalizzate a ridurre al massimo la carica di spore residua nelle api (nel tratto digerente o sulla superficie del corpo). Una pratica relativamente diffusa consiste nel lasciare lo sciame senza favi e senza nutrizione per due giorni, in modo che le api, oltre a consumare il miele, possano ripulirsi reciprocamente mediante il contatto sociale; trascorso tale periodo, gran parte delle spore sarà finita nel retto, da dove verrà eliminata all'esterno con le feci; inoltre, il favo eventualmente costruito dallo sciame potrà essere opportunamente eliminato, perché presumibilmente ancora contaminato [74]. Un'altra procedura prevede un "doppio travaso": lo sciame viene trasferito in una cassetta dotata di fondo grigliato per una dozzina di ore all'aperto o, se possibile, per almeno due giorni in ambiente chiuso ma sufficientemente freddo, in modo da assicurare il completo consumo del miele contaminato. Quindi, le api vengono travasate nell'arnia definitiva fornita di fogli cerei e, se del caso, alimentate con sciroppo zuccherino per aiutare lo sviluppo della nuova colonia [35]. La letteratura tecnica sull'argomento raccomanda una serie di precauzioni particolari da seguire nell'esecuzione delle operazioni, qualsiasi sia il metodo prescelto [37].

Il rapporto di abbattimento della carica di spore che si realizza con la messa

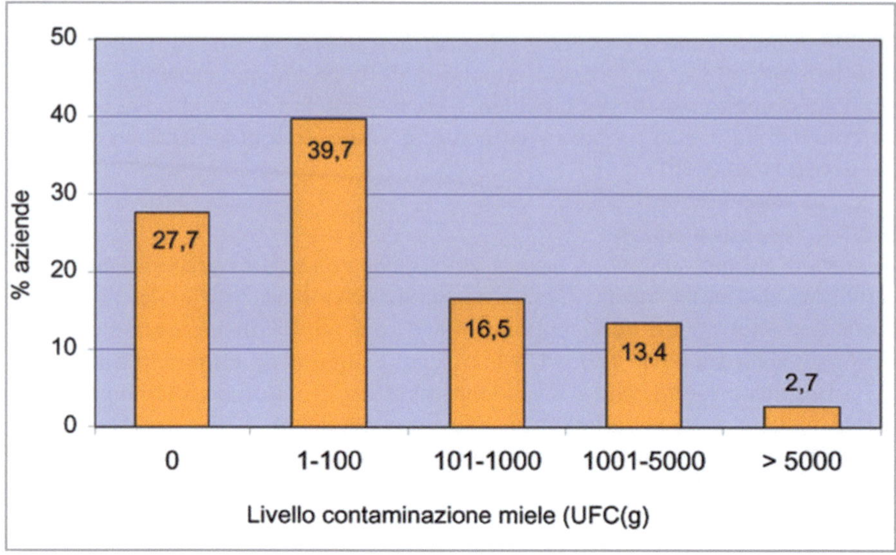

Fig. 3.14 Monitoraggio territoriale della prevalenza della peste americana mediante metodo di diagnosi indiretta: concentrazione di spore di *Paenibacillus larvae* in campioni di miele di massa prelevati dai laboratori di smielatura, in territorio ad elevata prevalenza dell'infezione (n = 220)

Fig. 3.15 Diagnosi preclinica della peste americana: sequenza delle operazioni di predisposizione del cassettino diagnostico e raccolta dei detriti invernali ai fini della ricerca delle spore di *Paenibacillus larvae*

a sciame può essere ragguardevole. Nel miele, la percentuale di abbattimento arriva al 99,95% nelle prove dei danesi Hansen e Brødsgaard [74]; la decontaminazione delle api può essere ridotta al livello delle colonie asintomatiche o,

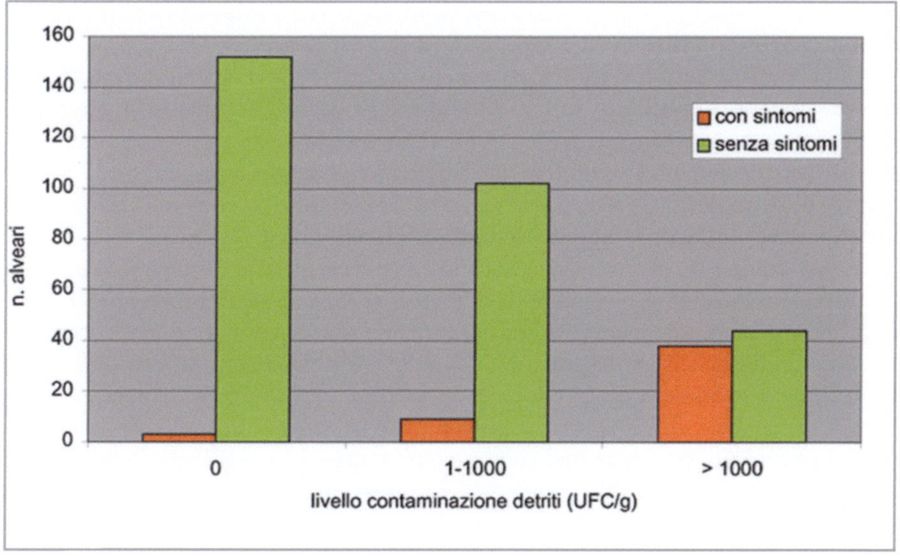

Fig. 3.16 Diagnosi preclinica della peste americana: correlazione tra livello di contaminazione da spore dei detriti invernali e rischio di sviluppo della malattia conclamata (n = 350)

Fig. 3.17 Valutazione del comportamento igienico delle colonie. Applicazione del test di rimozione della covata mediante congelamento della stessa con azoto liquido. Un tubo di plastica del diametro di 75 mm (*in alto*) consente di circoscrivere una precisa area di covata da sottoporre a trattamento con l'azoto (*in basso*) (foto di Cecilia Costa, CRA-API Unità di ricerca di apicoltura e bachicoltura)

addirittura, scendere dopo pochi mesi al di sotto del limite di rilevabilità del metodo analitico [75].

Sebbene la letteratura tecnico-scientifica riporti esperienze con risultati non sempre concordi in merito, soprattutto, al rischio di reinfezione [41], è opinione corrente che, se correttamente applicata, la messa a sciame consenta di conseguire un risanamento relativamente efficace riducendo la probabilità di recidive al di sotto del 5% [33]. Tuttavia, occorre prendere in considerazione alcuni fattori che limitano le potenzialità di utilizzo di questa tecnica.

L'operazione di messa a sciame può essere eseguita solo nel periodo dell'anno in cui lo sciame è in grado di ricostruire il nido e accumulare nuove scorte alimentari, quindi generalmente nella prima parte della stagione e, comunque, in condizioni di abbondanti risorse nettarifere. Le maggiori criticità, però, sono di tipo economico: la tecnica risulta troppo laboriosa e dispendiosa per incontrare una generale approvazione. Inoltre, il rischio di recidive non è del tutto scongiurato. Per questi motivi la tecnica non trova una larga applicazione e vengono il più delle volte privilegiati gli interventi di eradicazione (distruzione completa delle colonie), più risolutivi e spesso giudicati favorevolmente sul piano del rapporto costi/benefici.

3.2.7.5 Selezione

La selezione di api tolleranti verso la peste americana è ritenuto uno strumento strategico di grandi potenzialità per la prevenzione dell'infezione. Ciononostante, questo metodo di allevamento trova una diffusione ancora molto limitata tra i produttori di api regine.

Secondo le attuali acquisizioni scientifiche, la variabilità nella resistenza all'infezione, osservabile nelle colonie di api, è dovuta a un complesso di caratteri ma i più importanti sono due: uno di ordine individuale, la resistenza fisiologica delle larve; l'altro di ordine sociale, il comportamento igienico. Quest'ultimo, in particolare, è da decenni oggetto di studio in funzione dell'applicazione in programmi di selezione. Infatti, si tratta di un carattere ereditabile di notevole rilevanza pratica, anche perché è coinvolto nella tolleranza non solo della peste americana, ma anche della ascosferosi e della varroosi [63].

È già stato spiegato in precedenza, nell'ambito del discorso sulle difese dell'alveare, in che cosa consista il comportamento igienico, accennando anche alle basi genetiche del carattere. Qui di seguito si focalizzerà l'attenzione su alcuni aspetti applicativi relativi al miglioramento genetico del comportamento igienico, facendo riferimento agli studi e alle esperienze dei ricercatori degli Stati Uniti, dove la selezione rappresenta una potenziale alternativa al trattamento con antibiotici che è, tuttora, il metodo più diffuso.

Il comportamento igienico è significativamente correlato con la tolleranza alla peste americana. Le ricerche di Spivak e Reuter [76, 77] evidenziano come con la selezione si ottengano rapidi miglioramenti di questo carattere e, parallelamente, della tolleranza verso la peste americana e la covata calcificata. Rilevano, inoltre, nelle colonie "igieniche" un minor livello di infestazione da *Varroa destructor* rispetto alle colonie commerciali.

Si stima che il comportamento igienico, nella massima espressione, sia diffuso nel 10% degli alveari non sottoposti a selezione [76]. Il parametro di valutazione per selezionare linee "igieniche" è la velocità di rimozione delle larve morte. Le prove di rimozione non possono però essere eseguite su covata infetta, per evidenti motivi epidemiologici, per cui si ricorre a sistemi indiretti. Il metodo di riferimento per individuare le colonie igieniche prevede l'impiego di covata uccisa mediante il congelamento [78]. La procedura standard è la seguente: da ogni alveare sottoposto a valutazione si taglia una sezione di favo di 5 × 6 cm, composta da circa 100 celle di covata opercolata per lato; si congela la sezione a –20 °C per 24 ore, dopodiché la si reintroduce nell'alveare in valutazione (ma non importa che sia lo stesso che ha fornito quella porzione di favo) sfruttando l'apertura nel favo creata dal taglio; dopo 24 ore si procede al conteggio delle celle disopercolate e completamente ripulite dalle pupe; si ripete il test una seconda volta; si considerano "igieniche" le colonie che, in entrambe le prove, rimuovono più del 95% della covata morta.

Il test descritto è comunemente utilizzato a scopo di ricerca, ed è applicabile anche presso gli allevamenti che intraprendono programmi di selezione per la tolleranza verso la peste americana. Tuttavia, benché non richieda particolare attrezzatura, il metodo risulta piuttosto laborioso. Per questo è stato messo a punto un metodo di congelamento alternativo che ricorre all'uso dell'azoto liquido. Questo viene dispensato mediante appositi serbatoi dotati di valvola. Si estrae un favo di covata dall'alveare in valutazione e, con il supporto di un tubo del diametro di 75 mm e una lunghezza di 100 mm, si somministra l'azoto liquido a una porzione di covata opercolata in modo da provocarne il congelamento rapido (Fig. 3.17). Si reintroduce il favo nell'alveare di origine e lo si controlla dopo 24 ore, procedendo come indicato sopra. In sintesi, il metodo di congelamento con l'azoto liquido risulta vantaggioso perché meno laborioso, più rapido e meno distruttivo nei confronti dei favi.

3.2.7.6 Controllo biologico

L'idea di poter contrastare la peste americana mediante l'utilizzo di batteri antagonisti va incontro all'esigenza di promuovere metodi "naturali" di profilassi, alternativi al trattamento chimico.

Una varia microflora batterica e fungina è associata con le api e il loro cibo [79]. Diverse specie microbiche intervengono nei processi di trasformazione enzimatica e di conservazione del polline immagazzinato nelle celle e colonizzano come commensali l'intestino delle api. Questi microrganismi avrebbero un effetto benefico sulla salute della colonia attraverso un'azione diretta, ad esempio sui processi di digestione, o indiretta, inibendo agenti patogeni o persino stimolando il sistema immunitario dell'ape [80].

Il ruolo della microflora associata all'alveare rappresenta oggi un interessante campo di esplorazione e approfondimento per la ricerca applicata anche in prospettiva dell'utilizzo probiotico di batteri simbionti isolati dall'alveare [80, 81]. Negli ultimi anni, infatti, si sono affacciati sul mercato i primi prodotti probiotici per l'integrazione alimentare delle api.

Una recente ricerca ha messo in evidenza, mediante prove microbiologiche di inibizione, l'azione antagonista contro *P. larvae* esercitata da alcuni batteri dei generi *Lactobacillus* e *Bifidobacterium* isolati dall'intestino delle api [10]. Inoltre, somministrando questi batteri a larve allevate in vitro e inoculate con il patogeno, è stato dimostrato che le capacità inibenti si esprimono anche nell'intestino delle larve. Viene quindi messo in risalto il possibile ruolo dei batteri lattici nel prevenire lo sviluppo delle manifestazioni cliniche in colonie infette a livello subclinico.

Il trasferimento dei risultati di queste ricerche alla pratica di allevamento richiede un percorso ulteriore di studio e sperimentazione, soprattutto per approfondire aspetti legati all'utilizzo in campo di preparati contenenti batteri ad azione inibente nei confronti dei patogeni. Nel caso della peste americana, un ostacolo è presumibilmente costituito dalle sostanze antibiotiche prodotte da *P. larvae* che, in effetti, si sviluppa nell'intestino delle larve in coltura pura.

3.2.7.7 Disinfezione

La decontaminazione dell'attrezzatura è un aspetto cruciale nella prevenzione della peste americana. Infatti, le spore di *P. larvae* persistono a lungo e anche in elevata quantità nel materiale, che diventa così veicolo di diffusione e fonte di ricorrenza della malattia.

Le spore sono caratterizzate da elevata resistenza verso gli agenti disinfettanti e verso i trattamenti termici [17]. La Tabella 3.2 riporta alcuni dati indicativi sulla temperatura necessaria alla distruzione delle spore.

Gli interventi di disinfezione possono essere applicati anche a scopo di semplice prevenzione, in particolare per "risanare" situazioni in cui il livello subclinico dell'infezione è giudicato critico. In caso, invece, di presenza di malattia, nel contesto delle misure regolamentari di eradicazione la disinfezione è un provvedimento obbligatorio per arnie e attrezzi, a complemento della distruzione delle colonie ammalate.

In apicoltura sono applicabili diversi metodi di disinfezione, sia fisici che chimici, a seconda soprattutto del tipo di materiale da trattare.

Decontaminazione delle strutture in legno

Molto comune è il caso di disinfezione delle arnie e dei relativi accessori in legno (melari, telaini, ecc.) e a questo scopo sono disponibili metodi efficaci e alla portata delle aziende apistiche.

Il metodo classico consiste nell'immersione dell'attrezzatura in legno in una soluzione bollente di soda caustica. Una concentrazione pari all'1% di idrossido di sodio è estremamente efficiente come antibatterico e, inoltre, consente la completa rimozione dalla superficie del legno di cera e propoli potenzialmente contaminate. L'immersione nella soluzione bollente può durare da 5 minuti (per superfici relativamente pulite) fino a 20 minuti. È bene non prolungare il trattamento per evitare il danneggiamento della struttura del legno [82].

Il principale svantaggio di questo procedimento è legato alla manipolazione di una soluzione corrosiva e, quindi, alla necessità di adottare precauzioni di

Tabella 3.2 Dati indicativi sulla resistenza di *P. larvae* alle alte temperature, in dipendenza della matrice

Mezzo	Temperatura (°C)	Tempo (min)
Acqua	100	30
Miele	100	35
	121	9
Cera	121	30

sicurezza. Inoltre, il trattamento con soda caustica tende a indebolire la struttura delle arnie.

In alternativa alla soda caustica viene proposto l'ipoclorito di sodio. Prove microbiologiche in vitro dimostrano l'efficacia sporicida di soluzioni di questa sostanza a concentrazione relativamente bassa [83, 84]. Prove comparative effettuate da un gruppo di ricerca belga [84], condotte esponendo legno contaminato all'azione di diverse soluzioni di ipoclorito di sodio, dimostrano la possibilità di ottenere una decontaminazione quasi totale, sia in superficie sia a 2-3 mm di profondità, con una concentrazione del 5%; soluzioni più concentrate, sebbene ancora più efficaci, non sono proponibili nella pratica. La possibile discrepanza tra i risultati ottenuti in vitro e quelli ottenuti con le prove sul legno viene interpretata come conseguenza dell'interferenza sull'azione del disinfettante da parte di sostanze organiche componenti le fibre di legno [84]. La normale presenza sulla superficie del legno di propoli e cera potrebbe inoltre costituire un ulteriore impedimento all'azione sporicida dell'agente chimico.

I sistemi di disinfezione basati sul trattamento termico rappresentano una valida alternativa a quelli chimici sul piano dell'economicità e dell'impatto ambientale. In Nuova Zelanda è diffuso il metodo dell'immersione in paraffina calda. Immergendo il materiale in legno per 10 minuti in apposite vasche di acciaio contenenti paraffina riscaldata a 160 °C, si ottiene la completa decontaminazione oltre un rivestimento protettivo delle superfici delle arnie [58, 84]. L'utilizzo di impianti di questo tipo richiede, oltre a particolare perizia, l'adozione di misure di sicurezza.

Anche il calore secco è stato preso in considerazione come principio di disinfezione dell'attrezzatura. Mediante l'utilizzo di forni è possibile ottenere la completa decontaminazione, ma è necessario un trattamento a 160 °C per 2 ore.

Una ricerca danese ha messo a confronto alcune procedure per la disinfezione delle arnie, accomunate dalla semplicità applicativa e dal basso impatto ambientale: flambatura con cannello da saldatore fino a imbrunimento della superficie del legno; spazzolatura della superficie con acqua e detersivo; getto d'acqua calda ad alta pressione; trattamento con disinfettante commerciale biodegradabile. In ogni caso, l'operazione di disinfezione veniva preceduta dalla raschiatura delle superfici con la leva da apicoltore. Ciascuno di questi metodi ha dimostrato un'efficacia parziale, permettendo di conseguire un livello di decontaminazione attorno all'80%. Tuttavia, tale livello di disinfezione si è dimostrato sufficiente per il risanamento, perlomeno nei termini della sperimentazione, in quanto le colonie inserite nelle arnie così trattate non hanno sviluppato sintomi di peste americana nei 14 mesi successivi, né il miele prodotto in tale periodo è risultato contaminato dalle spore [85].

In conclusione, alla luce dei risultati di numerose sperimentazioni, i metodi di disinfezione con efficacia totale sono sicuramente raccomandabili quando il fine è l'eradicazione dei focolai. Negli altri casi possono essere proposti metodi più "blandi" ma più praticabili, soprattutto nel contesto di programmi aziendali di profilassi, finalizzati a ridurre la presenza subclinica dell'infezione.

Infine, ha oggi una certa diffusione l'impiego dei raggi gamma per sterilizzare le arnie insieme con i favi, come si vedrà qui di seguito.

Decontaminazione dei favi

La distruzione dei favi appartenenti agli alveari colpiti dalla peste americana, prevista dalle norme di polizia veterinaria ai fini del risanamento, è causa di perdite economiche rilevanti. Da qui è scaturito l'interesse per lo sviluppo di metodi di decontaminazione in grado di consentire un riutilizzo sicuro dei favi. Nel caso particolare della messa a sciame, con la bonifica dei favi in aggiunta a quella dell'arnia, diventa possibile recuperare tutto l'alveare colpito. Ma trattandosi di materiale molto contagioso, è necessario ricorrere a metodi che garantiscano una decontaminazione completa.

L'immersione del materiale in soluzioni disinfettanti oppure l'esposizione a gas o a vapori germicidi sono state le prime tecniche sperimentate. Tuttavia, i trattamenti chimici per vari motivi non si sono affermati come pratica di sanificazione dei favi. Innanzitutto, essi non risultano sufficientemente efficaci, anche perché l'azione dei disinfettanti è solo superficiale; richiedono procedure laboriose o l'utilizzo di impianti abbastanza sofisticati, come nel caso dell'impiego dell'ossido di etilene [41]; alcuni metodi prevedono la manipolazione di sostanze dannose o pericolose per la salute dell'operatore, come aldeide formica, ossido di etilene, ecc.; infine, possono lasciare residui nel materiale, che vanno successivamente eliminati.

Allo stato attuale, l'unica soluzione valida per una sicura decontaminazione dei favi è l'impiego delle radiazioni ionizzanti, in particolare dei raggi gamma. La tecnica dell'irraggiamento, infatti, è in grado di bonificare in maniera assolutamente efficace i favi senza comprometterne l'integrità e senza lasciare attività residue di alcun tipo.

I trattamenti vengono effettuati da ditte specializzate attraverso impianti per la produzione di raggi gamma oppure beta. Per il materiale apistico si privilegiano i raggi gamma che, essendo di natura elettromagnetica, posseggono un elevato potere penetrante.

Alle prime sperimentazioni sull'impiego delle radiazioni ionizzanti in apicoltura, che risalgono ai primi anni Cinquanta del secolo scorso, sono seguite numerose ricerche che hanno confermato l'efficacia di questa tecnica di sterilizzazione applicata al materiale apistico [86], tanto che oggi in alcuni paesi come l'Australia [87] operano impianti di irradiazione che effettuano un servizio su scala commerciale. La minima dose necessaria per inattivare le spore di *P. larvae* è di 1,1 KGray, ben al di sotto del livello di 25 KGray comunemente utilizzato dagli impianti di irradiazione per scopi di sterilizzazione dei materiali.

In Italia, l'accesso al servizio di irradiazione è divenuta un'opportunità per i produttori apistici negli ultimi due decenni. Tuttavia, tale pratica è relativamente poco diffusa, riguardando soprattutto le aziende che operano nelle vicinanze degli impianti [86]. In pratica, utilizzando arnie o melari come contenitori dei favi, gli apicoltori hanno modo di sanificare efficacemente tutto il materiale proveniente dagli alveari colpiti da peste americana, materiale che diversamente andrebbe distrutto (favi) o trattato con metodi più laboriosi e meno efficaci (arnie). Inoltre, il ricorso alle radiazioni ionizzanti a scopo di profilassi consente il miglioramento delle condizioni sanitarie degli apiari, grazie all'abbattimento degli agenti microbici batterici e fungini che contaminano l'attrezzatura e, in particolare, i favi.

I fattori che ostacolano un utilizzo più diffuso di questa tecnica sono diversi. Sono pochissimi gli impianti di irradiazione, per cui chi deve compiere lunghe distanze difficilmente vi accede. Il trattamento ha dei costi non trascurabili che riguardano non solo il servizio di sterilizzazione in sé ma anche le operazioni di imballaggio e il trasporto del materiale. Vi sono, inoltre, aspetti organizzativi e normativi da considerare, legati soprattutto allo stoccaggio e alla movimentazione di materiale infetto proveniente da focolai sottoposti a provvedimenti restrittivi di polizia veterinaria.

3.2.8 Terapia

La storia della terapia con sostanze antibiotiche ha avuto inizio negli anni Quaranta del secolo scorso, quando gli americani Haseman e Childers dimostrarono l'efficacia del sulfatiazolo nel controllo della peste americana. Successivamente, l'attenzione si è spostata dai sulfamidici agli antibiotici e negli anni Cinquanta è stato introdotto l'impiego dell'ossitetraciclina, che è tuttora l'antibiotico più diffuso nel campo della patologia apistica [35, 37].

Ricerche e sperimentazioni in questa materia si sono susseguite negli ultimi 50 anni, soprattutto negli USA, dove l'uso degli antibiotici contro la peste americana è autorizzato. Nell'Unione Europea, invece, prevale l'approccio dell'eradicazione nella lotta contro l'infezione e l'utilizzo di antibiotici non è previsto (si veda il capitolo 14 "Normativa sanitaria in apicoltura").

P. larvae è sensibile a una vasta gamma di chemioterapici e antibiotici e la sperimentazione ha dimostrato l'attività inibente in campo di diverse sostanze, basti citare le seguenti: sulfamidici, tetracicline, penicillina, streptomicina, eritromicina, lincomicina, tilosina [35, 88].

I metodi di somministrazione degli antibiotici sono diversi e corrispondono a precisi protocolli nei paesi dove sono autorizzati [82]. In linea generale, l'antibiotico viene distribuito agli alveari supportato da alimento zuccherino. L'utilizzo dello sciroppo zuccherino non è il più indicato, sebbene abbia avuto una certa diffusione, in quanto antibiotici come l'ossitetraciclina si degradano rapidamente in soluzione acquosa. Viene quindi preferita, anche per semplicità di impiego, la somministrazione dell'antibiotico miscelato con zucchero in polvere. Negli USA, il trattamento consiste in 3 somministrazioni a distanza di una settimana di una dose di 200 mg di ossitetraciclina o di tilosina per alveare (complessivamente 600 mg per alveare). Un'altra forma di trattamento diffusa negli USA prevede l'ossitetraciclina incorporata in un impasto a base di zucchero e grassi vegetali (*extender patty*) [82]; il prodotto viene consumato dalle api in un periodo prolungato, di alcune settimane, ed è pertanto possibile un'unica somministrazione.

I trattamenti antibiotici sono eseguiti in stagione primaverile o autunnale, ora a scopo "curativo", ovvero su alveari con sintomi iniziali di infezione, ora a scopo profilattico, cioè con finalità preventive, a seconda anche delle disposizioni normative [82, 89]. Di seguito vengono evidenziati i limiti di entrambi questi approcci.

L'utilità dell'impiego del sussidio chimico contro la peste americana è una questione da tempo dibattuta. In Italia, malgrado l'uso di antibiotici non costituisca una prassi regolamentare, si è assistito alla diffusione del trattamento illecito, spesso a scopo puramente profilattico, soprattutto nelle aree a elevata incidenza dell'infezione. Oggi, a fronte del problema dei residui nel miele e delle pressioni che provengono da una politica sanitaria rivolta verso la riduzione dell'impiego di antibiotici in zootecnia, è cresciuta nel settore apistico la presa di coscienza verso i problemi associati all'uso di tali sostanze [89].

L'uso di antibiotici nella lotta contro la peste americana presenta, infatti, aspetti critici di rilievo sotto diversi punti di vista. Un problema è di ordine epidemiologico. Il trattamento antibiotico non ha azione curativa risolutiva in quanto non intacca le spore ma si limita a sopprimere i sintomi e "mascherare" l'infezione, almeno fino al momento in cui la concentrazione di principio attivo non scende sotto il livello necessario per l'inibizione del patogeno. Il rischio di ricorrenza della malattia, quindi, subentra già pochi mesi dopo il trattamento [41, 17, 90]. Inoltre, la protezione temporanea dell'antibiotico, seppure possa portare vantaggi immediati in termini produttivi, ostacola le misure di eradicazione e induce un atteggiamento di disattenzione verso le pratiche preventive. La conseguenza è che nelle aree dove il trattamento con antibiotici è prassi diffusa si può verificare, a lungo andare, un aumento della prevalenza dell'infezione. In effetti, solo dove sono stati seguiti programmi di profilassi basati sulle misure preventive e di eliminazione delle unità infette sono stati ottenuti risultati significativi nella riduzione della prevalenza dell'infezione [20, 58, 91].

La contaminazione del miele e degli altri prodotti dell'alveare rappresenta oggi il rischio più rilevante legato all'uso di antibiotici in apicoltura, anche per le implicazioni commerciali e legali che comporta [92].

La somministrazione di un antibiotico all'alveare comporta la rapida contaminazione del miele presente nel nido [93, 94] e per evitare l'inquinamento del prodotto destinato al consumo umano è necessario rispettare un adeguato periodo di sospensione fra il termine del trattamento e l'inizio del raccolto principale, che coincide con la posa del melario. Segue quindi la progressiva riduzione della concentrazione del principio attivo nel miele causata dalla diluizione con il nettare importato e dalla degradazione chimica. La velocità del processo di decadimento dell'antibiotico dipende da diversi fattori, in particolare la stabilità della molecola, il metodo di somministrazione e la temperatura [93–96].

Recenti ricerche dimostrano come la tilosina (con il suo metabolita desmicosina) possa essere rilevata nel miele fino a circa 8 mesi dopo il trattamento [97]. L'ossitetraciclina, meno stabile, risulta comunque rilevabile nel miele contaminato fino a circa 4 mesi dalla somministrazione [98].

La persistenza degli antibiotici nell'alveare pone il problema della prevenzione dei residui nei prodotti. Nei paesi dove sono autorizzati i trattamenti antibiotici, sono disponibili specifici prodotti farmacologici e sono previsti tempi di sospensione (tipicamente 4 settimane) per evitare il rischio di contaminazione del miele destinato al consumo oltre i limiti massimi residuali stabiliti per legge (LMR).

Dove invece l'antibiotico non è autorizzato, non sono previsti LMR e il rischio di inquinamento del miele con piccole quantità di residui è difficilmente scongiurabile, anche rispettando un congruo periodo di sospensione. Recenti indagini indicano che una parte non trascurabile dei mieli commercializzati in Europa contiene residui di antibiotici. La presenza di residui nei mieli europei di produzione nazionale deriva prevalentemente da trattamenti illeciti e per l'Italia si riporta di una percentuale del 5–7% contaminata da tracce di sulfonamidi, tetracicline, tilosina [92].

Un altro fattore negativo, emerso negli ultimi anni, è il fenomeno dell'antibiotico-resistenza dell'agente infettivo. La resistenza di *P. larvae* all'ossitetraciclina, antibiotico molto impiegato da alcuni decenni, si è già ampiamente diffusa nei paesi dove il trattamento sistematico degli alveari è autorizzato, come USA e Argentina [99, 100], rendendo necessaria la ricerca di antibiotici alternativi [88, 101].

Gli argomenti dei residui e dell'antibiotico resistenza saranno trattati in maniera più estesa nel capitolo 12, al quale pertanto si rimanda.

Per superare alcuni dei problemi legati agli antibiotici convenzionali, si è sviluppato un filone di ricerca orientato alle sostanze antibatteriche di origine naturale.

L'azione inibente di alcuni oli essenziali nei confronti di *P. larvae* è stata più volte saggiata in vitro [102–106]. L'olio essenziale di cannella (*Cinnamomum* spp.) è risultato uno dei più attivi (concentrazione minima inibente compresa tra 10 e 100 μg/ml) e la sua azione inibente nei confronti dell'infezione è stata osservata anche in sperimentazioni di campo, sebbene a un grado minore rispetto all'ossitetraciclina [107–109].

Un'altra promettente categoria di composti ad azione antibatterica sono gli acidi grassi. Ricercatori americani hanno individuato tra gli acidi grassi prodotti dal fungo *Ascosphaera apis* alcuni agenti antimicrobici attivi contro *P. larvae*, in particolare l'acido linoleico [110]. Quest'ultimo composto si è dimostrato attivo in una sperimentazione di campo eseguita in Italia, contribuendo a ridurre la ricorrenza dell'infezione negli alveari infetti ai quali è stato somministrato [111].

In linea generale, perché questi composti di origine naturale possano proporsi in alternativa agli antibiotici convenzionali, occorre procedere a ulteriori verifiche in campo, al fine di confermarne l'efficacia e mettere a punto formulazioni e protocolli di somministrazione che assicurino anche l'assenza di effetti collaterali. Le considerazioni di ordine epidemiologico discusse a proposito dell'uso di antibiotici convenzionali valgono ovviamente anche per l'ipotesi di impiego di inibenti di origine naturale.

3.3 Peste europea

Giovanni Formato, Antonella Cersini

3.3.1 Generalità

La peste europea (in inglese *European foulbrood*, EFB) è una delle più gravi malattie di natura batterica della covata delle api (Fig. 3.18).

L'agente eziologico è il *Melissococcus plutonius* (*M. plutonius*), spesso associato ad altri batteri quali l'*Enterococcus faecalis*, il *Bacterium euridicae*, il *Brevibacillus laterosporus* e il *Paenibacillus alvei* che concorrono, in funzione della loro presenza e quantità, a dare quadri clinico-sintomatici più o meno gravi e diversificati tra loro.

Oltre che su *Apis mellifera*, il *M. plutonius* è stato isolato anche su *Apis cerana* [112] e su *Apis laboriosa* [113].

Il rinvenimento di questa malattia in apiario comporta sempre la comunicazione ai Servizi Veterinari ASL, essendo annoverata tra le malattie denunciabili delle api ai sensi del Regolamento di Polizia Veterinaria [114] (e successive modifiche e integrazioni).

La peste europea è una malattia con tendenza a recidivare, condizionata da diversi fattori (Tabella 3.3), tra cui: la componente climatico-vegetazionale, le modalità di gestione degli alveari, la genetica delle regine e la forza degli alveari. Pur potendosi manifestare in ogni periodo dell'anno, è più frequente in primavera, quando la covata è nel periodo di maggiore sviluppo e possono instaurarsi fenomeni di stress nutrizionali per la scarsa quantità di nutrici presenti nell'alveare. Come noto, api regine geneticamente predisposte a riempire di covata tutto il telaino "da legno a legno" senza che vengano garantiti sufficienti spazi alle scorte di polline e di miele, come pure regine con scarso comportamento igienico sono più sensibili alle malattie della covata e, quindi, anche alla peste europea. Anche primavere fredde e piovose possono comportare difficoltà di approvvigionamento di nettare e polline. Soprattutto una inadeguata assunzione (in termini quali-quantitativi) di quest'ultimo da parte della covata sembrerebbe predisporre verso questa patologia e condizionarne il decorso.

Tabella 3.3 Fattori condizionanti la peste europea [115–117]

Quantità e virulenza del ceppo batterico di *M. plutonius*
Quantità e virulenza dei batteri di accompagnamento
Quantità e qualità di risorse (piante) nettarifere e, soprattutto, pollinifere nel raggio di volo delle api
Quantità e qualità delle scorte (miele e, soprattutto, polline) presenti nel nido
Qualità e quantità di alimento che le larve effettivamente ricevono dalle nutrici
Rapporto numerico tra api nutrici e covata non opercolata presente nell'alveare
Condizioni climatiche (rappresentano un fattore predisponente le primavere eccessivamente fredde e piovose)
Posizionamento dell'apiario (rappresenta un fattore predisponente l'ubicazione dell'apiario in aree eccessivamente umide)
Sensibilità genetica dei singoli alveari alla malattia

In funzione dei diversi fattori condizionanti che intervengono (Tabella 3.3), potremo trovarci davanti a forme di malattia lieve, che possono essere superate spontaneamente dalle api, oppure davanti a forme gravi in grado di portare a morte le famiglie colpite.

3.3.2 Storia

La prima descrizione delle malattie pestose delle api venne fatta da Schirach nel 1769 [118]. Non si faceva ancora distinzione tra peste americana e peste europea; entrambe le forme venivano genericamente identificate come "malattie della covata dall'odore ripugnante" (*foul smell diseases*).

Solo dopo molto tempo si riuscì a capire quali fossero gli agenti eziologici delle due forme e questo fu molto difficile soprattutto per la peste europea [119] in considerazione della difficoltà di isolare il *M. plutonius*. Non a caso Cheshire e Cheyne nel 1885 [14] ritennero responsabile della peste il *Bacillus alvei* (dal latino: bacillo dell'alveare); Maassen nel 1908 [120] chiamò invece in causa lo *Streptococcus apis* (successivamente chiamato *Streptococcus faecalis*). Finalmente, White nel 1907 distinse per la prima volta le due forme di peste (peste americana e peste europea) e ipotizzò che l'agente eziologico della peste europea fosse un germe difficile da coltivare e non sporigeno, che chiamò genericamente come *Bacillus Y*. Successivamente, sempre lo stesso White, nel 1912 [15] rinominò lo stesso germe come *Bacillus pluton* ma non riuscì mai a coltivarlo. Seguì quindi un periodo di grande confusione e incertezza sull'eziologia della patologia, tanto che la malattia venne classificata di natura non infettiva, ma complicata dai germi di accompagnamento (che, a differenza del *M. plutonius*, si riuscivano facilmente a coltivare). Solo nel 1956, Bailey [121] riuscì a mettere a punto un terreno per isolare il germe e lo rinominò in un primo momento *Streptococcus pluton* (ispirandosi alla morfologia del germe). Nel 1982, Bailey e Collins [122] si resero conto che il germe non aveva le caratteristiche del Genere *Streptococcus*, e lo riclassificarono *Melissococcus pluton* [122]. Infine, per norme di nomenclatura, l'agente responsabile della peste europea è stato ridenominato *Melissococcus plutonius*, e tale nome ad oggi è stato mantenuto.

3.3.3 Distribuzione

La peste europea è stata segnalata in tutti i continenti [116, 123], ad eccezione della Nuova Zelanda [19, 124]. In alcuni Paesi, tra i quali la Norvegia, la Svizzera e il Regno Unito, tale malattia rappresenta una patologia molto diffusa.

In Italia, è facile ipotizzare un carattere endemico della peste europea sul territorio, anche se non si conosce con precisione l'effettiva prevalenza. Pietropaoli [125] segnala in Italia, tra il 2006 e il 2011, 42 focolai ufficiali della malattia in 4 diverse regioni (34 in Lazio, 4 in Toscana, 3 in Lombardia e 1 in Puglia). Il rinvenimento della patologia è fortemente variabile anche in funzione delle annate apistiche: in alcune stagioni si stima un interessamento del 2–3% degli alveari; per altre si stima una prevalenza più elevata. Infatti, in particolari condizioni ambientali e in funzione di fattori ancora non ben conosciuti [126], la malattia può assumere un carattere epidemico con rapido interessamento di molti alveari (ci sono state segnalazioni fino al 40%) di uno stesso apiario. Ulteriori studi sarebbero necessari per confermare tali dati. È infatti facile ipotizzare una forte sottostima della malattia, da un lato per la difficoltà di riconoscere i sintomi da parte degli apicoltori, unitamente alla già citata tendenza alla guarigione spontanea degli alveari malati; dall'altro per il timore degli apicoltori a comunicare alle autorità sanitarie i casi di malattia per l'obbligo di applicare le misure di controllo previste dal Regolamento di Polizia Veterinaria.

3.3.4 Eziologia

M. plutonius è il batterio responsabile della peste europea. Al microscopio appare come un cocco con tipica forma lanceolata spesso appaiato oppure organizzato in corte catene o piccoli ammassi (Fig. 3.19). È un Gram positivo, anaerobio obbligato, che necessita di CO_2 per la crescita in piastra. Filogeneticamente è vicino al genere *Enterococcus*.

Sebbene asporigeno, *M. plutonius* è piuttosto resistente alle avversità ambientali: sopravvive all'essiccamento per un anno; può rimanere vitale nel polline per alcuni mesi e per diversi anni nei favi in cui è stata presente covata infetta [20].

Come già detto, *M. plutonius* è spesso associato ad altri germi, tra cui *Bacterium eurydice*, *Enterococcus faecalis*, *Paenibacillus alvei* e *Brevibacillus laterosporus*:

- *Bacterium eurydice*: è normalmente presente nel tratto intestinale delle api adulte (soprattutto in estate); è invece più raro nelle larve sane. In queste ultime aumenta nei casi di peste europea. Si presenta come un sottile bacillo Gram negativo, con le porzioni terminali squadrate. È in grado di favorire l'insorgenza dei sintomi di peste europea [121];
- *Enterococcus faecalis*: non riesce a moltiplicarsi nelle larve in assenza del *M. plutonius*, mentre si moltiplica in abbondanza nelle larve malate di peste europea. Per questo motivo è considerato un "indicatore di peste europea". Al microscopio ottico è morfologicamente molto simile al *M. plutonius* (cocco, Gram positivo) ma, a differenza di quest'ultimo, non sopravvive a lungo all'essiccazione e cresce in aerobiosi;
- *Paenibacillus alvei*: è un bacillo Gram positivo, aerobio, non associato solo al *M. plutonius* (a differenza di *Enterococcus faecalis*). Le sue spore sono facilmente rinvenibili negli apiari in cui la peste europea è endemica. Osservando le spore al microscopio è possibile vedere la loro parete come fossero in trasparenza (Fig. 3.19). Le colonie di questo germe sono invasive nella loro crescita su agar, inibiscono lo sviluppo degli altri batteri e hanno un odore che è riscontrabile anche negli alveari malati di peste europea.

In condizioni sperimentali tali batteri sono in grado di favorire la crescita di *M. plutonius* [119] aggravandone il quadro clinico, ma il loro ruolo a tutt'oggi non è ancora completamente chiaro [127].

3.3.5 Patogenesi

M. plutonius viene trasmesso alle larve attraverso l'alimento (polline, miele e pappa reale) loro somministrato dalle api nutrici [116]. Le larve che possiedono età ≤2 giorni di vita sono particolarmente recettive al patogeno. La quantità di larve che si ammala e che perviene a morte è direttamente proporzionale alla quantità di batteri da loro assunta [115, 129] e alla loro sensibilità genetica [117], mentre è inversamente proporzionale al numero di api nutrici che accudiscono la covata e alla quantità di alimento che viene loro somministrata [119, 128].

Già 100 corpi batterici di *M. plutonius* sono in grado di infettare una larva sana [129]. Una volta assunto per via orale, il batterio si moltiplica rapidamente nell'intestino [119] e nella membrana peritrofica della larva [115] causando dapprima una minor assunzione di alimento, poi, verso il 3°–5° giorno di vita, cioè prima dell'opercolatura delle cellette di covata [130], la sua morte.

Ma a volte la larva infetta riesce a sopravvivere fino allo stadio successivo di pupa e, in questi casi, potremmo trovare (come nella peste americana) lesioni anche a carico della covata opercolata. La pupa malata elimina il suo contenuto intestinale all'interno della celletta in cui è allevata contribuendo, in tal modo, a propagare l'infezione.

Le larve che, pur ammalandosi, arrivano a fine metamorfosi, daranno luogo ad adulti che sfarfallano tardivamente, di dimensioni ridotte rispetto agli adulti originati da larve non infette [115, 131].

3.3.6 Trasmissione

In un alveare con segni clinici di malattia, cioè con evidente presenza di larve malate/morte, è possibile rinvenire il *M. plutonius* a carico di ogni stadio larvale, ma anche a carico del polline, del miele e delle api adulte [126]. In merito a queste ultime, è stato osservato che le api nutrici presentano cariche 20 volte superiori rispetto alle bottinatrici prelevate dal predellino di volo dello stesso alveare [132].

L'elevata densità delle colonie e degli apiari promuove la diffusione del patogeno.

Belloy [133] in Svizzera ha dimostrato come alveari sani in apiari malati presentavano, nel 90% dei casi, api positive al *M. plutonius*; in apiari sani, ma limitrofi ad apiari infetti, il 30% degli alveari presentava api positive al *M. plutonius*; infine, in apiari lontani da apiari con sintomi di peste, il *M. plutonius* non era rinvenibile negli alveari. Questo a dimostrazione di come le stesse api operaie possono diffondere la malattia sul territorio, fungendo da veri e propri *carrier* da alveare ad alveare e da apiario ad apiario e di come la loro capacità di diffondere il patogeno diminuisca con l'aumentare della distanza dall'apiario infetto.

Va comunque tenuto presente che ai fini della diffusione del patogeno, oltre all'azione delle api adulte (soprattutto con i fenomeni di deriva o di saccheggio), un ruolo determinante è giocato dall'apicoltore, mediante:

- lo spostamento di favi infetti in alveari sani (ad esempio, per mancato riconoscimento della malattia) per bilanciare la forza degli alveari;
- l'impiego di miele/polline infetti per alimentare alveari sani;
- la movimentazione di alveari infetti per nomadismo;
- il commercio di materiale apistico infetto;
- il ritardato riconoscimento e la ritardata gestione degli alveari malati di peste europea.

Non vanno neanche sottovalutati errori gestionali dell'apicoltore che producono stress scatenanti la malattia per alterazione del rapporto numerico tra api adulte e covata, come ad esempio: gli spostamenti impropri delle scorte vive (covata/api) o morte (polline e miele) negli alveari (es. per bilanciare le famiglie o per realizzare la sciamatura artificiale); un'errata iper-stimolazione con sciroppo delle famiglie non seguita da una nutrizione di mantenimento; la somministrazione eccessiva di feromoni di covata in grado di stimolare una iperovodeposizione della regina.

3.3.7 Sintomatologia

In funzione dei batteri che si associano al *M. plutonius* e della virulenza dei ceppi batterici, la peste europea può presentarsi con un diverso quadro lesivo a carico della covata infetta [128].

In ogni caso, la covata si presenta sempre non compatta, "a mosaico", indice dell'elevato tasso di mortalità larvale (Figg. 3.18, 3.23 e 3.24). Come già detto, la morte delle larve avviene solitamente a celletta aperta, non ancora opercolata. Questa è una caratteristica clinica importante ai fini della differenziazione tra peste europea e peste americana.

All'interno delle cellette infette è possibile evidenziare diversi quadri lesivi, in funzione dell'evoluzione della malattia e dell'età della covata pervenuta a morte.

Le larve malate, in una prima fase, sono turgide con i tubuli tracheali particolarmente evidenti (Figg. 3.20, 3.21, 3.22), poi perdono il loro normale colore) bianco-madreperla e tendono a disidratarsi assumendo un colorito giallo-brunastro opaco (Fig. 3.20) [134]. Anche la loro posizione cambia: invece di restare coricate su di un fianco a forma di C, aderenti sul fondo della celletta, tendono a scivolare sulla parete della celletta (Fig. 3.20), torcendosi a spirale o ripiegandosi a ponte mostrando verso l'apertura della cella il dorso oppure una delle due estremità (Figg. 3.21, 3.26).

Se la larva infetta non perviene a morte, potremmo trovare, come nella peste americana, lesioni anche a carico della covata opercolata, caratterizzate prevalentemente da cellette forate (Figg. 3.23, 3.24).

Le pupe morte perdono la loro normale consistenza, si appiattiscono sulla parete e si trasformano in una massa molle putrida poltigliosa, di colore brunastro (Figg. 3.25, 3.26, 3.27) e normalmente non filanti (prova dello stecchino negativa). Solo di rado è possibile rinvenire moderati segni di filamentosità, caratterizzati da filamenti che non sono comunque mai superiori ai 1,5 cm [116].

Dopo morte, con il tempo e a causa della disidratazione, le pupe esitano in scaglie color bruno-ruggine, simili a quelle della peste americana ma, a differenza di quest'ultima, sono più facilmente asportabili.

La proliferazione batterica a livello della covata comporta spesso odori aciduli di diversa entità, in funzione della vastità del quadro lesivo e della quantità e tipologia dei germi che accompagnano il *M. plutonius*. Se, ad esempio, *M. plutonius* è associato al *Paenibacillus alvei*, la covata si presenta amorfa ed emana un odore sgradevolissimo con larve liquefatte (Fig. 3.27). Esistono poi forme intermedie e forme in cui i favi non emanano alcun odore.

Per effettuare una diagnosi differenziale tra peste europea e peste americana, è necessario considerare se le lesioni interessano prevalentemente la covata opercolata o non opercolata e se è presente o meno una filamentosità della covata ammalata (prova dello stecchino). Valuteremo anche il colore della covata ammalata.

In Tabella 3.4 sono schematizzate le caratteristiche salienti delle due malattie da tenere a mente per una diagnosi differenziale tra le due forme pestose.

Nella diagnosi differenziale con la peste europea va anche tenuto in considerazione che esistono situazioni in cui è possibile rinvenire larve di colore giallastro (presumibilmente in conseguenza di particolari fioriture), la cui alterazione del colore non è dovuta a forme pestose ma ad altre cause, presumibilmente di natura alimentare. In tali circostanze, per effettuare una corretta diagnosi è necessario ricorrere al kit di campo e al supporto del laboratorio di analisi.

Fig. 3.18 Favo di covata con quadro lesivo ascrivibile a peste europea

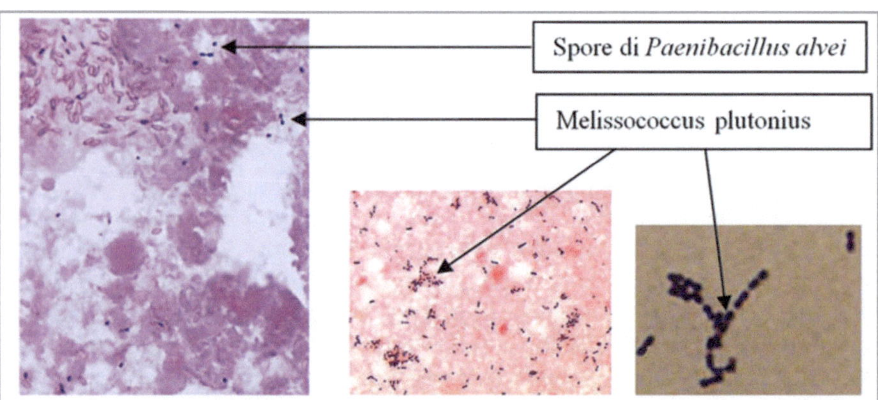

Fig. 3.19 *Melissococcus plutonius* al microscopio ottico. Nella prima immagine a sinistra è associato a spore di *Paenibacillus alvei* (per gentile concessione del Dr. Pietro Arculeo, IZS delle Sicilie)

3.3.8 Diagnosi di campo

In caso di sospetto di peste europea, per una conferma della diagnosi potremo:

- *ricorrere all'impiego di kit diagnostici*, facilmente reperibili in commercio (EFB test della Ditta Vita), che si basano sul principio della immuno-migrazione-rapida a flusso laterale (Tabella 3.5).

Fig. 3.20 Larve malate di peste europea, a diverso stadio evolutivo della patologia (per gentile concessione del Dr. Massimo Palazzetti, Servizi Veterinari ASL/VT)

Fig. 3.21 Larva turgida e fuori sede (per gentile concessione del Dr. Massimo Palazzetti, Servizi Veterinari ASL/VT)

Tabella 3.4 Principali differenze tra peste europea e peste americana. Modificata da [135]

Peste europea	Peste americana
Lesioni prevalentemente a carico della covata non opercolata	Lesioni prevalentemente a carico a della covata opercolata
Odore acido o assente	Odore di colla di pesce
Manca un annerimento dei favi e raramente gli opercoli sono forati	Favi anneriti con opercoli infossati o forati
Larva non filamentosa, torta e ingiallita	Larva filamentosa di colore brunastro
Scaglia asportabile	Scaglia non asportabile

Fig. 3.22 Larva turgida con tubuli tracheali evidenti (per gentile concessione Dr. Massimo Palazzetti, Servizi Veterinari ASL/VT)

Fig. 3.23 Lesioni a carico della covata opercolata affetta da peste europea (per gentile concessione Dr. Massimo Palazzetti, Servizi Veterinari ASL/VT)

Fig. 3.24 Lesioni a carico della covata opercolata affetta da peste europea (per gentile concessione Dr. Massimo Palazzetti, Servizi Veterinari ASL/VT)

Fig. 3.25 Covata amorfa, di consistenza poltigliosa (per gentile concessione Dr. Massimo Palazzetti, Servizi Veterinari ASL/VT)

Fig. 3.26 Covata amorfa, di consistenza poltigliosa (*immagine cerchiata*) e, in alto a destra, larva torta che mostra un'estremità verso l'apertura della celletta (per gentile concessione Dr. Massimo Palazzetti, Servizi Veterinari ASL/VT)

Fig. 3.27 Covata con consistenza liquida (per gentile concessione Dr. Massimo Palazzetti, Servizi Veterinari ASL/VT)

Tabella 3.5 Modalità di impiego del kit EFB

Dopo aver prelevato 3 larve malate dal favo (Fig. 3.28), le metteremo nella boccetta del kit contenente una soluzione tampone e sodio azide (Fig. 3.29), quindi agiteremo vigorosamente la boccetta per circa 20 secondi. Metteremo poi 2–3 gocce della miscela nel pozzetto del kit e verificheremo gli effetti della migrazione del liquido su strato sottile in cui sono stati posizionati specifici anticorpi marcati. Se l'antigene batterico è presente nelle larve che abbiamo prelevato per il kit, si fisserà all'anticorpo marcato con il complesso rivelatore facendo comparire una banda scura. La presenza, poi, di una seconda banda ci confermerà il corretto funzionamento del kit (Fig. 3.30).

In pratica, il test è positivo se compaiono due bande (conferma di peste europea); è negativo se invece compare una sola banda (assenza di peste europea). Se non compare nessuna banda il test non è valido e va ripetuto (es. kit scaduto o difettoso);

- per un'ulteriore conferma della diagnosi potremo *inviare a un laboratorio di analisi del materiale patologico* che può consistere in: favo o porzioni di favo contenente covata malata; singole larve malate in provette; vetrini con strisci ottenuti da larve malate; la boccetta con la soluzione tampone dei kit realizzati in campo (Fig. 3.29) contenenti le larve malate.

3.3.9 Diagnosi di laboratorio

Gli Istituti Zooprofilattici Sperimentali sono una rete di laboratori diffusa sul territorio nazionale in grado di offrire un servizio diagnostico agli apicoltori per le pincipali malattie dell'alveare. L'apicoltore, i tecnici apistici o i veterinari possono fare riferimento ai suddetti laboratori per usufruire di un servizio diagnostico di tal tipo.

La matrice di elezione su cui andare a ricercare il *M. plutonius* sono le larve di api con segni di malattia; in mancanza di queste ultime, un'ottima matrice è anche rappresentata dalle api nutrici, prelevate direttamente dai favi di covata.

Diversi sono i metodi diagnostici a disposizione dei laboratori di analisi. Di seguito riportiamo i principali:

- *esame ispettivo del favo*: vedi quanto già detto nel paragrafo "sintomatologia";
- *kit di immuno-migrazione-rapida a flusso laterale*: vedi quanto già detto nel paragrafo "diagnosi di campo" e relativa Tabella 3.5;
- *esame colturale*: richiede 3–4 giorni per lo sviluppo delle colonie batteriche (Fig. 3.31). Si effettua il triplo striscio di una sospensione ottenuta dall'omogeneizzazione di larve malate in soluzione fisiologica sterile. I terreni di elezione per la coltivazione del germe sono terreni selettivi (es. agar Bailey) contenenti zuccheri, amido, cisteina e potassio, cui viene aggiunto acido nalidixico. Dopo la semina, le piastre vanno incubate in giara per anaerobiosi, a 37 °C per 3–4 giorni. Le colonie di *M. plutonius* appaiono piccole e

biancastre, con un diametro di circa 1 mm (Fig. 3.31).
La tecnica di coltivazione su piastra rappresenta purtroppo un metodo poco sensibile in quanto consente di evidenziare meno dello 0,2% dei batteri contati al microscopio ottico [136];

- *osservazione microscopica*: si prepara una sospensione acquosa delle larve malate o delle colonie isolate, si pone su un vetrino, si fissa e si colora con il Gram o con nigrosina al 5% [127]. Andremo quindi a ricercare il *M. plutonius* sotto forma di cocchi (0,5 × 1,0 μm), lanceolati, Gram positivi, disposti singolarmente o raggruppati in ammassi, a coppie o in corte catene (Fig. 3.19).
  Al microscopio potremo osservare anche forme bastoncellari Gram negative e con le estremità squadrate (*Bacterium eurydice*) o Gram positive (*Paenibacillus alvei*, *Enterocococcus faecalis*, *Brevibacillus laterosporus*);
- *indagini di tipo biomolecolare*: le tecniche di Polymerase Chain Reaction (PCR) sono basate sull'amplificazione in laboratorio di sequenze genomiche caratteristiche di *M. plutonius*. Questo tipo di analisi rappresenta un importante strumento per la diagnosi di peste europea, consentendo di identificarla anche prima della comparsa dei segni clinici.
  L'esame con PCR prevede l'estrazione del DNA batterico e la successiva amplificazione di regioni genomiche specifiche per *M. plutonius*. L'amplificazione può essere effettuata mediante due diverse strategie:
  1. la prima strategia impiega una sola coppia di primer (corte sonde di DNA) e il prodotto di PCR viene poi visualizzato mediante corsa elettroforetica in gel di agarosio. Un esempio è riportato in Figura 3.32, dove i campioni positivi mostrano una banda di 812 bp relativa a un tratto del gene 16S rRNA (rRNA = RNA ribosomiale). Le dimensioni degli amplificati vengono dedotte dal confronto con pesi molecolari opportuni, come il 50 bp e il 100 bp. Tali analisi sono di tipo esclusivamente qualitativo, come la Reverse-Polymerase Chain Reaction (RT-PCR) e la hemi-nested PCR [136];
  2. la seconda strategia di amplificazione utilizza una coppia di primer e una sonda (una breve sequenza di nucleotidi compresa tra i primer) specifiche per un piccolo tratto del genoma del batterio. Questo tipo di tecnica viene chiamata Real Time PCR e non richiede la successiva fase di visualizzazione degli amplificati mediante elettroforesi in gel d'agarosio, dato che l'amplificato viene visualizzato in tempo reale. Il vantaggio dei protocolli di Real Time PCR consiste nel fatto che sono altamente specifici e molti di essi si basano sull'amplificazione di una piccola porzione del gene sodA. Questo tipo di indagini può essere sia di tipo qualitativo che quantitativo, come la Real-time PCR [137–139]; attraverso di esse è stato possibile individuare il valore soglia di 50.000 UFC/ape di *M. plutonius* per poter rilevare i sintomi della malattia [132]. È importante sottolineare che queste tecniche riescono a ovviare i forti limiti di coltivazione su piastra del *M. plutonius*, aprendo interessanti prospettive anche per studi di carattere epidemiologico e predittivo [132].

Fig. 3.28 Prelievo di una larva che presenta segni riconducibili a peste europea (per gentile concessione Dr. Massimo Palazzetti, Servizi Veterinari ASL/VT)

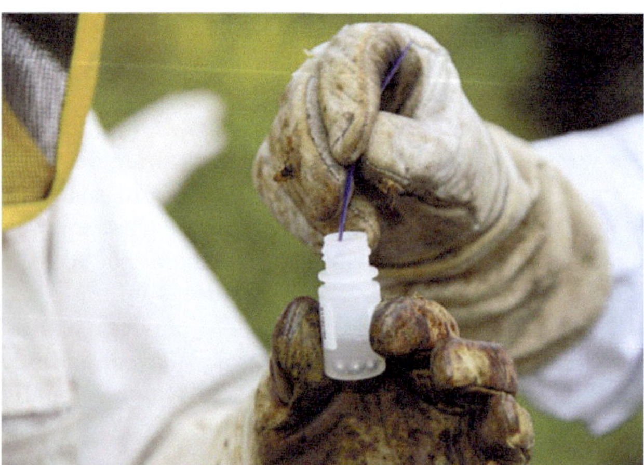

Fig. 3.29 Le larve prelevate sono messe in un tampone

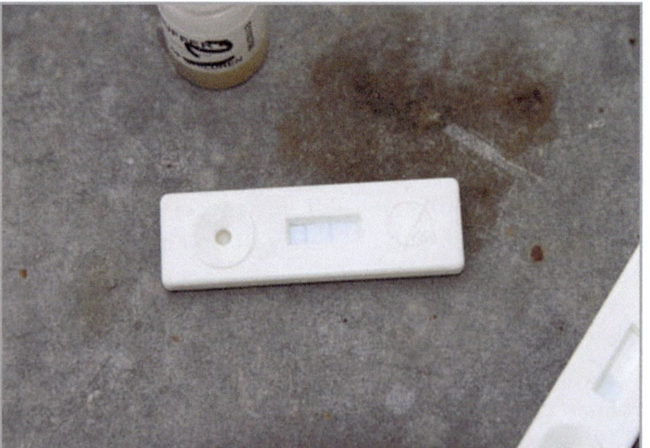

Fig. 3.30 Kit positivo: presenza di due bande (per gentile concessione Dr. Massimo Palazzetti, Servizi Veterinari ASL/VT)

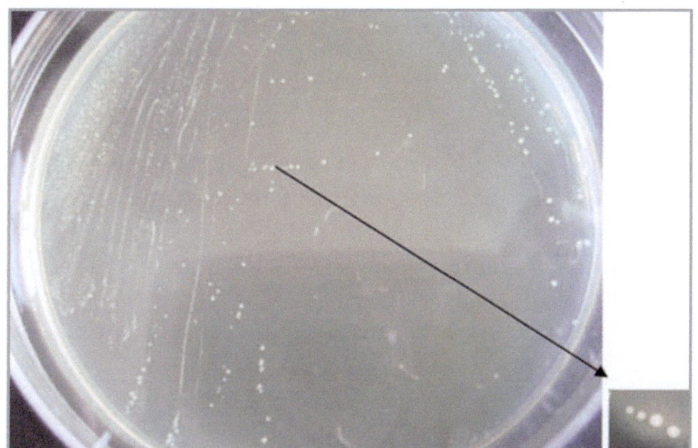

Fig. 3.31 Colonie di *M. plutonius* su agar Bailey (per gentile concessione del Dr. Pietro Arculeo, IZS delle Sicilie)

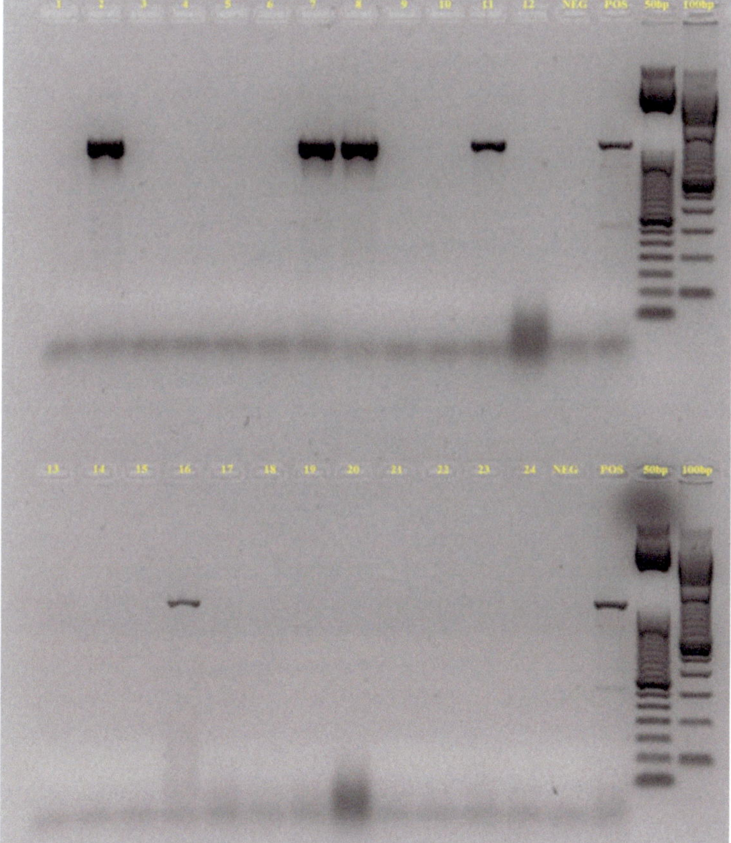

Fig. 3.32 Pozzetti n. 2, 7, 8, 11 e 16: campioni positivi al *M. plutonius* con amplificato 812 bp. Pozzetti NEG: non è presente alcun amplificato (controllo negativo). Pozzetti POS: amplificati dei controlli positivi. Pozzetti 50bp e 100bp: pesi molecolari di riferimento

3.3.10 Trattamento e controllo della peste europea

Ad oggi non sono registrati in UE farmaci veterinari per la terapia della peste europea.

In Inghilterra, Stati Uniti e Australia è pratica comune utilizzare ossitetraciclina per il trattamento della peste europea. Quest'ultima ha principalmente un effetto batteriostatico su *M. plutonius*, quindi, anche se permette di ottenere la guarigione clinica subito dopo la sua somministrazione, sono frequenti le recidive dopo il trattamento [98, 132, 140, 141].

Thompson e collaboratori [98] hanno applicato quanto in Inghilterra è previsto dalla normativa sanitaria: distruzione di tutti gli alveari in cui si rinviene la malattia in forma conclamata e degli alveari deboli infetti, mentre per gli alveari più forti in cui la malattia è in fase iniziale la realizzazione di un trattamento con ossitetraciclina (1 g p.a. in 250 ml di sciroppo zuccherino). La quantità di recidive da loro rinvenuta a un anno di distanza dal trattamento è stata pari al 26%, a dimostrazione della non totale efficacia del metodo.

In Svizzera, invece, per il controllo della peste europea è prevista la distruzione di tutti gli alveari infetti e delle colonie deboli negli apiari colpiti dalla malattia. Roetschi e colleghi nel 2008 [132] hanno dimostrato che anche questo protocollo, sebbene sia in grado di ridurre la carica infettante del patogeno, non è in grado di eliminare il problema delle recidive che si presentano dopo un anno dall'applicazione delle suddette misure di controllo: mettendola in pratica su 8 apiari infetti (con il 65% di alveari positivi alla malattia), dopo un anno in 4 apiari si ripresentava la patologia in forma clinica (con almeno un alveare colpito), un apiario risultava clinicamente sano ma alla PCR si evidenziava ancora il *M. plutonius* e tre apiari erano effettivamente guariti (sia dal punto di vista clinico che alle indagini di laboratorio mediante PCR).

Budge e colleghi [137], infine, in una prova di campo mettono a confronto l'efficacia della messa a sciame con quella del trattamento mediante la sola ossitetraciclina (1 g p.a. in 250 ml di sciroppo zuccherino). A distanza di un anno le recidive sono state 5 volte superiori nel trattamento con antibiotico rispetto alla sola messa a sciame.

Da ultimi, Waite et al. [141] verificarono l'efficacia di un trattamento con ossitetraciclina associandolo alla messa a sciame, ottenendo i risultati migliori in termini di guarigione (anche degli alveari molto ammalati, con >50% di larve infette) e di recidive (4,8% rispetto al 21% del solo trattamento con ossitetraciclina).

In definitiva, emergono due importanti considerazioni: la prima è che risulta difficile eradicare da un apiario infetto in un solo anno la peste europea (forme cliniche e asintomatiche); la seconda è che in Italia, considerata ad oggi l'impossibilità di impiegare antibiotici, la tecnica della messa a sciame garantisce i migliori risultati in termini di recidive e di sicurezza dei prodotti dell'alveare (assenza del problema dei residui).

Nel caso di famiglie colpite gravemente da peste europea, soprattutto se la diagnosi viene effettuata in un periodo in cui non vi è raccolta nettarifera, converrà distruggere la famiglia e i favi infetti, provvedendo alla disinfezione delle arnie e del materiale apistico contaminato.

L'uccisione delle api adulte può essere realizzata con vapori di zolfo ad arnia chiusa, operando nelle ore serali o al mattino presto, in modo che nessuna bottinatrice rimanga fuori dall'arnia. Dopo aver ucciso le api, si procederà alla distruzione dei favi infetti con il fuoco.

Tutti gli oggetti impiegati per la manipolazione degli alveari infetti, comprese le attrezzature utilizzate dall'apicoltore per le operazioni apistiche e gli indumenti, andranno accuratamente lavati con detergenti e poi disinfettati (ipoclorito di sodio al 5%, acido peracetico, sali quaternari di ammonio, perborato di sodio).

Le arnie, se in buono stato, possono essere sanificate dopo raschiatura, scegliendo tra diverse opzioni di disinfezione: ipoclorito di sodio al 5% (varechina) diluito 1:50, cloramina T (Haminclor), acido peracetico (es. VitaOxygen™), perborato di sodio (Esodrox C), radiazioni ionizzanti (raggi gamma), immersione in paraffina a 160 °C per 10 minuti, forno a 170 °C per 1 ora, immersione per 20 minuti in soluzione bollente di soda caustica al 1%, passaggio alla fiamma azzurra.

Negli alveari in cui si opterà di intervenire con il risanamento, potremo invece applicare una o più delle seguenti tecniche apistiche:

- *messa a sciame* con asportazione *totale* (allontanamento di tutti i favi del nido) o *parziale* (allontanamento dei soli favi di covata) dei favi del nido. Può essere associata a una certa perdita di alveari dovuta all'uccisione o alla fuga della regina durante la messa a sciame, oppure all'incapacità delle api di ricostruirsi i favi (per estrema debolezza dell'alveare o per assenza di raccolto). Indubbiamente, tale tecnica presenta il vantaggio di abbattere notevolmente la carica infettante negli alveari e di ridurre le recidive senza rischio di residui di antibiotico nei prodotti dell'alveare. Vi sono maggiori probabilità di successo se la messa a sciame è realizzata nel periodo di importazione nettarifera e su famiglie forti: in tali condizioni le api non hanno problemi a ricostruirsi i favi del nido e, se praticata ad inizio primavera, ad andare comunque a melario. È bene ribadire che si riducono molto le probabilità di recupero degli alveari se la messa a sciame è realizzata su famiglie troppo deboli e/o in assenza di raccolta nettarifera (autunno, inverno o tarda estate). In tali circostanze è opportuno ricorrere alla distruzione degli alveari;
- fornire *supplementi nutrizionali*. Buoni risultati vengono dati da mangimi di natura proteica, in grado di stimolare nella covata un aumento delle difese immunitarie [142]. Sarebbe opportuno applicare questa tecnica a tutto l'apiario e non solo agli alveari infetti;
- *somministrazione di probiotici*. Questa pratica, attualmente in fase di sviluppo sperimentale, trova importanti conferme in vitro della sua efficacia terapeutica [143, 144]. È importante associare a tale strategia di intervento altre pratiche quali, ad esempio, la messa a sciame. Sarebbe opportuno applicare questa tecnica a tutto l'apiario e non solo agli alveari infetti;
- *sostituzione della regina*: tale pratica da sola non è generalmente risolutiva

ma può essere associata ad altre tecniche più efficaci (es. messa a sciame). Indubbiamente favorisce una selezione genetica in apiario verso i caratteri di resistenza alla peste europea, così da migliorare il patrimonio genetico dell'apiario [117];

- tecnicamente, è stato asserito che la peste europea può essere eradicata rimuovendo la regina dalle colonie infette per un periodo fino a tre settimane e poi rimpiazzando la stessa con una nuova regina fecondata. Il presupposto di questo intervento è quello di fornire alle api il tempo di ripulire i favi dalle larve infette e dai resti contaminati dal batterio. Tuttavia, la gran parte delle colonie infette recuperano ugualmente e il periodo di orfanità, in molti casi, diminuisce l'efficienza di questo processo, risultando addirittura dannoso, per l'eccesso di cibo ghiandolare somministrato alle larve rimanenti, che ne favorirebbe la sopravvivenza anche in presenza della malattia. Esperimenti hanno dimostrato che colonie infette, artificialmente private di una buona parte della loro covata disopercolata, mantengono proporzionalmente più larve infette. Questo perché le larve che rimangono ricevono un surplus di cibo. Al contrario, vengono normalmente eliminate più larve infette dalla colonia quando la covata disopercolata è abbondante o viene aggiunta perché, in questo caso, le larve infette manifestano prima segni di inedia conseguenti anche a una minore somministrazione di cibo ghiandolare.

Le suddette pratiche gestionali possono far pervenire a guarigione gli alveari soprattutto quando la malattia non è avanzata, gli alveari sono popolati e ci sono abbondanti fioriture. In ogni caso, vanno tenuti sotto controllo per un anno gli alveari assoggettati ai diversi trattamenti gestionali per verificare che non si ripresentino recidive, tutt'altro che rare, della patologia.

Un aspetto fondamentale da considerare è che per migliorare il successo delle attività di risanamento non dovremo focalizzare l'attenzione sui soli alveari in cui la malattia si è manifestata con i sintomi clinici, bensì dovremo prevedere interventi per potenziare le resistenze immunitarie di tutto l'apiario, ricorrendo a opportune pratiche gestionali (es. nutrizione proteica, somministrazione di probiotici, ecc.).

3.3.11 Profilassi

La profilassi della peste europea prevede il rispetto delle seguenti buone pratiche di allevamento apistiche:

- non somministrare miele proveniente da altri alveari/apiari alle api;
- evitare di spostare favi tra le diverse famiglie se non si è certi dello stato sanitario degli alveari;
- sostituire annualmente almeno 3 favi da nido/alveare;
- lavare e disinfettare le arnie quando vengono svuotate, prima del loro nuovo impiego;
- verificare che le famiglie abbiano sempre a disposizione scorte;
- evitare squilibri numerici tra api adulte e covata;

- avere in apiario solo famiglie forti;
- escludere dalla rimonta le regine di alveari in cui si è presentata la peste europea;
- cercare di acquistare regine da apicoltori che selezionano per il comportamento igienico;
- compiere accurate visite in apiario, in primavera e a cadenza regolare nella stagione produttiva, in modo da diagnosticare il più precocemente possibile un'eventuale insorgenza della patologia e provvedere alla gestione degli alveari colpiti;
- in caso di intervento su alveari ammalati, continuare a monitorarli con attenzione negli anni successivi e, se possibile, ricorrere a laboratori di analisi per ricercare la positività al *M. plutonius* nelle api nutrici, anche se l'alveare non presenta segni clinici di malattia.

3.4 Setticemie e altre infezioni batteriche

Marco Lodesani

3.4.1 Generalità

Il temine "setticemia" indica una malattia sistemica, la risposta dell'organismo intesa come Sindrome da Risposta Infiammatoria Sistemica (SIRS) all'invasione di tessuti, fluidi o cavità corporee normalmente sterili da parte di microrganismi patogeni o potenzialmente patogeni [145]. Le infezioni dell'emolinfa delle api sono genericamente descritte come setticemia. Questa malattia può essere causata da vari batteri, come Rickettsia e/o virus come il virus filamentoso. I sintomi variano da anomalie morfologiche e comportamentali delle operaie a spopolamento delle colonie. La variazione del colore dell'emolinfa in bianco-lattiginoso è il solo parametro affidabile che accompagna questa malattia che spesso non mostra sintomi tangibili.

La società delle api, multiforme e complessa, composta da migliaia di individui organizzati in diverse fasi di sviluppo, è associata a una comunità microbica simbiotica, che gioca un ruolo nella nutrizione e nella difesa contro gli invasori [146]. L'equilibrio tra la colonia di api e l'ambiente in cui essa vive può essere influenzato da fattori esterni come la presenza di pesticidi. In tali circostanze le api potrebbero diventare più sensibili agli agenti patogeni [147] e alcuni batteri potrebbero indurre setticemia nell'emocele. Uno dei fattori in grado di alterare la microflora è il microsporidio *Nosema apis*, che è positivamente correlato a episodi di setticemia [148]. Dato che *Nosema ceranae* sembra oggi più diffuso nell'area mediterranea [149, 150], non possono essere esclusi degli effetti o interazioni negativi di tale fungo sulla microflora responsabile del quadro setticemico. Anche l'elevata infestazione da *Varroa destructor* potrebbe influire sullo sviluppo di setticemie nelle api [151]. L'indebolimento delle colonie provocato dall'accoppiata varroa-virus può avere effetti di soppressione immunitaria che, a sua volta, favorisce la proliferazione di microorganismi e agenti virali [152]. Lo studio delle setticemie nelle api, segnalate sin dagli anni '60, è stato trascurato negli ultimi anni. Il sintomo clinico caratteristico è l'aspetto bianco-lattiginoso, anziché giallastro chiaro, dell'emolinfa degli individui infetti, conseguenza dello sviluppo di microorganismi di varie specie.

3.4.2 Eziologia

Le prime descrizioni relative al cambiamento di colore dell'emolinfa riguardavano api regine [153]. Più tardi furono compiute osservazioni anche su api operaie [154], con l'isolamento di *Bacillus paratyphi alvei*. Burnside [155, 156] fu il primo a correlare le infezioni batteriche nell'emolinfa ai sintomi clinici, descrivendo il quadro clinico come setticemia delle api e dimostrando che la perdita di longevità delle api operaie era dovuta alla proliferazione nell'emolinfa di *Bacillus apisepticus* (poi riclassificato in *Pseudomonas apiseptica* [157] e ora come *Pseudomonas aeruginosa*).

La ricca flora microbica dell'intestino dell'ape può subire notevoli variazioni in funzione dello stato nutrizionale, dell'età, della stagione e in generale dello stato di salute [158–160]. Anche l'ambiente di bottinamento (fonti d'acqua, caratteristiche della flora e dei terreni, ecc.) può contribuire a una variazione della flora microbica. La letteratura ha descritto numerosi microorganismi ritrovati nell'emolinfa di api interessate dal quadro clinico precedentemente delineato. Nel corso del tempo la nomenclatura è cambiata rispetto alla classificazione iniziale; in ogni caso, le famiglie più coinvolte sono le *Enterobacteriaceae*, le *Pseudomonadaceae*, le *Bacillaceae*, le *Streptococcaceae* e le *Spiroplasmataceae*) (Tabella 3.6) [148, 161, 162].

Tabella 3.6 Agenti patogeni isolati da api operaie con sintomatologia ascrivibile al quadro setticemico. A seconda della virulenza dei microorganismi descritti dagli autori, viene indicata un'empirica scala degli effetti (forte > moderato > debole > non virulento > sconosciuto)

Batteri	Effetto	Bibliografia
Enterobacteriacae		[148, 170]
Yersinia pseudotuberculosis	forte	[182]
Serratia marcescens	forte	[183]
Hafnia alvei	forte	[148]
Proteus vulgaris	moderato/debole	[148]
Enterobacter cloacae (Aerobacter cloacae)	forte/moderato	[148]
Providencia rettgeri (Proteus rettgeri)	moderato	[148]
Hafnia spp.	non-virulento	[148]
Aerobacter aerogenes (Enterobacter aerogenes)	debole	[148]

(*cont.*→)

Tabella 3.6 (*continua*)

Morganella morganii (Proteus morganii)	non-virulento	[148]
Providencia spp.	forte	[148]
Serratia spp.	forte	[148]
Pseudomonaceae		
Pseudomonas aeruginosa (Bacillus apisepticus/ Pseudomonas apiseptica)	forte/moderato	[148, 155, 157, 184]
Pseudomonas fluorescens	forte	[185]
Chryseomonas luteola	debole	[186]
Entreococcaceae		
Enterococcus faecalis	forte	[186]
Aeromonadaceae		
Aeromonas spp.		[157]
Spiroplasmataceae		
Spiroplasma melliferum, S. apis	sconosciuto	[172]
Non classificabili con precisione		
Strain H/Stamm H	forte	[161]
Proteus apisepticus	forte	[187]
Rickettsia	forte	[178]
Famiglie non descritte in dettaglio		
Bacillacae, Streptococacaee	variabile, in funzione delle specie	[148, 170]
Virus		
Filamentous virus (FV)	forte	[172]

3.4.3 Sintomatologia

Il semplice cambiamento di colore dell'emolinfa delle api colpite, da trasparente a bianco latte [155, 156, 163], non può essere considerato come caratteristica peculiare, in quanto anche l'azione di altri patogeni può causare questa variazione di colore [164], ovvero la trasparenza dell'emolinfa non è garanzia dell'assenza di agenti microbici ad azione patogena [165, 166]. Altri sintomi descritti sono la parziale decomposizione dei tessuti muscolari [167] e il loro viraggio verso tonalità grigiastre [155, 156]. Wille e Vecchi [168] dimostrarono che le caratteristiche morfologiche dei leucociti di api affette da setticemia non erano alterate, mentre altri studi [169] misero in evidenza l'innalzamento del numero dei leucociti a seguito dell'infezione.

Tutti gli individui (operaie, fuchi e regine) sono suscettibili d'infezione. Qualora fosse infettato un numero elevato di api, possono verificarsi casi di spopolamento, aumento della mortalità invernale, scarsa ripresa primaverile e fenomeni di collasso delle colonie [161, 170, 171]. È stato inoltre osservato che una significativa percentuale di api ammalate abbandona l'alveare prima che l'agente patogeno si sia moltiplicato in modo massivo [35], fenomeno riconducibile ai sistemi di difesa a livello sociale messi in atto dalla colonia di api.

3.4.4 Diagnosi

Al fine dell'osservazione al microscopio (a 400 o 1000 ingrandimenti) e dell'esame colturale, si procede all'estrazione dell'emolinfa dal torace e dalla testa dell'ape utilizzando microcapillari di vetro. Segue la diluizione in soluzione fisiologica sterile e la coltivazione dell'omogenato su diversi mezzi nutritivi. L'applicazione di specifici test biochimici consente, infine, l'identificazione delle specie microbiche isolate [148].

In funzione della virulenza e dell'intensità dell'attacco e del tipo di microrganismi, le setticemie possono essere classificate in tre livelli: patogeni obbligati (alta virulenza con mortalità superiore al 50%), virulenza media (mortalità 30–50%), patogeni facoltativi (mortalità inferiore al 30%).

Infezioni sperimentali hanno dimostrato che alcuni batteri possono indurre setticemia per via orale, mediante iniezione nell'emolinfa o tramite penetrazione tracheale, ma nessun consenso su quale sia la modalità più rilevante è stato sinora raggiunto. Secondo alcuni autori la modalità di diffusione più frequente sarebbe quella orale, tramite trofallassi, alla quale seguirebbe la colonizzazione dell'intestino e l'attraversamento della membrana peritrofica [172]. In quest'ultimo caso, un ruolo importante può essere assunto dal microsporidio *Nosema* spp., a causa della sua azione distruttiva della membrana peritrofica [148] che, normalmente, protegge l'intestino degli insetti dall'intrusione di batteri patogeni. Anche l'acaro *Varroa destructor*, nella sua azione invasiva, già a livello larvale è un importante vettore di virus e batteri [173–175].

3.4.5 Stagionalità

Sebbene alcuni autori indichino una dipendenza stagionale dell'infezione, non c'è un consenso unanime su questo aspetto. In particolare, Glinski e Otte [176] hanno segnalato una maggiore frequenza di focolai di setticemia durante la primavera e l'inizio dell'estate, Otte [177], tuttavia, ha riscontrato una prevalenza in piena estate dopo giorni piovosi o prolungati periodi di freddo, mentre Wille [178] ha riportato una sintomatologia corrispondente durante il periodo autunnale. Burnside [156] indica il tempo piovoso e nuvoloso come quello ottimale per facilitare l'andamento setticemico, ma ciò non è stato confermato dai rilevamenti effettuati da Wille [161] in Svizzera. Anche le diverse sottospecie di *Apis mellifera* sembrerebbero possedere una diversa sensibilità ai diversi agenti infettivi coinvolti [176].

3.4.6 Rickettsiosi e infezioni miste

Altri microrganismi associati a questa patologia sono le *Rickettsia* [170] e il virus filamentoso [178, 179]. Wille [178] riscontrò le *Rickettsia* nell'emolinfa di colore bianco latteo nel 60–70% degli alveari mostranti sintomi clinici. *Rickettsia* infetta prima i corpi grassi e dopo la loro dissoluzione invade l'emolinfa.

Il fatto che il quadro setticemico sia stato ripetutamente associato a più agenti infettivi solleva la questione se la setticemia sia un evento patologico primario o secondario, ovvero se sia attivata da altri agenti scatenanti. Wille e Pintér [161] hanno mostrato come generalmente si trovino infezioni multiple, caratterizzate dalla presenza simultanea di più agenti patogeni. Diversi autori [148, 170, 180] sostengono che la setticemia sia la conseguenza di infezioni miste, di un carico di variabilità genetica batterica perturbante il sistema immunitario insieme a fattori di stress ambientale (eventi atmosferici avversi, scarse risorse nutrizionali, particolari gestioni apistiche).

In definitiva, la setticemia è una patologia poco conosciuta e poco riconosciuta come tale; secondo le informazioni bibliografiche la responsabilità della patologia non è attribuibile a un solo agente infettivo, ma è piuttosto la risultante di molteplici fattori interagenti e può essere scatenata da diverse cause quali gli stress ambientali, carenze nutrizionali, infezioni miste con agenti patogeni comuni e, infine, severi attacchi di *Nosema* spp. e di *Varroa destructor*.

3.4.7 Terapia

La setticemia è stata trattata con successo con antibiotici e sulfatiazolo [148]. Wille, trattando le colonie colpite con streptomicina, terramicina ed eritromicina [167, 181], ha constatato il recupero della maggior parte degli alveari. Il trattamento farmacologico comporta, tuttavia, lo sviluppo di resistenza [181] e il rischio di contaminazione dei prodotti apistici [166, 177].

Bibliografia

1. Stuart BL, Marshall BM (2013) Honeybees and tetracycline resistance. mBio doi:10.1128/mBio.00045-13
2. Malone LA, Pham-Delègue M (2001) Effects of transgene products on honey bees (Apis mellifera) and bumblebees (Bombus sp.). Apidologie 32(4):287–304
3. Genersch E, Evans JD, Fries I (2010) Honey bee disease overview. J Invertebr Pathol S2 Ar-

ticles
4. White GF (1906) The bacteria of the apiari. Technical series, US Bureau of Entomology, No 14
5. Joller D, Romeis J, Bigler F, Widmer F (2007) Bacterial community structures in honeybee intestines and their response to two insecticidal proteins. FEMS Microbiol Ecol 59:600–610
6. Alippi AM, Reynaldi FJ (2006) Inhibition of the growth of Paenibacillus larvae, the causal agent of American foulbrood of honeybees, by selected strains of aerobic spore-forming bacteria isolated from apiarian sources. J Invertebr Pathol 91:141–146
7. Dillon RJ, Dillon VM (2004) The gut bacteria of insects: non-pathogenic interactions. Ann Rev Entomol 49:71–92
8. Engela P, Martinsonb VG, Morana NA (2012) Functional diversity within the simple gut microbiota of the honey bee. Department of Ecology and Evolutionary Biology, Yale University, New Haven, CT; and Center for Insect Science, University of Arizona, Tucson, AZ
9. Koch H, Dharam PA, Jilian L, Schmid-Hempel P (2013) Diversity and evolutionary patterns of bacterial gut associates of corbiculate bees. Molecular Ecology 22:2028–2044
10. Forsgren E, Olofsson TC, Vásquez A, Fries I (2010) Novel lactic acid bacteria inhibiting Paenibacillus larvae in honey bee larvae. Apidologie 41(1):99–108
11. Yoshiyama M, Wu M, Sugimura Y et al (2013) Inhibition of Paenibacillus larvae by lactic acid bacteria isolated from fermented materials. J Invertebr Pathol 112(1):62–67
12. Hamdi C, Balloi A, Essanaa J et al (2011) Gut microbiome dysbiosis and honeybee health. J Appl Entomol 135(7):524–533
13. Tobias CO, Vasquez A (2008) Detection and identification of a novel lactic acid bacterial flora within the honey stomach of the honeybee Apis mellifera. Curr Microbiol 57:356–363
14. Cheshire FR, Cheyne WW (1885) The pathogenic history and history under cultivation of a new bacillus (B. alvei) the cause of a disease of bee hives hitherto known as foul brood. J Roy Mica Soc. vol. 581
15. White GF (1907) The cause of American foulbrood. US Department of Agriculture, Bureau of Entomology, Circular 94, pp 4
16. Genersch E, Forsgren E, Pentikäinen J et al (2006) Reclassification of Paenibacillus larvae subsp. Pulvifaciens and Paenibacillus larvae subsp. larvae as Paenibacillus larvae without subspecies differentiation. Int J Syst Evol Microbiol 56:501–511
17. Hansen H, Brødsgaard CJ (1999) American foulbrood: a review of its biology, diagnosis and control. Bee World 80:5–23
18. Genersch E (2010) American Foulbrood in honeybees and its causative agent, Paenibacillus larvae. J Invertebr Pathol 103:S10–S19
19. Ellis JD, Munn PA (2005) The worldwide health status of honey bees. Bee World 86:88–101
20. Bailey L, Ball BV (1991) Honey Bee Pathology. Academic Press, New York, London
21. Brødsgaard CJ, Ritter W, Hansen H (1998) Response of in vitro reared honey bee larvae to various doses of Paenibacillus larvae larvae spores. Apidologie 29:569–578
22. Yue D, Nordhoff M, Wieler LH, Genersch E (2008) Fluorescence in situhybridization (FISH) analysis of the interactions between honeybee larvae and Paenibacillus larvae, the causative agent of American foulbrood of honeybees (Apis mellifera). Environ Microbiol 10:1612–1620
23. Glinski Z, Jarosz J (1995) Cellular and humoral defences in honey bees. Bee World 76:195–205
24. Ashiralieva A, Genersch E (2006) Reclassification, genotypes, and virulence of Paenibacillus larvae, the etiological agent of American foulbrood in honeybees – a review. Apidologie 37:411–420
25. Brødsgaard CJ, Hansen H, Ritter W (2000) Progress of Paenibacillus larvae larvae infection in individually inoculated honey bee larvae reared singly in vitro, in micro colonies, or in full-size colonies. J Apic Res 39:19–27
26. Heyndrickx M, Vandemeulebroecke K, Hoste B et al (1996) Reclassification of Paenibacillus (formerly Bacillus) pulvifaciens (Nakamura 1984) Ash et al. 1994, a later synonym of Paenibacillus (formerly Bacillus) larvae (White, 1906) Ash et al. 1994, as a subspecies of P. larvae, with emended descriptions of P. larvae as P. larvae subsp. larvae and P. larvae subsp. pulvifaciens. Int J Syst Bacteriol 46:270–279

27. Hasemann L (1961) How long can spores of American foulbrood live? Am Bee J 101:298–299
28. Katznelson H (1950) Bacillus pulvifaciens (n. Sp.), an organism associated with powdery scale of honeybee larvae. J Bacteriol 59:153–155
29. Gilliam M, Dunham DR (1978) Recent isolation of Bacillus pulvifaciens from powdery scales of honey bee, Apis mellifera. Larvae. J Invertebr Pathol 32:222–223
30. Ash C, Priest FG, Collins MD (1993) Molecular identification of rRNA group 3 bacilli (Ash, Farrow, Wallbanks and Collins) using a PCR probe test. Antonie Van Leeuwenhoek 64:253–260
31. Bassi S, Paganelli GL, Carpana E et al (2011) Presenza di Paenibacillus larvae genotipo ERIC II in Italia. Differenze fenotipiche tra il genotipo ERIC I e il genotipo ERIC II. In: XIII Congresso Nazionale S.I.Di.L.V., Trani, 12–13 ottobre 2011, pp 146–147
32. Rauch S, Ashiralieva A, Hedtke K, Genersch E (2009) Negative correlation between individual-insect-level virulence and colony-level virulence of Paenibacillus larvae, the etiological agent of American foulbrood of honeybees. Appl Environ Microbiol 75:3344–3347
33. Spivak MS, Reuter GS (2001) Resistance to American foulbrood disease by honey bee colonies Apis mellifera bred for hygienic behavior. Apidologie 32:555–565
34. US Department of Agriculture (1933) The treatment of American foulbrood. Farmers' Bulletin N° 1713
35. Giordani G. Vecchi MA, Nardi M (1982) Nozioni pratiche sulle malattie delle api. Federazioni Apicoltori Italiani, Roma
36. Giorgetti M, Carpana E (2004) Prova di valutazione del kit per la diagnosi della peste americana. Apitalia 3:39–41
37. Shimanuki H (1990) American foulbrood disease. In: Morse RA, Nowogrodzki R (eds) Honey bee pests, predators, and diseases. Comstock Publishing Associates. Cornell University Press, Ithaca and London, pp 28–39
38. OIE (World Organization for Animal health) Manual of Diagnostic Tests and Vaccines for Terrestrial Animals 2013. Chapter 2.2.2. American foulbrood of honey bees. http://www.oie.int/fileadmin/Home/eng/Health_standards/tahm/2.02.02_AMERICAN_FOULBROOD.pdf. Accessed 31 October 2013
39. de Graaf DC, Alippi AM, Brown M et al (2006) Diagnosis of American foulbrood in honey bees: a synthesis and proposed analytical protocols. Lett Appl Microbiol 43:583–590
40. de Graaf DC, Alippi AM, Antúnez K et al (2013) Standard methods for American foulbrood research. J Apic Res. doi:10.3896/IBRA.1.52.1.11
41. Ratnieks FL (1992) American foulbrood: the spread and control of an important disease of the honey bee. Bee World 73:177–191
42. Hansen H, Rasmussen B (1986) The investigation of honey from bee colonies for Bacillus larvae. Dan J Plant Soil Sci 90:81–86
43. Hornitzky MA, Clark S (1991) Culture of Bacillus larvae from bulk honey samples for the detection of American foulbrood. J Apic Res 30:13–16
44. Steinkraus KH, Morse RA (1992) American foulbrood incidence in some US and Canadian honeys. Apidologie 23:497–501
45. Alippi AM (1995) Detection of Bacillus larvae spores in Argentinian honeys by using a semi-selective medium. Microbiologia 11:343–350
46. Ohe W Von Der, Dustmann JH (1997) Efficient prophylactic measures against American foulbrood by bacteriological analysis of honey for spore contamination. Am Bee J 137:603–606
47. de Graaf DC, Vandekerchove D, Dobbelaere W et al (2001) Influence of the proximity of American foulbrood cases and apicultural management on the prevalence of Paenibacillus larvae spores in Belgian honey. Apidologie 32:587–599
48. Nordström S, Forsgren E, Fries I (2002) Comparative diagnosis of American foulbrood using samples of adult honey bees and honey. Journal of Apicultural Science 46:5–12
49. Lindström A, Fries I (2005) Sampling of adult bees for detection of American foulbrood (Paenibacillus larvae subsp larvae) spores in honey bee (Apis mellifera) colonies. J Apic Res 44:82–86
50. Gillard M, Charriere J, Belloy L (2008) Distribution of Paenibacillus larvae spores inside honey bee colonies and its relevance for diagnosis. J Invertebr Pathol 99:92–95

51. Titera D, Haklova M (2003) Detection method of Paenibacillus larvae larvae from beehive winter debris. Apiacta 38:131–133
52. Bzdil J (2007) Detection of Paenibacillus larvae spores in the debris and wax of honey bee by the Tween 80 method. Acta Vet Brno 76:643–648
53. Forsgren E, Stevanovic J, Fries I (2008) Variability in germination and in temperature and storage resistance among Paenibacillus larvae genotypes. Vet Microbiol 129:342–349
54. Bassi S, Carra E, Carpana E et al (2010) A scientific note on the detection of spores of Paenibacillus larvae in naturally and artificially contaminated honey: comparison of cultural and molecular methods. Apidologie 41:425–427
55. Fries I, Lindström A, Korpela S (2006) Vertical transmission of American foulbrood (Paenibacillus larvae) in honey bees (Apis mellifera). Vet Microbiol 114:269–274
56. Lindström A, Korpela S, Fries I (2008) Horizontal transmission of Paenibacillus larvae spores between honey bee (Apis mellifera) colonies through robbing. Apidologie 39:515–522
57. Goodwin RM, Perry JH, Ten Houten A (1994) The effect of drifting honey bees on the spread of American foulbrood infections. J Apic Res 33:209–212
58. Goodwin M, Van Eaton C (1999) Elimination of American foulbrood without the use of drugs: a practical manual for beekeepers. National Beekeepers Association of New Zealand
59. Crailsheim K, Riessberger-Gallé U (2001) Honey bee age-dependent resistance against American foulbrood. Apidologie 32:91–103
60. Brødsgaard CJ, Hansen H (2003) Tolerance mechanisms against American foulbrood in honey bee larvae and colonies. Apiacta 38:114–124
61. Bachanova K, Klaudiny J, Kopernicky J, Simuth J (2002) Identification of honeybee peptide active against Paenibacillus larvae larvae through bacterial growth-inhibition assay on polyacrylamide gel. Apidologie 33:259–269
62. Rothenbuhler WC, Thompson VC (1956) Resistance to American foulbrood in honey bees. I. Differential survival of larvae of different genetic lines. J Econ Entomol 49:470–475
63. Spivak M, Gilliam M (1998) Hygienic behavior of honey bees and its application for control of brood diseases and varroa. Part I. Hygienic behavior and resistance to American foulbrood. Bee World 79:124–134
64. Rothenbuhler WC (1964) Behaviour genetics of nest cleaning in honey bees. I. Responses of four inbred lines to disease-killed brood. Animal Behav 12:578–583
65. Lapidge KL, Oldroyd BP, Spivak M (2002) Seven suggestive quantitative trait loci influence hygienic behavior of honeybees. Naturwissenschaften 89:565–568
66. Arathi HS, Spivak M (2001) Influence of colony genotypic composition on the performance of hygienic behavior in the honeybee, Apis mellifera L. Anim Behav 62:57–66
67. Gramacho K, Spivak M (2003) Differences in olfactory sensitivity and behavioral responses among honey bees bred for hygienic behavior. Behav Ecol Sociobiol 54:472–479
68. Goodwin RM, Perry JH, Haine HM (1993) American foulbrood disease. Part II: subclinical infections. The New Zealand Beekeeper 218:7–9
69. Ritter W (2003) Early detection of American Foulbrood by honey and wax analysis. Apiacta 38:125–130
70. Gende L, Satta A, Ligios V et al (2011) Searching for an American foulbrood early detection threshold by the determination of Paenibacillus larvae spore load in worker honey bees. Bulletin of Insectology 64:29–33
71. Carpana E, Zucchi P, Desalvo F et al (2001) Il monitoraggio della peste americana in Umbria mediante la ricerca delle spore di Paenibacillus larvae in campioni di miele. L'Ape Nostra Amica (2):6–9
72. Pernal FS, Melathopoulos A (2006) Monitoring of American foulbrood spores from honey and bee samples in Canada. Apiacta 41:99–109
73. Bassi S, Carpana E, Carra E, Pongolini S (2010) Diagnosi pre-clinica di peste americana mediante l'esame dei detriti invernali. In: XII Congresso Nazionale S.I.Di.L.V., Genova 27–29 ottobre 2010, pp 132–134
74. Hansen H, Brødsgaard CJ (2003) Control of American foulbrood by the shaking method. Apiacta 38:140–145

75. Pernal SF, Albright RL, Melathopoulos AP (2008) Evaluation of the shaking technique for the economic management of American foulbrood disease of honey bees (Hymenoptera: Apidae). J Econ Entomol 101:1095–1104
76. Spivak M, Reuter G (1998) Performance of hygienic bee colonies in a commercial apiary. Apidologie 29:291–302
77. Spivak M, Reuter G (2001) Resistance to American foulbrood disease by honey bee colonies Apis mellifera bred for hygienic behavior. Apidologie 32:555–565
78. Büchler R, Andonov S, Bienefeld K et al (2013) Standard methods for rearing and selection of Apis mellifera queens. J Apic Res 52. doi:10.3896/IBRA.1.52.1.07
79. Gilliam M (1997) identification and roles of non-pathogenic microflora associated with honey bees. FEMS Microbiology Letters 155:1–10
80. Evans J, Armstrong TA (2005) Bacterial probiotics induce an immune response in the honey bee. J Apic Res 44:168–171
81. Kaznowski A, Szymas B, Jazdzinska E et al (2005) The effects of probiotic supplementation on the content of intestinal microflora and chemical composition of worker honey bees (Apis mellifera). J Apic Res 44:10–14
82. Morse RA, Shimanuki H (1990) Summary of control methods. In: Morse RA, Nowogrodzki R (eds) Honey bee pests, predators, and diseases. Comstock Publishing Associates. Cornell University Press, Ithaca and London, pp 341–361
83. Faucon JP, Colin ME, Giauffret A (1980) Activitè bactèricide in vitro de l'hypochlorite sur les spores de Bacillus larvae. Revue Med Vet 131:707–710
84. Dobbelaere W, de Graaf DC, Reybroeck W et al (2001) Disinfection of wooden structures contaminated with Paenibacillus larvae subsp. larvae spores. J Appl Microbiol 91:212–216
85. Brødsgaard CJ, Hansen H (1999) Decontamination of beehives containing spores of the foulbrood bacterium Paenibacillus larvae larvae. Apiacta 34:26–32
86. Carpana E (1996) Profilassi della peste americana tramite la disinfezione di attrezzature con radiazioni gamma. L'Ape Nostra Amica (4):18–28
87. Hornitzky MA (1994) Commercial use of gamma radiation in the beekeeping industry. Bee World 75:135–142
88. Kochansky J, Pettis J (2005) Screening additional antibiotics for efficacy against American foulbrood. J Apic Res 44:24–28
89. Lodesani M, Costa C (2005) Limits of chemotherapy in beekeeping: development of resistance and the problem of residues. Bee World 86:102–109
90. Alippi AM, Albo GN, Leniz D et al (1999) Comparative study of tylosin, erythromycin and oxytetracycline to control American foulbrood of honey bees. J Apic Res 38:149–158
91. Waite R, Brown M, Thompson H, Bew M (2003) Control of American foulbrood by eradication of infected colonies. Apiacta 38:134–136
92. Bogdanov S (2006) Contaminants of bee products. Apidologie 37:1–18
93. Lodesani M, Carpana E, Bassini A et al (1994) Ricerca di residui di ossitetraciclina in alveari trattati secondo due diversi metodi di somministrazione. Apicoltura 9:51–66
94. Gilliam M, Argauer R (1981) Oxytetracycline residues in surplus honey, brood nest honey, and larvae after medication of colonies of honey bees, Apis mellifera, with antibiotic extender patties, sugar dusts, and syrup sprays. Envirn Entomol 10:479–482
95. Kochansky J, Knox D, Shimanuki H (1999) Comparative stability of oxytetracycline and tylosin in sugar syrup. Apidologie 30:321–326
96. Gilliam M, Argauer RJ (1975) Stability of oxytetracycline in diets fed to honeybee colonies for disease control. J Invertebr Pathol 26:383–386
97. Adams SJ, Heinrich K, Hetmanski M et al (2007) Study of the depletion of tylosin residues in honey extracted from treated honeybee (Apis mellifera) colonies and the effect of the shook swarm procedure. Apidologie 38:315–322
98. Thompson HM, Waite RJ, Wilkins S et al (2006) Effects of shook swarm supplementary feeding on oxytetracycline levels in honey extracted from treated colonies. Apidologie 37:51–57
99. Miyagi T, Peng CY, Chuang RY et al (2000) Verification of oxytetracycline-resistant American foulbrood pathogen Paenibacillus larvae in the United States. J Invertebr Pathol

75:95–96
100. Alippi AM (2000) Is terramycin R losing its effectiveness against AFB? Bee Biz 11:27–29
101. Alippi AM, Albo GN, Reynaldi FJ, De Giusti MR (2005) In vitro and in vivo susceptibility of the honeybee bacterial pathogen Paenibacillus larvae subsp. larvae to the antibiotic tylosin. Vet Microbiol 109:47–55
102. Calderone NW, Shimanuki H (1994) An in vitro evaluation of botanical compounds for the control of the honeybee pathogens Bacillus larvae and Ascosphaera apis, and the secondary invader B. alvei. J Essent Oil Res 6:279–287
103. Floris I, Carta C, Moretti MDL (1996) Activités in vitro de plusieurs huiles essentielles sur Bacillus larvae White et essai au rucher. Apidologie 27:11–119
104. Albo GN, Henning C, Ringuelet J et al (2003) Evaluation of some essential oils for the control and prevention of American Foulbrood disease in honey bees. Apidologie 34:417–427
105. Fuselli SR, Garcia de la Rosa SB, Gende LB et al (2006) Antimicrobial activity of some Argentinian wild plant essential oils agains Paenibacillus larvae larvae, causal agent of American foulbrood (AFB). J Apicult Res 45(1):2–7
106. Cecotti R, Carpana E, Falchero L et al (2012) Determination of the volatile fraction of Polygonum bistorta L. at different growing stages and evaluation of its activity against two major honeybee (Apis mellifera) pathogens. Chemistry Biodiversity 9:359–369
107. Floris I, Carta C (1990) In vivo activity of Cinnamomum zeylanicum essential oil against Bacillus larvae White. Apicoltura 6:57–61
108. Carpana E, Cremasco S, Baggio A et al (1996) Profilassi della peste americana in alcune regioni italiane. L'Apicoltore moderno 87:11–16
109. Gende LB, Maggi MD, Damiani N et al (2009) Advances in the apiary control of the honeybee American foulbrood with cinnamon (Cinnamomum zeylanicum) essential oil. Bulletin of Insectology 62:93–97
110. Feldlaufer MF, Lusby WR, Knox DA, Shimanuki H (1993) Antimicrobial activity of fatty acids against Bacillus larvae, the causative agent of American foulbrood disease. Apidologie 24:95–99
111. Carpana E, Dottori M, Perini S (1999) Utilizzo di sostanze di origine naturale nella profilassi della peste americana delle api prove in vitro ed in vivo e valutazioni comparativa con gli antimicrobici convenzionali. La selezione veterinaria (7):465–472
112. Bailey L (1974) An unusual type of Streptococcus pluton from the Eastern Hive bee. J Invertebr Pathol 23:246–247
113. Allen MF, Ball BV, Underwood BA (1990) An isolate of Melissococcus pluton from Apis laboriosa. J Invertebr Pathol 55:439–440
114. Decreto del Presidente della Repubblica 8 febbraio 1954, n. 320. Regolamento di polizia veterinaria. GU n.142 del 24-6-1954 - Suppl. Ordinario e s.m.i.
115. McKee BA, Goodman RD, Hornitzcky MA (2004) The transmission of European foulbrood (Melissococcus plutonius) to artificially reared honey bee larvae (Apis mellifera). J Apic Res 43(3):93–100
116. Shimanuki H (1997) Bacteria. In: Morse RA, Flottum K (eds) Honey bee pests, predators, and diseases. AI Root Company
117. Steiner D, Gauthier L, Dietemann V et al (2013) New approaches to fight European foulbrood. Proceedings of XXXXIII International Apicultural Congress. Apimondia, Kyiv (Ucraine) 29/09/2013-04/10/2013
118. Schirach GA (1769) Histoire des abeilles, p 56
119. Bailey L (1983) Melissococcus pluton, the cause of European foulbrood of honey bes (Apis spp.). J Appl Microbiol 55:65–69
120. Maassen A (1908) Zur aetiologie der sogennanten faulbrut der honigbiene. Arbeiten aus der biologischen reichsanstalt fur land-und fortwirtschaft. Dahlem, Berlin 6:53–70
121. Bailey L (1956) Aetiology of European foulbrood; a disease of the larval honeybee. Nature 178:1130
122. Bailey L, Collins MD (1982) Reclassification of Streptococcus pluton (White) in a new genus Melissococcus, as Melissococcus pluton nom. rev.; comb. nov. J Appl Microbiol

53(2):215–217
123. Matheson A (1993) World bee health report. Bee World 74:176–212
124. Hornitzky AZ, Wilson S (1989) A system for the diagnosis of the major bacterial brood diseases. J Apic Res 28:191–195
125. Pietropaoli M, Maroni Ponti A, Ruocco L et al (2013) Considerazioni sulla gestione e prevalenza delle malattie denunciabili delle api in Italia negli anni 2006–2010. Atti del XV Congresso Nazionale S.I.Di.L.V. Monreale (Palermo), 23–25 Ottobre 2013, pp 413–415
126. Forsgren E, Cassel Lundhagen A, Imdorf A, Fries I (2005) Distribution of Melissococcus plutonius in honeybee colonies with and without symptoms of European Foulbrood. Microb Ecol 50:369-374. doi:10.1007/S00248-004-0188-2
127. Alippi AM (1991) A comparison of laboratory techniques for the detection of significant bacteria of the honey bee, Apis mellifera, in Argentina. J Apic Res 30:75–80
128. Bailey L (1981) Honey bee pathology. Academic Press, London
129. Bailey L (1960) The epizootiology of European foulbrood of the larval honey bee, Apis mellifera Linnaeus. J Invertebr Pathol 2:67–83
130. Imdorf A, Roetschi A, Kuhn R (2007) Rapida diffusione della peste europea. Centro svizzero di ricerche apicole. Stazione di ricerca Agroscope Liebefeld-Posieux ALP
131. Bailey L (1959) Recent research on the natural history of European foulbrood. Bee World 40:66–70
132. Roetschi A, Berthoud H, Kuhn R, Imdorf A (2008) Infection rate based on quantitative real-time PCR of Melissococcus plutonius, the causal agent of European foulbrood, in honeybee colonies before and after apiary sanitation. Apidologie 39:362–371
133. Belloy L, Imdorf A, Fries I et al (2007) Spatial distribution of Melissococcus plutonius in adult honey bees collected from apiaries and colonies with and without symptoms of European foulbrood. Apidologie 38:136–140
134. Bailey L (1961) European foulbrood. American Bee Journal 101:89–92
135. Ferrari C (2010) La peste europea. In: Quaderni di Zooprofilassi dell'Istituto Zooprofilattico Sperimentale delle Regioni Lazio e Toscana, n. 5, "Aspetti igienico-sanitari in apicoltura", Roma, pp 38–41
136. Djordjevic SP, Noone K, Smith L, Hornitzky MA (1998) Development of a hemi-nested PCR assay for the specific detection of Melissococcus pluton. J Apic Res 37:165–173
137. Budge GE, Barrett B, Jones B et al (2010) The occurrence of Melissococcus plutonius in healthy colonies of Apis mellifera and the efficacy of European foulbrood control measures. J Invertebr Pathol 105:164–170
138. Smith B (2009) Lab Diagnosis of European Foulbrood. Available at http://expension.org/pages/Lab_Diagnosis_of_European_Foulbrood. Accessed 4 October 2013
139. OIE Manual of Diagnostic Tests and Vaccines for Terrestrial Animals (2013) European foulbrood of honey bees. Volume 1, part 2, Chapter 2.2.3., pp 405–409
140. Thompson HM, Brown MA (2001) Is contact colony treatment with antibiotics an effective control for European Foulbrood? Bee Word 82:130–138
141. Waite RJ, Brown MA, Thompson HM (2003) Controlling European foulbrood with the shook swarm method and oxytetracycline in the UK Apidologie 34:569–575
142. Yeganehrad H, Morarefi M, Mirabzadeh A (2013) Apiculture: developments in biological disease controls of European Foulbrood (EFB) Proceedings of XXXXIII International Apicultural Congress Apimondia, Kyiv (Ucraine) 29/09/2013-04/10/2013 www.caspianapiaries.com
143. Arredondo D, Castelli L, Zunino P, Antunez K (2013) Isolation and characterization of honeybee native bacteria as potential probiotics to improve honeybee health Proceedings of XXXXIII International Apicultural Congress Apimondia, Kyiv(Ucraine) 29/09/2013-04/10/2013
144. Piskulich PH, Aldea P, Trombert A (2013) Isolation and characterization of lactic bacteria from Chilean bees as potential therapeutic agent in beekeeping industry Proceedings of XXXXIII International Apicultural Congress Apimondia, Kyiv(Ucraine) 29/09/2013-04/10/2013
145. Cinel I, Dellinger RP (2007) Curr Op Infect Dis 345–352
146. Anderson KE, Sheehan TH, Eckholm BJ et al (2011) An emerging paradigm of colony health:

microbial balance of the honey bee and hive (Apis mellifera). Insectes Soc, in press
147. Nazzi F, Brown SP, Annoscia D et al (2012) Synergistic parasite-pathogen interactions mediated by host immunity can drive the collapse of honeybee colonies. PLoS Pathog 8(6):e1002735
148. Bretschko J, Rauter G (1968) Das Problem der bakteriellen Septikämie der Honigbiene (Apis mellifica) und die Möglichkeit einer wirksamen Therapie, Wiener Tierärztliche Monatsschrift 55:562–578
149. Higes M, Martin R, Meana A (2006) Nosema ceranae, a new microsporidian parasite in honeybees in Europe. J Invertebr Pathol 92:93–95
150. Klee J, Besana AM, Genersch E et al (2007) Widespread dispersal of the microsporidian Nosema ceranae, an emergent pathogen of the western honey bee, Apis mellifera. J Invertebr Pathol 96:1–10
151. Kutzenko DM (1975) On the role of the gamasid mite Varroa jacobsoni (Oudemans 1904) transmitting hafniosis in bees. Blagovechtchensk 2:50–52
152. Yang XL, Cox-Foster DL (2005) Impact of an ectoparasite on the immunity and pathology of an invertebrate: evidence for host immunosuppression and viral amplification. Proc Natl Acad Sci U S A 102:7470–7475
153. Cheshire ER (1888) Bees and beekeeping, Vol 2. London
154. Bahr L (1922) Paratyphus der Honigbiene nebst einigen Untersuchungen über das Vorkommen zur Coli-Typhusgruppe gehörenden Bakterien im Bienendarm, Dr. Dissertation, Tierärztl. Hochschule Hannover, Hannover
155. Burnside CE (1928) A septicemic condition of adult bees. J Econ Entomol 21:379–386
156. Burnside CE (1929) Septicemia of the honeybee. IV Int Congr Entomol Ithaca 2:757–767
157. Landerkin GB, Katznelson H (1959) Organismus associated with septicaemia in the honeybee, Apis mellifera. Can J Microbiol 5:169–172
158. Dharne M, Patole M, Shouche YS (2006) Microbiology of the insect gut: tales from mosquitoes and bees. J Biosci 31:293–295
159. Cox-Foster DL, Conlan S, Holmes EC et al (2007) A metagenomic survey of microbes in honey bee colony collapse disorder. Science 318:283–287
160. Runckel C, Flenniken ML, Engel JC et al (2011) Temporal analysis of the honey bee microbiome reveals four novel viruses and seasonal prevalence of known viruses, Nosema, and crithidia. Plos One 6:e20656
161. Wille H, Pintér L (1961) Untersuchungen über bakterielle Septikämien der erwachsenen Honigbienen in der Schweiz. Bull Apic 4:141–162
162. Mouches C, Bové JM, Albisetti J (1982) A spiroplasma of serogroup IV causes a may disease-like disorder of honeybees in Southwestern France. Microbial Ecol 8:387–399
163. Wille H (1961) Septikämie der Honigbiene in der Schweiz. Schweiz Bienenztg 84:142–150
164. Bailey L, Milne RG (1978) Filamentous viruslike particles in honey bees in Britain. J Invertebr Pathol 32:390–391
165. Wille H (1965b) Neue Erkenntnisse über krankhafte Zustände im Bienenvolk. Schweiz Bienenztg 89:56
166. Otte E (1966a) Beitrag zum Septikämieproblem der Honigbiene (Apis mellifica). Wiener Tierärztliche Monatsschrift 53:587
167. Wille H (1962) Septikämien und Mischinfektionen. Schweiz Bienenztg 85:222–226
168. Wille H, Vecchi MA (1974) Untersuchungen über die Hämolymphe der Honigbiene (Apis mellifica L.). 5. Teil: Beziehungen zwischen der Morphologie der Leukozyten und 4 Krankheitselementen, Mitteilungen der Schweizerischen Entomologischen Gesellschaft 47:133–149
169. Papadopoulou KK, Iliadis N, Liakos V, Bourdzy-Hatzopoulou E (1992) Experimental infection of honeybees by Pseudomonas aeruginosa. Apidologie 23:393–397
170. Wille H (1966) Neue Erkenntnisse über krankhafte Zustände im Bienenvolk. Bienenvater 87:1–11
171. Johnson RM, Ellis MD, Mullin CA, Frazier M (2010) Pesticides and honey bee toxicity – USA. Apidologie 41:312–331

172. Clark TB (1977) Spiroplasma sp., a new pathogen in honey bees. J Invertebr Pathol 29:112–113
173. Chen YP, Siede R (2007) Honey bee viruses. Advances in Virus Research, Academic Press, pp 33–80
174. de Miranda JR, Genersch E (2010) Deformed wing virus. J Invertebr Pathol 103:S48–S61
175. Hrabák J (2003) The microorganisms isolated from the mites Varroa destructor and the verification of their pathogenicity. 28th Apimondia Congress, Ljubljana, Slovenia
176. Glinski Z, Kauko L, Buczek J, Gacek G (1994) Hafnia alvei infection of the honey bee, Apis mellifera L. Medycyna weterynaryjna 50:74–77
177. Otte E (1966b) Das Septikämienproblem bei der Honigbiene (Apis mellifica). Zeitschrift für Bienenforschung 9:22–29
178. Wille H (1967) Mischinfektionen in der Honigbiene (Apis mellifica L.) nach Ermittlungen in schweizerischem Material der Jahre 1965/1966. Zeitschrift für Bienenforschung 9:150–171
179. Clark TB (1978) A filamentous virus of the honey bee. J Invertebr Pathol 32:332–340
180. Zeitler H, Otte E (1967) Experimentelle Infektionsversuche mit verschiedenen "Septikämie-Erregern" an Bienenvölkern. Zentralblatt für Veterinärmedizin Reihe B 14:186–189
181. Wille H (1964) Die gegenwärtige Lage in der Bekämpfung der Bienenkrankheiten. Schweizer Archiv für Tierheilkunde 106:681–689
182. Horn H, Eberspächer J (1986) Die Waldtrachtkrankheit der Honigbienen; II Nachweis von Bakterien in der Hämolymphe waldtrachtkranker Bienen und der zusätzliche Einfluss der Fütterung auf die Waldtrachtkrankheit. Apidologie 17:307–324
183. Glinski Z, Jarosz J (1992) Varroa jacobsoni as a carrier of bacterial infections to a recipient bee host. Apidologie 23:25–31
184. Langridge DF (1963) Septicaemia disease of the honeybee in Victoria. Aust J Exp Agric Husb 3:225–227
185. Horn H, Eberspächer J (1986) Die Waldtrachtkrankheit der Honigbienen; II Nachweis von Bakterien in der Hämolymphe waldtrachtkranker Bienen und der zusätzliche Einfluss der Fütterung auf die Waldtrachtkrankheit. Apidologie 17:307–324
186. Kauko L, Glinski Z , Buczek K (1999) Field cases of bacterial septicemia in adult honey bees. Poster at the 36th Apimondia in Vancouver, Canada
187. Boiko AK (1935) Septicemia of bees and its causative agent. Comptes Rendus de l'Academie des Sciences 3:141–144

Virosi

4

Antonio Lavazza, Raffaele Dall'Olio

4.1 Le infezioni virali delle api

4.1.1 Premessa

Analogamente alle altre specie animali di interesse zootecnico, domestiche o selvatiche, le api possono essere affette da un'ampia varietà di patogeni infettivi responsabili di mortalità delle colonie. Tra questi anche i virus, che sono considerati con sempre maggior preoccupazione dagli apicoltori per la loro capacità di compromettere la salute delle api.

La prima ipotesi dell'esistenza di virus nell'ape mellifera risale all'inizio del 20° secolo, quando un agente filtrabile ottenuto da larve malate si dimostrò in grado di riprodurre i sintomi della covata a sacco [1]. Dal 1963, anno dell'identificazione del virus della paralisi cronica (CBPV) e del virus della paralisi acuta (ABPV) ad oggi sono stati identificati circa 20 virus differenti [2, 3].

Grazie al progressivo sviluppo e applicazione di tecniche di biologia molecolare, le conoscenze sui virus delle api sono notevolmente aumentate negli ultimi vent'anni anni, e in letteratura sono oggi disponibili numerose informazioni su identificazione e diagnosi, proprietà fisico-chimiche, organizzazione genomica, trasmissione, incidenza, virulenza, patogenesi e interazione con l'ape dei diversi agenti virali.

La maggior parte di questi virus è stata rilevata solo in *Apis mellifera*, men-

A. Lavazza (✉)
Reparto Virologia, Istituto Zooprofilattico Sperimentale della Lombardia e dell'Emilia Romagna
Brescia
e-mail: antonio.lavazza@izsler.it

R. Dall'Olio
Laboratorio di microbiologia/genetica
CRA-API, Consiglio per la Ricerca e la sperimentazione in Agricoltura
Unità di ricerca di apicoltura e bachicoltura, Bologna
e-mail: raffaele.dallolio@entecra.it

A cura di E. Carpana, M. Lodesani, *Patologia e avversità dell'alveare*,
DOI: 10.1007/978-88-470-5650-3_4,

tre alcuni sono stati identificati in altri apoidei e formiche. Inoltre, i virus possono attaccare le api in varie fasi della loro vita, incluse uova, larve, pupe, api adulte, fuchi e regine, e questa variabile può alterare i sintomi e l'esito dell'infezione.

Sebbene i virus delle api più spesso persistano nell'ospite allo stato di latenza senza causare quadri clinici evidenti, in concomitanza di particolari condizioni favorenti possono incidere in modo drammatico sullo stato di salute delle colonie, accorciando la vita delle api e causando mortalità e spopolamento [4, 5].

Le virosi delle api sono diffuse in tutto il mondo e possono causare elevate perdite economiche, soprattutto quando associate ad altre malattie. Infatti, i virus impattano sulla morfologia, fisiologia e comportamento delle api e sono stati sia storicamente che più recentemente associati a indebolimento e morte delle colonie. Tale situazione, da tempo nota nel panorama della patologia apistica, ma non ancora del tutto chiarita, ha indotto negli ultimi anni a concentrare gli sforzi per lo studio della patogenesi delle malattie e per la messa a punto di specifici metodi diagnostici di laboratorio.

4.1.2 Classificazione e tassonomia

Come noto, i virus sono organismi opportunisti, parassiti cellulari obbligati che dipendono dalla cellula dell'ospite per la replicazione. Essi sono costituiti da un semplice genoma di acido nucleico (RNA o DNA) e da un rivestimento proteico, il capside. Alcuni virus possono avere un secondo involucro, l'*envelope*, che fornisce un'ulteriore protezione. Nel caso dei virus delle api questo è presente nel virus filamentoso (FV) e nel virus iridescente dell'ape (AIV), che rappresentano gli unici due virus a DNA delle api conosciuti. Tutti i virus più comunemente studiati hanno genoma a RNA a singola catena (ssRNA): tra questi, il virus della paralisi acuta (ABPV), Kashmir Bee virus (KBV), virus israeliano della paralisi acuta (IAPV), virus della cella reale nera (BQCV), virus della paralisi cronica (CBPV), virus delle ali deformi (DWV) e virus della covata a sacco (SBV). Altri virus riportati ma di minore impatto e rilevanza includono Kakugo virus (KV), Varroa destructor virus-1 (VDV-1), Bee virus X (BVX), Bee Virus Y (BVY), virus delle ali opache (CWV), virus della paralisi lenta (SBPV), virus Arkansas (ABV), Macula-like virus (Malv), virus Berkeley (BBV), virus della covata a sacco Tailandese (TSBV), Lake Sinai virus 1 e 2 (LSV1, LSV-2). L'elenco completo dei virus con le relative caratteristiche e i principali riferimenti bibliografici è riportato in Tabella 4.1.

Tutti i virus a RNA, tranne CBPV, sono appartengono o hanno caratteristiche assimilabili all'ordine *Picornavirales*, superfamiglia "picorna-like" virus. Sulla base della struttura e dell'organizzazione genomica, i virus delle api mellifere sono raggruppabili principalmente in due famiglie: *Dicistroviridae* e *Iflaviridae*. Altri virus o non sono ancora ufficialmente classificati in alcuna famiglia virale o sono assimilati ad altri generi (*Maculovirus*) o famiglie (*Tymoviridae* e *Nodaviridae*). I virus a DNA sono classificati, rispettivamente,

Tabella 4.1 Lista completa dei virus delle api (viene riportato il nome in inglese e il relativo acronimo) e principali riferimenti bibliografici

N.	Virus	Abbr.	Riferimento bibliografico
1	*Acute Bee Paralysis Virus*	ABPV	Bailey et al., 1963 [7]; Bakonyi et al., 2002 [44]; De Miranda et al., 2010 [6]
2	*Kashmir Bee Virus*	KBV	Bailey et al., 1979 [24]; Chen et al., 2004 [33]; Hung et al., 1996 [35]
3	*Israeli Acute Paralysis Virus*	IAPV	Maori et al., 2007 [38]
4	*Black Queen Cell Virus*	BQCV	Bailey e Woods, 1977 [20]
5	*Deformed Wing Virus*	DWV	Ball, 1983 [17]; Lanzi et al., 2006 [81]; De Miranda e Genersch, 2010 [115]
6	*Kakugo Virus*	KV	Fujiyuki et al., 2004 [163]; Fujiyuki et al., 2006 [127]
7	*Varroa Destructor Virus-1*	VDV-1	Ongus et al., 2004 [65]; Ongus et al., 2006 [64]
8	*Sacbrood Virus*	SBV	Bailey e Fernando, 1972 [86]; Bailey et al., [83]
9	*Slow Bee Paralysis Virus*	SBPV	Bailey e Woods, 1974 [93]; De Miranda et al., 2010 [92]
10	*Chronic Bee Paralysis Virus*	CBPV	Bailey et al., 1963 [7]; Burnside, 1945 [164]; Ribiere et al., 2010 [97]
11	*Cloudy Wing Virus*	CWV	Bailey et al., 1980 [102]; Carreck et al., 2010 [104]
12	*Bee Virus X*	BVX	Bailey e Woods, 1974 [93]
13	*Bee Virus Y*	BVY	Bailey et al., 1980 [105]
14	*Arkansas Bee Virus*	ABV	Bailey e Woods, 1974 [93]; Lommel et al., 1985 [62]
15	*Berkeley Bee Virus*	BBPV	Lommel et al., 1985 [62]
16	*Macula-like Virus*	Ma LV	
17	*Filamentous Virus*	FV	Bailey et al., 1981 [108]; Clark, 1978 [107]
18	*Apis Iridiscent Virus*	AIV	Bailey e Ball, 1978 [110]
19	*Aphid Lethal Paralysis Virus*	ALPV	Van Munster et al., 2002 [56]; Williamson et al., 1988 [165]
20	*Big Sioux River Virus*	BSRV	Runckel et al., 2011 [61]
21	*Lake Sinai Virus*	LSV-1	Runckel et al., 2011 [61]

l'AIV nella famiglia *Iridoviridae* e il FV nella famiglia *Baculoviridae*.

La maggior parte dei virus delle api sono quindi virus picornavirus-like e presentano forma icosaedrica con diametro di circa 30 nm, sono morfologicamente simili e non distinguibili mediante la semplice osservazione al microscopio elettronico a trasmissione (TEM).

Come la maggior parte dei virus ssRNA del mondo animale, anche i virus delle api sono proni a mutare con facilità e a generare varianti genotipiche (*quasi-specie*). Questo è dovuto al fatto che le RNA polimerasi virali non hanno capacità di correzione di bozze, diversamente da quanto accade per l'enzima DNA polimerasi, e questo provoca molteplici errori di trascrizione durante la replicazione. Di fatto, la popolazione di virioni di ciascun virus noto è composta da diverse varianti genotipiche che generano un notevole tasso di evoluzione, consentendo al virus di superare una fortissima pressione selettiva. Nonostante la loro natura di quasi-specie, la caratterizzazione molecolare, tassonomia e l'analisi filogenetica di virus a RNA, è sempre più basata su dati di sequenza (Fig. 4.1 e Tabella 4.2).

4.1.2.1 *Dicistroviridae*

I virus della famiglia *Dicistroviridae* sono di forma icosaedrica di dimensioni di ~ 30 nm, privi di capside e con un genoma bicistronico monopartito. Il capside virale è composto da 60 copie di tre diverse proteine virali: VP1, VP2 e VP3. Questa famiglia è costituita da due generi: *Aparavirus* e *Cripavirus*. Appartengono al genere *Aparavirus* ABPV, IAPV, KBV e virus a loro strettamente correlati quali SINV-1 (Solenopsis Invicta Virus-1) e TSV (Virus della Sindrome di Taura). ABPV è la specie tipo per il genere *Aparavirus* (Fig. 4.2), mentre per il genere *Cripavirus*, che include BQCV, la specie tipo è Cricket Paralysis Virus (CrPV). Come suggerisce il nome (di-cistro) *Dicistroviridae*, il genoma bicistronico ha due distinte fasi di lettura aperta (ORF) per proteine strutturali e non strutturali (Fig. 4.3). La ORF strutturale è situata all'estremità 3' e contiene le sequenze codificanti per le quattro proteine virali, da VP1 a VP4, di cui tre proteine formano le sub-unità del capside. Le dimensioni del genoma di ABPV, KBV e IAPV sono di circa 9500 basi. Questi tre virus (ABPV, KBV e IAPV) sono i più importanti virus appartenenti alla famiglia *Dicistroviridae*. Il complesso ABPV-KBV-IAPV [6] è un gruppo di virus strettamente correlati tra loro e comunemente presenti con basso titolo di infezione, che condividono struttura genomica e caratteristiche simili, come l'alta virulenza e la via di trasmissione prevalentemente orizzontale.

Virus della paralisi acuta (*Acute Bee Paralysis Virus*, ABPV)

ABPV è stato scoperto nel 1963 [7] ed è anche stato ritrovato in bombi [8]. ABPV è altamente virulento: i sintomi osservati nelle api adulte comprendono paralisi, tremori e morte rapida in 1–2 giorni dall'infezione. ABPV può infettare sia la covata che le api adulte. In caso di infezione massiva le larve muoiono prima dell'opercolatura (Fig. 4.4), mentre in caso di infezioni a basso titolo possono svilupparsi regolarmente e dare vita a soggetti adulti infetti in forma latente-subclinica.

La sua capacità patogena si estrinseca, in particolare, in presenza di infestazione da varroa: in base a studi di *modeling* [9], ABPV può distruggere una colonia solo in presenza di una popolazione di acaro numerosa. Pertanto, è stato associato come co-fattore nella perdita di colonie in associazione a varroa

Tabella 4.2 Lista dei virus presenti in Figura 4.1. I virus delle api sono sottolineati. L'asterisco segnala la specie-tipo di ogni genere. Sono riportati i numeri di accesso delle sequenze tratte da GenBank (www.ncbi.nih.gov)

Acronimo	Nome	Rif. GenBank	Genere	Famiglia
TSV	virus della sindrome di Taura	NC_003005	Aparavirus	Dicistroviridae
ABPV*	virus della paralisi acuta	NC_002548	"	"
KBV	virus Kashmir	NC_004807	"	"
IAPV	virus israeliano della paralisi acuta	NC_009025	"	"
SINV-1	virus solenopsis invicta-1	NC_006559	"	"
CrPV	virus della paralisi del grillo	NC_003924	Cripavirus	"
DCV	virus C di Drosophila	NC_001834	"	"
ALPV	virus della paralisi letale dell'afide	NC_004365	"	"
RhPV	virus di Rhopalosiphum Padi	NC_001874	"	"
HoCV	virus-1 di Homalodisca Coagulata	NC_008029	"	"
BQCV*	virus della cella reale nera	NC_003784	"	"
TrV	virus di Triatoma	NC_003783	"	"
PSIV	virus intestinale di Plautia Stali	NC_003779	"	"
HiPV	virus P di Himetobi	NC_003782	"	"
IFV*	virus infettivo della flaccidità	NC_003781	Iflavirus	Iflaviridae
SBV	virus della covata a sacco	NC_002066	"	"
SBPV	virus della paralisi lenta	NC_014137	"	"
VDV-1	virus Varroa Destructor-1	NC_006494	"	"
DWV	virus delle ali deformi	NC_004830	"	"
KV	virus Kakugo	NC_005876	"	"
FMDV	disfunzione di tipo A cibo e bocca	NC_011450	Aphthovirus	Picornaviridae
EV-109	enterovirus umano 109	NC_014336	Enterovirus	"
PV	virus polio	NC_001489	Enterovirus	

[10–12]. Il rilevo di ABPV in api, senza che fossero contemporaneamente infetti gli acari provenienti dalla colonia stessa, proverebbe la trasmissione orizzontale diretta tra api [13]. La presenza di ABPV in diversi tessuti quali cervello e ghiandole ipofaringee [14] e nelle feci depone per una trasmissione orale [15] ma, essendo stato rilevato anche nel liquido spermatico, si ritiene anche possibile la trasmissione verticale [16]. Per ABPV è inoltre stata dimostrata una trasmissione indiretta tramite l'azione di vettore svolta da acari [17, 18]. Il genoma di ABPV (9.491 basi) è stato sequenziato nel 2000 [19].

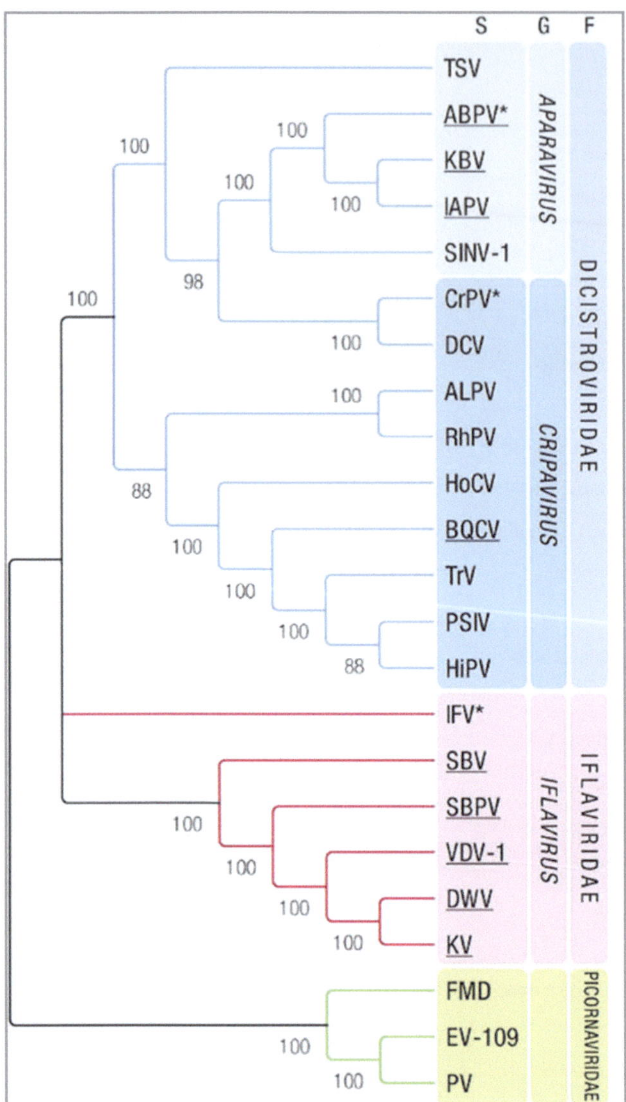

Fig. 4.1 Albero filogenetico basato sugli interi genomi noti di virus. I virus delle api sono sottolineati, l'asterisco è riferito alla specie-tipo per ciascun genere. Gli acronimi di ciascun virus corrispondono a quanto riportato in Tabella 4.2

Virus dell'ape del Kashmir (*Kashmir Bee Virus*, KBV)

Il Kashmir Bee Virus (KBV), identificato dapprima in *Apis cerana* proveniente dal nord dell'India [20], è sierologicamente e geneticamente simile a ABPV, ma i profili di proteina del capside sono diversi [21]. Anche il quadro clinico indotto da KBV è molto simile a quello di ABPV. KBV è generalmente meno diffuso [13, 22, 23], ma sembra essere il più virulento di tutti i virus delle api oggi noti [24]. La sua virulenza si estrinseca quando il virus raggiunge l'emolinfa delle api adulte [25] e può così replicare molto velocemente e dare morta-

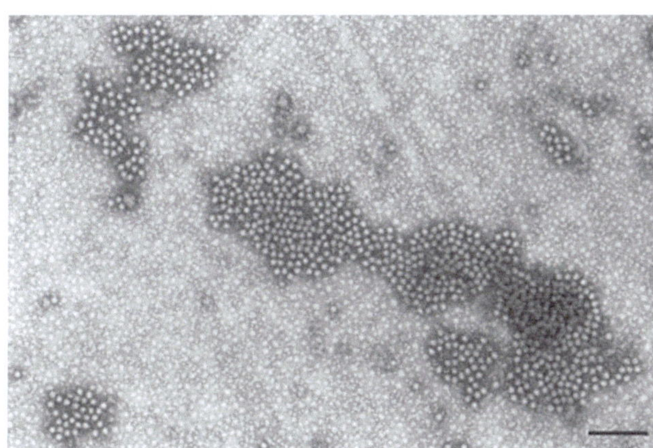

Fig. 4.2 Virus della paralisi acuta delle api (ABPV) al microscopio elettronico in colorazione negativa. Bar = 200 nm

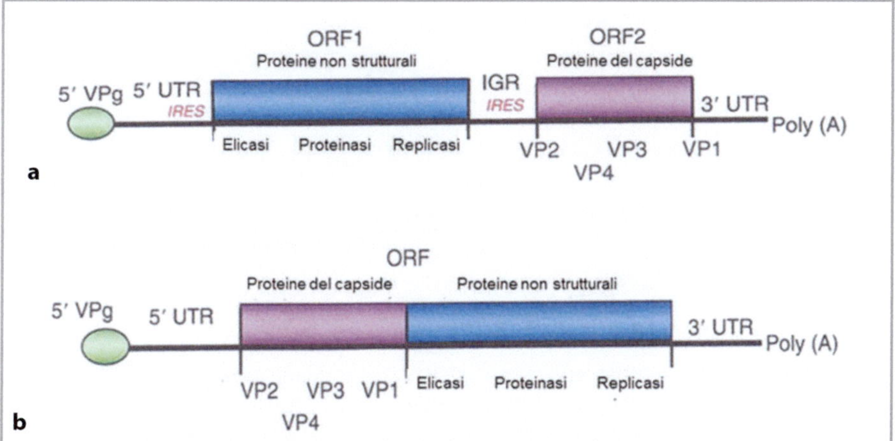

Fig. 4.3 Schema dell'organizzazione e composizione genomica delle due famiglie di virus delle api: *Dicistroviridae* (**a**) e *Iflaviridae* (**b**)

Fig. 4.4 Quadro clinico di larve infette da ABPV. La covata ha un aspetto irregolare, con larve girate male e linea dorsale giallognola. Per gentile concessione di Per Kryger, Aarhus University, Slagelse, Denmark

lità in tre giorni [24]. KBV è stato rilevato in covata e nelle operaie, dove può persistere come infezione latente [26, 27], ma anche in regine, miele, polline, pappa reale e il cibo per la covata [28], nelle feci di operaie e regine [29], nelle uova e nelle ovaie della regina [30]. Inoltre, KBV è stato rilevato nella varroa [31, 32] che è, dunque, un vettore di KBV con meccanismo simile a quello identificato per DWV [33]. Vi è quindi la possibilità che, in colonie con elevate infestazioni da varroa, KBV possa predisporre a una altrettanto grave infezione da KBV con perdita di famiglie [34–36]. Il genoma di KBV (9.524 basi) è stato sequenziato nel 2004 [37].

Virus israeliano della paralisi acuta (*Israeli Acute Paralysis Virus*, IAPV)

Il virus israeliano della paralisi acuta (IAPV) è stato estratto e identificato da api morte in colonie collassate, per la prima volta in Israele [38]. La presenza di IAPV è strettamente correlata a quella di ABPV e KBV. Anche le loro sequenze genomiche (quella di IAPV è di 9.499 basi) sono simili al 60–70%, ma i tre virus sono comunque distinguibili mediante saggi in PCR e sierologici specifici. IAPV è stato inizialmente associato alla sindrome CCD [39] come possibile agente causale primario ma, in seguito, sono emersi numerosi dubbi su questa correlazione. Altri studi hanno anche associato IAPV al collasso degli alveari recentemente riportato in paesi europei [40, 41]. La varroa è stata recentemente riconosciuta come un efficace vettore per IAPV [42]. Alcuni esperimenti basati sull'ingestione di IAPV-dsRNA da parte delle api hanno mostrato un'efficacia nell'inibire la replicazione virale mediante il meccanismo dell'*RNAinterference* [43].

Diffusione di ABPV, KBV e IAPV

ABPV, KBV e IAPV mostrano una distribuzione cosmopolita [2, 3] e sono tra i virus più comunemente ritrovati in Europa [13, 22, 44, 45], dove sono stati associati a perdite di colonie invernali [46]. La prevalenza di ABPV e KBV fluttua nel corso della stagione, con i titoli di punta in tarda estate e autunno [6]. Sebbene IAPV sia stato inizialmente associato con la CCD negli Stati Uniti [39], la prevalenza di IAPV in Europa è relativamente bassa: 13–25% in Spagna [47] e 14% in Francia [41]. In Danimarca la prima segnalazione di IAPV da un campione di ape singola risale al 2010 [48] ma già nel 2007, in un'indagine su circa 100 apiari, era stata riportata una prevalenza del 12% [22]. In Italia IAPV è stato isolato per la prima volta nel 2009 [49] e nel triennio successivo è stato identificato nell'8,45% delle colonie controllate [Formato e Cardeti, comunicazione personale].

Virus della cella nera della regina (*Black Queen Cell Virus*, BQCV)

Appartenente al genere *Cripavirus*, il BQCV è stato identificato per la prima volta in larve di regina morte e in prepupe opercolate colorate di marrone scuro/nero unitamente alle pareti delle celle in cui erano contenute [20]; da qui il nome attribuito al virus. Larve di regine e pupe opercolate sono proprio gli stadi principalmente affetti da BQCV che ha anche un andamento stagionale, manifestandosi soprattutto in primavera e inizio estate [13, 50]. Le larve malate assumono un colore giallastro e spesso un consistente rivestimento cutaneo a forma di sacco, simile a quello indotto da SBV. BQCV replica velocemente nelle pupe, che diventano scure e muoiono rapidamente. Le api operaie si possono infettare ma, generalmente, non mostrano sintomi. BQCV è un virus cosmopolita ed è considerato tra i più diffusi in assoluto con elevate prevalenze soprattutto in primavera [13, 51]. La presenza di BQCV in campo è spesso correlata all'infezione con *Nosema apis* e si ritiene, quindi, ci sia un effetto sinergico tra i due patogeni [52]. Infatti, in api adulte infette da *N. apis*, BQCV replica più rapidamente [53]. *N. apis*, infettando l'intestino dell'ape, lo renderebbe più suscettibile all'infezione da BQCV; in questo modo, le api nutrici infette trasmettono più facilmente con le secrezioni ghiandolari l'infezione alle larve di regine [52, 53]. Sebbene risultati di campo abbiano a più riprese confermato l'associazione tra i due patogeni [11, 13], deve ancora essere chiarito il meccanismo preciso attraverso il quale *N. apis* può attivare e trasmettere l'infezione da BQCV. È stato anche ipotizzato un possibile ruolo di varroa come vettore di BQCV [54, 55] ma i risultati di altri autori [13] rendono questa ipotesi ancora controversa.

Altri *Dicistrovirus*

Il virus della paralisi letale dell'afide (*Aphid Lethal Paralysis Virus*, ALPV) e il virus del grande fiume Sioux (*Big Sioux River Virus*, BSRV) sono due noti e comuni *Dicistrovirus*. ALPV è un virus presente nel contenuto intestinale delle principali specie di afidi di interesse in agricoltura ed è stato correlato al declino di popolazioni di afidi [56–58]. Il BSRV è strettamente correlato al Rhopalosiphum padi virus (RhPV) [59], un comune virus intestinale che si trasmette tra afidi utilizzando il sistema vascolare delle piante [60]. Entrambi i virus possono essere identificati a basso titolo in api adulte, salvo mostrare dei picchi quantitativi durante la tarda estate [61] quando le api si nutrono con le secrezioni degli afidi per la produzione di melata. Non è chiaro, quindi, se rappresentino delle vere infezioni a carico delle api o se queste siano semplicemente contaminate in forma accidentale. Entrambi questi virus potrebbero essere correlati al Berkeley Bee Picorna-like Virus (BBPV) [62], che non è stato però ancora sequenziato (vedi oltre "Altri virus minori").

4.1.2.2 *Iflaviridae*

La famiglia degli *Iflaviridae* è costituita da un solo genere, *Iflavirus*, che comprende DWV, SBV, KV e VDV-1. Dal punto di vista strutturale e morfologico, sono anch'essi particelle di circa 30 nm riconducibili ai picornavirus-like (Fig. 4.5). DWV, KV e VDV-1 sono virus strettamente correlati; l'identità di sequenza aminoacidica di VDV-1 con le diverse proteine di DWV e KV è tra 84% e 90% [63], al punto che sono stati considerati alla stregua di varianti di un singolo virus. La differenza più sostanziale è che VDV-1 replicherebbe in maniera più specifica nella varroa che nelle api [64, 65]. Il genoma degli Iflavirus comprende un singolo ORF, codificante per le proteine del capside (VP1-VP4)

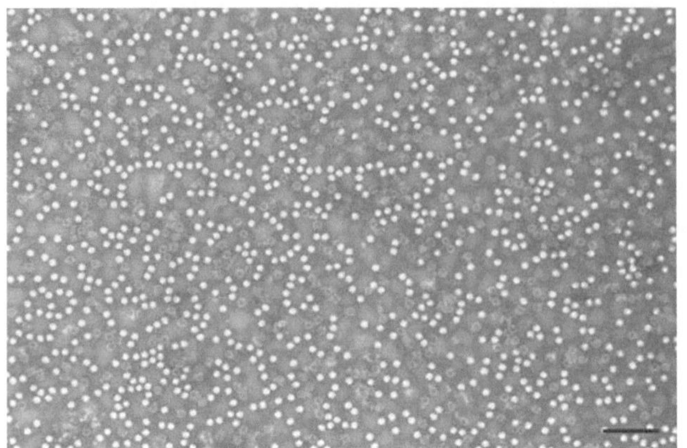

Fig. 4.5 Virus delle ali deformi (DWV) al microscopio elettronico in colorazione negativa. Bar = 200 nm

all'estremità 5' e, per le proteine non-strutturali, all'estremità 3' (Fig. 4.3). L'estremità 5' è legata covalentemente a proteine virali (VPg), seguite dalle sequenze IRES, dalla proteina leader (L-proteina), dalle proteine del capside (VP1-VP4) e dalle sequenze per le proteine non strutturali incluse elicasi, proteasi e la polimerasi RNA-dipendente (RdRP). Il risultato del meccanismo di traduzione è una poliproteina che viene poi tagliata dalla proteasi virale 3C per produrre le singole proteine funzionali. Le dimensioni del genoma di DWV, SBV, KV e VDV-1 sono, rispettivamente, 10.140, 8.838, 10.152 e 10.112 basi.

Virus delle ali deformi (*Deforming Wing Virus,* DWV)

Il virus delle ali deformi (DWV) è stato isolato per la prima volta da api giapponesi [17]. Ad esso è associata una sintomatologia molto caratteristica, ossia la nascita di api con ali deformi e dimensioni del corpo ridotto [66] (Fig. 4.6). DWV condiziona anche le capacità di risposta sensoriale, di memoria e di acquisizione di informazioni negli adulti [67]. DWV è stato trovato in tutte le fasi di sviluppo delle api, tra cui uova [68], larve, pupe [45], individui adulti e tutte le caste tra cui regine [69, 70], operaie e fuchi [71, 72]. La trasmissione di DWV, che è frequentemente presente in forma latente subclinica, avviene per contatto diretto orizzontale o per via verticale: ad esempio, mediante trofallassi tra api adulte e tra api nutrici e larve [16, 30, 66, 68, 73, 74]. La presenza del virus è stata riportata nei tessuti dei fuchi [73] e nel seme [16], suggerendo che le regine possono essere infettate durante l'accoppiamento naturale. Di conseguenza, l'infezione della prole può avvenire anche per via verticale, dalla regina tramite sperma infettato sperimentalmente [75]. DWV è stato trovato anche in tessuti specifici quali la testa della regina, il tessuto adiposo, l'intestino e le ovaie [73], nonché nel cervello di api operaie [76]. Nella testa, torace e addome di operaie malformate sono stati ritrovati sia ssRNA+ che ssRNA– del virus DWV, mentre in api asintomatiche la loro presenza è stata riportata solo nel torace e nell'addome [66]. DWV può anche essere trasmesso da varroa [17] e la sua replicazione e presenza a titoli elevati sono fortemente correlate con il livello di infestazione di acari nelle colonie di api [77]. È stato inoltre ipotizzato che DWV sia in grado di replicarsi in varroa, basandosi sul ritrovamento di ssRNA– nell'acaro [65, 78], ma altri studi hanno riportato il contrario [79, 80]. Il genoma di DWV è stato interamente sequenziato [81] e anche per questo virus è stata dimostrata l'efficacia del silenziamento mediante l'utilizzo di *RNAinterference* [82].

Virus della covata a sacco (*Sac Brood Virus*, SBV)
Il virus della covata a sacco (SBV) è un virus ampiamente studiato e tra i più diffusi al mondo. Sebbene sia stato descritto nel 1913 e gli siano state attribuite proprietà virali nel 1917 [1], l'agente eziologico non è stato caratterizzato fino al 1964 [83].

Le particelle di SBV sono rotonde, con 28 nm di diametro, prive di pericapside (Fig. 4.7). SBV ha un genoma di 8.832 basi ed è stato il primo virus api a essere completamente sequenziato. A oggi sono note 7 sequenze complete di differenti ceppi di SBV isolati in Regno Unito, Corea del Sud, Vietnam e Cina. Il confronto basato sulla sequenza genica suggerisce che SBV ha genoma di dimensioni simili e simile ordinamento genico del virus *flacherie* del baco da seta. SBV, come molti picornavirus animali, è acido-labile, ossia viene inattivato o distrutto a basse condizioni di pH.

SBV infetta sia gli adulti sia la covata, ma le larve di 2 gg sono le più suscettibili [84]. Gli adulti, pur non manifestando sintomi, possono subire un accorciamento della loro vita [85, 86]. La trasmissione avviene per via orale con le secrezioni orofaringee delle nutrici che, a loro volta, si infettano nel rimuovere le larve infette. Le larve adulte possono contaminare altre larve adulte o l'alimento (es. polline) con cui l'infezione viene poi trasmessa. Le larve colpite cambiano colore dal bianco perlato al grigio e, infine, al nero (Fig. 4.8). La morte si verifica quando le larve sono in posizione verticale, appena prima dell'impupamento, e la prima parte che cambia colore è proprio la linea dorsale. Di conseguenza, le larve colpite si trovano di solito nelle celle opercolate. Nelle larve malate si assiste in genere a uno sviluppo ritardato del capo, che assume una colorazione più scura del resto del corpo e può inclinarsi verso il centro della cella. Quando le larve colpite sono accuratamente rimosse dalle loro celle, sembrano essere una sacca piena d'acqua. In genere, le squame che si formano quando la larva si secca sono fragili ma facili da rimuovere e non hanno alcun odore caratteristico [87]. In virtù della tipicità di questi sintomi a carico della covata l'infezione da SBV è facilmente diagnosticata su base clinica. L'infezione da SBV ha un andamento tipico stagionale con picchi d'incidenza in primavera e in estate [13, 26, 88]. Ciò è correlato direttamente alla maggior presenza, in questo periodo, di covata sensibile e di giovani api e riflette indirettamente la diversa suscettibilità all'infezione dei diversi stadi di sviluppo delle api. Come altri virus, anche SBV è stato associato all'infestazione da varroa ed è stato identificato in grandi quantità in api adulte con elevate infestazioni da varroa [11, 40, 89]. L'identificazione di SBV nelle varroe suggerisce un potenziale ruolo del parassita come vettore di SBV, anche se non vi è dimostrazione sperimentale [13, 28, 55]. Un ceppo simile a SBV ma geneticamente differente (TSBV) è stato isolato in *Apis cerana* in Tailandia nel 1982 [90].

Altri *Iflavirus*

Il virus della paralisi lenta (*Slow Bee Paralysis Virus*, SPV) è poco diffuso [91, 92], replica lentamente e induce mortalità nelle api adulte, anche sperimentalmente [93], preceduta da paralisi degli arti anteriori. È associato e trasmesso dalla varroa [91, 94]. Può essere isolato da larve e pupe ma in esse non causare sintomi evidenti.

Il virus egiziano (*Egypt Bee Virus*, EBV) è sierologicamente correlato a DWV, è poco studiato e non causa sintomi noti in adulti, pupe e larve [24].

4.1.2.3 Virus a RNA non classificati

Virus della paralisi cronica (Chronic Bee Paralysis Virus, CBPV)

CBPV è uno dei primi virus descritti e identificati [95]. Da allora è stato descritto in api adulte di ogni continente eccetto il Sud America [2, 3]. È endemico in colonie sane (stato di latenza), di solito infetta le api adulte, ma possono essere infettate anche le larve e le pupe; può essere trovato nel materiale fecale e viene efficacemente trasmesso per contatto diretto attraverso la cuticola, meno per via alimentare [96, 97]. Non ci sono evidenze di trasmissione per opera della varroa. Non ha andamento stagionale ma si manifesta in presenza di fattori concomitanti quali sovraffollamento, condizioni atmosferiche avverse, raccolto scarso, errate manualità, mancanza della regina. Rispetto al virus della paralisi acuta (APBV), con il quale condivide la sintomatologia, è meno virulento, ha un ciclo di replicazione più lento ma induce titoli virali più elevati [98].

CBPV causa due forme cliniche di paralisi nelle api adulte [91, 97–99]: il cosiddetto "mal della foresta", in cui le api non sono in grado di volare, hanno addomi distesi e ali aperte, sono tremolanti in gruppo davanti alle arnie, dove muoiono. Il "mal nero" richiama l'aspetto delle api, che sono nere e lucide per la perdita dei peli, di piccole dimensioni, tanto che vengono respinte e allontanate dall'arnia dalle api guardiane (Fig. 4.9). In breve tempo si ha comparsa di tremori e morte. Le due sindromi sono presenti contemporaneamente in una colonia e la loro comparsa è legata alla diversa suscettibilità genetica dei singoli gruppi di api [100, 101].

CBPV è talvolta associato con un piccolo virus, il virus satellite della paralisi cronica (*Chronic Paralysis Satellite Virus*, CBPSV), originariamente chiamato virus associato alla paralisi cronica (*Chronic Bee Paralysis Virus Associate*, CBPVA), che ha caratteristiche strutturali e genetiche proprie differenti da CBPV [97]. Non è in grado di replicare in assenza di CBPV e il suo ruolo patologico è sconosciuto [102, 103].

Altri virus minori

- I virus del Lago Sinai 1 e 2 (*Lake Sinai virus-1*, LSV1, e *Lake Sinai virus-2*, LSV2) sono due virus strettamente correlati, identificati negli Stati Uniti

Fig. 4.6 Quadri clinici di api adulte affette da virus delle ali deformi (DWV). Per gentile concessione di Roy Francis, Aarhus University, Slagelse, Denmark

Fig. 4.7 Virus della covata a sacco (SBV) al microscopio elettronico in colorazione negativa. Bar = 100 nm

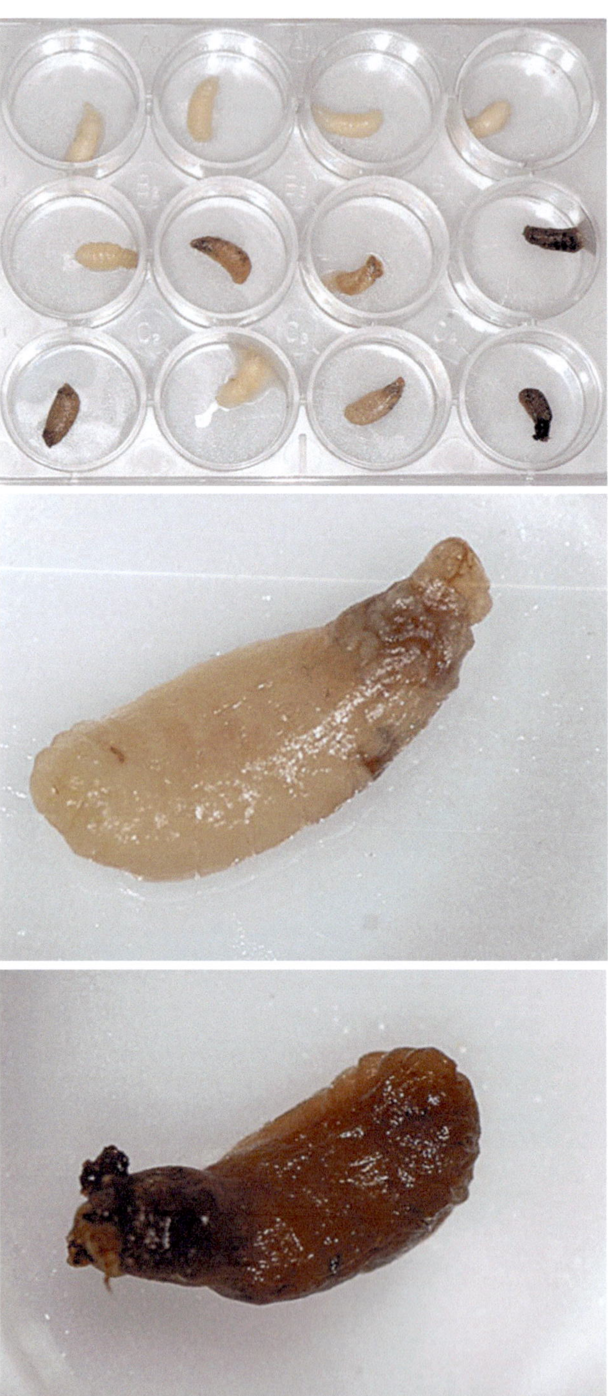

Fig. 4.8 Quadro clinico di larve affette da virus della covata a sacco (SBV)

Fig. 4.9 Quadro clinico di api adulte affette da virus della paralisi cronica (CBPV): si noti l'ape con torace glabro e scuro al centro dell'immagine. Per gentile concessione di Per Kryger, Aarhus University, Slagelse, Denmark

durante un'indagine svolta con tecniche di metagenomica [61]. La loro organizzazione genomica e sequenza li rende assimilabili a CBPV, con il quale formerebbero un'unica famiglia, a metà tra *Nodaviridae* e *Tombusviridae*. Sono entrambi virus comuni, LSV1 più di LSV2, manifestandosi nelle api adulte, pur in assenza di sintomi conclamati, durante tutto l'anno con un picco a inizio estate mentre il secondo ha un'incidenza netta ed elevata alla fine dell'inverno. Questi due stessi virus sono stati identificati con medesima incidenza e andamento anche in api in Europa. LSV1 e 2 presentano similitudini strutturali ed epidemiologiche, rispettivamente con il Bee virus Y e con il Bee Virus X e potrebbero, quindi, essere ad essi correlati.

- Il virus delle ali opache (*Cloudy Wing Particle*, CWP) è un virus molto piccolo, morfologicamente simile al virus satellite associato alla paralisi cronica (CPVA) dal quale, però, si differenzia in quanto non è correlato sierologicamente e per struttura genica [102]. È un virus comune ma con incidenza variabile e non è associato a altri patogeni. Causa opacità delle ali nelle api adulte quando presente ad alto titolo o, in caso di bassi titoli infettanti, la sola latenza in api asintomatiche [91, 102, 104]. Al contrario non replica in pupe e larve.
- Il virus Y dell'ape (*Bee Virus Y*, BVY) è sierologicamente correlato a BVX e allo stesso modo non causa sintomi nelle api adulte, larve o pupe [105]. Nelle api adulte con dissenteria è associato al microsporidio *Nosema apis* [106].
- Il virus X dell'ape (*Bee Virus X*, BVX) è perlopiù asintomatico nelle api

adulte e non replica in larve e pupe [91] Può causare minor vitalità delle api e mortalità precoce specie se associato al protozoo *Malpighamoeba mellificae* [106], che causa dissenteria nelle api all'invernamento. Entrambi i virus sono comuni: BVY più di BVX, con maggior frequenza in tardo inverno per BVX e inizio estate for BVY [91].

- Il virus dell'Arkansas (*Arkansas Bee Virus*, ABV) e il virus di Berkeley (*Berkeley Bee Virus*, BBPV) sono due picornavirus-like isolati per la prima volta negli Stati Uniti [62, 91, 93]. Sono poco conosciuti ma si sa che spesso danno infezioni miste. Causano un'infezione inapparente, replicano lentamente e si pensa causino un accorciamento del periodo di vita delle api.

Virus a DNA

- Il virus filamentoso (*Apis mellifera filamentous virus*, AmFV) è un virus a DNA baculovirus-like, molto grosso, che causa opacizzazione dell'emolinfa, senza peraltro causare sintomi [91, 107, 108].
- Il virus iridescente (*Apis iridescent virus*, AIV) Si manifesta solo nelle api adulte con sintomi simili a quelli indotti da CBPV: api inattive, isolate incapaci di volare (*clustering disease*) [109–111]. La colonia è condotta a morte entro 2 mesi; non è trasmesso da acari e replica sia nell'ape cerana che nell'ape mellifera. Di AIV è stata pubblicata una sequenza parziale [111].

Le principali caratteristiche dei virus sono riassunte in Figura 4.10. Ulteriori informazioni sui virus delle api sono reperibili in diverse rassegne [2, 6, 112–114].

4.1.3 Epidemiologia delle infezioni virali

4.1.3.1 Modalità di infezione, patologia, virulenza

I virus sono noti per essere diversi nella loro modalità di infezione e nelle strategie di trasmissione. In base al tipo di infezione, i virus possono essere classificati in infezioni palesi, ossia sintomatiche, e silenti [115].

Le infezioni palesi mostrano sintomi evidenti della malattia, che può quindi essere diagnosticata su base clinica, dimostrando una relazione causale tra agente primario e quadro clinico. A loro volta, le infezioni palesi possono essere ulteriormente suddivise in acute e croniche. L'infezione acuta comporta l'attiva moltiplicazione, con elevato titolo di particelle virali in breve tempo, che porta rapidamente a morte l'ospite con evidenti sintomi. L'infezione cronica implica una produzione lenta ma costante di particelle virali durante la vita dell'ospite, con conseguente comparsa di sintomi. In entrambe le tipologie di infezione, causando sintomi evidenti, vi è un impatto negativo sulla vitalità dell'ospite; la differenza è, dunque, nella loro durata e nell'intensità.

Le infezioni silenti sono caratterizzate da assenza di evidenti sintomi osservabili e, anche se le cellule infette dell'ospite non sono distrutte dal virus, l'ospite è influenzato in senso negativo. Le infezioni silenti possono essere classificate in infezioni latenti e persistenti. Nel primo caso vi è integrazione del genoma virale nel DNA ospite o la sua presenza nell'episoma extracromosomale, che determina un rilascio di particelle virali per tutta la vita dell'ospite. Le infezioni latenti sono tipiche dei retrovirus e nessuna vera latenza è stata dimostrata nelle api. Nel caso delle infezioni persistenti (che però spesso vengono anch'esse impropriamente definite latenti), le particelle virali sono generate a ritmo basso ma costante nelle cellule infette, senza provocarne la morte. Questo è possibile solo se il virus elude con successo la risposta immunitaria cellulare e umorale dell'ospite. Alcuni studi hanno mostrato il riemergere di infezioni silenti come focolai palesi di malattia [116]; infatti, i virus presenti allo stato di latenza/persistenza possono replicare in modo massiccio quando l'ospite viene sottoposto a stress di varia natura che ne alterano l'equilibrio metabolico. La comparsa di quadri clinici potrebbe, quindi, essere conseguente all'effetto stressogeno di fattori ambientali (temperatura, umidità), relativi allo stato della colonia (affollamento, api morte) o di altra natura. Pertanto, le infezioni virali silenti rappresentano un'importante fonte per la trasmissione di virus in una popolazione e hanno un'elevata rilevanza epidemiologica.

Ovviamente, tra i fattori condizionanti lo sviluppo e la moltiplicazione virale con successiva comparsa di malattia conclamata vi sono anche le malattie concomitanti, in particolare la varroatosi e la nosemiasi. In generale, la sintomatologia correlata alla presenza massiva di virus è molto insidiosa, non sempre riconoscibile (spesso si ha solo, quale evento terminale, spopolamento o estinzione della colonia) e può essere confusa con altri quadri patologici o sindromi. Infatti, l'entità e la varietà dei sintomi dipendono da dose e modalità d'infezione, predisposizione genetica delle api e stato generale della colonia. In realtà solo due virus, il SBV e il CBPV, per i sintomi caratteristici indotti possono essere diagnosticati facilmente su base clinica. La maggior parte dei virus, tra cui ABPV e DWV, invece, provocano solamente un "accorciamento della vita" delle api, che può sovrapporsi in maniera sinergica a concause che determinano un indebolimento delle famiglie come, appunto, la varroatosi. Dal punto di vista epidemiologico, è stata proprio la comparsa di *Varroa destructor* a modificare la relazione virus-ape. Infatti, con la trasmissione dei virus alle pupe e alle api adulte attraverso l'attività patogena dell'acaro, è fortemente aumentato il tasso di infettività virale e sono state osservate nuove modalità di infezione [28].

In generale, i virus delle api sono dotati di elevata resistenza ambientale che ne favorisce, da un lato, la persistenza e ne facilita la trasmissione e, dall'altro, la variabilità, contribuendo a rendere possibili la comparsa di varianti antigeniche/ceppi mutanti.

4.1.3.2 Modalità di trasmissione

La trasmissione dei virus nelle api può realizzarsi per via orizzontale (per contatto diretto o indiretto) o verticale (tramite ciclo riproduttivo). Entrambi questi tipi di trasmissione sono efficientemente utilizzati nella trasmissione dei virus delle api e rappresentano dei fattori strategici per i virus sia per la loro persistenza a lungo termine, sia per il loro manifestarsi in natura nelle popolazioni di api (Fig. 4.10).

N°	Nome	Acronimo	Famiglia	Capside	Dimensione (nm)	Dimensione Genoma (kb)	Trasmissione orizzontale				Trasmissione verticale			Associazione			Infezione					Incidenza		
							oro-fecale	contatto	aerea	vettori	venerea	trans ovarica	transper matica	Varroa	Nosema	Malpigh amoeba	uovo	larva	pupa	operaia	regina	prima vera	estate	autun no
1	Virus della Paralisi Acuta	ABPV	Dicistroviridae	Isometrico	30	9.4	+	-		+	+	+		+			+	+	+	+	+	^	^^^	^^
2	Virus Kashmir	KBV	Dicistroviridae	Isometrico	30	9.5	+	-		+		+		+			+	+	+	+	+	^	^^	^^^
3	Virus Israeliano della Paralisi Acuta	IAPV	Dicistroviridae	Isometrico	27	9.5	+	-		+		+		+			+	+	+	+		^	^^	^^
4	Virus della Cella Reale Nera	BQCV	Dicistroviridae	Isometrico	30	8.8	+					+		+	+		+	+	+	+	+	^	^^^	^
5	Virus delle Ali Deformi	DWV	Iflaviridae	Isometrico	30	10.1	+	-		+	+	+		+			+	+	+	+	+	^	^^	^^^
6	Virus Kakugo	KV	Iflaviridae			10.1				+				+						+				
7	Virus Varroa Destructor-1	VDV-1	Iflaviridae		27	10.1	+	-		+	+	+		+			+	+	+	+		^	^^	^^^
8	Virus della Covata a Sacco	SBV	Iflaviridae	Isometrico	30	8.8	+	-		-								+	+	+		^^^	^^	^
9	Virus della Paralisi Lenta	SBPV	Iflaviridae	Isometrico	30	9.5	+	-		+				+				+	+	+		^	^^	^
10	Virus della Paralisi Cronica	CBPV		Anisometrico	30-65	2,3-3,6	+	+		-								+	+	+		^^	^^	^
11	Virus delle Ali Opache	CWV		Isometrico	30	1.4				-							-			+		^	^	^
12	VirusX	BVX		Isometrico	35		+								-	+	-	-	-	+		^^^	^	^
13	VirusY	BVY		Isometrico	35		+								+	-	-	-	-	+		^^^	^	^
14	Virus Arkansas	ABV	Nodaviridae	Isometrico	30															+				
15	Virus Berkeley	BBPV																		+				
16	Virus Macula-like	MaLV	Maculavirus							+				+					+	+		^	^^	^^^
17	Virus Filamentoso	FV	Baculo / Ascovirus	Ellissoidale	50x15	20	+	-							+		-	-	-	+		^^^	^^	^
18	Virus Iridescente delle Api	AIV	Iridovirus						+								-	-	-	+		^	^^	^
19	Virus della Paralisi Letale dell'Afide	ALPV	Dicistroviridae																					
20	Virus del Fiume Big Sioux	BSRV	Dicistroviridae												+									
21	Virus del Lago Sinai	LSV-1	Nodaviridae																			^^	^^	

Fig. 4.10 Principali caratteristiche dei virus delle api

Trasmissione orizzontale

Nel primo caso, il passaggio di particelle virali avviene tra individui della stessa generazione. Questo avviene attraverso varie modalità:

- mediata da vettori di trasmissione (*vector-borne*). Diversi virus delle api (ABPV, KBV, IAPV, DWV e SBPV) sono varroa-associati, e sono stati dimostrati essere trasmessi orizzontalmente da acari (vedi paragrafo 4.1.3.4), mentre solo per alcuni virus è stata ipotizzata una trasmissione verticale. Altri virus sono stati associati ad altri microrganismi, per lo più parassiti. In particolare, BQCV, BVY e FV con *Nosema* spp. e BVX con il protozoo *Malpighamoeba mellificae*;
- per via alimentare (*food-borne*), tramite la trofallassi e per la presenza di virus in polline, miele, pappa reale [28, 30]. Si tratta del modo più comune di trasmissione virale e il verificarsi dell'infezione può dipendere dal quantitativo di virioni assunto dalle api e dalla maggiore o minore patogenicità del virus;
- per via oro-fecale; in questo caso, si ha trasmissione virale per ingestione di feci di api malate da parte di api non infette [30]. Questo si verifica più spesso in situazioni di sovrappopolamento e, a favore di questo meccanismo di trasmissione, vi è il riscontro di alte concentrazioni virali nell'intestino e nelle feci;
- per via venerea tramite fuchi infetti e presenza del virus nel seme e nella spermateca;
- per via aerea (*air-borne*). Questa possibilità, proposta da Lighthart et al. [117], implica la possibilità che i virus delle api siano trasportati dall'aerosol.

Infine, tra i percorsi orizzontali, oltre al contatto diretto con materiale infetto (es. porzioni di favo e telaini, cera), vi è anche la trasmissione dovuta al cannibalismo di individui morti infetti.

Trasmissione verticale

La trasmissione verticale (transovarica), comporta il trasferimento di particelle virali da una generazione a quella successiva [15, 28, 68, 118]. La trasmissione transovarica è ritenuta possibile in quanto si è osservato che: 1) le regine possono essere positive per più virus; 2) vi è presenza di virus negli ovari; 3) i virus (es. DWV) sono presenti sulla superficie delle uova e anche al loro interno, anche quando la superficie è sterilizzata; 4) i virus sono presenti in ogni stadio di sviluppo dell'ape, anche in assenza di varroa e di virus in pappa reale. A volte la trasmissione verticale equivale, nella realtà, alla trasmissione sessuale o venerea, quando, durante l'accoppiamento, lo sperma infetto dai fuchi viene trasferito alla regina, che poi produce uova infette. In realtà, quindi, la differenza tra la trasmissione orizzontale e verticale non è sempre ben definita ed è spesso un argomento di discussione, stante anche l'attuale carenza di evidenze sperimentali sulla trasmissione per via transpermatica.

4.1.3.3 Modello epidemiologico di trasmissione dei virus

Fries e Camazine [118] hanno ipotizzato che nel rapporto ospite-parassita la trasmissione orizzontale sia un meccanismo che seleziona i virus letali ad alta virulenza, mentre la trasmissione verticale quelli a bassa virulenza. Il modo di trasmissione è un fattore decisivo nella virulenza dei virus. La virulentizzazione è regolata, infatti, dalla competizione fra questi due modi di trasmissione [119–121]. Con la trasmissione orizzontale la virulenza aumenta a seguito della moltiplicazione virale a elevato titolo: più aumentano i virus, più è facilitata l'infezione dell'ospite e maggiore è la trasmissione. Di contro, la virulenza di un patogeno diminuisce con la trasmissione verticale poiché la fitness dell'ospite è legata alla capacità dell'ospite infetto di sopravvivere e riprodursi. La mancata riproduzione dell'ospite determina, infatti, anche la mancata riproduzione dell'agente patogeno. Di conseguenza, la trasmissione verticale è correlata con la bassa virulenza e la latenza. Tuttavia, se il grado di replicazione dei virus è troppo marcato, l'elevata virulenza causa una sensibile mortalità nell'ospite, che perde la propria fitness prima di produrre una progenie sufficiente a infettare altri ospiti. D'altra parte, se il grado di replicazione è troppo basso, il patogeno perde l'opportunità di infettare nuovi ospiti e, quindi, perde la propria fitness. Pertanto, la fitness di un patogeno è il risultato dell'interazione con l'ospite e del bilancio tra trasmissione verticale e orizzontale.

Secondo il modello epidemiologico proposto da Chen et al. [15], i virus scelgono la modalità di trasmissione più conveniente in base alle condizioni epidemiologiche, ecologiche, fisiologiche e di sviluppo della colonia. Si possono, quindi, riconoscere due momenti distinti di presenza e infezione virale: nelle colonie in salute e vitali, i virus si mantengono con trasmissione per via verticale, rimangono allo stato di latenza/persistenza e non causano episodi clinici evidenti. Viceversa, nelle colonie "stressate" (carenze alimentari, varroa, altre patologie, ecc.) e poco vitali, i virus abbandonano lo stato di latenza, si riproducono in modo massivo, si trasmettono per via orizzontale, aumentano la propria virulenza e causano morte degli individui e spopolamento della famiglia.

La dinamica di trasmissione virale a livello di colonie assume un andamento diverso. Una trasmissione orizzontale inter-colonia avviene per fenomeni di saccheggio, deriva o attività di foraggiamento. La deriva si ha quando le api entrano accidentalmente in colonie limitrofe e di questo sono spesso responsabili i fuchi che sono facilmente accettati anche in altre famiglie. Inoltre, quando il flusso di miele è limitato, le api operaie possono tentare di rubare il miele dalle colonie vicine. La trasmissione inter-colonia di tipo verticale si verifica con la sciamatura.

4.1.3.4 Virus e varroa

Da quando *Varroa destructor* ha fatto la sua comparsa negli alveari italiani a inizio anni '90, si è avuto un incremento delle patologie tradizionali, in quanto la gravità dell'infestazione da varroa non è dovuta solo ai danni diretti che arreca alla covata e agli adulti, ma anche a quelli indiretti. Da un lato, infatti, soprattutto in conseguenza dell'attività alimentare della varroa, si osserva calo di attività, depressione immunitaria, diminuzione di peso e accorciamento della vita delle api, che può portare alla distruzione della colonia nel giro di qualche tempo [122–126].

Dall'altro, il trauma dei tessuti dell'ape indotto dall'apparato boccale del parassita fa sì che, durante l'attività alimentare tesa a succhiare l'emolinfa, la varroa agisca anche da vettore virale. Il riscontro di questi virus nelle varroe ne supporta il ruolo come veicolo di trasmissione tra le api [13, 31, 32, 55, 65, 66, 127, 128]. Precedenti indagini hanno evidenziato che il parassita aumenta la suscettibilità dell'ape verso patogeni secondari e, in particolare, come già descritto, ABPV, DWV, CBPV, KBV, IAPV, SPV, BQCV, CWV e SBV [2, 4, 5, 13, 129, 130]. Osservazioni di campo indicano, quindi, che in colonie fortemente infestate dall'acaro si presenta un quadro patologico molto ampio, indicato come "sindrome di parassitosi da acari", dovuto all'esplosione di malattie secondarie [131, 132].

L'osservazione di una correlazione diretta tra livelli di infestazione e carica virale nelle api infette indica l'esistenza di una trasmissione da vettori nelle api ma anche che la varroa non è solo veicolo passivo ma attivatore dei virus delle api [4]. Tuttavia, i meccanismi attraverso i quali si attua l'attività predisponente della varroa non sono ancora del tutto noti [89, 133–135] e sono state avanzate due ipotesi: 1) attivazione della moltiplicazione di virus presenti in forma latente, a seguito delle ferite e lesioni traumatiche provocate da varroa sulle larve durante l'attività alimentare, con successiva localizzazione in organi bersaglio; 2) azione inibitoria per rilascio di enzimi digestivi, sui meccanismi di inibizione e difesa che normalmente limitano la replicazione virale.

Secondo quanto descritto da Bowen-Walker et al. [77], la varroa è veicolo di virus DWV con due modalità: 1) attraverso l'attività alimentare, causando un'attivazione virale; o 2) come vettore passivo, trasportando i virus con la saliva o contenuto intestinale. La varroa può acquisire il virus da api infette e ci sono più probabilità che un'ape nasca deformata o muoia se la varroa si è precedentemente alimentata su un'ape deformata. Inoltre, alla diffusione della varroa in un'area si associa spesso la comparsa più o meno immediata di patologie secondarie incluse le virosi.

Studi successivi hanno chiaramente dimostrato il ruolo di vettore della varroa anche per KBV [33]: vi era una correlazione diretta e significativa tra percentuale di pupe che divenivano positive all'infezione del virus e numero di varroe introdotte in celle di covata. Inoltre, la valutazione dell'efficienza di trasmissione del virus rivelava che la frequenza di virus nei parassiti era direttamente correlata con il numero di parassiti per cella; infatti, maggiore era il numero di varroe introdotte in ciascuna cella, più elevata era la possibilità che tutte le varroe diventassero KBV positive, fintantoché almeno una varroa era KBV positiva. Questo risultato dimostra che non solo le varroe trasmettono il virus alle api, ma anche che varroe non infette possono acquisire il virus coabitando in una cella con un'altra varroa infetta e questo avverrebbe presumibilmente tramite l'ospite parassitizzato. Shen et al. [32] hanno fornito ulteriori evidenze circa il ruolo della varroa nel trasmettere KBV e DWV nelle colonie di api. L'esito dell'infestazione dipende, quindi, da numerosi fattori quali: il numero assoluto di varroe, la presenza (*quali virus*) e il livello (*a quale titolo*) di infezione virale, la prevalenza e titolo virale nella popolazione di varroe, la patogenicità del ceppo virale, la suscettibilità delle api e, forse, della varroa al virus, la quantità di covata presente nella colonia. In sostanza, è il livello, vale a dire il titolo, di DWV presente nelle api e non la sola assenza/presenza che determina se nasceranno deformate o meno. È noto, inoltre, che il numero di copie di genoma di DWV nelle varroe condiziona lo sviluppo o meno di api con ali deformi e che il virus DWV replica anche nella varroa; infatti, si ritrovano concentrazioni elevatissime di virus anche in varroe da api non deformi. Infine, c'è una correlazione positiva fra aumento del numero di varroe e aumento della percentuale di api deformate [78].

4.2 Tecniche diagnostiche per la ricerca dei virus delle api

4.2.1 Diagnosi

La diagnosi di sintomatologie correlabili a virosi e la ricerca della presenza di particelle virali nelle api comprendono un settore di studio piuttosto ampio che utilizza tecniche diversificate, che vanno dalla biologia molecolare e subcellulare agli studi di fisiologia e del comportamento, per identificare quadri clinici a livello individuale e dell'intera colonia, onde chiarire le modalità di trasmissione e l'epidemiologia. I metodi di ricerca utilizzati in virologia sono, quindi, altrettanto diversi. L'osservazione sintomatica è ancora ampiamente utilizzata dagli apicoltori e dai ricercatori per identificare gli agenti infettivi. Alcuni virus causano sintomi chiaramente definiti che possono essere usati con sicurezza e precisione per la diagnostica. SBV forma un astuccio giallo che contiene la larva liquefatta, mentre le ali ritorte, deformate o mancanti su api adulte sono caratteristici di DWV. Alti livelli di infezione da ABPV provocano tremore, paralisi, addome rigonfio, torace lucido e l'incapacità di volare. Lo svantaggio dell'osservazione è che le infezioni virali sono spesso asintomatiche: la malattia può non essere osservata in tutte le caste e le fasi della vita, e le infezioni multiple possono produrre osservazioni confuse.

In questo paragrafo tratteremo i principali metodi di rilevazione utilizzati nella diagnostica di laboratorio, per evidenziare la presenza di particelle virali all'interno dell'ospite, concentrandoci sugli agenti virali di cui si dispone oggi più ampia conoscenza. Prima di descrivere le varie tecniche è bene ricordare che ognuna di esse ha i suoi punti di forza e le sue debolezze e che ogni saggio diagnostico deve idealmente possedere le seguenti caratteristiche: deve essere sensibile (evitare falsi negativi), specifico (evitare falsi positivi), affidabile (ovvero robusto rispetto a lievi variazioni ambientali), ripetibile (produrre risultati comparabili su saggi ripetuti), universale (in grado di evidenziare il patogeno in ogni suo stadio vitale), semplice (non richiedere abilità particolari), veloce (in modo da poter effettuare analisi che possano restituire un risultato in tempi utili per approntare contromisure) e infine economico, per poter essere applicato su ampia scala.

4.2.1.1 Campionamento

Il campionamento della matrice da sottoporre ad analisi dovrebbe sempre essere condotto in modo da garantire la maggiore rappresentatività possibile dello stato della colonia e dell'infezione che in essa si presume insista. Inoltre, poiché le diverse specie di virus hanno meccanismi peculiari di infezione e propagazione all'interno della colonia, è corretto tenere in considerazione queste differenze sin dal campionamento; a tal proposito, in Figura 4.10 viene fornito un quadro riassuntivo delle caratteristiche note per le virosi delle api riconosciute. Studi estesi sulle modalità di campionamento sono stati pubblicati da Evans et al. [136].

In linea generale, poiché la quasi totalità dei virus che infettano le api sono virus a RNA e data la rapida degradazione a cui questo acido nucleico è soggetto, è particolarmente importante prevedere alcuni accorgimenti per la conservazione e il trasporto del campione dal campo al laboratorio [137, 138]. La soluzione ottimale è quella di congelare il più rapidamente possibile i campioni e mantenerli congelati sino al suo arrivo in laboratorio; in alternativa, esistono numerose soluzioni "stabilizzanti" l'RNA, più pratiche per l'utilizzo in campo, ma non altrettanto efficaci quanto il congelamento, dal momento che hanno un tempo di penetrazione all'interno dell'esoscheletro lungo (sono pertanto consigliate in caso di prelievi di porzioni di tessuto, uova o larve, e comunque in quantità di almeno 5 volte il volume di tessuto da preservare). Occorre, comunque, sottolineare che non è tanto il genoma virale che incorre in rapida degradazione, quanto piuttosto i piccoli filamenti di RNA messaggero (mRNA) che sono sintetizzati dai virus e dall'ospite nelle fasi di replicazione e risposta all'infezione: pertanto, il rigoroso rispetto della catena del freddo è particolarmente importante qualora il campionamento sia finalizzato a uno studio dello stato di infezione e dell'interazione tra virus e ospite, piuttosto che alla sola identificazione del virus stesso. Il congelamento in campo è complicato da un punto di vista logistico e spesso risulta costoso se da applicare su larga scala: qualora vi sia la possibilità di congelare il campione entro 48 ore dal prelievo, può essere sufficiente anche il solo trasporto in ghiaccio. Il trasporto di api vive, sebbene impedisca la degradazione degli acidi nucleici, altera l'espressione dei geni dell'ospite ed è, pertanto, sconsigliato in prelievi finalizzati a studi di espressione genica, mentre rimane un metodo valido per campionamenti finalizzati all'identificazione del/dei virus.

Cosa, quando e dove campionare?

Tutti i virus a oggi noti sono stati rilevati in api adulte, pertanto le api adulte, vive, risultano la matrice più adatta a monitoraggi o indagini generiche. All'interno delle api vive, l'intestino rappresenta il tessuto dove si concentrano maggiormente le particelle virali (e altri patogeni in genere). Il titolo virale, ovvero il numero delle particelle virali, nelle api adulte è profondamente variabile in funzione dell'età e delle mansioni svolte dal singolo individuo nel corso della sua esistenza: è pertanto opportuno campionare quanto più possibile api coetanee, al fine di minimizzare la variabilità dovuta a questo andamento [139]. Da ciò deriva, inoltre, che il momento migliore per effettuare il campionamento è durante la stagione attiva, nelle ore di piena attività della famiglia, in modo che sia visibile una più chiara e netta divisione delle caste di operaie all'interno della famiglia stessa; la scelta di quale casta campionare è meno rilevante rispetto all'omogeneità del campione raccolto. Generalmente, 200 api sono un campione sufficiente per effettuare numerose analisi; il numero di api da raccogliere in modo da ottenere un campione rappresentativo è comunque in funzione dello stato di sviluppo della colonia [140]. Infine, è opportuno fare qualche considerazione anche su quando e quante volte ripetere il campionamento nell'arco dell'anno: come ovvio, esistono differenze dovute alle condizioni climatiche e all'andamento delle fioriture, che in ogni località influiscono sul diverso andamento dello sviluppo della colonia (e dei virus in essa presenti). Inoltre, il tipo di frequenza con cui si effettua il campionamento è variabile in funzione del tipo di monitoraggio o studio che si sta conducendo; nuovamente, le informazioni riportate in Figura 4.10 sull'incidenza stagionale possono essere utili a scegliere i periodi più idonei a seconda del/dei virus oggetto di studio. Per studi di prevalenza geografica può essere sufficiente un solo campionamento annuale, a inizio autunno, quando molti dei virus principali hanno il loro picco di incidenza. Per campionamenti mirati a verificare un eventuale andamento stagionale si consigliano almeno tre prelievi l'anno (inizio primavera, piena estate e tardo autunno), al fine di osservare le variazioni stagionali in modo più marcato e per identificare l'associazione delle virosi con picchi di sviluppo di altri patogeni o parassiti.

Qualora l'obiettivo dello studio non fosse la popolazione di api adulte, vengono suggerite le seguenti modalità di prelievo: 1) per l'analisi di pupe, si consiglia il ritaglio di una porzione di favo di covata opercolata di 10 × 10 cm; 2) se l'oggetto del prelievo sono le larve, è bene estrarle singolarmente e riporle in tubi sterili ovvero, se si ritaglia una porzione di favo, sigillarla con fogli adesivi onde evitare che nel trasporto possano fuoriuscire dalle celle; 3) anche le uova possono essere prelevate ritagliando una porzione di favo e, in questo caso, è importante prevenire che possano disidratarsi durante il trasporto, utilizzando una scatola areata contenente un tampone umido; 4) la raccolta di feci può essere utile se lo studio ha necessità di non sacrificare l'individuo (come, ad esempio, nel caso di analisi sulla regina) e, in questo caso, è utile isolare l'individuo in una capsula Petri, attendendo che qui avvenga la defecazione; infine, 5) quando lo studio richiede il prelievo di api morte, si suggerisce l'accortezza di prelevare le api più secche: in questo caso, il trasporto al laboratorio potrà avvenire a temperatura ambiente.

4.2.1.2 Diagnostica mediante microscopia elettronica

La microscopia elettronica (ME) in colorazione negativa ha una sensibilità variabile in rapporto al metodo usato e può svelare presenza di virus in modalità semiquantitativa, anche in assenza di specifici reagenti. È costosa e dispendiosa in termini di tempo per indagini su larga scala e, data la similarità morfologica di molti agenti virali delle api, più spesso si riesce a fare una diagnosi generica di virosi, senza poter definire con esattezza il tipo di virus. Tuttavia, utilizzando il metodo di immunoelettronmicroscopia (IEM), che sfrutta antisieri monospecifici, ad esempio per il virus delle ali deformi (DWV) o il virus della paralisi acuta (ABPV), è possibile anche arrivare a una diagnosi specifica di tipo virale. Per la ricerca di virus si possono adottare le tecniche di colorazione negativa comunemente in uso per la diagnosi di infezioni virali, basate sul metodo dell'ultracentrifugazione con Airfuge [141]. In particolare, due sono le varianti metodologiche di esame ultramicroscopico applicabili: colorazione negativa (CN) e IEM secondo il protocollo descritto da Carpana et al. [142]. Gli estratti sono preparati e trattati secondo il protocollo descritto da Bailey e Ball [91], poi omogenizzati e centrifugati a 3.000 g per 30 minuti e 9.000 g per 30 minuti per eliminare i detriti più grossolani. Dopo ultracentrifugazione in Airfuge Beckman a circa 90.000 g per 20', si procede a colorazione negativa con una soluzione al 2% del sale sodico dell'acido fosfotungstico (NaPt), pH 6,8. Per l'osservazione si impiega un microscopio elettronico a trasmissione (TEM) operante a 80–100 kV, a ingrandimenti compresi fra 15500 e 39000X.

Mediante l'uso delle tecniche di ME, il riconoscimento virale avviene mediante identificazione morfologica (forma, dimensioni, simmetria, caratteristiche strutturali, ecc.). La sensibilità del metodo è invece condizionata da tipo e modalità di arricchimento. Il metodo qui descritto prevede uno step di ultracentrifugazione che determina una concentrazione delle particelle e porta la sensibilità fino a un livello soglia di positività in presenza di almeno 10^3–10^4 particelle/ml. Data la similarità morfologica di molti agenti virali delle api, questa tecnica è in grado di dare una diagnosi generica sul tipo di virus, riuscendo a definire con esattezza soltanto la classe, ma non la specie d'appartenenza. Tuttavia, un'identificazione della specie virale può essere effettuata con metodica IEM che prevede l'uso di siero con anticorpi policlonali o monoclonali [143]. Rispetto al metodo di colorazione negativa sopra descritto, un'aliquota (50 μl) del campione in esame viene incubato con una pari quantità di siero per 1 ora a 37 °C in leggera agitazione prima dell'ultracentrifugazione. In fase di lettura, la reazione positiva è espressa dalla formazione di immunoaggregati, ovvero da gruppi densi composti da numerose particelle rivestite da anticorpi (Fig. 4.11).

4.2.1.3 Diagnostica sierologica

I metodi basati sulla sierologia (uso di anticorpi noti) indagano principalmente la composizione delle proteine di rivestimento che compongono il capside del virus che, in molti casi, si combinano a formare determinanti antigenici che sono specie- o ceppo-specifici. Il riconoscimento delle proteine viene effettuato mediante l'utilizzo di anticorpi specifici, poli- o monoclonali. Il problema principale nell'utilizzo di questa tecnica è l'impossibilità di replicare le particelle virali su piastra (colture pure) al fine di produrre sieri iperimmuni monospecifici, e la contemporanea mancanza di campioni di controllo positivi per un

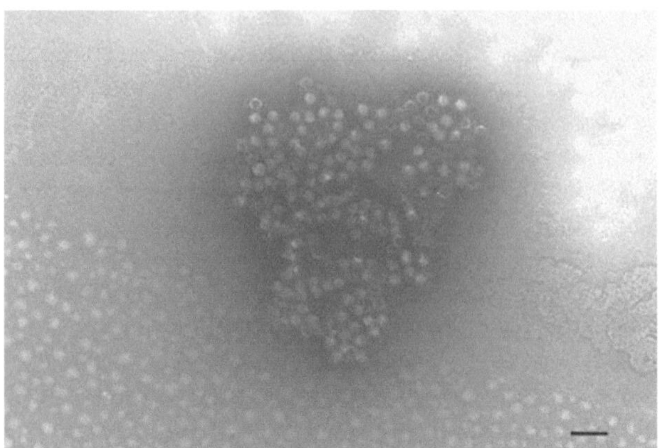

Fig. 4.11 Particolare di un aggregato di particelle virali visibile con metodica IEM con siero iperimmune specifico anti-DWV. Bar = 100nm

solo virus. Questo porta a una bassa specificità degli anticorpi prodotti in quanto, con ogni probabilità, derivati da una miscela di diversi virus, più spesso con titoli variabili. La conseguenza di questa bassa specificità si traduce in una maggiore frequenza di campioni falsi positivi.

Una delle tecniche utilizzate mira alla definizione del profilo proteico del virus e si basa sulla *migrazione elettroforetica dell'estratto proteico* attraverso un gel di poliacrilamide, dove le diverse proteine sono separate in base al loro peso molecolare. Ogni virus ha un tipico profilo proteico e l'identificazione del virus contenuto nell'estratto avviene per comparazione tra il profilo noto e il profilo ottenuto [144–147]. Nel caso dei virus delle api, il solo profilo proteico spesso non è sufficiente a giungere alla completa identificazione del virus, proprio per la mancanza di controlli positivi composti da un singolo virus. Pertanto, per giungere all'identificazione, questa tecnica viene associata all'utilizzo di anticorpi specifici (*Western Blot*). Un ulteriore fattore limitante per questa metodologia diagnostica è la quantità di proteina virale disponibile: essendo la tecnica non particolarmente sensibile, spesso possono essere omesse diagnosi di campioni infetti a livello subclinico.

Sempre nell'ambito della diagnostica sierologica, citiamo la tecnica dell'*Immuno-Diffusione in Gel di Agar* (AGID), che si basa sul principio per cui l'antigene, legando il suo anticorpo specifico, genera un precipitato insolubile e visibile. Questa tecnica è stata ampiamente utilizzata in passato [36, 148, 149] in quanto è semplice, veloce e piuttosto affidabile anche se relativamente poco sensibile. La sua affidabilità e specificità sono legate alla qualità dei sieri utilizzati che spesso, in passato, erano policlonali ottenuti da frazioni purificate da materiale patogeno, come tali contenenti più di un virus. Buoni risultati si ottengono oggi con l'utilizzo di anticorpi monoclonali anche se, in tal modo, il metodo risulta piuttosto costoso.

Dalla metà degli anni '80 è diventato piuttosto popolare il saggio immunoenzimatico ELISA (dall'acronimo inglese *Enzyme Linked Immuno Sorbent*

Assay), che ha trovato frequente applicazione anche in studi sulle api [4, 21, 91, 143, 148, 150–155]. I protocolli possono presentare piccole differenze, ma il principio generale prevede che l'estratto proteico (campione virale estratto e opportunamente preparato) sia adsorbito direttamente o indirettamente tramite un siero specifico su una piastra, alla quale vengono poi aggiunti gli anticorpi specifici per ciascun virus che si vuole ricercare, legati a un enzima. A questo punto, se l'antigene e gli anticorpi si legano, formano degli immunocomplessi, l'introduzione del substrato per l'enzima legato all'anticorpo produrrà una reazione (visibile mediante cambiamento di colore o di emissione di luce) e dalla quantità di anticorpo necessaria si può derivare la quantità di antigene presente in un determinato campione [129]. I principali vantaggi offerti dai saggi ELISA sono l'elevata sensibilità, che permette di svelare anche infezioni latenti, il basso costo e la pressoché completa automazione, che lo rendono adatto a indagini su larga scala. Sono metodi potenzialmente molto specifici in funzione della qualità dei reagenti utilizzati (es. anticorpi monoclonali). Per contro, ogni saggio può evidenziare la presenza di un solo tipo di virus e la possibilità di ottenere false positività non è trascurabile.

4.2.1.4 Diagnostica molecolare

Gli approcci basati su metodiche molecolari rilevano il materiale genetico (RNA) del virus e sono caratterizzati da un'elevata sensibilità e specificità. L'elevata variabilità molecolare dei virus determina però un problema di affidabilità, che può portare alla diagnosi di falsi negativi: per ovviare a questo problema risulta consigliabile effettuare saggi in diverse regioni genomiche dello stesso virus. Tuttavia, il costante incremento di sequenze virali prodotte e depositate nelle banche dati consente sempre più di individuare regioni costanti sulle quali disegnare i saggi, in modo da renderli robusti. Alcuni saggi consentono l'individuazione di più patogeni contemporaneamente (saggi multi-target). L'evoluzione dei sequenziatori di seconda generazione (pyrosequenziamento) consente, inoltre, di effettuare indagini senza alcuna conoscenza *a priori* del genoma del patogeno.

Grazie a proprietà quali sensibilità, precisione, economicità, rapidità di esecuzione, ripetibilità e riproducibilità, i test diagnostici molecolari maggiormente utilizzati sfruttano le tecniche di RT-PCR e di PCR [11, 13, 39, 40, 55, 65, 66, 116, 128, 156]. Se condotti mediante l'utilizzo di controlli positivi a concentrazione nota, è possibile giungere non solo a un'identificazione del patogeno, ma anche alla sua quantificazione (*qReal-time PCR*). Sempre attraverso la PCR Real-Time, è possibile anche condurre studi mirati alla quantificazione dei trascritti intermedi di genoma e ospite (RNA messaggeri o mRNA), mediante i quali è possibile effettuare ricerche sull'espressione genica finalizzate alla comprensione del metabolismo dei patogeni e delle risposte immunitarie dell'ospite. Lo stesso principio utilizzato per garantire la specificità ai saggi condotti in PCR, ovvero l'omologia tra una sequenza "sonda" e una sequenza "bersaglio" viene sfruttato anche nella tecnica denominata *Microarray*: in questo caso, centinaia di sequenze "sonda" vengono diffuse sul substrato contenente l'estratto di acidi nucleici: la simultanea ibridazione delle sonde al substrato consente l'individuazione di numerosi patogeni contemporaneamente. In prospettiva, considerando che la diagnostica patologica si sta sempre più spostando dall'identificazione del singolo patogeno verso lo studio dell'interazione di multipli patogeni presenti nello stesso ospite, la tecnologia dei Microarray sembra essere in questo senso la più promettente [157, 158].

4.2.2 Presenza e diffusione delle virosi delle api in Italia

La limitata disponibilità di reagenti e metodi diagnostici ha reso per lungo tempo difficilmente applicabili le più tradizionali tecniche virologiche e solo il progressivo diffondersi, dalla metà degli anni '90, di metodi molecolari (PCR) ha permesso un sensibile e progressivo arricchimento delle informazioni disponibili sulla presenza di virosi in Italia come in altri paesi. Ciononostante, la diffusione e prevalenza di virus in apiari, in presenza e/o assenza di quadri clinici conclamati e di spopolamento, e l'eventuale correlazione tra grado d'infestazione da varroa e incidenza di quadri patologici è stata in questi anni ampiamente studiata sul territorio nazionale.

Nel periodo 1989–1993 è stata condotta, mediante esame al microscopio elettronico in colorazione negativa, un'indagine su 164 colonie di api, per un totale di 290 campioni (larve a diverso stadio di sviluppo, api adulte, varroe e api regine), conferiti in larga parte per accertamenti diagnostici da diverse province italiane, allo scopo di verificare l'incidenza di riscontro di agenti virali e confermare, se possibile, la loro azione patogena [142, 159]. Poiché l'identità tassonomica dei virus osservati al ME risultava spesso non definibile a causa delle similarità morfologiche condivise dalla maggior parte di essi, alcuni campioni sono stati caratterizzati presso la Rothamsted Experimental Station dalla Dr.ssa Ball mediante metodica AGID, che ha identificato i seguenti virus: *Chronic Paralysis Virus* (CPV), *Chronic Paralysis Virus Associate* (CPVA), *Acute Bee Paralysis Virus* (ABPV), *Black Queen Cell Virus* (BQCV), *Deformed Wing Virus* (DWV), *Cloudy Wing Particle* (CWP), *Filamentous Virus* (FV) [Lavazza, dati non pubblicati]. Nel 40,8% delle colonie si è potuta evidenziare almeno una positività virale, mentre i campioni positivi erano il 30,3%. La probabilità di riscontrare colonie positive aumentava in modo direttamente proporzionale al numero di campioni per colonia esaminati. Si è notato: elevata frequenza di positività delle varroe (90,4%), a conferma del ruolo essenziale loro attribuito nella diffusione delle virosi; tasso minimo nelle larve disopercolate (17,6%); discreta positività tra le api regine (36,3%) e covata opercolata (30,3%). Negli adulti era più frequente il riscontro di livelli di infezione virale medio-bassi (fenomeno di latenza); tuttavia, quando vi erano sintomi di paralisi e atrofia delle ali, il titolo virale negli adulti era elevato, quale espressione di probabile riattivazione di virus latenti. Nei soggetti adulti e nelle regine era più frequente il riscontro di altri tipi virali: virus ali opache (CWP), virus filamentoso (FV) e il virus della paralisi cronica (CPV), e anche presenza di differenti virus in associazione. Le positività virali furono, così, riscontrate in colonie che presentavano quadri clinici differenti, ma anche in colonie sane di controllo. La presenza di virus, soprattutto ABPV, aumentava in caso di sintomatologia negli adulti caratterizzata da ali atrofiche e deformi, paralisi e difficoltà al volo e di lesioni riferibili a mal nero. In caso di mortalità della covata, la positività era prevalente nelle larve opercolate. In caso di spopolamento, positività virali in tutti i tipi di campioni, comprese le regine e le varroe. Nelle colonie asintomatiche sono stati osservati virus in tutte le categorie di campioni, ma soprattutto nelle varroe, a testimonianza del potenziale ruolo di diffusore attribuibile al parassita e incapacità dei virus a scatenare un quadro clinico primario, se le famiglie mantengono la loro "omeostasi". La positività virale, in percentuale, è stata rispettivamente del 46,5% nelle colonie con patologia definita, del 34,1% in quelle con patologia non definita e del 47,6% nei controlli. In conclusione, già allora veniva confermata l'effettiva diffusione di alcuni tipi virali in Italia, al punto che tali infezioni erano da ritenersi piuttosto comuni e si ribadiva la loro importanza, non tanto in veste di patogeni primari ma piuttosto di patogeni "secondari" dei virus, dato che la loro frequenza aumenta in concomitanza di altri patogeni delle api, quale concausa di entità nosologiche multifattoriali.

Durante il periodo 1997–1998 sono state condotte indagini in Sicilia sulla presenza di virosi in 58 alveari [160] che presentavano per la maggior parte problemi allo sviluppo, sofferenza e, in qualche caso, spopolamento. Particelle virali sono state osservate nel 12,6% dei campioni e nel 15,5% degli alveari. Inoltre, in altrettanti 12,6% di campioni, corrispondenti al 10,3% degli alveari, erano osservabili al microscopio elettronico particelle virali in bassa quantità (valutazione +/–). Anche in questo studio risultò che a un'alta infestazione di varroa si associava una positività virale principalmente in api con le ali deformi e in diversi alveari con spopolamento, indebolimento delle famiglie e/o mortalità di api si osservava solo positività ai virus, mentre tutti gli altri esami erano negativi. In conclusione si sosteneva, per il controllo e la riduzione delle virosi, l'adozione di buone procedure di tecniche apistiche e un'appropriata conduzione igienica degli alveari.

I risultati delle successive indagini analisi eseguite presso gli Istituti Zooprofilattici Sperimentali di Roma (IZSLT) e Brescia (IZSLER) hanno sostanzialmente confermato i dati acquisiti in precedenza. Nelle sole regioni Lazio e Toscana, nel periodo 2004–2012 sono stati esaminati 1461 campioni: (larve, pupe, api allo sfarfallamento e adulte) da oltre 200 aziende apistiche e 3 aree naturali protette [161]. L'anamnesi di questi casi riportava lentezza nella ripresa primaverile delle colonie, elevata mortalità delle larve e, in alcuni casi, grave spopolamento e morte. Sono state eseguite indagini parassitologiche (varroa, nosema e amebiasi), batteriologiche (peste europea e americana) ed esami virologici (larve, propupe e pupe, api allo sfarfallamento e adulte deformate) dapprima mediante ME (656 campioni) e poi, dal 2010, in modo sistematico con PCR (1148 campioni). All'esame ultramiscroscopico sono risultati positivi per particelle virali picornavirus-like 538 campioni (81,01%). Di questi, l'identificazione mediante immunoelettronmicroscopia per ABPV (IEM-ABPV) e MAb-ELISA per DWV ha permesso di identificare 146 campioni positivi per DWV, 5 campioni positivi per ABPV e 1 campione positivo per entrambi ABPV + DWV. In PCR, nel triennio 2010–2012 sono stati identificati: ABPV (58,28%), CBPV (50,44%), DWV (82,06%), SBV (64,20%), BQCV (25,78%), KBV (2,09%), IAPV (8,45%). La presenza di più virus in associazione era un'evenienza piuttosto frequente. Le positività per DWV si associavano, in diversi casi, a positività anche per *Malpighamoeba mellificae*, *Nosema apis*, peste europea e peste americana. Nel complesso, le infezioni virali e, in particolare, i virus più diffusi DWV-ABPV-CBPV, erano spesso associati ad alta infestazione da varroa, soprattutto a carico della covata opercolata, ma anche degli adulti, e in molte arnie con sospetta sindrome da spopolamento è stata fatta diagnosi di virosi ad alto titolo. Ciò conferma ancora una volta come la diffusione dei virus sia strettamente connessa a un'elevata infestazione da varroa.

Nel periodo 2009–2011 all'IZSLER sono stati recapitati dal proprio territorio di competenza (Lombardia ed Emilia Romagna) un totale di 587 conferimenti di api a diverso stadio di sviluppo per analisi di laboratorio, per determinare le cause dei quadri anomali osservati. In 483 casi (82,3%) è stato possibile identificare almeno un'irregolarità riferibile a un agente infettivo. DWV, il solo virus ricercato sistematicamente mediante MAb-ELISA è risultato presente nel 44,6% dei campioni analizzati e nel 54,2 dei conferimenti con irregolarità [Lavazza, osservazioni personali]. La minor frequenza rispetto a quanto osservato in Italia centrale è solo apparente e da imputare alla relativa minor sensibilità del metodo ELISA rispetto ai metodi molecolari. Infatti, in un'indagine preliminare condotta su 64 campioni con un metodo di real time-PCR quantitativa [162] era evidenziata la presenza del virus nel 96,8% dei campioni testati, seppure in alcuni campioni le concentrazioni risultassero molto basse. Risultavano positivi anche campioni negativi con le altre due metodiche, a testimonianza dell'elevata sensibilità del metodo.

Il progetto nazionale Apenet, finanziato dal Ministero dell'Agricoltura e svoltosi negli anni 2009–2010, ha permesso di acquisire ulteriori dati sulla diffusione e presenza delle virosi in Italia, esaminando un campione rappresentativo di apiari dislocati su tutto il territorio nazionale. DWV, BQCV, SBV, ABPV, CBPV, KBV e IAPV sono stati identificati durante le indagini. Mentre i primi cinque erano presenti in tutte le regioni italiane, anche se con diversa prevalenza, KBV e IAPV sono stati identificati solo in aree limitate. A registrare la maggior prevalenza (tra 59 e 96%) erano DWV e BQCV. Nel 2010 la prevalenza per SBV è aumentata sensibilmente dal 49 al 72%. In Sud Italia la prevalenza per ABPV è aumentata sensibilmente al 51%, più del doppio dell'anno precedente. La diagnosi di DWV e ABPV era fortemente correlata all'impatto dell'infestazione da varroa sulle colonie di api. Ciò, in particolare, nelle aree del Sud Italia dove, per condizioni climatiche, non c'è interruzione di covata.

4.2.3 Come intervenire in caso di malattie virali

Poco si può suggerire circa le modalità di intervento in caso di diagnosi di virosi delle api. Come per tutte le malattie virali, non esistono rimedi terapeutici specifici ed efficaci ad eccezione di un prodotto antivirale denominato Remebee^{TM}, ancora in fase di sperimentazione, in grado di limitare l'impatto dell'infezione causata da IAPV. Sviluppato con la tecnologia del RNA interferente (RNAi), questo antivirale andrebbe addizionato alla soluzione di saccarosio somministrata alle api nel periodo in cui non bottinano.

In caso di sintomatologia particolarmente grave, quando non si voglia investire troppo tempo nella gestione degli alveari con esiti peraltro dubbi, l'unico rimedio è la distruzione delle famiglie colpite (sempre che la natura non abbia già fatto il proprio corso, che poi è la situazione più frequente, essendo spesso le virosi diagnosticate su famiglie già spopolate). Negli altri casi, si possono realizzare le seguenti pratiche apistiche: distruzione dei favi contenenti la covata infetta (possono essere sostituiti con favi contenenti una covata nascente prelevata da alveari sani), messa a sciame abbinata a trattamento antivarroa e sostituzione delle api regine.

Le arnie delle famiglie infette vanno opportunamente lavate e disinfettate con composti virulicidi prima di essere nuovamente utilizzate. Nell'attuare i trattamenti di disinfezione si deve considerare che la presenza di residui organici può disattivare alcuni principi attivi del prodotto disinfettante e quindi, prima di usare i disinfettanti, bisogna eseguire un'accurata pulizia per rimuovere il materiale organico. I disinfettanti devono essere prodotti autorizzati e/o registrati, e vanno utilizzati conformemente alle raccomandazioni del fabbricante. Le condizioni di utilizzo dei detergenti e dei disinfettanti devono essere tali da non alterarne l'efficacia; occorre, in particolare, rispettare i parametri tecnici indicati dal fabbricante, quali la pressione, la temperatura minima e il tempo di contatto necessario. La disinfezione va attuata con metodi e prodotti preferibilmente non corrosivi, aventi un buon potere penetrante, non disattivati da polverosità e da sostanze organiche, e privi di tossicità per le api. La scelta dei prodotti e delle procedure di disinfezione deve tenere conto della natura e della tipologia di oggetti da trattare. Si possono usare metodi fisici e chimici. Tra i primi ci sono la fiamma diretta e il calore umido (es. idropulitrice a pressione). I composti chimici disinfettanti più attivi utilizzabili comprendono, per attrezzature e utensili, il complesso potassio perossi-monosolfato in formulazione multiattiva, i composti a base di cloro, iodio e iodofori, i composti a meccanismo d'azione ossidante (acido acetico e acqua ossigenata); per mani e vestiti, l'acido citrico e il benzalconio cloruro; per l'ambiente, il terreno, scarpe, veicoli, materiale organico, ecc., l'idrossido di sodio (soda caustica), il carbonato di sodio (lisciva o soda del commercio), l'ossido di calcio (calce viva) e l'idrossido di calcio (calce idrata o spenta).

Vista la stretta correlazione con altre patologie non virali, prima fra tutte la varroasi, ma anche la nosemiasi, la prevenzione delle virosi delle api dipende principalmente dal controllo della varroa con interventi appropriati e coordinati sul territorio. Indubbiamente, è bene quindi effettuare quanto prima possibile durante la stagione produttiva, eventualmente anche tenendo monitorato il livello di infestazione tramite valutazioni quantitative della carica infestante di varroe, un trattamento antivarroa delle famiglie colpite. Ovviamente, il trattamento non può e non deve essere solo di tipo farmacologico, ma è bene associare anche interventi gestionali e di tecnica apistica più specifici (blocco di covata, asportazione di covata, applicazione del favo trappola, asportazione della covata femminile, aggiunta di telai sviluppati e cerei, sforchettata della covata opercolata, bilanciamento della famiglia, ecc.). Inoltre, è importante e necessario ridurre al minimo ogni fattore predisponente e scatenante (stress di ogni natura: chimico, fisico, metabolico, infettivo) in modo da evitare la riattivazione di infezioni virali latenti per una "rottura" dell'equilibrio metabolico della colonia.

Di fondamentale importanza sono dunque le misure preventive e indirette, quali:

- applicare buone pratiche di allevamento in apiario, essenziali per mantenere e potenziare le difese naturali delle colonie e, quindi, prevenire e evitare la moltiplicazione dei virus e la diffusione orizzontale delle infezioni virali;
- attuare misure preventive la diffusione del *Nosema spp.* (es. somministrazione di prodotti adatti allo scopo nella alimentazione delle api);
- monitorare i livelli di infestazione da varroa e di infezione da nosema;
- effettuare un'accurata lotta alla varroa, intervenendo quanto prima possibile durante la stagione produttiva con un trattamento antivarroa delle famiglie colpite;
- esercitare un controllo delle attività su base territoriale e pianificare l'esecuzione di azioni coordinate soprattutto per ridurre la possibilità di reinfestazioni da apiari limitrofi;
- ridurre la densità di apiari, anche in rapporto alle fonti nettarifere disponibili, attuando un corretto censimento degli apiari presenti (anagrafe) e disciplinando la procedura del nomadismo.

4.2.4 Considerazioni e conclusioni

Le manifestazioni cliniche delle patologie delle api sono raramente patognomoniche, con molti sintomi in comune a differenti malattie. Pertanto, è necessario ricorrere sempre alle analisi di laboratorio per confermare l'origine eziologica alla base e per la conferma del sospetto clinico.

In particolare, i quadri patologici associati alle principali virosi (in primis ABPV, CBPV, DWV, IAPV e KBV), sono perlopiù la conseguenza diretta e giungono al culmine di una compromissione generale della colonia, a seguito di disordini di varia natura (tossica, parassitaria, genetica, biochimica, metabolica) corresponsabili della rottura dell'equilibrio di forza delle famiglie.

Di conseguenza, i virus possono essere ritenuti degli agenti complicanti che trovano in altri patogeni, quali soprattutto varroa e nosema, il fattore scatenante la loro attivazione e/o replicazione massiva e trasmissione per contatto orizzontale, contribuendo a determinare il collasso e la morte delle famiglie. In questo determinismo patogenetico, altri importanti fattori causa di stress prolungato (es. errato posizionamento delle arnie, freddo dovuto a frequenti visite invernali da parte dell'apicoltore, squilibrio numerico tra api adulte/covata da alimentare, ecc.) possono favorire lo sviluppo di malattie virali conclamate.

In attesa che ulteriori studi possano: 1) stabilire con maggior precisione il livello di correlazione tra le virosi e le altre patologie delle api; 2) valutare anche la maggior o minor predisposizione genetica delle api a contrarre e manifestare le diverse patologie virali; e 3) comprendere la reale influenza di virus conosciuti e non, su quadri sindromici complessi delle api, non si può che ribadire che, allo stato attuale, la prevenzione delle virosi delle api dipende principalmente dal controllo della varroa con interventi appropriati e coordinati sul territorio.

Bibliografia

1. White GF (1917) Sacbrood. US Dep Agric Bull 431:1–55
2. Allen M, Ball B (1996) The incidence and world distribution of honey bee viruses. Bee World 77:141–162
3. Ellis JD, Munn PA (2005) The worldwide health status of honey bees. Bee World 86:88–101
4. Ball BV, Allen MF (1988) The prevalence of pathogens in honey bee (Apis mellifera) colonies infested with the parasitic mite Varroa jacobsoni. Ann Appl Biol 113:237–244
5. Martin SJ (2001) The role of Varroa and viral pathogens in the collapse of honey bee colonies: a modelling approach. J Appl Ecol 38:1082–1093
6. De Miranda JR, Cordoni G, Budge G (2010) The Acute bee paralysis virus-Kashmir bee virus-Israeli acute paralysis virus complex. J Invertebr Pathol 103:S30–S47
7. Bailey L, Woods RD, Gibbs AJ (1963) 2 viruses from adult honey bees (Apis mellifera Linnaeus). Virology 21:390–395
8. Bailey L, Gibbs AJ (1964) Acute infection of bees with paralysis virus. J Insect Pathol 6:395–407
9. Martin SJ (2001) Varroa destructor reproduction during the winter in Apis mellifera colonies in UK. Exp Appl Acarol 25:321–325
10. Bekesi L, Ball BV, Dobos-Kovacs M et al (1999) Occurrence of acute bee paralysis virus of the honeybee (Apis mellifera) in a Hungarian apiary infested with the parasitic mite Varroa jacobsoni. Acta Vet Hung 47:319–324
11. Berenyi O, Bakonyi T, Derakhshifar I et al (2006) Occurrence of six honeybee viruses in diseased Austrian apiaries. Appl Environ Microbiol 72:2414–2420
12. Faucon JP, Vitu C, Russo P, Vignoni M (1992) Diagnosis of acute paralysis. Application to epidemic honeybee diseases in France during 1990. Apidologie 23:139–146
13. Tentcheva D, Gauthier L, Zappulla N et al (2004) Prevalence and seasonal variations of six bee viruses in Apis mellifera L. and Varroa destructor mite populations in France. Appl Environ Microbiol 70:7185–7191
14. Bailey L, Milne RG (1969) The multiplication regions and interaction of acute and chronic bee-paralysis viruses in adult honey bees. J Gen Virol 4:9–14
15. Chen YP, Evans J, Feldlaufer M (2006) Horizontal and vertical transmission of viruses in the honeybee, Apis mellifera. J Invertebr Pathol 92:152–159
16. Yue C, Schroder M, Bienefeld K, Genersch E (2006) Detection of viral sequences in semen of honeybees (Apis mellifera): Evidence for vertical transmission of viruses through drones.

J Invertebr Pathol 92:105–108

17. Ball BV (1983) The association of Varroa jacobsoni with virus diseases of honey bees. Exp Appl Acarol 19:607–613
18. Ball BV (1985) Acute paralysis virus isolates from honeybee colonies infested with Varroa-Jacobsoni. J Apic Res 24:115–119
19. Govan VA, Leat N, Allsopp M, Davison S (2000) Analysis of the complete genome sequence of acute bee paralysis virus shows that it belongs to the novel group of insect-infecting RNA viruses. Virology 277:457–463
20. Bailey L, Woods RD (1977) 2 more small RNA viruses from honey bees and further observations on sacbrood and acute bee paralysis viruses. J Gen Virol 37:175–182
21. Allen MF, Ball BV (1995) Characterization and serological relationships of strains of Kashmir bee virus. Ann Appl Biol 126:471–484
22. Nielsen SL, Nicolaisen M, Kryger P (2008) Incidence of acute bee paralysis virus, black queen cell virus, chronic bee paralysis virus, deformed wing virus, Kashmir bee virus and sacbrood virus in honey bees (Apis mellifera) in Denmark. Apidologie 39:310–314
23. Siede R, Derakhshifar I, Otten C et al (2005) Prevalence of Kashmir bee virus in central Europe. J Apic Res 44:129–129
24. Bailey L, Carpenter JM, Woods RD (1979) Egypt bee virus and Australian isolates of Kashmir bee virus. J Gen Virol 43:641–647
25. Anderson DL (1991) Kashmir bee virus – a relatively harmless virus of honey bee colonies. Am Bee J 131:767–770
26. Anderson DL, Gibbs AJ (1988) Inapparent virus infections and their interactions in pupae of the honey bee (Apis mellifera Linnaeus) in Australia. J Gen Virol 69:1617–1625
27. Dall DJ (1985) Inapparent infection of honeybee pupae by Kashmir and sacbrood bee viruses in Australia. Ann Appl Biol 106:461–468
28. Shen MQ, Cui LW, Ostiguy N, Cox-Foster D (2005) Intricate transmission routes and interactions between picorna-like viruses (Kashmir bee virus and sacbrood virus) with the honeybee host and the parasitic varroa mite. J Gen Virol 86:2281–2289
29. Hung AC (2000) PCR detection of Kashmir bee virus in honey bee excreta. J Apic Res 39:103–106
30. Chen YP, Pettis JS, Collins A, Feldlaufer MF (2006) Prevalence and transmission of honeybee viruses. Appl Environ Microbiol 72:606–611
31. Hung AC, Shimanuki H (1999) A scientific note on the detection of Kashmir bee virus in individual honeybees and Varroa jacobsoni mites. Apidologie 30:353–354
32. Shen MQ, Yang XL, Cox-Foster D, Cui LW (2005) The role of varroa mites in infections of Kashmir bee virus (KBV) and deformed wing virus (DWV) in honey bees. Virology 342:141–149
33. Chen YP, Pettis JS, Evans JD et al (2004) Transmission of Kashmir bee virus by the ectoparasitic mite Varroa destructor. Apidologie 35:441–448
34. Hung AC, Adams JR, Shimanuki H (1995) Bee parasitic mite syndrome 2. The role of Varroa mite and viruses. Am Bee J 135:702–704
35. Hung AC, Shimanuki H, Knox DA (1996) Inapparent infection of acute paralysis virus and Kashmir bee virus in the US honey bees. Am Bee J 136:874–876
36. Todd JH, De Miranda JR, Ball BV (2007) Incidence and molecular characterization of viruses found in dying New Zealand honey bee (Apis mellifera) colonies infested with Varroa destructor. Apidologie 38:354–367
37. De Miranda JR, Drebot M, Tyler S et al (2004) Complete nucleotide sequence of Kashmir bee virus and comparison with acute bee paralysis virus. J Gen Virol 85:2263–2270
38. Maori E, Lavi S, Mozes-Koch R et al (2007) Isolation and characterization of Israeli acute paralysis virus, a dicistrovirus affecting honeybees in Israel: evidence for diversity due to intra- and inter-species recombination. J Gen Virol 88:3428–3438
39. Cox-Foster DL, Conlan S, Holmes EC et al (2007) A metagenomic survey of microbes in honey bee colony collapse disorder. Science 318:283–287
40. Antunez K, D'Alessandro B, Corbella E et al (2006) Honeybee viruses in Uruguay. J Inver-

tebr Pathol 93:67–70

41. Blanchard P, Schurr F, Celle O et al (2008) First detection of Israeli acute paralysis virus (IAPV) in France, a dicistrovirus affecting honeybees (Apis mellifera). J Invertebr Pathol 99:348–350
42. Di Prisco GF, Pennacchio E, Caprio HF et al (2011) Varroa destructor is an effective vector of Israeli acute paralysis virus in the honeybee, Apis mellifera. J Gen Virol 92:151–155
43. Maori E, Paldi N, Shafir S et al (2009) IAPV, a bee-affecting virus associated with Colony Collapse Disorder can be silenced by dsRNA ingestion. Insect Mol Biol 18:55–60
44. Bakonyi T, Farkas R, Szendroi A et al (2002) Detection of acute bee paralysis virus by RT-PCR in honey bee and Varroa destructor field samples: rapid screening of representative Hungarian apiaries. Apidologie 33:63–74
45. Gauthier L, Tentcheva D, Tournaire M et al (2007) Viral load estimation in asymptomatic honey bee colonies using the quantitative RT-PCR technique. Apidologie 38:426–436
46. Siede R, Konig M, Buchler R et al (2008) A real-time PCR based survey on acute bee paralysis virus in German bee colonies. Apidologie 39:650–661
47. Antunez K, Anido M, Garrido-Bailon E et al (2012) Low prevalence of honeybee viruses in Spain during 2006 and 2007. Res Vet Sci 93:1441–1445
48. Francis RM, Kryger P (2012) Single assay detection of acute bee paralysis virus, Kashmir bee virus and Israeli acute paralysis virus. J Apic Sci 56:137–146
49. Formato G, Giacomelli A, Olivia M et al (2011) First detection of Israeli acute paralysis virus (IAPV) in Italy. J Apic Res 50(2):176–177
50. Laidlaw HH (1979) Contemporary queen rearing. Dadant and Sons, Hamilton, IL
51. Anderson DL (1993) Pathogen and queen bees. Australasian Beekeeper 94:292–296
52. Bailey L (1981) Honey bee pathology, 1st edn. Academic Press, London
53. Bailey L (1982) Viruses of honeybees. Bee World 63:165–173
54. Bailey L (1976) Viruses attacking the honey bee. Adv Virus Res 20:271–304
55. Chantawannakul P, Ward L, Boonham N, Brown M (2006) A scientific note on the detection of honeybee viruses using real-time PCR (TaqMan) in Varroa mites collected from a Thai honeybee (Apis mellifera) apiary. J Invertebr Pathol 91:69–73
56. Van Munster M, Dullemans AM, Verbeek M et al (2002) Sequence analysis and genomic organization of aphid lethal paralysis virus: a new member of the family Dicistroviridae. J Gen Virol 83:3131–3138
57. Laubscher JM, Von Wechmar MB (1992) Influence of aphid lethal paralysis virus and Rhopalosiphum padi virus on aphid biology at different temperatures. J Invertebr Pathol 60:134–140
58. Laubscher JM, Von Wechmar MB (1993) Assessment of aphid lethal paralysis virus as an apparent population growth-limiting factor in grain aphids in the presence of other natural enemies. Biocontrol Sci Technol 3(4):455–466
59. Moon JS, Domier LL, Mccoppin NK et al (1998) Nucleotide sequence analysis shows that Rhopalosiphum padi virus is a member of a novel group of insect-infecting RNA viruses. Virology 243(1):54–65
60. Gildow FE, D'arcy CJ (1990) Cytopathology and experimental host range of Rhopalosiphum padi virus, a small isometric RNA virus infecting cereal grain aphids. J Invertebr Pathol 55(2):245–257
61. Runckel C, Flenniken ML, Engel JC et al (2011) Temporal analysis of the honey bee microbiome reveals four novel viruses and seasonal prevalence of known viruses, nosema, and crithidia. PloS One 6(6):e20656
62. Lommel SA, Morris TJ, Pinnock DE (1985) Characterization of nucleic acids associated with Arkansas bee virus. Intervirology 23:199–207
63. Zioni N, Soroker V, Chejanovsky N (2011) Replication of Varroa destructor virus 1 (VDV-1) and a Varroa destructor virus 1-deformed wing virus recombinant (VDV-1-DWV) in the head of the honey bee. Virology 417(1):106–112
64. Ongus JR (2006) Varroa destructor virus 1: a new picorna-like virus in varroa mites as well as honey bees. PhD thesis, Wageningen University, Netherlands
65. Ongus, JR, Peters D, Bonmatin JM et al (2004) Complete sequence of a picorna-like virus of

the genus Iflavirus replicating in the mite Varroa destructor. J Gen Virol 85:3747–3755
66. Yue C, Genersch E (2005) RT-PCR analysis of Deformed wing virus in honeybees (Apis mellifera) and mites (Varroa destructor). J Gen Virol 86:3419–3424
67. Iqbal J, Müller U (2007) Virus infection causes specific learning deficits in honey bee foragers. Proc R Soc Lond B 274:1517–1521
68. Chen YP, Higgins JA, Feldlaufer MF (2005) Quantitative real-time reverse transcription-PCR analysis of deformed wing virus infection in the honeybee (Apis mellifera L.). Appl Environ Microbiol 71:436–441
69. Chen YP, Pettis JS, Feldlaufer MF (2005) Detection of multiple viruses in queens of the honey bee Apis mellifera L. J Invertebr Pathol 90:118–121
70. Gauthier L, Ravallec M, Tournaire M et al (2011) Viruses associated with ovarian degeneration in Apis mellifera L. Queens. Plos One 6:e16217
71. Chen YP, Zhao Y, Hammond J et al (2004) Multiple virus infections in the honey bee and genome divergence of honey bee viruses. J Invertebr Pathol 87:84–93
72. Yanez O, Jaffe R, Jarosch A et al (2012) Deformed wing virus and drone mating flights in the honey bee (Apis mellifera): implications for sexual transmission of a major honey bee virus. Apidologie 43:17–30
73. Fievet J, Tentcheva D, Gauthier L et al (2006) Localization of deformed wing virus infection in queen and drone Apis mellifera L. Virol J 3:16
74. Möckel N, Gisder S, Genersch E (2011) Horizontal transmission of deformed wing virus: pathological consequences in adult bees (Apis mellifera) depend on the transmission route. J Gen Virol 92:370–377
75. De Miranda JR, Fries I (2008) Venereal and vertical transmission of deformed wing virus in honeybees (Apis mellifera L.). J Invertebr Pathol 98:184–189
76. Shah KS, Evans EC, Pizzorno MC (2009) Localization of deformed wing virus (DWV) in the brains of the honeybee, Apis mellifera Linnaeus. Virol J 6:182
77. Bowen-Walker PL, Martin SJ, Gunn A (1999) The transmission of deformed wing virus between honeybees (Apis mellifera L.) by the ectoparasitic mite Varroa jacobsoni Oud. J Invertebr Pathol 73:101–106
78. Gisder S, Aumeier P, Genersch E (2009) Deformed wing virus: replication and viral load in mites (Varroa destructor). J Gen Virol 90:463–467
79. Santillan-Galicia MT, Ball BV, Clark SJ, Alderson PG (2010) Transmission of deformed wing virus and slow paralysis virus to adult bees (Apis mellifera L.) by Varroa destructor. J Apic Res 49:141–148
80. Zhang QS, Ongus JR, Boot WJ et al (2007) Detection and localisation of picorna-like virus particles in tissues of Varroa destructor, an ectoparasite of the honey bee, Apis mellifera. J Invertebr Pathol 96:97–105
81. Lanzi G, De Miranda JR, Boniotti MB et al (2006) Molecular and biological characterization of deformed wing virus of honeybees (Apis mellifera L.). J Virol 80:4998–5009
82. Desai SD, Eu YJ, Whyard S, Currie RW (2012) Reduction in deformed wing virus infection in larval and adult honey bees (Apis mellifera L.) by double-stranded RNA ingestion. Insect Mol Biol 21:446–455
83. Bailey L, Woods RD, Gibbs AJ (1964) Sacbrood virus of larval honey bee (Apis mellifera Linnaeus). Virology 23:425–429
84. Ball BV, Bailey L (1997) Viruses. In: Morse RA, Flottum K (eds) Honey bee pest, predators, and diseases. AI Root Co., Medina, OH, pp 11–31
85. Bailey L (1969) The multiplication and spread of sacbrood virus of bees. Ann Appl Biol 63:483–491
86. Bailey L, Fernando EF (1972) Effects of sacbrood virus on adult honey-bees. Ann Appl Biol 72:27–35
87. Grabensteiner E, Ritter W, Carter MJ et al (2001) Sacbrood virus of the honeybee (Apis mellifera): rapid identification and phylogenetic analysis using reverse transcription-PCR. Clin Diagn Lab Immunol 8(1):93–104
88. Bailey L, Ball BV, Perry JN (1981) The prevalence of viruses of honey bees in Britain. Ann

Appl Biol 97:109–118
89. Ball BV (1989) Varroa jacobsoni as a virus vector. In: Cavalloro R (ed) Present status of varroatosis in Europe and progress in the Varroa mite control. Proceeding of the Meeting EC Experts' Group Udine 1988, Commission European Communities EUR 11932 EN, Luxembourg, pp 241–244
90. Bailey L (1982) A strain of sacbrood virus from Apis cerana. J Invertebr Pathol 39:264–265
91. Bailey L, Ball BV (1991) Honey bee pathology, 2nd edn. Academic Press, London
92. De Miranda JR, Dainat B, Locke B et al (2010) Genetic characterisation of slow paralysis virus of the honey bee (Apis mellifera L.). J Gen Virol 91:2524–2530
93. Bailey L, Woods RD (1974) Three previously undescribed viruses from the honey bee. J Gen Virol 25:175–186
94. Denholm CH (1999) Inducible honey bee viruses associated with Varroa jacobsoni. PhD thesis, Keele University, UK
95. Bailey L, Gibbs AJ, Woods RD (1968) The purification and properties of chronic bee-paralysis virus. J Gen Virol 2:251–260
96. Bailey L, Ball BV, Perry JN (1983) Honeybee paralysis: its natural spread and its diminished incidence in England and Wales. J Apic Res 22:191–195
97. Ribière M, Olivier V, Blanchard P (2010) Chronic bee paralysis virus. A disease and a virus like no other? J Invertebr Patholol 103:S120–S131
98. Bailey L (1965) Paralysis of the honey bee Apis mellifera Linnaeus. J Invertebr Pathol 7:132–140
99. Bailey L (1975) Recent research on honey bee viruses. Bee World 56:55–64
100. Kulincevic JM, Rothenbuhler WC (1975) Selection for resistance and susceptibility to hairless-black syndrome in the honeybee. J Invertebr Pathol 25:289–295
101. Rinderer TE, Rothenbuhler WC, Kulincevic JM (1975) Responses of three genetically different stocks of the honey bee to a virus from bees with hairless-black syndrome. J Invertebr Pathol 25:297–300
102. Bailey L, Ball BV, Carpenter JM (1980) Small virus like particles in honey bees associated with chronic paralysis virus and with a previously undescribed disease. J Gen Virol 46:149–155
103. Ball BV, Overton HA, Buck KW (1985) Relationship between the multiplication of chronic bee paralysis virus and its associate particle. J Gen Virol 66(7):1423–1429
104. Carreck NL, Ball BV, Martin SJ (2010) The epidemiology of cloudy wing virus infections in honey bee colonies in the UK. J Apic Res 49(1):66–71
105. Bailey L, Carpenter JM, Govier DA, Woods RD (1980) Bee Virus-Y. J Gen Virol 51:405–407
106. Bailey L, Ball BV, Perry JN (1983) Association of viruses with two protozoal pathogens of the honey bee. Ann Appl Biol 103:13–20
107. Clark TB (1978) Filamentous virus of honey bee. J Invertebr Pathol 32:332–340
108. Bailey L, Carpenter JM, Woods RD (1981) Properties of a filamentous virus of the honey bee (Apis mellifera). Virology 114:1–7
109. Bailey L, Ball BV, Woods RD (1976) An iridovirus from bees. J Gen Virol 31(3):459–461
110. Bailey L, Ball BV (1978) Apis iridescent virus and "clustering disease" of Apis cerana. J Invertebr Pathol 31:368–371
111. Webby R, Kalmakoff J (1998) Sequence comparison of the major capsid protein from 18 diverse iridoviruses. Arch Virol 143:1949–1966
112. Aubert M (2008) Impact of virus infection in honey bees. In: Aubert M, Ball BV, Fries I et al (eds), Virology and the honey bee. European Communities, Luxembourg, pp 233–253
113. Bailey L (1967) The incidence of virus diseases in the honey bee. Ann Appl Biol 60:43–48
114. Chen YP, Siede R (2007) Honey bee viruses. Adv Virus Res 70:33–80
115. De Miranda JR, Genersch E (2010) Deformed wing virus. J Invertebr Pathol 103:S48–S61
116. Ribiere M, Triboulot C, Mathieu L et al (2002) Molecular diagnosis of chronic bee paralysis virus infection. Apidologie 33:339–351
117. Lighthart B, Prier KR, Bromenshenk JJ (2005) Flying honey bees absorb airborne viruses. Aerobiologia 21:147–149
118. Fries I, Camazine S (2001) Implications of horizontal and vertical pathogen transmission for

honey bee epidemiology. Apidologie 32:199–214
119. Ewald PW (1983) Host-parasite relations, vectors and the evolution of disease severity. Ann Rev Ecol Syst 14:465–485
120. Ewald PW (1987) Transmission modes and evolution of the parasitism-mutualism continuum. Ann JVT Acad Sci 503:295–306
121. Lipsitch M, Siller S, Nowak MA (1996) The evolution of virulence in pathogens with vertical and horizontal transmission. Evolution 50:1729–1741
122. De Jong D, De Jong PH, Goncalves LS (1982) Weight loss and other damage to developing worker honey bees from infestation with Varroa jacobsoni. J Apic Res 21:165–167
123. Korpela S, Aarhus A, Fries I, Hansen H (1992) Varroa jacobsoni Oud. in cold climates: population growth, winter mortality and influence on the survival of honey bee colonies. J Apic Res 31:157–164
124. Kovac H, Crailsheim K (1988) Life span of Apis mellifera Carnica Pollm. infested by Varroa jacobsoni in relation to season and extent of infestation. J Apic Res 27:230–238
125. Weinberg KP, Madel G (1985) The influence of the mite Varroa jacobsoni Oud. on the protein concentration and haemolymph volume of the brood of the worker bees and drones of the honey bee, Apis mellifera. Apidologie 16:421–436
126. Yang X, Cox-Foster DL (2005) Impact of an ectoparasite on the immunity and pathology of an invertebrate: evidence for host immunosuppression and viral amplification. Proc Nat Acad Sci USA 102:7470–7475
127. Fujiyuki T, Ohka S, Takeuchi H et al (2006) Prevalence and phylogeny of Kakugo virus, a novel insect picorna-like virus that infects the honeybee (Apis mellifera L.), under various colony conditions. J Virol 80:11528–11538
128. Tentcheva D, Gauthier L, Jouve S et al (2004) Polymerase chain reaction detection of deformed wing virus (DWV) in Apis mellifera and Varroa destructor. Apidologie 35:431–439
129. Allen M, Ball B, White RF, Antoniw JF (1986) The detection of acute paralysis virus in Varroa jacobsoni by the use of a simple indirect ELISA. J Apic Res 25:100–105
130. Martin S, Hogarth A, van Breda J, Perrett J (1998) A scientific note on Varroa jacobsoni Oudemans and the collapse of Apis mellifera L. colonies in the United Kingdom. Apidologie 29:369–370
131. Hung AC, Shimanuki H, Knox DA (1996) The role of viruses in bee parasitic mite syndrome. Am Bee J 136:731–732
132. Shimanuki H, Calderone NW, Knox DA (1994) Parasitic mite syndrome: the symptoms. Am Bee J 134:827–828
133. Ball BV (1988) The impact of secondary infestations in honey-bee colonies infested with the parasitic mite Varroa jacobsoni. In: Needham GR, Page RE, Delfinado-Baker M, Bowman CE (eds) Africanized honey bees and bee mite. Ellis Horwood, Chichester UK, pp 457–461
134. Chastel C, Robaux P, Le Goff F (1990) New virus from honey bee colonies. Is Varroa a vector or does he amplify viruses? In: Ritter W (ed) Proceedings of the International Symposium on Recent Research on Bee Pathology, Gent (Belgium) 5–7 September 1990, Roma, Apimondia, pp 150–154
135. Wiegers FP (1988) Transmission of honey bee viruses by Varroa jacobsoni Oud. In: Cavalloro R (ed) European research on varroatosis control. Proceeding of the Meeting EC Experts' Group, Bad Homburg 1986; AA Balkema, Rotterdam, pp 99–104
136. Evans JD, Schwarz RS, Chen YP et al (2013) Standard methodologies for molecular research in Apis mellifera. In: Dietemann V, Ellis JD, Neumann P (eds) The COLOSS BEEBOOK, vol I: standard methods for Apis mellifera research. J Apic Res 52(4)
137. Chen YP, Evans J, Hamilton M, Feldlaufer M (2007) The influence of RNA integrity on the detection of honey bee viruses: molecular assessment of different sample storage methods. J Apic Res 46(2):81–87
138. Dainat B, Evans JD, Chen YP, Neumann P (2011) Sampling and RNA quality for diagnosis of honey bee viruses using quantitative PCR. J Virol Methods 174(1–2):150–152
139. Van Der Steen JJ, Cornelissen B, Donders J et al (2012) How honey bees of successive age classes are distributed over a one storey, ten frames hive. J Apic Res 51(2):174–178

140. Pirk CW, De Miranda JR, Fries I et al (2013) Statistical guidelines for Apis mellifera research. In: Dietemann V, Ellis JD, Neumann P (eds) The COLOSS BEEBOOK, vol I: standard methods for Apis mellifera research. J Apic Res 52(4)
141. Misciattelli ME, Guarda F, Valenza F et al (1979) Parvovirus associati a gastroenterite nei cani: identificazione al microscopio elettronico con applicazioni di immuno-elettromicroscopia, rilievi istopatologici, ematologici e clinici. Ann Fac Med Vet Torino 26:3–20
142. Carpana E, Vecchi MA, Lavazza A et al (1990) Prevalence of acute paralysis virus (APV) and other viral infections in honeybees in Italy. In: Ritter W (ed) Proceedings of the International Symposium on recent research on bee pathology, Gent, Belgium, September 5–7, 1990 / International Federation of Beekeepers Associations "Apimondia"; organized by RUG State University, Gent, CLO Agricultural Research Centre, Merelbeke, Roma Apimondia, pp 155–165
143. Lavazza A, Gamba D, Botti G et al (2003) The identification and characterization of deformed wing virus in Italian Honey bees as a preliminary step for the production of specific reagents and the establishment of diagnostic methods. In: Proceedings of the 38th Apimondia International Apicultural Congress, August 24–29, 2003, Ljubljana (Slovenia), p 612
144. Jackman PJ (1987) Microbial systematics based on electrophoretic whole-cell protein patterns. Method Microbiol 19:209–225
145. Costas M (1992) Classification, identification, and typing of bacteria by the analysis of their one-dimensional polyacrylamide gel electrophoretic protein patterns. In: Chambrach A, Dunn MJ, Radola BJ (eds) Advances in electrophoresis, vol 5, VCH Verlagsgesellschaft, Weinheim, Germany, pp 351–408
146. Pot B, Vandamme P, Kersters K (1994) Analysis of electrophoretic wholeorganism protein fingerprints. In: Goodfellow M, O'Donnell AG (eds) Modern microbiological methods. Chemical methods in Prokaryotic systematics. John Wiley and Sons, Chichester, England, pp 493–521
147. Vauterin L, Vauterin P (1992) Computer-aided objective comparison of electrophoresis patterns for grouping and identification of microorganism. European Microbiology 1:37–41
148. Anderson DL (1984) Comparison of serological techniques for detecting and identifying honeybee viruses. J Invertebr Pathol 44:233–243
149. Ribiere M, Faucon JP, Pépin M (2000) Detection of chronic bee paralysis virus infection: application to a field survey. Apidologie 31:567–577
150. Anderson DL (1985) Viruses of New Zealand honey bees. The New Zealand Beekeeper 188:8–10
151. Anderson DL, Gibbs AJ (1989) Transpuparial transmission of Kashmir bee virus and sacbrood virus in the honey bee (Apis mellifera, Linnaeus). Ann App Biol 114:1–7
152. Kulinčević JM, Ball BV, Mladan V (1990) Viruses in honey bee colonies infested with Varroa jacobsoni: first finding in Yugoslavia. Acta Vet 40:37–42
153. Varis AL, Ball BV, Allen MF (1992) The incidence of pathogens in honey-bee (Apis mellifera L.) colonies in Finland and Great Britain. Apidologie 23(2):133–137
154. Stolz D, Shen XR, Boggis C, Sisson G (1995) Molecular diagnosis of Kashmir bee virus infection. J Apic Res 34:153–160
155. Nordström S, Fries I, Aarhus A et al (1999) Virus infections in nordic honey bee colonies with no, low or severe Varroa jacobsoni infections. Apidologie 30:475–484
156. Evans JD, Hung AC (2000) Molecular phylogenetics and the classification of honey bee viruses. Arch Virol 145(10):2015–2026
157. Evans JD (2006) Bee path: an ordered quantitative-PCR array for honey bee immunity and disease. J Invertebr Pathol 93:135–139
158. Qin X, Evans JD, Aronstein KA et al (2006) Genome sequences of the honey bee pathogens Paenibacillus larvae and Ascosphaera apis. Insect Mol Biol 15:715–718
159. Lavazza A, Carpana E, Dottori M et al (1996) Indagine sulla diffusione delle virosi in Italia negli anni 1989–1993. Atti del Convegno Apilombardia 1994: Giornate di studio sull'apicoltura. Minoprio (CO), 6–9 Ottobre 1994. Sel Vet 11:873–885
160. Arculeo P, Lavazza A (1998) Patologie secondarie alla varroa in alveari della Sicilia: virosi

e covata calcificata In: Sabatini AG, Colombo M, Spreafico M (eds) Atti Convegno Apilombardia 98 Minoprio (Como), 25–27 Settembre 1998. Unione Regionale Associazione Produttori Apistici Lombardia Milano, pp 99–107

161. Cardeti G, Cersini A, Giampiero D et al (2013) Evolution in the laboratory diagnosis of honeybee viruses at Istituto Zooprofilattico Sperimentale of Latium and Tuscany regions from 2004 to 2012. Proceedings XXXXIII Apimondia International Congress 29 September–04 October 2013, Kyiv, Ukraine
162. Boniotti B, Ferrari R, Botti G et al (2011) Applicazione diagnostica della real-time PCR per l'identificazione del virus delle api deformi (DWV) in Apis mellifera. In: Monini M, Babsa S, Ruggeri FM et al (eds) Riassunti IV Workshop nazionale di virologia veterinaria. Centro Pastorale Paolo VI. Brescia, 9–10 giugno 2011. ISTISAN Congressi 11/C3 Roma
163. Fujiyuki T, Takeuchi H, Ono M et al (2004) Novel insect picorna-like virus identified in the brains of aggressive worker honeybees. J Virol 78:1093–1100
164. Burnside CE (1945) The cause of paralysis of honeybees. Am Bee J 85:354–363
165. Williamson C, Rybicki EP, Kasdorf GG, Vonwechmar MB (1988) Characterization of a new picorna-like virus isolated from aphids. J Gen Virol 69:787–795

Micosi

5

Emanuele Carpana, Fabio Coloretti

5.1 I funghi

I funghi costituiscono un gruppo di organismi eterotrofi, vale a dire che non sono in grado di sintetizzare le sostanze nutritive e che vivono dunque come saprofiti, parassiti o in simbiosi con altri microrganismi. Costituiscono un gruppo eterogeneo di organismi, con la caratteristica comune di possedere un'organizzazione vegetativa di tipo filamentoso; tale struttura, chiamata micelio, è costituita da cellule riunite in filamenti, detti ife. Le ife fungine possono essere settate o non settate (almeno nelle colture giovani) e questo è carattere distintivo molto importante in sede di classificazione e riconoscimento dei grandi gruppi.

I funghi formano spesso spore, che possono essere suddivise in asessuali e sessuali, classificabili secondo il seguente schema:

- spore asessuali:
  - sporangiospore: interne alle ife, in strutture dette sporangiofori;
  - conidiospore: portate all'esterno su ife differenziate dette conidiofori;
- spore sessuali: importanti come mezzo per la propagazione e l'evoluzione delle specie e oggetto di classificazione.

La classificazione dei funghi è stata oggetto di molte revisioni e a tutt'oggi vengono assegnati a un regno, *Fungi*, costituito da un sottoregno, 7 *Phyla*, 10 *Subphyla*, e 35 classi. In Tabella 5.1 sono riportati i funghi classificati fino a

E. Carpana (✉)
CRA-API, Consiglio per la Ricerca e la sperimentazione in Agricoltura
Unità di ricerca di apicoltura e bachicoltura, Bologna
e-mail: emanuele.carpana@entecra.it

F. Coloretti
Dipartimento di Scienze e Tecnologie Agroambientali (DISTAL)
Alma Mater Studiorum - Università di Bologna
e-mail: fabio.coloretti@unibo.it

A cura di E. Carpana, M. Lodesani, *Patologia e avversità dell'alveare*,
DOI: 10.1007/978-88-470-5650-3_5, © Springer-Verlag Italia 2014

Tabella 5.1 Classificazione del regno *Fungi* (da [1])

Regno	*Fungi*
Phylum	*Chytridiomycota*
Phylum	*Neocallimastigomycota*
Phylum	*Blastocladiomycota*
Phylum	*Microsporidia*
Phylum	*Glomeromycota*
Subphyla incertae sedis	*Mucoromycotina*
	Zoopagomycotina
	Entomophthoromycotina
	Kickxellomycotina
Sottoregno	*Dikarya*
Phylum	*Basidiomycota*
Suphylum	*Pucciniomycotina*
Suphylum	*Ustilaginomycotina*
Suphylum	*Agaricomycotina*
Phylum	*Ascomycota*
Suphylum	*Taphrinomycotina*
Suphylum	*Saccharomycotina*
Suphylum	*Pezizomycotina*

livello di *Subphylum* secondo la revisione proposta da Hibbett et al. [1] e aggiornata costantemente su http://www.ncbi.nlm.nih.gov/Taxonomy/.

Come si può vedere, i funghi hanno assunto dignità di Regno superando la vecchia classificazione che li collocava nel regno vegetale come divisione *Eumycota* ripartita nelle 5 sottodivisioni: *Mastigomycotina*, *Zygomycotina*, *Ascomycotina*, *Basidiomycotina* e *Deuteromycotina*. Quest'ultima sottodivisione conteneva i funghi cosiddetti imperfetti, dei quali non si conosceva la riproduzione sessuata. L'avvento delle tecniche di biologia molecolare ha consentito di assegnare le specie di questa sottodivisione alle corrispondenti forme perfette e relativi *Phyla*. La revisione è stata tale che, ad esempio, la classe *Oomycetes* è stata proposta per la collocazione in un nuovo regno, denominato *Chromista*.

I funghi sono generalmente dotati di solo metabolismo aerobico e, pertanto, per sviluppare richiedono la presenza di aria. Essi sono molto dotati sotto l'aspetto enzimatico e, nel loro complesso, hanno la capacità di utilizzare per la crescita una grande varietà di composti.

Tabella 5.2 Miceti dell'alveare

Specie	Ospite	Comportamento
Genere *Ascosphaerales*		
Ascosphaera apis	*Apis mellifera* (covata) *Megachile* spp. (Fam. *Apidae*)	parassita (covata calcificata) parassita facoltativo
Ascosphaera major	*Apis mellifera*, *Megachile* spp.	parassita facoltativo
Ascosphaera spp	api selvatiche (Fam. *Apidae*)	saprofita / parassita
Bettsia alvei	alveare	saprofita: "muffa del polline"
Genere *Aspergillus*		
Aspergillus flavus e *A. fumigatus*	*Apis mellifera* (adulti e covata)	saprofita/parassita (covata pietrificata)
Lieviti		
Torulopsis spp	*Apis mellifera* (intestino api)	patogeni occasionali
Altri		
Fungo non identificato	*Apis mellifera* (organi riproduttori – ape regina)	patogeni occasionali (melanosi api regine)
Miceti vari	alveare	saprofiti, patogeni occasionali

I miceti che interessano il settore apistico sono costituiti da patogeni e opportunisti, che possono colpire tutte le caste a diversi stadi evolutivi, dalla larva all'adulto. Di questi si tratterà in maniera esaustiva nei paragrafi successivi. Inoltre, diversi funghi costituiscono la normale popolazione microbica dei prodotti dell'alveare, dove vivono come saprofiti. Gilliam et al. [2] hanno isolato dal polline diverse specie di muffe, appartenenti perlopiù ai generi *Penicillium* e *Aspergillus* e alla famiglia *Mucorales*. La presenza di queste muffe nel polline non è da considerarsi negativamente, anzi costituisce un contributo all'arricchimento del substrato in sostanze quali antibiotici, polisaccaridi ed enzimi in grado di migliorarne la conservabilità e le caratteristiche nutrizionali.

La Tabella 5.2 elenca i principali funghi che costituiscono oggetto di interesse in campo apistico.

5.2 Ascosferosi o covata calcificata

5.2.1 Generalità

La covata calcificata è la micosi dell'ape mellifera più diffusa e più conosciuta. Essa è sostenuta da *Ascosphaera apis* (Maasen ex Claussen) Olive e Spiltoir [3], fungo ascomicete che può colpire le larve, sia di operaia che di fuco che di regina.

La micosi prende il nome dall'aspetto che la larva colpita assume; infatti, questa si presenta di colore biancastro, mummificata e ricoperta da una lanuggine costituita dai miceli filamentosi del fungo (Figg. 5.1-5.3). Le larve mummificate possono, inoltre, presentare delle macchie marroni o nere, specialmente nella regione ventrale, dovute alla presenza di sporocisti (corpi fruttiferi) contenenti le spore.

L'agente della covata calcificata è stato individuato da Maasen nel 1913 [4], che lo identificò come *Pericystis apis*, ma studi successivi di Spiltoir [5] lo hanno riclassificato come *Ascosphaera apis*, denominazione tuttora valida.

I primi casi sono stati segnalati in Germania e in altri paesi europei (Russia, Svezia, Norvegia, Regno Unito) nella prima metà del secolo scorso. La covata calcificata è stata segnalata al di fuori dell'Europa a partire dagli anni '50 con focolai in Nuova Zelanda, Argentina, Centro America, Stati Uniti, Giappone e Filippine. La diffusione è legata, come ovvio, agli scambi commerciali tra gli apicoltori di tutte le parti del mondo [6]. Anche in paesi considerati indenni, come l'Australia, negli anni '90 sono stati rinvenuti diversi casi di covata calcificata [7].

In Italia la covata calcificata è risultata poco diffusa prima degli anni '80, per poi diffondersi nelle regioni settentrionali (Piemonte, Valle d'Aosta, Lombardia, Friuli Venezia Giulia ed Emilia Romagna) e in Umbria e Sardegna [8].

5.2.2 Eziologia

Si è già visto che l'agente della covata calcificata è rappresentato da *Ascosphaera apis*; questo micete appartiene alla classe degli ascomiceti ed è attualmente classificato come indicato di seguito:

Regno: *Fungi*
Sottoregno: *Dikarya*
Phylum: *Ascomycota*
Suphylum: *Pezizomycotina*
Classe: *Eurotiomycetes*
Subclasse: *Eurotiomycetidae*
Ordine: *Onygenales*
Famiglia: *Ascosphaeraceae*
Genere: *Ascosphaera*

Il micelio è biancastro, formato da ife settate; le cellule vegetative sono ricche in mitocondri e ribosomi. Se si esamina una cultura *in vitro* al microscopio ottico, si riconoscono facilmente alcuni corpi fruttiferi globosi, detti sporocisti (Fig. 5.4), del diametro di circa 45–150 μm. Ciascun sporociste contiene diverse *spore balls* (aschi) che rappresentano il corpo fruttifero vero e proprio e che a loro volta contengono un numero variabile di spore. A seguito della rottura dello sporociste, gli aschi vengono liberati in ambiente e rappresentano dunque la forma di diffusione (Fig. 5.4b) dell'agente patogeno. Le dimensioni dell'a-

Fig. 5.1 Aspetto di larve mummificate sul predellino (Foto Massimo Palazzetti)

Fig. 5.2 Favo con larve calcificate (Foto Carlo Ferrari)

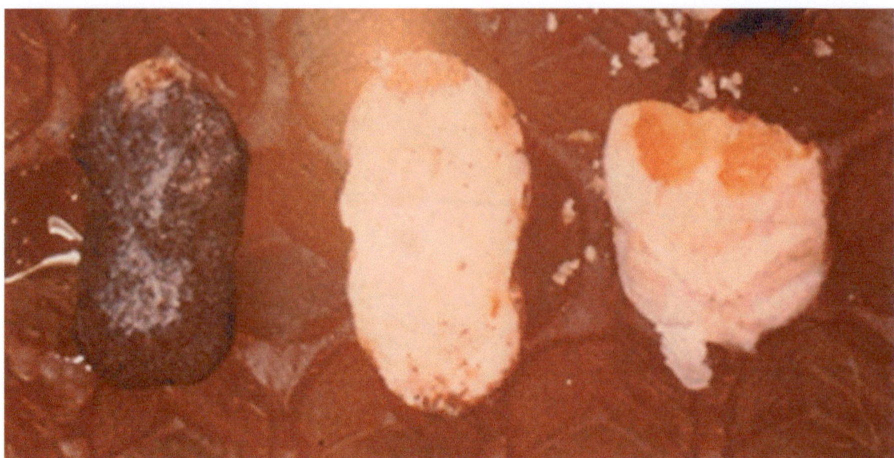

Fig. 5.3 Aspetto di larve calcificate: la presenza dei due sessi del fungo porta alla formazione di cistospore evidenziate dal colore scuro nella larva di sinistra

sco variano tra i 7 e i 18 µm di diametro, mentre le spore contenute hanno dimensioni dell'ordine di 2,7–3,5 e 1,4–1,8 µm. Le ascospore sono resistenti alle alte temperature e possono sopravvivere nell'ambiente per diversi anni.

La riproduzione sessuata di *Ascosphaera apis* avviene tra miceli di individui aploidi, eterotallici, dotati di differente sesso o "*mating type*": + o –. Dalla fusione delle due ife di diversa sessualità si origina il corpo fruttifero (sporociste). Al contrario di molti altri ascomiceti non è ancora conosciuta la riproduzione asessuata.

Ascosphaera apis sviluppa bene a temperature comprese tra 22 e 30 °C, ma può sviluppare fino a 35–37 °C e resiste bene alle basse temperature. L'optimum di temperatura varia con il pH, risultando più elevato a pH 3–4 che a 2,5 o 6.

5.2.3 Epidemiologia

La virulenza di *Ascosphaera apis* è influenzata da diversi fattori, tra cui il principale è sicuramente il fattore ambientale. La crescita del micete è infatti favorita dalle temperature non troppo elevate e diventa particolarmente rapida in presenza di elevati tassi di umidità, soprattutto con scarsa ventilazione dell'alveare [9], in particolare durante la tarda primavera, quando l'attività di ovodeposizione della regina è elevata e la covata è fortemente espansa. In caso di cali repentini di temperatura la virulenza aumenta, sia per il conseguente aumento dell'umidità relativa, sia perché il micete trova condizioni di temperatura più idonee. Al contrario, nei mesi estivi l'incremento di temperatura ne contiene la diffusione.

Un altro fattore di notevole importanza è il fattore genetico che, da un lato, riguarda la virulenza del parassita e, dall'altro, la resistenza che l'ospite può opporre all'infezione. In tal senso, un lavoro di Jensen et al. [10] ha messo in luce come la suscettibilità ad *Ascosphaera apis* vari tra le sottospecie di *Apis mellifera*, con *A.m. ligustica* considerata quella più resistente. Gli stessi autori mettono inoltre in evidenza come anche all'interno della stessa sottospecie la resistenza vari da colonia a colonia. Nella selezione delle regine occorre, quindi, tenere conto del carattere "resistenza alla covata calcificata" oltre, naturalmente, agli altri.

La presenza di attacchi di *Varroa destructor* sembra favorire l'incidenza della covata calcificata. Il ruolo dell'acaro nella diffusione non è tuttavia del tutto dimostrato: seppure sono state isolate spore fungine sulla superficie esterna, queste non sono in numero tale da costituire una fonte sufficiente di inoculo. Secondo alcuni autori esiste una relazione tra l'impiego di acaricidi nel trattamento di *Varroa destructor* e la riduzione della resistenza al fungo, specialmente nelle larve. Di conseguenza, colonie trattate con acaricidi chemioterapici mostrerebbero una maggiore predisposizione alle infezioni da *Ascosphaera apis* [11].

Un ultimo aspetto da considerare tra quelli che determinano la virulenza di *Ascospharea apis* è la concentrazione delle spore infettanti: la presenza di un elevato numero aumenta infatti, come è logico, la possibilità del manifestarsi dell'infezione. Di contro, occorre comunque sottolineare che il fungo è largamente diffuso, ma la sua presenza nelle colonie non comporta necessariamente lo stato patologico.

5.2.4 Patogenesi

Le spore (ascospore) sono l'agente primario di diffusione del patogeno e la via di infezione della larva è attraverso l'ingestione. Le larve sono più suscettibili all'infezione nei primi stadi: secondo alcuni autori, a 3–4 giorni di età [12] o, addirittura, già dopo 1–2 giorni [13]. Sono sensibili all'infezione le larve di tutte le caste (operaia, fuco, regina).

Gli adulti non sono sensibili al micete, ma possono fungere da vettore, trasmettendo le spore da una larva all'altra durante le normali operazioni di cura della covata.

Una fonte di contaminazione può essere rappresentata dal polline inquinato che viene introdotto dalle operaie; pur non costituendo una fonte di contaminazione sempre sufficiente, esso contribuisce a creare un potenziale di inoculo che può manifestare l'infezione in particolari momenti di stress della colonia [14].

Possono costituire fonte di infezione anche i materiali di riciclo normalmente impiegati in apicoltura, quali favi, polline conservato, miele: è infatti dimostrato che le spore possono rimanere vive e vitali anche 15 anni [14, 15].

Le spore contaminanti germinano nel lume intestinale, probabilmente attivate dalla concentrazione di CO_2. La germinazione delle spore avviene a temperature comprese tra 25 e 37 °C, con ottimo tra 31 e 35 °C. Per quanto riguarda il pH, l'*optimum* è compreso tra 5 e 7,8, tipico del lume intestinale. A pH inferiori, tipici invece del miele, del polline e della pappa reale, la germinazione e lo sviluppo sono fortemente limitati [16].

Durante lo sviluppo, le ife producono una serie di enzimi [17, 18] in grado di intaccare la chitina e favorire, così, la penetrazione e la propagazione nei tessuti della larva. Lo sviluppo miceliare procede solitamente dall'estremità posteriore fino all'anteriore e, in caso di intenso sviluppo, può evadere all'esterno dalla parte posteriore. La morte della larva interviene sia per i danni meccanici dovuti allo sviluppo miceliare, sia per l'interruzione del circolo di emolinfa e per l'intossicazione da metaboliti fungini. La morte avviene generalmente entro 2 giorni dopo l'opercolatura o al massimo in stadio di propupa.

Le larve morte possono essiccarsi completamente e dare luogo alle cosiddette "mummie calcificate". Queste si presentano di colore nero o bianco a seconda, rispettivamente, della presenza o meno di ascospore. Si assume, infatti, che l'infezione di ife appartenenti a un solo sesso, origini micelio bianco, mentre la presenza di entrambi i sessi origini micelio inscurito dalla presenza delle ascospore. Una larva infetta contiene circa 10^8–10^9 ascospore, costituendo quindi un enorme potenziale di inoculo.

Le larve possiedono alcuni mezzi difensivi per impedire lo sviluppo miceliare. Le cellule, tramite fagocitosi o incapsulamento possono eliminare fisicamente le ife sviluppatesi. Un altro meccanismo di difesa vede invece coinvolti composti antimicrobici, quali peptidi antimicrobici, composti proteici, lisozima prodotti dal corpo grasso [19].

Il maggior strumento di controllo dello sviluppo di *Ascosphaera apis* all'interno dell'alveare è quello dell'organizzazione sociale e, in particolare, della rigida suddivisione del lavoro delle operaie. Innanzitutto, il riconoscimento della propria colonia da parte delle bottinatrici e la riduzione del fenomeno della deriva, impedisce la diffusione accidentale delle spore tra alveari. L'operazione più importante per la limitazione dello sviluppo è sicuramente legata al comportamento igienico delle operaie più giovani, incaricate del governo della covata che eliminano le fonti potenziali di inoculo. In presenza di mummie, infatti, queste vengono estratte dalle celle ed espulse dall'alveare [10, 20]. In recenti studi [21] sono stati individuati tre composti volatili che vengono rilasciati dalle larve infette: fenilacetato, 2-feniletanolo e alcool benzilico (o fenilcarbinolo). Tra questi, il fenilacetato si è dimostrato quello che, percepito dalle operaie, promuove il comportamento igienico.

5.2.5 Diagnosi

5.2.5.1 Diagnosi di campo

I sintomi più evidenti sulla covata si manifestano sulle larve da tre a cinque giorni di età. La malattia colpisce prima le larve dei fuchi, anche per il fatto che queste sono poste alla periferia dove umidità e temperatura risultano più favorevoli allo sviluppo del fungo.

La consistenza e il colore delle larve infette variano molto a seconda dello stadio di sviluppo della malattia. All'inizio, le larve sono appena più scure del normale, per poi passare a un giallo chiaro con consistenza plastica e aspetto liscio. Di seguito il micelio, di colore bianco, evade all'esterno, specialmente nella parte posteriore, mentre la testa può rimanere libera. A questo punto, la larva è di consistenza rugosa e va incontro a una progressiva disidratazione e, indurendosi, man mano raggiunge una consistenza gessosa, da cui il nome "covata calcificata".

Come già detto, *Ascosphaera apis* è fungo eterotallico: in caso di contaminazione del micelio di un solo sesso, i corpi fruttiferi non si possono formare e la larva appare quindi coperta da un feltro biancastro costituito esclusivamente da ife. Nel caso, invece, dell'infezione di miceli dei due sessi, questi possono unirsi e dare origine ai corpi fruttiferi più scuri, riuniti in placche o dispersi: la colorazione è in questo caso più scura.

Non è possibile riconoscere le giovani larve infette, mentre quelle più vecchie sono riconoscibili per la mummificazione più o meno evidente. Quando questa sopraggiunge, se la cella non è opercolata le operaie possono produrre frettolosamente un opercolo al fine di isolare e contenere la larva infetta, evitando che questa possa contaminare le celle vicine. È facile accorgersi della presenza di mummie opercolate scuotendo il favo e udendo un caratteristico suono come di sonaglio, dovuto al fatto che le larve colpite non aderiscono alla cella.

5.2.5.2 Diagnosi di laboratorio

La diagnosi di laboratorio della covata calcificata è basata sulla dimostrazione della presenza dell'agente (*A. apis*) nel materiale infetto. Un primo approccio è quello dell'osservazione diretta del materiale, privilegiando le "mummie" di colore grigio o nero. Dopo l'aggiunta di acqua e una energica agitazione, la sospensione risultante può essere osservata al microscopio per individuare la tipica morfologia di *Ascosphaera apis* (Fig. 5.4). La presenza di sporocisti è sufficiente per una diagnosi sicura: questi hanno un diametro di circa 60 μm e contengono dei piccoli corpi sferici, detti "*spore balls*" di circa 12 μm, formati da ammassi di spore ovali delle dimensioni di 2,9 × 1,4 µm.

Nel caso in cui siano presenti mummie di colore bianco, non vi sarà presenza di sporocisti e si renderà dunque necessaria la coltivazione del fungo. L'isolamento e lo sviluppo di *Ascosphaera apis* non pone grosse difficoltà, crescendo agevolmente su terreni generici per la coltivazione dei funghi. In particolare, viene consigliato l'impiego del Potato Dextrose Agar, modificato con l'aggiunta di 4 g/l di estratto di lievito con incubazione a 37 °C e in atmosfera con il 5–10% di CO_2. Per quanto riguarda la produzione di ascospore e il mantenimento delle colture, Ruffinengo et al. [22] consigliano, rispettivamente, l'impiego di Malt Agar modificato con il 20% di destrosio e di Integral Rice Kernels (IRK).

L'isolamento di *Ascosphaera apis* può avvenire direttamente dalle larve infette o dalle mummie non ancora calcificate, ponendole semplicemente sulla

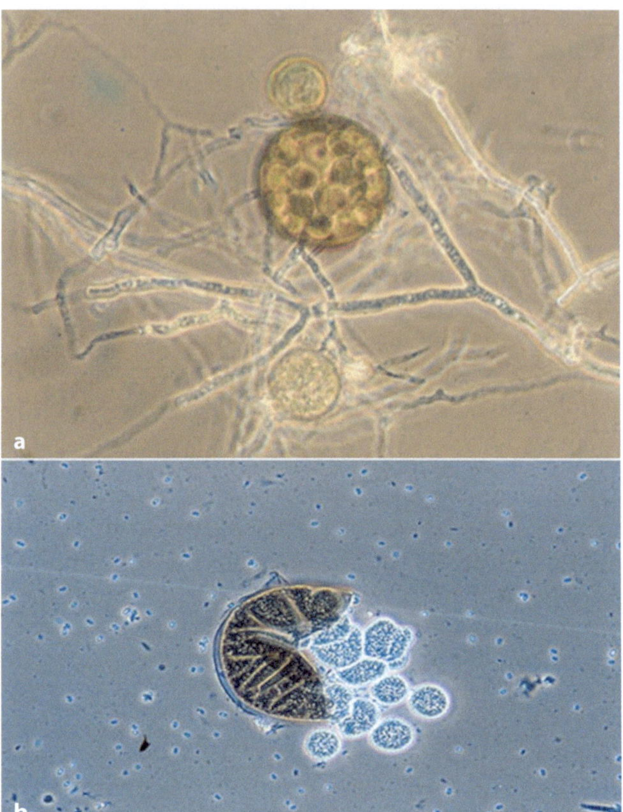

Fig. 5.4 Aspetto al microscopio ottico del micelio di *Ascosphaera apis* (**a**) e particolare di uno sporociste (**b**)

superficie del terreno e mettendole a incubare. Dopo 24 ore si manifesta la crescita miceliare: porzioni di terreno agarizzato possono essere trasferite in nuove piastre per ottenere la coltura pura e isolare i *mating type* + e –. Se nell'isolamento sono presenti entrambe le forme si formeranno i corpi fruttiferi, facendo assumere alla coltura una colorazione grigiastra. Se, al contrario, solo una delle due forme sviluppa, si forma un feltro biancastro, di aspetto simile al cotone.

Da un punto di vista morfologico, i due *mating type* sono perfettamente identici: è possibile identificare se due isolati sono + o – seminandoli in piastra alle estremità di un diametro. Dall'incontro delle ife, se di segno opposto, si origina un feltro grigiastro formato dagli sporocisti.

Le tecniche di biologia molecolare permettono l'identificazione rapida a livello di specie di *A. apis*. Tramite PCR è possibile replicare pressoché all'infinito specifiche sequenze di DNA, individuate da piccole sequenze nucleotidiche omologhe, dette *primer*. Per l'identificazione dei funghi in generale viene amplificata la regione *Internal Transcribed Spacer* (ITS) del DNA, che costituisce una sorta di codice a barre identificativo [23]. Per quanto riguarda la regione ITS della specie *A. apis*, non risultano differenze ceppospecifiche ed è quindi possibile impiegare questa sequenza per l'identificazione a livello di specie [24], grazie a specifici *primer* disegnati per lo scopo [25].

5.2.6 Profilassi sanitaria

La profilassi sanitaria dell'ascosferosi è basata principalmente sulla prevenzione, non essendo stato registrato alcun composto in grado di controllare efficacemente per via terapica la micosi.

Per quanto riguarda le pratiche di prevenzione, è ritenuto un fattore critico il controllo dell'umidità all'interno degli alveari. Si consiglia, infatti, di posizionare gli apiari in zone arieggiate e con scarso ristagno di umidità. Nelle arnie moderne la presenza del fondo grigliato, impiegato per il controllo della varroa, ne favorisce l'arieggiamento, evitando dannosi eccessi di umidità all'interno.

Per contenere l'infezione è senz'altro consigliabile il rimpiazzo della regina nelle colonie dove è stata evidenziata la malattia, con regine appartenenti a ceppi resistenti o, comunque, provenienti da colonie sane. Anche se non si può parlare di una vera e propria resistenza alla ascosferosi, il comportamento igienico delle operaie costituisce un importante strumento di difesa a livello sociale, in grado di ridurre sensibilmente la suscettibilità all'infezione. Esso consiste nella capacità delle api di individuare e rimuovere rapidamente le larve infette. Tale carattere è mediato da una base genetica complessa, che deve essere presa in considerazione nell'ottica del miglioramento genetico [26].

Più in generale, per evitare lo sviluppo della malattia, è importante che le colonie siano forti ed equilibrate e adeguatamente nutrite. Il rapporto tra nutrici e covata è un parametro di grande importanza: la diminuzione delle prime porta a un minor accudimento della covata e a un possibile raffreddamento, in grado di favorire lo sviluppo del fungo.

Durante la formazione del glomere invernale è importante che vi sia abbastanza spazio nell'alveare per il ricambio di aria per evitare ristagni di umidità.

La presenza di altre patologie, che indeboliscono la colonia, può favorire la comparsa di *Ascosphaera apis*; è dunque di fondamentale importanza il mantenimento dello stato sanitario per impedire la comparsa dell'infezione.

Le spore di *Ascosphaera apis* possono rimanere vive e vitali per parecchi anni nei favi, nel polline e nel miele. La gestione della nutrizione e la disinfezione dei materiali dell'alveare sono importanti per limitare la diffusione di infezioni in atto. Sono state proposte alcune tecniche per decontaminare l'attrezzatura apistica: trattamenti chimici, radiazioni ionizzanti e impiego del calore. L'impiego delle radiazioni ionizzanti è, allo stato attuale, il metodo più efficace per la sterilizzazione dei favi, materiale che non può essere sottoposto a trattamenti termici e che non è possibile bonificare efficacemente mediante i trattamenti chimici, soprattutto perché questi agiscono solo sulla superficie e lasciano residui. Il calore può essere impiegato per i materiali, come miele o cera, e per le attrezzature che resistono ai trattamenti termici.

Per quanto riguarda i trattamenti farmacologici, sono disponibili in letteratura diversi lavori che hanno affrontato lo studio di antimicotici specifici per *Ascosphaera apis*, al fine di garantire agli apicoltori un mezzo di intervento in caso di comparsa di sintomi marcati. Diversi composti e di diversa origine sono stati saggiati nel tempo, quali acido benzoico, propionato di sodio, acido ascorbico, tiabendazolo [27] e Benomyl [28].

Ad oggi, nessun composto risulta registrato come farmaco contro la covata calcificata, anche, e soprattutto, perché nessuna molecola testata ha dato risultati pienamente soddisfacenti. Uno dei limiti delle sperimentazioni è stata la tossicità dei prodotti testati sia per le api che per l'uomo, con la possibilità, inoltre, di residuare nei prodotti dell'alveare e di contaminare l'ambiente. Oltre a queste problematiche, spesso i risultati ottenuti *in vitro* non sono risultati trasferibili in campo, oppure i buoni risultati ottenuti in alcuni casi applicativi non si sono mostrati ripetibili.

Vista l'assenza di chemioterapici specifici, l'attenzione dei ricercatori si è concentrata sull'impiego di composti naturali o di microrganismi in grado di inibire *Ascosphaera apis*.

Le ricerche a riguardo sono, tuttavia, ancora a livello di laboratorio, con poche e sporadiche prove di applicazioni in campo. Buoni risultati sono stati ottenuti con estratti vegetali quali citrenolo e geraniolo [29], timolo [30], oli essenziali di lamiacee [31].

Un'altra prospettiva per la ricerca di composti antimicotici è quella di impiegare molecole di origine microbica; a tal riguardo diversi prodotti oggetto di indagine, quali Iturina A2 [32] o lisozima [33], si sono dimostrati in grado di inibire lo sviluppo di *Ascosphaera apis in vitro*. Le applicazioni in campo dei prodotti saggiati sono a tutt'oggi oggetto di indagine.

5.3 Aspergillosi o covata pietrificata

5.3.1 Eziologia

La covata pietrificata è una patologia delle larve causata da diverse specie del genere *Aspergillus*; è per questo motivo che viene anche chiamata *aspergillosi*. Le principali specie agenti di questa malattia sono comunque *Aspergillus flavus*, *A. fumigatus* e *A. niger*. Le specie del genere *Aspergillus* sono ubiquitarie del terreno e possono essere patogene nei confronti delle api adulte, oltre che di altri insetti, dei mammiferi e degli uccelli.

La covata pietrificata è di difficile diagnosi nelle prime fasi di infezioni, anche se il micelio sviluppa velocemente, originando un caratteristico anello a collare in prossimità del capo della larva infetta. Il micelio penetra all'interno dell'insetto.

Dopo morte, la larva infetta indurisce notevolmente, diventando difficile da sbriciolare: da qui il nome "covata pietrificata". Il micelio fungino può fuoriuscire dal tegumento esterno e formare un feltro, il cui colore può essere messo in relazione con la specie infettante. *A. flavus* produce, infatti, un feltro di colore verde-giallo; *A. fumigatus* mostra invece colorazione grigio-verde, per divenire nero in *A. niger*. Le spore possono risultare talmente numerose da riempire completamente le celle contenti le larve infette. L'*optimum* di temperatura è compreso tra 33 e 37 °C, ma possono sviluppare tra 7 e 40 °C. Le spore e le ife sono tuttavia sensibili al calore: un riscaldamento a 60 °C per trenta minuti è fatale.

5.3.2 Sintomatologia

La contaminazione delle larve avviene prima dell'opercolatura della cella, ma diviene apparente solamente in seguito sulla covata opercolata. La larva infettata da *Aspergillus flavus* è dapprima grinzosa, di color crema e la segmentazione non è più evidente. Successivamente, le larve infette possono presentarsi in due maniere differenti a seconda che il fungo abbia o meno fruttificato. Nel primo caso, la larva mummificata si presenta ricoperta totalmente o parzialmente di un feltro di colore verde-giallastro mentre, nel caso che non vi sia sviluppo di spore, l'infezione si manifesta con la formazione di una mummia ricoperta da un feltro bianco-giallastro. La consistenza della larva passa da flaccida, nelle prime fasi, a una consistenza molto dura, da cui il nome di "covata pietrificata". A questo punto, le larve mummificate sono difficilmente estraibili dalla cella, alla quale aderiscono a causa della propagazione del micelio.

Negli adulti, la micosi è più rara rispetto alle larve. L'infezione avviene sempre per ingestione, mentre la morte sopravviene più per il rilascio di micotossine da parte del fungo che a causa dell'invasione miceliare. Le api adulte infette attraversano due fasi cliniche: dapprima si presentano molto agitate, inquiete e in uno stato di grande eccitazione, per poi passare alla paralisi, che precede la morte.

5.3.3 Patogenesi

Le api possono essere colpite da aspergillosi a qualsiasi stadio di sviluppo, da quello di larva giovane a quello di adulto. L'infezione avviene per vie orale: le spore penetrano nell'ospite e germinano nella cavità generale.

Nelle larve le spore, una volta raggiunto l'intestino, possono germinare dando luogo alla formazione del micelio che si diffonde in tutto il corpo. Le ife fungine attraversano il tegumento chitinico e ricoprono la superficie del corpo, portando alla mummificazione della larva. Nell'adulto la morte, secondo molti autori, avviene, più che per l'invasione miceliare, a causa di composti tossici rilasciati dalla muffa.

Il mezzo di propagazione della malattia è rappresentato principalmente dal polline e sembra che durante i flussi abbondanti, dove le operaie lo accumulano frettolosamente senza curarne la disidratazione e senza impastarlo al meglio, la diffusione sia favorita. La muffa è, infatti, in grado di sviluppare già nel polline, aumentando così la pressione di inoculo nei confronti della colonia. È stato, inoltre, dimostrato che le larve sono maggiormente colpite in caso di deficit nutrizionali, ma allo stesso tempo la colonia può compensare lo stato di carenza alimentare mediante la riduzione della covata o il miglioramento qualitativo del polline, che avviene grazie, soprattutto, alla fermentazione ad opera dei batteri lattici [34].

5.3.4 Diagnosi

La covata pietrificata è facilmente riconoscibile in caso di manifestazione visibile dell'infezione, con comparsa del micelio fungino. Le larve infette diventano infatti sempre più dure, fino a risultare pietrificate e friabili. Si passa da un colore iniziale sul grigio, per poi diventare verdastro man mano che sulla superficie si formano i conidiofori, che compaiono dapprima nella parte cefalica, per poi diffondersi su tutta la superficie. In casi di intenso sviluppo, il fungo può riempire le celle dei favi, conferendo a queste l'aspetto di quelle ripiene di polline, con cui, a una prima occhiata, possono essere confuse.

L'infezione degli adulti mostra, invece, una sintomatologia simile a quella di altre micosi e a una fase di evidente irrequietezza segue la perdita di capacità al volo. Il corpo, dopo la morte, tende ad assumere una consistenza e una durezza particolari e non comuni ad altre malattie, in maniera che l'identificazione dell'aspergillosi risulta agevolata. In caso di condizioni favorevoli di umidità è possibile osservare la formazione di un feltro fungino di colore grigio-biancastro, segno evidente dell'infezione.

L'identificazione certa dell'agente deve essere svolta in laboratori attrezzati, in grado di rilevare la specie fungina di appartenenza, dopo coltivazione ed esame delle teste condiofore (Fig. 5.5). Le specie del genere *Aspergillus* possono essere facilmente isolate e coltivate su terreni idonei per i funghi, quali Sabouraud o Potato Dextrose agar.

Nella manipolazione di questi microrganismi occorre tenere bene presente che alcuni sono patogeni anche per l'uomo e, quindi, bisogna prestare la massima attenzione nelle operazioni, evitando con cura ogni contatto diretto e operando in ambienti confinati.

5.4 La muffa del polline (*Bettsia alvei*)

Bettsia alvei [35, 36] è un fungo saprofita che attacca le riserve di polline immagazzinate nei favi, in inverno e inizio primavera, soprattutto in alveari deboli. Rappresenta, quindi, un nemico indiretto dell'ape, andando a danneggiare la fonte dell'alimentazione proteica dell'insetto.

A livello sistematico si pone molto vicino a *Ascosphaera apis*, appartenendo alla stessa famiglia delle *Ascosphaeraceae*. Il micelio è di colore biancastro, con un aspetto riconducibile a quello di *Ascosphaera apis*, ma con corpi frutti-

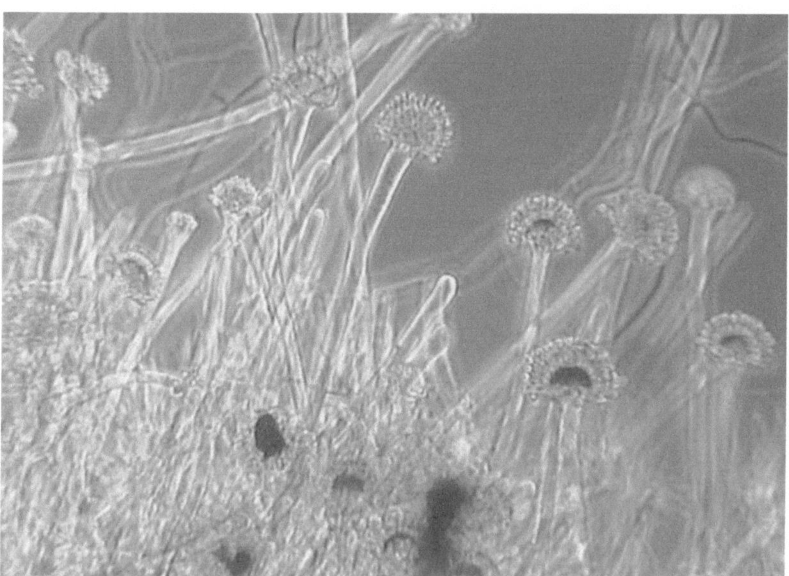

Fig. 5.5 Aspetto al microscopio ottico del micelio di *Aspergillus flavus*. Sono ben visibili i rami conidiofori (Foto Marzia Benevelli, DISTAL, *Alma Mater Sudiorum* – Università di Bologna)

feri più piccoli e spore non aggregate. Le spore, che prendono il nome di clamidospore, sono di forma ovale o subglobulare con un diametro di 30–40 μm.

Durante il mese di maggio, con l'inizio del caldo, il micelio cambia di colore, diventando grigiastro, a causa dello sviluppo di nuovi organi di riproduzione, le cistospore. Le cistospore possono essere considerate la forma di conservazione e di superamento delle avversità, infatti non germinano quando la riproduzione del fungo è assicurata dalle clamidospore.

La germinazione delle spore avviene a temperature comprese tra 15 e 18 °C; l'esposizione del fungo a temperature superiori ai 26–28 °C per due settimane fa perdere la vitalità delle clamidospore. Questo spiega il motivo per cui il fungo è rinvenibile in inverno all'inizio della primavera e durante l'autunno, quando la temperatura più bassa dell'alveare ne favorisce lo sviluppo.

La propagazione avviene ad opera delle api che, passivamente, possono trasportarne le spore sul proprio corpo e infettare, così, le riserve di polline. Durante l'estate, tuttavia, gli alveari non hanno le condizioni di temperatura idonee per la germinazione delle spore, le quali rimangono quiescenti fino all'autunno o all'inverno, riprendendo a germinare quando la temperatura si innalza. Il fungo può diffondersi tra cella e cella e interessare così tutto il polline di scorta, arrecando un notevole danno alla colonia, che nei mesi invernali non può neppure rinnovare le provviste polliniche necessarie per l'allevamento della covata nel successivo periodo post-invernale e primaverile.

Come forma di prevenzione è necessario ostacolare l'instaurarsi delle condizioni favorevoli al fungo, evitando il raffreddamento e controllando l'umidità.

Bibliografia

1. Hibbett DS, Binder M, Bischoff JF et al (2007) A higher-level phylogenetic classification of the Fungi. Myc Res 111:509–547
2. Gilliam M, Prest DB, Lorenz BJ (1989) Microbiology of pollen and bee bread: taxonomy and enzymology of molds. Apidologie 20:53–68
3. Spiltoir CF, Olive LS, (1955) A reclassification of the genus Pericystis. Betts 47(2):238–244
4. Maassen A (1913) Weitere Mitteilungen über der seuchenhaften Brutkrankheiten der Bienen. Mitteilungen aus der Kaiserlichen Biologischen Anstalt fur Land- und Forstwirtscshaft 14:48–58
5. Spiltoir CF (1955) Life cycle of Ascosphaera apis. Am J Botan 42:501–518
6. Heath LA (1985) Occurrence and distribution of chalk brood disease of honeybees. Bee World 66:9–13
7. Aronstein KA, Murray KD (2010) Chalkbrood disease in honey bees. J Invert Pathol 103:S20–S29
8. Innocenti G, Zambonelli A (1985) Osservazioni sulla biologia di Ascosphaera apis (Maassen ex Claussen) Olive e Spiltor in coltura. Mic Ital 14:23–30
9. Flores JM, Ruiz JA, Ruz JM et al (1996) Effect of temperature and humidity of sealed brood on chalkbrood development under controlled conditions. Apidologie 27:185–192
10. Jensen AB, Pedersen BV, Eilenberg J (2009) Differential susceptibility across honey bee colonies in larval chalkbrood resistance. Apidologie 40:524–534
11. Ball BV (1997) Secondary infections and diseases associated with Varroa jacobsoni. The varroosis in the Mediterranean region. CIHEAM, Zaragoza, pp 49–58
12. Bailey L, Ball BV (1991) Honey bee pathology. Academic Press, London
13. Gilliam M, Taber S, Rose JB (1978) Chalkbrood of honeybees, Apis mellifera L., a progress report. Apidologie 9:75–89
14. Flores JM, Gutierrez I, Espejo R (2005a) The role of pollen in chalkbrood disease in Apis mellifera: transmission and predisposing conditions. Mycologia 97:1171–1176
15. Flores J, Spivak M, Gutierrez I (2005b) Spores of Ascosphaera apis contained in wax foundation can infect honeybee brood. Vet Microbiol 108:141–144
16. Bamford S, Heath LA (1989) The effects of temperature and pH on the germination of spores of the Chalkbrood fungus, Ascosphaera apis. J Apic Res 28:36–40
17. Alonso JM, Rey J, Puerta F et al (1993) Enzymatic equipment of Ascosphaera apis and the development of infection by this fungus in Apis mellifera. Apidologie 24:383–390
18. Theantana T, Chantawannakul P (2008) Protease and beta-N-acetylglucosaminidase of honey bee chalkbrood pathogen Ascosphaera apis. J Apic Res 47:68–76
19. Glinski Z, Buczek K (2003) Response of Apoidea to fungal infections. Apiacta 38:183–189
20. Gilliam M, Taber S, Richardson GV (1983) Hygienic behaviour of honey bees in relation to chalkbrood disease. Apidologie 14:29–39
21. Swanson JA, Torto B, Kells SA et al (2009) Odorants that induce hygienic behavior in honeybees: identification of volatile compounds in chalkbrood-infected honeybee larvae. J Chem Ecol 35:1108–1116
22. Ruffinengo S, Peña NI, Clemente G et al (2000) Suitability of culture media for the production of aascospores and maintenance of Ascosphaera apis. J Apic Res 39:143–148
23. Jensen AB Aronstein K, Flores JM et al (2013) Standard methods for fungal brood disease research. In: Dietemann V, Ellis JD, Neumann P (eds) The coloss beebook, Vol. 2: Standard methods for Apis mellifera pest and pathogen research. J Apic Res http://dxdoiorg/103896/IBRA152113
24. Anderson DL, Gibbs AJ, Gibson NL (1998) Identification and phylogeny of spore-cyst fungi (Ascosphaera spp) using ribosomal DNA sequences. Mycol Res 102:541–547
25. James RR, Skinner JS (2005) PCR diagnostic methods for Ascosphaera infections in bees. J Invert Pathol 90:98–103

26. Spivak M, Masterman R, Ross R, Mesce KA (2003) Hygienic behavior in the honey bee (Apis mellifera L.) and the modulatory role of octopamine. J Neurobiol 55:341–354
27. Ducose de Lahitte J (1988) Les Mycoses. Bul Tech Apic 15(1):37–44
28. Higes M, Suarez M, Llorente J (1997) Le traitment des colonies maladies du couvain plâtré avec du Benomyl. In: 35th International Beekeeping Congress, Apimondia Antwerp, Apimondia Publishing House
29. Gochnauer TA, Boch R, Margetts VJ (1979) Inhibition of Ascosphaera apis by Citral and Geraniol. J Invert Pathol 34:57–61
30. Glinski Z (1979) Etudes de laboratoire et sur le terrain concernant le traitement du couvain plâitré par des antibiotiques polyènes. In: Congrès International d'Apiculture d'Apimondia, Atene, Apimondia Publishing House
31. Colin ME, Ducos de Lahitte J, Larribau E, Boué T (1989) Activité des huiles essentielles de Labiées sur Ascosphaera apis et traitement d'un rucher. Apidologie: 20:221–228
32. Citernesi AS, Pinzauti M, Bagnoli G, Filippi C (1994) Studi preliminari di lotta ad Ascosphaera apis, agente eziologico della "covata calcificata", mediante l'uso di Iturina A2, composto antimicotico prodotto dal Bacillus subtilus ceppo M51. In "Sanità Pubblica e Veterinaria in Apicoltura". Quaderni di Igiene Pubblica e Veterinaria. Ed. Regione Toscana 6:48–52
33. Van Haga A, Keddie BA, Perna SF (2012) Evaluation of lysozyme-HCl for the treatment of chalkbrood disease in honey bee colonies. J Econ Entomol 105:1878–1889
34. Foley K, Fazio G, Jensen AB, Hughes WH (2012) Nutritional limitation and resistance to opportunistic Aspergillus parasites in honey bee larvae. J Invert Pathol 111:68–73
35. Betts AD (1912) A bee-hive fungus, Pericystis alvei, gen et sp nov. Ann Bot 26(3):795–800
36. Skou JP (1975) Two new species of Ascosphaera and notes on the conidial state of Bettsia alvei. Friesia 11:62–74

La nosemiasi

6

Cecilia Costa

6.1 Classificazione dell'agente eziologico

La nosemiasi è una malattia che colpisce le api adulte ed è causata da microrganismi classificati nel regno dei Funghi, più specificatamente nell'ordine dei microsporidi, che sono uno strano gruppo di organismi eucarioti unicellulari, tutti parassiti intracellulari obbligati. Come molti parassiti obbligati, i microsporidi sono altamente specializzati e hanno evoluto un meccanismo d'infezione estremamente sofisticato e caratteristico, oltre ad altri adattamenti per vivere dentro ad altre cellule. Questi adattamenti sono riferibili soprattutto alle dimensioni: in confronto ad altri eucarioti, infatti, i microsporidi sono ridotti in ogni aspetto, dalla morfologia all'ultrastruttura, dalla biochimica al metabolismo, e anche a livello del loro genoma.

Il primo microsporidio è stato descritto a metà del XIX secolo, quando un'epidemia di "pebrina", una malattia del baco da seta, minacciò di distruggere l'intera industria europea della seta, motivando così una serie di studi che portarono alla scoperta di un agente microscopico, che fu chiamato *Nosema bombycis*. Oggi ci sono circa 150 generi di microsporidi descritti, con oltre 1200 specie, la maggior parte delle quali infetta animali, vertebrati e non, con una prevalenza negli artropodi e nei pesci. Nei mammiferi, il microsporidio più diffuso è *Encephalitozoon cuniculi*, originariamente descritto nei conigli nel 1922. Negli esseri umani il primo caso di infezione da microsporidio è stato segnalato nel 1959, ma tali casi erano rari fino agli anni '70, quando è stato registrato un drammatico incremento in associazione a infezioni da HIV. Il microsporidio che più frequentemente attacca gli umani è *Enterocytozoon bieneusi*, che provoca disordini gastro-intestinali [1].

C. Costa (✉)
CRA-API, Consiglio per la Ricerca e la sperimentazione in Agricoltura
Unità di ricerca di apicoltura e bachicoltura, Bologna
e-mail: cecilia.costa@entecra.it

A cura di E. Carpana, M. Lodesani, *Patologia e avversità dell'alveare*,
DOI: 10.1007/978-88-470-5650-3_6, © Springer-Verlag Italia 2014

All'inizio del secolo scorso fu descritto il primo microsporidio parassita di *Apis mellifera*, *Nosema apis*, scoperto dal ricercatore tedesco Enoch Zander [2] e ritenuto per diversi anni come l'agente eziologico della "malattia dell'isola di Wight", sindrome con cui venne descritto un fenomeno di forti mortalità degli alveari che colpì l'Inghilterra a inizio Novecento [3]. Benché successivamente altri ricercatori abbiano attribuito la causa della malattia dell'isola di Wight all'acaro endoparassita *Acarapis woodi*, la revisione attuale dello stato delle conoscenze fa ritenere più probabile che un insieme di fattori, incluso *Nosema apis*, siano stati all'origine del fenomeno [4].

Più recentemente è stato descritto un altro microsporidio parassita di *Apis mellifera*: *Nosema ceranae* [5, 6]. Questo parassita è stato scoperto in *Apis cerana* (l'ape asiatica più simile e vicina filogeneticamente ad *Apis mellifera*) da Fries e colleghi nel 1996 [7], associando allo studio dell'ultrastruttura strumenti di caratterizzazione molecolare. La classificazione delle specie appartenenti ai microsporidi utilizzando l'ultrastruttura (tramite microscopio a scansione elettronica) e il ciclo biologico ha spesso condotto a versioni contrastanti, e si ritiene attualmente che il metodo più sicuro di classificazione sia l'utilizzo del cosiddetto "riboprinting". Questa tecnica utilizza i polimorfismi della lunghezza di restrizione (RFLP) di geni RNA ribosomiali (rRNA) della subunità minore come marcatori genetici per rivelare variazioni interspecifiche. E proprio utilizzando questa tecnica il parassita *Nosema ceranae* è stato classificato come una specie distinta rispetto a *Nosema apis* e, negli ultimi anni, molti studi si sono avvalsi per la discriminazione tra le due specie delle differenze nell'rRNA nella subunità ribosomiale minore (SSUrRNA), anche se sono stati sviluppati metodi più economici e veloci rispetto all'analisi degli RFLP, che è tuttavia riconosciuto come il metodo più affidabile [8]. La moltitudine di studi in anni recenti ha però messo in discussione anche questo metodo, facendo ritenere che siano necessari per una corretta classificazione filogenetica dei microsporidi dei marcatori alternativi [9], poiché in *N. bombi,* filogeneticamente molto vicino a *N. apis* e *N. ceranae,* è stata riscontrata un'elevata variabilità a livello del rRNA anche in una stessa spora [10]. In realtà, vi sono anche differenze ultrastrutturali tra le due specie, ma poiché alcune di queste sono misurabili solo con microscopio a scansione, risultano di più difficile applicazione nella maggior parte dei laboratori.

La letteratura storica riporta una grande variabilità di *N. apis* a livello morfologico. Inoltre, vi sono alcune segnalazioni di infezioni con un microsporidio anche in forme giovanili o in tessuti diversi da quelli caratteristici di *N. apis* [11, 12]. Queste segnalazioni, insieme al fatto che le tecniche molecolari siano state applicate solo negli ultimi anni, lasciano un dubbio sul fatto che *N. ceranae* sia un parassita recente di *A. mellifera*, come inizialmente accettato dalla gran parte degli studiosi del settore. A confermare il dubbio, alcuni studi su campioni storici che rivelano la presenza di *N. ceranae* in *A. mellifera* a partire dal 1979 in Brasile [13], prima del 1990 in Uruguay [14], dal 1995 negli Stati Uniti [15] e almeno dal 1998 in Europa [16].

6.2 Ciclo biologico di *Nosema spp.*

L'agente infettivo della nosemiasi è la spora, che entra nell'ape per via alimentare e giunge nel mesointestino (anche chiamato "ventricolo") (Fig. 7.1) entro 10 minuti dall'ingestione [17] e qui, stimolata dai succhi gastrici, germina. La germinazione delle spore dei microsporidi è un processo molto particolare, caratterizzato dall'accumulo all'interno della spora di una forte pressione che provoca l'eversione dell'organo di attacco, il filamento polare, che può raggiungere lunghezze di circa 100 volte superiori a quelle della spora (in *N. apis* la spora è lunga circa 5–6 µm e il filamento polare 400 µm, mentre la spora *N. ceranae* è leggermente più piccola). Se la spora si trova sufficientemente vicina all'epitelio del mesointestino, il filamento polare può penetrare all'interno di una cellula epiteliale (Fig. 6.1). Le forme vegetative, quindi, invadono le cellule epiteliali, dove si riproducono alterandone la normale funzionalità (le cellule epiteliali sono responsabili della secrezione degli enzimi che formano i succhi gastrici, oltre che dell'assorbimento delle sostanze nutritive provenienti dal cibo "lavorato" e reso assimilabile dagli enzimi). Le forme vegetative subiscono varie fasi di maturazione e divisione, passando da sporoplasma a meronte, che si divide formando vari merozoiti i quali, maturando, diventano sporonti; gli sporonti si dividono una volta in due sporoblasti, che diventeranno le spore (Fig. 6.1). La maggior parte degli autori è concorde nell'individuare un dimorfismo nelle spore, distinguendo tra spore con una parete più sottile, che germinano dentro la stessa cellula, e spore con parete più spessa, che vengono riversate nel lumen dell'intestino e rappresentano le spore durevoli, responsabili della diffusione della malattia tra un individuo e un altro. In *N. apis* è stato osservato che l'infezione può avvenire anche per via intracellulare, e ciò si manifesta poi con la presenza nel lumen del ventricolo di spore "vuote" ovvero prive del filamento polare (che all'interno della spora è ripiegato a spirale). In condizioni di temperatura ottimali per lo sviluppo di *N. apis* (30–35 °C), il ciclo dall'ingestione della spora alla produzione di nuove spore durevoli può essere completato in 48–60 ore [18]. Una volta che l'infezione si è stabilita in una cellula, se la temperatura è mantenuta intorno ai 30 °C, sono sufficienti due settimane perché l'intero epitelio del ventricolo si infetti. Lo sviluppo del parassita e la conseguente produzione di spore è fortemente dipendente dalla temperatura, con l'optimum tra i 30 e i 35 °C. Con una dose infettiva molto elevata, la produzione di spore può essere osservata anticipatamente rispetto a una dose bassa; tuttavia, indipendentemente dalla dose utilizzata, dopo due settimane a temperatura ottimale vi è un'infezione completa dovuta alla diffusione intracellulare e all'autoinfezione (nuove spore prodotte riversate nel lumen che infettano cellule dell'epitelio). In un'infezione completa si possono contare nel ventricolo 30–50 milioni di spore. Se le api non hanno possibilità di volo, le spore si accumulano nel retto, dove sono state contate fino a 230 milioni di spore di *N. apis* in una singola ape [19].

Lo sviluppo intracellulare di *N. ceranae* nel ventricolo sembra essere simi-

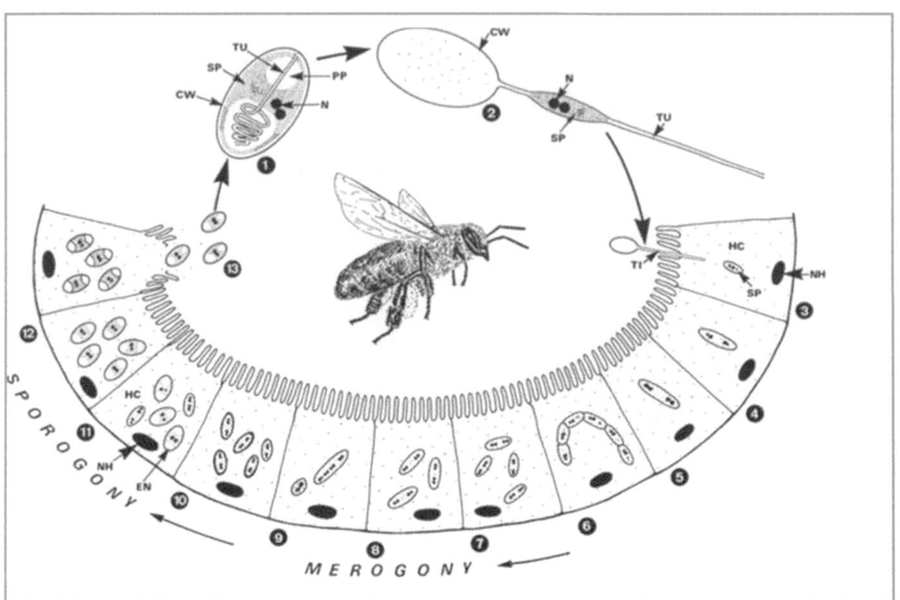

Fig. 6.1 Ciclo biologico di *Nosema apis* e *Nosema ceranae*. **1** L'agente infettivo è la spora (4–6 × 2–4 μm), che contiene uno sporoplasma binucleato; le api divengono infette ingerendo le spore, presenti in gran quantità nelle feci di individui della colonia parassitizzati; **2,3** dentro il mesointestino il filamento polare viene evertito, penetra la membrana peritrofica (non disegnata) ed entra in una cellula dell'epitelio del mesointestino. Lo sporoplasma (SP) è iniettato nella cellula epiteliale attraverso la cavità tubulare del filamento polare; **4–12** lo sporoplasma si accresce e si divide asessualmente attraverso fasi quadrinucleate, all'interno della sua cellula ospite (merogonia). Infine, l'incistazione (formazione di spore) ha inizio da una fase diplonucleata (**10**) ottenuta tramite una divisione finale (sporogonia); **13** quando sono presenti spore mature, le cellule ospiti si rompono e le spore infettive sono rilasciate nel lumen del mesointestino; da qui possono procedere verso il retto ed essere espulse con le feci oppure infettare nuove cellule epiteliali. *CW*, parete della spora; *EN*, incistazione; *HC*, cellula ospite; *N*, nucleo; *NH*, nucleo della cellula ospite; *PP*, polaroplasto; *SP*, sporoplasma; *TI*, tubulo iniettante; *TU*, tubulo (filamento polare). Riprodotto con autorizzazione da [94]

le a quello di *N. apis* [7, 20, 21], con l'ingestione delle spore che provoca l'infezione delle cellule epiteliali del mesointestino. Indagini molecolari hanno rivelato la presenza del DNA di *N. ceranae* oltre che nell'epitelio del ventricolo anche nei tubuli malpighiani, nelle ghiandole ipofaringeali e salivari, e nei corpi grassi [21] e, benché non sia stato dimostrato che *N. ceranae* possa completare il suo ciclo in cellule diverse da quelle dell'epitelio del mesointestino (non sono state trovate spore), potrebbe essere che *N. ceranae* non sia tessuto-specifico. Non è raro, infatti, che microsporidi infettino più tessuti; il vicino *N. bombi*, per esempio, parassita di varie specie di bombi, si riproduce oltre che nel mesointestino nei tubuli malpighiani, nei corpi grassi e anche in cellule del tessuto cerebrale e nervoso [22].

La dose infettiva di *N. apis* è vicina a 100 spore per ape, e studi recenti indicano che la dose infettiva di *N. ceranae* è della stessa grandezza [9]. Tuttavia, in molti esperimenti sono state usate dosi ben più alte, e nella letteratura scientifica si trovano risultati diversi circa la dose infettiva e lo sviluppo del parassita all'interno dell'ospite. Paxton e colleghi [16] trovarono che con una dose di 10.000 spore per ape, alla temperatura di 30 °C, le spore di *N. ceranae* si formavano qualche giorno più tardi rispetto a *N. apis*, mentre Martin-Hernandez e colleghi [23], usando una dose di 100.000 spore per ape e una temperatura di 33 °C, hanno trovato che le spore erano prodotte più velocemente in *N. ceranae*. Non è ancora chiaro se all'interno delle cellule epiteliali *N. ceranae* si diffonda anche per via intracellulare, come avviene per *N. apis*, in cui questo è evidente dalla presenza di spore vuote nel lumen dell'intestino. Infezioni di questo tipo da *N. ceranae* sono state segnalate da Higes e colleghi [5], mentre Chen e colleghi [21] ne hanno segnalato l'assenza. Ciò potrebbe significare che isolati diversi hanno una progressione diversa della malattia. È stato osservato che, quando entrambi i parassiti sono presenti nello stesso individuo, non sembra che uno dei due elimini l'altro [9].

6.3 Trasmissione dell'infezione

La nosemiasi provocata da entrambe le specie di *Nosema* è presente ovunque sia presente *Apis mellifera*.

L'infezione si trasmette tramite le spore, che vengono espulse dal corpo dell'ape con le feci, e possono rimanere vitali nei residui fecali per oltre un anno [24]. La via principale d'infezione è dunque oro-fecale, anche se sembra che la trofallassi possa giocare un ruolo importante nella diffusione, soprattutto per *N. ceranae* [25], a cui è raramente associato il fenomeno della "diarrea", come descritto più avanti.

La diffusione dell'infezione all'interno di un apiario e fra apiari diversi è dovuta soprattutto alla contaminazione dei favi con feci, che può avvenire soprattutto nel periodo invernale e, di conseguenza, alle pratiche apistiche che prevedono il trasferimento di favi. È stato infatti chiaramente dimostrato che favi provenienti da alveari infetti possono provocare l'infezione da un anno all'altro in alveari precedentemente esenti dall'infezione [24, 26]. La deriva di api tra alveari e il saccheggio sono entrambi fenomeni che favoriscono la diffusione dell'infezione all'interno di un apiario o tra apiari, il primo per trasmissione diretta delle spore contenute nell'ape infetta, il secondo perché il miele negli alveari fortemente infetti spesso contiene spore. Anche la contaminazione delle sorgenti d'acqua e di nettare sono possibili vie di trasmissione dell'infezione: vari autori, infatti, hanno trovato che l'acqua negli abbeveratoi era infetta e che le piante nei pressi dell'apiario erano incrostate con feci contenenti spore [24]. Le spore possono essere distribuite passivamente anche da animali che frequentano gli alveari quali le tarme della cera e le formiche, che possono ingoiare le spore ed espellerle in altri alveari o luoghi [3, 27]. Anche gli uccelli possono giocare un ruolo;

in particolare, è stato visto che i gruccioni (*Merops apiaster*), che si nutrono soprattutto di api, possono rappresentare un agente dispersivo di *N. ceranae*, poiché nelle borre sono state ritrovate percentuali elevate di spore vitali [28].

Altri fattori che aumentano la diffusione della malattia sono tutte le pratiche apistiche che implicano uno schiacciamento delle api, poiché l'estratto liquido delle api schiacciate è prontamente leccato e ingerito da altre api, che possono così facilmente infettarsi, se le api schiacciate erano infette. Anche contenitori per il nutrimento liquido, nei quali le api possono affogare, possono essere una via d'infezione all'interno della colonia.

6.4 Sintomi nelle api e nella colonia

Molte delle descrizioni sulla patogenesi e sintomatologia qui riportate riguardano api e colonie infette da *N. apis*, ma studi effettuati su *N. ceranae* e, in particolare, il fatto che le due specie attacchino lo stesso tessuto, fanno ritenere che la patogenesi sia simile, anche se viene segnalata una diversa sintomatologia, al punto di ridefinire la malattia indotta da *N. ceranae* "nosemiasi di tipo C" per differenziarla da quella provocata da *N. apis*, che assume la definizione di "nosemiasi di tipo A" [29].

Tutte le api adulte – operaie, fuchi e regine – sono suscettibili a *Nosema spp.*; tuttavia, vengono infette con una maggiore frequenza le api operaie, probabilmente a causa dell'attività di pulizia dei favi e del *grooming* a cui sono addette e a cui fuchi e regine non partecipano [30]. Le api neosfarfallate sono sempre esenti dall'infezione, che contraggono in seguito, probabilmente quando sono addette ai lavori di pulizia delle celle. Le api infette nutrono la regina in misura inferiore rispetto ad api non infette, riducendone così il rischio di infezione, che potrebbe avvenire tramite l'apparato boccale contaminato di operaie infette [31]. Nel caso in cui la regina venga infettata, le sue ovaie degenerano con atrofizzazione degli oociti e conseguente riduzione della capacità di ovideposizione [32]. Regine che diventano infette durante la stagione riproduttiva vengono sostituite dalle api ed è probabile che buona parte dei casi di orfanità invernale sia dovuta a infezioni da Nosema [24, 33].

La maggioranza degli studi è concorde nell'affermare che le api infette da *Nosema spp.* hanno una longevità ridotta e una funzionalità compromessa delle ghiandole ipofaringee. A livello cellulare si manifestano una serie di cambiamenti morfologici: le cellule infette mostrano segni di lisi quali vacuoli di grandi dimensioni, glicogeno residuo e ribosomi aggregati; in queste cellule viene fortemente ridotta la produzione di enzimi digestivi, soprattutto quelli proteolitici, compromettendo così la capacità di digerire le fonti nutritive, specialmente quella proteica [34, 35]. L'infezione da Nosema ha anche un effetto negativo sull'accumulo di proteine nei corpi grassi [36], e i livelli di acidi grassi e proteine diminuiscono nell'emolinfa delle api infette [37]. La composizione degli acidi grassi è alterata influenzando anche i corpora allata [38]. Tra le ripercussioni fisiologiche di queste alterazioni vi è un invecchiamento precoce, che porta le api a iniziare precocemente l'attività di bottinaggio [39]. Secondo alcuni autori, ciò potrebbe essere dovuto a un meccanismo di compensazione della colonia, che sopperirebbe alla perdita di bottinatrici (per ridotta longevità) con la riduzione dell'età in cui le api passano dalla fase "lavori di casa" alla ricerca di cibo. Questo fattore potrebbe giocare un ruolo determinante; tuttavia, è più probabile che l'invecchiamento precoce sia dovuto a scompensi metabolici; in particolare, la ridotta capacità di assimilare le sostanze proteiche fa sì che le ghiandole ipofaringee non si sviluppino normalmente e non siano dunque funzionali, rendendo l'ape infetta, benché giovane, e dunque nell'età in cui è "programmata" per essere nutrice, fisiologicamente simile a un'ape sana di età più avanzata. Ciò è evidente anche dall'alterato andamento dell'espressione della proteina vitellogenina (Vg) e dell'ormone giovanile (JH), che giocano un ruolo importante nel polietismo (in api giovani nutrici Vg è alto e JH basso, in api bottinatrici Vg è basso e JH è alto); è stato infatti osservato che in api infette, di età corrispondente ad api nutrici, l'espressione di Vg e il livello di JH erano simili a quelli di api bottinatrici [40].

Uno studio recente individua lo stress energetico come effetto principale di *N. ceranae*: usando la tecnica dell'estroflessione della ligula (PER test) gli autori hanno mostrato come le api infette siano più affamate rispetto ad api non infette, e come la loro longevità sia ridotta a parità di cibo disponibile [41]. Secondo gli autori, questo affamamento potrebbe concorrere, insieme all'atrofia delle ghiandole ipofaringee, al precoce invecchiamento. Un effetto negativo dell'infezione da *Nosema spp.* è la riduzione della capacità di orientamento: Kralj e Fuchs [42] hanno mostrato come api infette ritornino con minor frequenza all'alveare e abbiano più difficoltà nel ritrovare il nido, provocando dunque a livello di colonia una maggiore perdita di api in volo.

6.4.1 Differenze sintomatologiche tra *N. apis* e *N. ceranae*

A livello di colonia, l'infezione da *Nosema spp.* si manifesta con vari sintomi. La ridotta longevità delle api fa sì che nella colonia avvenga uno spopolamento. Nella nosemiasi provocata da *N. apis* questo avviene tipicamente nella stagione invernale in cui non vi è allevamento di covata, e può portare a mortalità invernale/primaverile della colonia. Lo spopolamento, assieme alla ridotta funzionalità delle ghiandole ipofaringeali, può, come scritto sopra, causare in primavera una scarsa ripresa della colonia che, assieme alla ridotta longevità, si ripercuote infine sulla produzione di miele della colonia. Se la stagione invernale-primaverile offre poche possibilità di volo per le api, la defecazione avviene all'interno dell'alveare, creando la sintomatologia della "diarrea" in cui si osservano i favi e l'interno dell'arnia imbrattati di feci. Questo sintomo, secondo molti autori, non è invece associato alla nosemiasi provocata da *N. ceranae*, che avrebbe come unico subdolo sintomo la perdita di api adulte (per ridotta

Fig. 6.2 Alveare morto con evidenti segni di residui fecali. La colonia era fortemente infetta da *Nosema ceranae*. Il collasso è avvenuto nel marzo 2010, con un inverno lungo e caratterizzato da molti eventi nevosi, che hanno limitato le possibilità di volo delle api

longevità o per mancato orientamento) e il conseguente squilibrio tra api nutrici e bottinatrici [43]. Tuttavia, alcune segnalazioni riportano la presenza di evidenti residui fecali anche in casi di infezione da *N. ceranae*, quando è associata a un inverno prolungato e a ridotte possibilità di volo (Fig. 6.2).

Il livello d'infezione riscontrabile in una colonia è molto variabile nel corso della stagione. L'infezione da *N. apis* tipicamente mostra livelli bassi durante l'estate, un piccolo picco durante l'autunno, e un graduale incremento durante l'inverno, per arrivare ai livelli massimi in primavera. In uno studio su alveari spagnoli è stato riportato che per *N. ceranae* non è stata osservata questa stagionalità, e mentre *N. apis* era rilevabile solo in primavera e autunno, *N. ceranae* veniva ritrovato tutto l'anno [44].

6.4.2 *N. ceranae* è coinvolto nel fenomeno della mortalità delle colonie?

In uno dei primi studi che ha cercato di spiegare il fenomeno noto negli Stati Uniti come *Colony Collapse Disorder* (CCD) (sindrome del collasso degli alveari), svolto su base metagenomica (ovvero cercando il DNA di tutti gli organismi presenti nelle api di alveari collassati e non), un gruppo di ricercatori americani individuò come agente responsabile un virus (IAPV) ma, osservando i dati da loro raccolti, si notava come *N. ceranae* fosse presente nel 100% degli alveari collassati [45]. In accordo con questo dato, un gruppo di ricercatori spagnoli afferma che le analisi e gli studi da loro condotti indichino chiaramente che *N. ceranae* è responsabile del fenomeno dell'incremento di mortalità delle colonie [46], che in Europa è noto più genericamente come *colony losses* (perdite di alveari). La nosemiasi di tipo C provocherebbe il collasso improvviso degli alveari dopo una lunga fase di incubazione asintomatica, in cui vi è uno spopolamento graduale che viene mascherato per un po' di tempo da un incremento di deposizione della regina che però, a un certo punto, non riuscirebbe più a sopperire [46]. Tuttavia, altri studi non hanno confermato queste osservazioni e non hanno trovato un chiaro nesso tra l'infezione da *N. ceranae* e la mortalità delle colonie: per esempio, uno studio negli Stati Uniti [47] e due studi in Germania [48, 49] hanno invece evidenziato un andamento stagionale e un impatto di *N. ceranae* simile a quello di *N. apis*, con il picco d'infezione più elevato in primavera. In funzione dell'area geografica sembra, dunque, esservi un diverso sviluppo (e impatto della malattia), spiegabile in parte con la diversa suscettibilità e resistenza alle temperature: è infatti stato visto che *N. ceranae* è più resistente alle alte temperature e più suscettibile alle basse temperature [50]. *N. ceranae* potrebbe dunque essere più pericoloso per la salute degli alveari nelle zone calde, ovvero nell'areale del Mediterraneo dove, in effetti, sembra essere l'unica specie di *Nosema* presente (nel corso del monitoraggio nazionale del progetto "APENET" è stato rinvenuto un solo campione positivo a *N. apis* nella provincia di Bolzano [51] e si può affermare che in Italia la specie dominante attualmente è *N. ceranae*. Tuttavia, in Spagna *N. ceranae* non ha sostituito *N. apis*, che continua ad essere presente, e non tutti i ricercatori spagnoli sono concordi nel correlare la presenza di *N. ceranae* con fenomeni di mortalità delle colonie [52].

Alcuni autori hanno riportato una virulenza maggiore di *N. ceranae*: uno studio recente, per esempio, ha evidenziato che *N. ceranae* si riproduce unicamente nel mesointestino, come *N. apis*, a differenza di quanto ipotizzato da altri autori, ma che produce una quantità di spore maggiori [53]. Benché questo fatto non abbia determinato una maggiore virulenza (nello studio non hanno osservato una maggiore mortalità delle api infette con *N. ceranae* rispetto a quelle infette con *N. apis*), potrebbe essere alla base della maggiore diffusione attuale di *N. ceranae* a discapito di *N. apis*, nelle zone in cui *N. apis* non è più riscontrato. Questo fenomeno, tuttavia, non è stato rilevato da altri autori: gli esperimenti di Forsgren e Fries [54], in cui api sono state inoculate con l'una o l'altra specie o entrambe, hanno indicato scarse differenze nella dose infettiva e nel tasso di moltiplicazione e non hanno evidenziato un vantaggio competitivo di *N. ceranae* a livello di singola ape. Questi risultati leggermente discordanti mostrano come lo sviluppo del parassita e la suscettibilità dell'ospite sono influenzati da molteplici fattori, i cui ruoli nell'infezione devono essere ancora ben compresi.

6.5 Fattori che influenzano e interagiscono con lo sviluppo di *Nosema spp.*

6.5.1 Condizioni ambientali

La letteratura scientifica riporta che le infezioni da *N. apis* sono frequentemente presenti in molti apiari senza provocare danni rilevanti alle colonie, fino a che non interviene un fattore esterno che trasforma l'infezione in malattia epizootica. Inverni rigidi con lunghi periodi senza possibilità di volo per le api aumentano la probabilità di defecazione all'interno dell'alveare, e quindi di trasmissione dell'infezione all'interno della colonia. L'allevamento precoce della covata in primavera, prima che vi siano frequenti opportunità di volo, incrementa il rischio di sviluppo dell'infezione, probabilmente a causa delle operazioni di pulizia dei favi in preparazione all'ovideposizione (tramite le quali le api possono infettarsi con eventuali residui fecali infetti) e al fatto che l'inizio dell'allevamento provoca un incremento di temperatura nel nido, promuovendo lo sviluppo del parassita.

La disponibilità e qualità di polline possono influenzare l'impatto dell'infezione da *N. ceranae*: uno studio recente [55] ha evidenziato come api infette nutrite con polline multiflora – e quindi con un valore nutrizionale più elevato in termini di composizione proteica e amminoacidica – sopravvivessero più a lungo rispetto ad api infette nutrite senza polline o con polline di valore nutrizionale inferiore.

6.5.2 Resistenza genetica

Alcuni studi nel corso degli ultimi 50 anni hanno mostrato che fattori genetici potrebbero essere coinvolti nella risposta a *Nosema spp.*, anche se non è mai stata osservata una completa resistenza individuale. In uno studio del 1965, L'Arrivée [56] osservò che alcuni individui tolleravano l'infezione da *N. apis* meglio di altri, suggerendo la possibilità della selezione per la tolleranza a Nosema. Zherebkin, nel 1976 [57], osservò una resistenza parziale connessa con variazioni nei livelli di produzione di enzimi digestivi. Rinderer e colleghi, negli anni '80 [58], trovarono una correlazione positiva tra la risposta alle infezioni da *N. apis* e la longevità delle api in esperimenti di selezione, ma l'effetto fisiologico del parassita nel ventricolo non fu indagato e pochi studi di campo hanno mostrato gli stessi risultati; anzi, Malone e colleghi [59], indagando lo sviluppo dell'infezione in colonie neo-zelandesi di diversa origine genetica, non trovarono differenze. In uno studio di laboratorio [60], Malone e Stafanovic hanno valutato a più livelli il grado di suscettibilità a *N. apis* di api provenienti da colonie delle sottospecie *A. m. ligustica* e *A. m. mellifera*: per nessuno dei parametri considerati (sviluppo dell'infezione nel tempo, trasmissione da api infette ad api sane, longevità e percentuale di api infette in risposta a un range di dosi infettive in termini) sono state trovate differenze significative. Anche per *N. ceranae* uno studio recente non ha evidenziato differenze di suscettibilità a livello di colonia [61], mentre sono state osservate differenze a livello individuale [62]. Le differenze di suscettibilità potrebbero essere espresse non tanto come sviluppo dell'infezione (ovvero valutate tramite il numero di spore) o longevità, ma come differenze nella risposta immunitaria all'infezione, come suggerito da due studi recenti in cui api infette da *N. ceranae* mostravano un incremento [63] o una riduzione [64, 65] nell'espressione di geni coinvolti nella risposta immunitaria.

6.5.3 Correlazione con altri parassiti e patogeni

È stato inoltre osservato che l'infezione da *N. apis* rende le api più suscettibili verso altri patogeni; in particolare, è nota l'associazione di *N. apis* con il protozoo *Malpighamoeba mellificae*, la cui incidenza è più alta in presenza di infezioni da *N. apis*, e l'associazione di *N. apis* con il virus della cella reale nera (BQCV) [24]. In studi recenti è stato suggerito che infezioni da *N. ceranae* possono promuovere nelle colonie lo sviluppo di altre malattie, tra cui la covata calcificata, provocata dal fungo *Ascosphaera apis* [66] e il virus della paralisi cronica (CBPV) [67] mentre, per quanto riguarda l'interazione con il virus ubiquitario DWV, è stata mostrata una correlazione negativa [68].

6.5.4 Correlazione con pesticidi

I molti studi che hanno cercato di spiegare il fenomeno della mortalità degli alveari che negli ultimi anni ha colpito gran parte del mondo [69] hanno evidenziato che si tratta di un fenomeno multifattoriale, ovvero che molti fattori concorrono e interagiscono nel provocare uno stato di malessere delle colonie. Tra i principali sospettati, oltre al noto e quasi ubiquitario acaro parassita *Varroa destructor*, vi sono i pesticidi. Numerosi studi hanno mostrato come l'infezione da *N. ceranae* possa rendere le api più suscettibili ai pesticidi, anche a dosi subletali. Uno dei primi studi è stato quello di Alaux e colleghi nel 2009 [70] in cui gli autori, in un esperimento di laboratorio, hanno trovato che api nutrite con dosi subletali del neonicotinoide imidacloprid e infette da *N. ceranae* subivano una mortalità maggiore rispetto alle api solo infette o solo trattate con il pesticida. Il meccanismo in base a cui questo avviene, tuttavia, non sembra legato a una maggior proliferazione del parassita, in quanto i livelli d'infezione non mostravano differenze, ma piuttosto potrebbe essere dovuto al fatto che le api infette avevano assunto maggiori quantità di imidacloprid, a causa del loro stress energetico. Inoltre, la combinazione dei due fattori diminuiva nelle api l'attività della glucosossidasi, un enzima considerato importante nell'immunità sociale, poiché consente alle api di sterilizzare i favi e il cibo. La sinergia dei due fattori, esposizione a dosi subletali di pesticidi e infezione da *N. ceranae*, avrebbe dunque effetti negativi sulla colonia sia nel breve (maggiore mortalità delle api) che nel lungo periodo (maggior suscettibilità della colonia a microrganismi malefici). Uno studio successivo ha mostrato che altri principi attivi, il neonicotinoide thiacloprid e il fenilpirazolo fipronil, provocano incremento di mortalità in api che divengono infette [71]. Anche in questo studio l'incremento di mortalità non sembrava legato allo sviluppo dell'infezione inteso come produzione di spore, poiché il trattamento con i due principi attivi aveva provocato effetto opposto: una tendenza all'aumento con thiacloprid e una tendenza alla diminuzione con fipronil, mostrando quanto sia complesso il fenomeno dell'interazione tra fattori. In uno studio di campo in cui imidacloprid è stato somministrato, per un periodo corrispondente a 3 cicli di covata, a dosi subletali direttamente alle colonie, che sono state inoculate con *N. ceranae*, è stato visto che le api delle colonie che avevano subito l'esposizione al pesticida sviluppavano maggiormente l'infezione [72]. Anche un altro studio di campo ha mostrato come l'esposizione a pesticidi di vario genere (acaricidi, fungicidi, insetticidi non-neonicotinoidi) possa far aumentare la suscettibilità a *N. ceranae* in termini di precocità e sviluppo dell'infezione [73].

6.6 Diagnosi

La diagnosi certa avviene tramite esame microscopico o indagine biomolecolare. Non vi sono sintomi ben definiti che consentano una diagnosi a livello di individuo o di colonia, benché a livello individuale si possa osservare previa dissezione, quando l'infezione è in fase avanzata, che il ventricolo infetto è più gonfio e biancastro rispetto a un ventricolo sano, e non sono più evidenti le costrizioni muscolari tipiche del mesointestino (che formano dei caratteristici anelli) (Fig. 6.3).

Il manuale OIE [74], edito dalla World Organisation for Animal Health, riporta che per la diagnosi microscopica debbono essere raccolte almeno 60 api per individuare il 5% delle api malate con una confidenza del 95%. Il diverso livello di infezione delle api all'interno della colonia fa sì che un campione di dimensioni ridotte possa produrre risultati non corrispondenti alla reale situazione, specialmente se le api sono raccolte all'interno dell'alveare. Infatti le api neosfarfallate sono libere dall'infezione, mentre le api raccolte all'ingresso dell'alveare sono più infette rispetto a quelle prelevate all'interno. Nell'eseguire un campionamento è dunque importante scegliere sempre lo stesso tipo di api. Il metodo raccomandato è la raccolta di api bottinatrici rientranti, che possono essere raccolte anteponendo le reti da nomadismo all'ingresso e raccogliendo le api che rientrando si posano sulla rete (Fig. 6.4). A seconda della stagione e della zona, ciò non è tuttavia sempre possibile e si consiglia, in alternativa, di raccogliere campioni dai favi esterni, poiché hanno una maggiore probabilità di contenere api meno giovani. Talvolta vengono analizzate le api morte o i residui dell'alveare sul fondo dell'arnia, ma è stato dimostrato che campioni di api vive rappresentano con maggiore affidabilità il livello d'infezione della colonia [75], specialmente per quanto riguarda *N. ceranae* [76].

6.6.1 Diagnosi microscopica

La diagnosi microscopica può essere effettuata su ape intera, sull'addome separato, sull'intero tratto intestinale, o solo sul ventricolo, in ordine decrescente di facilità di preparazione. Il campione di api (o addomi, o tratti intestinali, o mesointestini) viene macerato con acqua e il fluido osservato sotto microscopio ottico a 250–500 ingrandimenti, con ottica a contrasto di fase o campo illuminato. Le spore di *N. apis* e *ceranae* misurano 5–6 × 2–3 µm (quelle di *N. ceranae* sono leggermente più piccole), hanno una caratteristica forma ovoidale e sono translucenti, circondate da una spessa parete scura (Fig. 6.5). Il loro contenuto, che consiste di nucleo, filamento polare e sporoplasma, non è visibile. Il livello d'infezione può essere espresso come percentuale di api infette se ogni ape viene analizzata individualmente, oppure può essere contato il numero di spore presente nel campione composito. Per il conteggio delle spore si usa un emocitometro (speciale vetrino conta-globuli con griglia che permette di contare il numero di cellule/corpi presenti in un determinato volume). Per facilitare i calcoli è consigliabile usare nella macerazione 1 ml per ape, ma se i livelli d'infezione sono elevati può essere necessario ricorrere a diluizioni (se vi sono più di 20 spore per unità di conteggio). Il numero di spore deve essere contato in 10–25 unità di conteggio (quadrati con lato di 0,2 mm), disposti in diagonale o in ordine sparso. Per evitare il movimento delle spore da un quadrato all'altro, la soluzione deve riposare sul vetrino conta-globuli per 2 minuti prima di iniziare il conteggio. Quando le spore cadono pienamente sulle linee di demarcazione della griglia, per convenzione vengono contate come appartenenti

Fig. 6.3 Mesointestino di ape sana (*in alto*) e di ape infetta da *Nosema ceranae* (*sotto*), in cui si nota chiaramente l'alterazione del colore, divenuto biancastro, e il gonfiore

Fig. 6.4 Raccolta di api bottinatrici al rientro, previa posizionamento di griglia da nomadismo all'ingresso dell'alveare, per la costituzione di un campione affidabile per la diagnosi della presenza e dell'intensità dell'infezione da *Nosema spp*

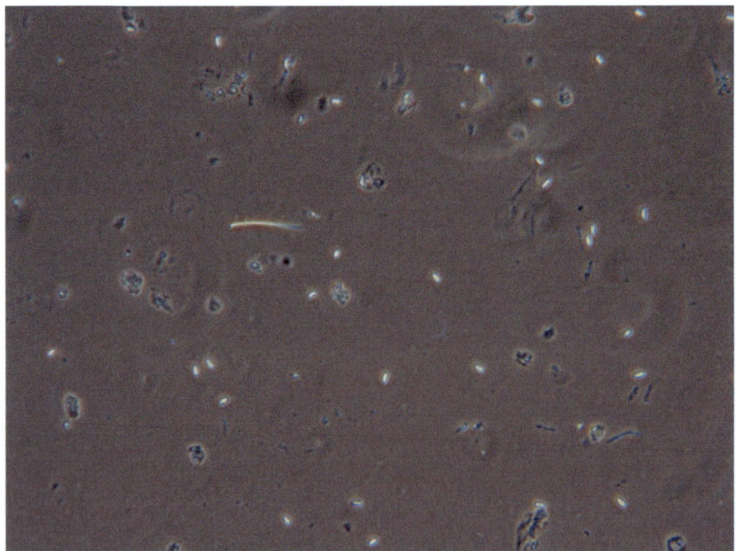

Fig. 6.5 Preparato di mesointestini infetti visionato con microscopio ottico a 400 ingrandimenti, contrasto di fase. Le spore di *Nosema* sono facilmente riconoscibili per il loro aspetto di chicco di riso translucente

all'unità di conteggio quelle sulle linee superiori e a sinistra, mentre si escludono quelle sulle linee inferiori e a destra. Completato il conteggio del numero di spore in ogni quadretto il livello medio di spore del campione può essere calcolato con la seguente formula:

$$S = A / B \times C \times 250.000$$

dove *S* è il numero di spore per ml, *A* è il numero totale di spore contate, *B* è il numero di unità di conteggio (quadretti) e *C* è il fattore di diluizione.

Si moltiplica per 250.000 per ottenere il valore riferito al ml, poiché il volume nell'unità di conteggio normalmente usata è di 1/250.000 ml.

6.6.2 Diagnosi biomolecolare

Con la scoperta di *N. ceranae* in *A. mellifera*, la diagnosi microscopica è spesso seguita da un'analisi molecolare per determinare la specie di *Nosema* coinvolta. La diagnosi biomolecolare può essere di tipo qualitativo o quantitativo. Esistono vari protocolli in letteratura, con livelli diversi di affidabilità, sensibilità, economicità. Si riporta qui quello raccomandato nel capitolo sui metodi per la ricerca su Nosema del "Bee Book" (manuale per la ricerca apidologica), in cui è presente anche un elenco di vari protocolli disponibili e dei relativi pro e contro [77].

L'estrazione del DNA può partire da api intere o da tessuti specifici (es. mesointestino, retto), da singole api o da campioni compositi. Si descrive la procedura riferita a campione composito in quanto rappresenta la situazione di laboratorio più tipica: un massimo di 30 api vengono macerate con acqua bidistillata (0,5 ml per ape), usando metodi automatici (tipo Stomacher) o manuali (mortaio e pestello). L'uso di azoto liquido può facilitare la macerazione. Vengono centrifugati 100 µl di omogenato per 3 min a 16100 g per far precipitare le spore di *Nosema spp.* e altro materiale cellulare. Il surnatante viene eliminato e il pellet rimanente congelato con azoto liquido e polverizzato, per rompere le pareti delle spore. L'operazione va ripetuta tre volte per assicurare la completa rottura delle pareti.

Per estrarre il DNA dall'omogenato va utilizzato il kit DNeasy® Plant Mini kit (Qiagen), seguendo il protocollo per i tessuti vegetali. Completare la fase finale di eluzione con 100 µl di 0,01M Tris (pH 7,5) buffer.

Per la PCR multiplex, che prevede l'amplificazione di frammenti genici di SSU rRNA, viene raccomandato l'uso dei primer specie-specifici per *N. apis*, *N. ceranae* e *N. bombi* riportati nella Tabella 6.1.

La mix per la PCR è la seguente:

- 1 µl di DNA estratto (ca. 1 ng);
- 0,5 U di GoTaq® polymerase (Promega);
- 2× GoTaq® tampone di reazione (3 mM $MgCl_2$ concentrazione finale, Promega);

Tabella 6.1 Caratteristiche dei primer usati nel protocollo di Fries et al. [77] per la determinazione rapida e affidabile tra le specie di *Nosema* che colpiscono api e bombi. * il primer Mnbombi-F contiene siti variabili per tenere conto della diversità nelle sequenze osservata in questa specie

Primer	Sequenza	Dimensioni	Specificità
Mnapis-F	5'-GCATGTCTTTGACGTACTATG-3	224 bp	*N. apis*
Mnceranae-F	5'-CGTTAAAGTGTAGATAAGATGTT-3'	143 bp	*N. ceranae*
Mnbombi-F	5'-TTTATTTTATGTRYACMGCAG-3' *	171 bp	*N. bombi*
Muniv-R	5'- GACTTAGTAGCCGTCTCTC-3'		*N. apis*, *N. ceranae*, *N. bombi*

- 0,3 mM di ogni dNTP (dNTP mix da Promega);
- 0,4 μM di Mnceranae-F;
- 0,4 μM di Mnapis-F;
- 0,5 μM di Mnbombi-F;
- 0,5 μM di Muniv-R;
- H_2O per arrivare a un volume totale di 10 μl.

L'amplificazione è svolta con un termociclatore alle seguenti condizioni:
- denaturazione iniziale: 95 °C per 2 min;
- 35 cicli di: 95 °C per 30 s, 55 °C per 30 s e 72 °C per 60 s;
- estensione finale: 72 °C per 5 min.

I prodotti della PCR possono essere visualizzati facilmente con un sistema di elettroforesi con un QIAxcel DNA high resolution kit (QIAGEN) e analizzati con il software QIAxcel ScreenGel (v1.0.0.0). Il metodo di risoluzione è:
- OM700 (3–5 bp);
- QX DNA Size Marker: 25–450 bp;
- QX Alignment Marker: 15–400 bp.

Un'alternativa più economica è l'utilizzo di un gel di agarosio 1–2% con un idoneo marker di dimensione, visualizzato con luce UV in seguito a colorazione con bromuro di etidio.

Per evitare falsi positivi o falsi negativi è importante utilizzare controlli positivi e negativi nelle reazioni.

Questo metodo può essere considerato come meramente quantitativo a livello di campione ma, se applicato a singole api di un campione, può essere considerato quantitativo, poiché si può esprimere un risultato in termini di percentuale di api infette.

La biologia molecolare progredisce rapidamente e sono adesso disponibili protocolli per la quantificazione del numero di spore presenti in un campione basati sulla tecnica PCR real-time, tra cui quello messo a punto da Forsgren & Fries [54] e da Bourgeois e colleghi [78], a cui si rimanda per una descrizione dettagliata.

L'entità dell'infezione può dunque essere espressa come numero di spore per ape, basato sul numero di spore presenti in un campione, o come percentuale di api infette. Benché alcuni studiosi ritengano più o meno corretto l'uno o l'altro metodo, vi sono vari studi che mostrano sia per *N. apis* che per *N. ceranae* che i due parametri sono correlati [79, 80].

6.7 Metodi di controllo

Per prevenire lo sviluppo delle infezioni, le api possono essere trasferite su materiale incontaminato all'inizio della stagione. Il materiale (arnie, favi, altra attrezzatura) può essere sterilizzato con le tecniche impiegate per la peste americana (vedere capitolo 3.2). Inoltre, per *N. apis* è stato accertato che le seguenti tecniche inattivano le spore: fumigazione con acido acetico, ossido di etilene, trattamento termico (+49 °C per 24 ore), raggi gamma. È probabile che tutte queste tecniche siano valide anche per *N. ceranae*, tranne il trattamento termico (è stato visto che temperature di 60 °C non inattivano le spore). Uno dei metodi più semplici è la fumigazione con acido acetico (60%), usato nella dose di 2 ml per litro di volume da trattare. L'acido è lasciato libero di volatilizzarsi in un melario o corpo nido vuoto e chiuso con coperchio, posto sopra a una pila di melari contenenti i favi da trattare/conservare. L'acido acetico fornito alle api nello sciroppo non è risultato efficace nel ridurre la moltiplicazione di *N. apis*, né in prove di campo né in prove di laboratorio [81].

Per la prevenzione della nosemiasi possono essere utili le buone pratiche apistiche, tra cui:

- scegliere postazioni che siano soleggiate e asciutte d'inverno, per favorire la possibilità di volo e quindi di espurgo ed evitare l'accumulo di feci all'interno dell'alveare;
- rispettare le generali regole di igiene (soprattutto per la pulizia e disinfezione delle arnie prima di riutilizzarle per una nuova famiglia);
- evitare di spostare telaini tra famiglie diverse;
- evitare di somministrare miele o polline alle api (potrebbero contenere spore, dunque preferire candito e sciroppo zuccherini);
- sostituire un certo numero di telaini all'anno per alveare.

In zone in cui è noto che vi è un carico ambientale di spore, ovvero in cui la malattia è ricorrente, può essere una buona idea fornire alle api una fonte di approvvigionamento di acqua tale che non venga contaminata con le feci [82].

Centinaia di sostanze sono state testate per valutare la possibile efficacia nel controllo della malattia, ma solo alcune sono risultate valide. La sostanza più efficace in assoluto è l'antibiotico fumagillina (registrato con il nome commerciale Fumidil B®), estratto originariamente dal fungo *Aspergillus fumigatus* da Hanson e Elbe nel 1949 [83], che inibisce lo sviluppo intracellulare del parassita, probabilmente limitandone la replicazione del DNA, senza influenzare la cellula ospite. L'azione è dunque nei confronti delle forme vegetative, mentre le spore non vengono danneggiate dall'antibiotico, e possono dunque permanere nei favi e rappresentare un mezzo d'infezione. È stato osservato che, in alcuni casi, somministrazioni autunnali e primaverili di fumagillina non sono state sufficienti a ridurre l'impatto della malattia [84], e il mezzo preventivo è dunque sempre raccomandato. L'efficacia della fumagillina nei confronti di *N. ceranae* è dubbia: uno studio canadese riporta che alveari trattati in autunno avevano significativamente meno spore la primavera successiva rispetto ad alveari non trattati ma, alla fine dell'estate, i livelli erano equivalenti [85]. Uno studio recente mostra che la fumagillina può addirittura far incrementare la produzione di spore da parte di *N. ceranae* a concentrazioni calanti, quali quelle che si verificano in seguito a un trattamento dell'alveare [86]. Nelle Americhe, il Fumidil B®, come altri antibiotici, è legalmente utilizzato, mentre in Italia è fuori commercio dal 2002 e nella totalità dei paesi UE dal 2012. Per questi motivi, già da tempo vengono cercati principi attivi a ridotto impatto ambientale in grado di ridurre lo sviluppo del parassita. In uno studio di laboratorio sulla valutazione dell'efficacia di varie sostanze di origine naturale è stato osservato che il timolo e il resveratrolo, somministrati oralmente alle api, provocavano riduzione dell'infezione e, nel caso del resveratrolo, anche incremento di longevità [87, 88]. Nello studio di campo conseguente, in cui timolo e un prodotto commerciale a base di acido acetilsalicilico sono stati somministrati in primavera assieme allo sciroppo, vi è stato un riscontro solo parziale delle osservazioni di laboratorio, e sono stati posti dubbi sull'innocuità del timolo per le api alle concentrazioni utilizzate [89]. In commercio vi sono vari preparati a base di erbe o principi attivi di origine naturale ma la loro efficacia non è sempre chiaramente documentata. Uno studio recente ha preso in considerazione tre agenti terapeutici (Nosestat®, Phenyl salicylate e Vitafeed Gold®) e li ha confrontati con la fumagillina; il risultato è stato che nessuna delle sostanze "nuove" era efficace contro *N. ceranae* [90]. Sono stati riportati, invece, risultati promettenti con l'utilizzo di un prodotto a base di polifenoli di origine vegetale (Nozevit®) [91]. Anche un prodotto italiano, ApiHerb®, ha mostrato una discreta efficacia nel ridurre lo sviluppo dell'infezione, sia in prove di campo che di laboratorio [92], e un'indagine di campo durata vari anni riporta buoni risultati con la somministrazione del prodotto rumeno Protofil®, che è un estratto alcolico di piante officinali (tarassaco, timo, achillea e basilico) con aggiunta di vitamina B [92].

6.8 Normative

Da un punto di vista normativo nazionale, la nosemiasi rientra tra le "Malattie infettive e diffusive degli animali soggette a provvedimenti sanitari" secondo il vigente Regolamento di Polizia Veterinaria (D.P.R. 8 febbraio 1954, n. 320), benché non sia soggetta a notifica a livello comunitario né su raccomandazione dell'OIE (World Organisation for Animal Health) [93]. I trattamenti curativi previsti dal regolamento sono oggi di difficile attuazione, sia per i motivi normativi che pratici relativi alla disponibilità di prodotti farmacologici e all'opportunità del loro utilizzo, come descritto sopra. Poiché il regolamento risale al 1954, è evidente che si riferisce alle infezioni da *N. apis*. Per questo motivo, e poiché la sintomatologia da *N. ceranae* è diversa e non diagnosticabile in campo, si può affermare che l'infezione da *N. ceranae* provoca una malattia distinta da quella provocata da *N. apis*; pertanto, il Ministero della Salute ha nel 2011 diversificato i provvedimenti sanitari da adottare in caso di infezione dall'una o l'altra specie di *Nosema*. Nel caso in cui la nosemiasi sia causata da *N. apis*, si dovrà procedere secondo il regolamento di polizia veterinaria che prevede la denuncia della malattia e la distruzione degli alveari colpiti (non vi sono farmaci autorizzati per il trattamento che consentano il "risanamento" previsto dal regolamento).

Nel caso in cui la nosemiasi sia causata da *N. ceranae*, invece, non si applicano le disposizioni del regolamento di polizia veterinaria: non è obbligatoria la denuncia né la distruzione degli alveari, ma viene solamente raccomandato di seguire le buone pratiche apistiche.

Bibliografia

1. Keeling PJ, Fast NM (2002) Microsporidia: biology and evolution of highly reduced intracellular parasites. Annu Revu Microbiol 56:93–116
2. Zander E (1909) Tierische Parasiten als Krankenheitserreger bei der Biene. Leipziger Bienenzeitung 24:147–150
3. Fantham HB, Porter A (1912) The morphology and life history of Nosema apis and the significance of its various stages in the so-called Isle of Wight disease in bees (Microsporidiosis). Ann Tropical Med Parasitol 6:163–195
4. Fries I (1993) Nosema apis – a parasite in the honey bee colony. Bee World 1:5–19
5. Higes M, Martín-Hernández R, Meana A (2006) Nosema ceranae, a new microsporidian parasite in honeybees in Europe. J Invertebr Pathol 92:93–95
6. Huang WF, Jiang JH, Chen YW, Wang CH (2007) A Nosema ceranae isolate from the honeybee Apis mellifera. Apidologie 38:30–37
7. Fries I, Feng F, da Silva A et al (1996) Nosema ceranae n. Sp. (Microspora, Nosematidae), morphological and molecular characterization of a microsporidian parasite of the Asian honey bee Apis cerana (Hymenoptera, Apidae). Europ J Protistol 32:356–365
8. Gisder S, Genersch E (2013) Molecular differentiation of Nosema apis and Nosema ceranae based on species-specific sequence differences in a protein coding gene. J Invertebr Pathol 113:1–6
9. Fries I (2010) Nosema ceranae in European honey bees (Apis mellifera). J Invertebr Pathol 103:S73–S79
10. O'Mahony EM, Tay WT, Paxton RJ (2007) Multiple rRNA variants in a single spore of the microsporidium Nosema bombi. J Eukar Microbiol 54:103–109
11. Buys B (1972) Nosema in brood. S Afr Bee J 44:2–4
12. Clark TB (1980) A second microsporidian in the honeybee. J Invertebr Pathol 35:290–294
13. Teixeira EW, Santos LG, Sattler A et al (2013) Nosema ceranae has been present in Brazil for more than three decades infecting Africanized honey bees. J Invertebr Pathol 114:250–254
14. Invernizzi C, Abud C, Tomasco IH et al (2009). Presence of Nosema ceranae in honeybees (Apis mellifera) in Uruguay. J Invertebr Pathol 101:150–153
15. Chen Y, Evans JD, Smith IB, Pettis JS (2008) Nosema ceranae is a long-present and widespread microsporidian infestation of the European honey bee (Apis mellifera) in the United States. J Invertebr Pathol 97:186–188
16. Paxton RJ, Klee J, Korpela S, Fries I (2007) Nosema ceranae has infected Apis mellifera in

Europe since at least 1998 and may be more virulent than Nosema apis. Apidologie 38:558–565
17. Kellner N, Jacobs FJ (1978) How long do the spores of Nosema apis take to reach ventriculus of the honey bee? Vlaams Diegeneeskd Tijdschr 47:252–259
18. Kellner N (1980) Studie van de levenscyclus van Nosema apis Zander in de honigbij (Apis mellifera L.). PhD thesis, Fac Wetenschappen, Rijksuniversitet Gent, Belgium
19. Lotmar R (1944) Über den Einfluss der Temperatur auf den Parasiten Nosema apis. Beihefte Schweizerische Bienenzeitung 67:17–19
20. Higes M, Garcia-Palencia P, Martin-Hernandez R, Meana A (2007) Experimental infection of Apis mellifera honeybees with Nosema ceranae (Microsporidia). J Invertebr Pathol 94:211–217
21. Chen YP, Evans JD, Murphy C et al (2009) Morphological, molecular, and phylogenetic characterization of Nosema ceranae, a microsporidian parasite isolated from the European honey bee, Apis mellifera. J Eukar Microbiol 56:142–147
22. Fries I, de Ruijter A, Paxton RJ et al (2001) Molecular characterization of Nosema bombi (Microsporidia: Nosematidae) and a note on its sites of infection in Bombus terrestris (Hymenoptera: Apoidea). J Apic Res 40:91–96
23. Martín-Hernández R, Meana A, García-Palencia P et al (2009) Temperature effect on biotic potential of honeybee microsporidia. Appl Environ Microbiol. doi:10.1128/AEM.02908-08
24. Bailey L (1981) Honey bee pathology. Academic Press, London, UK
25. Smith ML (2012) The honey bee parasite Nosema ceranae: transmissible via food exchange? PLoS ONE 7(8):e43319
26. Bailey L (1955) Results of field trials at Rothamsted of control methods for Nosema disease. Bee World 36:121–125
27. L'Arrivée JC (1965) Sources of nosema infection. Am Bee J 105:246–248
28. Valera F, Martín-Hernández R, Higes M (2011) Evaluation of large-scale dissemination of Nosema ceranae spores by European bee-eaters Merops apiaster. Environmental Microbiology Reports 3:47–53
29. COLOSS (2009) Proceedings of the workshop "Nosema disease: lack of knowledge and work standardisation", 19–22 October, Guadalajara, Spain. http://www.coloss.org/publications/Nosema-Workshop-Proceedings.pdf. Accessed 31 October 2013
30. Bailey L (1972) Nosema apis in drone honeybees. J Apicult Res 11:171–174
31. Wang Der-I, Moeller FE (1970) The division of labor and queen attendance behavior of nosema-infected worker honey bees. J Econ Entomol 63:1539–1541
32. Liu TP (1992) Oocyte degeneration in the queen honey bee after infection by Nosema apis. Tissue Cell 24:131–138
33. Farrar CL (1947) Nosema losses in package bees as related to queen supersedure and honey yields. J Econ Entomol 40:333–338
34. Liu TP (1984) Virus-like cytoplasmic particles associated with lysed spores of Nosema apis. J Invertebr Pathol 44:103–105
35. Matašin Z, Nejedli S, Gajger IT (2012) Leucine aminopeptidase activity in the midgut of nosema diseased honey bees (Apis mellifera) Veterinarski Arhiv 82:599–607
36. Lotmar R (1939) Der Eiweiss-Stoffwechselim Bienevolk (Apis mellifica) während der Überwinterung. Landwirtschaftliches Jahrbuch der Schweiz 54:775–805
37. Roberts DM (1968) Fatty acids in honeybees (Apis mellifera) infected with the protozoan Nosema apis. J Invertebr Pathol 11:234–236
38. Liu TP (1986) Comparative fine structure of the corpus allatum from healthy and nosema-infected honeybees. J Apic Res 25:163–169
39. Hassanein MH (1953) The influence of infection with Nosema apis on the activities and longevity of the worker honeybee. Ann Appl Biol 40:418–423
40. Goblirsch M, Huang ZY, Spivak M (2013) Physiological and behavioral changes in honey bees (Apis mellifera) induced by Nosema ceranae infection. PLoSONE 8(3):e58165
41. Mayack C, Naug D (2009) Energetic stress in the honey bee Apis mellifera from Nosema ceranae infection. J Invertebr Pathol 100:185–188
42. Kralj J, Fuchs S (2010) Nosema spp. influences flight behavior of infected honey bee (Apis

mellifera) foragers. Apidologie 41:21–28
43. Higes M, Martín-Hernández R, Garrido-Bailón E et al (2009) Honeybee colony collapse due to Nosema ceranae in professional apiaries. Environ Microbiol Rep. doi:10.1111/j.1758-2229.2009.00014.x
44. Martín-Hernández R, Botías C, Bailón EG et al (2012) Microsporidia infecting Apis mellifera: coexistence or competition. Is Nosema ceranae replacing Nosema apis? Environ Microbiol 14:2127–2138
45. Cox-Foster DL, Conlan S, Holmes EC et al (2007) A metagenomic survey of microbes in honey bee colony collapse disorder. Science 318:283–287
46. Higes M, Martín-Hernández R, Botías C et al (2008) How natural infection by Nosema ceranae causes honeybee colony collapse. Environ Microbiol 10:2659–2669
47. Traver BE, Williams MR, Fell RD (2012) Comparison of within hive sampling and seasonal activity of Nosema ceranae in honey bee colonies. J Invert Pathol 109:187–193
48. Gisder S, Hedtke K, Möckel N et al (2010) Five-year cohort study of Nosema spp. in Germany: does climate shape virulence and assertiveness of Nosema ceranae? Am Soc Microbiol doi:10.1128/AEM.03097-09
49. Genersch E, von der Ohe W, Kaatz H et al (2010) The German bee monitoring project: a long term study to understand periodically high winter losses of honey bee colonies. Apidologie doi:10.1051/apido/2010014
50. Fenoy S, Rueda C, Higes M et al (2009) High-level resistance of Nosema ceranae, a parasite of the honey bee, to temperature and desiccation. Appl Environ Microbiol 75:6886–6889
51. http://www.reterurale.it/apenet. Accessed 31 October 2013
52. Fernández JM, Puerta F, Cousinou M et al (2012) Asymptomatic presence of Nosema spp. in Spanish commercial apiaries. J Invertebr Pathol 111:106–110
53. Huang WF, Solter LF (2013) Comparative development and tissue tropism of Nosema apis and Nosema ceranae. J Invertebr Pathol 113:35–41
54. Forsgren E, Fries I (2010) Comparative virulence of Nosema ceranae and Nosema apis in individual European honey bees. Veterinary Parasitology 170:212–217
55. Di Pasquale G, Salignon M, Le Conte Y et al (2013) Influence of pollen nutrition on honey bee health: do pollen quality and diversity matter? PLoS ONE doi:10.1371/journal.pone.0072016
56. L'Arrivée JC (1965) Tolerance of honey bees to nosema disease. J Invertebr Pathol 7(4):408–413
57. Zherebkin MV (1976) Resistance of the honeybee to nosema infection in relation to chimozin. Apiacta 11:5–9
58. Rinderer TE, Collins AM, Brown MA (1983) Heritabilities and correlations of the honey bee: response to Nosema apis, longevity and alarm response to isopentyl acetate. Apidologie 14(2):79–85
59. Malone LA, Giacon HA, Hunapo RJ, McIvor CA (1992) Response of New Zealand honey bee colonies to Nosema apis. 31:135–140
60. Malone LA, Stefanovic D (1999) Comparison of the responses of two races of honeybees to infection with Nosema apis Zander. Apidologie 30:375–382
61. Villa JD, Bourgeois L, Danka RG (2013) Negative evidence for effects of genetic origin of bees on Nosema ceranae, positive evidence for effects of Nosema ceranae on bees. Apidologie 44:511–518
62. Bourgeois AL, Rinderer TE, Sylvester HA et al (2012) Patterns of Apis mellifera infestation by Nosema ceranae support the parasite hypothesis for the evolution of extreme polyandry in eusocial insects. Apidologie 43:539–548
63. Huang Q, Kryger P, Le Conte Y, Moritz RFA (2012) Survival and immune response of drones of a Nosemosis tolerant honey bee strain towards N. ceranae infections. J Invertebr Pathol 109:297–302
64. Antúnez K, Martín-Hernández R, Prieto L et al (2009) Immune suppression in the honey bee (Apis mellifera) following infection by Nosema ceranae (Microsporidia). Environ Microbiol 11:2284–2290
65. Chaimanee V, Chantawannakul P, Chen Y et al (2012) Differential expression of immune genes

of adult honey bee (Apis mellifera) after inoculated by Nosema ceranae. J Insect Physiol 58:1090–1095
66. Hedtke K, Jensen PM, Jensen AB, Genersch E (2011). Evidence for emerging parasites and pathogens influencing outbreaks of stress-related diseases like chalkbrood. J Invertebr Pathol 108:167–173
67. Toplak I, Ciglenečki UJ, Aronstein K, Gregorc A (2013) Chronic bee paralysis virus and Nosema ceranae experimental co-infection of winter honey bee workers (Apis mellifera L.). Viruses doi:10.3390/v5092282
68. Costa C, Tanner G, Lodesani M et al (2011) Negative correlation between Nosema ceranae spore loads and deformed wing virus infection levels in adult honey bee workers. J Invertebr Pathol 108:224–225
69. Neumann P, Carreck NL (2010) Honey bee colony losses J Apic Res 49:1–6
70. Alaux C, Brunet JL, Dussaubat C et al (2009) Interactions between Nosema microspores and a neonicotinoid weaken honeybees (Apis mellifera). Environ Microbiol 12:774–782
71. Vidau C, Diogon M, Aufauvre J et al (2011) Exposure to sublethal doses of Fipronil and Thiacloprid highly increases mortality of honeybees previously infected by Nosema ceranae. PLoS ONE 6(6):e21550
72. Pettis JS, van Engelsdorp D, Johnson J, Dively G (2012) Pesticide exposure in honey bees results in increased levels of the gut pathogen Nosema. Naturwissenshaften 99:153–158
73. Wu JY, Smart MD, Anelli CM, Sheppard WS (2012) Honey bees (Apis mellifera) reared in brood combs containing high levels of pesticide residues exhibit increased susceptibility to Nosema (Microsporidia) infection. J Invertebr Pathol doi:10.1016/j.jip.2012.01.005
74. OIE (World Organization for Animal health) Manual of diagnostic tests and vaccines for terrestrial animals 2013. Chapter 2.2.4. Nosemosis of honey bees. http://www.oie.int/fileadmin/Home/eng/Health_standards/tahm/2.02.04_NOSEMOSIS_FINAL.pdf. Accessed 31 October 2013
75. Fries I, Ekbohm G, Villumstad E (1984) Nosema apis, sampling techniques and honey yield. J Apic Res 23:102–105
76. Copley TR, Giovenazzo P, Jabaji SH (2012) Detection of Nosema apis and N. ceranae in honeybee bottom scraps and frass in naturally infected hives. Apidologie 43:753–760
77. Fries I, Chauzat M-P, Chen Y-P et al (2013) Standard methods for Nosema research. J Apic Res doi 10.3896/IBRA.1.52.1.14
78. Bourgeois AL, Rinderer TE, Beaman LD, Danka RG (2010) Genetic detection and quantification of Nosema apis and N. ceranae in the honey bee. J Invertebr Pathol103:53–58
79. L'Arrivee JC (1963) Comparison of composite versus individual bee sampling for Nosema apis Zander. J Insect Pathol 5:434–439
80. Smart MD, Sheppard WS (2012) Nosema ceranae in age cohorts of the western honey bee (Apis mellifera). J Invertebr Pathol 109:1458–151
81. Forsgren E, Fries I (2006) Acidic food and nosema disease. Standing Commission of Bee Pathology. http://www.apimondia.com/apiacta/slovenia/en/forsgren.pdf. Accessed 31 October 2013
82. Hegić G, Bubalo D (2006) Hygienic water supply for the bees. J Central Eur Agricult 7:743–752
83. Hanson FR, Eble TE (1949) An antiphage agent isolated form Aspergillus sp. J Bacteriol 58:527–529
84. Szabo TI, Heikel DT (1987) Effect of dry Fumagillin feeding on spring Nosema spore counts in overwintered colonies. Am Bee J 127:210–211
85. Williams GR, Sampson MA, Shutler D, Rogers REL (2008) Does fumagillin control the recently detected invasive parasite Nosema ceranae in western honey bees (Apis mellifera)? J Invertebr Pathol 99:342–344
86. Huang W-F, Solter LF, Yau PM, Imai BS (2013) Nosema ceranae escapes fumagillin control in honey bees. PLoS Pathog 9(3):e1003185
87. Maistrello L, Lodesani M, Costa C et al (2008) Screening of natural compounds for the control of nosema disease in honey bees. Apidologie 39:436–445
88. Costa C, Lodesani, Maistrello L (2009) Effect of thymol and resveratrol administered with

candy or syrup on the development of Nosema ceranae (Apis mellifera L.) artificially infected honey bees. Apidologie doi:10.1051/apido/2009070

89. Costa C, Lodesani M, Franceschetti S et al (2009) Possibilità di controllo dell'infezione intestinale delle api (Apis mellifera) provocata da Nosema ceranae. APOidea 6:93–96

90. Botías C, Martín-Hernández R, Meana A, Higes M (2013) Screening alternative therapies to control Nosemosis type C in honey bee (Apis mellifera iberiensis) colonies. Res Vet Sci doi:org/10.1016/j.rvsc.2013.09.012

91. Tlak Gajger I, Vugrek O, Pinter L, Petrinec Z (2009) "Nozevit patties" treatment of honey bees (Apis mellifera) for the control of Nosema ceranae disease. Am Bee J 149:1053–1056

90. Nanetti A (2007) ApiHerb: a new perspective for the integrated control of nosema disease. 40th Apimondia International Apicultural Congress, Melbourne, Australia. http://www.beekeeping.com/articles/us/apiherb_nanetti.pdf. Accessed 31 October 2013

92. Chiovenau G, Ionescu D, Mardare A (2004) Control of Nosemosis with Protofil. Apiacta 39:31–38. http://www.apimondia.com/apiacta/articles/2004/chioveanu_1.pdf. Accessed 31 October 2013

93. Bassi S, Cardeti G, Formato G et al (2012) Progetto di ricerca corrente del Ministero della Salute IZS LT 11/07 RC "Studio epidemiologico sulle malattie denunciabili delle api e valutazione del relativo quadro normativo" http://www.izslt.it/apicoltura/wp-content/uploads/2012/06/Studioepidemiologicosullemalattiedenunciabilidelleapi.pdf. Accessed 31 October 2013

94. Mehlhorn H (2001) Encyclopedic Reference of Parasitology. Biology, Structure, Function. Springer-Verlag Berlin Heidelberg New York

Malattie da protozoi

7

Cecilia Costa

7.1 Introduzione

Con il termine protozoi ci si riferisce a un gruppo molto vario di organismi eucarioti microscopici unicellulari ed eterotrofici, che adesso sono stati classificati in uno dei 5 phyla del regno dei protisti. Tuttavia, nell'uso comune, il termine "protozoi" viene ancora utilizzato, e per questo motivo si è deciso di mantenerlo in questo capitolo.

Da un punto di vista ecologico i protozoi svolgono numerosi ruoli: fonte di cibo per microinvertebrati, decompositori della sostanza organica, controllo delle popolazioni di batteri e animali. Tale controllo, in quest'ultimo caso, avviene come agenti di numerose malattie tra cui, ad esempio, la malaria e la leishmania. Anche gli insetti possono essere ospiti di protozoi che, insediatisi al loro interno, provocano uno stato di malattia. La differenza principale tra la malattia batterica o virale e quella da protozoi è che questi ultimi crescono e si riproducono più lentamente e non provocano, dunque, una morte rapida dell'individuo infetto. Le funzioni vitali non sono interrotte bruscamente ma avviene una lenta debilitazione, che provoca una perdita di vitalità e una ridotta longevità. Nelle api sono state descritte alcune malattie provocate da protozoi, che non sono caratterizzate da una sintomatologia specifica ma si manifestano con un indebolimento generale della colonia. Queste descrizioni risalgono soprattutto agli anni centrali del secolo scorso; infatti, la maggior parte di segnalazioni presenti nella letteratura scientifica si ritrova tra il 1926 e gli anni '80. In anni recenti, solo uno di questi microrganismi ha ridestato attenzione, nell'ambito di alcuni programmi di monitoraggio intrapresi per cercare di capire il fenomeno dell'incremento di mortalità degli alveari.

C. Costa (✉)
CRA-API, Consiglio per la Ricerca e la sperimentazione in Agricoltura
Unità di ricerca di apicoltura e bachicoltura, Bologna
e-mail: cecilia.costa@entecra.it

A cura di E. Carpana, M. Lodesani, *Patologia e avversità dell'alveare*,
DOI: 10.1007/978-88-470-5650-3_7,

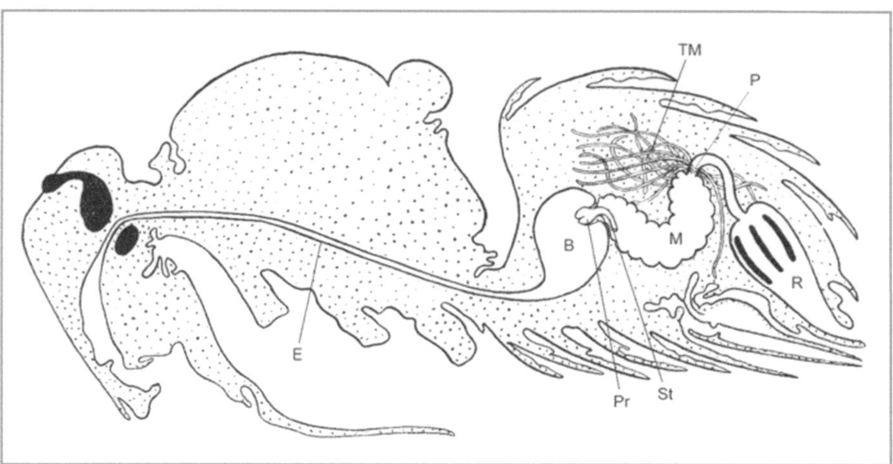

Fig. 7.1 Rappresentazione schematica di canale alimentare di ape operaia, sezione trasversale. *B*, borsa melaria; *E*, esofago; *M*, mesointestino; *P*, piloro; *Pr*, proventricolo; *R*, retto; *St*, stomodeo; *TM*, tubuli malpighiani. Riprodotto da [20]

I protozoi che colpiscono le api si insediano a livello dell'apparato digerente o escretore (Fig. 7.1).

7.2 *Malpighamoeba mellificae*

Questo protozoo appartiene all'ordine Sarcomastigophora, comunemente noto come "amebe". Le prime osservazioni documentate di amebe nelle api risalgono al 1916 in Germania da parte di Maassen [1], ma fu Prell [2] nel 1926 a descrivere e classificare l'ameba osservata nelle api come *Malpighamoeba mellificae*. Questa ameba deve il suo nome al fatto che infetta il lumen dei tubuli malpighiani di api adulte, dove si sviluppa dapprima con forma ameboide e poi si incista. Sono colpite le api operaie, mentre non vi sono prove che regine o fuchi siano colpiti dall'infezione.

M. mellificae è stata segnalata in molte regioni temperate di entrambi gli emisferi, mentre sembra assente nelle zone sub-tropicali e tropicali. La sua incidenza è ovunque segnalata come molto bassa (ad esempio, 2% delle colonie infette in Inghilterra, 0,2% in Italia).

7.2.1 Ciclo

Le api adulte divengono infette ingerendo le cisti. Queste si accumulano insieme alle particelle solide di cibo nella parte posteriore del ventricolo, oppure nel retto, e poi germinano. Le amebe infettive poi migrano direttamente verso i tubuli malpighiani (che dipartono dalla parte posteriore del ventricolo, vedi

Figura 7.1) e si attaccano quindi all'epitelio dei tubuli. Quando si "escista", l'ameba ha una forma flagellata che le consente di raggiungere i tubuli. Una volta arrivata ad attaccarsi all'epitelio dei tubuli, assume la forma dell'ameba trofica. Le amebe sono parassiti extra-cellulari che si nutrono delle cellule epiteliali tramite pseudopodi. Tra i 18 e 28 giorni dopo l'ingestione delle cisti, molte cellule epiteliali dei tubuli malpighiani sono state consumate e a quel punto le amebe si incistano, si staccano dalle pareti e vengono espulse con le feci. Secondo Fyg [3] le cisti si formano in api tenute a 30° C.

7.2.2 Sintomi

Le conseguenze dell'infezione sono che l'epitelio dei tubuli malpighiani infetti si atrofizza [4], riducendo quindi la funzionalità degli stessi. L'effetto sulle colonie è incerto: è probabilmente dannoso ma non vi sono sintomi caratteristici noti e vi sono nella letteratura segnalazioni discordanti. Alcuni autori hanno riportato infezioni talmente gravi da causare la morte delle colonie [5, 6], mentre altri riportano che questo avviene raramente e che l'ameba ne causa solo un indebolimento in primavera, descritto in inglese come *spring dwindling*. In esperimenti di campo in cui colonie sono state infettate artificialmente, le colonie trattate apparivano normali anche all'apice dell'infezione [7].

7.2.3 Diagnosi

Le cisti di *M. mellificae* sono facilmente osservabili tramite osservazione microscopica dei tubuli malpighiani. Hanno un diametro di 5–8 µm e possono essere viste attraverso le pareti dei tubuli malpighiani, che diventano gonfi e con un'apparenza vitrea [8]. Per facilitare l'identificazione delle forme vegetative in api giovani, i tessuti dovrebbero essere colorati prima dell'osservazione.

7.2.4 Decorso stagionale

È stato descritto che c'è un rapido incremento d'infezione con *M. mellificae* a primavera, quando la colonia si espande e le api ripuliscono i favi della stagione precedente. È infatti quasi certo che la trasmissione dell'infezione avviene tramite i residui di contaminazione fecale depositata sui favi durante l'inverno. Anche l'incremento della temperatura del glomere da 20 a 30 °C probabilmente favorisce lo sviluppo delle cisti. Dopodiché, c'è un rapido declino dell'infezione che praticamente sparisce dopo la metà dell'estate, similmente a quanto avviene con *N. apis*. Le cisti di *M. mellificae*, però, spariscono in estate molto più improvvisamente rispetto alle spore di *N. apis*, probabilmente perché hanno meno tempo di formarsi nelle api estive che sono meno longeve rispetto a quelle invernali.

7.2.5 Associazione con *Nosema apis*

Secondo l'autorevole studioso delle malattie delle api, Leonard Bailey, *M. mellificae* è associato a *N. apis* nelle colonie più spesso di quanto sia spiegabile con il caso [9]. Tuttavia, i due parassiti sono indipendenti e possono sviluppare un'infezione anche singolarmente, sia a livello di ape individuale che a livello di colonia. L'associazione è quindi dovuta al fatto che sono trasmessi per le stesse vie. *M. mellificae* forma solo circa 500 mila cisti per ape e queste impiegano circa 3 settimane per svilupparsi, mentre *N. apis* forma circa 30 milioni di spore per ape nella metà del tempo. Quindi, *M. mellificae* si diffonde meno facilmente di *N. apis*, e solitamente solo in casi di forte dissenteria, quando quindi la probabilità di ingerire cisti è elevata. Di conseguenza, è solitamente associata alle infezioni gravi da *N. apis* e, dunque, anche con elevate mortalità di colonie negli apiari, ma non è la causa primaria di tali perdite.

7.2.6 Controllo

È stato osservato che quando in estate i favi di una colonia infetta sono sostituiti da favi non contaminati l'infezione non ricompare l'anno successivo. Il controllo è quindi basato sulla prevenzione, ovvero su pratiche d'igiene del materiale apistico.

7.3 Gregarine

Le gregarine (*Leidyana spp.* e altri generi) associate alle api sono protozoi di grandi dimensioni e probabilmente non sono parassiti specifici di *Apis mellifera*, poiché specie simili sono state trovate in ortotteri e lepidotteri. Sono state descritte per la prima volta nelle api da Morgenthaler in Svizzera nel 1926 [10].

Quelle nelle api potrebbero originare da altri insetti glicifaghi o da insetti che occasionalmente si insediano nei favi, come blatte, che vivono in colonie deboli in zone tropicali. Le api diverrebbero infette ripulendo favi contaminati oppure assumendo acqua infetta. La forma infettiva è la spora. In seguito alla germinazione nel mesointestino le forme vegetative, i "cefalonti", che misurano 16 × 44 μm, si aggrappano alle cellule dell'epitelio del mesointestino tramite un'appendice chiamata "epimerite". Successivamente si accoppiano, si sviluppano in sporonti (35 × 85 μm) che, a loro volta, producono le spore che sono espulse tramite il retto.

Ci sono poche evidenze dei danni provocati dalle gregarine alle colonie, anzi, secondo alcuni autori sarebbero commensali non-patologici del mesointestino [11, 12].

Tra il 1926 e il 1965, gregarine nelle api sono state osservate in Svizzera, Italia, Canada, USA, e Sud America, ma la loro incidenza è probabilmente molto bassa.

7.4 Flagellati

La prima descrizione di flagellati (nel sistema di classificazione linneano, protozoi con flagelli) nelle api si deve a Lotmar nel 1946 [13], che osservò che una piccola area dell'epitelio sulla parte dorsale del piloro di api adulte (Fig. 7.1) è frequentemente colonizzata da protozoi inizialmente classificati come *Leptomonas apis* ma riclassificati successivamente come *Crithidia spp*. [14]. Il genere *Crithidia* appartiene all'ordine dei tripanosomi, che attaccano esclusivamente artropodi, soprattutto insetti. Sono caratterizzati da una bassa specificità e una singola specie può dunque infettare molti ospiti di specie diverse.

Le api si infettano ingerendo cisti o altre forme vitali. Sono infettate soprattutto le operaie ma è stata osservata infezione anche in regine e fuchi [13]. L'infezione provoca una macchia scura o crosta, facilmente visibile sulla parete intestinale, su cui i flagellati si attaccano a formare una placca dall'aspetto peloso. I flagellati non compaiono in api con meno di 6 giorni di età. In api neoinfette si muovono liberamente nel lumen del mesointestino, poi si riuniscono in "rosette" e aderiscono alla parete intestinale dove croste scure compaiono nelle api con più di 16 giorni di età [15]. Flagellati dello stesso tipo compaiono anche nel retto, liberi nel lumen o attaccati all'epitelio. Giavarini [15] riportava che sono scarsamente presenti in api invernali, nelle quali talvolta sono state individuate le croste ma non i flagellati.

Gli studi del secolo scorso non hanno evidenziato che i flagellati fossero patogenici e riportano che sono stati trovati comunemente in Europa e in Australia, dove sono stati classificati come *C. mellificae*.

Negli ultimi anni sono stati intrapresi in vari paesi programmi di monitoraggio volti a indagare lo stato di salute degli alveari, avvalendosi anche di tecniche biomolecolari di ultima generazione per condurre studi metagenomici (ovvero studi di tutto il materiale genetico presente in campioni prelevati in campo). Questi studi consentono di individuare anche patogeni minori o non precedentemente individuati con le tecniche diagnostiche tradizionali. In particolare, uno studio condotto negli USA sulle popolazioni di api di una grande azienda che pratica nomadismo, che aveva l'obiettivo di stabilire un livello base di presenza di patogeni in alveari sani, ha evidenziato un'incidenza di *C. mellificae* fino al 75% [16]. In seguito a questa notizia, ricercatori coinvolti in un monitoraggio in Belgio hanno indagato la presenza di *C. mellificae* nei loro campioni in relazione allo stato di salute degli alveari, e hanno trovato che la presenza di *C. mellificae* insieme a *Nosema ceranae* in estate è un marcatore predittivo della mortalità invernale. Da questo studio pare, infatti, che vi sia una sinergia negativa per la colonia tra questi due parassiti [17]. Questo fenomeno è stato confermato da uno studio sulla risposta immunitaria di api infette singolarmente o da entrambi i patogeni, che ha evidenziato come con infezioni miste la trascrizione dei geni di immunità venga significativamente alterata [18]. Questo microrganismo potrebbe dunque attualmente non essere così innocuo come sembrò ai ricercatori del secolo scorso, anche perché, nel frattempo, si sono aggiunti multipli fattori nocivi per le api, dall'incremento dell'uso di pesticidi all'introduzione di nuovi patogeni. Questa ipotesi, inoltre, trova un certo fondamento in osservazioni sul vicino *C. bombi*, che provoca un netto incremento di mortalità in bombi in condizioni di stress [19].

Bibliografia

1. Maassen A (1916) Über Bienenkrankheiten. Mitteilungen aus der Kais Biol Anstalt fűr Land- und Fortwirtschaft 16:51–58
2. Prell H (1926) Beiträge zur Kenntnis der Amoebenseuche der erwachsenen Honigbiene. Arch Bieuenkd 7:113–121
3. Fyg W (1932) Beobachtungen űber die Amöben-Infektion der malpighischen Gefässe bei der Honigbiene [Observations on amoeba infection ("cyst disease") of the Malpighian tubules of the honey bee]. Schweizerische Biene-Zeitung 55:562–572
4. Liu TP (1985) Scanning electron microscope observations on the pathological changes of Malpighian tubules in the worker honeybee, Apis mellifera, infected by Malpighamoeba mellificae. J Invertebr Pathol 46:125–132
5. Schiller J (1937) Über zwei tödliche Fälle von reiner Amöbeninfektion [Two lethal cases of pure amoeba infection]. Bienenvater 11:382–384
6. Johnsen P (1951) Mere om amøbesygen og en opfordring [More about amoeba disease, and an appeal]. Tidssskrift for Biavl 85:120–121
7. Bailey L (1955) Control of amoeba disease by the fumigation of combs and by fumagillin. Bee World 36:162–163
8. Furgala B, Mussen EC (1990) Protozoa. In: Morse RA, Nowogrodzki R (eds) Honey bee pests, predators Dis., 2nd edn. Cornell University Press, Ithaca, pp 48–63
9. Bailey L (1968) The measurement and interrelationships of infections with Nosema apis and Malpighamoeba mellificae of honey-bee populations. J Invertebr Pathol 12:175–179
10. Morgenthaler O (1926) Bienenkrankheiten in Jahre 1925 [Bee diseases in 1925]. Schweizerische Biene-Zeitung 49:220–224
11. Steinhaus EA (1963) Insect pathology, Volume 2. Academic Press, New York
12. Oertel E (1961) Effect of yellow jessamine on honey bees. Am Bee J 101:174–175
13. Lotmar R (1946) Über Flagellaten und Bakteria im Dünndarm der Honigbiene [Flagellates and bacteria of the small intestine of the honey bee]. Schweizerische Bienen-Zeitung Beihefte 2:49–76
14. Langridge DF, McGhee RB (1967) Crithidia mellificae n. sp. an acidophilic trypanosomatid of the honey bee Apis mellifera. J Protozool 14:485–487
15. Giavarini I (1950) Sui flagellati dell'intestino dell'ape [flagellates of the small intestine of the honey bee]. Boll di Zool Agrar e Bachic 17(Suppl):603–608
16. Runckel C, Flenniken ML, Engel JC et al (2011) Temporal analysis of the honey bee microbiome reveals four novel viruses and seasonal prevalence of known viruses, Nosema, and Crithidia. PLoS One 6:e20656
17. Ravoet J, Maharramov J, Meeus I et al (2013) Comprehensive bee pathogen screening in Belgium reveals Crithidia mellificae as a new contributory factor to winter mortality. PLoS One 8:e72443
18. Schwarz RS, Evans JD (2013) Single and mixed-species trypanosome and microsporidia infections elicit distinct, ephemeral cellular and humoral immune responses in honey bees. Dev Comp Immunol 40:300–310
19. Brown MJ, Loosli R, Schmid-Hempel P (2000) Condition-dependent expression of virulence in a trypanosome infecting bumblebees. Oikos 91:421–427
20. Zander E (1911) Der Bau der Biene. Verlagsbuchhandlung Eugen Ulmer, Stuttgart, p 82

Acari parassiti

8

Ignazio Floris, Francesco Nazzi

8.1 Introduzione

Ignazio Floris

Gli acari sono artropodi chelicerati appartenenti alla classe degli aracnidi. Il nome deriva da una parola greca che significa "molto piccolo e indivisibile", con riferimento alle loro piccole dimensioni e alla mancanza di segmentazione nell'addome. Lo stesso significato ha anche il termine inglese *mites*. Costituiscono un gruppo molto eterogeneo per forma, biologia e comportamento. Sono state descritte finora oltre 48.000 specie, che possono vivere libere, nutrendosi di sostanza organica, alghe, licheni, funghi, piante superiori e di piccoli artropodi oppure possono stabilire rapporti stretti con animali invertebrati (specialmente insetti) o vertebrati (incluso l'uomo), comportandosi da parassite e causando, talvolta, gravi infestazioni. Altre specie possono danneggiare le piante (ad es. i ragnetti rossi della famiglia *Tetranychidae*) e le derrate conservate. Altre ancora sono utili perché contribuiscono al riciclo della sostanza organica o perché sono predatrici di specie dannose.

Presentano un corpo generalmente di colore biancastro (anche giallo, verde o rosso) e di forma subglobosa costituita da un prosoma (cefalotorace) anteriore, provvisto di appendici boccali e locomotorie, e da un opistosoma (addome) posteriore in cui si trovano l'apertura anale e quella genitale. Le due regioni del corpo sono però fuse e i loro confini non sono ben delineati. Lo gnatosoma è

I. Floris (✉)
Dipartimento di Agraria, Sezione di Patologia vegetale ed Entomologia
Università degli Studi di Sassari
e-mail: ifloris@uniss.it

F. Nazzi
Dipartimento di Scienze Agrarie e Ambientali
Università degli Studi di Udine
e-mail: francesco.nazzi@uniud.it

A cura di E. Carpana, M. Lodesani, *Patologia e avversità dell'alveare*,
DOI: 10.1007/978-88-470-5650-3_8, © Springer-Verlag Italia 2014

costituito da un cono boccale, da due cheliceri dorsali e da due pedipalpi laterali. I cheliceri e i pedipalpi possono subire modificazioni in base all'adattamento ai diversi regimi alimentari. Allo stadio di adulto e di ninfa hanno quattro paia di zampe, solo tre paia allo stadio di larva. Il corpo è provvisto di setole di varia grandezza e forma, spesso a funzione sensoriale. I sessi sono separati e differiscono per forma e dimensione.

La riproduzione avviene per fecondazione, anche se sono noti diversi casi di partenogenesi (sviluppo dell'uovo non fecondato). Sono quasi tutti ovipari (depongono uova), con pochi casi di viviparità in cui vengono partoriti direttamente i piccoli già formati. Lo sviluppo avviene attraverso gli stadi di larva, protoninfa, deutoninfa, tritoninfa e adulto, separati da mute. In condizioni avverse, certi acari possono entrare in quiescenza formando uno stadio di resistenza (deutoninfa, detta ipopo) privo di apertura boccale e fornito di ventose con le quali si attaccano a insetti che ne assicurano il trasporto. La durata del ciclo dipende dall'alimento e dalle condizioni ambientali. Le pullulazioni sono causate, soprattutto, da temperature e umidità elevate che ne accelerano il ciclo, mentre i bassi valori di umidità (inferiore al 60%) lo limitano determinando forte mortalità. La sistematica degli acari è soggetta a continua revisione, ma il numero e la posizione degli stigmi (aperture del tegumento atte alla respirazione) rimangono un criterio fondamentale ai fini della loro classificazione. Secondo questo criterio, l'ordine acarina è suddiviso in vari sottordini: astigmata (privi di stigmi), prostigmata (con stigmi anteriori), mesostigmata (stigmi mediani sottordine al quale appartiene la *Varroa*), metastigmata (stigmi localizzati dopo il IV paio di zampe), ecc.

L'alveare fornisce un buon habitat per un'ampia varietà di acari [1, 2]. Circa un centinaio di specie sono state rilevate in associazione con differenti specie del genere *Apis* e i loro nidi. Questi acari delle api sono stati raggruppati nelle seguenti categorie ecologiche: 1) *acari detriticoli* (spazzini), che vivono a spese di detriti ma anche di scorte immagazzinate; 2) *acari predatori*, che vivono a spese dei primi; 3) *acari foretici*, che usano le api come mezzo di trasporto per raggiungere i siti di alimentazione; e 4) *acari parassiti*.

Sulla base del loro impatto economico sull'apicoltura, possiamo limitarci a distinguere gli acari non-parassiti (prime tre categorie) dai parassiti. Si distinguono anche specie accidentalmente associate alle api, specie frequenti ma facoltative e specie obbligate note solo per l'alveare, che comprendono i parassiti di maggiore rilevanza per l'apicoltura a livello globale, i quali vivono e si nutrono a carico delle api adulte e/o della covata, provocando seri danni a livello individuale e di colonia. Le specie più importanti sono *Varroa destructor* su *Apis mellifera* (originariamente *V. jacobsoni* ristretta ad *A. cerana*), *Tropilelaps clareae*, di cui si teme l'introduzione in Europa (originariamente ristretta ad *A. dorsata*, ma in caso di contatti con *A. mellifera* passa su quest'ultima creando gravi problemi, attualmente solo in Asia). L'altra specie importante, molto piccola di dimensioni, è l'*Acarapis woodi* (acaro delle trachee).

Queste tre specie, in particolare la prima, rappresentano una seria minaccia per le api in allevamento e, soprattutto, per le colonie selvatiche. Indirettamente, i loro effetti negativi si ripercuotono anche sull'intero comparto dell'apicoltura e sull'impollinazione delle piante. L'introduzione e la diffusione della varroa, avvenuta in Italia nei primi anni '80, ha mutato profondamente l'apicoltura e il patrimonio naturale di *A. mellifera*, comportando conseguenze che continuano a persistere ancora oggi: diminuzione della redditività delle imprese apistiche; riduzione del patrimonio di colonie in allevamento; problemi commerciali per le api regine, i nuclei e i pacchi d'api; aumento della domanda e dei costi del servizio di impollinazione e aumento dell'incidenza dei patogeni delle api.

8.2 Varroasi

Francesco Nazzi

Per "varroasi" si intende la malattia delle api causata dall'acaro parassita *Varroa destructor*.

L'acaro, proveniente dall'Europa Orientale, viene segnalato per la prima volta sul territorio nazionale nel 1981 [3] e in pochi anni estende il proprio areale a tutta la penisola [4]. All'insediamento della varroa fanno seguito ingenti morie di api fino a che non viene approntata un'adeguata strategia di lotta che prevede l'uso di acaricidi di provata efficacia, a base soprattutto di piretroidi e fosforganici. A distanza di alcuni anni, però, si verificano i primi casi di farmacoresistenza a cui corrispondono ulteriori vistosi spopolamenti [5]. La scelta di prodotti alternativi a base di acidi organici o di componenti di oli essenziali, oltre a un impiego più oculato dei prodotti già disponibili e la messa a punto di tecniche apistiche mirate al contenimento della parassitosi, ha consentito agli apicoltori di gestire adeguatamente la patologia fino ad oggi. Purtroppo, in tempi recenti, le segnalazioni di morie di alveari attribuite all'acaro sono diventate sempre più frequenti, confermando l'attualità del problema e la sua rilevanza [6, 7].

La varroa risulta, comunque, essere la più importante avversità delle api domestiche. La conoscenza di questa parassitosi risulta perciò essenziale per gli operatori del settore ed è agevolata dalla grande quantità di dati resi disponibili dal lavoro di decine di ricercatori in tutto il mondo. In questo capitolo si è tentato il non facile compito di sintetizzare questo importante corpo di conoscenze. Tra gli studiosi che si sono distinti nella ricerca sulla varroa, il prof. Norberto Milani riveste un ruolo di primo piano per i suoi studi sulla morfologia, la biologia e il controllo dell'acaro; questo capitolo è dedicato alla sua memoria.

8.2.1 Inquadramento tassonomico e diffusione di *Varroa destructor*

8.2.1.1 Inquadramento tassonomico

Fino all'anno 2000, il parassita oggetto di questo capitolo veniva indicato con il binomio *Varroa jacobsoni*; solo successivamente, grazie agli studi di Anderson e Trueman [8], questa entità è stata riconosciuta come una nuova specie a cui è stato attribuito il nome *Varroa destructor*. Pertanto, i lavori relativi a *V. jacobsoni*, svolti in Europa prima del 2000, sono da ritenersi come relativi a *V. destructor*.

Gli acari del genere *Varroa* sono artropodi aracnidi, appartenenti all'ordine gamasida, famiglia varroidae. Il genere *Varroa* è rappresentato attualmente da quattro specie, parassite di imenotteri del genere *Apis*, di origine asiatica; solo la specie *V. destructor* parassitizza stabilmente *Apis mellifera* [9]. Il parassitismo ai danni di *A. mellifera* è, in effetti, piuttosto recente, in quanto pare aver avuto inizio solo nel ventesimo secolo, quando acari della specie *V. destructor* avrebbero, per la prima volta, parassitato api della specie *A. mellifera* importate in Estremo Oriente a scopi produttivi [10]. A partire da questo momento, la varroa si è rapidamente diffusa in quasi tutto il mondo [11] (Fig. 8.1).

La specie *V. destructor* comprende diversi aplotipi tra cui quello giapponese, distribuito in Giappone e America Latina, e quello coreano, distribuito in gran parte del mondo occidentale, caratterizzato da una maggior virulenza rispetto al primo [8]. Studi molecolari hanno dimostrato una grande omogeneità all'interno dell'aplotipo coreano, verosimilmente a causa dell'effetto "collo di bottiglia" verificatosi conseguentemente al salto di specie. In Italia è diffuso l'aplotipo coreano.

8.2.1.2 Diffusione nel mondo

V. destructor è diffusa in tutti i continenti a eccezione dell'Australia, che continua a rimanere indenne grazie a un'intensa attività di controllo sul materiale apistico d'importazione [12]. In Europa, l'acaro è presente su tutto il territorio, eccezion fatta per alcune isole e alcune regioni scozzesi e norvegesi. In linea di massima si può dire che, salvo rare eccezioni, ovunque vi siano api mellifere si riscontra anche la varroa.

8.2.2 Forma e funzioni

8.2.2.1 Morfologia

Alla morfologia di varroa sono stati dedicati importanti contributi a cui si rimanda per una trattazione dettagliata della materia [13, 14].

Morfologia della femmina adulta di *V. destructor*

La femmina adulta di Varroa, di gran lunga la forma più diffusa in alveare, è schiacciata in senso dorso-ventrale e presenta uno scudo dorsale di forma ellissoidale, largo circa un millimetro, di colore bruno-rossastro; da sotto lo scudo sporgono, anteriormente e di lato, 8 zampe (Fig. 8.2).

Lo scudo dorsale è ornato di peli e presenta sul bordo setole ricurve utili all'aggancio con i peli dell'ape. La regione ventrale è formata da placche giustapposte separate da membrane elastiche che permettono una discreta espansione che si rende ben visibile in varroe replete e pronte all'ovideposizione. Ventralmente si possono notare anche l'ano, l'apertura genitale e le aperture respiratorie.

Le zampe articolate sono in numero di 8 e terminano con strutture di attacco. Sul primo paio di zampe, che vengono mantenute protese in avanti dall'acaro in ricerca, sono presenti strutture sensoriali.

Anteriormente è visibile l'apparato boccale, formato da una coppia di pedipalpi e dai cheliceri, formati a loro volta da un singolo pezzo dentellato atto a forare la cuticola dell'ape per suggervi l'emolinfa (Fig. 8.3).

Morfologia del maschio adulto

Il maschio adulto è alquanto diverso dalla forma femminile appena descritta. Di dimensioni inferiori, presenta un carapace allungato in senso antero-posteriore, dal colore bianco-giallastro, con vistose scolpiture (Fig. 8.4).

Un'ulteriore caratteristica morfologica distintiva, invisibile a occhio nudo, riguarda l'apparato boccale adattato all'inserimento della spermatofora nell'apparato genitale femminile al momento della copula; tale adattamento rende il maschio incapace di nutrirsi.

Morfologia degli stadi giovanili

Prima di diventare adulta, la varroa passa attraverso i seguenti stadi di sviluppo: uovo, larva, protoninfa e deutoninfa.

L'uovo, di piccole dimensioni, è di forma allungata e colore bianco perlaceo. Lo stadio larvale, con 6 zampe, è trascorso all'interno dell'uovo. Dalla larva sfarfalla una protoninfa di piccole dimensioni e forma pressappoco globosa; da questa, infine, sguscerà una deutoninfa, simile all'adulto salvo la forma inizialmente un po' meno ellittica e il colore chiaro, come tutti gli altri stadi giovanili (Fig. 8.4).

8.2.2.2 Anatomia e fisiologia di *V. destructor*

Larga parte delle informazioni anatomiche riportate di seguito sono state ricavate da de Ruijter e Kaas [15], mentre notizie più dettagliate e quelle sulla fisiologia risultano da diversi lavori che sono stati di volta in volta citati.

Apparato digerente e nutrizione

La varroa si nutre dell'emolinfa dell'ape che acquisisce grazie al suo apparato boccale pungente-succhiante. L'apparato digerente comprende una faringe che conduce all'esofago, il quale s'innesta in un ventricolo provvisto di diverticoli, detti ciechi gastrici, che occupano gran parte del corpo dell'acaro. Dal ventricolo, attraverso l'intestino, si passa al retto che sbocca nell'ano (Fig. 8.5).

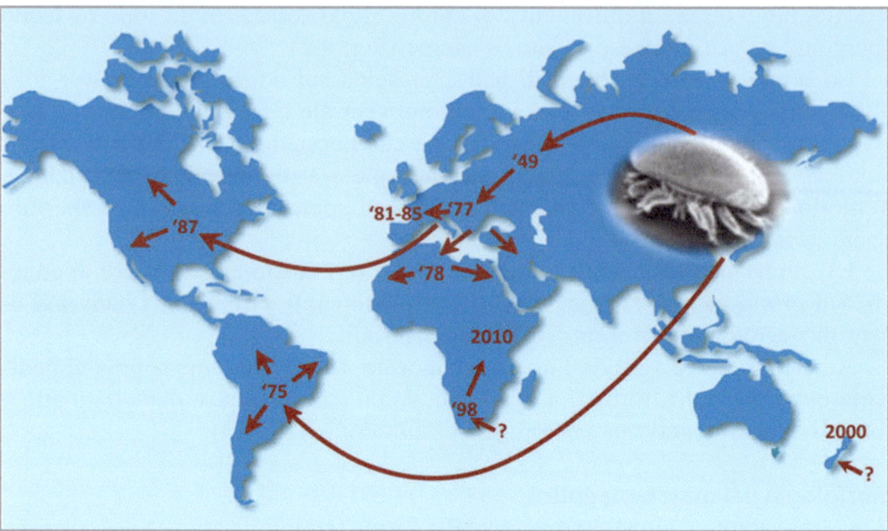

Fig. 8.1 L'acaro *Varroa destructor*, dopo il passaggio dall'ape orientale all'ape mellifera, avvenuto in estremo oriente, si è rapidamente diffuso in tutto il mondo

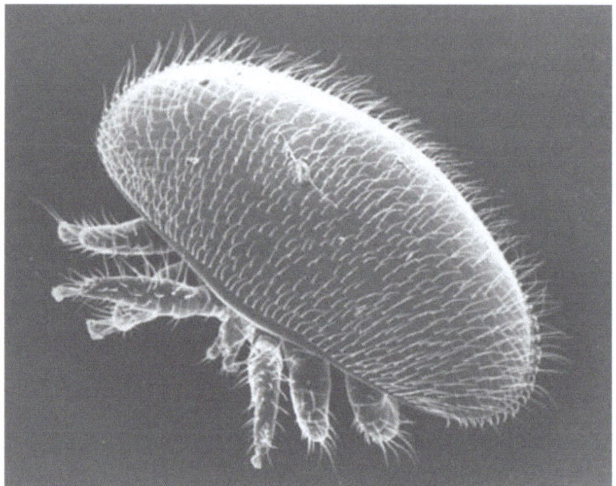

Fig. 8.2 La femmina adulta di varroa presenta un carapace ellissoidale da cui sporgono otto zampe articolate (foto N. Milani)

L'apparato digerente comprende anche ghiandole tra cui, per le implicazioni relative al ruolo vettore dell'acaro, meritano una particolare attenzione le ghiandole salivari, situate anteriormente in posizione dorsale rispetto al cervello.

L'emolinfa dell'ape, di cui si nutre la varroa, è assai ben caratterizzata dal punto di vista delle proprietà fisiche e della composizione chimica e risulta ricca di composti azotati, zuccheri e lipidi [16]. È interessante notare come

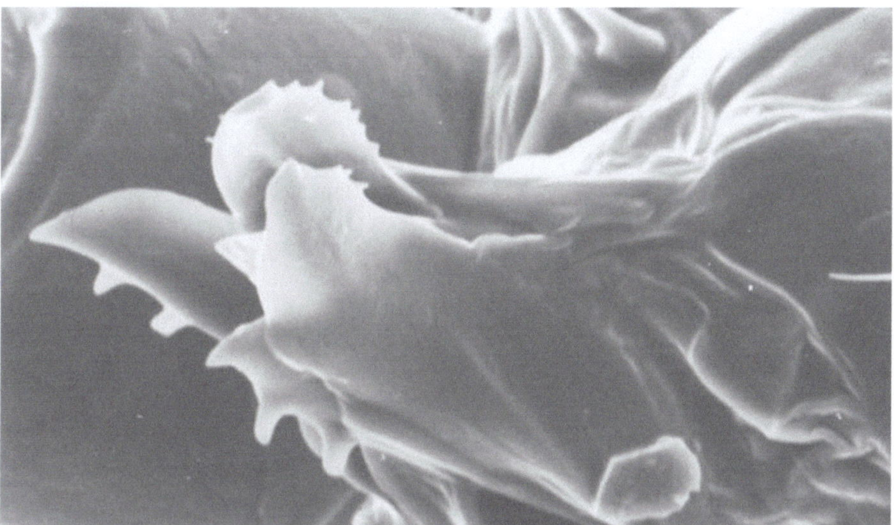

Fig. 8.3 L'apparato boccale pungente-succhiante della varroa (foto N. Milani)

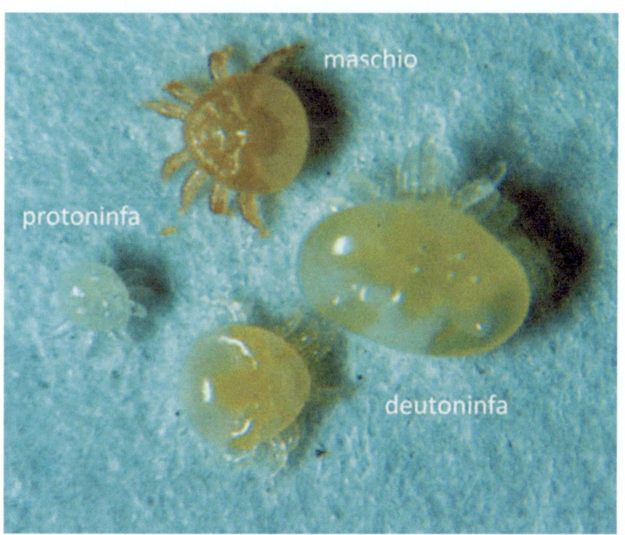

Fig. 8.4 Maschio di varroa e forme giovanili (foto G. Della Vedova)

alcune proteine presenti nell'emolinfa dell'ape si ritrovino pressoché inalterate nella varroa [17] a dimostrazione di un processo digestivo alquanto semplificato.

Nelle cellette di covata infestata, la varroa elimina feci di colore biancastro che formano caratteristici cumuletti che rivestono un ruolo importante per l'etologia dell'acaro [18].

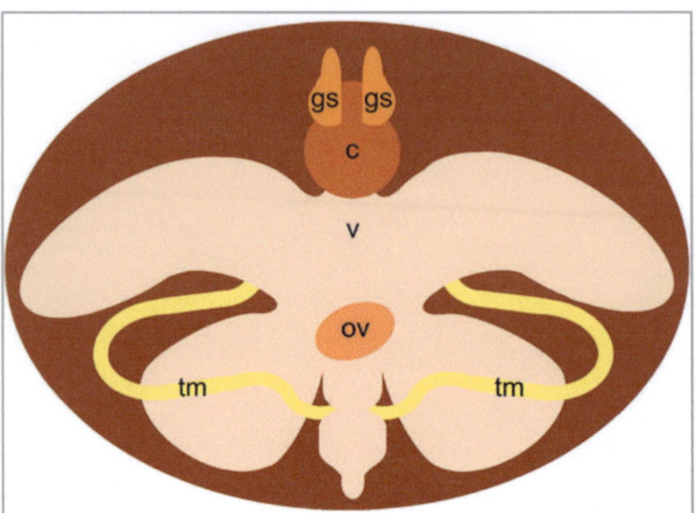

Fig. 8.5 Organi interni di *Varroa destructor*; al centro si può notare il cospicuo apparato digerente (*v*); collegati all'intestino si notano i tubuli malpighiani (*tm*), avanti si notano il cervello (*c*) e le ghiandole salivari (*gs*), al centro è visibile l'ovario (*ov*) (disegno D. Annoscia)

Apparato tracheale e respirazione

La respirazione della varroa avviene attraverso un sistema tracheale formato da tubicini ramificati che trasportano ai tessuti dell'acaro l'aria, penetrata attraverso due aperture dette stigmi [19]. Fanno parte dell'apparato respiratorio due strutture annesse agli stigmi dette peritremi.

Tubuli malpighiani ed escrezione

Per l'eliminazione dei prodotti di rifiuto, la varroa impiega un sistema escretore formato da due tubuli malpighiani che captano le sostanze da eliminare nell'emocele e le riversano nel tubo digerente in corrispondenza del passaggio fra intestino e retto.

Sistema muscolare e movimento

Il sistema locomotorio della varroa è formato da fasci muscolari, disposti soprattutto in senso dorso-ventrale, che si innestano sulla superficie interna del robusto esoscheletro chitinoso. A parte il movimento passivo, attuato durante la fase foretica (quando l'acaro si fa trasportare da un'ape a cui è aggrappato), la varroa può muoversi anche attivamente sui favi camminando sull'orlo superiore delle cellette, anche se questo comportamento viene osservato più raramente.

Sistema nervoso e percezione degli stimoli

La varroa è dotata di un cospicuo cervello situato intorno alla faringe da cui dipartono fibre nervose dirette a tutto il corpo. L'acaro è dotato pure di strutture sensoriali, le più importanti delle quali si trovano sui tarsi del primo paio di zampe e comprendono diversi sensilli con funzione principalmente chemocettiva [20]. La varroa, infatti, è capace di captare vari segnali chimici provenienti dall'ospite e dai suoi simili [21]. D'altro canto, è documentata la capacità dell'acaro di orientarsi rispetto a gradienti di temperatura [22].

Gonadi e riproduzione

L'apparato riproduttore della femmina di varroa [23] è composto da una parte dedicata alla ricezione degli spermatozoi (comprendente due aperture e tubuli che danno accesso a una spermateca) e una parte dedicata allo sviluppo e maturazione delle uova (comprendente un ovario e un organo lirato con funzione nutritiva). Le due componenti si collegano a livello della camera spermatis.

La funzione della spermateca risulta evidente se si considera che la varroa viene fecondata, appena raggiunta la maturità, all'interno di una celletta opercolata e depone le uova solo dopo aver raggiunto un'altra celletta di covata a seguito di un periodo trascorso su di un'ape adulta: si rende quindi necessario un organo di stoccaggio degli spermatozoi fino al momento più opportuno per la fecondazione.

L'apparato riproduttore del maschio comprende un testicolo e dotti deferenti pari che convergono in un dotto eiaculatore. In varroa, l'accoppiamento prevede l'inserzione degli spermatozoi nell'apertura genitale femminile, per mezzo dei cheliceri modificati, da parte del maschio.

8.2.3 Ciclo biologico di *V. destructor*

8.2.3.1 Introduzione

Il ciclo biologico di *V. destructor* prevede fasi riproduttive all'interno delle cellette di covata e fasi foretiche trascorse sulle api adulte (Fig. 8.6). L'invasione delle cellette avviene poco prima dell'opercolatura; in seguito l'acaro, dopo essersi nutrito a spese dell'emolinfa dell'ape in via di sviluppo, depone le uova da cui sgusciano un maschio e alcune femmine, che si accoppiano appena raggiunta la maturità. Allo sfarfallamento dell'ape, gli acari che hanno raggiunto lo stadio adulto fuoriescono dalla celletta insieme all'ape; tutti gli altri e il maschio, muoiono [12]. Durante la sua vita, in condizioni naturali, una varroa compie, in media, 2–3 cicli riproduttivi [24, 25].

8.2.3.2 L'ingresso nella celletta

L'acaro entra in una celletta contenente una larva d'ape, a partire da 15–20 ore prima dell'opercolatura, nel caso delle larve di operaia, e 40–50 ore, nel caso di larve di fuco [26] (Fig. 8.7). La varroa non si dirige autonomamente verso la celletta ma vi giunge trasportata da un'ape adulta che viene abbandonata solo a brevissima distanza dalla celletta [27]. Nell'attrazione verso la covata, i segnali chimici hanno un ruolo importante. Alcuni autori hanno evidenziato l'attrattività di varie sostanze presenti sulle larve, tra cui idrocarburi, l'acido palmitico, il palmitato di metile e altri esteri di acidi grassi [28–30]. Tuttavia, in saggi

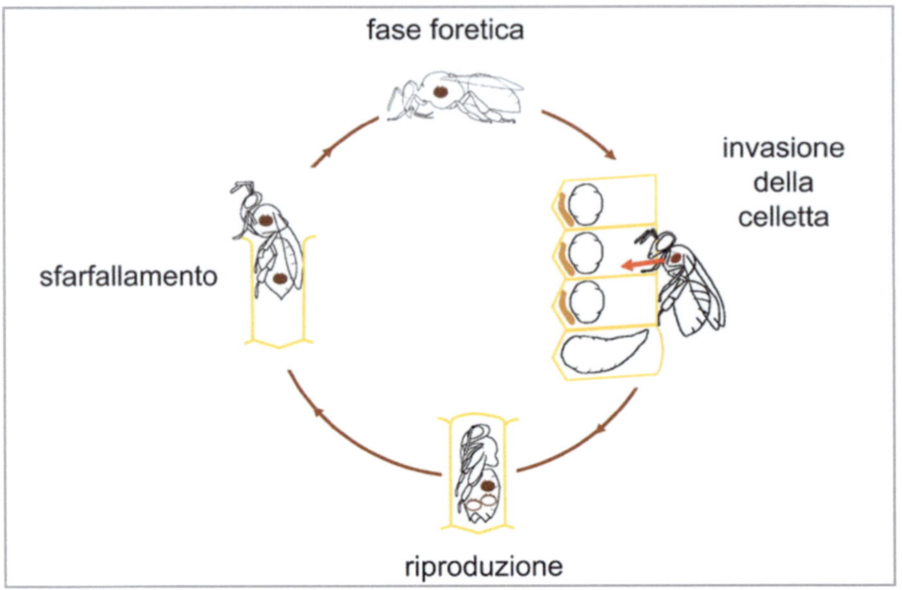

Fig. 8.6 Il ciclo biologico della varroa comprende fasi foretiche sulle api adulte e fasi riproduttive all'interno delle cellette d'ape

Fig. 8.7 La varroa invade le cellette di covata poco prima dell'opercolatura delle stesse (foto G. Della Vedova)

di laboratorio la varroa manifesta una netta preferenza per le api adulte in confronto alle larve e risulta, pertanto, difficile ammettere che sostanze provenienti da queste ultime possano essere le uniche responsabili del processo di invasione, che prevede appunto che la varroa abbandoni l'ape adulta su cui si trova per spostarsi sulla larva. Infatti, Nazzi et al. [31] hanno individuato nell'alimento larvale presente all'interno della celletta una fonte di attrazione per la varroa e successivamente identificato nell'acido 2-idrossiesanoico lo stimolo attrattivo contenuto in questa matrice [32].

Le varroe preferiscono la covata maschile che, in *A. mellifera carnica* Pollmann, viene infestata all'incirca otto volte più di quella d'operaia [33]; questa preferenza, che è alla base di un noto metodo di lotta biotecnica, potrebbe essere dovuta sia alla presenza di maggior quantità di attrattivo sulle larve maschili [28], sia alla maggiore durata della fase durante cui le larve di fuco risultano attrattive [26], sia al fatto che esse sono più assiduamente visitate dalle nutrici.

Viceversa, le celle reali non vengono quasi mai prescelte dalla varroa [34]. Questo fatto ha suggerito la possibilità che tali cellette risultino in qualche misura repellenti per l'acaro; studi successivi hanno permesso di identificare nella pappa reale contenuta nelle cellette di regina una sostanza, l'acido ottanoico, che risulta in effetti repellente per l'acaro e potrebbe spiegare la circostanza indicata [35].

In alveare, è frequente trovare larve infestate da due, tre o più acari, accanto a numerose altre non infestate; infatti, la distribuzione della varroa sulle larve non è casuale ma aggregata [36, 37]; l'aggregazione, osservata anche in laboratorio [38], potrebbe favorire l'esogamia, cioè l'incrocio fra individui non consanguinei. Non è noto se questi fenomeni di aggregazione siano in qualche modo legati al fatto che alcune larve risultano maggiormente attrattive o all'esistenza di feromoni di aggregazione emessi dalla varroa o, ancora, ad altri fattori.

Una volta entrata all'interno della celletta, la varroa s'insinua al di sotto della larva e rimane per un certo tempo affondata o almeno invischiata nel cibo larvale [39] da cui si libera entro alcune ore.

8.2.3.3 La fase riproduttiva

Descrizione del processo

Una volta liberatasi dal cibo larvale, la varroa inizia a nutrirsi dell'emolinfa della larva, gonfiandosi in modo vistoso. La nutrizione avviene attraverso un foro praticato nella cuticola della pupa in fase di sviluppo; attraverso tale foro si nutriranno, in seguito, anche i discendenti della varroa [18]. Nel frattempo, le uova si sviluppano rapidamente e, dopo circa 60 ore dall'opercolatura, viene deposto un primo uovo, cui seguono altri, a intervalli di circa 30 ore [40], sino a 6, talora di più (Fig. 8.8). L'uovo è molto voluminoso e contiene abbondanti materiali di riserva necessari per lo sviluppo del nuovo organismo. Lo sviluppo della varroa comprende diversi stadi, morfologicamente diversi, e una serie di mute. Al momento della deposizione l'uovo contiene il primo stadio, detto larva; questa, tuttavia, non appare mai all'esterno, in quanto dall'uovo schiude

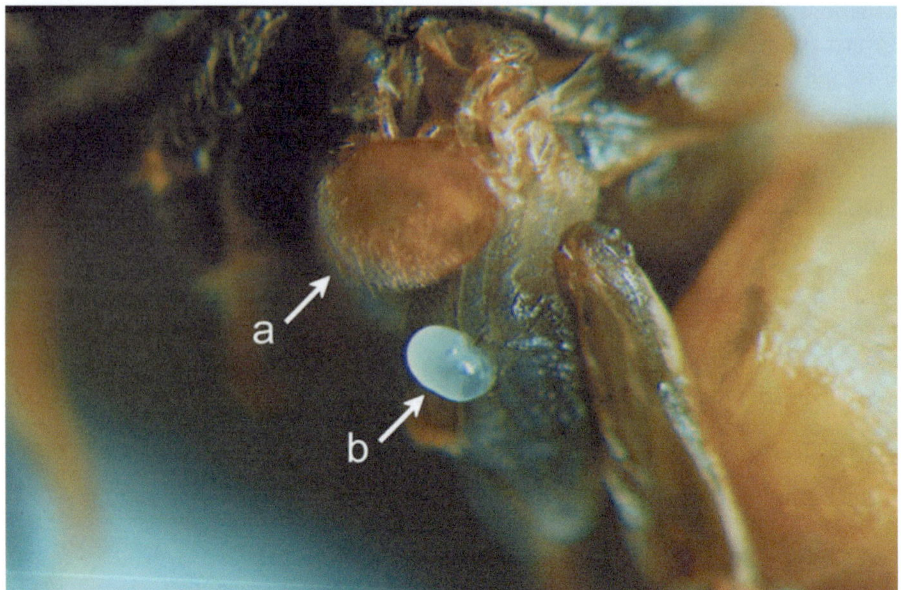

Fig. 8.8 All'interno della celletta, la varroa depone uova da cui sgusciano gli stadi giovanili. Nella foto, accanto a un esemplare adulto di varroa (*a*), si può riconoscere un uovo (*b*) (foto N. Milani)

direttamente il secondo stadio (protoninfa), che si trasforma in deutoninfa; da questa origina, infine, l'adulto. Il primo uovo deposto è di norma maschile; mentre quelli deposti successivamente sono femminili [41].

Lo sviluppo della varroa è rapido; ad ogni modo, possono sopravvivere solo le figlie che hanno già raggiunto lo stadio adulto al momento della fuoriuscita dell'ape dalla celletta opercolata, mentre le forme preimmaginali, le femmine adulte che non hanno ancora la cuticola completamente sclerificata e i maschi non sono in grado di affrontare l'ambiente esterno e muoiono. La femmina che ha colonizzato la celletta di solito sopravvive ed è pronta per ulteriori cicli riproduttivi.

I dati ottenuti da vari autori a proposito del tempo di sviluppo non sono sempre in accordo fra loro; i valori più plausibili sembrano aggirarsi attorno a 6 giorni (lo sviluppo potrebbe essere un po' più rapido per il maschio che per la femmina) [42, 43].

In conclusione, considerata la sequenza di ovideposizione, i tempi di sviluppo della varroa e la durata della fase opercolata dell'ape, si osserva che, in media, da una celletta di operaia può fuoriuscire un numero di nuove femmine adulte di poco superiore a 1 (Fig. 8.9), mentre per le cellette di fuco tale numero è circa doppio [43, 44].

Gli stimoli che inducono l'ovideposizione

Originariamente, si era supposto che il segnale che dà il via alla riproduzione consistesse nell'aumento transitorio, poco dopo l'opercolatura, dell'ormone

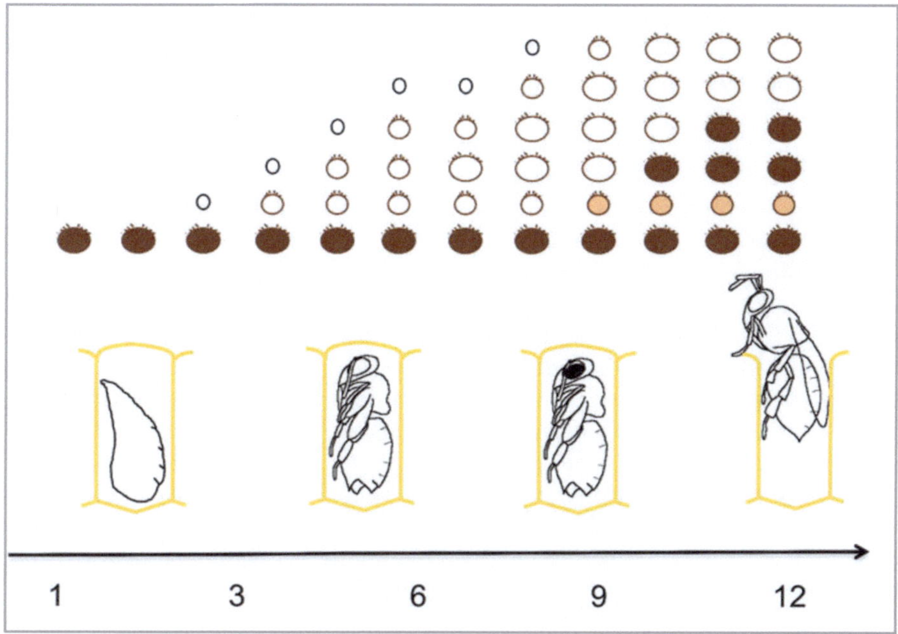

Fig. 8.9 Sequenza di sviluppo della varroa. Sopra la freccia, rappresentante il tempo in giorni, si possono vedere gli stadi di sviluppo dell'ape e, sopra ad essi, gli stadi di sviluppo della varroa

giovanile nell'emolinfa delle larve d'ape, ma dati più recenti hanno permesso di escludere questa ipotesi.

Ulteriori studi hanno invece dimostrato che i fattori in grado di promuovere la maturazione delle uova e indurre l'ovideposizione da parte del parassita sono presenti nelle cellette naturali nelle quali si è sviluppata una larva d'ape. Tali fattori sembrano agire nelle prime 24 ore dopo l'opercolatura [45, 46].

Gli stimoli che inducono l'ovideposizione sono presenti sulle larve d'ape [47, 48] ma non si può escludere che essi provengano anche dall'alimento larvale, come inizialmente ipotizzato da Milani e Chiesa [46]. In ogni caso, l'identità di tali stimoli è ancora ignota e questo rappresenta un importante campo di ricerca per il futuro, anche per le possibili implicazioni pratiche legate al controllo dell'acaro.

Fertilità e fecondità

Non sempre la varroa, una volta entrata in una celletta, ovidepone. La percentuale di varroe fertili varia molto a seconda della specie dell'ospite e del sesso della larva. In *Apis cerana* la varroa non ovidepone quasi mai sulla covata di operaia [49], mentre è quasi sempre fertile sui fuchi; in *A. mellifera*, invece, essa è fertile anche sulle larve di operaia; in questo caso, si registrano percentuali di varroe fertili variabili fra l'80 e il 95% [12]. La mancata riproduzione della varroa su larve di operaia di *A. cerana* è uno dei fattori che contribuiscono alla resistenza di questa specie alla varroasi.

La fertilità della varroa su covata d'operaia è piuttosto ridotta anche in alcuni ceppi di *A. mellifera*. Ad esempio, nel caso dell'ape africanizzata del Sudamerica, meno del 50% delle varroe è fertile su larva di operaia [50]. La scarsa fertilità non è dovuta solo alle condizioni ambientali o alla presenza di ceppi di *Varroa* a diversa virulenza ma devono essere implicati fattori genetici legati all'ape [50]. Inoltre, variazioni modeste nella fertilità della varroa fra diverse razze europee di *A. mellifera* sono state documentate nel passato, anche se la variabilità all'interno di ciascuna razza è notevole; in ogni caso, nel fenomeno sembrano coinvolti parecchi fattori di non facile individuazione.

Il tasso riproduttivo della varroa non dipende soltanto dalla percentuale di varroe fertili o dal numero di uova deposte, ma anche dal numero di femmine che raggiungono lo stadio adulto prima dello sfarfallamento dell'ospite e riescono ad accoppiarsi con un maschio; esso, quindi, dipende anche dalla durata della fase opercolata. Tale parametro è piuttosto variabile secondo il sesso e secondo la razza, oltre che individualmente. Nel fuco delle razze europee esso è superiore a quello dell'operaia (in media circa 15 giorni anziché circa 12), quindi la progenie vitale di una femmina di varroa su covata maschile è più numerosa. La durata del periodo di opercolatura delle operaie varia secondo la razza e anche all'interno della razza con conseguenti differenze a livello di progenie fertile generata da ogni varroa.

Sostanze inibitrici dell'ovideposizione

Il numero di uova deposte in un ciclo riproduttivo è variabile, ma tende a diminuire sensibilmente quando la larva è infestata da più d'un parassita [51]. La riduzione del numero di uova in caso d'infestazione multipla è dovuta a sostanze inibitrici rilasciate all'interno della celletta, piuttosto che ad alterazioni dell'emolinfa larvale causate dalle ripetute punture inferte dai numerosi acari presenti [52]. Studi di laboratorio hanno permesso di verificare come l'idrocarburo (Z)-8-eptadecene sia, almeno in parte, responsabile di tale fenomeno [53]; l'attività biologica di questa sostanza è stata poi dimostrata anche in alveare [54].

Accoppiamento

L'accoppiamento fra il maschio e le femmine che hanno raggiunto lo stadio adulto avviene all'interno della celletta opercolata in corrispondenza del sito di accumulazione delle feci [18]. Recentemente è stato dimostrato come le varroe adulte neosfarfallate producano un feromone sessuale che risulta attrattivo per il maschio [55]; ulteriori studi hanno anche permesso di identificare alcuni componenti dello stesso [56].

8.2.3.4 La fase foretica

La durata dei periodi trascorsi dalla varroa sulle api adulte è piuttosto variabile e dipende dalla quantità di covata, dalla forza della famiglia e da altri fattori. In esperimenti condotti in Olanda, il tempo impiegato da una femmina di varroa, dopo l'introduzione in un alveare, per raggiungere una celletta con una larva prossima all'opercolatura, è risultato estremamente variabile; il tempo necessario perché la metà della varroe introdotte invadesse una celletta era compreso tra 2 e 8 giorni [57].

Durante questo tempo la varroa si trova frequentemente nascosta fra gli sterniti addominali dell'ape in una posizione che la rende alquanto difficile da raggiungere (Fig. 8.10). Usando traccianti radioattivi è stato possibile dimostrare che la varroa può nutrirsi anche sulle api adulte, sebbene non sia ben chiaro quanto siano rilevanti tali pasti [58].

8.2.3.5 Dinamica di popolazione

In considerazione del ciclo biologico appena descritto, in assenza di trattamenti acaricidi, la popolazione del parassita tende inesorabilmente ad aumentare nel corso del tempo, a partire dalla ripresa primaverile e fino all'autunno [59]. La progressione che si osserva è tale per cui si può approssimativamente assumere che, in presenza di covata, la popolazione della varroa raddoppi di numero ogni mese. Di conseguenza, anche un'infestazione ragionevolmente bassa in primavera determina, in autunno, popolazioni dell'acaro che assommano a migliaia di individui. Nel caso in cui, invece, vengano condotti adeguati trattamenti acaricidi la popolazione di varroa si stabilizza su valori accettabili (Fig. 8.11).

Tuttavia, un ulteriore fenomeno può complicare non poco il quadro. Infatti, durante i periodi di scarso afflusso nettarifero, situazione che nei nostri climi si verifica intorno alla fine dell'estate, le api appartenenti a colonie sufficientemente forti possono rivolgere la loro attenzione verso colonie più deboli o sciami naturali per saccheggiarne le risorse. Purtroppo, in questo caso, assieme alle risorse delle famiglie saccheggiate, vengono importati nell'alveare anche molti degli acari presenti nella famiglia vittima del saccheggio. Questo fenomeno, noto come reinfestazione, determina importazioni di acari che possono raggiungere varie decine al giorno, alterando completamente il quadro appena delineato [60] (Fig. 8.12).

8.2.4 I danni provocati da *V. destructor*

8.2.4.1 Danni a livello individuale

Convenzionalmente, si suole distinguere i danni inferti direttamente da *V. destructor* al suo ospite da quelli provocati dall'acaro ma non causati direttamente da esso; tuttavia, la distinzione fra danni diretti e danni indiretti non è sempre chiara. A questo proposito, conviene ricordare che la maggior parte delle api europee sono infettate dal virus delle ali deformi [61] ed è stato altresì accertato che l'infestazione parassitaria da parte di varroa determina la proliferazione di virus presenti in forma latente, dando luogo a pericolose infezioni conclamate [59]. Perciò, risulta alquanto labile il confine fra i danni inferti direttamente dalla varroa e indirettamente tramite i virus, che vengono attivati dalla parassitizzazione. In altre parole, risulta in molti casi impossibile discernere quali fra gli effetti negativi conseguenti alla parassitizzazione da varroa dipendano dall'attività trofica dell'acaro (danni diretti) e quali dipendano invece, indirettamente, dalla replicazione dei virus che l'acaro ha attivato.

Fig. 8.10 Durante la fase foretica, trascorsa sull'ape adulta, la varroa si trova frequentemente nascosta fra gli sterniti addominali dell'ape (foto N. Milani)

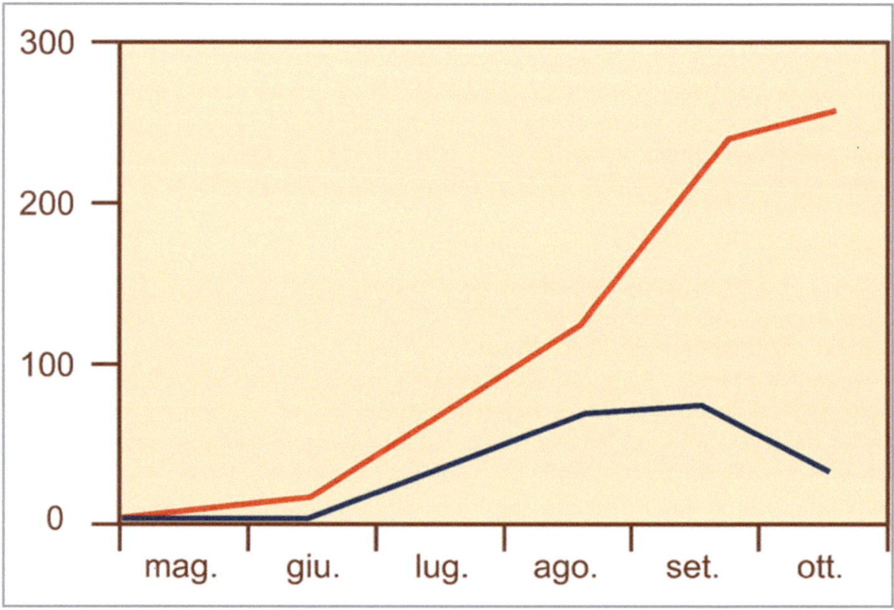

Fig. 8.11 In considerazione del ciclo biologico, in assenza di trattamenti acaricidi, la popolazione del parassita espressa in varroe per mille api presenti nell'alveare tende ad aumentare nel corso del tempo a partire dalla ripresa, in primavera, fino all'autunno (*linea rossa*). Invece, qualora, durante l'estate, vengano condotti adeguati trattamenti acaricidi (*linea blu*), la popolazione di varroa si stabilizza su valori tollerabili (rielaborato da [59])

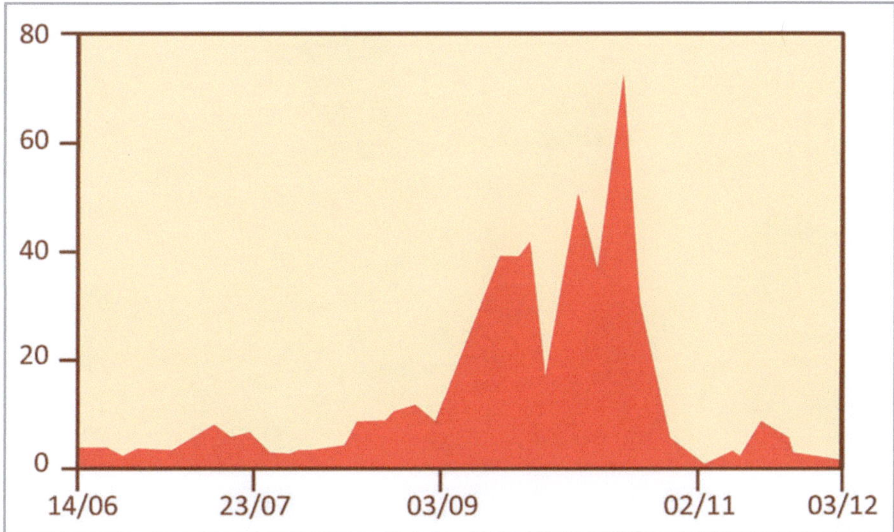

Fig. 8.12 Durante l'anno, le colonie possono importare dall'esterno un gran numero di varroe a causa di un fenomeno noto come reinfestazione, in larga parte dovuto al saccheggio a spese di alveari infestati. A fine stagione, quando vengono meno i più importanti flussi nettariferi, ogni giorno, decine di acari possono giungere dall'esterno (rielaborato da [60]). Nel grafico è rappresentato il numero di varroe importate giornalmente in un alveare non infestato

Danni diretti

I danni diretti inferti dalla varroa alle api consistono in alterazioni istologiche e fisiologiche [62], oltre a ulteriori effetti sulle api adulte come la perturbazione del comportamento in volo [63] e dell'apprendimento associativo [64].

L'effetto più appariscente riscontrato a carico delle api infestate durante lo sviluppo consiste in una riduzione del peso che, nelle api infestate da un solo parassita, supera il 10% [65]. Tale riduzione di peso è stata a lungo attribuita alla sottrazione di emolinfa da parte della varroa che, senz'altro, gioca un ruolo importante. Più recentemente, è stato però dimostrato come anche la perdita di acqua, dovuta all'alterazione del rivestimento lipidico cuticolare e la conseguente inadeguata prevenzione della traspirazione, potrebbe giocare un ruolo [65]. Ulteriori effetti fisiologici riguardano la composizione dell'emolinfa che risulta impoverita di proteine e zuccheri [62].

Danni indiretti

Finora, sono stati identificati nell'ape una ventina di virus [66]: tra essi risultano particolarmente pericolosi il virus delle ali deformi (*Deformed Wing Virus*, DWV) (Fig. 8.13) e il virus della paralisi acuta (*Acute Paralysis Virus*, APV) [67]. Quantunque esistano dei dubbi circa la possibilità per certi virus di replicarsi all'interno del parassita, è assodato che *V. destructor* è in grado di trasferi-

Fig. 8.13 Api affette dal virus delle ali deformi con le caratteristiche ali malformate e l'addome ridotto (foto F. Del Piccolo)

re particelle virali fra le api di una colonia. Nel caso del DWV e alcuni altri virus è stata anche dimostrata la possibilità di replicarsi all'interno della varroa [68].

Diversi autori hanno ipotizzato che *V. destructor* possa indurre la replicazione di virus già presenti nell'ape determinando l'insorgenza di una virosi [69]; studi più recenti attribuivano tale effetto alla soppressione della risposta immunitaria dell'ape [70]. Tuttavia, tali dati non consentono di escludere effetti indiretti, perciò l'immunosoppressione potrebbe dipendere non già direttamente dall'acaro, ma dai patogeni da esso indirettamente favoriti impegnando il sistema di difesa. Secondo questa interpretazione, la marcata replicazione virale associata alla parassitizzazione dipende dalla presenza dell'acaro ma è essa stessa la causa dell'immunosoppressione [59] (vedere anche al capitolo 4 "Virosi").

8.2.4.2 Danni a livello di colonia e ruolo di varroa nel collasso delle colonie d'api

In tempi recenti, diversi studi hanno dimostrato la fondamentale importanza della varroa nell'induzione di collassi autunnali e invernali spesso associati a cospicue infezioni virali [71]. Un approfondito studio longitudinale ha anche permesso di descrivere in dettaglio il modo in cui l'acaro concorre a determinare la morte della colonia [59].

È stato così possibile accertare che, negli alveari infestati, la parassitizzazione innesca a fine stagione un'elevata infezione virale con conseguenze drammatiche sulla sopravvivenza delle api e un rapido spopolamento degli alveari che si trovano in tali condizioni.

8.2.5 La lotta contro la varroa

8.2.5.1 Principi generali

In assenza di adeguati interventi di controllo, un alveare è destinato a soccombere all'infestazione da varroa nel volgere di uno-due anni. Da ciò la necessità di intervenire tempestivamente con mezzi appropriati per mantenere l'infestazione entro livelli tollerabili dalla colonia.

Tali mezzi possono colpire l'acaro mentre si trova in fasi diverse del proprio ciclo biologico, con conseguenze non sufficientemente esplorate a livello della possibile evoluzione della virulenza del parassita.

Tra i mezzi di controllo rientrano gli interventi biomeccanici e i trattamenti chimici mediante l'applicazione di prodotti acaricidi di sintesi o naturali.

8.2.5.2 Interventi biomeccanici

Tali interventi si basano essenzialmente sull'eliminazione della varroa mediante la rimozione della covata che la contiene. Una tecnica largamente utilizzata è quella del favo trappola [72]; secondo questo metodo, le api vengono indotte ad allevare covata su un favo o una sua porzione; successivamente, a opercolatura avvenuta, esso viene rimosso e distrutto con tutte le varroe penetrate nelle cellette.

Per massimizzare l'efficacia del metodo, è essenziale considerare attentamente la tempistica delle operazioni, tenendo presente la durata della fase opercolata delle api e il tempo d'ingresso della varroa nelle cellette.

Il metodo risulta particolarmente efficace se si sfruttano, per l'intrappolamento della varroa, favi da fuco, che sono più attrattivi per l'acaro e vengono costruiti spontaneamente durante la stagione primaverile. Poiché la covata sul favo trappola risulta attrattiva solamente quando le cellette sono prossime all'opercolatura (dunque per un periodo di tempo limitato), l'operazione va ripetuta nel tempo, il che si può conseguire utilizzando un favo suddiviso in settori che vengono alternativamente rimossi con cadenza settimanale [73].

In tempi recenti hanno ricevuto crescente considerazione ulteriori metodi basati sull'interruzione dell'allevamento della covata mediante intrappolamento della regina o la rimozione di tutta la covata opercolata [74].

8.2.5.3 Mezzi chimici

Presentazione

Rientrano tra i mezzi di lotta chimica tutti i prodotti che vengono applicati all'interno dell'alveare per combattere l'acaro e che si basano su un principio attivo acaricida variamente formulato. Convenzionalmente, si suole distinguere tali prodotti in acaricidi di sintesi e naturali. Ai primi appartengono prodotti a base di piretroidi, fosforganici e formamidine; i secondi si basano, invece, su acidi organici a corta catena, come l'acido ossalico, e derivati di oli essenziali, come il timolo.

Alcune considerazioni di carattere generale

Attualmente esiste una certa disponibilità di principi attivi la quale, però, deve necessariamente ritenersi transitoria, soprattutto a causa della possibile insorgenza di fenomeni di farmacoresistenza. Perciò, a questo punto, invece di soffermarsi sui singoli prodotti, sarà utile svolgere alcune considerazioni di carattere generale per meglio comprendere limiti e potenzialità della lotta chimica.

Il monitoraggio

Secondo i dettami della lotta guidata, ogni intervento di lotta deve fondarsi su un'adeguata valutazione dei livelli d'infestazione del parassita che si vuole combattere. Nel caso della varroa esistono vari metodi che consentono una stima, ancorché approssimativa, di tale livello; tali metodi sono stati recentemente oggetto di un'estesa revisione a cui si rimanda per i dettagli [75]. Si ricorda qui soltanto come la semplice osservazione delle api durante le visite all'alveare non costituisce un metodo adeguato, mentre informazioni più attendibili si possono ottenere dalla conta delle varroe rinvenute settimanalmente sul vassoio posto sotto il fondo a rete dell'arnia (Fig. 8.14). Dati sull'infestazione dell'alveare possono essere anche ottenuti contando gli acari presenti su un congruo numero di api adulte, mediante la tecnica dell'agitazione delle stesse in un barattolo con dello zucchero a velo; in questo caso, però, occorre tenere presente che l'infestazione delle api adulte è fortemente influenzata dalla contemporanea disponibilità di covata.

Il concetto di forbice e gli effetti collaterali dei trattamenti

A causa dell'affinità sistematica (si tenga presente che la varroa e l'ape sono entrambi artropodi), *V. destructor* condivide con il suo ospite importanti caratteristiche anatomiche e fisiologiche. Per questa ragione, in linea di principio, le sostanze tossiche per la varroa risultano tossiche anche per l'ape. All'atto pratico, la differenza tra la quantità di un certo prodotto che risulta letale per l'acaro e quella letale per l'ape dipende spesso soltanto dal rapporto ponderale tra i due organismi, per cui, essendo l'ape un centinaio di volte più pesante dell'acaro, essa tollera dosi proporzionalmente maggiori di prodotti nocivi. È a causa di questa "forbice" fra le dosi letali per il parassita e il suo ospite, che una lotta chimica all'acaro risulta possibile. D'altro canto, questa circostanza costituisce un limite assai importante e rende conto della necessità di dosaggi particolarmente sapienti dei principi attivi usati nella lotta.

In ogni caso, effetti indesiderati dei trattamenti contro la varroa, a danno dell'ape, non possono essere esclusi e non sono stati finora sufficientemente indagati. Ad esempio, Boncristiani et al. [76] hanno documentato conseguenze negative di determinati prodotti acaricidi sulla funzionalità del sistema immu-

Fig. 8.14 La conta settimanale delle varroe rinvenute sul fondo mobile dell'arnia costituisce un metodo abbastanza affidabile per stimare approssimativamente l'infestazione della colonia (foto G. Della Vedova)

nitario, è facile intuire come tali effetti potrebbero, a catena, ripercuotersi sulle capacità dell'ape di far fronte a infezioni di patogeni presenti allo stato latente, come dimostrato a proposito di altre sostanze esogene [77].

La resistenza e la reversione

Vari meccanismi, principalmente di tipo biochimico, permettono a taluni ceppi di varroa di sopravvivere ai trattamenti acaricidi [78]. I meccanismi che rendono conto di questo fenomeno possono essere diversi; ad esempio, un certo prodotto potrebbe essere degradato da un enzima dell'acaro prima di poter nuocere, oppure una mutazione potrebbe rendere il bersaglio di un acaricida insensibile allo stesso. Le caratteristiche che rendono la varroa meno vulnerabile agli acaricidi sono generalmente ereditabili ma sono, fortunatamente, alquanto rare nella popolazione. Tuttavia, i trattamenti acaricidi, eliminando i parassiti suscettibili, selezionano, di fatto, ceppi di acari farmaco-resistenti, facilitandone involontariamente la diffusione. È quanto accaduto negli anni novanta con il piretroide Fluvalinate [5] e, successivamente, con il fosforganico Coumaphos [79].

Questo fatto è sostanzialmente inevitabile, ma può essere gestito onde rallentarne l'evoluzione e minimizzarne gli effetti. Ad esempio, poiché la resistenza ad acaricidi diversi si basa normalmente su meccanismi diversi (i quali ben difficilmente possono sussistere contemporaneamente nello stesso acaro), l'uso di differenti prodotti in alternanza consente di rallentare l'evoluzione della resistenza, eliminando con un secondo acaricida gli acari eventualmente sopravvissuti al trattamento con il primo.

In ogni caso, è stato dimostrato come la resistenza agli acaricidi comporti spesso effetti indesiderati per l'acaro, di modo tale che le varroe resistenti risultano affette da tare ereditarie che le rendono, nel complesso, meno competitive rispetto a quelle suscettibili [80]. Questo fatto ha grande importanza pratica in quanto comporta che, in assenza dei trattamenti che selezionano le varroe resistenti, esse vengono presto soppiantate da quelle suscettibili che risultano nel complesso avvantaggiate rispetto alle prime, secondo un fenomeno noto come reversione.

Il fenomeno è stato dimostrato da Milani e Della Vedova [81] nel caso del Fluvalinate e dovrebbe essere sempre tenuto in considerazione nella pianificazione dei trattamenti acaricidi, in quanto rende conto della possibilità di riutilizzare, dopo un certo periodo di tempo, un prodotto dismesso a causa dello sviluppo della farmacoresistenza. Si tenga presente, comunque, che la rarefazione delle varroe resistenti è, a sua volta, un fenomeno transitorio per cui, in capo a pochi anni di trattamenti ripetuti, i ceppi resistenti prendono nuovamente piede.

Contaminazione dei prodotti dell'alveare

Nonostante il fondamentale ruolo pronubo, le api sono allevate principalmente per le sostanze alimentari da esse prodotte, come il miele, il polline e la pappa reale. Tali prodotti vengono elaborati all'interno dell'alveare e sono, pertanto, esposti alle sostanze che giungono dall'esterno, tramite le api bottinatrici, ma anche alle sostanze, come gli acaricidi, che vengono utilizzate all'interno dell'alveare.

Onde evitare eventuali contaminazioni del miele, i prodotti acaricidi vengono applicati in assenza di melario, ma alcune sostanze sono dotate di discreta persistenza e di caratteristiche chimiche che ne rendono possibile l'assorbimento entro le matrici presenti nell'alveare. È il caso, ad esempio, di certi fosforganici che, essendo lipofili, possono sciogliersi nella cera e permanere nell'alveare ben oltre la durata del trattamento [82]. All'atto pratico, estese ricerche multiresiduali [83] hanno evidenziato come tale evenienza non sia trascurabile e vada considerata con grande attenzione (vedere anche al capitolo 12 "Problemi legati ai trattamenti farmacologici").

L'importanza del coordinamento territoriale

Quanto detto a proposito del fenomeno della reinfestazione (per cui colonie poco infestate possono acquisire acari da colonie molto infestate situate nelle vicinanze, durante episodi di saccheggio) dimostra l'utilità del coordinamento degli interventi di controllo. Tale coordinamento dovrebbe, innanzitutto, limitare il fenomeno della sciamatura che comporta la formazione di popolazioni naturali le quali, non potendo essere trattate, finiscono per diventare importanti sorgenti di inoculo. Inoltre, il coordinamento territoriale dovrebbe puntare all'omogeneizzazione dei trattamenti sia in termini di efficacia che di tempistica per evitare che, da un lato, trattamenti inadeguati permettano la sussistenza di colonie molto infestate e, dall'altro, che intervalli di tempo prolungati fra i trattamenti di alveari contigui, determinino flussi di acari fra quelli non ancora trattati e quelli che, invece, sono stati già ripuliti dall'acaro. Si tenga inoltre presente come il coordinamento territoriale potrebbe anche consentire contemporaneamente un'adeguata gestione del fenomeno delle resistenze.

8.2.5.4 La selezione

Introduzione

Come è stato già accennato, esistono specie e razze d'api che presentano una tolleranza più o meno spiccata nei confronti del parassita, dove per tolleranza si intende, in pratica, la capacità dell'ape di sopravvivere nonostante l'infestazione. Si pensi, ad esempio, all'ape orientale (*A. cerana*), che vive in sostanziale equilibrio con la varroa, o ad alcuni ceppi d'ape mellifera, come certe popolazioni africane.

La tolleranza dell'ospite nei confronti del parassita costituisce un fatto relativamente comune e si osserva nella maggior parte dei casi in cui un ospite e un parassita abbiano condiviso una parte sufficientemente lunga del proprio cammino evolutivo. In questo caso, infatti, l'ospite riesce a sviluppare tratti che lo rendono meno vulnerabile, poiché i ceppi non dotati di simili caratteristiche soccombono al parassita lasciando il campo a quelli tolleranti. Una simile evoluzione può avvenire spontaneamente ma può anche essere indotta artificialmente.

Popolazioni naturalmente tolleranti

Una selezione naturale di ceppi tolleranti è ragionevolmente avvenuta nei luoghi di origine del parassita mentre, nel nuovo areale, guadagnato con il salto di specie, essa è avvenuta solo sporadicamente su sciami naturali isolati [84, 85]. Infatti, la lotta contro la varroa messa in opera dagli apicoltori, se da un lato ha permesso di salvare le colonie allevate, dall'altro ha impedito la selezione delle poche famiglie eventualmente tolleranti. In ogni caso, la possibilità per l'ape mellifera di sviluppare spontaneamente caratteristiche che la rendono tollerante nei confronti della varroa è stata dimostrata in modo convincente allevando colonie d'api in assenza di trattamenti in una postazione isolata [86]. Vale la pena di notare, comunque, che le api così ottenute, ancorché tolleranti nei confronti della varroa, dimostravano caratteristiche produttive assai poco interessanti.

La selezione artificiale di popolazioni tolleranti

La selezione di ceppi d'ape tolleranti può anche essere ottenuta artificialmente con modalità più o meno sofisticate, la cui descrizione va oltre agli scopi di questa trattazione. I due capisaldi di simile operazione sono comunque l'individuazione delle colonie tolleranti e la loro riproduzione (Fig. 8.15). Il primo obiettivo può essere conseguito sia verificando il possesso da parte delle colonie oggetto dell'indagine delle caratteristiche biologiche associate alla tolleranza, come ad esempio uno spiccato comportamento igienico, sia, più semplicemente, limitandosi a registrare l'impatto più o meno forte della parassitosi [87]. È evidente che il primo approccio presuppone conoscenze molto approfondite sia biologiche sia genetiche le quali, purtroppo, non sono sempre disponibili. Tuttavia, il sequenziamento del genoma dell'ape [88] e il complesso dei meto-

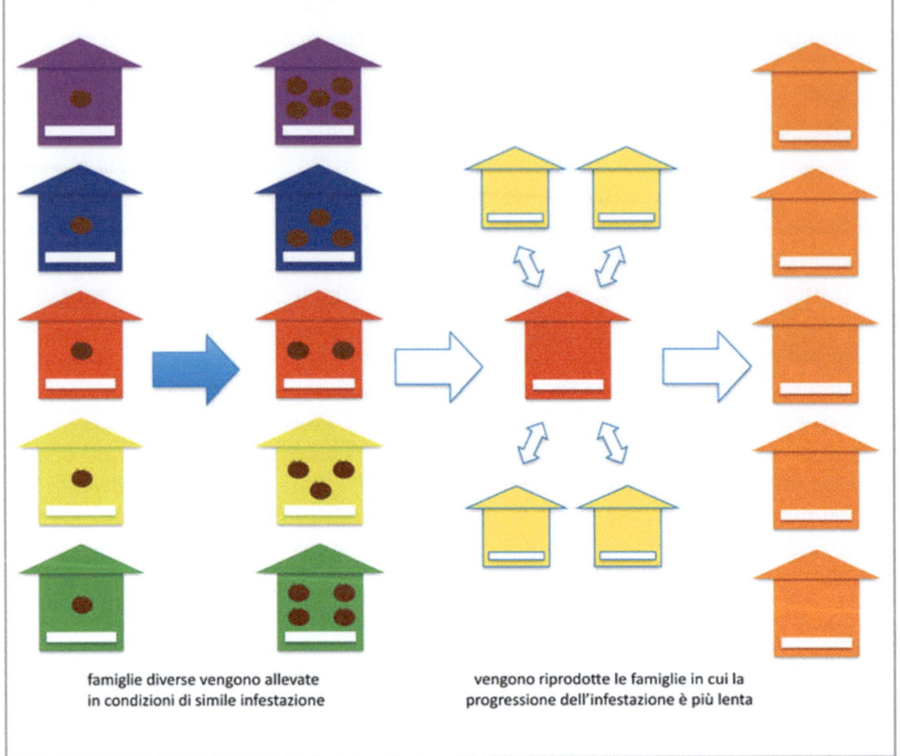

Fig. 8.15 La selezione di api tolleranti si basa sull'individuazione delle famiglie che meglio resistono all'infestazione e sulla loro riproduzione

di per l'analisi genomica della stessa che si sono recentemente resi disponibili, potrebbero, in un recente futuro, consentire avanzamenti fino a ieri impensabili in questo campo.

Per quanto riguarda la riproduzione delle colonie così individuate, i metodi non sono dissimili da quelli lungamente applicati nella selezione a fini produttivi [89], tenendo presente che un sufficiente isolamento potrebbe rivelarsi precauzione sufficiente per l'accoppiamento delle regine allevate dalle famiglie individuate allo scopo, dato lo svantaggio competitivo dei fuchi provenienti da colonie molto infestate [87].

8.2.6 Conclusione

L'ormai ricchissima bibliografia disponibile sull'argomento, di cui, in questa sede, si è fornito solo un piccolo assaggio, dimostra l'enorme progresso nella conoscenza del parassita che è stato compiuto in tempi recenti. Purtroppo, l'acaro rappresenta ancora una concreta minaccia, mentre alcuni aspetti della sua biologia restano piuttosto oscuri. Pertanto, si auspica che ulteriori conoscenze si aggiungano presto a quelle già in nostro possesso per consentire al più presto una gestione sostenibile della varroasi.

8.3 Acariasi respiratoria

Ignazio Floris

8.3.1 Generalità

Gli acari che vivono nel sistema respiratorio sembrano piuttosto rari negli artropodi. Sono note relativamente poche specie parassite di imenotteri, ortotteri, lepidotteri ed emitteri. Nel caso delle api, l'acariasi respiratoria è provocata dall'acaro tarsonemide *Acarapis woodi* [90] (Fig. 8.16), precedentemente noto con il nome di *Tarsonemus woodi* [91] e imputato inizialmente della malattia denominata "isola di Wight", una condizione patologica già nota dal 1905 nell'isola di Wight e successivamente riscontrata in Gran Bretagna e nel continente europeo, talvolta con proporzioni epidemiche; erroneamente attribuita a questo acaro, il suo agente eziologico rimane ancora oggi sconosciuto.

A. woodi è un acaro microscopico, delle dimensioni di circa 150 μm (143–174 μm × 77–81 μm nella femmina e 125–136 μm × 60–77 μm nel maschio), endoparassita del sistema respiratorio delle api adulte, nel quale vive, si nutre di emolinfa e si riproduce, prediligendo soprattutto i rami protoracici delle trachee (Fig. 8.17), ma riscontrandosi qualche volta anche nei sacchi aerei del capo o dell'addome.

Gli effetti di *A. woodi* sulle api, a livello individuale, dipendono dal numero di parassiti all'interno delle trachee e possono essere attribuiti sia alle lesioni meccaniche, sia ai disturbi fisiologici derivanti dall'ostruzione delle vie respiratorie, nonché alla sottrazione di emolinfa. L'aumento del tasso di infestazione provoca modifiche evidenti alle pareti tracheali, che sono normalmente bianco-traslucide e divengono opache con chiazze nere che si ritiene siano originate da croste di melanina [92]. Questo organismo è anche un vettore di virus [93–96]. Il tasso di mortalità conseguente può essere da moderato ad alto. Un'iniziale manifestazione dell'infestazione normalmente passa inosservata e solo quando raggiunge livelli elevati si manifesta con sintomi evidenti.

8.3.2 Biologia

Le femmine adulte dell'acaro si riscontrano nel sistema respiratorio dell'ape adulta, il quale, come nella generalità degli artropodi, è di tipo tracheale [97] (Fig. 8.18). Le trachee sono tubuli, derivanti dall'invaginazione del tegumento, che si diramano e si ramificano all'interno del corpo, riducendo progressivamente la loro sezione fino a trasformarsi in tracheole a fondo cieco. In questo

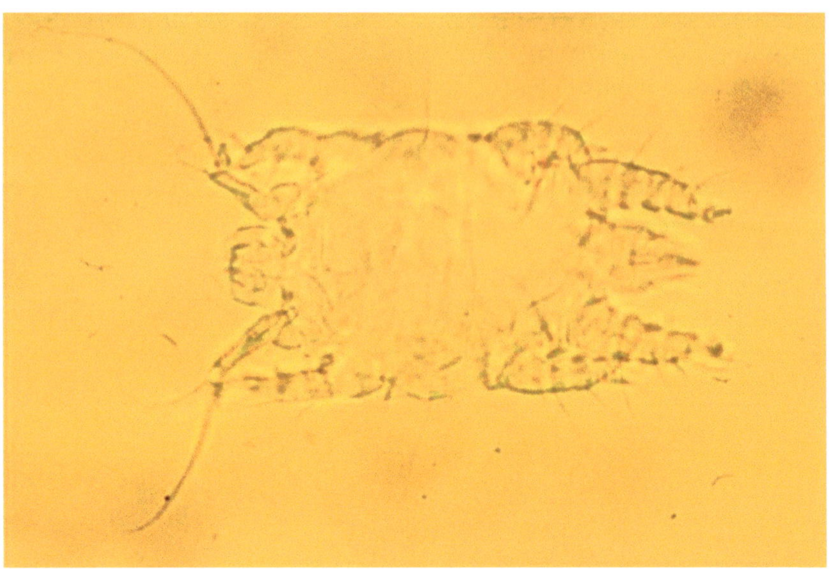

Fig. 8.16 Acaro delle trachee (*Acarapis woodi*). Foto M. Eguaras, Laboratorio de Artrópodos, Fac. Cs. Exactas y Naturales, Universidad de Mar del Plata, Argentina. Per gentile concessione

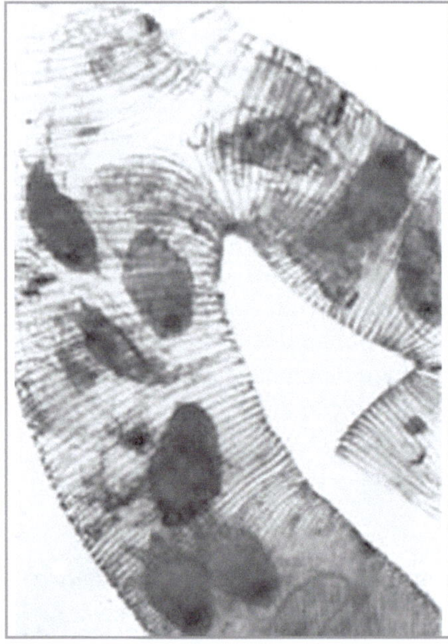

Fig. 8.17 *Acarapis woodi* osservati nelle trachee dell'ape al microscopio ottico (foto CRA-API, Bologna)

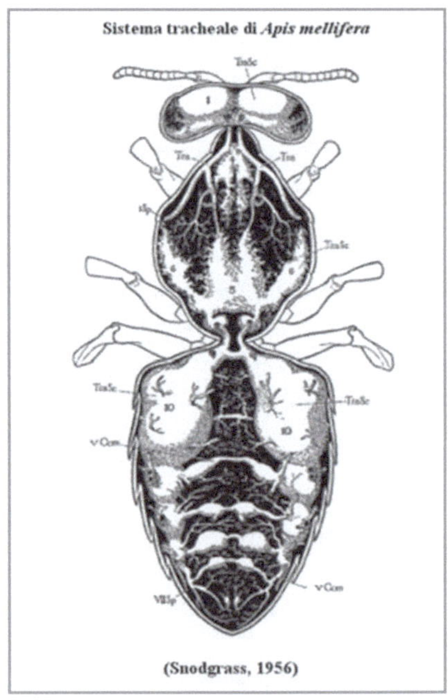

Fig. 8.18 Sistema respiratorio dell'ape (da [97], modificata)

modo, l'ossigeno giunge ai tessuti e alle cellule in modo diretto e molto più efficiente di quanto non avviene nei vertebrati, in cui è veicolato dal sangue. Nelle api adulte, le trachee possono dilatarsi per formare i sacchi aerei, le cui funzioni sono molteplici (riserva d'aria, diminuzione del peso specifico, cassa di risonanza, funzione idrostatica, defecazione, ecc.).

All'esterno, le trachee comunicano attraverso delle aperture chiamate stigmi o spiracoli tracheali, la gran parte delle quali dotate di sistemi di chiusura e di filtrazione dell'aria. Il numero complessivo di stigmi nelle api è 10 paia (sistema respiratorio olopneustico), dislocati rispettivamente in numero di tre paia nel torace (apparente, ossia incluso il propodeo: primo segmento addominale), e i restanti nell'addome. La coppia di stigmi anteriori del torace riveste particolare importanza in quanto sono più ampi e rappresentano la via di ingresso delle femmine di *A. woodi*, le quali prediligono le api neosfarfallate (entro 24 ore), riducendo la capacità di infestazione con l'aumentare dell'età dell'ape, fino a divenire improbabile dopo 4 giorni dallo sfarfallamento. Le femmine dell'acaro sembrano attratte dalla corrente d'aria espirata dai primi spiracoli toracici. È stato anche ipotizzato che la facilità di accesso dipenda dall'efficienza della barriera di peli all'ingresso degli spiracoli, i quali si irrigidirebbero con l'età, conferendo maggiore protezione. Ma è stato provato sperimentalmente che anche le api più vecchie, previamente rasate, vengono meno infestate rispetto alle più giovani; inoltre, gli acari possono lasciare gli spiracoli tracheali quando migrano, quindi la barriera agirebbe in un solo senso. Sono state testate anche altre ipotesi legate al comportamento di *grooming*, che sarebbe più efficiente nelle api più vecchie, ma anche in questo caso le differenze non sono risultate significative. Ciò che è certo è che le api più vecchie sono decisamente meno attrattive rispetto a quelle più giovani.

Una femmina di *A. woodi* depone da 5 a 7 uova in un arco temporale di 3–4 giorni. Dopo ulteriori 3–4 giorni, l'uovo si schiude originando una larva esapoda, seguita dallo stadio ninfale che poi sviluppa nell'adulto; complessivamente, il ciclo si completa in 11–12 giorni nel caso dei maschi e 14–15 giorni per le femmine [98, 99] (Fig. 8.19). L'accoppiamento avviene all'interno delle trachee e le femmine fecondate si disperdono alla ricerca di un nuovo ospite. Prima migrano al di fuori dello spiracolo, fissandosi sui peli del torace dell'ape ospite in posizione di "agguato" all'estremità del pelo; successivamente, il contatto con i peli di un'altra ape stimola il passaggio dall'ospite iniziale. In questo modo, anche le giovani regine possono essere infestate. Nei rami tracheali debitamente asportati, si possono riscontrare frequentemente tutti gli stadi.

8.3.3 Andamento dell'infestazione

L'infestazione si manifesta normalmente tra la fine dell'inverno e l'inizio della primavera, dopo che l'acaro si è potuto sviluppare indisturbato all'interno dell'alveare sulle api svernanti, e cresce quando relativamente poche api giovani

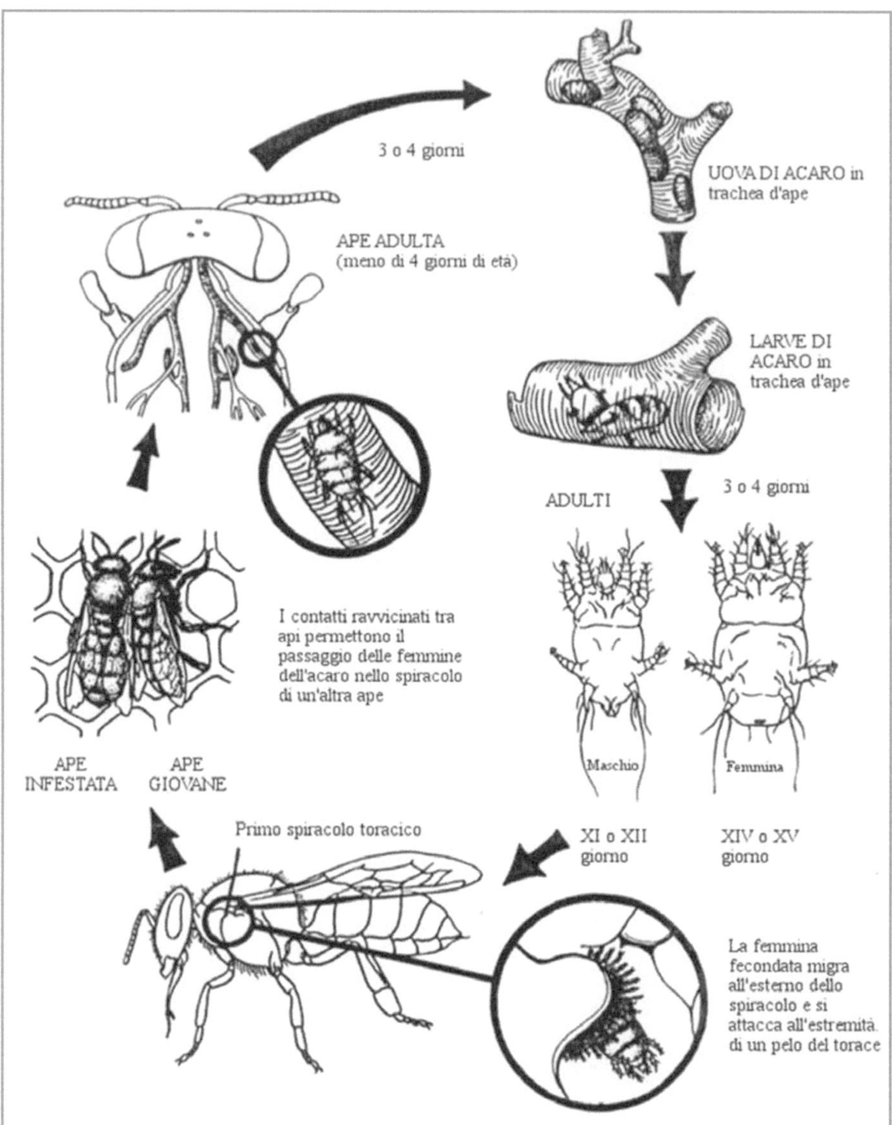

Fig. 8.19 Ciclo di *Acarapis woodi* (da [98], modificata)

sono disponibili in una colonia, in quanto ci sono molti acari migranti rispetto alle api suscettibili di ospitarli. Cresce anche quando l'attività di bottinamento si riduce perché ci sono più probabilità di contatto tra vecchie e giovani api. Queste ultime due condizioni possono verificarsi anche contemporaneamente, poiché la riduzione della covata coincide nel tempo con la diminuzione dell'attività di raccolta per effetto del calo delle risorse, o quando la densità di popolazione è troppo alta rispetto all'entità delle risorse da bottinare. Viceversa, quando l'attività bottinatrice aumenta durante il principale flusso nettarifero, l'infestazione tende a diminuire perché le api adulte infestate si separano dalle giovani e muoiono più frequentemente con i loro acari in campo.

8.3.4 Sintomi e diagnosi

Non ci sono precisi segni dell'infestazione da *A. woodi*, a parte alcune manifestazioni generiche comuni a quasi tutte le malattie dell'ape adulta, come il tremito del corpo, i movimenti scoordinati, la tendenza a strisciare e l'incapacità di volo, manifestata dalle ali distese: le posteriori sganciate dalle anteriori a formare un angolo anomalo (*ali a K*). Tuttavia, data la genericità dei predetti sintomi, l'acaro può essere rilevato visivamente solo al microscopio (20×) previa dissezione dell'ape ed esposizione dei principali rami tracheali toracici. Per quanto riguarda la dissezione dell'ape e la preparazione delle trachee, sono state proposte numerose tecniche [100], che prevedono i seguenti passaggi:

1. l'ape viene spillata e fissata capovolta su idoneo supporto;
2. si asportano il capo e le zampe anteriori mediante una pinzetta in modo da facilitare l'individuazione delle trachee partendo dagli spiracoli esterni. La semplice esposizione delle trachee può già rivelare sintomi evidenti (necrosi) in caso di elevata infestazione;
3. si procede quindi a tagliare il torace anteriormente tra le zampe intermedie e la base delle ali anteriori: questa porzione di corpo può essere successivamente trattata, lasciandola macerare in una soluzione riscaldata (37 °C) di idrossido di potassio (7,5%) per 24 ore;
4. l'esame del primo paio di trachee che sono coperte dal tessuto muscolare deve essere fatto allo stereomicroscopio (18–20 ingrandimenti), oppure si possono disporre le trachee in un vetrino e procedere all'osservazione a elevati ingrandimenti.

La tecnica di dissezione consente la rilevazione precoce della malattia e, sulla base dell'eventuale presenza di macchie necrotiche sulle trachee, permette una distinzione tra infestazione leggera e pesante. Il numero di api campionate determina la soglia di rilevazione del metodo. Si raccomanda di campionare almeno 100 api per apiario (minimo 10 per colonia), possibilmente api vecchie e che manifestano sintomi come tremito e incapacità di volo in prossimità dell'ingresso dell'alveare. Il periodo migliore per il campionamento è l'inizio della primavera o il tardo autunno quando la popolazione degli acari è più elevata. Il numero di acari in una trachea varia in modo sensibile e anche la loro localizzazione può estendersi oltre i rami tracheali protoracici. Sono stati riscontrati fino a un massimo di 80 acari adulti e 39 forme immature in un'ape operaia e 87 adulti e 57 forme immature in una regina [101]. I campioni di api per la diagnosi possono essere conservati per qualche settimana alla temperatura di 4 °C e non oltre 2 mesi in freezer a –20 °C, per un tempo più lungo si ricorre alla soluzione di Oudeman composta da acido acetico glaciale (80 ml), glicerolo (50 ml) ed etanolo (70%). Un'altra tecnica più rapida ma dall'esito più incerto, utilizzata per indagini epidemiologiche estensive, prevede il campionamento di 200 api a caso da colonie sospette; di ciascuna ape si provvede ad asportare le ali e le zampe, quindi i corpi vengono raccolti in un contenitore da 100 ml, previamente riempito per un quarto con acqua. Questa sospensione viene sottoposta a omogenizzazione a 10.000 giri (rpm) per tre volte, ogni volta per diversi secondi, con aggiunta di acqua. La sospensione risultante viene quindi filtrata attraverso un setaccio a maglie di 0,8 mm e riportata con l'aggiunta di acqua a un volume finale di circa 50 ml. Si sottopone poi a centrifugazione per 5 minuti a 1.500 giri (rpm) e alla successiva separazione del supernatante; si aggiungono poi alcune gocce di una soluzione di acido lattico e si lascia agire per 10 minuti per permettere alle fibre muscolari di dissolversi, quindi si procede alla predisposizione di un preparato microscopico. In questo caso, eventuali acari esterni come *Acarapis externus* e *A. dorsalis* possono essere presenti nel torace di api sane e quindi confusi in questo tipo di diagnosi con *A. woodi* [102].

Altri metodi, di tipo strumentale, sono stati proposti come l'analisi gascromatografica [99], che evidenzia due distinti picchi nelle trachee infestate rispetto a quelle non infestate; l'analisi immunoenzimatica (ELISA) [103–106], la quale però può dare falsi positivi; metodi basati sulla visualizzazione della guanina (il principale prodotto finale del metabolismo dell'azoto degli acari) sotto la luce ultravioletta [107]. Recentemente sono state sviluppate tecniche diagnostiche molecolari mediante la PCR [108] adottate in indagini di tipo estensivo [109].

8.3.5 Diffusione dell'infestazione

La proporzione di api infestate nella colonia è soggetta a variazioni abbastanza ampie nel breve periodo. Il passaggio dell'acaro da un'ape all'altra è possibile solo per contatto diretto, in quanto lo stesso è incapace di spostarsi sui favi o sui fiori per cercare un nuovo ospite. Le probabilità di contagio si riducono con l'invecchiamento delle api, anche se non è esclusa la possibilità che gli acari possano migrare anche nelle trachee di api vecchie [101], dove però troverebbero un ambiente meno congeniale al loro sviluppo. La trasmissione tra alveari o tra apiari in un determinato territorio potrà verificarsi attraverso la deriva e il saccheggio, in cui ovviamente devono essere implicate api infestate, nonché nei periodi in cui l'infestazione si manifesta con maggiore intensità: autunno e primavera. La trasmissione può avvenire, inoltre, attraverso i fuchi. Meno probabile è il passaggio casuale per contatto tra api bottinatrici sullo stesso fiore o durante la raccolta dell'acqua. Tecnicamente, la diffusione può avvenire mediante la riunione di famiglie, con l'acquisto di nuclei o pacchi d'api infestati, o ancora con la raccolta di sciami naturali che ospitano api parassitate. Non costituisce veicolo di diffusione della malattia il materiale apistico.

8.3.6 Effetti dell'infestazione

Le prime indagini sperimentali sugli effetti dell'acariasi delle trachee risalgono agli anni '50. È stato in primo luogo osservato che le api infestate morivano precocemente dopo lo svernamento rispetto a quelle non infestate. Gli effetti sulla riduzione della longevità delle api adulte sono stati rilevati da molti autori [110–113], ma solo nel caso di colonie fortemente infestate la morte precoce delle api non era adeguatamente controbilanciata dalla nascita di nuove api. Così le colonie molto infestate subiscono una flessione significativa della loro consistenza e quando l'infestazione supera il 30% sono più facilmente destinate a soccombere dopo lo svernamento. Tuttavia, le indagini epidemiologiche hanno evidenziato che solo poche colonie normalmente raggiungono alti livelli di infestazione. La gran parte delle colonie sopravvivono e l'infestazione, in molti casi, tende poi a diminuire durante la stagione attiva.

È diffusa anche la convinzione che *A. woodi* causi l'indebolimento e la morte delle api in estate. Le osservazioni sperimentali hanno però dimostrato che le api infestate hanno una riduzione di vita molto limitata rispetto a quelle non infestate nel periodo estivo. Anche le regine infestate possono sopravvivere per diversi anni. Talvolta, la sofferenza delle colonie nel periodo estivo è stata erroneamente attribuita all'acaro delle trachee, ma ulteriori approfondimenti hanno poi dimostrato che la causa della malattia era una virosi (virus della paralisi cronica o virus iridescente). Vari stati patologici delle colonie sono stati spesso attribuiti ad *A. woodi*, alimentando in tal modo, soprattutto in passato, la confusione sul piano diagnostico, al punto da ricorrere all'ambigua definizione di "acariasi o malattia dell'isola di Wight", ed enfatizzando gli effetti negativi prodotti da questo acaro.

Nonostante i riscontri evidenti di *A. woodi* sulla singola ape, quali ad esempio l'occlusione delle trachee, non esistono dati scientifici che supportino adeguatamente gli effetti dell'infestazione. Si ritiene, ad esempio, che la capacità di volo dell'ape sia compromessa dal ridotto apporto di ossigeno ai muscoli alari. Tuttavia, studi sul comportamento di bottinamento hanno dimostrato che non esistono differenze significative tra api infestate e non infestate nel numero di voli effettuati, nella loro frequenza, nella frequenza dei raccolti di nettare e polline e nella durata dei voli [114]. In definitiva, le osservazioni sperimentali indicano che l'acariasi respiratoria non avrebbe un rilevabile impatto economico sulle colonie di api in condizioni di sviluppo attivo e nei periodi di produzione. Nelle api infestate sono stati rilevati anche più alti livelli di batteri, ma non è stata dimostrata una maggiore suscettibilità alle malattie.

In genere, l'impatto è molto grave nei primi anni dopo l'introduzione in un nuovo territorio. In Italia, la prima rilevazione risale al 1931 (Liguria occidentale e province piemontesi lungo il confine francese). In Sardegna, dopo l'introduzione segnalata nel 1946, in pochi anni, determinò la morte di oltre l'80% degli alveari (quasi esclusivamente da bugni rustici). Dopo i primi anni dall'introduzione, si registra comunque una sensibile riduzione della virulenza, attribuita alla selezione naturale operata dallo stesso acaro sulle popolazioni suscettibili, che favorirebbe la sopravvivenza delle colonie più resistenti. Nell'attualità, gli effetti di *A. woodi* sulla salute delle api sono passati in secondo piano a seguito dell'introduzione di *V. destructor*. Ciononostante, le infestazioni dell'acaro delle trachee si verificano ancora in tutto il mondo come dimostrano recenti indagini epidemiologiche. Negli Stati Uniti [115] *A. woodi* è stato rilevato nel 24% dei campioni, da solo o in combinazione con altri patogeni. Anche in Spagna la diffusione della parassitosi è stata studiata nell'ambito di un'indagine sulle cause del declino delle colonie di api [109], con il risultato di livelli paragonabili a quelli che si registravano prima della massiccia applicazione di acaricidi per il controllo di *V. destructor*. In definitiva, l'incidenza di questo parassita è generalmente sottovalutata e potrebbe ancora oggi comportare un impatto negativo sull'apicoltura.

8.3.7 Controllo

Molti sono stati i tentativi, soprattutto chemioterapici, esperiti dagli anni '20 del secolo scorso per combattere l'acariasi respiratoria. Tra i numerosi prodotti impiegati, ricordiamo la cosiddetta miscela Frow, i cartoni solforati e il salicato di metile, il Mito A2, composto da alcol metilico e olio essenziale di senape, fino a giungere agli anni '50 con l'avvento del Folbex e, più in generale, di prodotti a base di clorobenzilato, rimpiazzati negli anni '80, a seguito dell'avvento della *Varroa*, dal bromopropilato (Folbex VA), e adottati nelle formulazioni in strisce fumiganti di colore verde scuro (Folbex) e arancione (Folbex VA). I risultati sperimentali hanno evidenziato, anche in Italia [101], una buona efficacia di questi acaricidi, accompagnata, talvolta, da effetti negativi sulle regine. Il problema principale è che per l'impiego dei suddetti fumiganti occorre predisporre gli alveari, chiudendoli preventivamente e creando un apposito spazio interno, ottenuto con l'asportazione di un favo o con l'apposizione di un melario vuoto, così da poter inserire la striscetta accesa e favorire la diffusione del fumo. Poi l'alveare trattato deve restare chiuso per almeno 10–15 minuti dall'introduzione della striscia e il trattamento deve essere ripetuto da 4 a 8 volte a intervalli di 7 giorni. Insomma, un procedimento piuttosto lungo e laborioso che ha perso interesse tra gli apicoltori, soprattutto dopo l'avvento della *Varroa*, con la convinzione, non sempre fondata, che i trattamenti antivarroa possano colpire anche l'acaro delle trachee. Tra gli altri acaricidi, il mentolo, applicato generalmente in forma di cristalli (25 g) per un periodo di 1–2 mesi, o l'acido formico con le stesse modalità adottate per la *Varroa*, hanno fornito risultati soddisfacenti. In entrambi i casi, tuttavia, la temperatura e altri fattori interni all'alveare possono influenzare l'efficacia dei trattamenti e i loro effetti collaterali sulla colonia.

Anche le modalità di somministrazione e le formulazioni possono incidere sul risultato del trattamento. Nel caso del mentolo, ad esempio, si raccomanda di localizzare il prodotto nel fondo dell'alveare nei climi caldi, mentre va disposto sui favi in caso di climi freddi, sfruttando così la zona più calda dell'alveare per garantire un'adeguata evaporazione. Il mentolo, in comparazione con acaricidi di sintesi (amitraz, fluvalinate, cimiazolo) ha fornito risultati comunque non soddisfacenti a seguito di trattamenti autunnali [116] a causa probabilmente delle relative basse temperature. Le ricerche sull'impiego del mentolo avevano già evidenziato l'opportunità di trattare con temperature non inferiori a 20 °C e con colonie forti [117, 118], garantendo un'ottimale vaporizzazione del mentolo. In altre prove, l'amitraz in formulazione aerosol o in striscette ha fornito risultati contradditori. Anche il fluvalinate può produrre un effetto nei confronti di *A. woodi*, sia nella formulazione in striscette (per contatto) che in quella di cartine fumiganti. Altrettanto il cimiaziolo (Apitol), il quale è risultato efficace in colonie moderatamente infestate, mentre non ha funzionato in quelle fortemente infestate; inoltre, le sperimentazioni suggeriscono che il periodo di applicazione dell'acaricida e le tecniche che favoriscono il consumo di sciroppo rafforzerebbero l'efficacia del trattamento con cimiazolo [119].

Va altresì considerato che il costante controllo della varroa in apiario implica indirettamente un effetto nei confronti dell'eventuale presenza di questo acaro, soprattutto con il ricorso ad acaricidi sistemici, a vapori o fumiganti. In tal senso, sono state condotte anche sperimentazioni per valutare contestualmente l'efficacia di prodotti naturali sia contro *V. destructor* che contro *A. woodi*. Sono state utilizzate miscele di timolo con cineolo, citronella o linalolo. I risultati suggeriscono che la presenza di covata limita seriamente l'efficacia delle misure di controllo a base di timolo quando vengono applicate contro la varroa, mentre lo stesso prodotto si rivela utile contro l'acaro delle trachee [120]. Test di laboratorio sono stati condotti per valutare l'olio di Neem, che ha offerto una significativa protezione delle api dall'infestazione di *A. woodi* [121, 122].

In alternativa alla lotta chimica, si possono adottare alcuni interventi manipolativi e/o biologici. Per esempio, in passato si suggeriva di stimolare con la somministrazione di sciroppi tiepidi i primi voli primaverili cosiddetti di "purificazione", particolarmente nei climi dove le api subiscono un blocco invernale dell'attività, così da eliminare, indirettamente, le api più infestate, normalmente incapaci di rientrare all'alveare [101]. Dal punto di vista tecnico, la frequente chiusura degli alveari associata a diverse pratiche apistiche della moderna apicoltura, come la produzione di pacchi d'api, l'allevamento di regine o il nomadismo, può favorire lo sviluppo di questa parassitosi. Le colonie infestate, che subiscono periodi lunghi di inattività della regina, aumentano più rapidamente la loro infestazione. La covata opercolata può essere separata dalle colonie infestate per creare nuovi nuclei esenti da parassitosi o per rafforzare colonie non infestate. Questo metodo è, tuttavia, molto laborioso e provoca la perdita di molte api e anche di regine. Sono stati eseguiti anche test per valutare il diverso grado di tolleranza all'acaro da parte di diverse linee genetiche di api, confrontando colonie di api italiane (*A. m. ligustica*) con colonie di Buckfast [123], fornendo così la prima dimostrazione sperimentale della resistenza delle api Buckfast ad *A. woodi* in condizioni mediterranee. Ricordiamo che l'ape di Buckfast (ibrido creato da Padre Adam, al secolo Karl Kehle, nell'apiario del Monastero Benedettino di Buckfast nel sud-ovest della Gran Bretagna) nasce proprio dall'incrocio della ligustica (ceppo piemontese) con l'ape autoctona inglese a seguito di una forte moria di api provocata da *A. woodi* nel 1916.

8.4 Altri acari associati alle api

Ignazio Floris

8.4.1 Acari esterni

Ci sono alcune specie di acari che trascorrono la loro esistenza interamente sulla superficie esterna del corpo dell'ape e che sono morfologicamente simili ad *Acarapis woodi*. Si tratta di *A. dorsalis* e *A. externus* e, forse, *A. vagans*, che si nutrono di emolinfa delle api [124] e sono morfologicamente simili tra loro e ad *A. woodi*. Alcuni studi hanno evidenziato differenze biometriche tra le diverse specie di *Acarapis*, ma sono ritenuti ancora insufficienti dal punto di vista tassonomico. Sotto il profilo ecologico, invece, non ci sono dubbi: si tratta di ectoparassiti, solo *A. woodi* si comporta da endoparassita. La caratteristica distintiva è proprio la loro posizione sul corpo dell'ospite. *A. externus* si localizza dietro la testa delle api adulte, nella parte ventrale del collo; gli altri acari esterni sono stati rilevati nel torace in posizioni differenti, tra mesoprescuto e mesoscutello; in questo caso, si tratta presumibilmente o di *A. dorsalis* o di *A. vagans* [125] (Fig. 8.20). *A. vagans* è una specie che non si separa nettamente dalle altre due (*A. externus* e *A. dorsalis*); pertanto, è stata relegata a *nomen dubium* (nome scientifico dubbio o incerto) [126]. Gli acari esterni non sono considerati dannosi [124], o meglio non è chiaro se essi contribuiscano alla generale debolezza della colonia o se si sviluppino preferenzialmente su colonie deboli. Le colonie di api possono essere infestate da più specie contemporaneamente, ma la specie geograficamente più diffusa è *A. dorsalis*. Le informazioni sul ciclo biologico sono molto scarse e si sa molto poco dei tassi di infestazione. Nel caso di *A. externus*, le uova vengono deposte dopo due giorni dallo sfarfallamento, schiudono dopo 4 giorni e il ciclo si completa originando gli adulti dopo ulteriori 2–3 giorni per i maschi e 4 per le femmine. Complessivamente, la durata del ciclo è di circa 10 giorni ed è quindi più breve di quello di *A. woodi*. Per *A. dorsalis* la durata è di circa 11 giorni. Le infestazioni più elevate si registrano durante l'inverno sulle api più giovani. Altri acari ectoparassiti segnalati in letteratura sono ascrivibili al genere *Leptus* (Acarina: Erythraeidae), le cui larve di alcune specie sono state rinvenute su api adulte [127, 128], fissate alla parete addominale posteriore in posizione dorsale. Tali acari, di colore rosso brillante nella fase larvale, sono facilmente distinguibili da altri acari parassiti ma non rivestono significato patologico.

8.4.2 *Tropilaelaps clareae*

L'acaro *Tropilaelaps clareae* si trova in Asia, dove parassitizza l'*Apis dorsata breviligula* ed è anche un parassita di *A. mellifera* nelle Filippine, in Thailandia e in Pakistan [129], nonché della specie *A. dorsata binghami* nelle isole Sulawesi in Indonesia. *Tropilaelaps mercedesae* è l'altra specie che finora è stata scambiata per *T. clareae* e che, insieme a *T. koenigerum*, parassitizza *A. dorsata* nel continente asiatico e in Indonesia (tranne nelle isole Sulawesi). *T. mercedesae* è anche un parassita di *A. mellifera* in queste e nelle regioni circostanti con un'altra specie, *T. thaii*, con la quale parassitizza anche *A. laboriosa* nelle regioni himalayane montane [130]. Gli acari *Tropilaelaps* sono ectoparassiti come la varroa e si nutrono prevalentemente sugli stadi giovanili (larva e pupa), causando mortalità della covata e declino della colonia [131]. Hanno un più alto tasso riproduttivo e un ciclo di sviluppo più breve rispetto alla varroa, quindi possono competere con quest'ultima quando entrambi gli acari sono presenti [132]. Sono inoltre capaci di trasmettere malattie come il virus delle ali deformi (DWV) [133, 134]. La loro rapida riproduzione e la recente diffusione geografica ne fanno una minaccia emergente per le api in tutto il mondo [131, 2], con il rischio di gravi perdite economiche. Pertanto, è fondamentale sviluppare efficaci metodi di rilevamento per la diagnosi precoce [135] e attuare misure di sorveglianza nei paesi a rischio d'introduzione.

In Europa e in Italia *T. clareae* è già inserito tra le specie soggette a obbligo di denuncia. La femmina colonizzatrice di *Tropilaelaps* (o le femmine: una dozzina possono invadere una singola cella) depone da uno a quattro uova sulla larva matura di ape (Fig. 8.21) poco prima dell'opercolatura della cella di covata. La covata maschile è preferita e può essere parassitizzata al 100%. La progenie dell'acaro, di solito un maschio e diverse femmine, si nutre a carico della covata e può danneggiarla seriamente. Lo sviluppo richiede circa una settimana. Gli adulti, tra cui la femmina fondatrice, emergono con l'ape adulta e vanno alla ricerca di nuovi ospiti. La breve fase foretica (l'acaro non è in grado di perforare il tegumento delle api adulte), spiega perché le popolazioni di *Tropilaelaps* aumentano più rapidamente di quelle di varroa. Le femmine fecondate dell'acaro muoiono entro 2 giorni a meno che non depongano le uova [136]. L'infestazione da *Tropilaelaps* provoca la morte di molte larve (fino al 50%), con una conseguente covata irregolare in cui i cadaveri possono sporgere parzialmente dalle cellette. Molte api nascono malformate, con addomi distorti, ali deformi e zampe deformi o mancanti. Alcune delle api colpite possono strisciare presso l'ingresso dell'alveare [137]. Inoltre, si osservano celle perforate, in conseguenza dell'attività di pulizia da parte delle api operaie. Alcune colonie infestate possono abbandonare l'alveare (*absconding*). Il primo segno di un'infestazione di *Tropilaelaps* è la presenza dell'acaro, rosso-marrone, di forma allungata sui favi o sulle api, facilmente distinguibile dalla varroa per le dimensioni e per la forma del corpo (Fig. 8.21); *Tropilaelaps*, inoltre, si muove più velocemente rispetto alla varroa. Per la diagnosi, si può prevedere il campionamento di api adulte, l'esame della covata maschile e femminile [102, 138],

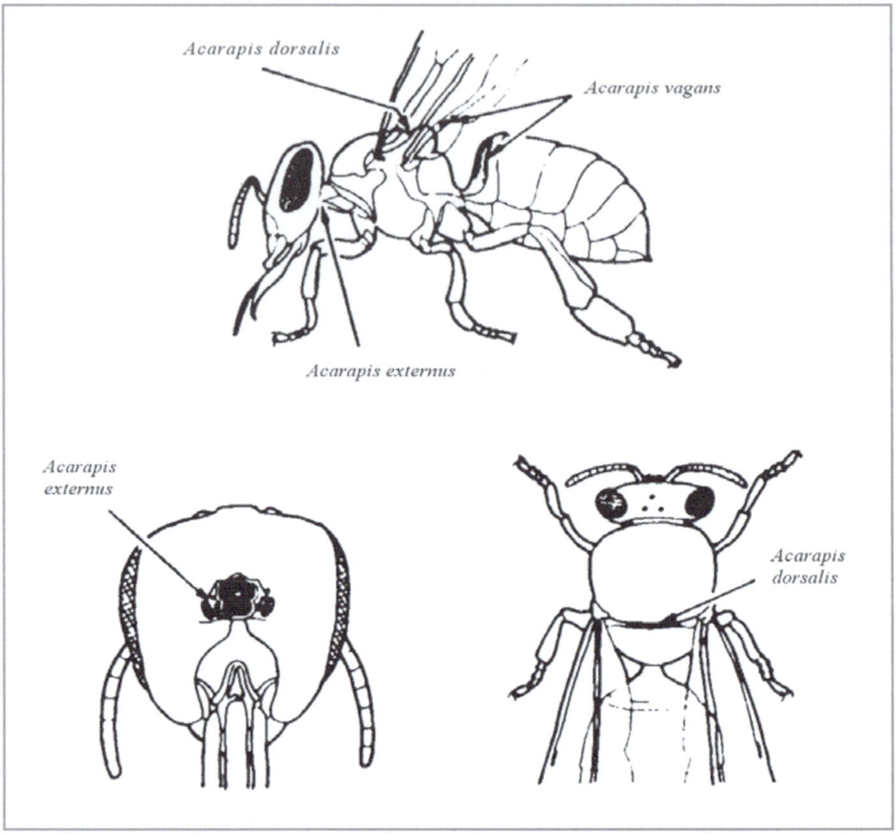

Fig. 8.20 Localizzazione degli acari esterni (*Acarapis* spp.) (da [125], modificata)

Fig. 8.21 Femmina di *Tropilaelaps clareae* in comparazione con femmina di *Varroa destructor* (*destra*) (per gentile concessione del Dr. G. Formato, U.O. Apicoltura IZSLT)

oppure può essere effettuata utilizzando il cassettino con la rete sul fondo dell'arnia, o le arnie antivarroa, raccogliendo ed esaminando i detriti per conteggiare gli acari. Altri metodi (es. Bump test) sono stati proposti recentemente per programmi di screening su larga scala [135]. L'incapacità di questo acaro di sopravvivere al di fuori della covata opercolata per più di pochi giorni, lo rende più vulnerabile al blocco della covata mediante l'isolamento della regina [139, 140]. Molti degli acaricidi utilizzati per la varroa uccidono anche *Tropilaelaps*. Tra questi, le striscette di fluvalinate (Apistan®), il fumo di tabacco, o le fumigazioni con strisce di carta da filtro preparate per immersione in una soluzione acquosa di nitrato di potassio (15%) con aggiunta di amitraz (solitamente al 12,5%) [141]. Un altro metodo è quello di utilizzare piastre o tamponi imbevuti con 20 ml di acido formico al 65% [142].

8.4.3 *Euvarroa sinhai*

Euvarroa sinhai è oggetto di studio per le eventuali implicazioni anche sull'allevamento di *Apis mellifera* [143]. Al momento è un ectoparassita obbligato della covata maschile di *A. florea* in Asia. Di recente è stata studiata comparativamente, in condizioni di laboratorio, su 3 specie di api (*A. florea*, *A. cerana* e *A. mellifera*) con tassi di sopravvivenza del 53% su *A. mellifera* contro il 70% su *A. florea* e l'8% su *A. cerana*.

8.4.4 Acari detriticoli

Le specie detriticole sono generalmente abbondanti e si riscontrano nel fondo dell'alveare, sede di accumulo di detriti provenienti, soprattutto, dalla pulizia dei favi operata dalle stesse api operaie, in particolare in relazione alle cure alla covata. La gran parte delle specie appartengono al sottordine degli astigmata e la loro densità può raggiungere valori molto elevati (350.000/Kg di detriti) [130]. La specie più frequente è il *Glyciphagus domesticus*, molto comune anche in ambiente domestico e sulle derrate immagazzinate, la quale si ciba preferibilmente di muffe; altri generi importanti sono *Tyrophagus* e *Carpoglyphus*. Questi acari negli alveari sani non creano problemi a prescindere dalla loro abbondanza, mentre potrebbero rivestire interesse dal punto di vista allergologico per l'uomo. Non sono previste misure di controllo, ad eccezione della pulizia periodica del fondo degli alveari.

8.4.5 Acari predatori

Gli acari predatori vivono a carico degli acari detriticoli nel fondo dell'alveare e, salvo poche eccezioni, si tratta di specie non specializzate per vivere all'interno dell'alveare. La gran parte appartengono al sottordine dei mesostigmata. Sono molto rapidi e dal corpo relativamente appiattito. Non rivestono interesse nei confronti dei più importanti acari parassiti come varroa e *Tropilaelaps*, ma non creano nemmeno problemi alle api o alla loro covata. Come nel caso degli acari detriticoli, molto specie si rinvengono occasionalmente, le più frequenti appartengono ai generi *Blattisocius*, *Proctolaelaps*, *Lasioseius*, *Melichares*, *Macrocheles*, *Parasitus*, *Melittiphis* con *M. alvearius* rilevata solo in alveari di *Apis mellifera*. Molto comuni sono anche le specie del sottordine prostigmata e del genere *Cheyletus*.

8.4.6 Acari foretici

Gli acari foretici sfruttano gli insetti adulti neosfarfallati come veicoli di trasporto alati per raggiungere un nuovo nido o un sito di alimentazione o di sviluppo. La gran parte degli acari astigmati che vivono nei nidi delle api selvatiche, solitarie o sociali, hanno questo comportamento. I casi sono riferibili ai bombi, ai megachilidi, ma anche ad altri apoidei che nidificano nel suolo come gli alittidi. Normalmente, tra i più comuni frequentatori degli alveari, gli acari detriticoli non hanno questo comportamento foretico, pertanto su *A. mellifera* non sono frequenti, fatta eccezione, ovviamente, per la varroa. A livello internazionale, sono state segnalate molte specie, tra le quali quelle del genere *Tarsonemus* su *A. mellifera* o *Pseudocarapis* su *A. cerana*, le quali si nutrono di funghi o polline, ma non creano danni all'alveare.

Bibliografia

1. Eickwort GC (1990) Associations of mites with social insects. Ann Rev Entomol 35:469–488
2. Sammataro D, Gerson U, Needham G (2000) Parasitic mites of honey bees: life history, implications, and impact. Ann Rev Entomol 45:519–548
3. Barbattini R (1981) Presenza di Varroa jacobsoni Oud. in territorio italiano. L'Informatore Agrario 37:16769–16770
4. Frilli F (1988) Current situation of Varroatosis in Italy. In: Cavalloro R (ed) European research on varroatosis control, Bad Homburg 15–17/10/1986. Balkema, Rotterdam, pp 29–30
5. Lodesani M, Colombo M, Spreafico M (1995) Ineffectiveness of Apistan® treatment against the mite Varroa jacobsoni Oud in several districts of Lombardy (Italy). Apidologie 26:67–72
6. Nazzi F (2008) Varroa e CCD: considerazioni sul possibile ruolo di Varroa destructor nella sindrome del collasso della colonia. Apoidea 5:64–69
7. Le Conte Y, Ellis M, Ritter W (2010) Varroa mites and honey bee health: can Varroa explain part of the colony losses? Apidologie 41:353–363
8. Anderson DL, Trueman JW (2000) Varroa jacobsoni (Acari: Varroidae) is more than one species. Exp Appl Acarol 24:165–189
9. Milani N (1999) Acari parassiti obbligati di Apis spp. e loro rapporti con l'ospite. Atti dell'Accademia Nazionale Italiana di Entomologia, Rendiconti 47:175–192
10. Oldroyd B (1999) Coevolution while you wait: Varroa jacobsoni, a new parasite of western honeybees. Trends Ecol Evol 14:312–315
11. Matheson A (1995) First documented findings of Varroa jacobsoni outside its presumed natural range. Apiacta 30:1–8

12. Rosenkranz P, Aumeier P, Ziegelmann B (2010) Biology and control of Varroa destructor. J Invertebr Pathol 103:S96–S119
13. Nannelli R (1986) Caratteri morfologici essenziali per una rapida identificazione dei diversi stadi di Varroa jacobsoni Oud. Apicoltura 2:95–119
14. Milani N (1988) Morfologia di Varroa jacobsoni Oudemans: strutture e funzioni. In: Barbattini R (ed) La Varroasi, oggi. Atti Convegno Internazionale di Apicoltura, Trento 1987. Consorzio Apistico Provinciale, Trento, pp 103–115
15. de Ruijter A, Kaas JP (1983) The anatomy of the Varroa mite. In: Cavalloro R (ed) Varroa jacobsoni Oud. affecting honey bees: present status and needs. Balkema, Rotterdam, pp 45–47
16. Milani N (1988) Proprietà fisiche e composizione chimica dell'emolinfa in Apis mellifera L.: una rassegna bibliografica. Apicoltura 4:1–76
17. Tewarson NC, Engels W (1982) Undigested uptake of non-host proteins by Varroa Jacobsoni. J Apicult Res 21:222–225
18. Donzé G, Guerin PM (1994) Behavioral attributes and parental care of Varroa mites parasitizing honeybee brood. Behav Ecol Sociobiol 34:305–319
19. Richard D, Colin M E, Lhomme M (1990) Anatomical organization of the tracheal system of Varroa jacobsoni (Acari: Varroidae). Exp Appl Acarol 9:63–72
20. Milani N, Nannelli R (1989) The tarsal sense organ in Varroa jacobsoni Oud.: SEM observations. In: Cavalloro R (ed) Present status of varroatosis in Europe and progress in the varroa mite control. CEC, Luxembourg, pp 71–82
21. Milani N (2002) Chemical communication in the honey bee - varroa relationship. In: Jones R (ed) Proceedings of the sixth European Bee Conference "Bees without frontiers", Cardiff, UK, 1–5 July 2002. IBRA, Cardiff, pp 74–85
22. Le Conte Y, Arnold G (1987) Influence de l'âge des abeilles (Apis mellifera L.) et de la chaleur sur le comportement de Varroa jacobsoni Oud. Apidologie 18:305–320
23. Alberti G, Hänel H (1986) Fine structure of the genital system in the bee parasite, Varroa jacobsoni (Gamasida: Dermanyssina) with remarks on spermiogenesis, spermatozoa and capacitation. Exp Appl Acarol 2:63–104
24. Fries I, Rosenkranz P (1996) Number of reproductive cycles of Varroa jacobsoni in honeybee (Apis mellifera) colonies. Exp Appl Acarol 20:103–112
25. Martin SJ, Kemp D (1997) Average number of reproductive cycles performed by Varroa jacobsoni in honey bee (Apis mellifera) colonies. J Apicult Res 36:113–123
26. Boot WJ, Calis JN, Beetsma J (1992) Differential periods of Varroa mite invasion into worker and drone cells of honey bees. Exp Appl Acarol 16:295–301
27. Boot WJ, Beetsma J, Calis JN (1994) Behaviour of Varroa mites invading honey bee brood cells. Exp Appl Acarol 18:371–379
28. Le Conte Y, Arnold G, Trouiller J et al (1989) Attraction of the parasitic mite Varroa to the drone larvae of honeybees by simple aliphatic esters. Science 245:638–639
29. Rickli M, Guerin PM, Diehl PA (1992) Palmitic acid released from honeybee worker larvae attracts the parasitic mite Varroa jacobsoni on a servosphere. Naturwissenschaften 79:320–322
30. Aumeier P, Rosenkranz P, Francke W (2002) Cuticular volatiles, attractivity of worker larvae and invasion of brood cells by Varroa mites. A comparison of Africanized and European honey bees. Chemoecology 12:65–75
31. Nazzi F, Milani N, Della Vedova G, Nimis M (2001) Semiochemicals from larval food affect the locomotory behaviour of Varroa destructor. Apidologie 32:149–155
32. Nazzi F, Milani N, Della Vedova G (2004) A semiochemical from larval food influences the entrance of Varroa destructor into brood cells. Apidologie 35:403–410
33. Fuchs S (1990) Preference for drone brood cells by Varroa jacobsoni Oud. in colonies of Apis mellifera carnica. Apidologie 21:193–196
34. Calderone NW, Lin S, Kuenen LP (2002) Differential infestation of honeybee, Apis mellifera, worker and queen brood by the parasitic mite Varroa destructor. Apidologie 33:389–398
35. Nazzi F, Bortolomeazzi R, Della Vedova G et al (2009) Octanoic acid confers to royal jelly Varroa-repellent properties. Naturwissenschaften 96:309–314
36. Fuchs S (1985) Untersuchungen zur quantitativen abschätzung des befalls von bienenvölk-

ern mit Varroa jacobsoni Oudemans und zur verteilung des parasite in bienenvolk. Apidologie 16:343–368
37. Floris I (1991) Dispersion indices and sampling plans for the honeybee (Apis mellifera ligustica Spin.) mite Varroa jacobsoni Oud. Apicoltura 7:161–170
38. Chiesa F, Milani N (1988) Some preliminary observations on the behaviour of Varroa jacobsoni Oud. on its natural host under laboratory conditions. In: Cavalloro R (ed) European research on varroatosis control, Proc. Meet. EC Experts' Group, Bad Homburg 1986. Balkema, Amsterdam, pp 113–124
39. Ifantidis MD (1988) Some aspects of the process of Varroa jacobsoni mite entrance into honey bee (Apis mellifera) brood cells. Apidologie 19:387–396
40. Ifantidis MD (1983) Ontogenesis of the mite Varroa jacobsoni in worker and drone honey bee brood cells. J Apicult Res 22:200–206
41. Rehm SM, Ritter W (1989) Sequence of the sexes in the offspring of Varroa jacobsoni and resulting consequences for the calculation of the developmental period. Apidologie 20:339–343
42. Nannelli R, Accorti M (1990) Sequenza di ovideposizione e tempo di sviluppo della prole di Varroa jacobsoni Oud. su covata maschile di Apis mellifera ligustica Spin. Apicoltura 6:153–168
43. Martin SJ (1994) Ontogenesis of the mite Varroa jacobsoni Oud. in worker brood of the honeybee Apis mellifera L. under natural conditions. Exp Appl Acarol 18:87–100
44. Martin SJ (1995) Ontogenesis of the mite Varroa jacobsoni Oud. in drone brood of the honeybee Apis mellifera L. under natural conditions. Exp Appl Acarol 19:199–210
45. Milani N, Chiesa F (1990) Some factors affecting the reproduction of Varroa jacobsoni Oud. under laboratory conditions. Apicoltura 6:33–42
46. Milani N, Chiesa F (1991) Some stimuli inducing oviposition in Varroa jacobsoni Oud. In: Ritter W (ed) Proc Intern Symp Recent Research on Bee Pathology, Gent 1990. Apimondia, Lovanio, pp 27–33
47. Trouiller J, Milani N (1999) Stimulation of Varroa jacobsoni Oud. oviposition with semiochemicals from honeybee brood. Apidologie 30:3–12
48. Garrido C, Rosenkranz P (2004) Volatiles of the honey bee larva initiate oogenesis in the parasitic mite Varroa destructor. Chemoecology 14:193–197
49. Koeniger N, Koeniger G, Delfinado-Baker M (1983) Observations on mites of the Asian honeybee species (Apis cerana, Apis dorsata, Apis florea). Apidologie 14:197–204
50. Rosenkranz P (1999) Honey bee (Apis mellifera L.) tolerance to Varroa jacobsoni Oud. in South America. Apidologie 30:159–172
51. Fuchs S, Langenbach K (1989) Multiple infestation of Apis mellifera L. brood cells and reproduction in Varroa jacobsoni Oud. Apidologie 20:257–266
52. Nazzi F, Milani N (1996) The presence of inhibitors of the reproduction of Varroa jacobsoni Oud. (Gamasida: Varroidae) in infested cells. Exp Appl Acarol 20:617–623
53. Nazzi F, Milani N, Della Vedova G (2002) (Z)-8-Heptadecene from infested cells reduces the reproduction of Varroa destructor under laboratory conditions. J Chem Ecol 28:2181–2190
54. Milani N, Della Vedova G, Nazzi F (2004) (Z)-8-Heptadecene reduces the reproduction of Varroa destructor in brood cells. Apidologie 35:265–273
55. Ziegelmann B, Lindenmayer A, Steidle J, Rosenkranz P (2012) The mating behavior of Varroa destructor is triggered by a female sex pheromone. Apidologie 44:314–323
56. Ziegelmann B, Tolasch T, Steidle JL, Rosenkranz P (2013) The mating behavior of Varroa destructor is triggered by a female sex pheromone. Part 2: Identification and dose-dependent effects of components of the Varroa sex pheromone. Apidologie 44:481–490
57. Boot WJ, Calis JN, Beetsma J (1993) Invasion of Varroa jacobsoni; into honey bee brood cells: a matter of chance or choice? J Apicult Res 32:167–174
58. de D'Aubeterre J, Myrold DD, Royce L.A, Rossignol PA (1999) A scientific note of an application of isotope ratio mass spectrometry to feeding by the mite, Varroa jacobsoni Oudemans, on the honeybee, Apis mellifera L. Apidologie 30:351–352
59. Nazzi F, Brown SP, Annoscia D et al (2012) Synergistic parasite-pathogen interactions mediated by host immunity can drive the collapse of honeybee colonies. PLoS Pathog

8(6):e1002735
60. Greatti M, Milani N, Nazzi F (1992) Reinfestation of an acaricide-treated apiary by Varroa jacobsoni Oud. Exp Appl Acarol 16:279–286
61. de Miranda JR, Genersch E (2010) Deformed wing virus. J Invertebr Pathol 103:S48–S61
62. Bowen-Walker PL, Gunn A (2001) The effect of the ectoparasitic mite, Varroa destructor on adult worker honeybee (Apis mellifera) emergence weights, water, protein, carbohydrate, and lipid levels. Ent Exp Appl 101:207–217
63. Kralj J, Fuchs S (2006) Parasitic Varroa destructor mites influence flight duration and homing ability of infested Apis mellifera foragers. Apidologie 37:577–587
64. Kralj J, Brockmann A, Fuchs S, Tautz J (2006) The parasitic mite Varroa destructor affects non-associative learning in honey bee foragers, Apis mellifera L. J Comp Physiol A 193:363–370
65. Annoscia D, Del Piccolo F, Nazzi F (2012) How does the mite Varroa destructor kill the honeybee Apis mellifera? Alteration of cuticular hydrocarbons and water loss in infested honeybees. J Insect Physiol 58:1548–1555
66. Chen YP, Siede R (2007) Honey bee viruses. Adv Virus Res 70:33–80
67. Allen MF, Ball BV (1996) The incidence and world distribution of the honey bee viruses. Bee World 77:141–162
68. Gisder S, Aumeier P, Genersch E (2009) Deformed wing virus: replication and viral load in mites (Varroa destructor). J Gen Virol 90:463–467
69. Ball BV, Allen MF (1988) The prevalence of pathogens in honey bee (Apis mellifera) colonies infested with the parasitic mite Varroa jacobsoni. Ann Appl Biol 113:237–244
70. Yang X, Cox-Foster DL (2005) Impact of an ectoparasite on the immunity and pathology of an invertebrate: evidence for host immunosuppression and viral amplification. PNAS 102:7470–7475
71. Genersch E, Ohe W von der, Kaatz H et al (2010) The German bee monitoring project: a long term study to understand periodically high winter losses of honey bee colonies. Apidologie 41:332–352
72. Calis JN, Boot WJ, Beetsma J (1999) Model evaluation of methods for Varroa jacobsoni mite control based on trapping in honey bee brood. Apidologie 30:197–207
73. Marletto F, Patetta A, Manino A (1991) Ulteriori prove di lotta alla varroasi mediante periodica asportazione di covata maschile. Apicolt Mod 82:219–224
74. Lodesani M, Costa C, Besana A et al (2014) Impact of control strategies for Varroa destructor on colony survival and health in northern and central Italian regions. J Apicult Res [in corso di stampa]
75. Dietemann V, Nazzi F, Martin SJ et al (2013) Standard methods for varroa research. J Apicult Res doi:10.3896/IBRA.1.52.1.09
76. Boncristiani H, Underwood R, Schwarz R et al (2012) Direct effect of acaricides on pathogen loads and gene expression levels in honey bees Apis mellifera. J Insect Physiol 58:613–620
77. Di Prisco G, Cavaliere V, Annoscia D et al (2013) The neonicotinoid clothianidin adversely affects insect immunity and promotes replication of a viral pathogen in honeybees. PNAS doi:10.1073/pnas.1314923110
78. Milani N (1999) The resistance of Varroa jacobsoni Oud. to acaricides. Apidologie 30:229–234
79. Spreafico M, Eördegh FR, Bernardinelli I, Colombo M (2001) First detection of strains of Varroa destructor resistant to coumaphos. Results of laboratory tests and field trials. Apidologie 32:49–55
80. Milani N (1996) Examination of the morphometry of populations of Varroa jacobsoni Oudemans resistant and susceptible to tau-fluvalinate. Redia 79:47–56
81. Milani N, Della Vedova G (2002) Decline in the proportion of mites resistant to fluvalinate in a population of Varroa destructor not treated with pyrethroids. Apidologie 33:417–422
82. Tremolada P, Bernardinelli I, Colombo M et al (2004) Coumaphos distribution in the hive ecosystem: case study for modeling applications. Ecotoxicology 13:589–601
83. Wallner K (1999) Varroacides and their residues in bee products. Apidologie 30:235–248
84. Seeley TD (2007) Honey bees of the Arnot Forest: a population of feral colonies persisting with Varroa destructor in the northeastern United States. Apidologie 38:19–29

85. Le Conte Y, De Vaublanc G, Crauser D et al (2007) Honey bee colonies that have survived Varroa destructor. Apidologie 38:566–572
86. Fries I, Bommarco R (2007) Possible host-parasite adaptations in honey bees infested by Varroa destructor mites. Apidologie 38:525–533
87. Büchler R, Berg S, Le Conte Y (2010) Breeding for resistance to Varroa destructor in Europe. Apidologie 41:393–408
88. Weinstock GM, Robinson GE, Gibbs RA et al (2006) Insights into social insects from the genome of the honeybee Apis mellifera. Nature 443:931–949
89. Lodesani M (2004) La pratica del miglioramento genetico. In: Lodesani M (ed) L'ape regina allevamento e selezione. Avenue Media, Bologna, pp 265–350
90. Hirst S (1921) On the mite associated with isle of Wight disease. Annals and magazine of natural history. Taylor and Francis 9(7):511–517
91. Rennie J, White PB, Harvey EJ (1921) Isle of Wight disease in hive bees. Transact Royal Soc Edinburgh 52:737–779
92. Giordani G (1964) Recherches au laboratoire sur Acarapis woodi (Rennie), agent de l'acariose des abeilles (Apis mellifera L.). Note 3. Bull Apic 7:43–60
93. Bailey L (1975) Recent research on honeybee viruses. Bee World 56:55–64
94. Bailey L (1985) Acarapis woodi: a modern appraisal. Bee World 66:99–104
95. Collison CH (2001) The pathological effects of the tracheal mite on its host. In: Webster TC, Delaplane KS (eds) Mites of the honeybee. Dadant and Sons, Hamilton, IL, pp 57–71
96. Komeili AB, Ambrose JT (1991) Electron-microscope studies of the tracheas and flight muscles of noninfested, Acarapis-woodi infested, and crawling honey-bees (Apis-mellifera). Am Bee J 131(4):253–257
97. Snodgrass RE (1984) Anatomy of the honey bee. Cornell University Press, Ithaca and London, p 235
98. Alexander B (1985) Life cycle of Acarapis woodi: Henderson, Carol, and Roger A. Morse. "Life cycle of tracheal mite". Gleanings in Bee Culture 113(4):216–217
99. Henderson CE, Morse RA (1990) Tracheal mites. In: Morse RA, Nowogrodski R (eds) Honey bee pests, predators, and diseases, 2nd edn. Cornell University Press, Ithaca and London, pp 219–234
100. Shimanuki H, Knox DA (1991) Diagnosis of honey bee diseases. US Department of Agriculture, Agriculture Handbook. No. AH-690, p 53
101. Giordani G, Vecchi MA, Nardi M (1982) Nozioni pratiche sulle malattie delle api. Federazione Apicoltori Italiani, Roma, pp 86–118
102. Office International des Epizooties (OIE) (2008) Manual of standards for diagnostic test and vaccines. http://www.oie.int/eng/norms/mmanual/2008
103. Fichter BL (1988) ELISA detection of Acarapis woodi. In: Needham GR, Page RE, Jr, Delfinado-Baker M, Bowman CE (eds) Africanized honey bees and bee mites. Ellis Horwood, Chichester, UK, pp 526–529
104. Grant G, Nelson D, Olsen P, Rice WA (1993) The ELISA detection of tracheal mites in whole honey bee samples. Am Bee J 133:652–655
105. Ragsdale D, Furgala B (1987) A serological approach to the detection of Acarapis woodi parasitism in honey bees using an enzyme-linked immunosorbent assay. Apidologie 18:1–10
106. Ragsdale D, Kjer KM (1989) Diagnosis of tracheal mite (Acarapis woodi Rennie) parasitism of honey bees using a monoclonal based enzyme-linked immunosorbent assay. Am Bee J 129:550–553
107. Mozes-Koch R, Gerson U (1997) Guanine visualization: a new method for diagnosing tracheal mite infestation of honey bees. Apidologie 28:3–9
108. Kojima Y, Yoshiyama M, Kimura K, Kadowaki T (2011) PCR-based detection of a tracheal mite of the honey bee Acarapis woodi. J Invert Pathol 108:135–137
109. Garrido-Bailón E, Bartolomé C, Prieto L et al (2012) The prevalence of Acarapis woodi in Spanish honey bee (Apis mellifera) colonies. Experimental Parasitology 132(2012):530–536
110. Bailey L (1958) The epidemiology of the infestation of the honeybee Apis mellifera L, by the mite Acarapis woodi (Rennie), and the mortality of infested bee. Parasitology 48:493–506

111. Bailey L, Lee DC (1959) The effect of infestation with Acarapis woodi (Rennie) on the mortality of honeybees. J Insect Pathol 1:15–24
112. Giordani G (1962) Richerche di laboratorio sur Acarapis woodi Rennie agente dell'acariosi des abeilles (Apis mellifera L). Note 1. Bull Apic Inform, pp 33–51
113. Maki DL, Wilson WT, Cox RL (1986) Infestation by Acarapis woodi and its effect on honey bee longevity in laboratory cage studies. Am Bee J 126:832
114. Gary NE, Page RE (1989) Tracheal mite (Acari: Tarsonemidae) infestation effects on foraging and survivorship of honey bees (Hymenoptera: Apidae). J Econ Entomol 82:734–739
115. Cox-Foster DL, Conlan S, Holmes EC et al (2007) A metagenomic survey of microbes in honey bee colony collapse disorder. Science 318:283–287
116. Scott-Dupree C, Otis G (1988) Parasitic mites of honey bees: to be or not to bee. Highlights Agric Res Ont 11:24–28
117. Herbert EW Jr, Shimanuki H, Matthenius JC Jr (1988) An evaluation of menthol placement in hives of honey bees for the control of Acarapis woodi. Am Bee J 128(3):185–187
118. Wilson WT, Cox RL, Moffett JO, Ellis M (1990) Improved survival of honey bee (Apis mellifera L) colonies from long-term supression of tracheal mites (Acarapis woodi Rennie) with menthol. BeeScience 1(1):48–54
119. Eischen FA, Cardoso-Tamez D, Dietz A, Ware GO (1989) Cymiazole, a systemic acaracide that controls Acarapis woodi (Rennie) infesting honey bees. II. An apiary test. Apidologie 20(1):41–51
120. Calderone NW, Wilson WT, Spivak M (1997) Plant extracts used for control of the parasitic mites Varroa jacobsoni (Acari: Varroidae) and Acarapis woodi (Acari: Tarsonemidae) in colonies of Apis mellifera (Hymenoptera: Apidae). J Econ Entomol 90(5):1080–1086
121. Melathopoulos AP, Winston ML, Whittington R et al (2000) Field evaluation of neem and canola oil for the selective control of the honey bee (Hymenoptera: Apidae) mite parasites Varroa jacobsoni (Acari: Varroidae) and Acarapis woodi (Acari: Tarsonemidae). J Econ Entomol 93(3):559–567
122. Melathopoulos AP, Winston ML, Whittington R et al (2000) Comparative laboratory toxicity of neem pesticides to honey bees (Hymenoptera: Apidae), their mite parasites Varroa jacobsoni (Acari: Varroidae) and Acarapis woodi (Acari: Tarsonemidae), and brood pathogens Paenibacillus larvae and Ascophaera apis. J Econ Entomol 93(2):199–209
123. Slabezki Y, Efrat H, Dag A et al (2000) The effect of honey bee tracheal mite infestation on colony development and honey yield of Buckfast and Italian honey bee strains in Israel. Am Bee J 231–234
124. Root AI (1990) The ABC and XYZ of bee culture. 40th edn, revised by Root ER, Root HH, Root JA. A.I. Root Company, Medina, OH
125. Bailey L, Ball BV (1991) Honey bee pathology. Academic Press Limited, London
126. Delfinado-Baker M, Baker EW (1982) Notes on honey-bee mites of the genus Acarapis Hirst (Acari: Tarsonemidae). Int J Acarology 8(4):211–226
127. Wilson WT, Rubink WL, Collins AM (1990) A larval species of erythraeid mite (Leptus sp., Acarina: Erythraeidae) ectoparasitic on adult honey bees (Apis mellifera L.) in south Texas. Bee Science 1(1):18–22
128. Southcott RV (1992) Revision of the larvae of Leptus Latreille (Acarina: Erythraeidae) of Europe and North America, with descriptions of post-larval instars. Zool J Linnean Soc 105:1–153
129. Camphor ES, Hashmi AA, Ritter W, Bowen ID (2005) Seasonal changes in mite (Tropilaelaps clareae) and honeybee (Apis mellifera) populations in Apistan treated and untreated colonies. Apiacta 40:34–44
130. Morse RA, Nowogrodski R (1990) Honey bee pests, predators, and diseases, 2nd edn. Cornell University Press, Ithaca and London
131. Ritter W (2008) Tropilaelaps infestation of honeybees (Tropilaelaps spp.). In: OIE Biological Standard Commission (ed) Manual of diagnostic tests and vaccines for terrestrial animals. World Organisation for Animal Health, Paris, pp 419–423
132. Burgett M, Akratanakul P, Morse RA (1983) Tropilaelaps clareae: a parasite of honeybees in south-east Asia. Bee World 64:25–28

133. Dainat B, Ken T, Berthoud H, Neumann P (2009) The ectoparasitic mite Tropilaelaps mercedesae (Acari, Laelapidae) as a vector of honeybee viruses. Insectes Sociaux 56:40–43
134. Sanpa S, Chantawannakul P (2009) Survey of six bee viruses using RT-PCR in Northern Thailand. J Invertebr Pathol 100:116–119
135. Pettis JS, Rose R, Lichtenberg EM et al (2013) A rapid survey technique for Tropilaelaps mite (Mesostigmata: Laelapidae) detection. J Econ Entomol 106(4):1535–1544
136. Wilde J (2000) How long can Tropilaelaps clareae survive on adult honeybee workers? In: Proceedings of the Euroconference on Molecular Mechanisms of Disease Tolerance in Honeybees (MOMEDITO), held in Kralupy near Prague, Czech Republic, 17–19 October 2000. Bee Research Institute, Dol, Czech Republic, pp 217–221
137. Atwal AS, Goyal NP (1971) Infestations of honeybee colonies with Tropilaelaps, and its control. J Apicult Res 10:137–142
138. Burgett DM, Kitprasert C (1990) Evaluation of Apistan™ as a control for Tropilaelaps clareae (Acari: Laelapidae), an Asian honey bee brood mite parasite. Am Bee J 130:51–53
139. Woyke J (1987) Length of stay of the parasitic mite Tropilaelaps clareae outside sealed honeybee brood cells as a basis for its effective control. J Apicult Res 26:104–109
140. Woyke J (1993) Practical control method of the parasitic bee mite Tropilaelaps clareae. Am Bee J 133:510–511
141. Lubinevski Y, Stern Y, Slabezki Y et al (1988) Control of Varroa jacobsoni and Tropilaelaps clareae mites using Mavrik under subtropical and tropical climates. Am Bee J 128:48–52
142. Hoppe H, Ritter W, Stephen EW (1989) The control of parasitic bee mites: Varroa jacobsoni, Acarapis woodi and Tropilaelaps clarae with formic acid. Am Bee J 129(11):739–744
143. Koeniger N, Koeniger G, Deguzman LI, Lekprayoon C (1993) Survival of Euvarroa sinhai Delfinado and Baker (Acari, Varroidae) on workers of Apis cerana Fabr., Apis florea Fabr. and Apis mellifera L. in cages. Apidologie 24(4):403–410

Insetti parassiti e predatori (lepidotteri, ditteri, coleotteri, imenotteri) 9

Antonio Felicioli

9.1 Introduzione

L'ecosistema alveare, sia selvatico che allevato razionalmente, con le sue componenti biotopiche e biocenotiche, costituisce un'importante risorsa rifugio e trofica per molti animali che non siano le api. La struttura del nido e i favi nel caso di un alveare selvatico e/o ferale o la struttura dell'arnia e dei telaini, se allevata, forniscono riparo da predatori e rifugio termico a molti animali di piccola taglia. Le api adulte e negli stadi pre-immaginali, associate ai bozzoli e al polline, costituiscono un'importante fonte proteica, il miele è un'importante fonte di zuccheri e vitamine, mentre la gelatina reale e le larve forniscono lipidi.

Tutto ciò determina l'instaurarsi, tra le api mellifiche e le altre specie animali, di intensi rapporti simbiontici che sono soggetti a variazioni di equilibrio in funzione del tempo.

Tra tutti i rapporti simbiontici possibili, in questi due capitoli vengono trattati quelli determinati da insetti parassiti, parassitoidi e predatori, ragni predatori e da vertebrati predatori che per tradizione, diffusione, intensità di danno, timore, esplosioni demografiche o semplice curiosità interessano gli apicoltori italiani.

A. Felicioli (✉)
Dipartimento di Scienze Veterinarie, Università di Pisa
e-mail: antonio.felicioli@unipi.it

A cura di E. Carpana, M. Lodesani, *Patologia e avversità dell'alveare*,
DOI: 10.1007/978-88-470-5650-3_9, © Springer-Verlag Italia 2014

9.2 Insetti parassiti

9.2.1 Lepidotteri

9.2.1.1 *Galleria mellonella* (Linnaeus, 1758)

Questo lepidottero galleriide notturno e cosmopolita (Fig. 9.1), detto anche tarma grande della cera e che prende il nome da Mellona, dea romana protettrice dell'apicoltura, riesce a entrare nel nido e a deporvi le uova. Queste sono generalmente a gruppetti di un centinaio incollate tra loro e adese in zone recondite dell'arnia. Le larve, dopo un'incubazione di circa 15 giorni, sgusciano dalle uova e cominciano a spostarsi agilmente, talvolta compiendo anche piccoli salti [1]. Attraverso 5–9 età larvali, questi insetti scavano lunghe gallerie nella cera, distruggendola e disseminandola di feci (Fig. 9.2a,b), secrezioni e odori estranei alla famiglia di api e cibandosi di miele, polline e residui organici presenti nelle cellette. Da osservazioni occasionali compiute per diversi anni presso il nostro laboratorio posso riferire che la galleria, anche in condizioni di altissima infestazione, attacca solo favi ove vi sia stata covata, tralasciando completamente i favi da melario. Questo fatto, se dovesse rivelarsi vero, induce a ipotizzare un ruolo importante dei bozzoli di ape nell'alimentazione della galleria.

L'intensità del danno varia al variare della numerosità di uova deposte, che è in funzione del tempo di vita delle femmine adulte e che, a sua volta, dipende dalla temperatura esterna. Una femmina di *Galleria mellonella* depone mediamente circa 600 uova e, in condizioni ottimali, può deporre anche fino a 1800 uova, compiendo alle nostre latitudini anche 3 generazioni l'anno [1]. Le larve, durante il loro sviluppo, possono distruggere un alveare in quindici giorni se in assenza di api o in caso di estrema debolezza della famiglia. In condizioni favorevoli, le larve della tarma possono impuparsi in una ventina di giorni. Generalmente, in pieno campo, rilevanti danni da galleria sono conseguenti a un forte indebolimento della famiglia derivante o da un'alta infestazione da varroa, da altre patologie come per esempio la nosemosi o la senotainiosi o da avvelenamenti acuti e cronici delle api dovuti a fitofarmaci di normale impiego in agricoltura. I danni economici più rilevanti dovuti all'attività trofica delle larve di galleria sono dovuti alla distruzione dei favi da nido quando immagazzinati in modo non corretto [2, 3]. Anche il legno dei telaini e delle casse può subire dei danni dovuti alla corrosione di materiale legnoso da parte dell'ultimo stadio larvale durante la tessitura del bozzolo; infatti, a seguito della rimozione dei bozzoli, sono visibili i caratteristici alvei lasciati nel legno [1]. Nel caso di una pesante infestazione solo sulla parte legnosa di un telaino da nido, sono rinvenibili più di cento bozzoli (osservazione diretta), tendenzialmente disposti tutti vicini gli uni agli altri e spesso in modo parallelo (Fig. 9.2c). Ciò sembra dovuto al comportamento di plesiotropia delle larve. Sono le larve che svernano in uno stato di diapausa facoltativa per poi dar luogo alla metamorfosi e successivo sfarfallamento la primavera seguente.

Il controllo della galleria in pieno campo si basa essenzialmente sull'applicazione delle buone pratiche di conduzione dell'allevamento come il mantenere le famiglie sane e in buona forza e il rimuovere più volte l'anno i detriti cerosi dal fondo delle casse. Ben diverso è, invece, l'approccio al contenimento della galleria per tutto il materiale apistico che viene immagazzinato prima del riutilizzo o dell'estrazione del miele. Infatti, in questo caso possono essere utilizzate tecniche fisiche, chimiche e biologiche [4]. Le tecniche fisiche si basano sull'esposizione a basse temperature e sull'irraggiamento di raggi gamma; le tecniche chimiche si basano fondamentalmente sull'applicazione di fumigazioni di CO_2 e fumigazioni con insetticidi nei magazzini contenenti i melari e il materiale apistico rimossi dai nidi (vedere Hamida). Le tecniche biologiche, invece, si basano sul trattamento degli alveari con *Bacillus thuringensis* e *Beauveria bassiana* [5].

9.2.1.2 *Achroia grisella* (Fabricius, 1794)

Anche questo è un lepidottero notturno cosmopolita, ma meno diffuso della galleria. Viene detta "tarma piccola della cera" (Fig. 9.3a) in quanto è più piccola della galleria e mediamente depone meno uova (circa 300); la testa è di colore giallo e facilmente visibile (Fig. 9.3b). I danni, anch'essi a carico delle larve, sono meno importanti e le due specie spesso convivono nello stesso alveare. Le forme adulte di galleria e di achroia sono facilmente distinguibili tra loro per le dimensioni (Fig. 9.4) e per il comportamento. Infatti, mentre l'adulto di galleria, se stimolato, tende a volare via, quello di achroia compie brevi tratti di corsa, spesso passando da una faccia del favo all'altra. Morfologicamente, le forme larvali delle due specie, specialmente se ancora piccole, sono meno distinguibili tra loro. Tendenzialmente, le larve di achroia scavano singoli tunnel che ricoprono con fili sericei e feci e dentro i quali poi si imbozzolano, facendo sì che i bozzoli risultino sparsi, mentre le larve di galleria tendono a impuparsi in modo gregario. *Achroia grisella* è in grado di vivere anche su altri substrati, come insetti morti e frutta secca, e rappresenta un problema per l'apicoltore solo occasionalmente e per il suo contenimento vale quanto detto per la galleria [1, 2, 4].

9.2.1.3 *Acherontia atropos* (Linnaeus, 1758)

Questo grande (10–15 cm) sfingide notturno comune in Europa e in Africa (altre specie del genere *Acherontia* vivono in Asia) è caratterizzato da una tipica livrea (Fig. 9.5b) che forma un disegno sul torace che ricorda l'immagine di un teschio (Fig. 9.5c). Questo insetto riesce, nonostante la presenza delle api guardiane, a entrare impunemente dentro l'alveare grazie alla sua capacità di mimetizzazione olfattiva [6]. Nonostante ciò, questo lepidottero viene spesso trovato morto e propolizzato dentro l'alveare (Fig. 9.5a). Ciò indica che non sempre la sua visita si conclude con successo [7]. I comportamenti di questo lepidottero all'interno dell'alveare non sono ben noti. Esso è capace di nutrirsi di piccole quantità di miele e di emettere con la propria faringe un sibilo ben udibile anche dall'esterno dell'arnia. Come faccia a individuare il miele e perché emetta il sibilo sono fattori ancora non chiariti.

Fig. 9.1 Adulto di *Galleria mellonella* (L.). **a** Adulto ad ali chiuse su favo vecchio; **b** adulto ad ali spiegate su favo nuovo (copyright di Antonio Felicioli)

In Italia non sono riportati particolari problemi con questo lepidottero e non sono registrati particolari danni. In altri paesi e, secondo alcuni autori, se presenti molti individui contemporaneamente, tutti insieme sono capaci di svuotare le scorte mellifere di una colonia [8]. Spesso, invece, la presenza di un solo individuo all'interno della colonia può creare allarme, agitazione e, infine, l'abbandono dell'arnia [8]. Comunque sia, è sufficiente posizionare la grata davanti all'entrata del portichetto per impedire l'entrata di questo insetto.

Fig. 9.2 *Galleria mellonella* (L.). **a** Larva di ultima età su favo vecchio, sono visibili i detriti e i fili sericei tipici di un'infestazione in stadio avanzato; **b** larva di ultima età posta ad arte su favo nuovo, dove è visibile come queste larve abbiano la capacità di sfondare le pareti delle cellette così da formare lunghe gallerie; **c** aggregazione di bozzoli formatisi all'angolo superiore di un telaino da nido oramai completamente danneggiato (copyright di Antonio Felicioli)

Fig. 9.3 *Achroia grisella* (Fabricius). **a** Adulto ad ali chiuse su favo nuovo; **b** visione laterale, dove è visibile la parte anteriore del capo di colore giallo (copyright di Antonio Felicioli)

9.2.2 Ditteri

9.2.2.1 *Braula coeca* (Nitzsch, 1818)

Si tratta di una mosca piccolissima (1,5–2 mm), attera, con occhi piccoli e semplificati rispetto a dei veri occhi composti. L'apparato boccale è atto alla suzione ma non consente di forare la cuticola delle api. Prima dell'avvento dei prodotti antivarroa, questa mosca era molto frequente dentro gli alveari ma adesso, almeno in Italia, è quasi del tutto scomparsa. In Italia, in passato, è stata accertata la presenza di almeno due sottospecie: la *B. coeca schmitzi* e la *B. coeca angulata*, quest'ultima relegata all'isola di Lipari [1]. Gli adulti vivono da commensali, aggrappati al corpo delle api adulte e muovendovisi sopra fino a raggiungere le parti boccali così da nutrirsi di nettare, polline e di altre varie

Fig. 9.4 Adulti di *Achroia grisella* (Fabricius) (*a sinistra*) e *Galleria mellonella* (L.) (*a destra*) sullo stesso favo vecchio, così da rendere evidente la differenza in dimensioni tra le due specie (copyright di Antonio Felicioli)

Fig. 9.5 *Acherontia atropos* L.. **a** Tre adulti con diverso grado di propolizzazione così come rinvenuti all'interno dell'alveare; **b** adulto poco propolizzato, dove è visibile il disegno dorsale che richiama teschio e colonna vertebrale di uno scheletro umano; **c** dettaglio del torace con il disegno che richiama l'immagine di un teschio (copyright di Antonio Felicioli)

sostanze che le api si scambiano di volta in volta mediante la trofallassi [8]. Spesso, tra le api adulte della famiglia, sono proprio le regine ad essere fortemente parassitizzate, con più braule sulla stessa regina e, pur non conoscendone il motivo, si ipotizza che ciò sia legato all'alta frequenza con cui le nutrici rigurgitano cibo proprio per nutrire la regina [8].

Le femmine di braula feconde depongono le uova sotto o sopra l'opercolo di chiusura delle cellette da miele e, una volta sgusciate fuori le larve, queste cominciano a scavare una galleria filiforme nutrendosi dei detriti che incontrano o di miele e polline. Le larve di braula si impupano, al termine della galleria, nella spoglia trasparente dell'ultima età larvale, finendo poi il ciclo in circa venticinque giorni e riuscendo, così, a compiere più generazioni l'anno [1]. Già l'operazione di disopercolatura delle celle da miele tende a tenere sotto controllo la popolazione di questa mosca che, tendenzialmente, non risulta dannosa in apicoltura se non per la possibilità di una riduzione dell'ovodeposizione da parte di regine fortemente infestate. Come detto precedentemente, l'applicazione delle strategie e dei diversi prodotti antivarroa alle colonie ha di fatto portato alla scomparsa di questo interessantissimo dittero.

9.2.3 Coleotteri

9.2.3.1 *Potosia opaca* (Fabricius, 1787)

Coleottero di colore nero opaco (Fig. 9.6a) appartenente alla famiglia dei Cetonideae. È di dimensioni notevoli (2 × 1,5 cm) ed è detta anche cetonia nera degli alveari in quanto gli adulti, diversamente da altri rappresentanti dello stesso genere che sono facilmente reperibili sui fiori e su frutta matura in quanto glicifagi non specializzati, sono invece rinvenibili con maggior frequenza dentro gli alveari, risultando prevalentemente mellivori [1].

All'interno degli alveari, la potosia si ritrova allo stadio adulto. In successive ispezioni questi insetti sono stati ritrovati con regolarità, in alcune famiglie durante il periodo estivo, in numero variabile da 1 a 4. Vidano e Onore [9] riportano infestazioni di 100–150 individui per alveare. Si trovano di preferenza sui telaini laterali del nido a consumare riserve di miele e di polline, senza che le api rechino loro alcun disturbo (Fig. 9.6b). Se toccati o stimolati in qualche modo, si lasciano cadere a terra fingendosi morti, un comportamento detto tanatosi, tipico dei coleotteri [10], per poi fuggire in volo al momento opportuno, rapidissimamente.

Il fatto che una volta dentro l'alveare le api non la attacchino, anzi, che quasi non ne percepiscano la presenza, lascia pensare a un fenomeno di mimetismo wasmanniano, la capacità cioè di produrre effetti chimici o tattili utili a farsi accettare da un insetto sociale, in questo caso dalle api. Ben diverso è il comportamento delle guardiane nel momento in cui una potosia adulta tenta di entrare nel nido. Infatti, in questo caso le api si danno un gran da fare per pungere e scacciare le potosie che, però, riescono ad avanzare impunemente grazie al loro spesso rivestimento di chitina, imperforabile dal pungiglione delle api

Fig. 9.6 *Potosia opaca* (Fabricius). **a** Due individui adulti preparati ad arte su di un foglio cereo (copyright di Antonio Felicioli); **b** adulto intento a cibarsi di miele su favo di covata; le api appaiono, nella foto, indifferenti alla presenza di questo cetonino (copyright di Matteo Giusti, per gentile concessione)

guardiane. Le larve, generalmente, compiono il loro sviluppo in tronchi di legno marcescente o in terreni ricchi di sostanza organica [9, 11]. I danni sono a carico dei soli adulti che, nella loro attività trofica, creano tipiche piazzole dovute a schiacciamento della cera, molto simili a quelle prodotte anche dai topi durante l'inverno. Le potosie attaccano sia i favi da nido che da melario [12]. Quando l'infestazione è alta, allora particolarmente dannosi risultano il disturbo arrecato alle api, che permangono in agitazione talvolta anche sciamando, il prelievo delle scorte mellifere, e il cattivo odore conferito al miele dalla sua permanenza con le feci di potosia.

La presenza di *Potosia opaca* negli alveari, quale parassita delle scorte, era ben nota in passato. Una menzione storica si può ritrovare in un manuale del 1878 di Sartori [13], dove questo coleottero è indicato col nome di *Cetonia morio*. In Italia, i casi di infestazione da potosia si sono molto rarefatti. Questa rarefazione è dovuta, da un lato, all'uso sempre più frequente delle porticine a griglia davanti all'apertura di volo, che ne impediscono fisicamente l'accesso, e da un altro a una rarefazione di ambienti idonei alla sua riproduzione. Per poter compiere il proprio ciclo di sviluppo, infatti, questo insetto ha bisogno di ambienti salubri, non disturbati, ricchi di legno e di sostanza organica. La presenza della potosia all'interno dell'alveare, pertanto, non deve essere vista con sospetto, né con allarme. I danni provocati, infatti, sono ininfluenti e, in ogni caso, un'eventuale "infestazione" può essere controllata con la semplice applicazione delle porticine a griglia di fronte all'ingresso dell'arnia. Anzi, la presenza di questo insetto è un indice della salubrità dell'ambiente in cui abbiamo posto le nostre api [12].

9.2.3.2 *Trichodes apiarius* (Linnaeus, 1758)

È un bellissimo coleottero cleride, molto simile al *Trichodes alvearius* (Fabricius, 1792) (Fig. 9.7), dal quale diverge per una piccola differenza della livrea (in *T. apiarius* l'ultima banda nera raggiunge l'estremità terminale posteriore delle elitre, mentre in *T. alvearius*, dopo l'ultima banda nera, è ancora visibile del rosso). Ambedue le specie sono frequentatori di fiori dove occasionalmente possono catturare e mangiare altri insetti tra cui anche le api foraggiatrici. Secondo Haydak [14] è solo *T. apiarius* che va in cerca degli alveari ove

Fig. 9.7 *Trichodes alvearius* (Fabricius). Femmina adulta intenta a ovodeporre in un nido pedotrofico dell'Apoideo *Osmia cornuta* (Latr.). Si noti come l'ultima macchia nera non giunga fino alla estremità caudale delle elitre, come accade invece in *Trichodes apiarius* (L.), vero parassita delle api mellifiche (copyright di Antonio Felicioli)

deporre le uova, mentre *T. alvearius* sfrutta i nidi pedotrofici di molti apoidei solitari per la deposizione delle proprie uova. È la larva, di un bel rosso violetto, che talvolta può produrre danni in famiglie di api particolarmente deboli nutrendosi di api morte o morenti e danneggiando la covata con le proprie gallerie. I trichodes, generalmente, non rappresentano comunque una minaccia per l'apicoltura razionale se ben condotta, mentre sono un terribile nemico per molti apoidei solitari.

9.2.3.3 *Aethina tumida* (Murray, 1867)

Questo relativamente piccolo coleottero nititulide, grande circa un terzo di un'ape operaia, è presente nelle regioni tropicali e subtropicali del sud Sahara da dove, successivamente, è stato introdotto in diversi paesi. È stato rilevato in Florida nel 1998, dove ha mostrato tutta la sua pericolosità e capacità di danno, in Egitto nel 2000, in Canada e in Australia nel 2002, in Portogallo nel 2004 e in Messico nel 2007 e nel 2010, rivelando così una grande capacità di resistenza al trasporto per tempi lunghi e allo svernamento nell'ambito del glomere delle api [15]. Nel 2004, il rinvenimento in Portogallo di questo temibile coleottero all'interno del candito contenuto nelle gabbiette per il trasporto delle api regine provenienti dal Texas suscitò molta apprensione, in quanto rese coscienti gli operatori del settore delle concrete possibilità di arrivo anche in Europa di questo parassita. Il caso portoghese rappresenta a tutt'oggi anche un brillante esempio di efficienza del Servizio di Patologia Apistica del Laboratorio Nazionale di Indagini Veterinarie portoghese che rinvenne e eradicò sul nascere questo potenziale nemico delle api [16]. Questo coleottero attualmente non è presente in Italia ma, comunque, esercita negli apicoltori una rilevante preoccupazione, tanto da essere preso in seria considerazione come malattia denunciabile anche nelle nuove direttive del Ministero della Salute. I danni alle api sono a carico sia delle forme adulte che delle forme pre-imaginali. Infatti, a parte l'impupamento, che avviene nel terreno antistante le arnie, tutto il resto del ciclo biologico avviene all'interno dell'alveare, arrivando a compiere anche cinque generazioni l'anno. Gli adulti risultano essere molto attratti dall'odore proveniente dall'alveare nel suo insieme (possono individuare un alveare anche da più di 10 Km di distanza), ma non dall'odore solo di api adulte o dall'odore solo dei prodotti dell'alveare [17]. Gli adulti, una volta entrati, si cibano essenzialmente delle uova deposte dall'ape regina, di covata, di miele e polline. Le larve si cibano di polline e miele danneggiando i favi a causa dello scavo di gallerie e defecando nelle scorte di miele. Inoltre, a causa dell'infestazione da aethina, il miele contaminato tende a fermentare in loco fuoriuscendo dalle cellette e andando, così, a lordare l'alveare. Danni consistenti possono essere portati anche nei confronti dei telaini da nido immagazzinati ed è possibile che i danni da *Galleria mellonella* e da *Aethina tumida* si sommino, in quanto le popolazioni di questi lepidotteri e coleotteri possono convivere nello stesso alveare. I motivi per cui nei paesi africani di origine questo coleottero tenda ad attaccare solo le famiglie deboli e non causi gravi danni, mentre in Florida si sia rivelata un'importante avversità, non sono attualmente conosciuti, anche se si ipotizza che l'esistenza di differenze quantitative di alcuni comportamenti difensivi (fuga, aggressione, rimozione delle uova del parassita e incapsulamento con propoli di aethine adulte vive) tra le sottospecie di api africane e quelle europee possa giocare un ruolo determinante [15, 17].

Gran parte delle preoccupazioni inerenti le potenziali infestazioni di questo nititulide in Europa nascono dal fatto che le conoscenze biologiche su questo parassita sono ancora insufficienti per la messa a punto di strategie di controllo efficaci e univoche. Attualmente, strisce imbevute di coumaphos poste dentro l'alveare hanno dato buoni risultati contro l'aethina [17].

9.2.3.4 Meloidi

Almeno una decina di specie di questi coleotteri sono noti per parassitizzare in diversa misura le api mellifiche. Di queste, alcune parassitizzano solo le api adulte, portandole a morte tramite i loro primi stadi larvali, detti triungulini; altre, invece, sempre nel loro stadio larvale, parassitizzano le api adulte, mangiano le uova deposte dall'ape regina, mangiano la covata, il miele e il polline. I triungulini, una volta sgusciati dalle uova deposte nel terreno, in virtù della loro alta mobilità raggiungono la sommità dei fiori e attendono un'eventuale foraggiatrice sulla quale salire sopra [4]. Una volta sull'ape, il triungulino riesce a perforare il tegumento dell'ospite e a nutrirsi dell'emolinfa. Alcune specie si limitano a questa azione, portando però a morte l'ospite per poi salire su un altro individuo e ripetere l'azione. Altre specie, invece, oltre che dell'emolinfa dell'ospite approfittano anche del passaggio (foresi) fino all'alveare, dove avranno la possibilità di attaccare le uova, le giovani larve di ape, il miele e il polline. Spesso il triungulino, una volta cibatosi delle uova, riesce anche a farsi nutrire dalle api nutrici. È stato stimato che la percentuale di api parassitizzate allo stadio di foraggiatrice può variare da 2 a 15%, raggiungendo anche il 28%, come riportato da Al-Chzawi e colleghi nel 2009 in Giordania [18]. Possono essere attaccati anche i fuchi e le api regine. In Italia non sono stati riportati casi di infestazione da coleotteri meloidi e, comunque, non tutti sono d'accordo sul fatto che questi coleotteri rappresentino un problema serio per l'apicoltura. In quest'ottica, per il controllo di questo parassita sembrerebbe sufficiente l'applicazione delle buone pratiche apistiche.

9.2.3.5 *Carpophilus lugubris* (Murray, 1864)

In questa breve rassegna inerente i coleotteri parassiti delle api mellifiche, ritengo interessante accennare anche a una recentissima (aprile-maggio 2012) segnalazione di un coleottero nititulide dannoso per il granturco, nuovo per l'Europa e trovato dentro alcuni alveari del nord Italia. Questo nititulide è il *Carpophilus lugubris*, e per la prima volta è stato trovato associato alle api [19]. Questa specie, probabilmente, è un commensale occasionale delle api e potrebbe utilizzare l'ambiente alveare per svernare. L'alta probabilità di una sua diffusione anche al sud Europa e la sua capacità di danneggiare varie produzioni di interesse agricolo (granturco, mele, pesche, pomodori e altri ortaggi) impone una certa attenzione nel suo monitoraggio mediante trappole per insetti feromoni su tutto il territorio nazionale.

9.3 Insetti

9.3.1 Ditteri

9.3.1.1 *Senotainia tricuspis* (Meigen, 1838)

L'adulto di *Senotainia tricuspis* (Meigen) ha dimensioni che vanno dai 5 agli 8 mm di lunghezza. L'insetto è caratterizzato da una striscia mediana facciale di colore bianco-grigiastro interposta tra i grandi occhi composti [20]. Alle nostre latitudini, è possibile vedere queste mosche in azione sui tetti delle arnie da maggio a ottobre nelle giornate assolate (Fig. 9.8). La Senotainia predilige le ore di pieno sole per i suoi attacchi verso le api [21–24]. Il comportamento di attacco da parte della mosca può essere legato alla maggiore o minore attività di volo in uscita e in entrata dell'ape durante la giornata. Nell'ambito della parassitizzazione, la sequenza di attacco è caratterizzata da quattro moduli comportamentali definiti "aggressione", "*beecatcher*", "inseguimento" e "parassitizzazione". L'aggressione è l'atto di volare verso un'ape in volo da una posizione di agguato, il *beecatcher* consiste nell'atto di volare verso un'ape in volo da una posizione di agguato e l'immediato ritorno nella stessa posizione di agguato. Il termine per questa categoria di comportamento deriva dal nome (*flycatcher* = pigliamosche) di un piccolo uccello migratore (*Muscicapa striata*), che presenta lo stesso peculiare atteggiamento nei suoi comportamenti di caccia verso le sue prede (insetti fra i quali, come suggerisce il nome, spesso le mosche). L'inseguimento è l'atto di inseguire un'ape in volo da parte della mosca, la parassitizzazione consiste nell'atto di inseguire un'ape in volo seguito dal contatto con questa (Fig. 9.9).

Il contatto in volo tra mosca e ape ha la durata di 1/6 di secondo, che è molto vicino al limite umano nella percezione degli oggetti in movimento; per questo, è veramente difficile se non impossibile osservare questo comportamento senza l'aiuto di una telecamera e la successiva osservazione per avanzamento a singoli fotogrammi. Le femmine adulte (facilmente reperibili sui tetti delle arnie in zone infestate) dissezionate presentano un utero bilobato contenente un numero elevato di larvette di prima età (anche oltre 600) [20] (Fig. 9.10). Le larve della senotainia sono apode e si sviluppano con due mute successive: larva di 1ª età (L1), larva di 2ª età (L2) e larva di 3ª età (L3). Nell'Italia centrale, questa mosca inizia il suo ciclo biologico con la comparsa dei primi adulti in maggio-giugno e può protrarsi fino a metà novembre. I primi individui adulti sfarfallano dai pupari formatisi a fine dell'estate-inizio autunno dell'anno precedente. Le femmine neosfarfallate, a seguito dell'accoppiamento e oramai gravide, con all'interno dell'utero 500–600 larve di prima età, si portano sui tetti degli alveari e iniziano la loro sequenza di attacchi volti a deporre singole larve sulle foraggiatrici in volo. La larva di prima età appena deposta penetra rapidamente attraverso la membrana del collo dell'ape, autonomamente e con moto proprio, e si insedia all'interno del torace, dove si nutre apparentemente solo di emolinfa. È dentro il torace dell'ape che avviene l'intero sviluppo larvale della mosca [22, 25]. In questa fase, l'ape inizia a manifestare i primi sintomi, quali la mancata chiusura delle ali a riposo e difficoltà nel volo. L'ospite risente dell'azione traumatica del parassitoide e, dopo una grave debilitazione, giunge a morte. È a questo punto che la larva parassitoide muta alla 3ª età ed esce all'esterno forando la membrana fra capo e torace dell'ape (Fig. 9.11). L'ultimo stadio larvale completa il suo sviluppo nutrendosi dei tessuti della sua vittima (attività saprofagica). Quando la larva di 3ª età è giunta a maturità, si infossa superficialmente nel terreno (nei primi 10 cm) o sistemata sotto pietre o tronchi o altri oggetti vicini poggiati al suolo, per mutare in pupa (Fig. 9.12).

Dai pupari formatisi tra giugno e fine luglio, dopo appena 15–20 giorni si liberano per buona parte mosche adulte di nuova generazione che porterà, nell'apiario infestato, a un incremento notevole delle femmine fecondate in coincidenza della piena estate (ultima decade di luglio sino a fine agosto). Si vengono così a sovrapporre due generazioni. La prima costituita dagli adulti precocemente sfarfallati a fine maggio e mese di giugno e provenienti dai pupari interrati l'ottobre precedente. La seconda, più tardiva, che proviene dai pupari interrati in giugno-luglio dell'anno in corso. Pertanto, in Italia centrale, così come per altre regioni dell'Europa meridionale, *Senotainia tricuspis* compie una generazione completa e parte di una seconda (Fig. 9.13).

Dai pupari formatisi tra la fine di agosto e i mesi successivi (sino a ottobre se le temperature si mantengono miti con scarse piogge), sfarfallano nuove mosche nell'anno successivo, garantendo alla specie il superamento del periodo critico invernale. Le femmine di senotainia scompaiono con i primi sensibili abbassamenti della temperatura durante la notte [20]. La senotainiosi risulta essere una malattia parassitaria estremamente grave per l'ape mellifica e può causare gravi perdite nell'ambito degli apiari, con conseguenti cospicui danni economici per le produzioni apistiche. Una percentuale di infestazione da *Senotainia tricuspis* al di sopra del 70% in apiario può risultare letale per molte famiglie. Infestazioni inferiori, pur non risultando letali, possono essere fortemente debilitanti se associate ad altre malattie. La senotainiosi, quindi, rappresenta effettivamente una malattia parassitaria debilitante la famiglia in un momento dell'anno estremamente delicato, in quanto l'incidenza massima risulta essere in un periodo con il più alto tasso di infestazione da varroa, oramai sempre presente. Si ricorda, inoltre, che durante la fine di agosto vengono effettuati proprio i trattamenti antivarroa, poiché sono stati rimossi i melari, e che anch'essi rappresentano una grave perturbazione per la colonia che si aggiunge alle precedenti. Inoltre, tra la fine di agosto e la prima metà di settem-

Fig. 9.8 *Senotainia tricuspis* (Meigen). Femmina adulta in agguato sul tetto di un alveare [29] (copyright di Antonio Felicioli)

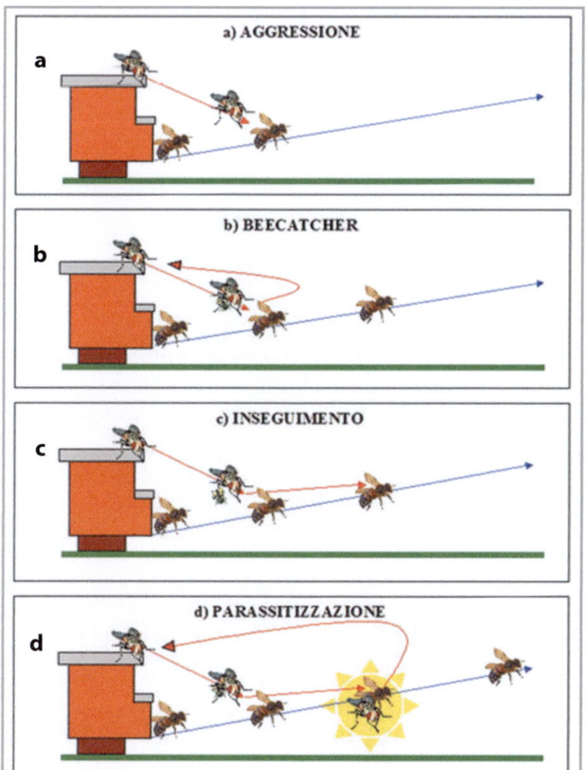

Fig. 9.9 Disegni schematici raffiguranti le quattro categorie comportamentali che sono state osservate e descritte.
a Aggressione; **b** *beecatcher*; **c** inseguimento; **d** parassitizzazione (copyright di Antonio Felicioli e Gianluca Bedini)

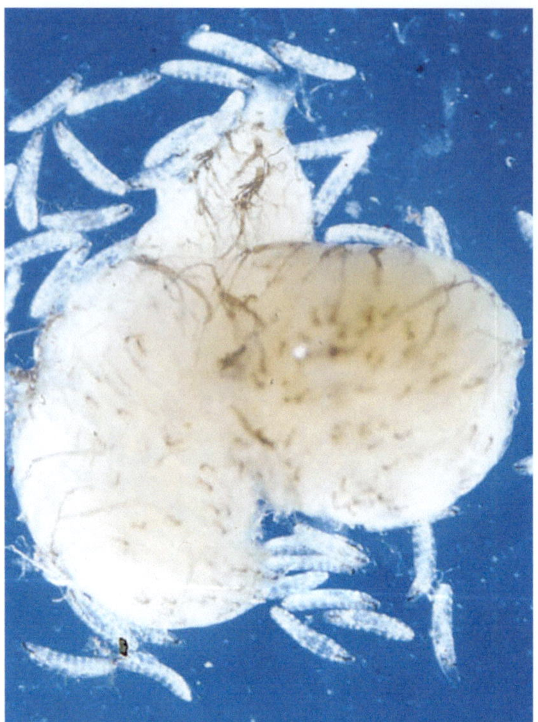

Fig. 9.10 *Senotainia tricuspis* (Meigen). Utero bilobato schiacciato ad arte per rendere visibili le larve di prima età (copyright di Antonio Felicioli e Gianluca Bedini)

Fig. 9.11 *Senotainia tricuspis* (Meigen). Larva di terza età che fuoriesce tra capo e torace dell'ape operaia già morta (copyright di Antonio Felicioli e Gianluca Bedini)

Fig. 9.12 *Senotainia tricuspis* (Meigen). **a** Larve mature e pupari; **b** porzione di terrario allestito ad arte per rendere visibili i due pupari infossati nel terreno sottostante un'ape operaia morta a seguito della fuoriuscita da questa e attività di scavo delle due larve di terza età [28] (copyright di Antonio Felicioli e Gianluca Bedini)

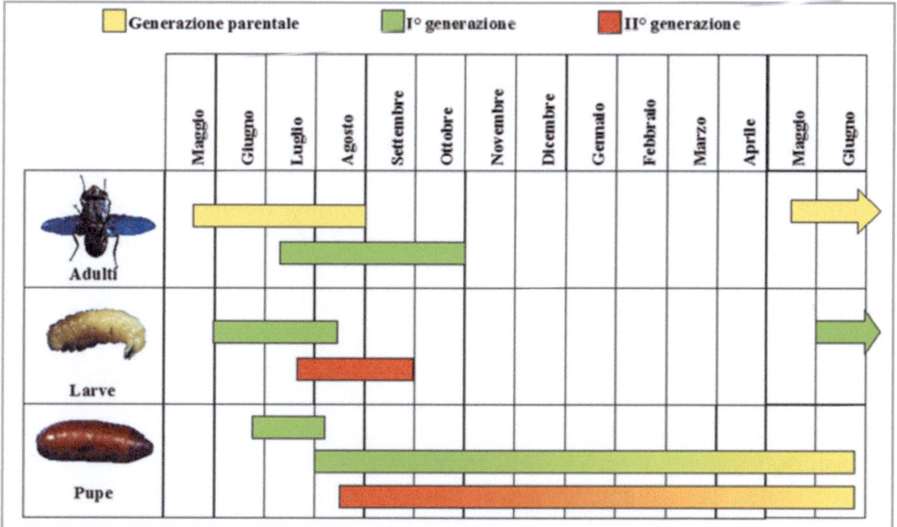

Fig. 9.13 Ciclo biologico di *Senotainia tricuspis* (Meigen): in questo schema è raffigurata con colori diversi la presenza nell'ambiente del dittero parassitoide. In giallo è rappresentata la presenza di esemplari adulti appartenenti alla generazione parentale di parenza. In verde è rappresentata la distribuzione temporale della presenza degli individui appartenenti alla prima generazione nei tre stadi di sviluppo. In rosso sono rappresentate le larve della seconda generazione. Le barrette con i colori degradanti dal verde al giallo e dal rosso al giallo rappresentano, rispettivamente, i pupari della prima e della seconda generazione che passano l'inverno infossati nel terreno per sfarfallare nuovamente a cominciare dalla metà del maggio successivo (copyright di Gianluca Bedini, per gentile concessione)

Fig. 9.14 Posizionamento di una trappola cromotropica sul tetto dell'alveare; in questo caso, la trappola consiste in un pannello rettangolare cosparso di colla entomologica e fissato al tetto mediante strisce di velcro (copyright di Gianluca Bedini per gentile concessione)

bre si riscontrano consistenti escursioni termiche tra il giorno e la notte e, come è noto, proprio in questo periodo la famiglia inizia a organizzarsi numericamente per affrontare l'inverno (formazione del glomere).

La senotainiosi è, comunque, una malattia facilmente contenibile mediante l'utilizzo di semplici trappole cromotropiche vischiose di colore bianco da collocare sui tetti e sui portichetti delle arnie (Fig. 9.14). Rimane, quindi, fondamentale una sua corretta diagnosi in tempi utili. Infatti, la sua mancata diagnosi o la diagnosi tardiva rendono vano qualsiasi tentativo di lotta, con conseguenze nefaste per l'intero apiario. La presenza di senotainiosi in quasi tutte le regioni italiane, pur con intensità di infestazioni differenti, rende auspicabile la messa a punto di un'opportuna sorveglianza da parte dei servizi di Polizia Veterinaria di questa malattia parassitaria, ancora oggi considerata di tipo minoritario.

I dati sulla percentuale di parassitizzazione di *Senotainia tricuspis* negli apiari indagati ha confermato la presenza del dittero così come riportato da alcuni autori a partire dal 1993 [20, 25–27]. Percentuali di infestazione superiori al 70% in molti apiari si sono riscontrate in molte aree dell'Italia come nel Ravennate nel 1996, nel Pisano nel 1996, 2005, 2008 e 2012, nella zona di Crotone, dove si registrò anche una notevole perdita di famiglie, nel 2006 e 2007 [28]. Nel 2012, in provincia di Pisa si sono riscontrate percentuali di infestazione variabili tra il 5 e il 56% (osservazioni personali). Dai dati inerenti il numero delle larve mature presenti negli uteri delle mosche dissezionate, dalle percentuali di infestazione degli apiari e dall'osservazione del comportamento delle mosche, si evince che la specie abbia un alto potenziale biotico; e, in relazione con quanto noto in letteratura sulla biologia dell'ape, si può calcolare con buona approssimazione che 15 femmine di *Senotainia tricuspis* siano sufficienti per portare a morte una famiglia di api di medie dimensioni [29].

La presenza di larve endoparassite nelle api può essere verificata mediante prelievo di un campione di api sul predellino di volo, catturandole con un barattolino per la raccolta di insetti vivi con il tappo forato o provvisto di retina per favorire il passaggio di aria. Le api così catturate vengono lasciate all'interno del barattolino fino a morte. In caso di infestazione da *Senotainia tricuspis*, la diagnosi può essere fatta dopo circa 1–3 giorni (in virtù della stagione o della temperatura ambientale) verificando frequentemente la fuoriuscita di larve di 3ª età osservate direttamente a occhio nudo. Si consiglia di effettuare controlli almeno ogni ora, in modo da evitare di incorrere in possibili comportamenti di cannibalismo tra larve che potrebbero portare a una sottostima dei risultati. Un secondo metodo prevede l'utilizzo di uno stereomicroscopio per verificare direttamente la presenza della larva di senotainia all'interno del torace.

Per il contenimento della senotainiosi si ricorre all'utilizzo di trappole cromotropiche vischiose, che mostrano un'ottima efficacia nella lotta agli adulti di senotainia in un contesto tanto delicato quanto quello di un apiario. La trappola cromotropica vischiosa è realizzata con un foglio di plastica bianca di forma quadrata o rettangolare, ma anche con un semplice piatto di plastica bianco per uso alimentare del tipo usa e getta cosparso di colla entomologica. Le trappole così realizzate sono fissate in posizione orizzontale sul tetto delle arnie vicino al suo margine anteriore o su supporti posti ai lati dell'arnia da proteggere. L'utilizzo delle trappole cromotropiche vischiose si è dimostrato molto efficace e selettivo nell'attrarre gli adulti di *Senotainia tricuspis* risparmiando, però, le api. Nel caso dell'apicoltura nomade, l'amplificazione dell'infestazione può essere limitata cambiando frequentemente areale di ubicazione degli alveari quando questi sono portati ai pascoli presso le fioriture disponibili [28]. Nell'apicoltura stanziale, l'uso dei teli di nylon da serra stesi immediatamente davanti agli alveari permette di rendere accessibili larve ed eventuali pupari alla predazione da parte di uccelli insettivori come i merli, o rettili come le lucertole, o insetti come i carabidi, le cincidele e le formiche.

9.3.1.2 *Apocephalus borealis* (Brues, 1924)

Questo dittero foride parassitoide è noto per parassitizzare i bombi e le vespe [30] ma, in un lavoro pubblicato nel 2012, Core e colleghi [31] riportano come questa piccola mosca parassitizzi anche le api mellifiche adulte uccidendole. Ciò può rappresentare un nuovo serio problema per l'apicoltura del nord America. Attualmente non sono stati riportati altri casi in altre parti del mondo, compresa l'Italia. Le api adulte parassitizzate dall'*Apocephalus* abbandonano l'alveare anche di notte, morendo all'esterno e lasciando sguarnito il proprio nido indebolendo, così, la propria famiglia. Dalle operaie oramai morte possono fuoriuscire anche più di dieci larve di mosca per ape, andando a impuparsi nel terreno poco lontano dal cadavere. Non solo, ma gli stessi autori hanno dimostrato, mediante esperimenti con microarray su larve e adulti di mosca sfarfallati da api parassitizzate e provenienti da famiglie infette da DWV e *Nosema ceranae*, che anch'esse risultavano positive agli stessi patogeni, ipotizzando che questi ditteri possano svolgere anche una funzione di vettore. Le femmine adulte di *Apocephalus*, una volta individuata l'ape, la aggrediscono posandosi sull'addome e inserendovi il proprio ovopositore. Dalle api parassitizzate, una volta morte e dopo circa sette giorni, fuoriescono dalle membrane poste tra il capo e il torace dell'ape le larve mature del foride (da una a tredici per ape infestata). Dopo 28 giorni, dalle pupe sfarfallano le immagini. La percentuale di infestazione è risultata essere in media del 25% con picchi del 38%.

9.4 Insetti predatori

9.4.1 Ditteri

9.4.1.1 Asilidi

In Italia non vi sono studi specifici inerenti l'intensità di predazione e soglia di danno causato da questi ditteri predatori e, generalmente, gli asilidi non rientrano tra le avversità da tenere d'occhio per l'apicoltura italiana. Tuttavia, alcuni generi di asilidi sono conosciuti da lungo tempo come predatori anche di api mellifere e alcune specie, in determinati luoghi e particolari condizioni favorevoli, possono dar luogo a delle vere e proprie esplosioni demografiche, diventando così una vera e propria avversità delle api e per l'apicoltura. Questo è il caso di *Mallophora ruficauda*, asilide predatore di api mellifiche in Argentina già oggetto di interesse fin dai primi anni del novecento, ma che a metà degli anni novanta ha suscitato grande preoccupazione per l'impatto sull'apicoltura locale di alcune aree. Infatti, mediante uno studio condotto su aziende apistiche professionali è stata stimata per gli anni 1995–1996 una perdita di produzione talvolta maggiore del 25% [32]. La perdita di produzione è dovuta principalmente alla pressione predatoria degli asilidi sulle operaie e sulle regine ma, soprattutto, è dovuta alla forte inibizione al volo delle foraggiatrici che tendono a non andare a bottinare. Questa inibizione al volo è dovuta proprio all'individuazione delle mosche predatrici da parte delle operaie [32]. Alcune specie di asilidi del genere *Proctacanthus* sono state descritte come importanti predatrici di api mellifiche, mentre altre specie dello stesso genere risultano non associate alle api mellifiche come preda [33], lasciando ipotizzare agli autori che questo genere di asilidi sia composto da specie specializzate e altre più generaliste. Anche asilidi dei generi *Promachus* in nord America e *Deromya* hanno tra le loro prede api mellifiche, così come anche altri apoidei [34]. Il controllo di questi ditteri, oltre ad essere difficile a causa dell'alta dispersione delle uova, della diffusione e inaccessibilità dei luoghi frequentati dalle larve e dall'alta mobilità degli adulti, è anche poco opportuna per il fatto che gli asilidi sono predatori anche di molti altri insetti considerati dannosi in agricoltura.

9.4.2 Imenotteri

9.4.2.1 *Vespa crabro* (Linnaeus, 1761), *Vespa orientalis* (Linnaeus, 1771) e *Vespa velutina* (Lepeletier, 1836)

In Europa queste tre specie di vespa sono ben note, nella stagione estiva e autunnale, per la loro intensa attività predatoria nei confronti delle api mellifiche. In Italia, gli apicoltori hanno da sempre avuto a che fare con *V. crabro* e, in Italia meridionale, anche con *V. orientalis* ma è solo recentemente (novembre 2012) che in Liguria è stata segnalata la presenza di *V. velutina*, fino al 2011 specie assente in Italia [35]. Questo fatto suscita particolare preoccupazione nel mondo apistico italiano, anche alla luce dell'esperienza francese (paese dal quale probabilmente è arrivata la *V. velutina* dopo esservi stata introdotta accidentalmente a metà degli anni 2000), dove questa specie è stata responsabile di gravi danni all'apicoltura. Infatti, questa vespa di origine asiatica è stata introdotta accidentalmente in Francia nel 2006, da dove si è diffusa a tutto il paese con una velocità di espansione valutata in 100 Km l'anno. Questa vespa, oramai diffusa fino al Belgio e segnalata anche nel Regno Unito e in Spagna [35], si differenzia da *V. crabro* (grande e dal colore ruggine e giallo intenso) per le dimensioni ridotte e per la colorazione scura del torace e di parte dell'addome, facendola "apparire" come nera e con le zampe gialle. Si distingue dalla *V. orientalis* per la colorazione che, in quest'ultima, è uniformemente marrone-rossiccio con un'evidente striscia gastrale gialla. Queste tre specie attaccano le api adulte in volo durante il foraggiamento o rimanendo in volo librato in fronte agli alveari, in attesa di un momento opportuno in cui arriva o parte un'ape, così da catturarla (*V. crabro* risulta essere attratta dall'alta frequenza di volo in fronte all'alveare) [36]. Nel caso l'alveare sia in parte sguarnito di api o costituito da una famiglia indebolita (per esempio dalla senotainia o da altre patologie), allora possono anche invadere l'alveare depredandolo del miele, del polline e delle larve e talvolta consumando direttamente la preda e spesso, previo opportuno trattamento della preda (la vespa rimuove la testa e l'addome dell'ape trattenendo il torace ricco di muscoli alari), portandola al nido così da nutrire le proprie larve con sostanza proteica. In particolare, *V. crabro* non sembra condurre i propri attacchi in coordinazione con altri individui dello stesso nido, bensì conduce gli attacchi individualmente. Inoltre, nell'ambito di un apiario alcune famiglie di api sono più attaccate dai calabroni di altre. La motivazione di tale comportamento non è nota e ulteriori indagini sono necessarie per stabilire se i calabroni siano in grado di individuare famiglie più deboli di altre.

Le strategie difensive delle api nei confronti dei calabroni consistono fondamentalmente nella formazione di tappeti di api tutte a stretto contatto tra loro e spesso, con l'esecuzione di movimenti coordinati (*Apis mellifera* vs *V. crabro*), nella formazione di aggregazioni molto dense di api sul predellino di volo (*Apis mellifera* vs *V. orientalis*), nella formazione di palle termiche (*Apis mellifera* vs *V. crabro* e *V. orientalis*), nella formazione di palle asfissianti (*Apis mellifera cypria* vs *V. orientalis*) e nella riduzione dell'attività di foraggiamento (*Apis mellifera siciliana* vs *V. orientalis*) [36–39]. Le api mellifere europee sono venute in contatto con la *V. velutina* solo recentemente e, apparentemente, non hanno ancora sviluppato strategie di difesa ottimali; pertanto, una singola vespa riesce a catturare e uccidere migliaia di api nel corso della propria vita.

Nei luoghi di origine di questa vespa, un'altra specie di ape, *Apis cerana*, riesce a difendersi adeguatamente anch'essa per mezzo della palla termica. La palla termica si forma a seguito di un riuscito tentativo di un'ape guardiana di fare cadere a terra un calabrone o dal volo librato o perché avvicinatosi troppo all'aggregazione di api poste a difesa sul predellino. In questi casi, in modo coordinato, un numero variabile da dieci a un centinaio di api si riversano in modo subitaneo addosso al calabrone, portando la temperatura intorno ai 44 °C, che risulta essere una temperatura letale per la vespa e non per le api. La palla asfissiante, descritta nel 2007 da Papachristoforou e colleghi [38], prende forma nello stesso modo descritto per la palla termica ma, invece di sfruttare la soglia termica letale per il calabrone, le api impediscono il rilassamento dell'addome della vespa durante la normale ventilazione, impedendo così la fuoriuscita dai sacchi aerei dell'anidride carbonica formatisi a seguito della respirazione cellulare e l'entrata di nuovi volumi di aria attraverso gli spiracoli. Ciò è possibile perché nei calabroni gli spiracoli, durante l'espirazione, sono coperti dai tergiti, mentre sono scoperti durante l'inspirazione.

In Asia orientale temperata e tropicale vive il calabrone più grande del mondo, detto anche calabrone gigante asiatico, calabrone giapponese e/o calabrone yak-killer. Questa vespa è la *Vespa mandarinia* Smith. A differenza delle vespe *crabro*, *orientalis* e *velutina*, la *V. mandarinia* può condurre gli attacchi contro le api in modo coordinato con altri individui del proprio nido, arrivando anche a invadere con molti individui un alveare, distruggendolo in poche ore [40].

9.4.2.2 *Philanthus triangulum* (Fabricius, 1775)

Il *Philanthus* è un imenottero crabronide che nidifica in forma solitaria e talvolta in forma aggregata nel terreno, in luoghi assolati e asciutti, costruendovi dei nidi pedotrofici che rifornisce di cibo e nei pressi dei quali depone un uovo. I nidi sono costituiti da gallerie scavate nel terreno per una decina di centimetri e connesse a camere multiple, ciascuna rifornita con un'ape adulta. In un mese e mezzo di attività di volo, che avviene nel periodo estivo, una singola femmina può catturare un centinaio di api. In Italia questo insetto è ubiquitario e nell'isola di Lampedusa vi si trova anche la sottospecie *Philanthus triangulum abdelcader* [41]. Il *Philanthus* cattura le api durante la loro visita ai fiori. In Italia non sono stati riportati particolari danni dovuti a questo predatore ma in passato, negli anni Trenta, in Germania e Olanda furono riportati gravi danni all'apicoltura dovuti all'alta concentrazione di *Philantus* nidificanti [10, 42].

9.5 Ragni predatori

9.5.1 *Argiope bruennichi* (Scopoli, 1772)

Questi ragni, detti anche ragni vespa, sono capaci con le loro ragnatele di cacciare anche le api mellifiche che, spesso, durante i loro voli di foraggiamento incappano nella trappola aerea (Fig. 9.15). In Italia non è difficile trovare, nel periodo estivo, una femmina di *Argiope bruennichi* con la sua ragnatela intenta a mangiarsi un'ape. Una volta catturata l'ape, questo ragno l'avvolge con la seta emessa dalle filiere e, contemporaneamente, la morde più volte. Nel giro di qualche ora, la vittima viene portata al centro della tela per cibarsene. Talvolta, il ragno si ciba direttamente della preda appena catturata, svuotandola completamente dopo avere penetrato la chitina della cuticola dell'ape con i potenti cheliceri a forma di zanne (Fig. 9.16). Quando disturbato, questo ragno lascia immediatamente il centro della tela, posizionandosi in periferia e facendo oscillare violentemente la tela per una decina di secondi. La ragnatela spesso è dotata di una caratteristica linea di seta ispessita fatta a zig-zag posta in verticale sopra e sotto il centro. Questa linea è detta *stabilimentum* e la sua funzione non è conosciuta. In Italia non sono riportati, per questa specie, danni arrecati all'apicoltura ma, secondo alcuni autori, altre specie come l'*Argiope aurantia*, l'*Argiope trifasciata* e altre ancora in America sono responsabili di gravi danni, prelevando fino anche a sette milioni di foraggiatrici in dieci anni [43].

Fig. 9.15 *Argiope bruennichi* scopoli. Femmina adulta sulla propria ragnatela, con la quale ha catturato un'ape foraggiatrice di polline (copyright di Antonio Felicioli)

Fig. 9.16 *Argiope bruennichi* scopoli. Femmina adulta intenta a nutrirsi dell'ape foraggiatrice appena catturata. Sono visibili i cheliceri a forma di zanna inflitti nel torace dell'ape per mezzo dei quali la svuoterà (copyright di Antonio Felicioli)

9.5.2 *Thomisus onustus* (Walckenaer, 1805)

Questo ragno, detto ragno granchio per la somiglianza e la postura che richiamano alla memoria il crostaceo, è molto comune in Italia e anch'esso può cibarsi di api foraggiatrici. È un ragno che non tesse tela ma tende agguati sui fiori agli insetti che vanno in cerca di nettare e polline. Può catturare prede molto più grandi di lui tenendole ferme con le potenti primo paio di zampe e, nel caso delle api, mordendole tra capo e torace avvelenandole (Fig. 9.17). Anche in questo caso, questi ragni non rappresentano una vera minaccia per l'apicoltura, anche se in Russia sono considerati i ragni più pericolosi per le api [44].

9.6 Altri insetti nemici delle api

Qui di seguito un elenco di insetti nemici delle api trattati nell'opera di Morse [4], che non rappresentano un problema in Italia ma che sono riportati essere talvolta implicati in danni più o meno consistenti all'apicoltura di altri paesi e che, per brevità di questo elaborato, non sono qui trattati. Tra questi vi sono i seguenti lepidotteri: *Aphomia sociella* L., *Plodia interpunctella* (Hubner), *Anagosta kuheniella* (Zeller); i seguenti ditteri foridi parassiti dei generi *Melalonchae sp. Pseudohypocera sp.* (Braun 1957 e Pikel 1928 in morse); i seguenti ditteri parassitoidi: *Physocephala texana* (Williston), *Rondaniooestrus apivorus* Villeneuve; i seguenti imenotteri: *Iridomyrmex humilis* Mayr,

Fig. 9.17 *Thomisus onustus* Walckenaer. Adulto mimetizzato con lo stesso colore del fiore, *Pancratium maritimum*, che ha appena catturato un'ape foraggiatrice (copyright di Luciano Filippi, per gentile concessione)

Formica integra Nylander, *Formica rufa* L., *Vespula germanica* L., *Vespula vulgaris* L., *Mutilla europea* L.; i seguenti ortotteri: *Mantis religiosa* L.; i seguenti isotteri: le termiti; i seguenti coleotteri: *Calosoma sycophanta* (L.), *Dermestes lardarius* (L.), *Ptinus fur* (L.).

Bibliografia

1. Tremblay E (1993) Entomologia applicata. Volume secondo parte seconda, Liguori editore, Napoli
2. Patetta A, Manino A (1989) Tarme della cera. Apic Mod 80:265–275
3. Frediani D (1991) Le malattie delle api. Federazione Apicoltori italiani
4. Morse RA (eds (1978) Honeybee pests, predators and diseases. Cornell University Press
5. El-Sinary NH, Rizk SA (2007) Entomopathogenic fungus, Beauveria bassiana (Balls.) and gamma irradiation efficiency against the greater wax moth Galleria melonella (L.). Am-Euras J Sci Res 2(1):13–18
6. Moritz RF, Kirchner WH, Crewe RM (1999) Chemical camouflage of the death's head howkmoth (Acherontia atropos L.) in honeybee colonies. Naturwissenschaften, pp 179–182
7. Brugger A (1946) The deathhead moth. Gleanings in bee culture 74:602–603
8. Ben Hamida T (1989) Enemies of bees. In: Colin ME, Ball, Kilam M (eds) Bee disease di-

agnosis. CIHEAM, Zaragoza, pp 147–16
9. Vidano C, Onore G (1971) La mediterranea Potosia opaca (Fabricius) (Coleoptera: Scarabaeidae) cetonino dannoso agli alveari. Apic Mod 8–9:169–182
10. Grandi G (1951) Introduzione allo studio dell'entomologia. Edizioni Agricole, Bologna
11. Micò E, Galante E(2003) Larval morphology and biology of four Netocia and Potosia species (Coleoptera, Scarabaeoidea, Cetonidae, Cetoninae). Eur J Entom 100:131–142
12. Giusti M, Felicioli A (2010) La Potosia opaca torna negli alveari italiani. Apimondia 3–4:14–17
13. Sartori L, De Rauschenfels A (1878) L'apicoltura in Italia. Manuale teorico pratico industriale per la coltivazione razionale del mellifero insetto col favo mobile e col favo fisso. Tipografia Bortolotti, Milano
14. Haydak MH (1963) Unwanted guests of honey bees colonies Am Bee J 103:129–131
15. Neumann P, Eltzen PJ (2004) The biology of the small hive beetle (Aethina tumida, Coleoptera: Nitidulidae): Gaps in our knowledge of an invasive species. Apidologie 35:229–247
16. Valerio Da Silva MJ (2012) Primo rinvenimento di Aethina tumida nell'Unione Europea. L'apicoltore italiano 3:8–10
17. Eltzen PJ, Baxter RJ, Westervelt CR et al (1999) Field control and biology studies of a new pest species, Aethina tumida Murray (Coleoptera, Nititulidae), attacking European honey bees in the western hemisphere. Apidologie 30:361–366
18. Al Chzawi AA, Zaitoun ST, Shannag HK (2009) Incidence and geographical distribution of honey bee (Apis mellifera L.) pests in Jordan. Ann soc entomol Fr (n.s.) 45(3):305–308
19. Marini F, Mutinelli F, Montorsi F et al (2013) First report in Italy of the dusky sap beetle, Carpophilus lugubris, a new potential pest for Europe. J Pest Sci doi:10.1007/s10340-013-0479-9
20. Pinzauti M, Felicioli A (1996) Nuovo allarme: c'è una mosca che distrugge gli alveari! (Titolo originale: L'incidenza di Senotainia tricuspis (Meigen) (Diptera Sarcophagidae) sulla mortalità delle api ed elementi per una diagnosi delle infestazioni). Apitalia 23:23–28
21. Boiko AK (1958) Senotainiosis of bees. Atti del XVII Congresso Internazionale di Apicoltura, Roma, pp 648–656
22. Giordani G (1955) Contributo alla conoscenza della Senotainia tricuspis Meig., Dittero Sarcofagide, endoparassita dell'ape domestica. Boll Istituto Entomologia Università di Bologna 21:61–84
23. Simintzis G, Fiasson S (1951) Les myases des abeilles en France. Rev Med Veter 102:351–361
24. Astolfi M (2000) Mosca killer: le osservazioni sul campo di un apicoltore. Apitalia 9:25–29
25. Pinzauti M, Santini L (1995) Recenti casi di "apimiasi" da Senotainia tricuspis (Meigen) (Diptera, Sarcophagide) verificatisi in Italia Centrale. Apic Mod 86:179–183
26. Pinzauti M, Giglioli A, Felicioli A (1998) Investigation on the presence of the dipteran Senotainia tricuspis (Meigen) (Diptera Sarcophagidae) in apiaries located within health authority area nr. 11. Insect Social Life 2:195–189
27. Piazza MG, Marinelli E (2000) Indagini sulla presenza nel Lazio del dittero sarcofagide Senotainia tricuspis (Meigen), endoparassitoide delle api. Redia 83:111–122
28. Pinzauti M, Mesoraca A, Felicioli A et al (2006) Senotainiosi e nomadismo apistico. Apitalia 12:8–12
29. Bedini G, Pinzauti M, Felicioli A (2006) Varroasi e miasi apiaria, convergenze ed interazioni: alcune considerazioni teoriche. Apitalia 3:12–16
30. Otterstatter MC, Whidden TL, Owen RE (2002) Contrasting frequencies of parassitism and host mortality among Phorid and Conopid parassitoids of bumble bee. Ecol Entom 27(2):229–237
31. Core A, Runckel C, Ivers J et al (1912) A new threat to honey bees the parasitic Phorid fly Apocephalus borealis. Plos One 7(1):1–9
32. Rabinovich M, Corley JC (1997) An important new predator of honey bees. The robber fly Mallophora ruficauda Wiedemann (Diptera, Asilidae) in Argentina. Am Bee J 1317(4):303–306
33. Lavigne RJ, Nelson CR, Schreiber ET (1994) New prey records for Proctacanthus (Diptera: Asilidae) with comments on prey choice. Ent News 105(2):88–97
34. Bromley SW (1914) Asilids and their prey. Psyche 21:192–204

35. Longo S (2013) Calabroni "vecchi" e "nuovi". Georgofili.info htpp://www.georgofili.info/detail.aspx?cd=1380. Accessed 16/09/2013
36. Baracchi D, Cusseau G, Pradella D, Turillazzi S (2010) Defence reactions of Apis mellifera Ligustica against attacks from the European hornet Vespa crabro. Etol Ecol Evol 22:281–294
37. Papachristoforou A, Rortois A, Sueur J, Arnold G (2011) Attack or retreat: contrasted defensive tactics used by Cyprian honey bee colonies under attack from hornets. Behav Proc 86:236–241
38. Papachristoforou A, Rortois A, Zafeiridou G et al (2011) Smothered to death: hornets asphyxiated by honey bees. Curr Boil 17:795–796
39. Glaiim M (2009) Hunting behavior of the oriental hornet, Vespa orieantalis L., and defense behavior of the honey bee Apis mellifera L., in Iraq. Bull Iraq Nat Hist Mus 10(4):17–30
40. Matsuura M, Sakagami SF (1973) A bionomic sketch of the giant hornet, Vespa mandarinia, a serious pest for Japanese apiculture. Journal of the Faculty of science, Hokkaido University series VI, Zoology 19:125–162
41. Guiglia D (1957) Esplorazione biogeografica delle isole Pelagie. Hymenoptera Aculeata. Boll Soc Enti t 87:141–149
42. Betts AD (1936) The bee pirate (Philanthus triangulum F.). Bee World 17:64–66
43. Latham A (1922) Bees and spiders. Am Bee J 79:251
44. Makarov II (1966) Spiders that kill bees. Pchelovodstvo 7:29 Citato in: Morse RA (ed) (1978) Honeybee pests, predators and diseases. Cornell University Press

Predatori dell'alveare (anfibi e rettili, uccelli, mammiferi)

10

Antonio Felicioli

10.1 Anfibi

10.1.1 Rospi e rane

I rospi e le rane non rappresentano un problema per l'apicoltura; ciò non toglie che alcune specie siano capaci di nutrirsi di api, come il *Bufo bufo* Linnaeus, 1758 e il *Bufo vulgaris* Laurenti, 1768, ambedue rospi europei [1]. Anche tra le rane, sia la esculenta che la temporaria sono state osservate mangiare api, rispettivamente in Polonia e Inghilterra [2]. I rospi possono anche posizionarsi in fronte a un alveare e catturare le api appena si affacciano al predellino di volo [3]. In centro America, e dopo la sua introduzione anche in Australia, il *Bufo marinus* tende ad aggregarsi con altri individui della stessa specie in fronte all'apiario, causando così qualche danno. Questo rospo, nei paesi dove è stato introdotto, è risultato essere una specie invasiva responsabile di danni ecologici, in quanto compete con altri mangiatori di insetti, usurpandone la nicchia trofica. Va detto anche, però, che *Bufo marinus* sembra essere uno dei limitatori naturali delle popolazioni di gruccioni, a loro volta considerati predatori di api [4]. In generale, però, al di la del caso *Bufo marinus*, i rospi e le rane sono animali da salvaguardare e il loro valore ecologico è di gran lunga maggiore del potenziale danno in apicoltura.

A. Felicioli (✉)
Dipartimento di Scienze Veterinarie, Università di Pisa
e-mail: antonio.felicioli@unipi.it

A cura di E. Carpana, M. Lodesani, *Patologia e avversità dell'alveare*,
DOI: 10.1007/978-88-470-5650-3_10, © Springer-Verlag Italia 2014

10.2 Uccelli predatori

10.2.1 *Merops apiaster* (Linnaeus, 1758)

Questo uccello, detto anche gruccione, è un bellissimo uccello colorato migratore che arriva da noi dal nord Africa con le prime perturbazioni tra aprile e maggio. È un ottimo volatore e si nutre catturando insetti in volo. In Italia la sua popolazione è in netto aumento e il suo areale in netta espansione. Nidifica a terra in scarpate, argini, dune, terrapieni, cave e cumuli di sabbia esposti in ambienti aperti e soleggiati. A fine luglio la nidificazione volge al termine, e giovani e adulti formano gruppi numerosi che si dedicano alla caccia prima di iniziare la migrazione di ritorno. La caccia agli insetti volatori avviene partendo da un posatoio, librandosi in volo e catturando con il becco l'insetto. Nel caso di insetti dotati di apparato vulnerante come api, vespe, calabroni, una volta tornato sul posatoio l'uccello strofina l'addome dell'insetto, così da eliminare pungiglione e ghiandole velenifere per poi inghiottire la preda oramai neutralizzata (Fig. 10.1). Altri insetti cacciati sono cicale, tafani, coleotteri e farfalle [5].

Chiunque abbia un apiario nell'area di caccia del gruccione può osservare questi uccelli sostare proprio davanti alle arnie e compiere voli ondeggianti volti alla cattura delle api che arrivano o che partono. L'attività di caccia dei gruccioni davanti l'apiario si concentra principalmente nel medio-tardo pomeriggio (dalle 16 alle 19). Circa un terzo delle prede del gruccione è rappresentato dalle api foraggiatrici e in parte minore (2%) da fuchi (Fig. 10.2) e l'apicoltore percepisce l'attività del gruccione come dannosa alla propria attività [5]. I gruccioni cacciano le api in volo non solo davanti all'apiario ma, soprattutto, sui luoghi di foraggiamento di queste (Fig. 10.3). Nel caso di attacco davanti l'apiario, le api spesso rispondono riducendo la propria attività di volo e di foraggiamento, con il risultato di una minor produzione di miele. Nel 2010, Alfallah e colleghi [6] mediante un'indagine condotta in Libia, misero in discussione che i gruccioni causino una riduzione dei voli di foraggiamento delle api, sostenendo che non vi sia differenza tra apiario con gruccioni e apiario senza gruccioni [6]. Un problema molto sentito dagli apicoltori operanti nelle maggiori isole del territorio italiano (Sardegna, Sicilia, arcipelago toscano) è la predazione da parte dei gruccioni delle api regine durante i voli nuziali. Infatti, in queste isole i gruccioni arrivano prima che sulla terraferma e spesso in concomitanza con i voli nuziali delle regine. La predazione delle regine può essere particolarmente dannosa a seguito della sciamatura. In questo caso, oltre alla riduzione di popolosità e di produttività degli alveari dovuta alla sciamatura, si aggiunge il danno dell'orfanizzazione delle famiglie madri, a seguito della morte delle nuove regine durante il volo nuziale. In base a osservazioni dirette effettuate nella primavera del 2013 sull'isola di Pianosa e sul litorale pisano, è emerso su apiari in cui è mancato un appropriato controllo della sciamatura (molto anticipata per la presenza di un ricco pascolo dovuto alle frequenti piogge), in presenza di gruccioni, un tasso di orfanità delle famiglie sciamate di oltre l'80%.

A seguito del recente incremento numerico ed espansione dell'areale di questi uccelli, lo stesso problema si è esteso anche in terraferma, soprattutto per gli allevamenti di api regine.

Il gruccione è un animale protetto e, quindi, non cacciabile; questo fatto, associato all'esigenza di andare incontro alle legittime richieste degli apicoltori, rende di fatto necessario delineare e "misurare" l'impatto che questi uccelli hanno sull'apicoltura. La "misura" dell'impatto economico che i gruccioni hanno sull'attività apistica è motivo di ampio dibattito. Infatti, da una parte ci sono le api predate (da 33 a 40% delle prede), la riduzione della produzione a causa dell'inibizione al volo (difficile da calcolare), la predazione di fuchi, la predazione di api regine e i danni agli allevatori di api regine. Dall'altra parte, c'è il fatto che mediamente nelle borre, per ogni 100 api predate rilevate del gruccione, si trovano circa 25 calabroni che sono a loro volta temibili predatori d'api. Inoltre, delle api predate dal gruccione molte potrebbero essere colpite da senotainia o da altra patologia e, quindi, non essere al massimo dell'efficienza nel volo (predazione selettiva?); in tal caso di fatto, se l'apiario è consistente, il prelievo di api potrebbe essere irrilevante (apiari costituiti da circa cinquanta alveari). Va detto che negli studi condotti in Sardegna che hanno preso in considerazione l'analisi delle borre non sono mai state rilevate api regine [5]. Uno studio condotto in Piemonte ha consentito di differenziare nel tempo gli imenotteri predati dal gruccione, indicando nei bombi la preda più abbondante nei mesi di maggio e giugno, nelle api per il mese di luglio e nelle vespe per il mese di settembre [7]. Alla luce di queste informazioni, la Regione Sardegna ha deliberato delle linee guida alla valutazione dei danni arrecati dai gruccioni agli apiari [8]. In Ukraina, Petrov [9] riporta una predazione di circa 9000 api foraggiatrici per singolo gruccione in un'estate di attività. Anche in altri paesi come l'Algeria e l'Ungheria i gruccioni sono considerati molto dannosi.

A parte la riduzione dei voli, non si conoscono altre strategie di difesa contro i gruccioni, ma nel 2001 Galeotti riferisce [5] di osservazioni personali inerenti attacchi condotti dalle api contro i gruccioni, e nel 2012 è stata osservata da un apicoltore l'uccisione, da parte delle api, di due gruccioni rimasti impigliati in una rete divisoria in prossimità dell'apiario. Sul capo di ciascuno dei di gruccioni morti, portati dall'apicoltore presso l'Università di Pisa, sono stati contati oltre cento pungiglioni di ape (osservazione personale).

10.2.2 *Pernis apivorus* (Linnaeus, 1758)

Questo uccello rapace è un migratore che sverna in Africa a sud del Sahara e arriva in Europa in primavera. Nidifica, a partire da maggio, sugli alberi, spesso su nidi abbandonati di altri grossi uccelli, facendo una covata l'anno con una media di due uova. È una specie territoriale che difende il proprio territorio di caccia, grande circa 10 Km quadrati. Il falco pecchiaiolo (Fig. 10.4) si ciba quasi esclusivamente di insetti, con particolare predilezione per gli imenotteri

Fig. 10.1 *Merops apiaster* L. Un adulto di gruccione al suo posatoio di caccia; è visibile nel becco il cadavere di un'ape foraggiatrice che ha subito il tipico sfregamento contro il legno, manovra che permette spesso al gruccione di eliminare pungiglione e ghiandola del veleno (foto di Angelo del Vecchio)

Fig. 10.2 *Merops apiaster* L. Due adulti di gruccione ciascuno con la propria preda, a sinistra il gruccione tiene nel becco un fuco e a destra un'ape foraggiatrice (foto di Angelo del Vecchio)

Fig. 10.3 *Merops apiaster* L. Un adulto che ha appena catturato un fuco in volo (foto di Angelo del Vecchio)

Fig. 10.4 *Pernis apivorus* (L.). Testa di adulto di falco pecchiaiolo (foto di Gianluca Bedini)

sociali quali le vespe, i bombi e le api [10]. Tipico è il suo modo di cacciare, che si basa su voli radenti il terreno e lunghe camminate. In questo modo, è capace di scovare i nidi ipogei e scavarli così da cibarsi di larve, immagini e scorte alimentari. Studi inerenti i contenuti stomacali di falchi pecchiaioli

Fig. 10.5 Arnia di tipo langstroth con evidenti i fori praticati dal picchio verde (foto di Antonio Felicioli)

abbattuti hanno messo in evidenza come la maggior parte delle prede siano immagini e larve del genere *Polystes*, di *Vespula*, di *Vespa* e di *Bombus* e, in minor parte, coleotteri, ortotteri, formiche, anfibi, rettili, micromammiferi, nidiacei, uova, frutta e bacche. Contrariamente a quanto lascia pensare il nome scientifico di questo falco, le api sono rare tra le prede di questo rapace. Le modalità di caccia di questo uccello autorizzano a ipotizzare che le api mellifere, in quanto allevate in arnie razionali o se nidificanti in nidi naturali quali alberi cavi o cavità nella roccia, siano di fatto una preda difficile da estrarre.

10.2.3 *Picus viridis* (Linnaeus, 1758)

I picchi, in generale, non rappresentano motivo di preoccupazione per gli apicoltori; solo il picchio verde (*Picus viridis*) e il picchio rosso maggiore (*Dryobates major*) sono stati rilevati come nemici minori delle api in Gran Bretagna e Francia [11]. In Italia questi due picchi non rientrano tra i problemi dell'apicoltura; solo il picchio verde ho avuto modo di osservare direttamente in Italia e in Polonia. Esso può arrecare dei danni alle arnie con la sua opera di scavo con il becco; infatti, il picchio verde è perfettamente in grado di rilevare la presenza di ottimo cibo dentro questi strani tronchi d'albero di forma cubica e, in anni particolarmente freddi e in carenza di cibo disponibile, rivolge la propria attenzione agli alveari (Fig. 10.5). Probabilmente, per il picchio verde le api sono una normale preda se nidificante in nidi naturali.

10.3 Mammiferi predatori

10.3.1 *Meles meles* (Linnaeus, 1758)

Il tasso, questo grande mustelide, generalmente non viene annoverato tra gli animali dannosi alle api, ma ne voglio fare menzione a proposito del fatto che esso, nottetempo, frequenta gli spazi antistanti gli apiari (osservazioni dirette mediante fototrappola). Molto interessante è un video rinvenibile in rete [12], dove un tasso viene ripreso mentre divora le api che sono per terra. Nel video si accenna al fatto che le api (ancora vive) sono parassitizzate da *Senotainia tricuspis*. Questo fatto, di per sé, autorizza a pensare che il tasso, con la sua attività di predazione, in parte contribuisca a limitare gli *out-break* di popolazione di questo temibile dittero parassitoide.

10.3.2 Topi

Questi mammiferi sono ubiquitari e si adattano a vivere nelle più disparate condizioni. I topi sono un problema per l'apicoltura ovunque nel mondo si allevino le api. In Italia, i topi che creano qualche danno in apicoltura sono il *Mus musculus* e l'*Apodemus sylvaticus*. Questi topi hanno la capacità di entrare nell'alveare e di cibarsi di polline, miele, larve e api adulte, ma il danno importante lo fanno contaminando il tutto con le loro feci, urine e odore. Generalmente, i topi riescono a entrare nell'alveare soprattutto quando ormai le api hanno formato o stanno per formare il glomere e, indipendentemente dalla forza della famiglia di api, spesso riescono a costruirvi, generalmente in un angolo lontano dal glomere, anche il nido nel quale svernare. Ciò comporta la distruzione di parte dei telaini da nido e di altro materiale apistico presente nell'arnia. Può accadere che la famiglia di api, alla ripresa delle attività in primavera, abbandoni l'arnia. Un problema ancor più serio è causato dai topi, soprattutto *Mus musculus*, così come anche i ratti (*Rattus rattus*), che infestano il materiale apistico immagazzinato non correttamente. Infatti, questi topi possono utilizzare anche i melari vuoti e immagazzinati per farvi il proprio nido.

Il controllo di questi roditori nei magazzini può essere fatto, oltre che con le diverse trappole reperibili in commercio, anche con i comuni rodenticidi commerciali, adottando le dovute cautele [13]. In apiario, invece, l'uso dei rodenticidi non è auspicabile per il possibile impatto che potrebbe riversarsi sulla fauna non target. In apiario, l'uso della riduzione dell'entrata delle api per mezzo di porticine in metallo e posizionate per tempo sembra essere la soluzione migliore. Talvolta i topi, una volta entrati nell'alveare, hanno la peggio e possono essere uccisi dalle api. In questo caso, la propolizzazione, come avviene per le acherontie, non sempre è la regola, e può essere che la presenza del cadavere in putrefazione sia la causa dell'abbandono del nido da parte delle api. In rete è possibile accedere a un sito [14] in cui si riferisce di un'esperienza personale, documentata con fotografie, inerente il ritrovamento, durante la visita all'alveare, dentro l'arnia di uno scheletro perfettamente pulito di un topo. L'autrice ipotizza che, se d'inverno le api probabilmente preferiscono propolizzare ma se il tempo è buono consente il volo, allora possono scarnificare i tessuti e portarli fuori a pezzetti, così da evitare la diffusione di patogeni potenzialmente letali per la famiglia.

10.3.3 Orso

Questo grande mammifero è capace, talvolta, di distruggere un intero apiario in una notte semplicemente aprendo, rovesciando e facendo rotolare gli alveari per potervi accedere e mangiare miele, larve e polline. Normalmente, un orso distrugge da una a tre famiglie per notte, ma tende a tornare nel solito apiario per più notti successive. Mentre in America il problema è molto sentito dagli apicoltori che denunciano danni cospicui [3], in Italia l'attacco da parte dell'orso a un apiario avviene raramente e quando avviene è più la curiosità quella che suscita, piuttosto che la rabbia, che spesso è limitata al solo apicoltore proprietario dell'apiario. Naturalmente, tutto ciò dipende molto dalla densità di orsi (in Italia è bassa e circoscritta) e anche dalla sensibilità generale verso questo animale e dal suo ruolo nell'immaginario collettivo che considera questo animale, protetto dalla legge, un animale prezioso della nostra fauna. In Italia l'orso si trova essenzialmente nel Parco Nazionale d'Abruzzo, nel Lazio e nel Molise. Sono queste le aree dove vive l'orso bruno marsicano (*Ursus arctos marsicanus* Altobello). Si tratta di una sottospecie dell'orso bruno (*Ursus arctos*), che è endemica dell'Italia centro-meridionale, dove sopravvive con una cinquantina di esemplari.

Nell'area del Parco d'Abruzzo, tra il 1998 e il 2003, sono stati stimati danni agli apicoltori per circa 150.000 Euro, danni derivanti da circa 135 incursioni dell'orso alle aziende apistiche per un totale di 564 arnie distrutte. Negli ultimi dieci anni i danni sono stati causati da 3 orsi particolarmente golosi e confidenti con l'uomo, tanto da avvicinarsi ripetutamente ai centri abitati [15]. Gran parte di questi problemi, però, sono stati risolti mediante l'allestimento di speciali recinzioni elettrificate, che ha permesso di facilitare la convivenza tra la specie animale caratterizzante l'Appennino centrale e le attività produttive dell'uomo. L'uso delle recinzioni elettrificate a protezione degli apiari ha ridotto del 40% i danni provocati dagli orsi negli ultimi anni [15]. A testimonianza della crescente sensibilità collettiva verso la conservazione e la protezione della fauna selvatica, anche quando talvolta è dannosa, è utile riferire come dal 2010 al 2014 il Parco sia coinvolto nel progetto Life Arctos, che vede tra le azioni più significative lo studio e successiva implementazione di sistemi di gestione della zootecnia (compresa l'apicoltura) compatibili con la presenza dell'orso, incremento della disponibilità trofica per l'orso nell'area del Parco Nazionale d'Abruzzo, Lazio e Molise attraverso la messa a dimora di piante di ramno particolarmente appetite dall'orso marsicano, cessione in comodato gratuito di recinzioni elettrificate a protezione di bestiame, apiari e colture di pregio in aree ritenute critiche per la coesistenza tra attività agro-zootecniche e orsi, l'installazione di contenitori per rifiuti a prova di orso, la gestione dei cosiddetti orsi problematici attraverso la stesura di un protocollo di intervento e la creazione di squadre di intervento rapido, azioni di educazione e sensibilizzazione sulla presenza dell'orso rivolte sia ai visitatori delle aree protette che alle popolazioni in esse residenti, interventi per limitare l'accesso veicolare in aree ritenute critiche per la presenza dell'orso attraverso l'apposizione di sbarre che chiudano l'ingresso di alcune strade. Al di là dell'orso marsicano vi sono, nel mondo, almeno altre quattro specie di orsi che sono noti per essere dannosi alle api. Queste sono distribuite dalle Americhe fino alle Indie. In particolare l'orso nero americano (*Enarctos americanus*) è distribuito nel nord America ed è ritenuto responsabile di danni per centinaia di migliaia di dollari, dove nel computo non vi sono solo i danni diretti agli apiari ma anche quelli dovuti all'impossibilità di sfruttamento di pascoli apistici importanti a causa della presenza degli orsi [16, 17]. L'orso da miele (*Melursus ursinus*), presente in India e Sri Lanka, dove risulta un efficiente predatore delle api cerane e dorsate. L'orso bruno asiatico (*Selenarctos thibetanus*), presente in Asia, Cina, Giappone e Siberia. L'orso malesiano (*Helarctos malayanus*), distribuito in tutto il sud-est Asiatico. Infine, l'orso bruno europeo di cui il marsicano è una sottospecie.

10.4 Altri vertebrati predatori delle api

Qui di seguito un elenco di vertebrati considerati nemici delle api, trattati da Morse [3], che non rappresentano un problema in Italia ma che sono riportati essere talvolta implicati in danni più o meno consistenti all'apicoltura di altri paesi o che si nutrono dei prodotti delle api presenti nelle arnie razionali e/o all'interno di nidi naturali e che, per brevità di questo elaborato, non sono qui trattati. Tra questi vi sono la lucertola *Sceloporus occidentalis*; gli uccelli indicatori (Indicatoridae) di cui le specie *Indicator indicator* e *Indicator variegatus*, che mostrano il caratteristico comportamento di guida e instaurano rapporti simbiontici con altre specie animali, tra le quali anche l'uomo; le cince, in particolare la cinciallegra (*Parus major*); le averle, in particolare l'averla piccola (*Lanius collurio*); una specie della famiglia dei rondoni (*Chaeturia dubia*); la rondine (*Hyrundo rustica*); il marsupiale opossum (*Didelphis marsupialis*); gli insettivori riccio (*Erinaceus europaeus*) e i toporagni (*Cryptotis parva*, *Crocidura aranea* e *Sorex vulgaris*); l'armadillo (*Dsypus novemcinctus*); gli scoiattoli (*Sciurius vulgaris* e *Sciurius carolinensus*); la martora (*Martens martens*), la faina (*Martens foina*) e la puzzola (*Mustela putorius*); la moffetta (*Mephitis mephitis*), in Africa, tra i mustelidi dannosi alle api c'è anche il tasso da miele (*Mellivora capensis*).

Bibliografia

1. Lescure J (1966) Le comportement predateur du crapaud commun (*Bufo bufo*) envers les abeilles. Annales des abeille 9:83–114
2. Koawiak J (1955) Reaction of the frog's palate, *Rana esculenta* to the sting of the honeybee. Zoologica Poloniae 6:209–215
3. Morse RA (ed) (1978) Honeybee pests, predators and diseases. Cornell University Press
4. Boland CR (2004) Introduced cane toads *Bufo marinus* are active nest predators of rainbow bee-eaters *Merops ornatus*: observational and experimental evidence. Biological Conservation 120(1):53–62
5. Galeotti P, Inglisa M (2001) Estimating predation impact on honeybees Apis mellifera L. by European bee-eaters Merops apiaster L. Rev Ecol (Terre Vie) 56:373–388
6. Alfallah HM, Alfituri M, Hmuda M (2010) The impact of bee eater *Merops apiaster* on the behavior of honeybee *Apis mellifera* L. during foraging. J Plant Prot and Path Mansoura Univ 1(12):1023–1024
7. Ferrazzi P (2004) Trophic relationship between Merops apiaster L. (European bee-eater) and Hymenoptera. Proc of the First European Conference of Apidology, Udine 19–23 September 2004
8. Regione Sardegna (2010) Delib. G.R. n° 19/31 del 12 maggio 2010
9. Petrov VS (1954) Concerning the feeding ecology of golden bee-eater. Works of Scientific Investigation of the Institute of Biology and Biology Faculty, Kharkov University (Ukraine) 20:171–180
10. Brichetti P, DeFranceschi P, Baccetti N (eds) (1992) Fauna d'Italia. Edizioni Calderini, Bologna
11. Guilloux J (1969) Protection contre les pics-verds. Abeilles et Fleurs 191:8
12. www.youtube.com/watch?v=Pkxg10OdacQ. Accesso 15 febbraio 2014
13. Santini L (1983) I roditori italiani di interesse agrario e forestale. Collana del Progetto Finalizzato "Promozione della qualità dell'ambiente". Sergio Zangheri Curatore AQ/1/232, Padova
14. http://www.honeybeesuite.com/bees-vs-mouse-a-skeleton-tells-the-story/. Accesso 15 febbraio 2014
15. Potena G, Sammarone L, Posillico M et al (2005) L'impatto dell'orso (Ursus arctos) sull'allevamento e l'agricoltura nella provincia de l'Aquila. Atti del convegno "Grandi carnivori e zootecnia tra conflitto e coesistenza", Biologia della conservazione della fauna 115:126–140
16. Robinson FA (1961) Bees, bears and electric fences. Gleanings Bee Cult 89:138–141
17. Robinson FA (1963) Beekeeping among the bears. Am Bee J 103:454–456

Avvelenamenti da pesticidi 11

Claudio Porrini, Piotr Medrzycki

11.1 Introduzione

Il declino degli impollinatori selvatici e, in particolare, la mortalità delle api domestiche registrata negli ultimi anni hanno messo in evidenza il fondamentale ruolo delle api e degli altri insetti pronubi nell'impollinazione delle piante. L'accertamento delle cause di questi fenomeni non è di facile realizzazione, perché i fattori implicati possono variare e combinarsi fra loro. L'esposizione ai pesticidi, insieme alle patologie, ai parassiti, alle pratiche apistiche e alle condizioni nutrizionali, agroambientali e climatiche contribuiscono, secondo la teoria del vaso traboccante (Fig. 11.1), a causare, in proporzioni differenti, l'indebolimento e il successivo collasso degli alveari. I pesticidi, in particolare gli insetticidi, oltre alle mortalità provocate da grossolani errori durante il loro impiego (interventi fitoiatrici eseguiti in fioritura, durante i flussi di melata, in presenza di vento, contaminazione della flora spontanea, ecc.), sono anche sospettati di abbassare, in dosi sub-letali, le difese immunitarie e di indurre alterazioni sul comportamento, sull'orientamento e sull'attività sociale delle api [1, 2].

I danni verso le api, provocati dall'impiego dai pesticidi, furono osservati fin dalla fine dell'Ottocento quando, nel 1881, fu segnalato negli Stati Uniti d'America il primo apicidio ufficiale imputabile all'arseniato di rame irrorato su pero [3]. In Italia non ci sono dati ufficiali riguardanti i primi danni nei confronti delle api, ma nel 1907 un olivicoltore di nome James Auget intuì l'in-

C. Porrini (✉)
Dipartimento di Scienze Agrarie (DipSA)
Alma Mater Studiorum - Università di Bologna
e-mail: claudio.porrini@unibo.it

P. Medrzycki
CRA-API, Consiglio per la Ricerca e la sperimentazione in Agricoltura
Unità di ricerca di apicoltura e bachicoltura, Bologna
e-mail: piotr.medrzycki@entecra.it

A cura di E. Carpana, M. Lodesani, *Patologia e avversità dell'alveare*,
DOI: 10.1007/978-88-470-5650-3_11, © Springer-Verlag Italia 2014

fluenza negativa che i pesticidi possono avere sulle api: "Ponete in vicinanza degli oliveti che trattate delle semplici arnie d'api: studiate gli effetti della vostra miscela sulle medesime e se la riconoscete innocua allora sta bene, ma se fosse micidiale fermatevi" [4].

11.2 Come le api captano i pesticidi

L'ape è intimamente legata all'ambiente circostante l'alveare, dove vi preleva numerose sostanze: dal nettare al polline e dall'acqua alla melata e propoli. La popolazione di un singolo alveare è mediamente composta da 40.000 individui, con forti variazioni durante l'anno. Di questi, circa un quarto, per l'esattezza le api bottinatrici, sono deputate a reperire all'esterno tutto ciò di cui la famiglia ha bisogno per potersi sostenere e sviluppare. A tale scopo, ciascuna di esse compie una decina di viaggi ogni giorno, visitando in media un migliaio di fiori. Si può quindi dedurre che le api di un alveare effettuano giornalmente non meno di 10 milioni di microprelievi [5] nella loro area di volo valutata in circa 7 km^2 [6], cioè 700 ettari. Le vie attraverso le quali le api possono venire in contatto con i pesticidi sono molteplici, come diverse sono le classificazioni delle modalità di esposizione che prendono in considerazione le caratteristiche agronomiche dei prodotti (sistemici o di contatto), le vie di esposizione (per ingestione, contatto diretto o contatto indiretto) o, ancora, la formulazione dei prodotti utilizzati (polverulenta, granulare, liquida, ecc.).

Le api possono venire in contatto con gli agrofarmaci irrorati nell'ambiente, raccogliendo nettare e polline sui fiori di piante coltivate e non, la rugiada e la melata su foglie e rami, l'acqua da pozzanghere e fossi o intercettando, con i peli che ricoprono il loro corpo, le particelle in sospensione atmosferica (in particolare sorvolando le zone trattate) o, ancora, investite direttamente dal trattamento antiparassitario (Fig. 11.2). Queste circostanze si verificano quando i trattamenti vengono effettuati in fioritura, si impiegano dosaggi elevati, oppure l'intervento fitosanitario è eseguito in periodi o in ore non appropriate contaminando, tramite l'effetto deriva (trasferimento causato dal vento di particelle di pesticida in sospensione atmosferica dall'area trattata verso altri siti non bersaglio), le coltivazioni e/o le piante spontanee in fiore circostanti (Fig. 11.3).

Il modello di diffusione delle sostanze inquinanti dall'atmosfera agli altri comparti ambientali, riportato in Figura 11.4, rappresenta in modo chiaro e sintetico come e dove le api vengono in contatto con le molecole chimiche diffuse nell'ambiente. Il trattamento, tra l'altro, di solito non investe in pieno tutte le bottinatrici che in quel momento si trovano in campo; alcune colpite, per così dire, di striscio sono destinate a morire in un secondo tempo nell'alveare, condividendo la sorte con altre api che solo successivamente hanno bottinato i fiori coinvolti dal trattamento fitosanitario. Se la dose assunta è al di sotto di quella considerata mortale (dose sub-letale), le api potrebbero incorrere in problemi comportamentali e di orientamento e non riuscire a tornare all'alveare. I pesticidi entrano in contatto con le api principalmente per ingestione, come è scatu-

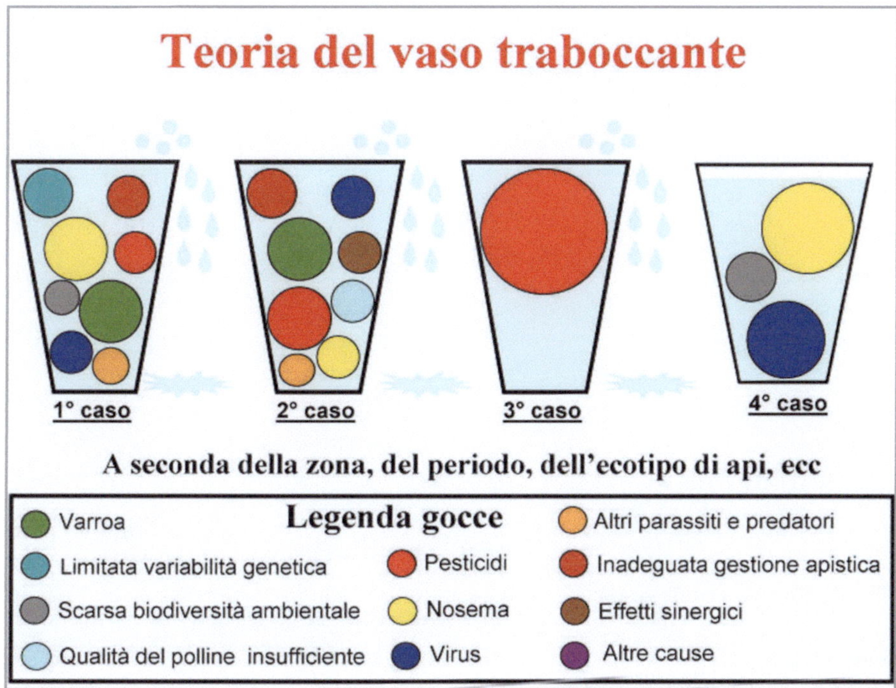

Fig. 11.1 Teoria del vaso traboccante. Nel primo e nel secondo caso diverse cause, più o meno gravi (dimensione della goccia), sia ambientali sia apistiche, agiscono simultaneamente sulla famiglia di api facendola collassare. Nel terzo caso basta una sola grave causa per far traboccare il vaso, mentre nel quarto, pur in presenza di severi problemi di virus e di *Nosema*, l'alveare non tracolla per, ad esempio, la presenza di un polline con un alto valore proteico o la mancanza di residui di pesticidi

rito dai risultati di una sperimentazione svolta diversi anni fa [7] (Fig. 11.5). Le api, prelevate da alveari che avevano subito un avvelenamento, sono state prima lavate con acetone e poi disgregate. L'acqua di lavaggio, così come la parte disgregata, è stata analizzata per la ricerca di pesticidi. I residui riscontrati sulla pelliccia possono essere stati intercettati dalle api durante il volo oppure raccolti insieme al polline o durante le operazioni di avvicinamento ai nettari nei fiori visitati, sfregando il loro corpo contro i petali. Invece quelli rinvenuti all'interno del corpo delle api possono essere stati ingeriti dalle api con il nettare, oppure penetrati nel loro corpo con l'aria, tramite gli stigmi, durante la respirazione.

11.3 Analisi di laboratorio e rilievi di campo

La quantità di pesticida riscontrata nelle api morte tramite le analisi chimiche non corrisponde quasi mai a quella che ha determinato la morte dell'ape in

Fig. 11.2 Trattamento fitoiatrico in un frutteto

Fig. 11.3 Fiori di tarassaco (*Taraxacum officinale*), molto attrattivi per le api, in mezzo a un frutteto

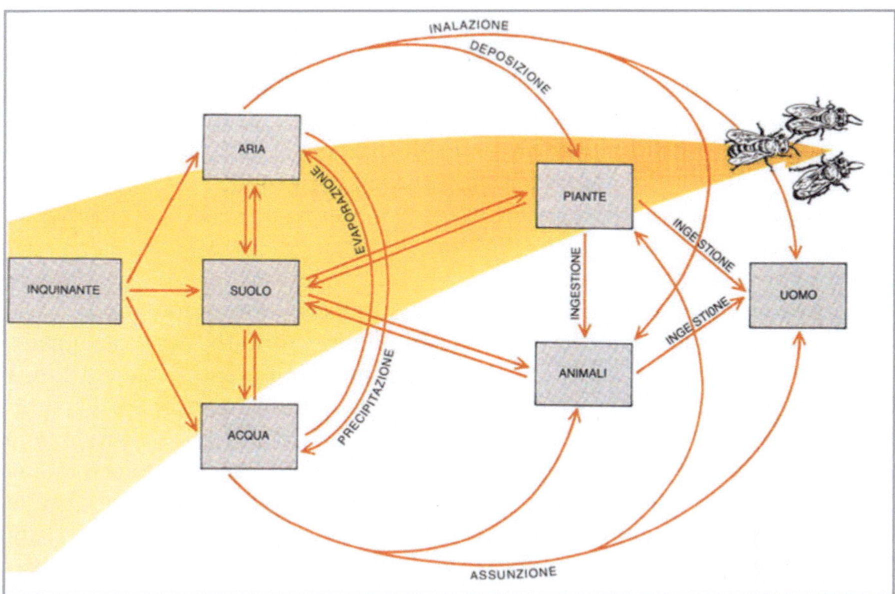

Fig. 11.4 Modello di diffusione nell'ambiente di un inquinante. L'ape può captare gli inquinanti da vari comparti ambientali (da "Le Scienze" n. 274, 1991)

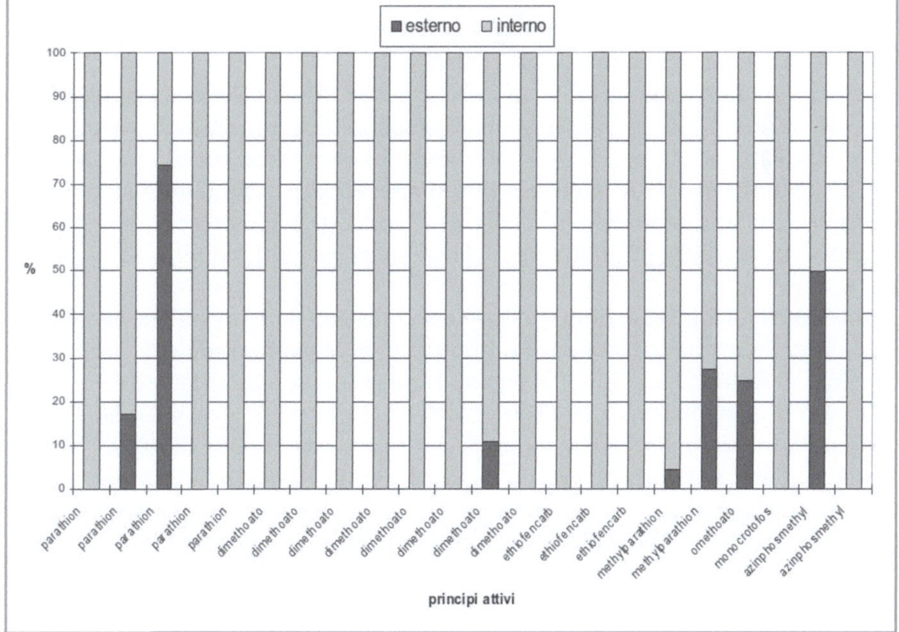

Fig. 11.5 Principi attivi riscontrati all'interno e all'esterno del corpo delle api morte

campo. Infatti, i cadaveri delle api possono rimanere davanti all'alveare, esposte a eventi meteorologici, anche qualche giorno, fin quando cioè l'apicoltore non andrà in apiario accorgendosi dell'accaduto. A questo punto, il caso dovrà essere segnalato ai servizi veterinari dell'ASL competente per il sopralluogo e l'esecuzione del prelievo dei campioni da portare al laboratorio di analisi. Durante questo periodo il pesticida, presente sul corpo delle api o al loro interno, inizierà il processo di degradazione, la cui velocità sarà determinata dalle caratteristiche del prodotto impiegato (formulazione, persistenza, ecc.), dal dosaggio e dalle modalità di applicazione, dal substrato (corpo delle api), e dalle condizioni climatiche durante e dopo il trattamento fitosanitario.

In relazione a queste variabili, le analisi di laboratorio rilevano una quantità di residui più o meno alta. Se il livello riscontrato è estremamente elevato, è possibile presumere un'origine dolosa dell'avvelenamento oppure una contaminazione da prodotti microincapsulati. Infatti, nel primo caso il prodotto è immesso dai malintenzionati direttamente all'interno dell'alveare, mentre nella seconda ipotesi le microcapsule, contenenti il principio attivo, sono raccolte dalle api insieme al polline sulla vegetazione trattata (vedi paragrafo 11.5). Normalmente, però, l'esame chimico evidenzia una quantità contenuta di residui, ma comunque superiore o inferiore alla DL_{50}, oppure al di sotto del limite di rilevabilità strumentale (LOD). Nel primo caso è possibile addebitare, con sufficiente certezza, la causa dell'intossicazione al pesticida rilevato; nel secondo si può solo presumere che il principio attivo riscontrato sia stato il motivo dell'apicidio, mentre nella terza circostanza la sostanza attiva potrebbe essersi degradata durante il periodo intercorso fra il contatto in campo delle api con il pesticida e l'analisi del campione in laboratorio, oppure non essere nell'elenco di quelle ricercate dal laboratorio.

Nel secondo e terzo caso, le analisi chimiche di per sé non sono sufficientemente esaustive. Per giungere a una diagnosi, è indispensabile integrarle con i dati rilevati in campo. Le osservazioni devono essere condotte sia sugli alveari colpiti (attività di volo, stato sanitario e forza della famiglia, comportamento delle api, mortalità, ecc.) sia nell'ambiente circostante l'apiario (tipo di zona, colture presenti, trattamenti fitosanitari eseguiti, condizioni meteorologiche, ecc.).

In Tabella 11.1 sono riportati, come esempio, i dati rilevati in campo e i risultati delle analisi di laboratorio effettuate sui campioni prelevati nella primavera del 2008 in seguito alle segnalazioni di gravi mortalità delle api (Fig. 11.6) e/o di spopolamento degli alveari (Fig. 11.7) nelle aree maidicole della regione Lombardia, durante o subito dopo la semina del mais [8, 9]. Le polveri emesse dalle seminatrici (Fig. 11.8), contenenti neonicotinoidi (utilizzati per conciare il seme di mais), rimanevano in sospensione atmosferica per un lasso di tempo dipendente dalle condizioni atmosferiche della giornata, dopodiché si depositavano al suolo e sulla vegetazione circostante, in un'area più o meno vasta, dove venivano intercettate o prelevate dalle api.

I residui di neonicotinoidi, riscontrati tramite le analisi chimiche nel 46,1% dei campioni di api e nel 75% di quelli di polline analizzati, seppur già signifi-

Tabella 11.1 Sintesi dei rilievi effettuati in campo e dei risultati ottenuti in laboratorio per la ricerca dei pesticidi in campioni apistici provenienti dalla regione Lombardia nella primavera del 2008

Questionari	
N. di questionari	65
N. di alveari colpiti in ogni apiario	da un minimo di 3 a un massimo di 170
N. totale di alveari coinvolti	1.513
Tipo di apiario	93% stanziale; 7% nomade
N. di api morte in ogni apiario	da poche centinaia a molte migliaia (fino a 15.000–20.000)
Tipo di zona	69% pianura; 20% collina; 11% aree miste
Principali colture presenti nel circondario	96% mais; 55% frumento; 33% prato
Periodo dell'apicidio e/o spopolamento	96,2% dei casi, durante o dopo la semina di mais
Covata e scorte negli alveari	Presenza, nella maggior parte dei casi, di un'estesa covata e di abbondanti scorte di miele e polline
Attività di bottinamento	Intensa al momento della semina (presenza di api bottinatrici con pallottole di polline nel 95,8% dei casi)
Comportamento delle api	Anomalo nel 91% dei casi: girano su se stesse 71,4%; disorientate 57,4%; aggressive 23,8%; incapaci di rientrare nell'alveare 52,3%
Analisi di laboratorio	
Totale campioni analizzati	69
Campioni api	65
Campioni polline	4
Campioni positivi (api)	30 (46,1%) imidacloprid, thiamethoxam e clothianidin
Campioni positivi (polline)	3 (75,0%) imidacloprid e clothianidin

cativi della causa del danno provocato alle api, identificata con l'esposizione delle api ai prodotti utilizzati per la concia del mais, sono stati integrati con numerose osservazioni di campo. Il numero di api morte riscontrate in ogni alveare variava da diverse centinaia a qualche migliaio; tutte le segnalazioni sono giunte da aree agricole dislocate per il 69% in pianura, il 20% in collina e per il resto in zone miste; nel 96% dei casi la coltura prevalente circostante gli apiari era il mais, seguita da grano e prati; i danni alle api si sono evidenziati nel 96,2% delle segnalazioni in concomitanza, o subito dopo, delle semine di mais; gli alveari colpiti da forte mortalità erano per il 93% stanziali e il 7% nomadi; il comportamento delle api è risultato anomalo nel 91% dei casi: api che giravano su se stesse (71,4%), disorientate (57,4%), aggressive (23,8%) o che non riuscivano a entrare nell'alveare (52,3%); nei favi era presente covata

Fig. 11.6 Intensa mortalità di api di fronte agli alveari

Fig. 11.7 Alveare spopolato

Fig. 11.8 Polveri durante la semina del mais

giovane e opercolata, buone scorte di polline e miele sia fresco che opercolato; nel periodo in cui si è registrato il danno era in corso un'intensa attività di bottinamento da parte delle api comprovata dall'osservazione, nel 95,8% dei casi, di numerose bottinatrici con il carico di polline.

Quindi i dati rilevati in campo, relativi sia ai casi i cui campioni hanno avuto un esito positivo sia a quelli con un risultato negativo all'analisi chimica, confermano che la causa dei danni subiti dagli alveari è da imputare alle operazioni di semina del mais anche in quegli episodi in cui non si è avuto il conforto positivo dalle analisi chimiche [8, 9].

11.4 Tossicità e classificazione dei pesticidi impiegati in agricoltura

In generale, la molecola chimica, per esercitare la sua tossicità nei confronti dell'insetto, deve penetrare nel lacunoma e, se la sua azione è per contatto, superare la cuticola oppure, se ingerito, oltrepassare la parete intestinale, o gli spiracoli del sistema respiratorio se agisce per asfissia. Dopodiché, deve diffondersi nell'emolinfa e, per raggiungere il sistema nervoso, penetrare la guaina mielinica che avvolge i nervi e combinarsi in modo stabile. L'insetticida, inoltre, deve cercare di resistere agli enzimi detossificanti o, per lo meno, non venire degradato troppo velocemente.

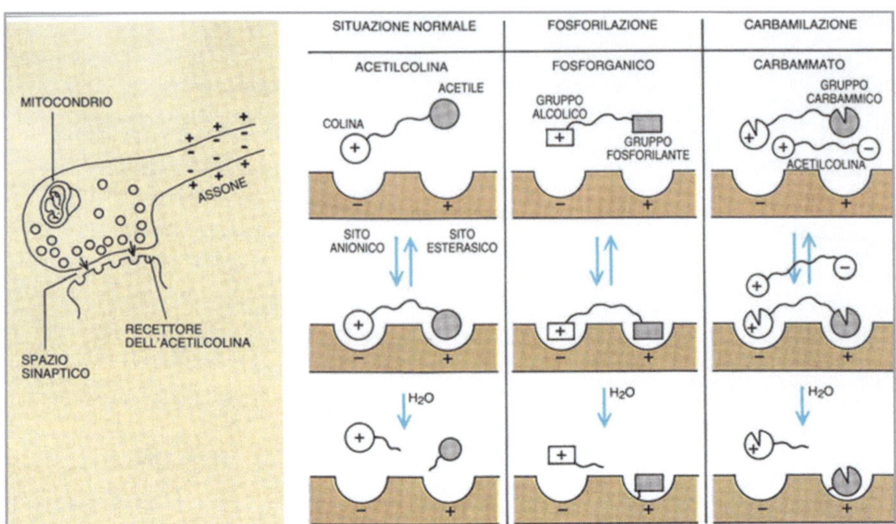

Fig. 11.9 Meccanismo d'azione dei fosforganici e dei carbammati (vedi testo) (da "Le Scienze" n. 274, 1991)

Negli ultimi anni sono state tolte dal mercato europeo numerose molecole chimiche ritenute non idonee per i loro effetti tossici sull'uomo, sugli animali e sull'ambiente. I prodotti insetticidi rimasti appartengono praticamente a quattro categorie: fosforganici, carbammati, piretroidi e neonicotinoidi.

L'azione degli esteri fosforici e dei carbammati è indirizzata sulla trasmissione degli impulsi nervosi ed è diretta a inibire l'enzima acetilcolinesterasi. Nella situazione normale, l'acetilcolina si avvicina all'enzima e forma un complesso enzima-substrato reversibile. Nel processo di fosforilazione l'inibitore si lega ai siti attivi dell'acetilcolinesterasi e, contrariamente a quanto accade per il complesso enzima-acetilcolina, la liberazione dell'enzima procede molto lentamente; perciò, durante questo periodo, l'animale rimane bloccato con riflessi negativi sull'intero processo di conduzione nervosa e con conseguenti manifestazioni di tipo tetanico che portano alla morte. Gli insetticidi fosforganici, quindi, reagiscono con l'enzima acetilcolinesterasi in modo identico a quello dei normali recettori; l'unica differenza è dovuta al tempo richiesto per la defosforilazione. Gli insetticidi carbammati competono con l'acetilcolina in quanto possiedono una configurazione molecolare simile e riescono a inattivare l'acetilcolinesterasi, essendo fortemente attratti verso i siti anionico ed esterasico dell'enzima e più stabili rispetto all'acetilcolina nei confronti dell'idrolisi. Il gruppo carbammico viene liberato dopo una lenta reazione con l'acqua [10] (Fig. 11.9). Qualunque sia il meccanismo d'azione sul sistema nervoso, il risultato è il blocco della motilità di varie parti del corpo come le zampe, le ali e il canale alimentare portando, in poco tempo, l'animale alla morte per inedia.

I piretroidi hanno un'alta affinità per i canali del sodio dei nervi a livello dei quali causano drastiche modificazioni nella cinetica di apertura con ostacolo alla ripolarizzazione della membrana e conseguente blocco della conduzione dell'impulso. Un altro sito d'azione dei piretroidi è rappresentato dai recettori per l'acido gamma-aminobutirrico (GABA), sui quali esercitano effetto inibitorio, causando una sintomatologia di tipo convulsivo.

L'azione dei neonicotinoidi negli insetti si esplica legandosi in maniera persistente ai recettori nicotinici post-sinaptici che vengono bloccati. La reazione dell'insetto è bifasica: inizialmente si ha un aumento della frequenza di scariche spontanee, a cui segue il blocco completo della propagazione dell'impulso nervoso. I recettori per l'acetilcolina degli insetti sono più sensibili ai neonicotinoidi rispetto a quelli dei vertebrati a causa di una diversa affinità di legame.

La tossicità è una proprietà comune a tutti i pesticidi. Quindi, la valutazione di un prodotto può essere fatta soltanto dopo aver condotto prove in laboratorio e in campo, che permettono di classificarlo a rischio alto, medio, basso o trascurabile per l'ape. Ogni fase della procedura, che considera parecchi fattori come la dose impiegata, il metodo di applicazione, la coltura trattata, ecc., conduce a una valutazione del rischio oppure a un'ulteriore prova. Le tre variabili che entrano in gioco nel determinare la tossicità (in laboratorio) e la pericolosità (in campo) di un pesticida sono rappresentate dalle caratteristiche della molecola, dall'ambiente in cui il prodotto viene impiegato e dall'organismo su cui se ne valuta l'effetto. In laboratorio, contrariamente al campo, la molecola è protetta dai fattori di degradazione, mentre l'ape è stressata dalla forzata clausura. Quindi, se le prove in laboratorio non forniscono elementi di tossicità, il prodotto, nella maggioranza dei casi, si può definire innocuo, almeno per quanto riguarda gli effetti tossici acuti. È evidente, però, che il metodo più affidabile per la stima del rischio è quello che più si avvicina alle condizioni della normale pratica agricola. Tuttavia, questo implica procedure molto costose e laboriose da mettere in opera e, a volte, i dati ottenuti possono essere di difficile interpretazione poiché la tossicità delle diverse sostanze dipende anche da parametri biotici (competizione delle fioriture, flusso nettarifero, attività delle api) e abiotici (temperatura, vento, umidità relativa) difficilmente controllabili. Un'utile alternativa è la combinazione dei saggi effettuati in laboratorio e in campo. Questi ultimi, però, quando i dati non coincidono, sono considerati più attendibili.

In passato i criteri di valutazione erano quasi esclusivamente basati sulla DL_{50} (dose letale di principio attivo che induce una mortalità del 50% negli individui saggiati) e sul tempo di decadimento delle sostanze attive necessario per ridurre la mortalità delle api sotto una certa percentuale (di solito al 25%). Questo approccio, tuttavia, non teneva in considerazione i molteplici elementi (biotici e abiotici) che incidono sulla reale pericolosità e su effetti diversi dalla mortalità stessa. Infatti, molte altre conseguenze negative sono state riscontrate con dosi sub-letali. La presenza sul mercato di pesticidi la cui azione verso le api non provoca necessariamente fenomeni di mortalità ma può influenzare il comportamento degli adulti e lo sviluppo della covata, ha indotto i ricercatori a studiare nuovi metodi di valutazione che tengano conto di tali meccanismi. Le dosi sub-letali, infatti, non comportano effetti evidenti e facilmente misurabili, ma alterazioni fisiologiche e comportamentali dei singoli individui o funzionali delle famiglie come, ad esempio, malformazioni e riduzione della vita media degli adulti, alterazione delle capacità di apprendimento e della memoria, diminuzione dell'attività di bottinamento, ecc. [11, 12].

Nelle Tabelle 11.2 e 11.3 sono riportati i risultati delle prove di tossicità e pericolosità nei confronti delle api, relativi a 64 prodotti commerciali (51 sostanze attive singole o in miscela) [13]. Ogni formulato è stato saggiato alla dose di campo e nel caso questa fosse diversa per varie colture, è stata presa in considerazione quella relativa al pero. Mentre in laboratorio (Tabella 11.2) i saggi sono stati svolti per ingestione e per contatto indiretto, in campo e in semi-campo (Tabella 11.3), per conseguire un dato il più possibile realistico, pratico e di immediata fruibilità, la distribuzione dei prodotti è stata eseguita seguendo le indicazioni riportate in etichetta (es. aficida in prefioritura, fungicida in fioritura, ecc.). Le valutazioni effettuate in campo e semi-campo hanno preso in esame non solo il tasso di mortalità delle api prima e dopo l'intervento fitoiatrico ma, in considerazione dell'alto livello di socialità di questi insetti, anche numerosi altri parametri quali, ad esempio, la "forza" della famiglia, l'attività di volo e di bottinamento, la raccolta del polline e l'eventuale presenza di residui della sostanza attiva in studio nelle matrici apistiche. In questo caso, la classificazione degli effetti si è basata sul tempo necessario affinché i diversi parametri considerati ritornassero a valori "normali", cioè a quelli osservati prima dell'intervento fitoiatrico.

I prodotti fitosanitari, come già anticipato, possono indurre anche degli effetti sul comportamento dell'ape, in particolare sull'orientamento e sulla memoria. Pertanto, nelle note della Tabella 11.2 sono riportati, per alcuni prodotti, i risultati di saggi eseguiti anche a dosi sub-letali. Questi studi (di laboratorio) prevedono vari tipi di test come l'osservazione nel tempo di eventuali comportamenti anomali o la risposta al *Proboscis Extension Reflex* (PER). Nel primo caso sono effettuate prove del tutto analoghe a quelle di ingestione dove, oltre alla mortalità, vengono annotati i comportamenti delle api (tipo di movimento, tremori, contatti con le compagne, convulsioni, ecc.). Il secondo, invece, è un saggio specifico che si basa sulla valutazione del comportamento riflesso di estensione della ligula attuato dalle api quando percepiscono stimoli ambientali associati alla presenza di fonti zuccherine e prevede, dopo l'addestramento, la somministrazione alla singola ape del prodotto [14]. Gli insetticidi neurotossici che si legano ai recettori del neurotrasmettitore acetilcolina, come i neonicotinoidi, possono influire negativamente sulle aree del cervello deputate all'apprendimento e alla formazione della memoria.

11.5 Avvelenamento delle api da parte dei pesticidi: segni, modalità e fattori che ne influenzano la tossicità

Il segno più importante, immediato e evidente dell'avvelenamento da pesticidi delle api, è la presenza di grandi quantità di api morte o morenti, spesso con la ligula estroflessa, davanti all'entrata dell'alveare. Il numero di queste api morte

Tabella 11.2 Tossicità verso le api adulte di alcuni pesticidi valutata in laboratorio

Nome commerciale (% di sostanza attiva, dose di campo)	Laboratorio	
	Ingestione [1]	**Contatto indiretto** [1]
ACTARA 25 WG [2] (Thiamethoxam - 25%, 30 g/hl); AFIDINA 25 (Fenitrothion - 25,5%, 300 ml/hl); BASUDIN (Diazinon - 20%, 200 ml/hl); DURSBAN 75 WG (Chlorpyrifos-ethyl - 75%, 70 g/hl); FENITROFAST (Fenitrothion - 23,15%, 300 ml/hl); IMIDAN (Phosmet - 23,5%, 250 g/hl); KNOX OUT 240 (Diazinon - 23,1%, 200 ml/hl); LASER (Spinosad - 44,2%, 30 ml/hl); METOSIP L (Methomyl - 18,5%, 250 ml/hl); PERFEKTHION (Dimethoate - 37,4%, 150 ml/hl); RELDAN 22 (Chlorpyrifos-methyl - 22,1%, 250 ml/hl); RIPHOS (Chlorpyrifos-ethyl - 21,5%, 300 ml/hl); SPADA WDG (Phosmet -23,5%, 300 ml/hl); SUMIT WG (Fenitrothion - 40%, 200 g/hl); TREBON (Etofenprox - 30%, 120 ml/hl); TURBOFEN 35 CS (Fenitrothion - 35%, 200 ml/hl)	Altamente tossico	Altamente tossico
ETILFAST (Chlorpyrifos-ethyl - 22,23%, 200 ml/hl);	Altamente tossico (36ª ora), Leggermente tossico (12ª ora) [6]	Altamente tossico
FENITROCAP (Fenitrothion - 23,15%, 300 ml/hl);	Altamente tossico (36ª ora), Moderatamente tossico (12ª ora) [6]	Altamente tossico
CONFIDOR (Imidacloprid - 17,8%, 50 ml/hl); SMART EW (Malathion - 40%, 360 ml/hl)	Altamente tossico	Notevolmente tossico
TREBON STAR (Etofenprox - 15%, 100 ml/hl); VERTIMEC 1.9 EC (Abamectin - 1,84%, 75 ml/hl); ROGOR [4] (Dimethoate -38%, 50 ml/hl) [8]	Altamente tossico	Moderatamente tossico
PENNPHOS 240 (Chlorpyrifos-ethyl - 22,33%, 220 ml/hl)	Moderatamente tossico	Altamente tossico
PYRINEX ME (Chlorpyrifos-ethyl - 23%, 210 ml/hl)	Notevolmente tossico (36ª ora), Leggermente tossico (12ª ora) [6]	Altamente tossico

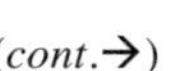
(*cont.*→)

Tabella 11.2 *(continua)*

Nome commerciale (% di sostanza attiva, dose di campo)	Laboratorio	
	Ingestione [1]	**Contatto indiretto** [1]
KARATE XPRESS (Lambda-cyhalothrin - 2,5%, 140 ml/hl)	Notevolmente tossico (36ª ora), Leggermente tossico (12ª ora) [7]	Notevolmente tossico
CONTEST (Alpha-cypermethrin - 14,5%, 35 g/hl)	Altamente tossico	Leggermente tossico
SHOW TOP (Rotenone e Piretrine - 2% + 0,5%, 700 ml/hl)	Altamente tossico	Non tossico
DANTOP 50 WG [4] (Clothianidin - 50%, 15g/hl)	Altamente tossico	-
NURELLE (Cypermethrin -10%, 150 ml/hl)	Notevolmente tossico	Leggermente tossico
DECIS EC (Deltamethrin - 2,81%, 75 ml/hl); STEWARD (Indoxacarb - 30%, 16,5 g/hl)	Moderatamente tossico	Leggermente tossico
RUFAST E FLO (Acrinathrin - 7,01%, 100 ml/hl)	Leggermente tossico	Moderatamente tossico
CALYPSO (Thiacloprid - 40,4%, 25 ml/hl); DECIS JET (Deltamethrin - 1,63%, 120 ml/hl)	Moderatamente tossico	Non tossico
BAYTEROID EW [3] (Cyflutrin - 5%, 100 ml/hl); DITHANE M-45 WP (Mancozeb - 80%, 200 g/hl); MATACAR FL (Hexythiazox - 24%, 20 ml/hl)	Leggermente tossico	Leggermente tossico
APPLAUD 40 SC (Buprofezin - 40,5%, 80 ml/hl); BIOROTEN (Rotenone - 4%, 300 g/hl); EPIK [5] (Acetamiprid - 20%, 25 g/hl); EUPAREN MULTI (Tolylfluanid - 50%, 150 g/hl); GREEN GUARD (Metarhizium anisopliae - 10%, 330 ml/hl); MAGISTER 200 SC (Fenazaquin - 18,32%, 75 ml/hl); MIMIC (Tebufenozide - 23%, 80 ml/hl); NOMOLT (Teflubenzuron - 13,57%, 50 ml/hl); PLENUM (Pymetrozine - 50%, 40 g/hl); POLYRAM DF (Metiram - 71,2%, 200 g/hl); SCORE 25 EC (Difenconazole - 23,23%, 15 ml/hl); TEPPEKI (Flonicamid - 50%, 14 g/hl)	Leggermente tossico	Non tossico

(cont.↓)

Tabella 11.2 *(continua)*

Nome commerciale (% di sostanza attiva, dose di campo)	Laboratorio	
	Ingestione [1]	Contatto indiretto [1]
ALSYSTIN SC (Triflumuron - 39,4%, 25 ml/hl); CASCADE 50 DC (Flufenoxuron - 4,7%, 150 ml/hl); CORAGEN 20 SC (Chlorantraniliprole - 18,4%, 20 ml/hl); DIPEL HPWP (Bacillus thuringiensis - 6,4%, 1000 g/ha); ENVIDOR 240 SC (Spirodiclofen - 22,3%, 50 ml/hl); FOLICUR WG (Tebuconazole - 25%, 75 g/hl); GRANSTAR 50 SX (Tribenuron-methyl - 50%, 15 g/hl); JUVINAL 10 EC (Pyriproxyfen - 10,86%, 75 ml/hl); MATCH TOP (Lufenuron - 4,43%, 100 ml/hl); MAVRIK (Tau-fluvalinate - 21,4%, 30 g/hl); POLISENIO (Polisolfuro di calcio - 23% S, 1,5 kg/hl); PRODIGY (Methoxyfenozide - 22,5%, 40 ml/hl); TOPIK 240 EC (Clodinafop-propargyl - 22,3%, 125 ml/hl); TRIGARD 75 WP (Cyromazine - 75%, 40 g/hl)	Non tossico	Non tossico

[1] Nella prova per "Ingestione" il prodotto è stato somministrato alle api in una soluzione zuccherina, mentre in quella per "Contatto indiretto" le api sono state fatte camminare per tre ore su un substrato (foglie) trattato. In base alla percentuale di mortalità rilevata alla 12ª ora dall'inizio della prova, corretta con la formula di Schneider-Orelli, il prodotto è stata classificato come "non tossico" (< 1%), "leggermente tossico" (1–25%), "moderatamente tossico" (26–50%), "notevolmente tossico" (51–75%), "altamente tossico" (76–100%).

[2] Nella prova del PER il prodotto determina disorientamento nelle api che perdura fino a 24 ore.

[3] Alla dose di campo e a metà dose determina un effetto transitorio sub-letale sul comportamento delle api (api raggruppate e con spasmi).

[4] Il prodotto è risultato altamente tossico verso le api per ingestione sia alla dose di campo di 15 g/hl che a metà dose dopo 3 ore dalla somministrazione.

[5] Nelle prove etologiche, il prodotto induce nelle prime 6 ore comportamenti anomali (movimenti scoordinati) che risultano più evidenti alla dose più elevata (200 g/hl).

[6] Il prodotto, essendo microincapsulato, espleta la propria azione più lentamente rispetto a una normale formulazione. Sarebbe opportuno considerare la modalità alla 36ª ora.

[7] Il prodotto, che probabilmente sviluppa un certo effetto repellente, è stato consumato completamente solo dopo i tempi previsti dalla prova, per cui la mortalità dovrebbe essere considerata alla 24ª ora.

[8] Dose di campo impiegata su ciliegio.

Tabella 11.3 Pericolosità verso le api adulte di alcuni pesticidi valutata in semi-campo e in campo

Nome commerciale (% di sostanza attiva, dose di campo)	Semi-campo	Campo
CONFIDOR [1] (Imidacloprid - 17,8%, 50 ml/hl); MAGISTER 200 SC (Fenazaquin -18,32%, 75 ml/hl); MAVRIK (Tau-fluvalinate - 21,4%, 30 g/hl); RUFAST E FLO (Acrinathrin - 7,01%, 100 ml/hl)	-	Non pericoloso
ENVIDOR 240 SC (Spirodiclofen - 22,3%, 50 ml/hl); JUVINAL 10 EC [2] (Pyriproxyfen -10,86%, 75 ml/hl); POLISENIO (Polisolfuro di calcio - 23% S, 1,5 kg/hl); TEPPEKI (Flonicamid - 50%, 14 g/hl)	Non pericoloso	-
PERFEKTHION (Dimethoate - 37,4%, 150 ml/hl)	Pericoloso	-

[1] Nonostante l'alta tossicità rilevata in laboratorio, il prodotto in campo, se utilizzato seguendo le norme tecniche di impiego indicate in etichetta (in particolare l'intervento chimico da effettuarsi a non meno di 10 giorni dall'inizio dell'antesi e in assenza di altre fioriture nelle vicinanze), non risulta pericoloso per le api. Ciononostante, spesso gli apicoltori segnalano mortalità e spopolamenti degli alveari in seguito all'uso di questo prodotto a causa, probabilmente, di utilizzi non corretti.

[2] La tossicità dell'IGR Juvinal è stata valutata anche sulla covata. A tal fine, è stato utilizzato un protocollo sperimentale che prevede l'allevamento *in vitro* di larve e la somministrazione individuale del prodotto a diverse dosi per calcolare la DL_{50}.

è però connesso alla tossicità e alla pericolosità del principio attivo impiegato e, come già accennato, a numerosi altri fattori come la dose (o concentrazione), la modalità (contatto diretto, contatto indiretto, ingestione) e la durata (acuta o cronica) dell'esposizione.

In generale, i fosforganici e i carbammati hanno un forte potere abbattente e, quindi, la maggior parte delle api colpite muoiono nell'appezzamento o sulla via del ritorno, mentre i cloroderivati hanno un effetto più dilazionato nei confronti degli insetti. Tuttavia, di solito, l'ape colpita da una molecola tossica tende a tornare a casa [15]. Nell'alveare esistono dei meccanismi che possono preservare la contaminazione del miele. Infatti, le api guardiane attaccano ed espellono dall'alveare le compagne che appaiono anormali o che rientrano impregnate di odori chimici sgraditi [16–18]. Le api giovani sembrano essere maggiormente sensibili ad alcuni vecchi insetticidi come DDT, diedrina e carbaryl, mentre le api di maggiore età lo sono di più verso malathion e methilparathion [19]. Ricerche più recenti hanno evidenziato che la suscettibilità delle bottinatrici (api più mature) all'intossicazione da parte di clothianidin e fipronil è maggiore rispetto alle api di casa (più giovani) e neosfarfallate e che questa sembra aumentare notevolmente a temperature alte [20]. Alcuni pesticidi evidenziano nelle api irrequietezza o, al contrario, ne sviluppano l'aggressività. In seguito all'esposizione con organofosforici e piretroidi, le api risultano molto più aggressive e rigurgitano il contenuto della borsa melaria (gli individui morti, infatti, si ritrovano con la ligula estroflessa), mentre il contatto con il carbaryl causa una lenta perdita di vitalità e un comportamento intirizzito, ma può provocare la morte anche dopo tre giorni [21]. Le api possono essere esposte a condizioni ambientali e nutrizionali tali da determinare l'assunzione di pesticidi nel nettare, nell'acqua o nella rugiada in varie concentrazioni con differenti conseguenze. L'imidacloprid e il clothianidin, saggiati rispettivamente a 0,2 ng/ape (1/25 della DL_{50} a 48 h) e 0,92 ng/ape (1/5 della DL_{50} a 48 h), hanno indotto una maggiore mortalità in caso di somministrazione della stessa dose di p.a. per ape a concentrazione maggiore (3 e 5 μl di soluzione zuccherina rispetto ai canonici 20 μl/ape dei protocolli standard) [22].

Anche la temperatura ha una notevole influenza sulla tossicità e pericolosità di un principio attivo; i trattamenti effettuati nelle ore più calde sono normalmente più pericolosi di quelli effettuati dopo il tramonto o durante la notte. In alcune ricerche su vecchi prodotti era stato evidenziato come il malathion fosse spesso dannoso alle api nel caldo della California ma non nel fresco dello stato di Washington [19], e come il mevinphos aumentasse la sua tossicità con le basse temperature notturne, per cui era consigliabile impiegarlo in estate e non in primavera [23]. Ma anche il fluvalinate (un aficida ancora in commercio) risulta quattro volte più tossico a 20 °C rispetto a 32 °C [24]. I prodotti microincapsulati, come quelli a base di methyl-parathion o di fenitrothion, possono indurre devastanti effetti in quanto la microcapsula, contenente il principio attivo, è di dimensioni simili (da 30 a 50 μm) al granulo di polline che le api bottinatrici raccolgono e trasportano nell'alveare [25–27]. Questi prodotti sono stati studiati per rilasciare lentamente il principio attivo sulla coltura in cui sono stati distribuiti al fine di effettuare meno interventi fitoiatrici; ma se l'idea è buona, non lo è altrettanto la sua applicazione in campo. Infatti, le microcapsule portate nell'alveare prolungano la tossicità e, quindi, la mortalità della covata e delle api di casa per lunghissimo tempo, fino a 19 mesi [28]. I microincapsulati sono stati molto impiegati per i trattamenti viticoli contro lo *Scaphoideus titanus* Ball, il vettore della flavescenza dorata, determinando forti mortalità di api perché effettuati prima della fine della fioritura della vite. Con il polline di vite le api trasportavano all'interno dell'alveare anche le micidiali microcapsule [29].

Gli *Insect Growth Regulators* (IGR) sono prodotti utilizzati in agricoltura ormai da molti anni. Il loro scopo è quello di colpire processi fisiologici e strutture tipiche degli insetti o, più in generale, degli invertebrati. La loro azione si risolve soprattutto in un disturbo dei processi di sviluppo e metamorfosi, ragione per cui sono chiamati "regolatori di crescita". Agiscono più lentamente ma sono più selettivi dei comuni insetticidi. Alcuni di questi prodotti sono però stati incolpati di indurre alterazioni nella metamorfosi degli stadi giovanili dell'ape e di provocare malformazioni su adulti di operaie [30]. Le anomalie rilevate sono state diverse: occhi non pigmentati o con una tipica striatura semilunare, torace corto e depresso più o meno pigmentato, ali avvolte nell'esuvia pupale, piccole, malformate e non adatte al volo, tegumenti poco sclerificati e addome variamente pigmentato [31–33]. Recentemente sono stati riportati anche casi di malformazioni a carico delle api regine con la conseguente perdita del loro valore commerciale e funzionale. Nei campi coltivati sono molto impiegati anche i prodotti sistemici che, se distribuiti in prefioritura, possono successivamente contaminare il nettare e provocare, a seconda della quantità importata, seri danni all'alveare e in particolare alla covata, se non addirittura portare a morte l'intera famiglia [34, 35]. Sebbene la maggior parte dei diserbanti sia considerata non tossica verso le api, in seguito all'irrorazione di queste sostanze si possono evidenziare dei danni nell'alveare, in particolare a carico della covata. Bisogna dire, però, che tali effetti sono temporanei perché, alla sospensione della somministrazione, l'allevamento della covata di solito torna alla normalità [36].

11.6 Effetti sub-letali dei pesticidi nei confronti delle api

Gli effetti di dosi sub-letali di un pesticida possono provocare alterazioni nel sistema di comunicazione, nelle attività sociali, nelle capacità cognitive e nell'orientamento dell'ape. I prodotti fitosanitari che comportano effetti a carico del comportamento sono essenzialmente quelli che esprimono un'azione principale di tipo neurotossico [37]. Il parathion in dosi sub-letali, così come l'imidacloprid, sembrerebbe influire negativamente sulla comunicazione tramite danze delle api. In particolare, le bottinatrici comunicano un angolo diverso da quello indicato dalle api non contaminate ma tenute nelle stesse condizioni [38–40]. L'imidacloprid, somministrato per contatto in dosi comprese tra 0,1 e 20 ng/ape, modifica il tempo necessario a un'ape adulta per reagire allo stimolo odoroso del cibo [41, 42]. Invece, la sua ingestione in dosi sub-letali o il contatto indiretto con polveri contaminate, diminuisce la capacità delle api di associare uno stimolo odoroso a una ricompensa [43–45]. Oltre all'imidacloprid, questi effetti si sono osservati anche per il clothianidin [46] e il thiamethoxam [47]. Anche l'acetamiprid, a dosi subletali (0,1 μg/ape) per ingestione, inibisce la memoria a lungo termine legata a stimoli odorosi; mentre il fipronil provoca disfunzioni di apprendimento e di memoria [48].

Gli insetticidi neonicotinoidi possono interferire anche con l'apprendimento spaziale e la memoria visiva legata ai colori, essenziali nell'orientamento in volo delle api, non solo per individuare le fonti di cibo in campo, ma anche, ad esempio, per ritrovare il percorso verso l'alveare. Dosi sub-letali di imidacloprid e clothianidin (1/10 e 1/100 della DL_{50}, rispettivamente) somministrati per ingestione, interferiscono sulla memoria sia a breve termine, ovvero dopo 1 ora dal trattamento, sia a lungo termine, cioè a 24 ore. Invece, il thiamethoxam e il fipronil (1/100 e 1/5 della DL_{50}, rispettivamente), provocano effetti sulla memoria a lungo termine [49].

L'imidacloprid, sempre in dosi sub-letali, può agire negativamente sulla capacità di comunicare alle compagne la posizione della fonte di cibo [40]. Tuttavia, anche alcuni piretroidi possono interferire sulla capacità delle api bottinatrici di trovare la via dell'alveare. La somministrazione per contatto a livello sub-letale (dosi fino a 25 volte inferiori alla DL_{50}) in condizioni controllate di permetrina e deltametrina, provoca l'incapacità delle api bottinatrici di ritornare al nido posizionato nelle vicinanze (8 m dall'alimentatore) [50]. A livello cognitivo, invece, gli effetti sub-letali degli insetticidi neonicotinoidi sono risultati più marcati rispetto a quelli provocati dai piretroidi o dai fosforganici [51]. L'imidacloprid, ad esempio, somministrato in concentrazioni di 6 ppb, provoca la riduzione dell'attività di volo e di bottinamento [52]. In condizioni di campo, 100 ppb di imidacloprid (corrispondenti a 2–4 ng/ape) ritarda notevolmente il tempo di ritorno al nido delle api trattate [53]. L'ingestione di 1,5 ng/ape di imidacloprid o di 0,5 ng/ape di clothianidin provoca una diminuzione dei voli di bottinamento in campo e un aumento dell'intervallo di tempo tra due successivi ritorni all'alveare [54, 55]. Anche il thiamethoxam (1,34 ng/ape), ha determinato una difficoltà di ritornare all'alveare in tempi paragonabili con quelli delle api non trattate [56].

La deltametrina ha un'azione negativa sulla termoregolazione delle api, inducendo una forte ipotermia in singole api trattate per contatto con dosi subletali (2,5 e 4,5 ng/ape). Questo effetto è stato anche osservato con la somministrazione combinata di deltametrina e del fungicida prochloraz [57]. Coumaphos e fluvalinate, utilizzati per i trattamenti acaricidi contro la *Varroa*, possono interferire con il corretto sviluppo morfologico delle regine provocando una diminuzione di peso nelle larve e comportamenti anomali dopo lo sfarfallamento [58, 59]. A basse concentrazioni (100 ppm) il coumaphos inibisce l'accettazione delle regine trattate in alveari testimone [58]. Bifentrina e deltametrina (piretroidi) inducono, invece, una diminuzione della fertilità e della fecondità [60]. La covata può essere esposta all'azione degli agrofarmaci anche per contatto attraverso la cera e per ingestione di polline stoccato (pane d'api). Da larve allevate su favi con un ampio numero di residui di pesticidi nella cera, si sono sviluppate api adulte con una longevità e una sopravvivenza inferiore, rispetto ad altre api allevate su favi nuovi. Inoltre, lo sfarfallamento dai favi contaminati è risultato ritardato [61]. L'ingestione di concentrazioni sub-letali di imidacloprid (0,5 ppb) ha provocato nelle api, dopo 72 ore dal trattamento, la riduzione del diametro degli acini delle ghiandole ipofaringee [62], il cui sviluppo nelle nutrici è funzionale per la secrezione di gelatina reale. Recentemente, sempre per l'imidacloprid, è stato anche osservato un effetto analogo in seguito all'ingestione di 2 e 3 ppb ripetuta per 14 giorni [63]. L'azione combinata di *Nosema ceranae* e dell'imidacloprid ha determinato la diminuzione dell'attività della glucosio ossidasi, enzima coinvolto nell'immunità sociale. Altri enzimi appartenenti al sistema anti-ossidante e detossificante sono stati studiati in relazione all'esposizione al thiamethoxam e al thiacloprid [64, 65]. Gli effetti sub-letali descritti colpiscono funzioni e aspetti centrali nella vita sociale delle api e, per questo motivo, la valutazione del rischio all'esposizione ai pesticidi non si dovrebbe limitare alle singole api ma estendersi all'intera famiglia. A questo proposito, è però importante considerare che, per evidenziare gli effetti sub-letali in campo sull'intero organismo alveare, le prove debbano essere condotte sul lungo periodo e, considerando l'estesa area di volo delle api, non si può prescindere dall'influenza di numerosi fattori che possono condizionare lo svolgimento della sperimentazione. In pratica, queste condizioni limitanti, non consentono di valutare gli effetti sub-letali dei prodotti fitosanitari verso le api tramite le prove classiche di campo, se non ricorrendo all'utilizzo di modelli. In determinati ambienti agricoli, infatti, l'elevata contaminazione da pesticidi, sia all'esterno che all'interno dell'alveare [66] espone le api a una moltitudine di residui per cui saggiare l'effetto di un singolo trattamento diventa più complesso. L'interpretazione dei risultati dovrà, quindi, tenere conto anche di queste influenze ambientali, rispetto alla stessa sperimentazione condotta in laboratorio.

Tramite l'uso di un modello è stata simulata l'esposizione per tre mesi delle api bottinatrici di una famiglia al nettare di colza contaminato con thiamethoxam, combinata con un moderato tasso di ovideposizione della regina. Il modello ha evidenziato una diminuzione drastica del numero di api, fin sotto la soglia delle 5000, predisponendo l'alveare al collasso [56]. Sebbene si tratti di una previsione su basi statistiche, questa è supportata da dati sperimentali sull'orientamento delle bottinatrici e sulla fertilità delle regine, a livello individuale, e dalla considerazione che la probabilità di sopravvivenza di ogni singola ape non possa considerarsi indipendente dalla mortalità del gruppo di individui in cui è inserita [67]. A livello di alveare, questa osservazione non è mai stata dimostrata sperimentalmente, ma è ragionevole ipotizzare che lo stesso meccanismo possa ripetersi. Gli effetti deleteri che derivano dalla contaminazione con prodotti fitosanitari, potrebbero quindi ripercuotersi anche sugli individui per i quali questa esposizione non si sia verificata.

11.7 Effetti sinergici di più fattori sulla mortalità per avvelenamento delle api

Negli ultimi anni, al fine di individuare le cause che entrano in gioco nel fenomeno del declino delle api, sono stati intrapresi molti studi sull'interazione di più cause.

Le api possono essere esposte a combinazioni di pesticidi attraverso molteplici vie quali, ad esempio, l'applicazione consecutiva di trattamenti con diversi principi attivi, l'uso di miscele di prodotti, oppure entrambe le eventualità, che sono estremamente frequenti nella realtà di campo. Inoltre, a causa dell'ampio raggio di volo, le bottinatrici possono attraversare diversi campi trattati e, quindi, entrare in contatto con differenti prodotti. Un'altra via di esposizione si realizza attraverso i residui rintracciabili nei prodotti raccolti dalle api, soprattutto in polline e nettare. La deltametrina, un insetticida piretroide, e il fungicida azotorganico prochloraz, se vengono utilizzati in miscela, risultano molto più tossici rispetto al loro impiego sequenziale oppure solitario [68]. Il fenomeno sembra dovuto all'inibizione dell'attività della monossigenasi microsomiale e, in particolare, del citocroma $P\text{-}450_{\text{III}}$, che entra nel metabolismo di detossificazione del piretroide [69]; questa teoria è stata però messa in discussione negli anni successivi tramite accurate sperimentazioni condotte utilizzando modelli che simulano la farmacocinesi della deltametrina in presenza o meno del prochloraz [70].

Allo stesso modo di quanto dimostrato per i piretroidi, anche l'associazione tra i neonicotinoidi e i fungicidi azolici presenta un carattere sinergico nei confronti delle api adulte. Il trattamento combinato per contatto con triflumizolo, ad esempio, ha aumentato la tossicità dell'acetamiprid e del thiacloprid più di 200 e 1000 volte, rispettivamente. Analogamente, la DL_{50} del thiacloprid è risultata di 500 volte più bassa in corrispondenza del trattamento abbinato con il propiconazolo [71, 72].

L'azione di diversi patogeni delle api, come la varroa, il *Nosema* o certi virus, è stata proposta da alcuni autori come la principale causa dei recenti spopolamenti di alveari. I trattamenti contro la varroa possono sensibilizzare maggiormente le api verso alcuni pesticidi, con un effetto molto più evidente rispetto ad alveari non trattati [73]. Vi sono altri casi in cui la miscela di due principi attivi è meno pericolosa dell'uso singolo, come è stato osservato, ad esempio, per l'insetticida fosforganico dimetoato con l'erbicida fenossicarbossilico 2,4-DB [19]. La compresenza di *N. ceranae* e imidacloprid, in concentrazioni sub-letali nel polline, ha provocato conseguenze debilitanti sul sistema di difesa individuale e della famiglia [1]. In particolare, è stato dimostrato come le spore del patogeno siano in grado di replicarsi più velocemente in api esposte indirettamente all'imidacloprid durante lo stadio larvale [74]. Invece il clothianidin induce, in quantità subletali, la proliferazione del virus delle ali deformate (DWV) [2].

Tra gli stress ambientali che possono influire sul corretto sviluppo della famiglia, sono stati individuati la temperatura di allevamento della covata e il regime alimentare. In condizioni non ottimali questi fattori possono contribuire allo stress indotto da un'intossicazione da pesticidi e agire in modo sinergico. Le larve allevate a una temperatura sub-ottimale (33 °C) hanno mostrato una minore sensibilità (DL_{50} alta) al trattamento con dimetoato, ma gli adulti sfarfallati avevano un tasso di sopravvivenza inferiore rispetto al controllo, mantenuto a 34,5 °C e una maggiore suscettibilità al pesticida [75]. La qualità pollinica è stata messa spesso in relazione con lo stato di salute delle api e, più in particolare, con lo sviluppo della covata e la longevità degli adulti. Tra le specie botaniche coltivate a carattere estensivo, il girasole e il mais sono ritenute non ottimali a livello nutrizionale. Un'alimentazione a base di polline di girasole, ad esempio, ha dimostrato di essere meno nutriente rispetto a un mix di pollini con diversa origine botanica [76]. Le famiglie alimentate solamente con mais hanno allevato meno covata rispetto a quelle nutrite con un mix pollinico; inoltre, le api neosfarfallate hanno mostrato una ridotta sopravvivenza e una maggior suscettibilità ai pesticidi [77].

11.8 Valutazione della mortalità delle api

Il rilevamento delle api morte presenta delle problematiche che molti autori hanno tentato di affrontare e di risolvere proponendo varie soluzioni che vanno dalle gabbie (o trappole) di raccolta ai conta-api elettronici. Con le prime è possibile conteggiare solamente le api che riescono a tornare all'alveare e, morendo, vengono espulse dalle compagne, ma non si rilevano quelle morte in campo o durante il viaggio di ritorno. Queste frazioni sono variabili e sono in relazione a numerosi fattori, come, ad esempio, il tipo di principio attivo con cui le api vengono in contatto (tossicità, formulazione, potere abbattente, ecc.). Nel corso degli anni molti ricercatori [78–82] hanno impiegato vari tipi di strutture atte alla raccolta di api morte nelle sperimentazioni di campo e di semi-campo per saggiare la pericolosità dei pesticidi impiegati in agricoltura. Le gabbie possono essere più o meno efficienti e devono assolvere ad alcuni requisiti. Oltre ad essere in grado di raccogliere le api espulse dall'alveare, non devono interferire con le normali attività delle api sul predellino, come volo e ventilazione, o facilitare l'accesso a eventuali saprofagi, per esempio le vespe, devono però permettere un facile conteggio, essere resistenti alle condizioni climatiche, facilmente applicabili e smontabili e, soprattutto, economiche. Uno dei problemi maggiori per queste strutture risiede nel fatto che le api possono abituarsi a tal punto alla presenza della gabbia che cominciano a considerarla una parte dell'alveare e, quindi, a rimuovere le api morte. Il tipo di gabbia denominata *underbasket*, è risultata quella maggiormente affidabile [83–87], ma sul mercato sono ormai da tempo disponibili anche i conta-api elettronici, in grado di contare le api in entrata e in uscita, determinando così anche il numero di api che muoiono in campo [88, 89].

11.9 Soglia critica di mortalità

I pesticidi, come abbiamo visto, possono indurre nell'alveare una mortalità subdola, cioè non percettibile, in caso di avvelenamenti sub-letali, ma anche una mortalità macroscopica, rilevabile soprattutto di fronte all'alveare, da distinguere però da quella fisiologica, che non è di facile accertamento in quanto dipendente dalla stagione, dalla forza della famiglia, dall'ambiente circostante e da numerose altre variabili. Tuttavia, considerando il numero di uova deposte dalla regina nel corso della stagione, quello delle celle di covata occupate, delle api sfarfallate e di quelle adulte, la mortalità naturale giornaliera, nel periodo di massimo popolamento, e cioè da maggio a luglio, dovrebbe essere circa un migliaio di api [90, 91]. Quindi, la valutazione tramite le gabbie di raccolta è una conta in difetto e, inoltre, la loro efficacia varia a seconda dell'ambiente in cui sono situati gli alveari, e della stagione. Pur tuttavia, una soglia fra la mortalità naturale e quella indotta dai pesticidi è stata definita tramite diverse sperimentazioni. Le api morte accumulate nell'arco di una settimana nelle gabbie *underbasket* collocate davanti ad alveari in diversi contesti ambientali sono state analizzate per individuare il livello di mortalità con residui di pesticidi. I campioni sono stati raccolti a varie soglie: da meno di 100 a più di 2.000 api morte/settimana/alveare. Dai risultati ottenuti si è rilevato che il 75% dei campioni che superavano la soglia di 125 api morte contenevano almeno un residuo di principio attivo, mentre solo il 25% dei campioni al di sotto di tale limite è risultato positivo [7, 92]. Quindi, in pratica, un numero giornaliero che supera le 20–25 api morte per alveare (circa il 2,5% della mortalità naturale massima), rilevato tramite le gabbie *underbasket*, dovrebbe essere il campanello d'allarme di una mortalità non più fisiologica ma indotta da un avvelenamento da pesticidi.

11.10 Diagnosi di avvelenamento

Il sintomo più evidente in seguito a un avvelenamento è, come riportato in precedenza, la presenza di numerose api morte o moribonde, con la ligula estroflessa, di fronte all'alveare. Normalmente, la maggior parte delle api colpite in campo da un trattamento fitosanitario non riesce a tornare all'alveare, ma una parte di esse, più o meno rilevante, non investita direttamente dal pesticida, riesce a compiere il viaggio di ritorno. Queste api, arrivando moribonde, possono presentare comportamenti anomali come rigurgitare il nettare contaminato imbrattando l'entrata dell'alveare, manifestare una limitata attività di volo, avere spasmi nervosi, tremori, movimenti lenti, saltellare o girare su se stesse, immobilizzarsi ed essere incapaci al volo. Alcuni di questi sintomi non sono esclusivi dell'azione di un pesticida sulle api, ma è comunque importante rilevarli per poterli mettere in relazione con altri parametri apistici e ambientali.

Infatti, per accertare le cause di un apicidio, è sempre molto importante relazionare le osservazioni sullo stato della famiglia con quelle dell'ambiente circostante, come esemplificato nel paragrafo 11.3. Se davanti all'entrata dell'alveare si ritrovano larve e pupe morte, è molto probabile che la covata sia stata alimentata con polline contaminato. La perdita della covata può determinare, dopo qualche settimana, uno spopolamento della famiglia che è possibile verificare con un'accurata visita alla famiglia. Durante il controllo, da effettuare possibilmente nelle primissime ore del mattino, oltre ad accertare la presenza di api morte sul fondo dell'arnia, è necessario osservare se le api adulte sulle facciate dei telaini sono sufficienti per mantenere la covata alla temperatura ottimale di 35 °C. Se l'area di covata non è completamente, o comunque in gran parte, ricoperta dalle api, è probabile che sia in atto uno spopolamento. Tale fenomeno può essere la causa scatenante di un lento ma progressivo declino della famiglia che, nei casi più gravi, porta alla sua estinzione. Fra gli effetti negativi dilazionati nel tempo, e per questo meno evidenti, bisogna anche ricordare i danni che colpiscono direttamente o indirettamente la regina. Talvolta queste alterazioni, a carico soprattutto della produzione dei feromoni reali e dell'ovideposizione, sono talmente gravi che le operaie sono stimolate ad allevare una nuova regina per sostituire quella vecchia. Le famiglie più forti e popolose, essendo caratterizzate da un numero di bottinatrici molto alto, subiscono danni per l'avvelenamento da pesticidi più consistenti di quelle più deboli. Bisogna anche ricordare che un eventuale stato patologico può mascherare una mortalità causata da pesticidi. Infatti, un alveare già indebolito da patologie è maggiormente suscettibile all'azione di un prodotto utilizzato nei campi coltivati per la difesa delle colture [93]. Viceversa, può anche accadere che un principio attivo poco tossico o captato dalle api in dosi sub-letali indebolisca le famiglie di api predisponendole a soccombere per cause patologiche. È quindi indispensabile conoscere gli effetti dell'interazione fra i pesticidi impiegati in agricoltura, gli acaricidi utilizzati per la lotta alla varroa e le patologie delle api (vedi paragrafo 11.7), perché, nella maggior parte degli eventi di mortalità o di spopolamento degli alveari, la causa è da ricercare nell'effetto combinato di più variabili. I rilievi apistici e ambientali, insieme agli esami di laboratorio (per determinare residui di pesticidi, patologie presenti sulla pelliccia delle api morte, per individuare le fioriture e le aree visitate dalle api, ecc.), consentono, nella maggior parte dei casi, di individuare le cause della mortalità delle api e/o dello spopolamento degli alveari.

11.11 Prevenzione e norme per ridurre il pericolo degli avvelenamenti

L'importanza strategica delle api per la produzione agricola e la biodiversità ambientale impone una coesistenza tra agricoltura e apicoltura che è possibile solo attraverso una vasta collaborazione a tutti i livelli in questi due settori, presupposto fondamentale per la riduzione degli apicidi causati dall'impiego dei pesticidi. In molti casi, infatti, le api muoiono in seguito all'inosservanza delle più elementari norme di utilizzo di questi prodotti chimici. Vi è, però, anche da aggiungere che spesso le indicazioni d'impiego non sono sufficienti o sono irrealizzabili. Può succedere, infatti, che anche se un agricoltore le osserva scrupolosamente le api muoiano ugualmente. Ad esempio, fra le precauzioni d'impiego indicate, vi è lo sfalcio preventivo della flora spontanea, oltre che l'esecuzione dell'intervento fitosanitario verso sera e in assenza di vento. La barra falciatrice può però non riuscire a tagliare tutta la flora presente, in particolare quella con i fiori radenti a terra come il *Myosotis*, fra l'altro molto appetito alle api. Il trattamento verso sera, invece, può essere eseguito solo se gli appezzamenti da trattare sono piccoli, mentre è impossibile per le grandi estensioni. Inoltre, è spesso difficile effettuare l'intervento in condizioni atmosferiche ottimali (vento inferiore a 2 m/s, temperatura e umidità dell'aria non elevate, ecc.). In effetti, il trattamento può cominciare in un momento ideale ma se, ad esempio, il vento si alza improvvisamente a metà del lavoro, non si può certo pretendere che l'agricoltore si fermi in attesa che si calmi! In ogni caso, è molto importante che agricoltore e apicoltore concordino le loro attività al fine di limitare i rischi per le api dovuti all'utilizzo dei pesticidi.

La collaborazione può iniziare stabilendo il luogo dove collocare gli alveari, che non devono ostacolare le pratiche agricole aziendali, essere distanti almeno 30 m dagli appezzamenti da trattare, disposti sopravento rispetto ad essi e, cercando di individuare le direzioni e i corridoi di volo prevalenti delle api, in aree che non le inducano a sorvolare le cosiddette "zone di morte", cioè gli appezzamenti trattati, per andare a bottinare su specie botaniche in fiore. La presenza di siepi e bordure andrebbe salvaguardata, in quanto queste strutture funzionano, oltre che da aree rifugio per gli insetti utili, anche come barriera all'effetto deriva. L'agricoltore dovrebbe valutare sempre con estrema cura il livello d'infestazione della coltura per evitare trattamenti inutili e non intervenire mai durante la fioritura delle specie entomofile e anemofile, coltivate e spontanee, o in presenza di flussi di melata. A questo proposito, bisogna stare molto attenti alla fine effettiva della fioritura, in particolare di certe coltivazioni come la vite, in cui non è facilmente valutabile, e anche alle insidiose seconde fioriture. In caso di attacco di afidi e conseguente produzione di melata, non bisogna trattare nessuna coltura, nemmeno i cereali. Altre cose da stabilire con l'apicoltore sono le modalità del trattamento fitosanitario (che devono tener conto dei suggerimenti d'uso e delle norme vigenti sui limiti e le proibizioni, come ad esempio lo sfalcio della flora spontanea) e la scelta del prodotto, che dovrebbe essere effettuata, nel limite del possibile, fra quelli meno tossici per le api e meno persistenti per l'ambiente.

È anche molto utile concordare le modalità di distribuzione dell'agrofarmaco (tramite atomizzatore, barra, manichetta, ecc.) e il periodo in cui eseguire l'intervento fitosanitario. Il momento migliore, normalmente, è quando il vento è molto ridotto e nel pomeriggio inoltrato. Se però è indispensabile farlo al mattino, bisogna intervenire nelle prime ore del giorno e, se possibile, prima che si levi il sole. È necessario fare anche attenzione alle condizioni ottimali (umidità elevata dell'aria, assenza di vento e cielo sereno) per la formazione della rugiada. Infatti, un trattamento la sera precedente, così come un intervento mattutino con la rugiada già formata, metterebbe a disposizione delle api, qualora avessero la necessità di importare dell'acqua in alveare, del materiale contaminato. Le api, nel periodo primaverile-estivo, hanno bisogno di molta acqua e, per questo motivo, bisogna cercare di non contaminarla e di fornirgliela sempre fresca e pulita in appositi contenitori da collocare nelle vicinanze degli alveari, per evitare che vadano a prelevarla in luoghi a rischio. Le alte temperature estive, inoltre, inducono le api a formare la "barba" sul predellino dell'alveare, esponendole maggiormente ai trattamenti fitosanitari, mentre gli abbassamenti di temperatura prolungano notevolmente l'effetto residuale dei pesticidi.

L'agricoltore deve rendersi conto che provocare degli apicidi o allontanare gli apicoltori dalle zone che presentano pericoli per le famiglie di api, può voler dire ottenere raccolti scarsi, in particolare per quelle colture che hanno bisogno più di altre dell'impollinazione incrociata. L'apicoltore deve collaborare con gli agricoltori della zona, ad esempio apponendo sugli alveari i propri recapiti per essere immediatamente rintracciato in caso di problemi impellenti, come l'improvvisa necessità di un trattamento non programmato. In questi casi, è possibile contenere i danni spostando gli alveari fino alla scomparsa dell'effetto residuale del pesticida, oppure coprirli con teli di juta bagnati o, al limite, chiudendoli per qualche ora. Se questa operazione fosse indispensabile, è necessario fornire gli alveari di acqua, tramite gli alimentatori, e assicurare la circolazione dell'aria inserendo un melario vuoto e togliendo il cassettino sottostante. Dopo il trattamento, una volta liberate le api, sarà opportuno inserire le trappole per la raccolta del polline in modo da ridurne al massimo l'importazione e fornire nel contempo un'adeguata alimentazione [93].

Se, nonostante tutte queste precauzioni, si verifica un avvelenamento negli alveari, l'apicoltore dovrà inoltrare regolare denuncia presso il Servizio Veterinario dell'ASL competente per territorio.

11.12 Conclusioni

Le ricerche condotte negli ultimi anni sulle possibili cause di mortalità delle api portano verso un'interpretazione multifattoriale di questo fenomeno, in cui gli avvelenamenti da pesticidi, con esiti letali o sub-letali, costituiscono un importante elemento di rischio. I pesticidi, insieme ad altri fattori come ad esempio i parassiti e le patologie dell'alveare, la conduzione apistica, le condizioni nutrizionali, climatiche e ambientali, contribuiscono all'indebolimento della famiglia di api e al suo eventuale collasso. L'importanza relativa di ciascun fattore non è fissa, ma estremamente variabile in funzione, soprattutto, del luogo e della stagione. La valutazione degli effetti dei pesticidi sulle api diventa quindi molto importante al fine di differenziarli da quelli delle patologie. Bisogna cercare di minimizzare la presenza dei fattori dipendenti dall'uomo, come ad esempio l'impiego dei pesticidi, perché l'insorgenza delle patologie è condizionata anche da numerosi altri fattori difficilmente gestibili. La valutazione della pericolosità dei pesticidi per le api, inoltre, richiede molta attenzione nel processo di registrazione e utilizzo di questi prodotti, considerando che gli effetti possono interessare anche altri importanti impollinatori e insetti utili.

Bibliografia

1. Alaux C, Brunet JL, Dussaubat C et al (2010) Interactions between Nosema microspores and a neonicotinoid weaken honeybees (Apis mellifera). Environ Microbiol 12:774–782
2. Di Prisco G, Cavaliere V, Annoscia D et al (2013) Neonicotinoid clothianidin adversely affects insect immunity and promotes replication of a viral pathogen in honey bees. Proc Nat Acad Sci USA. www.pnas.org/lookup/suppl/doi:10.1073/pnas.1314923110/-/DCSupplemental
3. Bovey P (1947) Les traitements antiparasitaires et l'apicolture. Rev Romande d'Agricolture, de Viticolture et d'Arboricolture 3:27–30
4. Accorti M (1994) Influenza dell'ambiente sul comportamento e sulla biologia delle api nel monitoraggio ambientale. Atti del convegno: "L'ape come insetto test dell'inquinamento agricolo" P.F "Lotta biologica e integrata per la difesa delle colture agrarie e delle piante forestali" del Ministero Agricoltura e Foreste, Firenze, 28 marzo 1992, pp 45–57
5. Celli G, Porrini C (1991) L'ape, un efficace bioindicatore dei pesticidi. Le Scienze 274:42–54
6. Crane E (1984) Bees, honey and pollen as indicators of metals in the environment. Bee Wld 55:47–49
7. Porrini C, Ghini S, Girotti S et al (2002) Use of honey bees as bioindicators of environmental pollution in Italy. In: Devillers J, Pham-Delègue MH (eds) Honey bees: the environmental impact of chemicals. Taylor&Francis, London, pp 186–247
8. Bortolotti L, Sabatini AG, Mutinelli F et al (2009) Pertes printanières d'abeilles en Italie. La santé de l'abeille 229:1–4
9. Porrini C, Sabatini AG, Mutinelli F et al (2009) Le segnalazioni degli spopolamenti e delle mortalità degli alveari in Italia: resoconto 2008. L'Apis 1:15–19
10. Corbett JR (1974) The biochemical mode of action of pesticides. London, New York, p 330
11. EFSA (2012) Scientific opinion on the science behind the development of a risk assessment of plant protection products on bees (Apis mellifera, Bombus spp. and solitary bees). EFSA Journal 10:2668
12. EFSA (2013) EFSA guidance document on the risk assessment of plant protection products on bees (Apis mellifera, Bombus spp. and solitary bees). EFSA Journal 11:3295
13. Porrini C, Sabatini AG, Sgolastra F et al (2011) Tossicità verso le api – II. In: Muccinelli M (ed) Prontuario degli agrofarmaci, 12a ed. Edagricole, Milano, pp 905–909
14. Decourtye A, Pham-Delègue MH (2002) The proboscis extension response: assessing the sublethal effects of pesticides on the honey bee. In: Devillers J, Pham-Delègue MH (eds) Honey bees: the environmental impact of chemicals. Taylor&Francis, London, pp 67–84
15. Pourtallier J (1975) Aperçu de toxicologie apicole, pollutions chimiques des produits de la ruche. Atti XXV Congr. Int. Apicolt., Apimondia, Grenoble, pp 443–448
16. Sabatini AG, Savigni G (1976) Ricerca di residui di fitofarmaci clororganici e fosforganici in campioni di miele dell'Emilia-Romagna. Riv Sci Tecn Alim Nutr Um 3:167–170
17. Sabatini AG, Savigni G (1977) Condizioni di salubrità, nei confronti dei residui di fitofarmaci, di campioni di miele prodotti in zone a vegetazione spontanea. Quaderni di merceologia 16:161–168
18. Grout RA (1981) L'ape e l'arnia. Edagricole, Bologna
19. Johansen CA (1979) Honeybee poisoning by chemicals: signs, contributing factors, current problems and prevention. Bee Wld 60:109–127
20. Bogo G, Medrzycki P, Tosi S et al (2010) Ruolo della temperatura in relazione all'età delle

api in risposta ai pesticidi. In: Atti XIII Convegno nazionale dell'Associazione Italiana per lo studio degli artropodi sociali e presociali (AISASP), Reggio Calabria, 3–6 Maggio 2010
21. Johansen CA (1984) Behavior of pollinators following insecticide exposure. Am. Bee J 124:225–227
22. Maccagnani B, Bortolotti L, Mattarrozzi AR et al (2010) Effetti sulle api di neonicotinoidi e fipronil somministrati a diversa concentrazione. Atti Giornate Fitopatologiche 1:541–544
23. Benedek P (1975) Effect of night temperature on the toxicity of field-weathered mevinphos residues to honeybees. Z Angew Entomol 79:328–331
24. Niijima K, Osawa K, Yoshida T (1985) Toxicity of several insecticides to honeybees: influence of post-treatment temperature. B Fac Agr, Tamagawa Univ 25:83–90
25. Selkirk J (1976) Timed-release pesticide decimating northwest bees. Environ Act B 7:1
26. Burgett M, Fisher G (1977) The contamination of foraging honey bees and pollen with Pencap-M. Am Bee J 117:626–627
27. Atkins EL, Kellum D (1984) Microencapsulated pesticides: visual microscopical detection of capsules; quantification of residues in honey and pollen. Am Bee J 124:800–803
28. Barker RJ, Lehner Y, Kunzmann MR (1979) Pesticides and honey bees: the danger of microencapsulated formulations. Z Natur 34:153–156
29. Sgolastra F, Medrzycki P, Tesoriero D et al (2005) Relazione fra mortalità delle api e trattamenti fitosanitari in aree viticole dell'Emilia-Romagna. Apoidea 2:31–38
30. Ruijter A, Van der Steen J (1987) A field study on the effect on honeybee brood of Insegar (fenoxycarb) applied on blooming apple orchards. Apidologie 18:355–357
31. Gerig L (1991) La signification de l'Insegar pour l'apiculture et l'arboricolture. J Suisse d'Apic 6:189–196; 7:235–238; 8:283–285
32. Marletto F, Arzone A, Dolci M (1992) Azione di fenoxycarb sulla covata dell'ape. Apicolt Mod 83:209–218
33. Nitsch C (1992) The effect of Insegar on honeybees. Apidologie 23:346–348
34. Fiedler L, Drescher W, Tasei JN (1984) Residue analysis of insecticides in nectar: possible contamination after pre-blossom treatment. Proceedings of the 5th International Symposium on Pollination, Versailles, pp 209–213
35. Fiedler L (1987) Acephate residues after pre-blossom treatments: effects on small colonies of honey bees. B Environ Contam Tox 38:594–601
36. Moffett JO, Morton HL (1975) Come i diserbanti agiscono sulle api. Apicolt Mod 66:132–134
37. Belzunces LP, Tchamitchan S, Brunet J-L (2012) Neural effects of insecticides to the honey bee. Apidologie 43:348–370
38. Schricker B, Stephen WP (1970) The effect of sublethal doses of parathion on honeybee behaviour. I. Oral administration and the communication dance. J Apicult Res 9:141–153
39. Schricker B (1974) The effect of sublethal doses of parathion on the indication of distance in honeybees. Apidologie 5:149–175
40. Eiri DM, Nieh JC (2012) A nicotinic acetylcholine receptor agonist affects honey bee sucrose responsiveness and decreases waggle dancing. J Exp Biol 215:2022–2029
41. Guez D, Suchail S, Gauthier M et al (2001) Contrasting effects of imidacloprid on habituation in 7- and 8-day-old honeybees (Apis mellifera). Neurobiol Learn Mem 76:183–191
42. Lambin M, Armengaud C, Raymond S, Gauthier M (2001) Imidacloprid-induced facilitation of the proboscis extension reflex habituation in the honeybee. Arch Insect Biochem 48:129–134
43. Decourtye A, Devillers J, Cluzeau S et al (2004) Effects of imidacloprid and deltamethrin on associative learning in honeybees under semi-field and laboratory conditions. Ecotox Environ Safe 57:410–419
44. Maccagnani B (2010) Metodi di indagine sugli effetti subletali di agrofarmaci sul comportamento delle api. Apoidea 7:41–45
45. APENET (2011) "Effects of coated maize seed on honey bees". Report based on results obtained from the third year of activity of the ApeNet project. http://www.reterurale.it/apenet
46. Aliouane Y, El Hassani AK, Gray V et al (2009) Subchronic exposure of honeybees to sublethal doses of pesticides: effects on behaviour. Environ Toxicol Chem 28:113–122
47. El Hassani A, Dacher M, Gary V et al (2008) Effects of sublethal doses of acetamiprid and

thiamethoxam on the behavior of the honeybee (Apis mellifera). Arch Environ Con Tox 54:653–661

48. Bernadou A, Demares F, Couret-Fauvel T et al (2009) Effect of fipronil on side-specific antennal tactile learning in the honeybee. J Insect Physiol 55:1099–1106
49. APENET (2010) Effects of coated maize seed on honey bees. Report based on results obtained from the second year of activity of the ApeNet project. http://www.reterurale.it/apenet
50. Cox RL, Wilson WT (1984) Effects of permethrin on the behavior of individually tagged honey bees, Apis mellifera L. (Hymenoptera: Apidae). Environ Entomol 13:375–378
51. Matsumoto T (2013) Reduction in homing flights in the honey bee Apis mellifera after a sublethal dose of neonicotinoid insecticides. B Insectol 66:1–9
52. Colin ME, Bonmatin JM, Moineau I et al (2004) A method to quantify and analyze the foraging activity of honey bees: relevance to the sublethal effects induced by systemic insecticides. Arch Environ Con Tox 47:387–395
53. Bortolotti L, Montanari R, Marcelino J et al (2003) Effects of sub-lethal imidacloprid doses on the homing rate and foraging activity of honey bees. B Insectol 56:63–67
54. Schneider CW, Tautz J, Grunewald B, Fuchs S (2012) RFID tracking of sublethal effects of two neonicotinoid insecticides on the foraging behavior of Apis mellifera. PLoS One 7:e30023
55. Yang EC, Chuang YC, Chen YL, Chang LH (2008) Abnormal foraging behavior induced by sublethal dosage of imidacloprid in the honey bee (Hymenoptera: Apidae). J Econ Entomol 101:1743–1748
56. Henry M, Beguin M, Requier F et al (2012) A common pesticide decreases foraging success and survival in honey bees. Science 336:348–350
57. Vandame R, Belzunces LP (1998) Joint actions of deltamethrin and azole fungicides on honey bee thermoregulation. Neurosci Lett 251:57–60
58. Pettis J, Collins AM, Wilbanks R, Feldlaufer MF (2004) Effects of coumaphos on queen rearing in the honey bee, Apis mellifera. Apidologie 35:605–610
59. Haarmann T, Spivak M, Weaver D et al (2002) Effects of fluvalinate and coumaphos on queen honey bees (Hymenoptera: Apidae) in two commercial queen rearing operations. J Econ Entomol 95:28–35
60. Dai PL, Wang Q, Sun JH et al (2010) Effects of sublethal concentrations of bifenthrin and deltamethrin on fecundity, growth, and development of the honeybee Apis mellifera ligustica. Environ Toxicol Chem 29:644–649
61. Wu JY, Anelli CM, Sheppard WS (2011) Sub-lethal effects of pesticide residues in brood comb on worker honey bee (Apis mellifera): development and longevity. PLoS ONE 6:e14720
62. Smodiš Škerl MI, Gregorc A (2010) Heat shock proteins and cell death in situ localisation in hypopharyngeal glands of honey bee (Apis mellifera carnica) workers after imidacloprid or coumaphos treatment. Apidologie 41:73–86
63. Hatjina F, Papaefthimiou C, Charistos L et al (2013) Sublethal doses of imidacloprid decreased size of hypopharyngeal glands and respiratory rhythm of honeybees in vivo. Apidologie, pp 1–14
64. Badiou-Bénéteau A, Carvalho SM, Brunet J-L et al (2012) Development of biomarkers of exposure to xenobiotics in the honey bee Apis mellifera: Application to the systemic insecticide thiamethoxam. Ecotox Environ Safe 82:22–31
65. Vidau C, Diogon M, Aufauvre J et al (2011) Exposure to sublethal doses of fipronil and thiacloprid highly increases mortality of honeybees previously infected by Nosema ceranae. PLoS One 6:8
66. Mullin CA, Frazier M, Frazier JL et al (2010) High levels of miticides and agrochemicals in North American apiaries: implications for honey bee health. PLoS ONE 5:e9754
67. Dechaume Moncharmont F-X, Decourtye A, Hennequet-Hantier C et al (2003) Statistical analysis of honeybee survival after chronic exposure to insecticides. Environ Toxicol Chem 22:3088–3094
68. Belzunces LP, Garin S, Colin ME (1993) A convenient biological method for evidencing synergies between pesticides in bees: effects of pyrethroid insecticides and azole fungicides applied at sublethal doses. Proceedings of the 5th International Symposium on the Hazards of

pesticides to bees, Plant Protection Service, Wageningen (Olanda), 26–28 ottobre 1993, pp 69–75

69. Pilling E (1993) Synergism between EBI fungicides and a pyrethoid insecticide in the honeybee, Apis mellifera L. Proceedings of the 5th International Symposium on the Hazards of pesticides to bees. Plant Protection Service, Wageningen (Olanda), 26–28 ottobre 1993, pp 1–82
70. Chalvet-Monfray K (1996) Synergie entre la deltaméthrine et le prochloraze chez l'abeille (Apis mellifera L.). Hypothèses de mécanismes d'action testées par modélisation. Tesi di Dottorato, Università "Claude Bernard", Lione 1, Francia
71. Bromenshenk JJ, Henderson CB, Wick CH et al (2010) Iridovirus and microsporidian linked to honey bee colony decline. PLoS One 5:e13181
72. Ratnieks FLW, Carreck NL (2010) Clarity on honey bee collapse? Science 327:152–153
73. Dustmann JH, Lienau FW (1993) Synergistic action of the varroacide perizin to other organophosphorus pesticides. Proceedings of the 5th International Symposium on the Hazards of pesticides to bees. Plant Protection Service, Wageningen (Olanda), 26–28 ottobre 1993, pp 83–89
74. Pettis J, van Engelsdorp D, Johnson J, Dively G (2012) Pesticide exposure in honey bee results in increased levels of the gut pathogen Nosema. Naturwissenschaften 99:153–158
75. Medrzycki P, Sgolastra F, Bortolotti L et al (2010) Influence of brood rearing temperature on honey bee development and susceptibility to poisoning by pesticides. J Apicult Res 49:52–59
76. Schmidt LS, Schmidt J, Rao H et al (1995) Feeding preference and survival of young worker honey bees (Hymenoptera: Apidae) fed rape, sesame, and sunflower pollen. J Econ Entomol 88:1591–1595
77. Höcherl N, Siede R, Illies I et al (2012) Evaluation of the nutritive value of maize for honey bees. J Insect Physiol 58:278–285
78. McIndoo NE, Demuth GS (1926) Effects on honeybees of spraying fruit trees with arsenicals. US Dept Agric Bull 1364:32
79. Rennie J (1927) Acarine disease in hive bees: its cause, nature and control. North Scotland Coll Agric Bull 33:22–24
80. Herman FA, Brittain WH (1933) Apple pollination studies in the Annapolis Valley, N.S., Canada. Canada Dept Agric Bull 162:158–193
81. Johansen CA, Coffey MD, Quist JA (1957) Effect of insecticide treatments to alfalfa on honey bees, including insecticidal residue and honey flavor analyses. J Econ Entomol 50:721–723
82. Anderson LD, Atkins AL (1958) Toxicity of pesticides to honeybee in laboratory and field test in Southern California, 1955–1956. J Econ Entomol 51:103–108
83. Marchetti S, Chiesa F, D'Agaro M (1987) Bee mortality following treatment with perizin in colonies of Apis mellifera carnica X A. m. ligustica. Apicoltura 3:157–172
84. Accorti M, Luti F, Tarducci F (1991) Methods for collecting data on natural mortality in bee. Ethol Ecol Evol Special Issue 1:123–126
85. Chiesa F, Barbattini R, Greatti M et al (1994) Confronto fra l'efficacia di raccolta di api morte in gabbie di tipo diverso. Atti del convegno del gruppo di Ricerca: "L'ape come insetto test dell'inquinamento agricolo" P.F "Lotta biologica e integrata per la difesa delle colture agrarie e delle piante forestali" del Ministero Agricoltura e Foreste, Firenze, 28 marzo 1992, pp 101–110
86. Greatti M, Barbattini R, D'Agaro M (1994) Efficacia di diversi modelli di gabbie per la raccolta di api morte: verifica mediante l'utilizzo di api marcate allo sfarfallamento. Atti XVII Congr. Naz. it. Ent., Udine, 13–18 giugno 1994, pp 839–842
87. Greatti M, Barbattini R, D'Agaro M, Nazzi F (1994) Effect of time on the efficiency of different traps for collecting dead honey bees. Apicoltura 9:67–72
88. Struye MH (2000) Possibilities and limitations of monitoring the flight activity of honeybees by means of BeeSCAN bee counters. In: Pélissier C, Belzunces LP (eds) Hazards of pesticides to bees. IOBC wprs Bull, p 27
89. Struye MH, Mortier HJ, Arnold G et al (1994) Microprocessor-controlled monitoring of honeybee light activity at the hive entrance. Apidologie 25:384–395

90. Chauvin R (1968) Traitè de biologie de l'abeille, Masson et Cie, Parigi
91. Capelo A, Casalone P, Ferrari G (1983) Un modello matematico per la valutazione del numero di api presenti in un alveare. Apicolt Mod 74:239–245
92. Porrini C, Sabatini AG, Girotti S et al (2003) The death of honey bees and environmental pollution by pesticides: the honey bees as biological indicators. B Insectol 56:147–152
93. Accorti M (2000) Api e fitofarmaci: una convivenza possibile. In: Pinzauti M (ed) Api e impollinazione. Regione Toscana Dip. Sviluppo Economico, pp 263–308

Problemi legati ai trattamenti farmacologici 12

Marco Lodesani, Ignazio Floris

12.1 Introduzione

L'apicoltura, intesa come attività zootecnica, prevede l'allevamento e la selezione delle colonie di api per caratteristiche produttive e comportamentali che non sono necessariamente in armonia con le loro strategie di sopravvivenza naturale. Di conseguenza, le api in allevamento mostrano, in genere, un comportamento meno efficiente in condizioni di stress nutrizionali e ambientali e il loro sistema immunitario viene più facilmente compromesso da sostanze tossiche presenti nell'ambiente [1]. La selezione operata dall'uomo per caratteri di interesse economico immediato, quindi, non è sempre in linea con una maggiore rappresentatività, nelle api, di quei geni responsabili dei meccanismi di resistenza; in ogni caso, tutte quelle pratiche (messa a sciame, chemioterapia, ecc.) atte a salvare le colonie colpite da malattia (peste americana, varroatosi, ecc.) non consentono l'eliminazione degli individui "probabilmente" più recettivi e, di conseguenza, la distinzione da quelli "probabilmente" più resistenti.

Una caratteristica che accomuna le principali patologie delle api è che esse tendono ad assumere una diffusione endemica; in altre parole, gran parte degli alveari di un determinato territorio è interessata dalla presenza degli agenti causali di malattia, almeno a livello latente o subclinico. L'eradicazione delle malattie è, pertanto, particolarmente problematica se non impossibile. Questo è dovuto a una serie di fattori, tra i quali la facilità di propagazione mediante le

M. Lodesani (✉)
CRA-API, Consiglio per la Ricerca e la sperimentazione in Agricoltura
Unità di ricerca di apicoltura e bachicoltura, Bologna
e-mail: marco.lodesani@entecra.it

I. Floris
Dipartimento di Agraria, Sezione di Patologia vegetale ed Entomologia
Università degli Studi di Sassari
e-mail: ifloris@uniss.it

A cura di E. Carpana, M. Lodesani, *Patologia e avversità dell'alveare*,
DOI: 10.1007/978-88-470-5650-3_12, © Springer-Verlag Italia 2014

api, le tecniche apistiche e il commercio, la diffusione attraverso l'attrezzatura di agenti microbici sporigeni (peste americana, nosemosi, ascosferosi) e lo stretto rapporto tra i cicli biologici dell'ospite e del parassita.

L'abilità dell'apicoltore nel riconoscere i sintomi di stress e di malattie delle colonie e di prendere provvedimenti adeguati è uno degli aspetti più critici di questa professione. In genere, in presenza di sintomi di malattie prevale, come prima opzione, il ricorso ai farmaci. Nel breve termine, questa scelta appare più conveniente perché ha un effetto immediato e non richiede una conoscenza approfondita della malattia. La gran parte dei trattamenti viene eseguita per mantenere in produzione il maggior numero di colonie; tuttavia, ciò rallenta la naturale evoluzione della malattia da epidemica a endemica, mantenendo i ceppi di api più suscettibili in allevamento e, quindi, in riproduzione. Altre problematiche riguardano la farmacoresistenza, i residui nei prodotti dell'alveare e gli aspetti giuridico-normativi.

Le normative vigenti prevedono la prescrizione veterinaria o ricetta in triplice copia o copia unica: "è obbligatoria per la somministrazione ad animali destinati alla produzione di alimenti, comprese le api di qualsiasi medicinale veterinario, che potrà essere dispensato solo da farmacie o altre strutture autorizzate con presenza di farmacista (grossisti)". Le stesse normative prevedono delle esenzioni conformemente a criteri fissati in sede comunitaria, nell'attesa dei quali restano in vigore le previgenti disposizioni in materia, per cui l'attuale utilizzo di prodotti registrati non sottoposti all'obbligo di ricetta veterinaria rimane vigente.

12.2 Basi genetiche della farmacoresistenza

La farmacoresistenza riguarda la perdita, transitoria o definitiva, da parte di organismi viventi (es. insetti, acari o batteri), della sensibilità a sostanze chimiche (antibatteriche, antimicotiche, antiparassitarie o altro) capaci di provocarne la morte o di inibirne l'accrescimento e la moltiplicazione. È un ben noto e diffuso fenomeno evolutivo che dipende dalla presenza di variabilità genetica. Nella maggior parte delle popolazioni, tuttavia, la presenza di genotipi resistenti è causata dall'immigrazione da altre popolazioni (flusso genico). I geni della resistenza devono essere già presenti nella popolazione prima dell'esposizione alle sostanze [2, 3]. Le mutazioni che danno luogo a resistenza si verificano indipendentemente dall'esposizione, dato che sono eventi di tipo probabilistico [4].

È fatto spesso riferimento alla resistenza come a un processo che si origina in luoghi diversi come risultato di cambiamenti di molti loci mentre, in realtà, gli individui resistenti esistono comunque in natura. Ricombinazioni, mutazioni e variazioni genetiche alterano il patrimonio genetico dell'ospite e dell'agente patogeno in modo continuo e le mutazioni genetiche in ogni organismo possono aiutare altri in un fenomeno interattivo in continuo divenire. Nella maggior parte dei casi, la resistenza riguarda un carattere monofattoriale, un singolo gene [5]. Nella realtà, potrebbe svilupparsi anche una resistenza di tipo poligenico, ma si evolverebbe e si diffonderebbe più lentamente. Generalmente, un trattamento con una determinata sostanza chimica rimuove, in un primo momento, quasi tutti gli individui non resistenti, lasciando vivi gli individui resistenti. Se il numero di sopravvissuti che contengono i geni per la resistenza è abbastanza alto, la resistenza nella popolazione si svilupperà tanto più rapidamente quanto più verrà utilizzato il medesimo trattamento chimico. Questo è l'unico fattore influente nel rallentare o accelerare tale processo. Se ogni nuova generazione del parassita è esposta alla stessa sostanza, la resistenza si svilupperà a un ritmo più veloce. Per questo motivo, i tempi e i dosaggi di applicazione di qualsiasi antiparassitario sono estremamente importanti nello sviluppo del fenomeno della farmacoresistenza e sia i sottodosaggi come i sovradosaggi andrebbero evitati. In alcuni casi, la caratteristica che rende un individuo resistente può provocare una meno efficiente capacità metabolica o riproduttiva rispetto alla media. Lo studio di popolazioni di artropodi resistenti ha evidenziato una fitness inferiore rispetto a quelli non resistenti [6]. La riduzione della fitness potrebbe essere dovuta alla produzione di una grande quantità di enzimi detossificanti, che sarebbero inutili, se non dannosi, in assenza di pesticidi, o in sbilanciati processi fisiologici associati al meccanismo di resistenza [7]. La riduzione di fitness, a volte, produce individui di dimensioni inferiori o con maggiore asimmetria. Una diminuzione nella fitness dell'ordine anche di soli punti percentuali a ogni generazione produce un apprezzabile svantaggio già dopo il primo anno, grazie alle numerose generazioni compiute dai parassiti nell'arco di tale periodo. D'altra parte, la pressione selettiva aumenta drammaticamente quando l'efficacia dei trattamenti si avvicina al 100% e lo stesso antiparassitario è usato ripetutamente o per un periodo prolungato, riducendo così corrispondentemente l'effetto di qualsiasi eventuale svantaggio del ceppo resistente. L'unico modo per fermare lo sviluppo della resistenza a un determinato principio attivo è interromperne l'utilizzo – e possibilmente anche quello di tutti i composti della stessa famiglia chimica – per alcuni anni. Occorre, infatti, tener presente che principi attivi diversi possono avere comuni meccanismi d'azione; pertanto, alla base di una corretta gestione della chemioterapia, vi è anche la conoscenza delle modalità di azione tossica nell'organismo bersaglio.

12.3 Problematiche di gestione degli antibiotici

Gli antibiotici impediscono la crescita e la riproduzione di batteri attraverso vari meccanismi, tra cui l'inibizione della biosintesi delle proteine e la perturbazione dell'integrità delle pareti cellulari [8]. I meccanismi di resistenza possono modificare chimicamente l'antibiotico, oppure renderlo inattivo mediante rimozione fisica dalla cellula, o ancora modificare il sito bersaglio in modo che non venga riconosciuto dall'antibiotico. La modalità più comune è l'inattivazione enzimatica dell'antibiotico. Un enzima cellulare esistente viene modificato per reagire con l'antibiotico in modo tale che esso non agisca più sul microrganismo bersaglio. Una strategia alternativa utilizzata da molti batteri è l'alterazione del sito bersaglio, ad esempio impedendo all'antibiotico di entrare nella cellula, diminuendo la permeabilità dei farmaci e/o aumentando l'efflusso attivo (pompaggio) dei farmaci attraverso la superficie delle cellule. L'aumento del flusso tramite una pompa di trasporto, che richiede comunque una certa energia cellulare, è un meccanismo ben conosciuto per la resistenza alle tetracicline ed è codificato da una vasta gamma di geni correlati, che includono un numero ampio di batteri il cui habitat naturale è costituito dall'intestino dell'uomo e di altri animali [9].

La resistenza agli antibiotici nei batteri può essere una caratteristica intrinseca dell'organismo (ad esempio, un particolare tipo di struttura della parete cellulare) che lo rende naturalmente resistente, o può essere acquisita mediante mutazione nel proprio DNA o dall'acquisizione dal DNA di un'altra sorgente. Un meccanismo è l'acquisizione orizzontale di geni di resistenza portati da plasmidi o da trasposoni (sequenze di DNA definite "mobili" in quanto capaci di traslocare da una localizzazione genica a un'altra senza apparentemente rispettare regole predeterminate), tramite la ricombinazione del DNA estraneo in cromosoma o per mutazione in diversi loci cromosomici (Fig. 12.1). Alcuni trasposoni batterici trasportano geni per una o più proteine (solitamente più di una) capaci di provocare resistenza all'antibiotico [10]. Quando un trasposone è incorporato in un plasmide, può lasciare la cellula ospite e spostarsi a un'altra: questa è la ragione per la quale il fenomeno allarmante della multi-farmacoresistenza agli antibiotici si diffonde così velocemente. La frequenza di mutazione spontanea per la resistenza agli antibiotici è dell'ordine di circa 10^{-8}–10^{-9}. Ciò significa che uno ogni 10^{8}–10^{9} batteri in un'infezione svilupperà resistenza attraverso il processo di mutazione. Sebbene la mutazione sia un evento rarissimo, il tasso di crescita molto veloce dei batteri e il numero assoluto di cellule raggiunto fanno sì che i tempi di comparsa della resistenza siano relativamente brevi. I geni di resistenza sono quindi trasferiti direttamente a tutte le progenie dei batteri durante la replicazione del DNA. Questo è noto come trasferimento verticale o evoluzione verticale. Il processo è strettamente una questione di evoluzione darwiniana guidata da principi di selezione naturale: una mutazione spontanea nel cromosoma batterico conferisce resistenza a un membro della popolazione batterica. Nell'ambiente selettivo dell'antibiotico, il tipo selvatico (non mutante) viene ucciso e il mutante resistente cresce e prospera.

Lo sviluppo di resistenza è inevitabile in seguito all'introduzione di una nuova molecola di antibiotico. Tassi iniziali di resistenza ai nuovi farmaci sono normalmente dell'ordine dell'1%. Entro 8–12 anni, dopo l'uso diffuso, si diffondono i ceppi resistenti anche a più farmaci. La resistenza multipla agli antibiotici di alcuni batteri ha raggiunto proporzioni tali che, in alcuni casi, non sono più disponibili antibiotici per il trattamento.

L'uso irresponsabile di antibiotici nell'allevamento zootecnico, inclusa l'apicoltura, può portare allo sviluppo di resistenza nei batteri associati con l'animale. Attraverso il consumo di prodotti di origine animale, la resistenza può essere trasmessa a microrganismi patogeni dell'uomo, mediante meccanismi di trasferimento orizzontale. Di grande interesse è l'uso di antibiotici come addi-

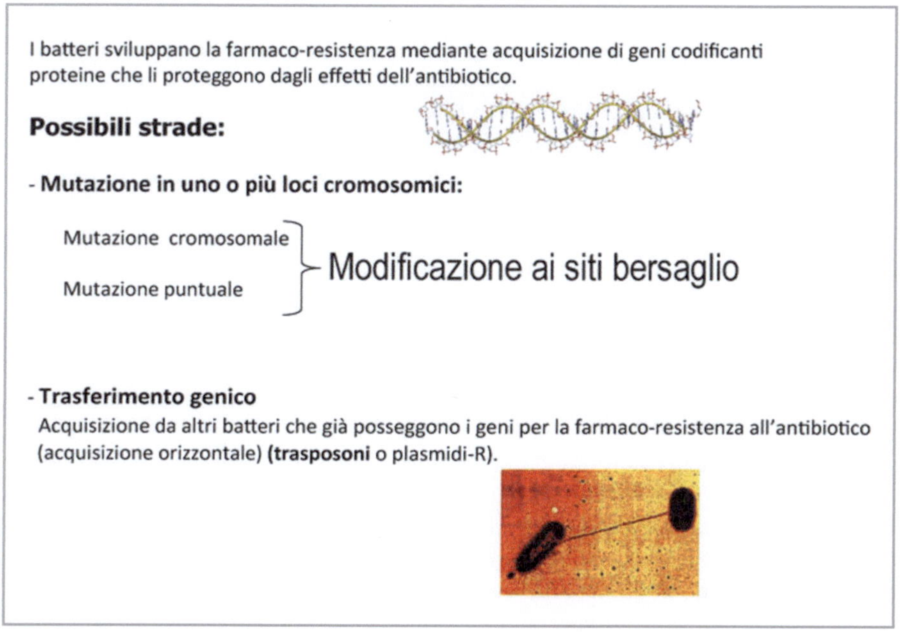

Fig. 12.1 Possibili strade nella trasmissione della farmacoresistenza nei batteri

tivi per mangimi somministrati ad animali per promuoverne la crescita e per prevenire le infezioni (piuttosto che curare le infezioni). L'uso di un antibiotico, in questo modo, contribuisce alla nascita di patogeni antibiotico-resistenti e riduce l'efficacia dell'antibiotico per combattere infezioni umane. L'UE ha stimato che ogni anno circa 25 mila pazienti muoiono a causa di infezioni provocate da microrganismi resistenti. Negli USA i decessi annuali sono circa 60 mila. Ceppi batterici resistenti a farmaci antimicrobici utilizzati esclusivamente negli animali si sono rivelati in grado di resistere anche a trattamenti terapeutici con antibiotici usati in medicina umana. Ad esempio, la famiglia dei fluorochinoloni è utilizzata per trattare le infezioni del tratto respiratorio e digestivo nel pollame. La sua somministrazione nei polli a scopo preventivo è responsabile dell'aumento della resistenza batterica a un altro composto della stessa famiglia, il ciprofloxacin, utilizzato invece nell'uomo per il trattamento di infezioni da *Salmonella*. La tilosina, antibiotico utilizzato in apicoltura, veniva usata in passato come promotore di crescita e attualmente è utilizzata nell'UE per il controllo e il trattamento delle infezioni dei maiali. La somministrazione di tale farmaco agli animali sembra sia responsabile dell'insorgenza di ceppi batterici resistenti all'eritromicina, farmaco che nell'uomo viene usato per il trattamento di infezioni del tratto respiratorio o di intossicazioni alimentari [4, 11].

Il Ministero della Salute, nel Manuale "Biosicurezza e uso corretto e razionale degli antibiotici in zootecnia", riporta, tra le altre, le seguenti raccomandazioni in merito all'utilizzo corretto degli antibiotici in zootecnia: "Gli antibiotici dovrebbero essere utilizzati in funzione dell'esito previsto come ad esempio l'eliminazione di un agente patogeno". È chiaro come questa raccomandazione, riferita al caso della peste americana, metta fuori gioco l'utilizzo delle sostanze inibenti nel controllo/prevenzione della patologia, in quanto le spore di *Paenibacillus larvae* – presenti in gran numero e generalmente in coltura pura nelle larve colpite dall'infezione – non vengono né uccise né "eliminate" a seguito dei trattamenti.

A fronte di disposizioni regolamentari che ne limitano fortemente l'impiego, nella nostra apicoltura come in quella di altri paesi europei, si è diffuso in passato un utilizzo improprio e senza controllo veterinario di antibiotici (quali ossitetraciclina, tetraciclina, tilosina, streptomicina) e sulfamidici (sulfatiazolo), allo scopo di prevenire gli eventi clinici in apiari infetti a livello latente. L'azienda apistica che si affida al controllo della peste americana attraverso l'utilizzo di antibiotici si pone di fronte alla persistenza di spore all'interno degli alveari, accanto a un'assenza di sintomi della patologia, che perdura fintanto che si garantisce la copertura antibiotica. In alcuni paesi extra-europei, come nel nord e sud America, la peste americana è oggetto di trattamento terapeutico con antibiotici, mentre in altri paesi questa pratica è illegale. Nella maggioranza dei paesi dell'UE la gestione della malattia è sottoposta al controllo dei servizi veterinari che generalmente sconsigliano la chemioterapia sia come trattamento alle colonie infette sia come prevenzione. La dipendenza forzata all'uso del farmaco, che nella maggior parte dei casi è "preventivo", nasce da due errate concezioni da parte degli apicoltori, ovvero che non si possa prescindere dall'antibiotico per il controllo della malattia e che l'utilizzo, di fatto, "sterilizzi" l'alveare, uccidendone gli agenti infettivi. Nella pratica, è diffuso un uso illegale a scopo "preventivo" degli antibiotici che consiste nel trattare interi apiari sulla base di calendari preventivamente programmati, confidando nella capacità di queste sostanze di difendere, almeno per un certo periodo, le colonie di api dagli attacchi dell'infezione. Questa prassi, che in diversi distretti si è consolidata, non ha portato al miglioramento della situazione epidemiologica, anzi, a causa dei limiti sopra riferiti, ha contribuito al radicarsi dell'infezione allo stato latente o sub-clinico, fenomeno che può ritenersi caratterizzante proprio di quelle aree dove si fa uso sistematico di antibiotici. Fortunatamente, questo fenomeno è andato recentemente attenuandosi, grazie anche all'azione congiunta degli Istituti di ricerca, di alcuni Servizi veterinari, Istituti zooprofilattici e delle Associazioni nazionali degli apicoltori nell'opera di convincimento dell'inutilità e del rischio dei trattamenti.

Tra l'altro, spesso, l'impiego incontrollato di sostanze farmacologicamente attive è accompagnato da una sostanziale disattenzione verso le buone norme di profilassi e, di conseguenza, favorisce la diffusione subdola di stati infettivi subclinici. Tale comportamento comporta, inoltre, il rischio di contaminazione del miele con i residui dei principi attivi somministrati agli alveari e con implicazioni non solo di carattere normativo ma anche tossicologico e commerciale. Laddove si è intrapresa da tempo la politica dell'individuazione precoce delle colonie con patologia manifesta (una sola cella filante come indice della manifestazione clinica conclamata), della loro eliminazione sistematica e della bonifica del materiale prima del riutilizzo, l'incidenza della malattia si è drasticamente ridimensionata. Inoltre, l'uso di antibiotici rischia di vanificare completamente gli sforzi compiuti in decenni di selezione di linee genetiche di api resistenti alle patologie, con particolare riferimento al comportamento igienico delle colonie. L'antibiotico non solo favorisce l'aumento delle spore negli alveari, ma consente di allevare e propagare le peggiori caratteristiche genetiche. La regressione sintomatologica della patologia impedisce, infatti, di individuare ed eliminare i ceppi di api non resistenti, operando come risultato una selezione "al contrario" che permette di mantenere un serbatoio di infezione in termini di quantità di spore da un lato, e di individui particolarmente suscettibili dall'altro.

In ultima analisi, la scelta "economico-gestionale" dell'uso dell'antibiotico per aumentare la capacità produttiva delle aziende apistiche attraverso anche la drastica riduzione del tempo dedicato a ogni unità produttiva, non è una prassi utile ed efficace in termini di sanità animale. È risaputo come gli alveari di uno stesso territorio, per le interazioni che le api di colonie diverse hanno tramite il volo e la deriva, debbano essere considerati un corpo unico, al fine di operare corrette ed efficaci politiche sanitarie. La presenza su un territorio di alveari con elevati carichi di spore, sebbene apparentemente sani perché trattati con antibiotico, comportano, di fatto, un aumento del rischio di infezione e di diffusione della malattia. Inoltre, come già ribadito, nessun antibiotico è in grado di agire attraverso la spessa parete della spora bacillare, uccidendo il batterio o disattivandolo, ed è per questa ragione che gli antibiotici "mascherano" l'infezione per tutta la durata del loro impiego; solitamente, infatti, la malattia riappare quando il trattamento viene interrotto in quanto le spore restano vitali per diversi decenni.

La scelta di utilizzare o meno antibiotici è, pertanto, un'opzione che comporta conseguenze non solo per gli apicoltori che la attuano, ma implica danni all'insieme degli allevamenti di un territorio. Laddove (es. USA e Argentina) la peste americana è legalmente oggetto di trattamento terapeutico con antibiotici, tale scelta ha già comportato la selezione di ceppi batterici resistenti all'ossitetraciclina, che è stata osservata in colture di *P. larvae* provenienti anche da altri Paesi (Nuova Zelanda, Canada, Italia) [11].

La presenza di batteri resistenti in popolazioni geograficamente così distanti pone un interrogativo: siamo di fronte a un fenomeno nato indipendentemente in vari paesi o a una singola origine con successiva diffusione causata dai trasporti di api e materiali? Considerando il commercio tra i paesi coinvolti nel problema, si è tentati di assumere una singola origine della resistenza, seguita dalla diffusione attraverso la movimentazione delle api. Altre colture del batterio provenienti da Francia, Italia, Nuova Zelanda, Svezia, USA, Polonia, Repubblica Ceca e Germania hanno mostrato un diverso grado di farmacoresistenza, con valori di minima concentrazione inibitoria (MIC) sotto i 5 µg/ml [12], evidenziando una variabilità di sensibilità/resistenza, che va da valori > 32 µg/ml per le colture di provenienza USA (Minesota) a 10–15 µg/ml per quelle argentine e < 1 µg/ml per altri ceppi sensibili americani. Hornitzky [13] studiando le colture da campioni di covata e miele australiano ha trovato che tutti, con una sola eccezione, erano sensibili a concentrazioni molto basse di OTC (da 0,03 a 0,05 μg/ml). Queste colture erano dello stesso ordine di sensibilità di quelle riportate alla fine degli anni Ottanta, il che indica che *P. larvae* non aveva sviluppato alcuna resistenza negli ultimi 15 anni. Tutte le colture derivate da campioni di miele argentino importati erano suscettibili all'ossitetraciclina con un potenziale 10 volte superiore alla concentrazione necessaria a inibire la crescita dei ceppi australiani. È auspicabile che, in alternativa agli antibiotici convenzionali, si possa in futuro fare affidamento su sostanze di origine naturale. Le sperimentazioni finora condotte, sebbene a livello preliminare con oli essenziali e acidi grassi, indicano che questa è una strada percorribile. La necessità primaria di tutelare la salute delle api e la salubrità del miele spinge, inoltre, il settore verso l'implementazione di metodi di prevenzione e lotta alternativi all'intervento chimico, come la selezione per la resistenza e l'utilizzo di efficaci tecniche di disinfezione.

12.4 Problematiche di gestione degli acaricidi

Gli acaricidi, come gli insetticidi (spesso si tratta delle stesse molecole), sono organizzati in classi chimiche: organofosfati, carbammati, piretroidi, neonicotinoidi, ecc., che condividono una comune struttura chimica e, talvolta, lo stesso meccanismo d'azione. Quest'ultimo rappresenta il processo mediante il quale si esplica la specifica attività acaricida/insetticida nei confronti dell'acaro/insetto bersaglio, uccidendolo o inibendone la crescita. Il sito di azione è l'esatta posizione di inibizione, ad esempio una determinata via metabolica all'interno della quale il principio attivo del farmaco interferisce con l'attività di un enzima.

Gli acaricidi di sintesi utilizzati contro la varroa includono diverse classi: aloidrocarburi-benzilati (bromopropilato: FolbexVa®), piretroidi (tau-fluvalinate: Apistan® e Mavrik), fosforganici (cumafos: Check-Mite+, Perizin® e Asuntol 50; clorpirifos), azotorganici-ammidine (amitraz: Apivar® e Taktik; cimiazolo cloridrato: Apitol®). Tra i prodotti naturali, i più utilizzati sono il timolo (derivato vegetale-monoterpenoide: ApilifeVar® e Apiguard®) e gli acidi organici, acido ossalico (Oxivar®) e acido formico (MiteAway). Non c'è dubbio che le api possono beneficiare di ridotte popolazioni di varroa attraverso l'uso efficace di tali acaricidi in combinazione con altre tecniche di gestione.

Il bromopropilato utilizzato come fumigante interferisce sul sistema nervoso a livello della trasmissione assonale, ma ha anche una debole azione simile agli organofosfati come inibitore della acetilcolinesterasi. I piretroidi (fluvalinate e flumetrina), agiscono sulla membrana delle cellule nervose bloccando la chiusura del canale del sodio durante la ripolarizzazione. Ciò interrompe la trasmissione degli impulsi nervosi, producendo iperattività a basse concentrazioni e paralisi e morte dell'organismo bersaglio a forte concentrazione. Gli organofosfati (cumafos, clorpirifos) agiscono sul sistema nervoso (non solo di acari o insetti ma anche di mammiferi, uccelli, pesci e altri organismi) come inibitori dell'acetilcolinesterasi, un enzima che idrolizza l'acetilcolina, che è la molecola coinvolta nella trasmissione dei segnali nervosi dai nervi ai muscoli (giunzioni neuromuscolari) e tra i neuroni del cervello (sinapsi colinergiche). Le ammidine (amitraz e cimiazolo) presentano caratteristiche strutturali e biologiche comuni e hanno lo stesso meccanismo d'azione: un effetto antagonista sui recettori dell'octopamina delle cellule nervose, i parassiti diventano ipereccitati, paralizzati e alla fine muoiono. Il timolo è un modulatore (positivo) del recettore GABA (acido gamma-aminobutirrico), neurotrasmettitore del sistema nervoso centrale implicato nel passaggio degli ioni cloruro, la cui azione blocca o altera la trasmissione dell'impulso nervoso. Altri prodotti che agiscono sugli stessi recettori sono il fipronil (fenilpirazoli-antagonisti del canale del cloro annesso al recettore GABA) e l'ivermectina (abamectine che, stimolando la liberazione del GABA, potenziano il legame del GABA ai recettori postsinaptici). Per gli acidi organici (ossalico e formico) non sono noti i meccanismi d'azione.

La genetica e l'applicazione intensiva degli antiparassitari, come già rilevato per gli antibiotici, rappresentano i due principali fattori responsabili dello sviluppo di resistenza anche negli acaricidi. Nella fattispecie, acari con geni che conferiscono resistenza a un particolare acaricida o classe di acaricidi sopravvivono al trattamento e sono quindi "scelti" per trasmettere questa resistenza alle generazioni successive. A livello mondiale, ormai più di 500 specie di insetti/acari sono resistenti a una o più molecole ad azione insetticida/acaricida [14]. Ci sono diverse modalità di acquisizione della resistenza che si esplicano attraverso uno o più meccanismi contemporaneamente. La resistenza metabolica è il meccanismo più comune. In questo caso, può manifestarsi a livelli più o meno elevati o efficienti di un enzima in grado di abbattere le molecole tossiche, ovvero detossificare/demolire il principio attivo o impedirne il raggiungimento del sito bersaglio, legandolo con specifiche proteine. Un'altra possibilità è modificare il sito bersaglio per impedire o ridurre l'effetto dell'antiparassitario. La resistenza può esprimersi anche a livello comportamentale. Acari o insetti resistenti possono evitare la molecola tossica attraverso un cambiamento della loro normale attività, semplicemente smettendo di alimentarsi o evitando di entrare in contatto con la molecola tossica. Esiste, poi, una forma di resistenza alla penetrazione. Gli agenti resistenti possono assorbire la tossina più lentamente di quelli suscettibili, sviluppando barriere a livello di cuticola che possono rallentare l'assorbimento delle sostanze chimiche nei loro corpi.

La resistenza, inoltre, può svilupparsi a una singola molecola o, più comunemente, a più molecole con lo stesso meccanismo d'azione. Un esempio classico è la mosca domestica, le cui popolazioni in passato (anni '50) divennero resistenti al famoso DDT (Cloroderivato: Para-diclorodifeniltricloroetano), e che poi hanno esibito resistenza decenni dopo ai piretroidi pur senza una precedente esposizione a queste molecole. Questo perché il DDT e i piretroidi esplicano lo stesso meccanismo d'azione. Questo fenomeno è noto come resistenza crociata (*cross-resistance*).

Un altro fenomeno, strettamente correlato, è la resistenza multipla, che si verifica in popolazioni di acari/insetti che resistono a due o più classi di acaricidi/insetticidi con differenti modalità di azione. Questo può accadere se un acaricida/insetticida viene utilizzato fino a quando gli acari/insetti mostrano una resistenza e poi un altro viene utilizzato e la popolazione diventa resistente anche a quest'ultimo, e così via. In apicoltura è ben noto il caso della resistenza della varroa al fluvalinate (piretroide) e al cumafos (organofosfato) o anche all'amitraz (azotorganico).

Un ulteriore concetto è quello della tolleranza. A differenza della resistenza, la tolleranza è una tendenza naturale e non è il risultato di una pressione selettiva. Ad esempio, gli individui maturi di un acaro o un insetto sono generalmente più tolleranti degli stadi giovanili della stessa specie a causa di differenze nelle dimensioni del corpo, nello spessore dell'esoscheletro, nella capacità di metabolizzare un veleno, ecc. Il fallimento del controllo di un organismo nocivo, tuttavia, non dipende solo dalla resistenza. Possono intervenire altre possibili cause dovute allo scarso controllo, quali: 1) il parassita non è stato identificato correttamente ed è stato utilizzato un pesticida sbagliato; 2) dosaggio errato del pesticida o modo di applicazione improprio; 3) momento sbagliato dell'applicazione (cioè, parassiti bersaglio non erano raggiunti dal trattamento o erano in una fase di vita non suscettibile al pesticida); reinfestazione dopo l'applicazione del pesticida, ecc. Una volta che le possibili cause di scarso controllo sono state eliminate, i problemi più comuni che inducono la farmacoesistenza sono: 1) ampio e ripetuto uso di un singolo pesticida o di pesticidi con lo stesso meccanismo d'azione; 2) uso eccessivo di un pesticida senza il ricorso ad altri metodi di controllo non chimici, di tipo fisico, biotecnico o manipolativo. Oggi, vari kit commerciali, basati sulla tecnica ELISA (test immunoenzimatico) o PCR (reazione a catena della polimerasi) consentono di identificare e caratterizzare facilmente il livello di resistenza in una popolazione di parassita rispetto al tradizionale metodo standard, in cui la suscettibilità relativa è determinata confrontando gli effetti del pesticida su una popolazione percepita resistente con una di laboratorio suscettibile [15]. Arginare la diffusione della resistenza è comunque estremamente difficile. Per ridurre la probabilità di sviluppare questo fenomeno, oltre a evitare il frequente ricorso a pesticidi con lo stesso meccanismo d'azione, è opportuno adottare strategie di gestione integrata (IPM) delle specie nocive.

Negli ultimi tre decenni, gran parte delle risorse disponibili per l'apicoltura sono state destinate all'individuazione di strategie atte al controllo dell'acaro varroa. Sia i ricercatori sia gli operatori non hanno lesinato sforzi per l'individuazione di qualche punto debole del parassita, utile a limitarne la diffusione e la dannosità. Per la salvaguardia degli allevamenti, col passare del tempo sono stati proposti, a fianco di strategie manipolative, diversi prodotti naturali e di sintesi, a volte fra loro integrati; le difficoltà applicative delle metodologie suggerite hanno costituito, tuttavia, un grosso limite al conseguimento dell'obiettivo. Negli anni '90, con l'avvento di alcuni prodotti farmaceutici di facile impiego, gli operatori del settore, avendo anche a disposizione altre strategie d'intervento complementari, si sono sentiti sufficientemente protetti. Quanto prima si potesse aspettare, però, sulla base di osservazioni dirette, sono emersi i primi dubbi sull'efficacia terapeutica dei trattamenti, conseguenti all'affermarsi di fenomeni di resistenza, suffragati poi scientificamente, a partire dal fluvalinate, prima in Italia [16, 17] poi in Francia [18], in Svizzera [19], in altri paesi dell'Europa occidentale [20], in Finlandia [21] e in Gran Bretagna [22]. Analoghe segnalazioni sono pervenute anche dall'Argentina [23] e dagli Stati Uniti [24].

Nel meccanismo biochimico della resistenza di popolazioni europee di *V. destructor* è coinvolta l'attività di monoossigenasi capaci di metabolizzare rapidamente il fluvalinate [25, 26]. La resistenza, tuttavia, quando la pressione selettiva dovuta ai trattamenti viene a mancare, è soggetta a reversione [5, 6] ma, nel caso di *V. destructor*, la frequenza degli individui resistenti al fluvalinate diminuisce molto lentamente, riducendosi di un fattore 10 nel giro di tre anni [27]. Nella popolazione italiana di acari fluvalinate-resistenti, è anche stata riscontrata la resistenza crociata tra fluvalinate e due piretroidi strettamente correlati: flumetrina e acrinathrina [28]. In Italia, nel 2003, è stato condotto un programma nazionale di monitoraggio per quantificare il fenomeno della farmacoresistenza a fluvalinate e a cumafos [29]. Per il fluvalinate, la sopravvivenza alla concentrazione diagnostica prevista per uccidere tutti gli acari sensibili (200 μg/g) ha superato il 10% nel 12% dei campioni; con cumafos (50 μg/g), ha superato il 10% nel 44,4% dei campioni.

La percentuale di acari resistenti varia nelle diverse aree, probabilmente a seconda dell'utilizzo di questi principi attivi negli anni precedenti; per quanto riguarda il fluvalinate, il fenomeno era superiore nel nord Italia, mentre l'opposto è avvenuto per il cumafos. Una significativa correlazione positiva è stata trovata tra i livelli di residui di cumafos nella cera e la sopravvivenza degli acari raccolti dalle stesse colonie, mentre nessuna correlazione è stata trovata per il fluvalinate. Popolazioni resistenti al cumafos sono state segnalate anche in Svizzera e in USA [4] solo pochi anni dopo la commercializzazione di un prodotto a rilascio graduale. In Croazia, la mancanza di efficacia dei trattamenti a base di amitraz è stata riportata già nel 1991 e sembra che la spiegazione più probabile sia la presenza di acari resistenti. Più recentemente, da prove di campo con un prodotto a base di amitraz, è stata osservata in Francia e in alcuni Stati degli USA un calo dell'efficacia acaricida. Anche nei test di laboratorio, gli acari della popolazione degli USA hanno confermato un'aumentata resistenza all'amitraz [4].

A fronte di una farmacoresistenza conclamata ai principi attivi sopra citati, alcuni operatori si sono rivolti a una nuova molecola, il clorfenvinfos (insetticida organofosforico) autorizzato in alcuni paesi per usi agricoli e veterinari, ma non per l'apicoltura. La conferma di ciò è arrivata dalla crescente percentuale di campioni di cera trovati positivi per questa sostanza (17% nel 2003) [30]. Sino ad ora non sono state rilevate popolazioni resistenti [31]. La potenza acaricida di clorfenvinfos è 50 volte maggiore di quella di cumafos [32]. Pertanto, la quantità di principio attivo necessario per il controllo della varroa è corrispondentemente inferiore e questo spiega il basso livello di residui rilevati nella cera [31]. Per lo stesso motivo, i residui di clorfenvinfos sono difficilmente rilevabili e potrebbero causare importanti effetti biologici sull'acaro e sull'ape [31]. Il diffuso fenomeno della reinfestazione da parte di varroe provenienti da altri apiari [33, 34] rende il fenomeno della farmacoresistenza ancora più difficile da gestire, in quanto può provocare un aumento della percentuale di varroe resistenti in apiari trattati esclusivamente con altri principi attivi.

12.5 Residui dei chemioterapici nei prodotti dell'alveare

Oltre alle problematiche innanzi esposte relative ai costi e alle limitazioni nell'utilizzo di chemioterapici nel controllo delle malattie delle api, c'è da aggiungere il rischio di residui chimici indesiderati nei prodotti dell'alveare. Negli ultimi anni, il miele è diventato oggetto di allarmanti rapporti per quanto riguarda le possibilità di contaminazione derivanti da inquinanti ambientali o da trattamenti con acaricidi e sostanze batteriostatiche [35]. Questo problema contrasta molto con la diffusa e ben radicata immagine "salutare e naturale" dei prodotti dell'alveare. Tuttavia, è necessario prendere atto che oggi non è infrequente, a livello mondiale, che l'apicoltura si svolga in ambienti esposti a fonti di inquinamento rispetto al passato. Anche grazie ai media questo problema è stato portato all'attenzione dell'opinione pubblica. Il caso forse più eclatante è quello della contaminazione con antibiotici del miele e della pappa reale d'importazione. Mentre i contaminanti ambientali sono soprattutto metalli pesanti (piombo, cadmio e mercurio), isotopi radioattivi, polluenti organici, pesticidi (insetticidi, fungicidi, erbicidi e battericidi), batteri patogeni e organismi geneticamente modificati. Quelli derivanti dall'apicoltura sono antibiotici utilizzati nel controllo delle malattie delle api (tetracicline, streptomicina, sulfamidici e cloramfenicolo) e, soprattutto, acaricidi impiegati nel controllo della varroosi: composti liposolubili sintetici e sostanze non tossiche come acidi organici e componenti di oli essenziali. Altre sostanze utilizzate in apicoltura giocano un ruolo minore: para-diclorobenzene, utilizzato per il controllo della tarma della cera e altri repellenti chimici. La contaminazione non riguarda solo il miele, ma anche gli altri prodotti come polline, cera d'api, propoli e pappa reale.

L'uso improprio di antibiotici può determinare la presenza di residui nel miele che, pur non influendo sulle caratteristiche organolettiche, causano inevitabili ripercussioni negative sull'immagine commerciale del prodotto, a causa del rischio di sviluppo di ceppi batterici resistenti di patogeni umani e di reazioni allergiche.

Nell'UE, i prodotti alimentari sono controllati secondo normative piuttosto restrittive per i residui di sostanze farmacologicamente attive utilizzate nella produzione animale: esiste un sistema per la valutazione dei *Maximum Residue Limits* (MRL) dei principi attivi contenuti nei prodotti di provenienza animale che entrano nella catena alimentare dell'uomo (Regolamento n. 2377/90 EEC). Non essendo disponibili farmaci autorizzati per il trattamento delle malattie infettive delle api, non sono stati stabiliti limiti massimi di residui di antibiotici nel miele ai sensi dello stesso Regolamento. È comunque possibile, dal punto di vista normativo e in situazioni particolari, l'utilizzo degli antibiotici in apicoltura. Il Ministero della Salute ha pertanto fissato, nel Piano Nazionale Residui (PNR) 2009, dei limiti residuali (5 ppb) per gli antibiotici nel miele, eliminando, di fatto, l'automatismo tra reperimento di un campione non negativo e contestazione di un trattamento illecito.

Oggi è consentita la commercializzazione di miele con residui di farmaco entro i limiti indicati nel PNR 2009. In quest'ottica, non esistendo medicinali veterinari contenenti antibiotici il cui impiego sia autorizzato nelle api, è consentito ricorrere all'uso in deroga ex art. 11 D.L. 193/2006. Le modalità di utilizzo e i tempi di sospensione sono indicati dal veterinario prescrittore che, insieme all'apicoltore, si assume la responsabilità dell'assenza di residui nei prodotti commercializzati. La necessità di monitorare la presenza di residui di antibiotici nel miele è recepita dal PNR, che prevede il controllo analitico di antibiotici e sulfamidici definendo, per i laboratori di controllo, limiti di azione e limiti di rilevabilità validi in ambito nazionale. Specifiche sperimentazioni e indagini svolte in Italia da laboratori di Istituti di ricerca e di Enti pubblici di controllo sanitario hanno evidenziato come sia tutt'altro che remota la possibilità di rilevare residui di antibiotici nel miele [4, 36, 37]. In effetti, la mancata osservazione di rigorosi e corretti protocolli di impiego degli antibiotici (in relazione a modalità, dosaggi e tempi di sospensione) espone ancor più il prodotto al rischio dei residui, che vengono rilevati mediante tecniche analitiche sempre più sofisticate.

Le considerazioni sinora esposte sono state oggetto di una recente nota del Dipartimento della Sanità pubblica Veterinaria del Ministero della Salute (prot. 18/4/2012) dove si afferma che "in relazione alla possibilità di ricorrere ai trattamenti, ancorché tale misura sia prevista dallo stesso articolo 155 del RPV, si ribadisce che non sono disponibili allo stato attuale chemioterapici autorizzati per tale malattia. Inoltre, le evidenze scientifiche indicano che l'uso degli antibiotici determina la comparsa di forme subcliniche che si riacutizzano appena terminata la terapia e che risulta frequente il progressivo instaurarsi di fenomeni di farmaco resistenza".

Un'altra fonte importante di contaminazione sono le sostanze acaricide inevitabilmente utilizzate per il controllo della varroa. Negli anni '80 sono stati stimati in più di 90 i prodotti utilizzati per il controllo della varroa in tutto il mondo [38]. Queste sostanze possono essere ripartite in due grandi gruppi: acaricidi di sintesi e naturali. Un elenco più completo di acaricidi può essere rilevato da Wallner [39]. Gli acaricidi qui menzionati sono quelli più utilizzati. Quelli sintetici sono per lo più liposolubili e persistenti nella cera; dopo i trattamenti si accumulano nella cera e possono contaminare il miele. In linea generale, i livelli di contaminazione diminuiscono passando dai favi di covata a quelli di scorta o del melario e al miele (i livelli di acaricidi trovati nel miele sono generalmente inferiori ai livelli MRL accettati [39–41]. È evidente che tali livelli dipendono dal numero di trattamenti. In alcuni casi, inoltre, come per l'amitraz, occorre tener presente che questa sostanza è metabolizzata nel miele [42] e anche nella cera [43, 44]; pertanto, i residui vanno ricercati nel principa-

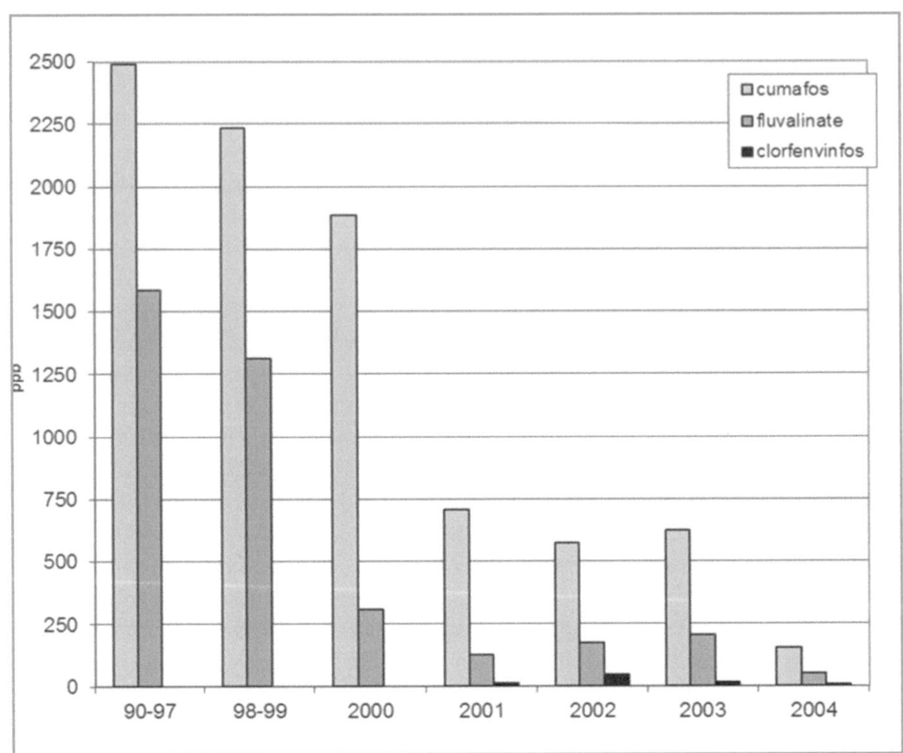

Fig. 12.2 Residui di acaricidi in campioni di cera italiana dagli anni '90 al 2004 (fonte: dati CRA-API)

le metabolita [44]. D'altra parte, i residui si accumulano soprattutto nella cera [39, 41] (Fig. 12.2), dove la presenza di elevate concentrazioni di residui, oltre che testimoniare il ripetuto utilizzo dei vari principi attivi e, quindi, l'intensa selezione per la resistenza, potrebbe esercitare un'ulteriore costante pressione selettiva [45]. Residui di acaricidi sono stati trovati anche nella propoli [39, 41], nel polline e nella gelatina reale.

In anni più recenti, a causa della persistenza degli acaricidi di sintesi, della comparsa di acari resistenti ai piretroidi e al cumafos, si è passati a un maggiore utilizzo di sostanze naturali come timolo e acidi organici. Il timolo è liposolubile e volatile, mentre gli acidi organici sono solubili in acqua e non volatili. Queste sostanze sono presenti naturalmente nel miele e nelle piante. Le concentrazioni trovate nel miele sono irrilevanti dal punto di vista tossicologico. Pertanto, sono sempre più utilizzati per il controllo della varroa in molti paesi europei e anche nel resto del mondo. Gli apicoltori possono adottare misure efficaci per prevenire la contaminazione dei prodotti dell'alveare, adottando alternative più razionali ed ecologiche, che prevedano il minimo uso di prodotti chimici di sintesi o una maggiore affermazione dell'apicoltura biologica come mezzo per evitare tutte le principali fonti di contaminazione e ottenere prodotti di alta qualità privi di sostanze contaminanti tossiche. Occorre, infine, tener presente che residui di acaricidi, farmaci antimicrobici e fungicidi non sono solo un problema per i prodotti dell'alveare ma anche per le stesse api, in quanto la loro combinazione può portare a interazioni e a rischi di tossicità più elevati.

Recentissimi studi [46] hanno evidenziato che le interazioni farmacologiche nelle api sono simili a quelle di altri animali come i mammiferi, coinvolgendo i citocromi P450 come maggiori attori della detossificazione di molecole come il fluvalinate e il cumafos, ma non di amitraz e timolo. Questo ha portato finora all'avvertenza, almeno fino a quando non si saprà di più circa la potenziale di interazione tra acaricidi, fungicidi e antimicrobici, di evitare l'uso concomitante di acaricidi che sono detossificati dal citocromo P450 come fluvalinate e cumafos, soprattutto in ambienti dove il miele e le api possono essere esposti contemporaneamente a fungicidi SBI (inibitori della biosintesi del colesterolo) che sono anche inibitori di citocromo P450. La conseguenza è che livelli bassi di contaminazione che da soli non produrrebbero effetti quantificabili in test di laboratorio, in condizioni reali di interazione sinergica porterebbero effetti gravi. L'esposizione cronica a dosi sub-letali di pesticidi agricoli o di acaricidi applicati in apicoltura è anche uno dei fattori presi in considerazione nello studio epidemiologico condotto negli USA per descrivere i casi di *Colony Collapse Disorder* (CCD) [47].

Bibliografia

1. Nazzi F, Brown SP, Annoscia D et al (2012) Synergistic parasite-pathogen interactions mediated by host immunity can drive the collapse of honeybee colonies. PLoS Pathog 8(6):e1002735
2. Georghiou GP, Taylor CE (1977) Genetic and biological influences in the evolution of insecticide resistance. J Econ Entomol 70:319–323
3. Georghiou GP, Taylor CE (1986) Factors influencing the evolution of resistance. Pesticide resistance: strategies and tactics for management. National Academy Press, Washington DC, pp 157–169
4. Lodesani M, Costa C (2005) Limits of chemotherapy in beekeeping: development of resistance and the problem of residues. Bee World 86(4):102–109
5. Roush RT, Mckenzie JA (1987) Ecological genetics of insecticide and acaricide resistance. Ann Rev Entomol 32:361–380
6. Denholm I, Rowland MW (1992) Tactics for managing pesticide resistance in arthropods: theory and practice. Ann Rev Entomol 37:91–112
7. Foster PL (1993) Adaptive mutation: the uses of adversity. Ann Rev Microbiol 47:467–504
8. Rivera-Tapia JA (2003) Antibiotic resistance, public health problem. Anales Medicos Association Medicines Hospital ABC 48(1):42–47
9. Barriga AG, Rojas ML, Peredo LV (2001) Actualidades en los patrones de resistencia a los antimicrobianos. Review Mexican Pathology Clinic 48:65–69
10. Dowson CG, Hutchison A, Brannigan JA et al (1989) Horizontal transfer of penicillin-binding genes in penicillin-resistant clinical isolates of Streptococcus pneumoniae. Proc Nat Acad Sci USA 86(22):8842–8846
11. Piras CC (2012) Antibiotici in zootecnia: Abuso e farmacoresistenza. www.incaweb.org/green/n0028/pdf/bassa/Green28-Piras%20(72dpi).pdf. Accessed 01 Oc-

tober 2013
12. Mixagi T, Peng CY, Cuang RY et al (2000) Verification of oxytetracycline-resistant American foulbrood pathogen Paenibacillus larvae in the United States. J Invertebr Pathol 75:95–96
13. Hornitzky MA (2005) Oxytetracycline sensitivity of Paenibacillus larvae. subsp. Larvae isolates. Rural Industries Research and Development Corporation, Kingston, Publication 05/021
14. Arthopod pesticide Resistance Database, Michigan State University. http://www.pesticideresistance.org/. Accessed 04 October 2013
15. Insecticide resistance Action Committee. http://emethods.irac-online.org/. Accessed 04 October 2013
16. Lodesani M, Colombo M, Spreafico M (1995) Ineffectiveness of Apistan treatment against the mite Varroa jacobsoni Oud. in several districts of Lombardy (Italy). Apidologie 26:67–72
17. Astuti M, Spreafico M, Colombo M (1995) Indagine sull'efficacia degli interventi di controllo di Varroa jacobsoni attuati nel 1993 in Lombardia. Presented at the meeting Apilombardia, Minoprio (Como), 8–9 October 1994. La selezione veterinaria 11:935–944
18. Faucon JP, Drajnudel P, Fléché C (1995) Mise en évidence d'une diminution de l'efficacité de l'Apistan utilisé contre la varroose de l'abeille (Apis mellifera). Apidologie 26:291–296
19. Fluri P (1995) Tessin: efficacité de l'Apistan et du Bayvarol en régression. J Suisse Apic 6:198–199
20. Trouiller J (1998) Monitoring Varroa jacobsoni resistance to pyrethroids in western Europe. Apidologie 29:537–546
21. Korpela S, (1999) Varroapunkin resistenssiä Apistanille Suomessa - haastemehiläishoitajille, neuvonnalle ja tutkimukselle [Resistance towards Apistan in varroa mites detected in Finland - a challenge for beekeepers, extensions and research]. Mehiläinen 16:42–46
22. Thompson M, Brown MA, Ball RF, Bew MH (2002) First report of Varroa destructor resistance to pyrethroids in the UK. Apidologie 33:357–366
23. Fernandez NA, Garcia O (1998) Fluvalinato, Disminución de la eficacia en el control de la varroatosis en Argentina. Vida Apic 91:17–27
24. Baxter J, Eischen F, Pettis J et al (1998) Detection of fluvalinate resistant varroa mites in US honey bees. Am Bee J 138:291
25. Hillesheim E, Ritter W, Bassand D (1996) First data on resistance mechanisms of Varroa jacobsoni (OUD.) against tau-fluvalinate. Exp Appl Acarol 20(5):283–296
26. Mozes-Koch R, Slabezki Y, Efrat H et al (2000) First detection in Israel of fluvalinate resistance in the varroa mite using bioassay and biochemical methods. Exp Appl Acarol 24(1):35–43
27. Milani N, Della Vedova G (2002) Decline in the proportion of mites resistant to fluvalinate in a population of Varroa destructor not treated with pyrethroids. Apidologie 33:417–422
28. Milani N (1995) The resistance of Varroa jacobsoni Oud. to pyrethroids: a laboratory assay. Apidologie 26(5):415–429
29. Lodesani M, Milani N, Della Vedova G et al (2004) Monitoraggio della resistenza al fluvalinate e al cumafos in Varroa destructor in Italia. Apoidea 1:60–65
30. Costa C, Lodesani M, Serra G, Colombo R (2006) Monitoraggio di residui di acaricidi in cera italiana. Apoidea 3:10–17
31. Milani N, Della Vedova G, Lodesani M (2009) Determination of the LC50 of chlorfenvinphos in Varroa destructor. J Apicult Res Bee Wld 48(2):140–141
32. Milani N, Della Vedova G (1996) Determination of the LC50 in the mite Varroa jacobsoni of the active substances in Perizin® and Cekafix®. Apidologie 27:67–72
33. Sakofski F, Koeniger N, Fuchs S (1990) Seasonality of honey bee colony invasion by Varroa jacobsoni Oud. Apidologie 21:547–550
34. Greatti M, Milani N, Nazzi F (1992) Reinfestation of an acaricide-treated apiary by Varroa jacobsoni. Exp Appl Acarol 16:279–286
35. Bogdanov S (2005) Contaminants of bee products. Apidologie 37:1–18
36. Lodesani M, Carpana E, Bassini A et al (1994) Ricerca dei residui di ossitetraciclina in alveari trattati secondo due diversi metodi di somministrazione. Apicoltura 9:51–66
37. Sabatini AG, Carpana E, Serra G, Colombo R (2002) Presence of acaricides and antibiotics in samples of Italian honey. Apiacta 38:46–49

38. Wienands A (1987) 87 gegen Varroa. Stand Februar 1987. Allg Dtsch Imkerztg 21:127–130
39. Wallner K (1999) Varroacides and their residues in bee products. Apidologie 30:235–248
40. Muino MA, Sancho MT, Simal Gandara J et al (1997) Acaricide residues in honeys from Galicia (NW Spain). J Food Prot 60:78–80
41. Bogdanov S, Kilchenmann V, Imdorf A (1998) Acaricide residues in some bee products. J Apic Res 37:57–67
42. Bogdanov S (1988) Bestimmung von Amitraz und seine Metaboliten in Honig durch HPLC. Mitt Schweiz Zentrum Bienenforsch, pp 1–9
43. Korta E, Bakkali A, Berrueta LA et al (2001) Characterization and monitoring of acaricide degradation products in honey and beeswax. J Agric Food Chem 49:5835–5842
44. Korta E, Bakkali A, Berrueta LA et al (2002) Determination of amitraz and of other acaricide residues in beeswax. Anal Chim Acta 475:97–103
45. Fries I, Wallner K, Rosenkranz P (1998) Effects on Varroa jacobsoni from acaricides in beeswax. J Apicult Res 37(2):85–90
46. Johnson RM, Dahlgren L, Siegfried BD, Ellis MD (2013) Acaricide, fungicide and drug interactions in honey bees (Apis mellifera). PLoS One 8:e54092
47. Cox-Foster DL, Conlan S, Holmes EC et al (2007) A metagenomic survey of microbes in honey bee colony collapse disorder. Science 318:283–287

Approccio integrato alla gestione sanitaria degli apiari 13

Ignazio Floris

13.1 Introduzione

L'alveare offre un *habitat* favorevole a un'ampia varietà di organismi, alcuni dei quali molto pericolosi. Le malattie sono causate da organismi che trovano nell'ape un ospite adatto in cui svolgere il proprio ciclo vitale. Molti di questi sono parassiti specifici obbligati, cioè la loro esistenza è indissolubilmente legata all'ape, che trovano nell'alveare rifugio, fonte di cibo e regolazione termica e igrometrica garantita costantemente dalle api. Inoltre, l'ape offre un'efficace sistema di trasmissione che permette ai parassiti di invadere nuove colonie per via orizzontale, attraverso la deriva o il saccheggio, e per via verticale, mediante la sciamatura. Tali organismi possono essere distinti in microparassiti (es. virus, batteri, microsporidi), spesso indicati come patogeni, e in macroparassiti, come nel caso degli acari.

Essenzialmente, quattro sono i gruppi responsabili di malattie: 1) virus; 2) batteri; 3) funghi/microsporidi; e 4) acari/insetti. Il livello di rischio nei confronti dei parassiti per l'ape dipende dalla sua "suscettibilità" e dalla "virulenza" del parassita. La virulenza del parassita è la sua capacità di nuocere all'ospite, mentre la suscettibilità di un ospite è la probabilità di venire infetto/infestato dal parassita. I microparassiti, come i virus e i microsporidi, vengono indicati come infettanti, mentre i macroparassiti, come gli acari, sono descritti come infestanti. Una misura del grado di infezione o di infestazione è la prevalenza, che è data dalla proporzione della popolazione totale della colonia che ha la malattia ed è normalmente espressa in percentuale; il carico del parassita, o intensità, rappresenta invece il numero medio di parassiti presenti nella colonia ed è espresso dal numero di parassiti o spore per ape.

I. Floris (✉)
Dipartimento di Agraria, Sezione di Patologia vegetale ed Entomologia
Università degli Studi di Sassari
e-mail: ifloris@uniss.it

A cura di E. Carpana, M. Lodesani, *Patologia e avversità dell'alveare*,
DOI: 10.1007/978-88-470-5650-3_13, © Springer-Verlag Italia 2014

Il parassita dipende dall'ape per la sua sopravvivenza; un parassita con bassa virulenza può fallire nel suo sviluppo o morire in un ospite con un alto livello di resistenza (bassa suscettibilità). D'altra parte, se il parassita ha un'alta virulenza e l'ospite un'alta suscettibilità (bassa resistenza), l'ospite soccomberà e il parassita morirà con esso. In natura, in seguito alla variabilità dell'ospite e del parassita, si tende verso un adattamento bilanciato che permette ai due di coesistere. La covata calcificata e l'acariasi delle trachee sono due esempi dove una relazione stabile è stata raggiunta con le api. Nel caso di un parassita esotico, il contatto iniziale con l'ospite può avere effetti devastanti. Questo è ben esemplificato dall'introduzione dell'acaro varroa, che si è evoluto in un ospite differente (*Apis cerana*) ed è poi passato a un nuovo ospite (*Apis mellifera*), caratterizzato da una bassa resistenza. Tuttavia, se lasciato al suo destino, questo disequilibrio iniziale, evolve naturalmente in un rapporto bilanciato, ma con alti costi nel breve-medio periodo in termini di mortalità di colonie. L'utilità dei trattamenti può avere anch'essa una vita breve, dal momento che il parassita può evolvere meccanismi di resistenza. Gli apicoltori che non seguono le prescrizioni nell'uso dei prodotti antiparassitari contribuiscono ad affermare la farmacoresistenza nel parassita.

13.2 Lo stato sanitario attuale delle colonie di api

La gran parte degli organismi responsabili di malattie delle api che conosciamo oggi sono stati identificati già nei primi decenni del secolo scorso. Ad esempio, la peste americana è stata identificata nel 1906 e la peste europea nel 1912, mentre la covata calcificata era già nota agli inizi del '900. *Nosema apis* è stato isolato per la prima volta nel 1907. Le virosi, invece, sono state identificate agli inizi degli anni '60, ma segni di tali malattie erano già stati descritti da Aristotele. Oggi si conoscono 18 differenti virosi delle api, alcune delle quali, come la virosi delle ali deformi, implicate nel declino delle colonie in associazione con l'acaro *Varroa destructor*. Proprio l'arrivo di questo macroparassita ha avuto un impatto devastante sulle api europee nel corso del XX secolo, tale da non consentire la sopravvivenza delle colonie senza trattamenti. Le colonie allo stato selvatico soccombono irrimediabilmente, riducendo il *pool* genico e influendo anche sulla ricombinazione genetica attraverso l'accoppiamento delle regine. Con l'avvento della *Varroa* possiamo dire che l'apicoltura è entrata in una nuova era, con un quadro clinico degli alveari enormemente aggravato dalle relazioni dirette tra varroa e virus e, indirette, tra varroa e altri patogeni. Inoltre, una nuova specie di microsporidio, *Nosema ceranae*, si è affermato rimpiazzando negli ultimi anni il meno virulento *N. apis*. Anche in questo caso, si tratta di un patogeno passato da *A. cerana* ad *A. mellifera*, segnalato per la prima volta in Europa nel 2005. Infine, il *Colony Collapse Disorder* (CCD) è stato utilizzato per descrivere il fenomeno del declino delle colonie, con proporzioni devastanti, che si è avuto negli USA a partire dall'inverno 2006–2007. In Europa, negli stessi anni, si sono registrate forti perdite, ma il fenomeno CCD, così come è stato definito negli USA, trova scarso riscontro nel resto del mondo. Rispetto alle malattie, le api, nel corso della loro esistenza, rispondono e si evolvono adottando varie misure che investono barriere fisiche, biochimiche e biologiche. Ci sono anche numerose difese chimiche legate alle proprietà dei prodotti dell'alveare che sono implicate nell'immunità sociale delle api.

Un altro aspetto fondamentale che condiziona lo stato sanitario delle colonie è quello nutrizionale. Con il cambiamento dell'agricoltura e dell'uso del territorio, non sempre le esigenze nutrizionali sono soddisfatte, soprattutto in relazione alle risorse di polline. La nutrizione è fondamentale a livello di colonia e di singole api [1]. Le larve e le api adulte giovani sono esigenti soprattutto in relazione al polline, fondamentale per lo sviluppo ghiandolare. Per la colonia è importante disporre di adeguate scorte di miele per lo svernamento: è stato valutato che per la termoregolazione invernale si consumano da 0,42 kg che possono salire a 0,84 kg alla settimana se è presente la covata [2]; anche l'acqua è fondamentale per la termoregolazione estiva. Nella moderna apicoltura è consuetudine alimentare le api con sciroppi [3], per mantenere le colonie in buono stato di forza, rendendole meno vulnerabili all'attacco di patogeni e parassiti e limitando i rischi di saccheggio. Una scarsa nutrizione può ridurre la capacità delle api di contrastare molte malattie e avere serie conseguenze sulla salute delle colonie e sul corretto sviluppo dell'ape. Per queste esigenze, alla base di tutto, vi è la corretta dislocazione dell'apiario in un'area dove ci sia un adeguato livello di risorse disponibili.

La poliandria, cioè l'accoppiamento della regina con più fuchi, è un altro fattore che favorisce nelle api la capacità di tollerare le malattie, ma questo vantaggio si ha solo se una buona diffusione di geni è disponibile. L'allevamento intensivo delle regine su scala globale ha diminuito la ricombinazione genica nelle api. Questo fenomeno è stato accentuato dall'arrivo della varroa, che ha ampiamente eliminato le colonie selvatiche e diminuito, in questo modo, il pool genico.

Quando più di un parassita è presente, ci sono poi effetti sinergici per cui bassi livelli di parassiti che da soli non producono danni possono avere effetti traumatici se si manifestano contemporaneamente. Esempi noti in letteratura sono quelli della combinazione tra *Nosema* e l'acaro delle trachee, e anche tra la varroa e virus e varroa e *Acarapis*. Anche i parassiti, in presenza di pesticidi, possono produrre analoghi effetti.

Attualmente, la grande quantità di informazioni sulle malattie delle api disponibili agli apicoltori, incrementate dall'ausilio di internet, seppure in alcuni casi contraddittorie, offrono un ventaglio di opzioni e di punti di vista alternativi sulla gestione sanitaria degli alveari. Ne consegue l'esigenza di trasferire molte delle informazioni disponibili riassumendole in concetti essenziali e di rilevanza pratica che possano tradursi in opzioni decisionali per gli apicoltori.

13.3 Buone pratiche di gestione (BMPs)

La gestione sanitaria integrata implica l'identificazione dei fattori che influiscono sulla salute delle api e la loro gestione a beneficio della salute delle colonie [4]. Questi fattori non devono essere presi in considerazione separatamente, bensì devono essere inglobati dall'apicoltore nella normale pratica apistica. Ci sono molte decisioni-chiave che l'apicoltore deve assumere per impostare correttamente l'allevamento. Curando bene gli aspetti inerenti la configurazione aziendale, può fornire molti benefici alle colonie e limitare gli sforzi e i costi di gestione. Non può certo garantire l'assenza delle malattie ma può massimizzare la possibilità di avere colonie sane e produttive. Per esempio, la dislocazione dell'apiario deve essere scelta con attenzione e anche le attrezzature necessarie per l'allevamento. L'apiario deve essere ubicato, possibilmente, in un'area con risorse (pollinifere e nettarifere) adeguate a garantire un regolare sviluppo delle colonie e a sostenere il carico di alveari allevati nel raggio di bottinamento; il sito deve essere anche ben esposto e protetto dalla possibile azione negativa dei fattori climatici. È anche opportuno utilizzare adeguati supporti per gli alveari opportunamente distanziati per limitare la deriva e consentire una comoda manipolazione degli alveari e in grado di garantire la circolazione dell'aria.

L'apicoltore dovrebbe istituire una procedura per ottenere una buona pulizia e adottarla come prassi normale sin dall'inizio. Per esempio, la pulizia attorno agli alveari, la sostituzione di alcuni favi annualmente o, in alternativa, la sostituzione di tutti i favi contemporaneamente dopo pochi anni, così come la pulizia interna dell'arnia e quella delle attrezzature e dell'equipaggiamento (guanti, tuta, ecc.) rappresentano buone pratiche che devono essere incorporate nella gestione dell'apiario. Questo richiede disciplina per assicurare che questi importanti aspetti non vengano messi in secondo piano da altre pratiche urgenti.

Le api devono essere acquisite, possibilmente, da un'azienda affidabile e locale, non bisogna dimenticare che la diffusione delle malattie è frutto, su larga scala, della movimentazione delle api per il commercio o per l'impollinazione. Anche gli sciami di origine ignota possono essere fonte di malattie; in questo caso, alla raccolta è preferibile far seguire un periodo di isolamento nell'area stessa di origine e di successivo accurato controllo, soprattutto della covata, prima del loro inserimento in apiario. È consigliabile non spazzolare le api durante le manipolazioni e prevedere un diaframma laterale per evitare di danneggiare il primo favo durante la sua asportazione per le operazioni di controllo. È inoltre preferibile lavorare senza guanti per poter manipolare più delicatamente i favi e valutare anche la temperatura consentendo, in tal modo, di ottimizzare i tempi di controllo, particolarmente nella prima fase della stagione. Limitare al minimo la movimentazione dei favi: lo spostamento è molto stressante per le api e può provocare danni; anche la manipolazione deve essere ridotta al minimo: soppesare semplicemente gli alveari può contribuire a ridurre i controlli. Anche il materiale bruciato nell'affumicatore deve essere naturale (es. erba secca o pezzi di iuta arrotolati) e il fumo deve essere usato con parsimonia, soprattutto nei melari. Occorre essere molto vigili nell'identificazione precoce dei sintomi di malattia: almeno un'ispezione a stagione deve essere dedicata al controllo sanitario accurato. Il prelievo di campioni di api può rendersi opportuno per una diagnosi regolare. Anche nel caso dell'unione di colonie, è opportuno accertarsi preventivamente delle ragioni di debolezza di una colonia. In altri casi, è opportuno prevenire il saccheggio riducendo lo spazio delle colonie deboli e chiudendo l'entrata di quelle morte. Una buona pratica è riporre i melari dopo l'estrazione del miele sullo stesso alveare per la loro pulizia, prima del loro immagazzinamento ed evitare di appoggiare i favi o i melari direttamente sul terreno; è anche consigliabile coprire i melari quando vengono asportati per l'estrazione. La sterilizzazione e la disinfezione del materiale può rendersi necessaria per i telai dei favi vecchi dopo il recupero della cera e prima del loro reimpiego in apiario, nonché per il nido e il melario: il lavaggio con soda (100 g in un litro d'acqua) o con acido acetico (soluzione all'80%) rappresentano le tecniche più economiche. Naturalmente, tutti i favi provenienti da alveari colpiti da malattie infettive come la peste americana devono essere bruciati; in caso dubbio, è preferibile usare telai nuovi. Nel complesso, queste buone pratiche, se adottate con regolarità, possono concorrere a limitare l'affermarsi delle malattie.

13.4 Lotta integrata (IPM)

La lotta integrata agli organismi nocivi (*Integrated Pest Management*, IPM) è una parte del sistema di gestione sanitaria integrata che si è evoluta con un significato preciso negli anni in agricoltura, per ridurre i livelli degli organismi nocivi ricorrendo ad applicazioni mirate di pesticidi dopo aver adottato tecniche alternative, di tipo fisico, tecnico, biologico, ecc. Più recentemente, in apicoltura l'IPM è stata applicata al controllo della varroa, adottando un numero vario di approcci, non sempre suffragati da riscontri sperimentali, di cui di seguito descriviamo i principali:

- *riduzione dell'ampiezza delle celle di covata*. L'uso di favi con celle di covata più piccole è stato sostenuto per lungo tempo soprattutto negli Stati Uniti. La riduzione dell'ampiezza delle celle alle dimensioni naturali può limitare i movimenti del maschio della varroa lungo la cella, influendo sull'accoppiamento e, quindi, sull'infestazione. È stato stabilito che la riduzione dell'ampiezza delle celle da 5,5 a 5,0 mm aumenta il "fattore di riempimento" o *fill factor* (rapporto tra larghezza del torace dell'ape e larghezza della cella) dal 73 al 79% [5, 6]. Tuttavia, recenti prove per stabilire la corrispondente riduzione dell'infestazione di varroa non hanno evidenziato alcun vantaggio, vanificando il ricorso a questo intervento;
- *fondo grigliato*. Il ricorso alle arnie a fondo grigliato è stato molto esteso

dopo l'avvento della varroa. Questo accorgimento agevola il controllo della caduta naturale degli acari e la relativa stima della popolazione, fornendo un buon supporto alle strategie di lotta integrata, soprattutto per mirare i trattamenti alle ipotetiche soglie d'intervento. Ci sono riscontri che evidenziano anche un effetto sulla riduzione del livello d'infestazione, ma in molti casi queste differenze non sono significative [7, 8]: il fondo grigliato agirebbe nel ridurre la possibilità di risalita nella camera di covata degli acari caduti e avrebbe anche un effetto, non ancora chiarito, sull'aumento della covata;

- *polverizzazioni di zucchero*. Cospargere con zucchero a velo le api è un metodo di controllo adottato negli ultimi anni. Il meccanismo ipotizzato è che la varroa perda il senso di orientamento e cada sul fondo. Solo gli acari foretici sono esposti al trattamento, che andrebbe ripetuto nel tempo o adottato in assenza di covata per ottenere un maggiore impatto sulla popolazione degli acari. La laboriosità di ripetere gli interventi e il disturbo arrecato alle colonie, associato alla variabilità dell'efficacia, ha ridotto l'utilità di questo intervento. Solo in presenza di poche colonie può rappresentare un mezzo efficiente per ridurre il livello di infestazione;
- *rimozione della covata maschile*. La preferenza della varroa per i fuchi in fase riproduttiva ha indotto a mettere a punto tecniche per la rimozione della covata maschile opercolata (e infestata) dalle colonie come metodo fisico di riduzione dell'infestazione [9]. Tuttavia, per raggiungere risultati apprezzabili, è necessaria la regolare rimozione di questa covata, rendendo l'approccio piuttosto laborioso e, di fatto, compatibile solo con la gestione di pochi alveari. La riduzione della popolazione di fuchi associata alla riduzione della loro fertilità per azione della varroa, potrebbe influire negativamente sull'accoppiamento delle regine, suggerendo di applicare questa tecnica a un numero limitato di colonie in un dato areale, o di valutare preliminarmente l'infestazione, mediante una semplice forchetta disopercolatrice, prima della rimozione. Se l'infestazione dovesse essere bassa si potrebbe evitare la rimozione così da mantenere una popolazione di fuchi adeguata ai fini riproduttivi;
- *messa a sciame*. La sciamatura naturale o l'abbandono del nido da parte della colonia rappresenta un efficace mezzo per tenere sotto controllo le malattie. In questo modo, le api lasciano nel nido gran parte dei parassiti o dei focolai di patogeni della covata, che saranno poi "ripuliti" dalle tarme. La sciamatura artificiale può essere messa in atto per ottenere gli stessi risultati. Questa tecnica può essere attuata quando la colonia si prepara naturalmente alla sciamatura, le celle reali opercolate devono essere regolarmente rimosse, prelevandone una e proteggendola in un'apposita gabbietta. Dopo tre settimane, quando la covata della colonia madre è emersa, due favi esca di covata disopercolata possono essere trasferiti dallo sciame neoformato alla colonia madre, in modo da attirare gli acari presenti sulle api adulte per poi rimuovere i favi e distruggerli; la regina vergine può

essere soppressa e rimpiazzata o le due colonie riunite;

- *api resistenti*. La più semplice ed economica soluzione per risolvere il problema delle malattie dovrebbe essere quella di selezionare linee di api resistenti. Questo è il risultato atteso in condizioni naturali nel tempo, quando si stabilizza il rapporto ospite-parassita. Studi condotti in Svezia, USA e Francia hanno dimostrato l'abilità delle colonie di sopravvivere per molti anni senza adottare misure di controllo della varroa [10–12]. La sopravvivenza naturale delle colonie nel lungo termine potrebbe essere raggiunta in un più breve periodo con la selezione di regine resistenti da parte dell'apicoltore, partendo da colonie con bassi livelli naturali di infestazione, per aumentare la resistenza nel tempo anche eseguendo i trattamenti. Una strategia vantaggiosa potrebbe essere quella di localizzare l'apiario soggetto a selezione in un territorio ricco di colonie selvatiche [13].

Le strategie (non chimiche) appena descritte possono agire sia nell'eliminazione degli acari dalla colonia, sia soprattutto nel rallentamento dei tassi di crescita dell'infestazione. Esempi riferibili al primo aspetto sono il comportamento di *grooming* delle api [14], varie tecniche manipolative basate sull'intrappolamento degli acari nella covata [15, 16]; l'applicazione di polveri di zuccheri [17]. In riferimento al secondo aspetto, segnaliamo l'uso di linee genetiche di api resistenti alla varroa [18–21], ma anche l'isolamento degli apiari [22], l'esposizione al sole [23], l'uso del fondo grigliato [24] che agirebbe sulla velocità di invasione della covata da parte delle femmine fecondate di varroa [25]. Pochi degli interventi su richiamati possono singolarmente e indefinitamente mantenere gli acari a livelli non dannosi; le simulazioni effettuate ricorrendo a modelli computerizzati indicano che gli interventi alternativi ritardano il raggiungimento dei livelli di dannosità della varroa piuttosto che prevenirli [26, 27]. Di conseguenza, appare più realistico pensare alla lotta integrata alla varroa come a una strategia per ritardare, piuttosto che per eliminare, il trattamento chimico. Tuttavia, se un apicoltore riesce anche solo a prolungare l'intervallo tra i trattamenti più a lungo possibile, non solo riduce l'uso delle sostanze chimiche e i relativi rischi per le api, il miele e l'ambiente, ma concorre anche a mantenere nella popolazione di acari, attraverso la ricombinazione genetica e la riproduzione, la loro suscettibilità verso gli acaricidi [28], prolungando in tal modo la vita utile degli stessi acaricidi.

Se il prolungamento dell'intervallo tra i trattamenti chimici è un obiettivo chiave della lotta integrata, allora è fondamentale che gli apicoltori mettano in atto sistemi di monitoraggio dell'infestazione degli acari e criteri per determinare quando sono stati raggiunti livelli critici (soglie) per il trattamento. Queste soglie non sono generalizzabili e spesso sono molto variabili in funzione delle condizioni ambientali. Sulla base del conteggio giornaliero degli acari caduti sul fondo dell'alveare, sono state definite negli USA alcune soglie in relazione a diverse condizioni ambientali: 12 acari per il nord-ovest [29] e 0,7–12,2 acari per il sud-est [30], per aprile e febbraio, rispettivamente. Per agosto, le soglie consigliate sono molto divergenti, vanno da 23 acari per il nord-ovest a

70,8–224,4 per il sud-est. In ambiente mediterraneo, in condizioni di costante presenza di covata, le esperienze condotte sulla base di indagini comparative tra dinamica delle colonie, andamento dell'infestazione e caduta naturale degli acari suggeriscono soglie che oscillano da circa 10 a 40 acari/giorno in relazione alla forza delle colonie [31] (Fig. 13.1).

Anche il campionamento della covata può fornire utili indicazioni. Un procedimento semplice per stimare l'infestazione è offerto dal campionamento sequenziale della covata di operaia [32]. Si tratta di ispezionare con una pinzetta, durante le normali operazioni in apiario, un numero di cellette non prefissato, comunque non inferiore a 30, scelte a caso dai favi di covata e di conteggiare il numero di celle infestate. Secondo questo metodo, ricorrendo a un semplice grafico di campionamento sequenziale si è in grado di effettuare una scelta di rilevanza pratica (Fig. 13.2). Si procede, inoltre, all'ispezione delle celle singolarmente e in sequenza. Se per ipotesi, dopo aver osservato alcune celle si rileva l'infestazione, questo dato potrebbe già essere sufficiente per decidere su un eventuale trattamento o per capire se il medesimo ha sortito una certa efficacia.

Il regolare monitoraggio dell'infestazione, anche se applicato solo su un campione di alveari scelti a caso, può consentire di evitare trattamenti inutili ma, soprattutto, di mirare i trattamenti in funzione delle soglie prefissate di

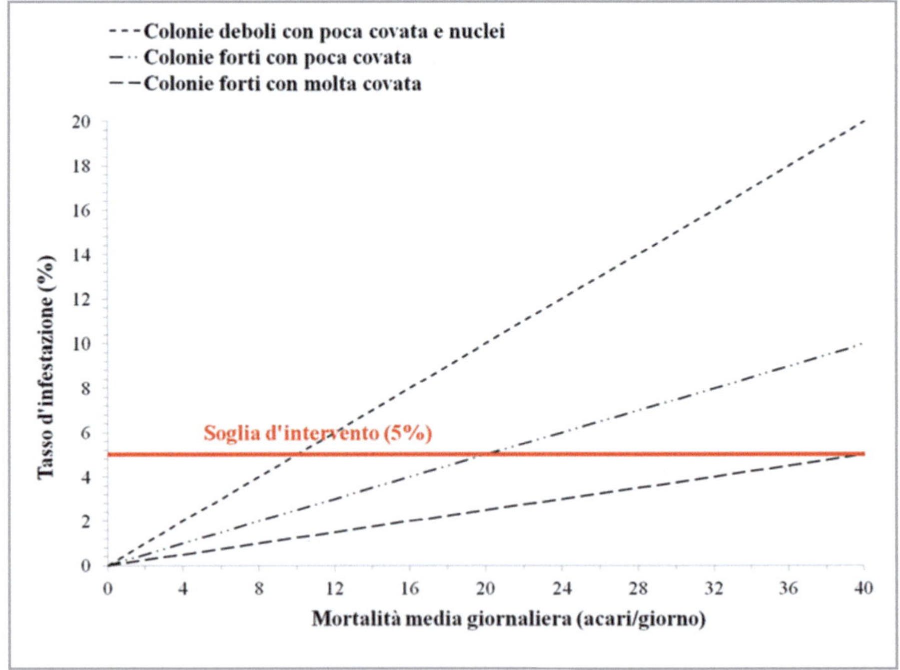

Fig. 13.1 Grafico di stima dell'infestazione sulla base della mortalità naturale della varroa

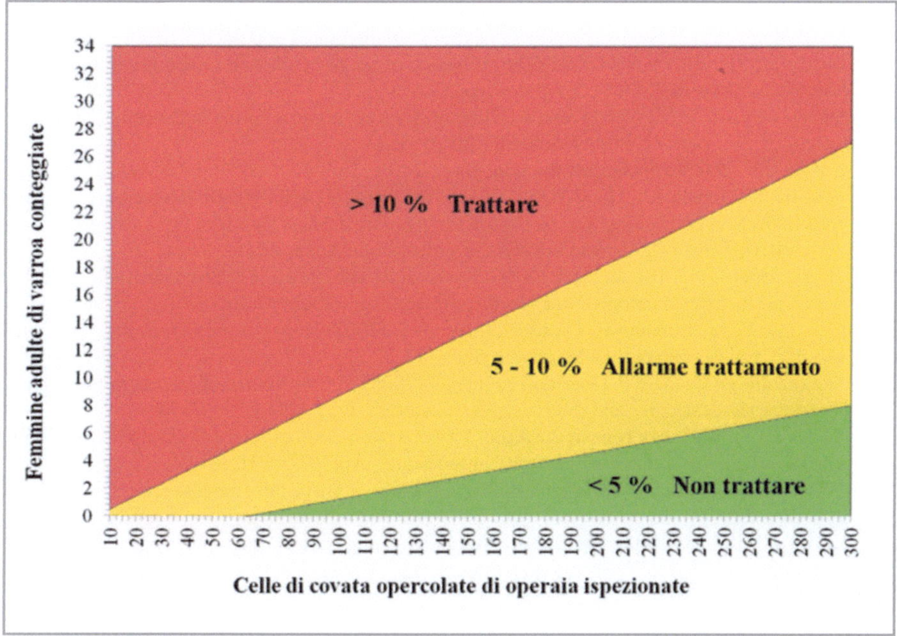

Fig. 13.2 Grafico di campionamento sequenziale

intervento (timing), attuando un percorso ragionato nella pianificazione della lotta che limiti il rischio di farmacoresistenza, il problema dei residui e altri possibili e ormai ampiamente documentati effetti indesiderati di carattere biologico come l'interazione varroa-virus, che può essere limitata o prevenuta solo dal contenimento della popolazione di acari a livelli bassi. Le stesse tecniche di monitoraggio possono essere applicate per verificare approssimativamente l'efficacia del trattamento.

In definitiva, disponendo di specifiche soglie e di tecniche semplici di monitoraggio, in combinazione con vari metodi alternativi di rallentamento dell'infestazione, gli apicoltori possono definire strategie di lotta integrata adatte a specifiche condizioni ambientali e operative. In alcuni casi, tali strategie sono state anche verificate sperimentalmente [33]. Talvolta, l'interazione degli interventi alternativi adottati ha agito nel controllo dell'acaro e i tempi di raggiungimento delle soglie di intervento sono stati significativamente ritardati di ulteriori 13 settimane.

Bibliografia

1. Brodsgaarf R, Crailsheim K (2010) Nutrition and health in honey bees. Apidologie, 41:278–294
2. Seeley TD, Visscher PK (1985) Survival of honeybees in cold climates: the critical timing of colony growth and reproduction. Ecol Entomol 10:81–88

3. McMullan J (2008) Feeding honey bee colonies. Bee Craft 90(9):21–23
4. McMullan J (2012) Having healthy honeybees, an integrated approach. FIBKA, Genprint
5. McMullan JB, Brown MJ (2006) The influence of small-cell brood on the morphometry of honeybees (Apis mellifera L.). Apidologie 37:655–672
6. Seeley TD, Griffin SR (2011) Small-cell comb does not control Varroa in the colonies of honeybees of European origin. Apidologie 42:526–532
7. Coffey MF (2007) Parasites of the honeybee. DAFF, Dublin
8. Ellis JD, Delaplane KS, Hood WM (2001) Efficacy of a bottom screem device, Apistan, and Apilife VAR in controlling Varroa destructor. Am Bee J 141:813–816
9. Fera (2010) Managing Varroa. www.defra.gov.uk/fera. Accessed
10. Fries I, Imdorf A, Rosenkranz P (2006) Survival of mite infested (Varroa destructor) honey bee (Apis mellifera) colonies in a Nordic climate. Apidologie 37:564–570
11. Le Conte Y, de Vaublang G, Crauser D, Jeanne F (2007) Honey bee colonies that have survived Varroa destructor. Apidologie 38:566–572
12. Sammataro D, Untalan P, Guerreo F, Finley J (2005) The resistance of Varroa mites (Acari: Varroidae) to acaricides and the presence of esterase. Int J Acarol 31:67–74
13. Seeley T (2006) Honey bees of the Arnot forest: a population of feral colonies persisting with Varroa destructor in the north eastern United States. Apidologie 38:19–29
14. Peng C (1992) Honey bee grooming behavior in Varroa mite resistance. Bee Science 2(4):200–201
15. Dung NV; Tan NQ, Huan LV, Beetsm WJ (1995) Bio-technical manipulations used in Vietnam to control Varroa jacobsoni and Tropilaelaps clareae in colonies of Apis mellifera. Bee Science 4:11–13
16. Schulz A, Koeniger N, Ruttner F (1983) Drohnenbrut als Varroa-Falle. Imkerfreund 38:50–51
17. Fakhimzadeh K (2000) Potential of super-fine ground, plain white sugar dusting as an ecological tool for the control of varroasis in the honey bee (Apis mellifera). Am Bee J 140(6):487–491
18. Spivak M (1996) Honey bee hygienic behavior and defense against Varroa jacobsoni. Apidologie 27:245–260
19. Harbo JR, Harris JW (1999) Selecting honey bees for resistance to Varroa jacobsoni. Apidologie 30:183–196
20. Harbo JR, Hoopingarner RA (1997) Honey bees (Hymenoptera: Apidae) in the United States that express resistance to Varroa jacobsoni (Mesostigmata: Varroidae). J Econ Entomol 90(4):893–898
21. Rinderer TE, Kutsnetzov VN, Danka RG, Delatte GT (1997) An importation of potentially varroa-resistant honey bees from far-eastern Russia. Am Bee J 137(11):787–789
22. Sakofski F, Koeniger N, Fuchs S (1990) Seasonality of honey bee colony invasion by Varroa jacobsoni Oud. Apidologie 21(6):547–550
23. Rinderer TE, De Guzman LI, Harper C (2004) The effects of co-mingled Russian and Italian honey bee stocks and sunny or shaded apiaries on varroa mite infestation level, worker bee population and honey production. Am Bee J 144(6):481–485
24. Pettis JS, Shimanuki H (1999) A hive modification to reduce varroa populations. Am Bee J 139:471–473
25. Harbo JR, Harris JW (2004) Effect of screen floors on populations of honey bees and parasitic mites (Varroa destructor). J Apicult Res 43(3):114–117
26. Hoopingarner R (2001) Biotechnical control of varroa mites. In: Webster TC, Delaplane KS (eds) Mites of the honey bee. Dadant, Hamilton, IL, pp 197–204
27. Wilkinson D, Thompson HM, Smith GC (2001) Modeling biological approaches to controlling Varroa populations. Am Bee J 141(7):511–516
28. Metcalf RL (1982) Insecticides in pest management, 2nd edn. In: Metcalf RL, Luckmann WH (eds) Introduction to insect pest management. John Wiley, New York, pp 217–277

29. Strange JP, Sheppard WS (2001) Treatment thresholds and timing for the control of Varroa destructor in honey bee colonies in Washington State. J Econ Entomol 94:1324–1333
30. Delaplane KS, Hood WM (1999) Economic threshold for Varroa jacobsoni Oud in the southeastern USA. Apidologie 30:383–395
31. Floris I, Ruiu L, Buffa F, Satta A (2009) Caratteristiche e dinamica dell'infestazione di Varroa destructor in ambiente meridionale. Apoidea 6:86–92
32. Floris I (1997) A sequential sampling technique for female adult mites of Varroa jacobsoni Oudemans in the sealed worker brood of Apis mellifera ligustica Spin. Apidologie 28:63–70
33. Delaplane KS, Berry JA, Skinner JA et al (2005) Integrated pest management against Varroa destructor reduces colony mite levels and delays treatment threshold. J Apicult Res 44(4):157–162

Normativa sanitaria in apicoltura

14

Franco Mutinelli

14.1 Basi normative

14.1.1 Introduzione

Le norme che regolano la salute delle api sono contenute nel vigente Regolamento di Polizia Veterinaria (Capo XXIX, Malattie delle api, artt. 154–158), approvato con D.P.R. 8 febbraio 1954, n. 320, successivamente modificato e integrato dalle ordinanze ministeriali per la profilassi della varroasi (1983 e 1995) e di *Aethina tumida* e *Tropilaelaps* spp. (2004).

Di seguito vengono presi in considerazione e commentati, ove necessario, sia lo storico della normativa sanitaria in apicoltura sia i più recenti aggiornamenti del Ministero della Salute, Direzione Generale Sanità Animale e Farmaco Veterinario (DGSAF), in merito ad alcune malattie delle api quali nosemiasi, peste americana e varroasi, nonché gli aspetti inerenti gli scambi e l'importazione di api e *Bombus* spp. Sono altresì trattate le disposizioni in materia di medicinale veterinario e di residui, strettamente connessi alla gestione sanitaria degli alveari. Si sottolinea, inoltre, come anche in questo settore le norme sanitarie, nate per la tutelare il patrimonio apistico nazionale dalle malattie infettive e diffusive, hanno assunto sempre più una valenza comunitaria e internazionale.

F. Mutinelli (✉)
Istituto Zooprofilattico Sperimentale delle Venezie
Centro di referenza nazionale per l'apicoltura
Legnaro (Padova)
e-mail: fmutinelli@izsvenezie.it

A cura di E. Carpana, M. Lodesani, *Patologia e avversità dell'alveare*,
DOI: 10.1007/978-88-470-5650-3_14, © Springer-Verlag Italia 2014

14.1.2 Norme di polizia veterinaria

14.1.2.1 Cenni storici

Regio Decreto Legge 23 ottobre 1925 n. 2079
Si tratta della prima norma nazionale in ambito apistico e contiene provvedimenti per la difesa dell'apicoltura. È stato convertito in legge con la L. 18 marzo 1926 n. 562, a cui è seguita l'approvazione del Regolamento di esecuzione con R.D. 17 marzo 1927 n. 614. Secondo queste norme, i possessori di alveari potevano riunirsi in Consorzi Apistici Provinciali ("facoltativi"), che potevano essere resi "obbligatori" dal Prefetto. Veniva inoltre definita la possibilità di indire il censimento annuale (su base provinciale), fissate le distanze tra apiari e istituita la figura dell'Esperto Apistico cui competeva la lotta contro le malattie delle api.

T.U.LL.SS. n. 1265 del 1934, art. 264
(Delle misure contro la diffusione delle malattie infettive degli animali)
I veterinari, i proprietari o detentori di animali domestici, debbono denunziare immediatamente al podestà del luogo, qualunque caso di malattia infettiva diffusiva del bestiame, accertata o sospetta, o qualunque caso di morte improvvisa di animale, non riferibile a malattia comune già accertata.

Regolamento di polizia veterinaria (DPR n. 320/1954)

Titolo I - Norme generali di polizia veterinaria

Capo I - Malattie infettive e diffusive degli animali soggette a provvedimenti sanitari
Le malattie degli animali per le quali si applicano le disposizioni del presente regolamento sono quelle a carattere infettivo e diffusivo. Si considerano tali le seguenti:
[omissis]
29) malattie delle api: peste europea, peste americana, nosemiasi, acariasi;
[...] varroasi (O.M. 21 aprile 1983 e 17 febbraio 1995) [...]
61) Aethina tumida (O.M. 20 aprile 2004);
62) Tropilaelaps spp. (O.M. 20 aprile 2004).

Capo II - Denuncia delle malattie infettive e diffusive

Art. 2
Qualunque caso, anche sospetto, di malattia infettiva e diffusiva degli animali di cui all'articolo 1, ad eccezione di quelle contemplate ai numeri 25 e 26, deve essere immediatamente denunciata al sindaco che ne dà subito conoscenza al veterinario comunale.

Sono tenuti alla denuncia:

- i veterinari comunali e consorziali che comunque siano venuti a conoscenza di casi di malattia infettiva e diffusiva;
- i veterinari liberi esercenti;
- i proprietari e i detentori di animali anche in temporanea consegna ed a qualsiasi titolo;
- gli albergatori, i conduttori di stalle di sosta e di pubbliche stazioni di monta e gli esercenti le mascalcie.

La denuncia è obbligatoria anche per qualunque nuovo caso di malattia o di morte improvvisa che si verifica entro otto giorni da un caso precedente non riferibile a malattia comune già accertata.

Sono tenuti altresì alla denuncia:

- i presidi delle Facoltà di medicina veterinaria, i direttori degli Istituti zooprofilattici sperimentali nonché di ogni altro Istituto sperimentale a carattere veterinario, limitatamente alle malattie accertate nei rispettivi istituti e laboratori;
- i direttori degli Istituti zootecnici, i direttori dei Depositi governativi dei cavalli stalloni [*ora Istituti Incremento Ippico*], l'autorità militare cui sono affidati animali per i servizi dell'Esercito e le Commissioni di rimonta e di rivista per la requisizione quadrupedi, per i casi di cui vengono a conoscenza nell'esercizio del loro ufficio;
- le autorità portuali marittime, i direttori degli aeroporti civili, i capi stazione delle ferrovie e delle tranvie e le imprese esercenti trasporti per via lacuale, fluviale e con autoveicoli per i casi di malattia, dei quali sono venuti a conoscenza, verificatisi durante il carico e lo scarico o lungo il viaggio per i casi di morte non conseguenti a cause accidentali;
- i funzionari e le guardie di pubblica sicurezza, i carabinieri, le guardie di finanza, le guardie forestali, gli agenti al servizio delle province e dei comuni e le guardie dell'Ente nazionale per la protezione degli animali.

Art. 3

La denuncia delle malattie infettive e diffusive può essere fatta per iscritto o verbalmente.

La denuncia per iscritto, quando non è consegnata a mano, deve essere fatta pervenire all'ufficio comunale in modo da provarne l'avvenuto recapito. Su richiesta del denunciante, l'ufficio è tenuto a rilasciare ricevuta della denuncia.

In tale denuncia devono essere indicati:

a. la natura della malattia accertata o sospetta;
b. il cognome e nome del proprietario degli animali morti, ammalati o sospetti, l'ubicazione precisa del ricovero o del pascolo in cui questi si trovano, il numero e l'eventuale recente provenienza, il numero dei rimanenti animali sospetti o sani, il giorno in cui cominciò la malattia o avvenne la morte;
c. le eventuali osservazioni del veterinario e le precauzioni adottate d'urgenza per prevenire la diffusione della malattia.

I veterinari devono fare sempre la denuncia per iscritto.

I comuni sono tenuti a fornire gratuitamente ai veterinari esercenti o a chiunque ne faccia richiesta appositi moduli stampati per la denuncia al sindaco.

Le denunce verbali devono essere trascritte dall'ufficio comunale sui moduli sopra indicati.

Art. 4
Ai proprietari o detentori di animali è fatto obbligo, a scopo cautelativo e non appena rilevati i sintomi sospetti di una delle malattie indicate nell'art. 1, di:

a. isolare gli animali ammalati;
b. accantonare, opportunamente custoditi, gli animali morti;
c. non spostare dall'azienda animali in genere, ogni prodotto animale od altro materiale che può costituire veicolo di contagio, in attesa delle disposizioni del veterinario comunale.

[omissis]

Art. 6
I direttori degli Istituti universitari, degli Istituti zooprofilattici sperimentali, delle sezioni medico-micrografiche dei Laboratori provinciali di igiene e di profilassi e i direttori di qualsiasi laboratorio batteriologico che dagli accertamenti diagnostici di laboratorio rilevano l'esistenza di malattie infettive e diffusive, di cui all'articolo 1, devono senza ritardo informare il veterinario provinciale e il veterinario del comune da cui proviene il materiale esaminato, rimettendo loro copia del reperto.

[omissis]

Capo III - Provvedimenti consecutivi alla denuncia

Art. 9
Il veterinario comunale, appena venuto a conoscenza della manifestazione di casi di malattie di cui all'art. 1, provvede all'accertamento della diagnosi. Esegue altresì l'inchiesta epizoologica e propone per iscritto al sindaco le misure atte ad impedire la diffusione della malattia e ne vigila l'esecuzione. Inoltre, in attesa delle relative disposizioni da adottarsi dal sindaco ai sensi dell'articolo successivo, comunica per iscritto le istruzioni necessarie al proprietario o detentore degli animali.

Art. 10
Il sindaco con apposita ordinanza, da notificarsi per iscritto ai detentori degli animali, dispone l'applicazione di tutte o di parte delle seguenti misure, secondo la natura della malattia ed il modo di trasmissione:

a. numerazione, per specie e categoria, degli animali esistenti nei ricoveri e nelle località infette;
b. isolamento degli animali ammalati e sospetti, dai sani e custodia da parte dei detentori degli animali morti, in attesa degli ulteriori provvedimenti;
c. sequestro degli animali nei ricoveri o nel luogo infetto con la prescrizione tassativa:

1. di impedire l'accesso a persone estranee e di tenere lontani cani, gatti ed animali da cortile;
2. di tenere chiusi i ricoveri e di spargere largamente sulla soglia e per un tratto all'esterno sostanze disinfettanti;
3. di impedire ogni contatto del personale di custodia con animali dei luoghi vicini;
4. di non trasportare fuori del luogo infetto animali da cortile, foraggi, attrezzi, letame ed altre materie ed oggetti atti alla propagazione della malattia;
5. di non abbeverare gli animali in corsi d'acqua o in vasche con essi comunicanti;

d. disinfezioni accurate dei ricoveri e degli altri luoghi infetti;
e. trattamento idoneo, secondo i mezzi a disposizione, delle spoglie degli animali, del letame e dei materiali comunque inquinati mediante infossamento, sterilizzazione, cremazione o denaturazione con sostanze chimiche;
f. precauzioni necessarie per l'incolumità delle persone, nei casi di malattie trasmissibili all'uomo.

Se gli animali colpiti dalle malattie infettive e diffusive o sospetti di esserlo sono stati introdotti da altro comune prima che sia trascorso il periodo di incubazione della malattia, il sindaco ne informa subito il comune di provenienza.

Il sindaco dispone, inoltre, indagini per accertare se nei giorni precedenti alla comparsa della malattia furono allontanati animali dal luogo infetto e per quale destinazione. Se gli animali sono stati trasferiti in altri comuni deve essere data urgente comunicazione alle Competenti autorità comunali. Analoghe indagini e comunicazioni devono farsi per il foraggio, il letame, gli attrezzi e gli altri oggetti eventualmente asportati dal luogo infetto.

[omissis]

Art. 12

Il sindaco informa subito il prefetto dell'insorgenza della malattia trasmettendo le denunce a mezzo del mod. n. 1, sez. A, di cui al precedente art. 8. Deve inoltre inviare copia dell'ordinanza di zona infetta eventualmente emessa.

Il veterinario comunale è tenuto a comunicare immediatamente al veterinario provinciale le denunce di malattie infettive e diffusive o sospette di esserlo, che presentano grave pericolo per la sanità pubblica o per lo stato sanitario del bestiame.

Il veterinario provinciale riporta i dati relativi alle denunce trasmesse dai comuni nell'apposito registro.

Il veterinario provinciale segnala al medico provinciale i casi di zoonosi di cui viene a conoscenza e riceve dal medico provinciale le segnalazioni dei casi di dette malattie manifestatesi nell'uomo per predisporre, ciascuno nel campo di sua competenza, le necessarie misure sanitarie.

[omissis]

Art. 14

A scopo di macellazione o per urgenti esigenze di alimentazione o di lavori agricoli, il prefetto può consentire – salvo per i casi di peste bovina e di pleuro-polmonite essudativa contagiosa dei bovini – lo spostamento degli animali fuori delle zone infette e di quelle di protezione, purché si compia con tutte le precauzioni da prescriversi di volta in volta dal veterinario provinciale.

I proprietari o i detentori degli animali stessi devono fare regolare domanda al prefetto, il quale autorizza lo spostamento degli animali quando, in seguito agli accertamenti del veterinario provinciale, risulta che il provvedimento è assolutamente indispensabile.

Di regola l'autorizzazione (all. mod. n. 2) non è concessa per gli animali ammalati o sospetti, a meno che non sussistano insormontabili difficoltà di alimentazione o non sia dimostrata l'impossibilità della macellazione sul posto, salvo le eccezioni previste per determinate malattie nel Titolo II del presente regolamento.

Lo spostamento può essere consentito anche in altre province previo nulla osta dei prefetti competenti. In caso di necessità il prefetto, nell'autorizzazione di spostamento, può disporre che gli animali vengano scortati da agenti durante il viaggio.

Nei casi di malattie per le quali non è stata emanata l'ordinanza di zona infetta il permesso di spostamento degli animali è accordato dal sindaco.

Art. 15

L'autorizzazione del prefetto per lo spostamento degli animali fuori della zona infetta o di quella di protezione è inviata al sindaco del comune in cui trovansi gli animali da spostare ed è da questi consegnata al proprietario o conduttore interessato che deve esibirla ad ogni richiesta delle autorità sanitarie e degli agenti della forza pubblica.

Del consentito spostamento la Prefettura informa il sindaco del comune di destinazione, il quale dispone per il ritiro dell'autorizzazione al momento dell'arrivo degli animali per inviarla, entro cinque giorni, al prefetto della provincia di origine unitamente al certificato di avvenuta macellazione o all'attestazione che gli animali si trovano nel luogo di destinazione, sotto la vigilanza del veterinario comunale. La durata di questa vigilanza viene fissata di volta in volta.

Nel caso di spostamento di animali con malattia in atto o allorché questa si manifesta durante il periodo di osservazione, il sindaco del comune di destinazione applica, in tutto o in parte, le disposizioni di cui agli articoli 10 e 11 del presente regolamento.

Art. 16

Quando il focolaio infettivo risulta estinto, cessate le cause che hanno determinato i provvedimenti di cui ai precedenti articoli 10 e 11 ed eseguite le prescritte disinfezioni, il sindaco, su rapporto del veterinario comunale, procede alla revoca dei provvedimenti stessi, secondo le prescrizioni stabilite per le singole malattie nel Titolo II del presente regolamento.

Nel caso di malattie infettive nei pubblici macelli, nei mercati, nelle fiere ed esposizioni di animali, nelle scuderie e colombaie dello Stato, negli stabulari degli Istituti universitari, zooprofilattici e zootecnici, i provvedimenti vengono revocati dopo constatata l'estinzione del focolaio.

Dell'estinzione del focolaio infettivo il sindaco informa subito il prefetto a mezzo del mod. n. 1, sez. B, di cui al precedente art. 8.

La dichiarazione di zona di protezione viene revocata con ordinanza del prefetto quando dagli accertamenti del veterinario provinciale risulta che non sussistono più i motivi che hanno determinato il provvedimento.

[omissis]

Titolo II - Norme sanitarie speciali contro le malattie infettive e diffusive degli animali

Capo XXIX - Malattie delle api

Art. 154

Nei casi di malattie delle api (peste europea, peste americana, nosemiasi ed acariasi) il sindaco, ricevuta la denuncia, dispone i seguenti provvedimenti:

a. divieto di lasciare a portata delle api il miele, i favi e qualsiasi materiale possibile veicolo di contagio;
b. divieto di rimuovere, vendere o comunque alienare o di occultare le api, le arnie, gli attrezzi ed il materiale in genere degli apiari infetti o sospetti;
c. divieto di asportare il miele e la cera se non sottoposti ad appropriata sterilizzazione;
d. chiusura delle arnie vuote;
e. divieto di rinnovare o di immettere nuove famiglie nell'apiario infetto prima che i relativi impianti siano stati disinfettati.

   Sono da considerare sospetti tutti gli apiari situati nel raggio di volo delle api, calcolato in almeno 3 chilometri dall'apiario infetto.

Art. 155

A complemento dei provvedimenti indicati nel precedente articolo, nei casi di peste europea o americana può essere ordinata la distruzione delle famiglie delle arnie infette.

Le api così uccise nonché i favi ed i bugni villici che hanno contenuto covate o resti di larve devono essere bruciati, i favi privi di covata fusi, le arnie e gli attrezzi disinfettati. Il terreno circostante deve essere vangato o disinfettato.

Se la malattia è allo stadio iniziale possono essere consentiti opportuni trattamenti curativi. L'apiario trattato deve essere tenuto in osservazione e sottoposto ad esami di controllo sino a risanamento accertato.

Art. 156
Le norme stabilite per le pesti apiarie valgono, in quanto applicabili, per la nosemiasi e per l'acariasi. Gli apiari infetti o sospetti possono essere sottoposti ad opportuni trattamenti curativi.

Art. 157
In casi particolari il prefetto può autorizzare il trasferimento degli alveari dalle località infette o sospette previo accertamento sanitario.

Art. 158
Dei provvedimenti sanitari adottati e della loro revoca deve essere data comunicazione all'Ispettorato provinciale dell'agricoltura e, dove esiste, al Consorzio apistico provinciale.

Legge 23 dicembre 1978, n. 833 Istituzione del servizio sanitario nazionale

Con la promulgazione della legge 23 dicembre 1978, n. 833 "Istituzione del servizio sanitario nazionale" vengono attribuite ai Comuni tutte le funzioni amministrative in materia di assistenza sanitaria ed ospedaliera (nella quale sono state comprese le attività veterinarie), che non siano espressamente riservate allo Stato e alle Regioni.

I Comuni esercitano tali funzioni in forma singola o associata mediante le USL (oggi Aziende USL), ferme restando le attribuzioni di ciascun Sindaco quale autorità sanitaria locale.

Ordinanza 21 aprile 1983 Norme per la profilassi della varroasi

Art. 1
L'ordinanza ministeriale in data 8 agosto 1981, citata nella premessa, è sostituita dalla presente.

Art. 2
All'elenco delle malattie a carattere infettivo e diffusivo previste dall'art. 1 del vigente regolamento di polizia veterinaria è aggiunta la varroasi.

Art. 3
Abrogato dall'art. 4 dell'ordinanza 17 febbraio 1995.

Art. 4
La presente ordinanza sarà pubblicata nella gazzetta ufficiale della Repubblica Italiana ed avrà immediata applicazione.

Ordinanza 17 febbraio 1995 Norme per la profilassi della varroasi

Visto il testo unico delle leggi sanitarie, approvato con decreto 27 luglio 1934, n. 1265;

Visto il regolamento di polizia veterinaria, approvato con decreto del Presidente della Repubblica 8 febbraio 1954, n. 320;

Vista la legge 23 dicembre 1978, n. 833, concernente l'istituzione del Servizio sanitario nazionale;

Vista l'ordinanza in data 21 aprile 1983, pubblicata nella Gazzetta Ufficiale n. 120 del 4 maggio 1983, con la quale vengono dettate norme per la profilassi della varroasi;

Sentito il Consiglio superiore di sanità, Sezione V, nella seduta del 3 novembre 1988;

Considerato che la varroasi è una infestazione diffusa su tutto il territorio nazionale;

Ritenuto necessario modificare le disposizioni in vigore al fine di renderle più rispondenti alla attuale situazione della malattia sul territorio nazionale;

Ordina:

Art. 1

1. Nei casi di varroasi, il sindaco ricevuta la denuncia dispone:
   a. il divieto di rimuovere o vendere alveari o api vive e di introdurre nell'apiario infestato nuove famiglie, prima che i relativi impianti siano stati disinfestati;
   b. l'esecuzione di opportuni trattamenti disinfestanti nell'apiario parassitato ove non si ritenga più conveniente ordinare la distruzione dello stesso o di parte degli alveari nei casi di incontrollabile infestazione.

Art. 2

1. Il sindaco dispone, altresì, l'esecuzione degli interventi diagnostici per l'accertamento del livello della parassitosi negli apiari situati in un raggio di almeno 5 chilometri dal focolaio individuato. Gli interventi diagnostici e disinfestanti possono all'occorrenza coincidere.

Art. 3

1. I provvedimenti sanitari disposti dal sindaco sono revocati dopo accertamento ufficiale dei risultati degli interventi effettuati da valutarsi mediante controlli clinici e parassitologici ovvero dopo l'avvenuta distruzione dell'apiario o di parte degli alveari.

Art. 4

1. È abrogato l'art. 3 dell'ordinanza ministeriale 21 aprile 1983 citata in premessa.

Art. 5

1. La presente ordinanza, inviata alla Corte dei conti per la registrazione, entra in vigore il giorno successivo alla sua pubblicazione nella Gazzetta Ufficiale della Repubblica italiana.

Alla luce delle caratteristiche dell'infestazione da *Varroa destructor*, del suo carattere endemico, dell'impossibilità di eradicazione, la normativa risulta chiaramente di difficile, se non impossibile applicazione, così come concepita dal legislatore nel 1995 e, a maggior ragione, nel 2013.

Le conoscenze tecniche e scientifiche oggi disponibili in materia impongono trattamenti terapeutici stagionali, o la combinazione di interventi tecnici e terapeutici, in funzione dello sviluppo delle famiglie di api e dell'infestazione che è sempre presente, anche se con livelli diversi di gravità. Ciò significa che i trattamenti previsti dall'ordinanza sono in realtà uno strumento imprescindibile per il prosieguo dell'attività apistica e che non possono più essere considerati come strumento per la revoca dei provvedimenti sanitari (art. 3). Infatti, la revoca di detti provvedimenti deve avvenire dopo accertamento ufficiale dei risultati degli interventi effettuati da valutarsi mediante controlli clinici e parassitologici ovvero dopo la distruzione dell'apiario o di parte degli alveari. Premesso che si tratta di una parassitosi endemica, non eradicabile, risulta difficile individuare quale controllo clinico e parassitologico post-trattamento possa essere di aiuto nel controllo della varroasi, ai fini della revoca dei provvedimenti disposti dall'ordinanza (divieto di rimuovere o vendere alveari o api vive e di introdurre nell'apiario infestato nuove famiglie, prima che i relativi impianti siano stati disinfestati). I trattamenti per il controllo della varroasi si sono integrati, a tutti gli effetti, con gli interventi della tecnica apistica di routinaria applicazione da parte degli apicoltori. Infatti, senza questi interventi, le famiglie di api non sono in grado di sopravvivere più di una stagione. Inoltre, la distruzione dell'apiario o di parte degli alveari considerata dall'ordinanza è ormai decisamente anacronistica come strumento di lotta/controllo della varroasi, come anacronistico è il concetto di focolaio per una malattia endemica a livello internazionale.

È necessario quindi riconoscere alla varroasi il carattere di malattia endemica, presente su tutto il territorio nazionale, dell'Unione Europea e non solo, e non eradicabile; riconsiderarla come malattia soggetta a denuncia ai sensi del Regolamento di Polizia Veterinaria (D.P.R. 320/54 e s.m.i.) ai fini dei provvedimenti da adottare; introdurre l'obbligatorietà dei trattamenti di terapeutici secondo specifiche modalità e programmi di controllo integrato.

Legge 24 dicembre 2004 n. 313 Disciplina dell'apicoltura

La legge 24 dicembre 2004 n. 313 costituisce la legge quadro in materia apistica e se ne riportano gli articoli di interesse sanitario.

Art. 1

Riconosce l'apicoltura come attività di interesse nazionale utile per la conservazione dell'ambiente naturale, dell'ecosistema e dell'agricoltura in generale.

Art. 4
Disciplina dell'uso dei fitofarmaci e tutela delle api dagli avvelenamenti: le regioni stabiliscono le limitazioni e i divieti, con relative sanzioni.

Art. 6
Obbligo di denuncia degli apiari e alveari ai Servizi Veterinari AUSL, anche per il tramite delle Associazioni Apistiche, con successivi aggiornamenti annuali entro il 31/12, qualora ci siano variazioni nella consistenza maggiori del 10% (+/–) o nella collocazione.

Art. 7
[omissis]
a. preventivo accertamento che gli apiari, stanziali o nomadi, rispettino le norme del regolamento di polizia veterinaria, di cui al decreto del Presidente della Repubblica 8 febbraio 1954, n. 320, e successive modificazioni;
[omissis]

Ordinanza 20 aprile 2004 Norme per la profilassi dell'*Aethina tumida* e del *Tropilaelaps* spp.
Vista la decisione della Commissione dell'11 dicembre 2003, n. 2003/881/CE, relativa alle condizioni di polizia e certificazione sanitaria per le importazioni di api (*Apis mellifera* e *Bombus* spp.) in provenienza da Paesi Terzi e che abroga la decisione 2000/462/CE, e considerato che le infestazioni parassitarie sostenute da *Aethina tumida* e *Tropilaelaps* spp. sono malattie esotiche già inserite nell'elenco delle malattie soggette a denuncia in ambito comunitario ai sensi della direttiva 92/65/CEE e successive modifiche, all'elenco delle malattie a carattere infettivo e diffusivo previste dall'art. 1, primo comma, del D.P.R. 8 febbraio 1954, n. 320, sono aggiunte le infestazioni parassitarie da *Aethina tumida* e *Tropilaelaps* spp. Considerato che il coleottero *Aethina tumida* e l'acaro *Tropilaelaps* spp. sono agenti di malattia esotici nell'Unione Europea e in Italia e, benché siano assimilate alle altre malattie delle api, nel caso di un loro riscontro sul territorio nazionale, impongono l'adozione di misure eccezionali, che ne consentano l'immediata eradicazione.

Decreto 4 dicembre 2009 Disposizioni per l'anagrafe apistica nazionale
Considerato il D.P.R. 30 aprile 1996, n. 317, recante norme sull'attuazione della direttiva 92/102/CEE sulla identificazione e registrazione degli animali, e successive modifiche ed in particolare l'art. 1, comma 2, lettera a), che dispone la possibilità di procedere all'identificazione e registrazione di specie animali diverse dai suini, ovini e caprini; considerata la necessità anche al seguito del verificarsi di emergenze epidemiche quali i recenti fenomeni di gravi e diffuse mortalità delle api e spopolamento degli alveari, di attuare un attento monitoraggio dell'evoluzione del settore apistico; ritenuto indispensabile

estendere il sistema delle anagrafi zootecniche al settore apistico anche al fine di migliorare le conoscenze del settore sotto il profilo produttivo e sanitario; ritenuto a tal proposito urgente definire le linee guida ed i principi in base ai quali organizzare e gestire l'anagrafe apistica ivi compreso lo sviluppo nell'ambito della Banca Dati Nazionale (BDN) dell'anagrafe zootecnica di un'apposita sezione dedicata al settore apistico; considerato che il regime degli aiuti comunitari nel settore apistico ha la necessità di acquisire dati aggiornati del patrimonio apistico nazionale e regionale, il presente decreto promuove e regolamenta l'anagrafe apistica.

Le principali finalità dell'anagrafe apistica nazionale sono così definite:

a. tutela economico-sanitaria e valorizzazione del patrimonio apistico;
b. supporto nella trasmissione di informazioni, a tutela del consumatore, del prodotto miele e degli altri prodotti dell'alveare;
c. miglioramento delle conoscenze del settore apistico sotto il profilo produttivo e sanitario, anche in riferimento alle politiche di sostegno e alla predisposizione di piani di profilassi e di controllo sanitario.

Le procedure operative di attuazione del presente decreto sono definite con un apposito manuale operativo (Art. 5), comprensivo della necessaria modulistica. Detto manuale è attualmente in fase di revisione.

Norme sanitarie per gli scambi e le importazioni nella Comunità

L'O.M. 31 marzo 1978 "Norme per l'importazione dall'estero di api vive e di covate di api al fine della prevenzione della varroasi" definiva i requisiti necessari in funzione del crescente rischio di introduzione sul territorio nazionale dell'acaro varroa a fronte della sua presenza accertata nei paesi dell'est europeo.

Successivamente la materia è stata normata dal D.L.vo 12 novembre 1996 n. 633 Attuazione della direttiva 92/65/CEE che stabilisce norme sanitarie per gli scambi e le importazioni nella Comunità di animali, sperma, ovuli e embrioni non soggetti, per quanto riguarda le condizioni di polizia sanitaria, alle normative comunitarie specifiche di cui all'allegato A, sezione I, della direttiva 90/425/CEE. Il Decreto prevedeva, fra l'altro, le condizioni generali per gli scambi e quelle specifiche per le api all'art. 8.

[omissis]

Art. 4

Condizioni generali per gli scambi

1. Oltre a quanto previsto dagli articoli 13 e 19, gli animali di cui agli articoli da 5 a 10 possono essere oggetto di scambi soltanto se soddisfano le specifiche disposizioni rispettivamente previste per ogni singola specie e provengono da una azienda o esercizio commerciale soggetti a registrazione previo impegno dei loro responsabili a:

[omissis]

Art. 8
Condizioni specifiche per le api
1. Le api (*Apis mellifera*) devono:
   a. provenire da una zona che non sia oggetto di misure restrittive per la peste americana; il divieto permane per almeno trenta giorni a decorrere dall'ultimo caso constatato della malattia e dalla data in cui tutti gli alveari situati in un raggio di 3 chilometri sono stati controllati dal servizio veterinario territorialmente competente e tutti gli alveari infetti sono stati bruciati o trattati sotto il suo controllo;
   b. essere accompagnate dal certificato sanitario conformemente alle disposizioni di cui all'allegato E.

[omissis]

Inoltre, sempre per quanto riguarda le malattie delle api, il decreto prevedeva:

ALLEGATO A
Malattie soggette a denuncia nell'ambito del presente decreto:
- Peste americana

ALLEGATO B
Elenco delle malattie per le quali possono essere riconosciuti programmi nazionali in virtù del presente decreto:
- Peste europea
- Varroasi e acariasi

La Direttiva 92/65/CEE è stata successivamente modificata dal Regolamento (CE) della Commissione n. 1398 del 5 agosto 2003 recante modifica dell'allegato A della direttiva 92/65/CEE del Consiglio al fine di includervi il piccolo scarabeo dell'alveare (*Aethina tumida*) e l'acaro Tropilaelaps (*Tropilaelaps* spp.) e, più recentemente, dalla Decisone 2010/270/UE della Commissione del 6 maggio 2010 che modifica le parti 1 e 2 dell'allegato E della direttiva 92/65/CEE del Consiglio relativamente ai modelli di certificati sanitari per animali provenienti da aziende e per api e calabroni (*leggi Bombus* spp.). La certificazione deve contenere le seguenti informazioni:

a. le api/i calabroni (*leggi Bombus* spp.) provengono da una zona non soggetta a divieti connessi con il manifestarsi di peste americana (la durata del divieto è stata prolungata di almeno 30 giorni a decorrere dall'ultimo caso accertato e dalla data in cui tutti gli alveari in un raggio di tre chilometri sono stati controllati dall'autorità competente e tutti gli alveari contaminati sono stati bruciati o trattati e controllati dalla suddetta autorità);
b. i calabroni provengono da una struttura isolata dal punto di vista ambientale, riconosciuta e controllata dall'autorità competente dello Stato membro e indenne da peste americana, ispezionata immediatamente prima della spedi-

zione, e tutti i calabroni (*leggi Bombus* spp.) o lo stock di riproduzione non mostrano alcun segno clinico o sospetto di malattia;

c. le api/i calabroni (*leggi Bombus* spp.) provengono da una zona di almeno 100 km di raggio non soggetta a restrizioni a seguito della presenza sospetta o confermata del piccolo scarabeo dell'alveare (*Aethina tumida*) o dell'acaro Tropilaelaps (*Tropilaelaps* spp.) e indenne da queste infestazioni;
d. le api/i calabroni (*leggi Bombus* spp.), al pari degli imballaggi, sono state soggette ad un esame visivo al fine di rilevare la presenza del piccolo scarabeo dell'alveare (*Aethina tumida*), delle sue uova o delle sue larve o di altre infestazioni, in particolare l'acaro Tropilaelaps (*Tropilaelaps* spp.), che colpiscono le api.

14.1.2.2 Stati membri o loro territori riconosciuti indenni da varroasi

La Decisione di esecuzione della Commissione dell'11 ottobre 2013 relativa al riconoscimento di parti dell'Unione come indenni dalla varroasi nelle api e che stabilisce le garanzie complementari richieste per gli scambi all'interno dell'Unione e per le importazioni a tutela della loro indennità da tale malattia (2013/503/UE), riconosce le Isole Åland (Finlandia) indenni da varroasi.

La direttiva 92/65/CEE stabilisce le condizioni di polizia sanitaria che disciplinano gli scambi e le importazioni nell'Unione di animali, sperma, ovuli e embrioni non soggetti, per quanto riguarda le condizioni di polizia sanitaria, alle normative dell'Unione specifiche di cui all'allegato F di detta direttiva. La varroasi nelle api figura nell'elenco di cui all'allegato B della direttiva 92/65/CEE. Tale malattia è causata da acari ectoparassiti del genere *Varroa* ed è stata segnalata in tutto il mondo.

A norma dell'articolo 15 della citata direttiva, uno Stato membro che si ritenga totalmente o parzialmente indenne da una delle malattie di cui all'allegato B sottopone alla Commissione le opportune giustificazioni, in virtù delle quali deve essere adottata una decisione. La varroasi si diffonde attraverso la movimentazione della covata di api ed il contatto diretto fra api adulte infestate. Il riconoscimento dell'indennità dalla malattia può pertanto essere concesso esclusivamente ai territori nei quali è possibile controllare la movimentazione delle arnie e delle covate e che, dal punto di vista geografico, sono sufficientemente isolati da impedire la migrazione di api dall'esterno. Le autorità competenti devono inoltre dimostrare, attraverso i risultati di un'attività di sorveglianza estesa, che la regione è effettivamente indenne da varroasi e che, ai fini del mantenimento di tale qualifica, l'introduzione di api vive e di covate è sottoposta a rigoroso controllo.

La Decisione di esecuzione 2013/503 dispone quindi:

Art. 1

Gli Stati membri o i loro territori elencati nella terza colonna della tabella di cui all'allegato sono riconosciuti indenni da varroasi.

Art. 2

1. Gli Stati membri elencati nell'allegato assicurano che, nei territori elencati nella terza colonna della tabella di cui all'allegato, sono rispettate le seguenti condizioni:
   a. a norma del diritto nazionale, la varroasi è soggetta a denuncia obbligatoria;
   b. viene condotta un'attività di sorveglianza regolare volta a comprovare l'assenza di acari ectoparassiti del genere *Varroa*.
2. Entro il 31 maggio di ogni anno gli Stati membri elencati nell'allegato comunicano alla Commissione i risultati dell'attività di sorveglianza di cui al paragrafo 1, lettera b).
3. Gli Stati membri elencati nell'allegato comunicano senza indugio alla Commissione e agli altri Stati membri l'individuazione di acari ectoparassiti del genere *Varroa* nei territori elencati nella terza colonna della tabella di cui all'allegato.

Art. 3

1. È vietata l'introduzione di partite delle merci elencate nella quinta colonna della tabella di cui all'allegato nei territori elencati nella terza colonna della medesima tabella. Nello specifico trattasi di covata opercolata e api mellifere adulte vive sfarfallate.
2. In deroga al paragrafo 1, è autorizzata l'introduzione delle merci elencate nella quinta colonna della tabella di cui all'allegato nei territori elencati nella terza colonna della medesima tabella qualora siano rispettate le seguenti condizioni:
   a. le merci provengono da un altro Stato membro, o da un suo territorio, riconosciuto indenne da varroasi a norma dell'articolo 15, paragrafo 2, della direttiva 92/65/CEE;
   b. le partite sono accompagnate da un certificato sanitario redatto conformemente al certificato sanitario di cui all'allegato E, parte 2, della direttiva 92/65/CEE, alla cui parte II.2 vanno aggiunte le seguenti informazioni: "merci elencate nella quinta colonna della tabella di cui all'allegato della decisione di esecuzione 2013/503/UE della Commissione, provenienti da Stati membri, o da loro parti, riconosciuti indenni da varroasi a norma dell'articolo 15, paragrafo 2, della direttiva 92/65/CEE ed in cui non è stato segnalato nessun caso di varroasi nel corso degli ultimi 30 giorni";
   c. sono state prese tutte le precauzioni atte ad evitare la contaminazione da varroasi delle partite durante il trasporto.

Art. 4

1. Gli Stati membri non autorizzano l'introduzione nell'Unione di partite di api di cui all'articolo 7, paragrafo 3, lettera a), del regolamento (UE) n. 206/2010 qualora la loro destinazione finale, indicata nelle caselle I.9, I.10 o I.12. del certificato sanitario di accompagnamento della partita, sia uno

dei territori elencati nella terza colonna della tabella di cui all'allegato.

2. In deroga al paragrafo 1 e fatte salve le condizioni sanitarie per le importazioni di cui al regolamento (UE) n. 206/2010, gli Stati membri possono autorizzare l'introduzione nell'Unione delle partite di cui al paragrafo 1, purché se ne modifichi la destinazione finale, inviandole in un territorio non elencato nella terza colonna della tabella di cui all'allegato.

[omissis]

14.1.2.3 Condizioni generali per l'introduzione nell'Unione di determinate specie di api

Il Regolamento (UE) n. 206/2010 della Commissione del 12 marzo 2010 che istituisce elenchi di paesi terzi, territori o loro parti autorizzati a introdurre nell'Unione europea determinati animali e carni fresche e che definisce le condizioni di certificazione veterinaria considera anche il settore apistico agli articoli 7 e 13.

Capo II - Condizioni per l'introduzione di animali vivi nell'Unione

Art. 7

Condizioni generali per l'introduzione nell'Unione di determinate specie di api.

1. Le partite di api appartenenti alle specie elencate nella tabella 1 dell'allegato IV, parte 2, possono essere introdotte nell'Unione unicamente dai paesi terzi o territori:
   a. elencati nell'allegato II, parte 1;
   b. in cui la presenza della peste americana, del piccolo scarabeo dell'alveare (*Aethina tumida*) e dell'acaro Tropilaelaps (*Tropilaelaps spp.*) è soggetta a notifica obbligatoria in tutto il paese terzo o in tutto il territorio interessato.
2. In deroga all'articolo 1, lettera a), le partite di api possono essere introdotte nell'Unione da una parte di un paese terzo o di un territorio di cui all'allegato II, parte 1, ove tale parte:
   a. costituisca una parte geograficamente ed epidemiologicamente isolata del paese terzo o territorio;
   b. sia elencata nella terza colonna della tabella dell'allegato IV, parte 1, sezione 1.

   Quando si applica tale deroga, è vietata l'introduzione nell'Unione di partite di api provenienti da tutte le altre parti del paese terzo o del territorio interessato che non siano elencate nella terza colonna della tabella dell'allegato IV, parte 1, sezione 1.
3. Le partite di api appartenenti alle specie elencate nella tabella 1 dell'allegato IV, parte 2, sono costituite da:
   a. gabbiette di api regine (*Apis mellifera* e *Bombus* spp.) contenenti ciascuna una sola regina con un massimo di 20 api accompagnatrici; oppure
   b. contenitori di bombi (*Bombus* spp.) contenenti ciascuno una colonia di un massimo di 200 bombi adulti.

4. Le partite di api appartenenti alle specie elencate nella tabella 1 dell'allegato IV, parte 2:
   a. sono corredate dell'idoneo certificato veterinario redatto secondo il pertinente modello di certificato veterinario di cui all'allegato IV, parte 2, compilato e firmato da un ispettore ufficiale del paese terzo esportatore;
   b. soddisfano le condizioni veterinarie enunciate nel certificato veterinario di cui alla lettera a).

Art. 13
Condizioni da applicare successivamente all'introduzione nell'Unione delle partite di api di cui all'articolo 7.

1. Le partite di api regine di cui all'articolo 7, paragrafo 3, lettera a), sono trasferite senza indugio nel luogo designato di destinazione finale in cui gli alveari sono posti sotto il controllo dell'autorità competente e le api regine sono trasferite in altre gabbiette prima di essere introdotte nelle colonie locali.
2. Le gabbiette, le api accompagnatrici e altro materiale che ha viaggiato con le api regine dal paese terzo di origine sono inviati a un laboratorio designato dall'autorità competente dove si procede agli esami per la ricerca:
   a. del piccolo scarabeo dell'alveare (*Aethina tumida*), delle sue uova o delle sue larve;
   b. di segni dell'acaro Tropilaelaps (*Tropilaelaps* spp.).

   Le gabbiette, le api accompagnatrici e tutto il materiale sono distrutti dopo gli esami di laboratorio.
3. Le partite di bombi (*Bombus* spp.) di cui all'articolo 7, paragrafo 3, lettera b), sono trasferite senza indugio al luogo di destinazione designato.

I bombi possono rimanere nel contenitore nel quale sono stati introdotti nell'Unione fino alla fine della vita della colonia.

Il contenitore e tutto il materiale che ha accompagnato i bombi dal paese terzo di origine vengono distrutti, al più tardi, alla fine della vita della colonia.

Il Ministero della salute ha ribadito, con Nota 3416/p – I.5.i.h/5 – del 26 gennaio 2006 "Importazione api vive. Profilassi nei confronti dell'*Aethina tumida*" (prenotifica d'importazione al Dipartimento), la necessità di un corretto flusso informativo relativamente all'importazione di api vive. Nello specifico, prima dell'arrivo della partita, gli interessati sono tenuti a comunicare all'Ufficio VIII della DGSAFV (fax 06 59946555) l'intenzione di effettuare tali importazioni. La preventiva comunicazione dell'importatore deve essere corredata da una attestazione della ASL territorialmente competente circa la sussistenza e la consistenza degli alveari destinati a ricevere le api e dall'indicazione del Paese terzo di provenienza degli animali, nonché del PIF (Posto di Ispezione Frontaliero) cui gli stessi saranno presentati per l'effettuazione dei previsti controlli per autorizzarne l'importazione.

Con Nota 15 aprile 2010 "Importazione api vive", il Ministero della Salute ha confermato l'applicazione della precedente Nota 3416 del 26 gennaio 2006. Gli Istituti Zooprofilattici Sperimentali sono stati direttamente coinvolti nei controlli di cui sopra, tanto che le api importate da paesi terzi devono essere controllate dagli II.ZZ.SS. territorialmente più vicini agli aeroporti internazionali prima di giungere a destino (Nota DGSA 19830/p – I.5.i.q/2010/1 – dell'8 novembre 2010). Tuttavia, considerate le caratteristiche dei patogeni in questione, *Aethina tumida* e *Tropilaelaps* spp., e nella fattispecie che si tratta di agenti esotici, si è ritenuto opportuno individuare strutture specificamente abilitate all'esecuzione delle analisi di cui sopra. L'IZS delle regioni Lazio e Toscana, sede di Roma e l'IZS della Lombardia e dell'Emilia Romagna, sezione di Varese, sono stati individuati rispettivamente per il materiale in entrata tramite l'aeroporto di Fiumicino e quello di Malpensa.

Alcuni territori degli Stati membri sono stati riconosciuti indenni dalla varroasi in forza della decisione di esecuzione 2013/503/UE della Commissione. Le garanzie supplementari richieste per gli scambi stabilite da tale decisione per la protezione della qualifica di territori indenni da varroasi prevedono che gli Stati membri vietino l'introduzione nell'Unione di partite di api regine e delle relative nutrici, se la loro destinazione finale è un territorio indenne da varroasi. È stato quindi adottato il Regolamento di esecuzione (UE) N. 1044/2013 della Commissione del 25 ottobre 2013 che modifica l'allegato IV del regolamento (UE) n. 206/2010 per quanto riguarda il modello di certificato veterinario per le partite di api regine e bombi regine.

Art. 1
Nell'allegato IV, parte 2, del regolamento (UE) n. 206/2010, il certificato veterinario QUE è sostituito dal testo figurante nell'allegato del presente regolamento.

Art. 2
Per un periodo transitorio che termina il 30 maggio 2014 è autorizzata l'introduzione nell'Unione di partite di api di cui all'articolo 7, paragrafo 3, lettera a), del regolamento (UE) n. 206/2010, accompagnate da un certificato veterinario compilato e firmato conformemente al modello QUE riportato nell'allegato IV, parte 2, del regolamento (UE) n. 206/2010, nella versione precedente la data di entrata in vigore del presente regolamento.
[omissis]

14.1.2.4 Notifica di malattia in ambito comunitario

La Direttiva 92/65/CEE del Consiglio del 13 luglio 1992 indica, all'allegato A, la peste americana quale malattia soggetta a denuncia per la specie *Apis* nell'ambito di questa direttiva.

La Direttiva 82/894/CEE concernente la notifica delle malattie degli animali nella Comunità e successive modifiche (Decisione della Commissione del 2004/216/CE, Decisione di esecuzione della Commissione 2012/737/UE), relativamente alle api, considera all'Allegato I:

Malattie per cui è necessaria la notifica
A. Malattie che colpiscono gli animali terrestri
Elenco A.1:
[omissis]
- Infestazione da piccolo scarabeo dell'alveare (*Aethina tumida*)
- Infestazione delle api mellifere da *Tropilaelaps*.

La relativa notifica deve avvenire tramite il cosiddetto Animal Disease Notification System (ADNS), entro un tempo massimo di 24 ore dall'insorgenza di focolai primari di queste malattie.

14.1.2.5 Gestione del materiale infetto

Il Regolamento CE n. 142/2011 (in applicazione del Regolamento CE n. 1069/2010, art. 19), concede che la distruzione dei sottoprodotti apicoli possa avvenire per combustione e sotterramento, a condizione che vengano prese tutte le precauzioni per garantire che ciò non comporti rischi per la salute animale o pubblica o dell'ambiente (art. 15 e Allegato VI Capo III, Sezione 3); in precedenza, tale pratica era ammessa dal Regolamento CE n. 811/2003, applicativo del Regolamento CE n. 1774/2002. Ove non sia possibile la combustione, il materiale andrà inviato a stabilimenti autorizzati allo smaltimento (Materiale di Categoria 2 ex Regolamento CE n. 1774/2002).

14.1.3 Nuovi orientamenti

Nell'ottica di una revisione delle norme relative al controllo delle malattie delle api, al fine di renderle più aderenti e adeguate alle conoscenze scientifiche acquisite, il Ministero della Salute ha coinvolto il Centro di referenza nazionale (CRN) per l'apicoltura attraverso alcuni quesiti in merito a quanto disposto dal RPV (D.P.R. n. 320/54 e s.m.i.) e alla possibilità di una sua nuova lettura. Ne sono scaturite alcune note specifiche per nosemiasi, peste americana e varroasi, che si riportano di seguito.

14.1.3.1 Nosemiasi

Nota DGSA 0017114-P-1/10/2011 Regolamento di polizia veterinaria-misure per nosemiasi

La scrivente Direzione ha ricevuto richieste di chiarimento circa l'ambito di applicazione delle misure previste dal Regolamento di polizia veterinaria (RPV) agli articoli 154, 155, 156, 157, 158 per i casi di nosemiasi.

Come è noto gli agenti di nosemiasi finora riscontrati in Italia sono *Nosema apis* e il *Nosema ceranae*. Il primo è responsabile di forme enteriche, mentre il secondo, anche sulla base dei dati raccolti in Italia, non sembra avere un rilevante effetto patogeno.

Il Regolamento di polizia veterinaria prevede che nei casi di nosemiasi l'apiario colpito sia posto sotto sequestro e si istituisca una zona di controllo di raggio di 3 km. Negli apiari le misure di controllo possono essere revocate solo a seguito di "risanamento accertato" a cui si può giungere attraverso l'impiego di trattamenti o distruzione degli apiari colpiti. Tali misure risultano di difficile applicazione per *Nosema ceranae*, tenuto conto che al momento non vi sono farmaci autorizzati né è possibile fare riferimento a criteri di tipo clinico visto che non si evidenziano sintomi di malattia.

Il risultato di tale situazione è il sequestro a tempo indeterminato di apiari senza patologie apparenti.

Il Centro di referenza per le malattie delle api presso l'IZS delle Venezie, interpellato da questa Direzione per conoscere se le misure previste dal RPV siano da applicarsi indistintamente sia per *Nosema apis* che per *Nosema ceranae* e se per quest'ultimo sia possibile individuare misure di controllo alternative, ha confermato che "il riscontro di spore di *Nosema ceranae* nell'intestino delle api è un evento frequente nel corso di tutto l'anno e di regola non è associato a sintomatologia specifica".

Premesso quanto sopra questa Direzione ritiene quindi che le misure previste dal RPV per la nosemiasi siano da applicarsi solo nei casi di infezione *Nosema apis* clinicamente manifesta e non nei casi di *Nosema ceranae*.

Per quanto concerne infine la gestione degli apiari colpiti da *Nosema ceranae* il Centro di referenza consiglia l'adozione di corrette pratiche apistiche e l'utilizzo di particolari integratori alimentari che possono essere di aiuto nel ridurre la carica intestinale di spore.

14.1.3.2 Peste americana

Nota DGSAF 0007575-P-18/4/2012 Regolamento di polizia veterinaria - Art. 155 misure di controllo della peste americana

La DGSAF ritiene opportuno fornire chiarimenti in merito alle modalità di applicazione dell'articolo 155 a seguito di denuncia di peste americana considerate le continue acquisizioni che si sono succedute nel tempo sia in campo scientifico che epidemiologico relativamente a questa malattia.

Paenibacillus larvae è responsabile della peste americana, malattia della covata, trasmessa da spore.

Le spore pur essendo usualmente presenti negli alveari, nel materiale apistico e nel miele non costituiscono prova di sviluppo della malattia. Infatti, il Centro di referenza per l'apicoltura dell'IZS di Padova segnala che "la loro presenza non è sinonimo di malattia".

Ciò premesso si fa presente che le misure di distruzione previste all'articolo 155, si applicano solo nei confronti delle famiglie con malattia clinicamente conclamata e che tali misure devono essere condotte con la massima rapidità anche sulla base del solo riscontro clinico.

Successivamente alle misure di eradicazione un ulteriore controllo deve essere effettuato nell'apiario trascorsi 14 giorni dall'avvenuta distruzione.

In caso di esito clinicamente favorevole al predetto controllo il focolaio deve essere considerato a tutti gli effetti chiuso.

In relazione alla possibilità di ricorrere ai trattamenti, sempre previsti dall'articolo 155 del R.P.V. si sottolinea che oltre a non essere disponibili chemioterapici autorizzati per tale malattia delle api, le evidenze scientifiche indicano che l'uso degli antibiotici sia responsabile dell'apparente scomparsa della malattia clinica, inficiando le misure di eradicazione, e favorendo la diffusione dell'infezione e la comparsa di fenomeni di farmacoresistenza.

Si sottolinea la necessità di una diagnosi precoce seguita da un rapido intervento che consenta la distruzione delle colonie malate, limitando così i danni all'apiario e la possibile estensione dell'infezione ad altri apiari, oltre ad una verifica successiva al primo intervento che permetta la chiusura del focolaio ed il ritorno alla normalità.

14.1.3.3 Varroasi

Nell'ottica di una revisione delle norme relative al controllo delle malattie delle api, il Ministero della Salute ha posto al CRN per l'apicoltura un quesito in merito all'opportunità di abrogare le OO.MM. aventi per oggetto "Norme per la profilassi della varroasi" e la successiva integrazione con linee guida tecniche finalizzate al controllo della malattia emanate dal Ministero della Salute.

Nota DGSAF 0009635-P-21/05/2012 Abrogazione delle O.M. 21 aprile 1983 e O.M. 17 febbraio 1995 concernenti "Norme per la profilassi della varroatosi"

Il CRN per l'apicoltura ha fornito il seguente parere. Considerato che a tutt'oggi la presenza dell'acaro *Varroa destructor* è stata riconosciuta non solo negli alveari del territorio nazionale, ma anche di quello dell'Europa e in tutto il mondo, dove le condizioni climatiche consentono l'allevamento delle api, con la sola eccezione dell'Australia;

considerato quindi il carattere endemico di questo parassita delle api e l'attuale impossibilità di una sua eradicazione,

considerato che le misure restrittive previste dalle OO.MM. citate in oggetto si sono rilevate nel tempo non idonee al controllo dell'infestazione e a contrastarne la diffusione,

considerato che anche negli altri stati europei e non solo, gli apicoltori incontrano analoghe difficoltà nel controllo dell'acaro *Varroa destructor*,

considerato che la varroasi non è malattia soggetta a denuncia nell'Unione Europea,

si esprime parere favorevole in merito alla loro abrogazione, escludendo pertanto la varroasi dall'elenco delle malattie soggette a denuncia di cui all'articolo 1 del RPV.

Si precisa altresì che gli apicoltori e le loro associazioni provvedono già da tempo alla esecuzione degli interventi di controllo dell'infestazione poiché senza detti interventi le colonie di api sono destinate inevitabilmente a spopolamento ed eventualmente a morte, con scarse possibilità di superare il periodo invernale e di essere produttive alla ripresa dell'attività l'anno successivo.

La disponibilità di linee guida per il controllo dell'infestazione da *Varroa destructor*, già esistenti in molte regioni e PP.AA., potranno essere sicuramente di aiuto per gli apicoltori, tenendo conto anche delle differenti condizioni geografiche e climatiche in cui sono chiamati ad operare, costituendo un importante punto di riferimento per la corretta gestione di questa parassitosi.

Va tuttavia sottolineato che anche una precisa e corretta applicazione di dette linee guida non sempre garantisce il controllo dell'infestazione, in virtù delle peculiari caratteristiche del parassita e della specie animale ospite.

Nota DGSAF 0013975-P-12/07/2013 Indicazioni operative riguardanti l'applicazione della O.M. 17 febbraio 1995 recante norme per la profilassi della varroasi"

La O.M. 17 febbraio 1995 recante norme per la profilassi della varroasi disciplina la gestione dei focolai di questa malattia prevedendo tra l'altro l'applicazione di misure quali il sequestro dell'apiario colpito, l'esecuzione di controlli di tipo clinico e parassitologico nonché l'applicazione di trattamenti disinfestanti.

A tale riguardo considerato che le definizioni contenute nella predetta O.M. si prestano ad interpretazioni molteplici con la conseguenza che le modalità di gestione dei focolai risultano diversificate sul territorio nazionale, la scrivente Direzione generale ha inoltrato una richiesta di parere al Centro di referenza nazionale per l'apicoltura in relazione ad alcuni termini/modalità di esecuzione dei controlli previsti nella O.M. 17 febbraio 1995.

Ciò premesso, sulla base di quanto evidenziato dal CRN e ai fini della corretta applicazione delle misure contenute nell'O.M. di cui trattasi si fa presente quanto segue:

Per quanto concerne la definizione di "caso di varroasi" ai fini della denuncia questo deve essere inteso solo come la presenza di una forma clinica di infestazione delle api da parte di *Varroa destructor* con evidenza di api con varroe in fase foretica, api con addome deforme, piccolo o atrofizzato.

Parimenti per quanto riguarda gli interventi diagnostici negli apiari presenti nel raggio di 5 chilometri, questi saranno solo di tipo clinico per individuare altri apiari con lesioni da *Varroa destructor* e ugualmente lo saranno i controlli per revocare le misure di sequestro.

A tale riguardo la revoca delle misure di sequestro potrà esser effettuata solo alla completa regressione dei sintomi clinici negli apiari colpiti o in alternativa con la distruzione degli alveari che presentano sintomatologia clinica.

Gli apiari con forme cliniche di infestazione dovranno esser sottoposti a trattamento antivarroa secondo le modalità individuate dal veterinario Ufficiale. In alternativa si potrà procedere alla distruzione dell'apiario o di parte di esso qualora il Veterinario Ufficiale ritenga che il trattamento non sia in grado di assicurare la sopravvivenza della famiglia.

Nel suo parere il CRN ha inoltre posto l'accento sulla necessità di rendere più efficace sul territorio nazionale il contenimento della infestazione da varroa attraverso la realizzazione sistematica di trattamenti tecnici e farmacologici in tutti gli apiari presenti sul territorio nazionale.

A tale riguardo il CRN ha fornito una scheda (allegata) contenente i vari trattamenti e le loro modalità di esecuzione che potrà essere utilizzata da codeste Regioni per la stesura di protocolli di trattamento redatti in funzione delle realtà eco-ambientali e produttive.

Il CRN sottolinea che per ottenere una buona efficacia dei trattamenti e ridurre i fenomeni di reinfestazione gli stessi dovranno essere eseguiti nello stesso arco di tempo in tutti gli apiari presenti in aree territoriali omogenee dal punto di vista eco-ambientale cercando anche di alternare, se possibile, l'uso dei principi attivi per limitare l'insorgenza di fenomeni di farmacoresistenza.

Oltre a fornire indicazioni sui trattamenti, codeste Regioni dovranno inoltre programmare controlli negli apiari tesi a verificare l'esecuzione dei trattamenti in ottemperanza ai protocolli forniti.

A tale riguardo misure dovranno essere individuate qualora tali trattamenti non siano stati eseguiti o lo siano stati in maniera non conforme alle linee guida del CRN o alle disposizioni regionali.

14.1.3.4 Peste europea

Nota 0018065-23/09/2013-DGSAF-COD_UO-P Misure di controllo della peste europea – Regolamento di polizia veterinaria

Con detta nota il Ministero della Salute ha chiesto il parere del CRN per l'apicoltura in merito a quanto indicato dal Regolamento di polizia veterinaria per la peste europea.

Il Regolamento di Polizia Veterinaria prevede che la denuncia di peste europea debba essere effettuata solo in presenza di "casi" di malattia e che a seguito della denuncia debbano essere adottate misure di controllo che includono il sequestro dell'apiario infetto, la distruzione delle famiglie delle "arnie infette", nonché l'istituzione di una zona di attenzione di 3 km di raggio in cui effettuare controlli in tutti gli apiari presenti al fine di escludere il sospetto di malattia.

Considerato che molti dei termini utilizzati nel Regolamento si prestano a diverse interpretazioni e che ciò determina l'adozione di misure non omogenee sul territorio, si chiede cortesemente a codesto Centro di referenza di fornire un riscontro ai seguenti punti per consentire a questa Direzione di definire la corretta applicazione di quanto contenuto negli articoli 154 e 155 del Regolamento di polizia veterinaria relativi alla Peste europea.

- Quali sono i criteri epidemiologici per definire il "caso" di Peste europea ai fini della denuncia di sospetto di malattia;
- quali sono i criteri per confermare o meno la presenza della malattia in apiario da parte del veterinario ufficiale nonché individuare le "arnie infette" da sottoporre a distruzione;
- quale controlli devono essere effettuati negli apiari presenti nel raggio di 3 km al fine di escludere il sospetto di malattia;
- quali sono i criteri e i tempi per chiudere il focolaio di malattia;
- considerato che la peste europea è ritenuta malattia condizionata, quali misure di tecnica apistica (ad esempio: messa a sciame, sostituzione della

regina, aggiunta di api adulte provenienti da famiglie sane od una appropriata nutrizione) possono essere attuate e su quali famiglie in funzione del loro stato sanitario (senza sintomi clinici, con sintomi ma in forma lieve, ecc.);

- se la sterilizzazione del miele deve essere effettuata su tutto il miele presente negli alveari in apiario o solo nei confronti del miele prodotto dalle famiglie oggetto di distruzione.

Con la nota di seguito riportata il Ministero della Salute ha fornito indicazioni operative per il controllo della peste europea, oltre ad ulteriori precisazioni in merito a quanto già espresso con la nota 13975-P-12/07/2013 concernente "indicazioni operative riguardanti l'applicazione della O.M. 17 febbraio 1995 recante norme per la profilassi della varroasi".

Nota DGSAF 0022996-03/12/2013-DGSAF-COD_UO-P Indicazioni operative per il controllo della peste europea

Il Regolamento di polizia veterinaria ha previsto agli articoli 154–158 misure per il controllo e sorveglianza di alcune malattie delle api inclusa la peste europea. Al fine di evitare molteplici interpretazioni e conseguenti interventi difformi sul territorio questa Direzione ha richiesto un parere al Centro di Referenza Nazionale per l'apicoltura per approfondire il significato di alcuni termini utilizzati nel Regolamento di Polizia veterinaria. Ciò premesso, visto il parere del Centro di Referenza Nazionale per l'apicoltura, si fa presente quanto segue.

1. Definizione di "caso" di peste europea.

   Come è noto la definizione di "caso" risulta dirimente ai fini della denuncia all'Autorità sanitaria; a tal fine occorre rilevare che la peste europea è una malattia condizionata, che di solito compare nel periodo primaverile e interessa pochi alveari dell'apiario a cui segue una regressione spontanea dei sintomi. Tuttavia in particolari condizioni ambientali e in funzione di fattori ancora non ben conosciuti, come quelli di natura genetica, la malattia può assumere carattere epidemico, con interessamento di molti alveari nello stesso apiario, un più lungo ed altalenante decorso clinico e possibili ricadute accompagnate a riacutizzazione dei sintomi clinici. Considerato però che nei primi stadi della malattia il decorso non è prevedibile si ritiene necessario un rapido intervento a fini preventivi.

   Sulla base di questa premessa si definisce "caso di peste europea" la conferma da parte del Veterinario ufficiale della presenza in apiario di forme cliniche tipiche di malattia (presenza contestuale di covata a mosaico, presenza di larve morte in celle non ancora opercolate di colore opaco grigio, giallo o marrone, covata con odore acido o di putrefazione a seconda dei germi opportunisti che si associano a *Melissococcus plutonius*, batterio non sporigeno, agente eziologico della peste europea).

   Nei casi clinicamente dubbi il veterinario ufficiale, per supportare la conferma clinica, dovrà avvalersi di kit di campo o del supporto diagnostico degli II.ZZ.SS (esame colturale eventualmente seguito da indagini molecolari) mentre nei casi di sospetto evidenziati a seguito di segnalazione clinica o sulla base di referti di prove di laboratorio che confermino l'isolamento di

Melissococcus plutonius, dovrà effettuare un sopralluogo in apiario al fine di confermare o escludere la presenza di forme cliniche di malattia.

2. Applicazione "zona di sospetto di 3 km di raggio" La peste europea è malattia condizionata e spesso strettamente connessa alle condizioni ecoambientali di una determinata zona anche di limitate dimensioni. Per tale motivo si ritiene che i controlli debbano esser effettuati prioritariamente negli apiari in stretta vicinanza con il focolaio primario e negli apiari in cui l'indagine epidemiologica abbia evidenziato connessioni a rischio.
3. Trattamento delle "arnie infette".
   Questo termine è da intendersi come "trattamento degli alveari" nel focolaio e non delle "arnie". A tale riguardo si fa presente che allo stato attuale non sono disponibili farmaci autorizzati per il trattamento di tale malattia.
4. Distruzione delle "arnie infette".
   Con questo termine si deve intendere l'eventuale ricorso alla distruzione degli "alveari" presenti nel focolaio e non delle "arnie". Ai fini della applicazione delle misure di distruzione, il veterinario ufficiale può ricorrere a una delle seguenti opzioni:
   a. distruzione delle famiglie non più vitali e di quelle che presentano un quadro clinico gravemente compromesso tale da far ritenere al veterinario ufficiale un loro improbabile successivo recupero. Per le altre famiglie con sintomi clinici ma non compromesse deve essere effettuata la messa a sciame (eliminazione dei favi del nido) associata a:
      - sostituzione della regina;
      - aggiunta di api adulte provenienti da famiglie sane;
      - appropriata nutrizione da realizzarsi su famiglie con sintomi in forma lieve;
      - altre pratiche apistiche ritenute dal veterinario ufficiale efficaci per il superamento della malattia.

      Nell'apiario in cui saranno adottate tali pratiche il sequestro dovrà durare almeno 9 giorni e comunque il tempo strettamente necessario per consentire la verifica da parte del veterinario Ufficiale che negli alveari "con messa a sciame" non vi siano sintomi clinici di malattia nelle larve nate dopo la ripresa della deposizione da parte della regina. Qualora i sintomi clinici dovessero persistere, il sequestro dovrà essere mantenuto fino alla scomparsa dei sintomi clinici.
   b. distruzione di tutte le famiglie che presentano sintomi clinici tipici di malattia su richiesta dell'apicoltore. Qualora si adotti l'opzione b) la misura del sequestro viene revocata una volta effettuata la distruzione delle famiglie.

Si coglie infine l'occasione per fornire ulteriori precisazioni in merito a quanto già espresso con la nota 13975-P-12/07/2013 concernente "indicazioni operative riguardanti l'applicazione della O.M. 17 febbraio 1995 recante norme per la profilassi della varroasi".

A tale proposito con detta nota è stato definito come "caso di varroasi" la presenza di forme cliniche caratterizzate dalla contestuale presenza di api con varroe in fase foretica, ali deformi e addome piccolo, ecc.

Occorre però precisare che dette forme cliniche devono essere accompagnate da segni di gravità tali da mettere a rischio la sopravvivenza delle famiglie, nonché essere causa di reinfestazione degli apiari circostanti. Ciò è particolarmente vero negli apiari dove i trattamenti antivarroa non sono stati eseguiti da parte dell'apicoltore ovvero dove questi pur essendo stati effettuati non hanno conseguito la dovuta efficacia.

Ciò premesso nel processo decisionale finalizzato all'adozione o meno delle misure previste dalla O.M. 17 febbraio 1995 il veterinario ufficiale dovrà tener conto non solo degli esiti dell'esame clinico con particolare riferimento alla gravità clinica dell'infestazione, ma effettuare anche una valutazione più complessiva sulle modalità di implementazione di tutte le misure di contrasto a questa parassitosi da parte dell'apicoltore.

14.2 Normativa sull'impiego del farmaco e sui residui

14.2.1 Farmaco

L'utilizzo del farmaco veterinario in apicoltura è regolato dal D.L. 6 aprile 2006, n. 193 "Attuazione della direttiva 2004/28/CE recante codice comunitario dei medicinali veterinari", come modificato dal successivo D.L. 143/2007. È evidente quindi che all'apicoltura si applicano le stesse norme già in essere per le altre specie animali che producono alimenti destinati al consumo umano e sono utilizzabili solo farmaci autorizzati (in possesso della Autorizzazione alla immissione in commercio, AIC) (Mutinelli, 2000; 2006; Mutinelli e Rademacher, 2002; 2003).

I soli medicinali veterinari attualmente autorizzati in Italia per la cura delle malattie delle api sono limitati ad Api-Bioxal, Apiguard, ApilifeVar, Apistan, Apivar e Thymovar, tutti destinati, anche se con modalità e tempi diversi, alla lotta all'acaro varroa. Non esistono altri medicinali veterinari autorizzati. Ne deriva quindi che una sola delle sette malattie attualmente considerate rilevanti per il settore dispone di strumenti di controllo su base farmacologica. Va sottolineato ancora che sul fronte dei farmaci ad attività antibatterica e antifungina non esistono medicinali veterinari autorizzati per il settore apistico. Di conseguenza, qualsiasi trattamento eseguito con farmaci non autorizzati o principi attivi non contenuti in un medicinale veterinario autorizzato è classificato come trattamento illecito (art. 1, D.L.vo 158/06), salvo il caso dell'utilizzo in deroga (sistema "cascata") di cui all'art. 11 del D.L.vo 193/06.

Nella G.U. n. 144 del 21 giugno 2008 è stata pubblicata la comunicazione del Ministero del Lavoro, della Salute e delle Politiche Sociali "Autorizzazione al mantenimento del regime di dispensazione senza obbligo di prescrizione veterinaria ai sensi del decreto 31 ottobre 2007, che recepisce la direttiva 2006/130/CE per alcuni medicinali veterinari". Sulla base del citato decreto e, più recentemente, anche del Comunicato del Ministero della Salute dell'11 marzo 2013, tutti i farmaci autorizzati per l'apicoltura sono esenti dall'obbligo della prescrizione veterinaria.

Di seguito si riportano alcuni articoli del D.L.vo 193/2006 che evidenziano gli aspetti salienti della materia e di diretto interesse anche al settore apistico.

Titolo I - Definizioni

Art. 1
Definizioni

a) Medicinale veterinario
   1. ogni sostanza o associazione di sostanze presentata come avente proprietà curative e profilattiche delle malattie animali;
   2. ogni sostanza o associazione di sostanze che può essere usata sull'animale o somministrata all'animale allo scopo di ripristinare, correggere o modificare funzioni fisiologiche mediante un'azione farmacologica, immunologica o metabolica, oppure di stabilire una diagnosi medica;

[omissis]

g) Tempo di attesa: intervallo di tempo che deve intercorrere tra l'ultima somministrazione del medicinale veterinario agli animali nelle normali condizioni d'uso e secondo le disposizioni del presente decreto e l'ottenimento di prodotti alimentari da tali animali per tutelare la salute pubblica garantendo che detti prodotti non contengono residui in quantità superiore ai limiti massimi di residui di sostanze attive, come stabilito ai sensi del regolamento (CEE) 2377/90;

[omissis]

n) Uso improprio: l'uso di un medicinale veterinario in modo non conforme a quanto indicato nel riassunto delle caratteristiche del prodotto; il termine si riferisce anche all'abuso grave o all'uso scorretto di un medicinale veterinario;

[omissis]

u) Prescrizione veterinaria: ogni prescrizione di medicinali veterinari rilasciata da un medico veterinario conformemente alla normativa nazionale vigente;

Titolo III - Immissione in commercio

Capo I - Autorizzazione all'immissione in commercio

Art. 5
Estensione ed effetti dell'autorizzazione
Nessun medicinale veterinario può essere immesso in commercio senza aver ottenuto l'AIC dal Ministero della Salute a norma del presente decreto oppure dalla Comunità Europea, ai sensi del Regolamento CE n. 726/2004.

Art. 6
Autorizzazioni in base agli allegati I, II o III del regolamento (CEE) n. 2377/90
1. Un medicinale veterinario è autorizzato all'immissione in commercio per la somministrazione ad una o più specie di animali destinati alla produzione di alimenti, solo se le sostanze farmacologicamente attive ivi contenute figurano negli allegati I, II o III del regolamento (CEE) n. 2377/90.

[omissis]

Il Regolamento (CEE) 2377/90 è stato abrogato dal Regolamento (CE) n. 470/2009 del 6 maggio 2009 (Mutinelli, 2009) e sostituito dal Regolamento (UE) n. 37/2010 del 22 dicembre 2009 come modificato dal Regolamento di esecuzione (UE) N. 489/2013 della Commissione del 27 maggio 2013, che definisce nell'allegato le sostanze farmacologicamente attive e la loro classificazione per quanto riguarda i limiti massimi di residui (LMR). Dette sostanze sono riassunte nella Tabella I (Sostanze consentite) e nella Tabella II (Sostanze vietate). Di interesse apistico troviamo, fra le prime, amitraz (LMR = 200 ppb), canfora, cumafos (LMR = 100 ppb), eucaliptolo, flumetrina, acido formico, mentolo, acido ossalico, tau-fluvalinate, timolo; mentre fra le seconde, cloramfenicolo e furanici. Si evidenzia che per ben otto sostanze consentite di interesse apistico (lotta alla varroa) non è previsto alcun LMR.

Art. 7
Utilizzo di medicinali veterinari autorizzati in altro Stato membro
1. Quando la situazione sanitaria lo richiede, il Ministero della Salute può autorizzare l'immissione in commercio o la somministrazione agli animali di medicinali veterinari autorizzati in un altro Stato membro conformemente alle disposizioni comunitarie.

Art. 9
Divieto di uso di medicinali veterinari non autorizzati
1. È vietata la somministrazione agli animali di medicinali veterinari non autorizzati, salvo che si tratti delle sperimentazioni di medicinali veterinari di cui all'articolo 12, comma 3, lettera j), autorizzate conformemente alla normativa vigente.

Art. 11
Uso in deroga per animali destinati alla produzione di alimenti

1. Ove non esistano medicinali veterinari autorizzati per trattare una determinata affezione di specie animali destinati alla produzione di alimenti, il veterinario responsabile può, in via eccezionale, sotto la propria responsabilità ed al fine di evitare all'animale evidenti stati di sofferenza, trattare l'animale interessato in uno specifico allevamento:
   a. con un medicinale veterinario autorizzato in Italia per l'uso su un'altra specie animale o per un'altra affezione sulla stessa specie;
   b. in mancanza di un medicinale veterinario di cui alla lettera a):
      - con un medicinale autorizzato per l'uso umano;
      - con un medicinale veterinario autorizzato in un altro Stato membro per l'uso sulla stessa specie o su un'altra specie destinata alla produzione di alimenti per l'affezione di cui trattasi o per un'altra affezione;
   c. in mancanza di un medicinale di cui alla lettera b), con un medicinale veterinario preparato estemporaneamente da un farmacista a tal fine, conformemente alle indicazioni contenute in una prescrizione veterinaria.
2. Le sostanze farmacologicamente attive del medicinale di cui al comma 1, devono essere comprese negli allegati I, II, e III del regolamento (CEE) n. 2377/90 (*leggi Regolamento (UE) n. 37/2010*) ed un veterinario responsabile deve prescrivere un appropriato tempo di attesa per tali animali per garantire che gli alimenti derivanti dagli animali trattati non contengano residui nocivi per i consumatori. Il tempo di attesa, a meno che non sia indicato sul medicinale impiegato per le specie interessate, non può essere inferiore a sette giorni per le uova ed il latte, a ventotto giorni per la carne di pollame e di mammiferi, inclusi il grasso e le frattaglie, e a 500 gradi/giorno per le carni di pesce. Altre sostanze farmacologicamente attive ritenute indispensabili per il trattamento di affezioni degli equidi destinati alla produzione di alimenti e non ricomprese nel regolamento (CEE) n. 2377/90 possono essere impiegate con un tempo di attesa di almeno sei mesi, purché presenti in apposito elenco stabilito in sede comunitaria.

[omissis]

Art. 69
Sostanze farmacologicamente attive

1. È vietato somministrare agli animali sostanze farmacologicamente attive se non in forma di medicinali veterinari autorizzati.

[omissis]

Si sottolinea come l'uso di un principio attivo non contenuto in un medicinale veterinario non equivale all'utilizzo del medicinale veterinario contenente lo stesso principio attivo.

Titolo VI - Detenzione, distribuzione e fornitura dei medicinali Veterinari

Art. 70
Condizioni per il rilascio dell'autorizzazione all'esercizio dell'attività di vendita diretta

1. La vendita al dettaglio di medicinali veterinari è effettuata soltanto da farmacisti in farmacia, dietro presentazione di ricetta medico-veterinaria, se prevista come obbligatoria.

[omissis]

Art. 76
Prescrizione di medicinali veterinari

1. È fatto divieto di fornire medicinali veterinari senza prescrizione medico-veterinaria ove la stessa sia prevista dalle norme vigenti ed in quantità diversa da quella prescritta.

[omissis]

8. Le ASL, nell'ambito delle proprie competenze istituzionali, vigilano costantemente sull'osservanza delle disposizioni di cui ai commi 1 e 2 ed effettuano controlli puntuali secondo i piani di farmacosorveglianza di cui all'articolo 88.

La prescrizione veterinaria (ricetta medico-veterinaria) costituisce uno strumento di gestione e controllo dell'utilizzo del medicinale veterinario e ne consente quindi la tracciabilità e rintracciabilità. Questo strumento diventa ancora più importante nel caso in cui il medicinale è destinato ad animali che producono alimenti.

Art. 79
Registro dei trattamenti di animali destinati alla produzione di alimenti

1. Fatti salvi gli obblighi di registrazione da parte del veterinario, di cui all'articolo 15 del decreto legislativo di attuazione della direttiva n. 2003/74/CE *(leggi D. L.vo 158/06)*, i proprietari e i responsabili di animali destinati alla produzione di alimenti devono tenere un registro in cui riportare, relativamente all'acquisto, alla detenzione e alla somministrazione di medicinali veterinari, le seguenti indicazioni:
   a. data;
   b. identificazione del medicinale veterinario;
   c. quantità;
   e. nome e indirizzo del fornitore del medicinale;
   f. identificazione degli animali sottoposti a trattamento;
   g. data di inizio e di fine del trattamento.
2. Il registro di cui al comma 1, a pagine prenumerate e vidimato dalla ASL, unitamente alle copie delle prescrizioni medico-veterinarie di cui all'artico-

lo 76, comma 1, ed alla documentazione di acquisto è conservato per cinque anni dall'ultima registrazione anche in caso di abbattimento degli animali prima della scadenza di tale periodo, ed è esibito a richiesta della ASL per i controlli.

3. Almeno una volta l'anno la ASL esegue una ispezione nel corso della quale accerta anche la tenuta del registro di cui al comma 1 e la sua regolarità

[omissis]

A questo proposito si rimanda anche all'art. 15 del D.L.vo 158/2006. Prima dell'utilizzo, il registro deve essere vidimato dal Servizio Veterinario dell'AUSL. La registrazione deve essere fatta in parte dal veterinario prescrittore e in parte dall'allevatore. In merito all'obbligatorietà del citato registro esistono tuttavia ancora sostanziali differenze interpretative ed applicative fra le diverse AUSL.

Art. 90

Vendita in esercizi commerciali

1. La vendita al dettaglio e all'ingrosso dei medicinali veterinari ad azione antiparassitaria e disinfestante per uso esterno, nonché dei medicinali veterinari destinati ad essere utilizzati esclusivamente per i pesci di acquario, gli uccelli da gabbia e da voliera, i piccioni viaggiatori, gli animali da terrario, i furetti, i conigli da compagnia ed i piccoli roditori, può essere effettuata anche negli esercizi commerciali rientranti nella relativa tabella merceologica purché non sia previsto obbligo di prescrizione medico-veterinaria.
2. Gli esercizi di cui al comma 1 si approvvigionano dei predetti medicinali dai fabbricanti titolari di AIC e dai grossisti autorizzati ai sensi dell'articolo 66.

Art. 88

Attività di ispezione e verifica

1. Le regioni e le province autonome:
   a. predispongono piani di sorveglianza sul farmaco veterinario, sulla base di indicatori di rischio e di valutazioni di congruità dell'uso;
   b. coordinano le attività delle aziende sanitarie in dipendenza delle tipologie di allevamento e delle esigenze di tutela sanitaria esistenti sul territorio di competenza.
2. I servizi veterinari delle ASL ed gli altri organismi competenti provvedono ad effettuare ispezioni e verifiche sulle attività di commercio all'ingrosso di medicinali veterinari e di vendita diretta degli stessi da parte di grossisti e fabbricanti, fermo restando le competenze del Ministero della salute a norma degli articoli 90 e 69.

[omissis]

Titolo VII - Farmacovigilanza

Art. 91
Segnalazione di sospette reazioni avverse

1. Chiunque ha motivo di ritenere che dall'utilizzo di un medicinale veterinario sono derivate sospette reazioni avverse ne dà comunicazione al Centro regionale di farmacovigilanza, di cui all'articolo 94, comma 2, e al Ministero della Salute che adotta, senza nuovi o maggiori oneri per il bilancio dello Stato, ogni provvedimento ritenuto necessario.
2. Il Ministero della Salute può definire specifici obblighi a carico dei veterinari o degli altri operatori sanitari relativi alla segnalazione di sospette gravi o inattese reazioni avverse su animali o sull'uomo.
3. I veterinari ed i farmacisti riferiscono al Ministero della Salute e ai Centri regionali di farmacovigilanza di cui all'articolo 94 di ogni sospetta reazione avversa sull'animale e sull'uomo o dell'eventuale mancanza di efficacia collegata all'utilizzo di un medicinale veterinario. Le segnalazioni sono effettuate utilizzando il modello armonizzato di cui all'allegato II, conforme alle linee guida dell'Agenzia.
4. Le schede di segnalazione di cui al comma 3 sono trasmesse di norma entro quindici giorni lavorativi dal momento della conoscenza dell'evento. Nel caso in cui le reazioni avverse siano da considerarsi gravi, il predetto termine ridotto a sei giorni lavorativi.
   Il modello è scaricabile dal sito: www.salute.gov.it/FarmacoVigilanzaVet Module/FarmacoVigVetServlet.

14.2.2 Residui

Le sostanze tossiche capaci di ledere la salubrità degli alimenti sono molte e di varia natura. La loro presenza è sempre dell'ordine di parti per milione o per miliardo e per questo comunemente vengono chiamati residui. In particolare, per gli alimenti di origine animale, la loro presenza può essere ricondotta essenzialmente a tre fonti principali: il processo produttivo dell'alimento, l'ambiente in cui viene allevato l'animale e le pratiche veterinarie a cui viene sottoposto.

14.2.2.1 I controlli sugli alimenti

Per garantire la salubrità alimentare è doveroso sottoporre i prodotti alimentari a controlli che verifichino non solo la qualità commerciale ma anche l'assenza di possibili residui.

Il Regolamento (CE) n. 882/2004 norma i controlli ufficiali in materia di mangimi e alimenti e delle condizioni di salute e benessere degli animali allevati con gli obiettivi di:

- prevenire o ridurre ad un livello accettabile i rischi derivati dall'ambiente per la salute umana e animale;
- garantire la trasparenza nel mercato degli alimenti e dei mangimi, e la tutela degli interessi dei consumatori.

Tale Regolamento stabilisce, in particolare, che ogni stato membro si renda responsabile del controllo ufficiale delle produzioni alimentari e mangimistiche definendo una rete che monitori le produzioni nazionali. Tale rete dovrà prevedere un'operatività legata al territorio assieme allo scambio di informazioni e dati ed essere in grado di elaborare misure da attuare in caso i controlli rivelino rischi per la salute dell'uomo o degli animali.

Nell'ottica del controllo ufficiale dei residui nelle produzioni animali, la norma di riferimento è il D.L.vo 16 marzo 2006, n.158 "Attuazione della direttiva 2003/74/CE, concernente il divieto di utilizzazione di talune sostanze ad azione ormonica, tireostatica e delle sostanze beta-agoniste nelle produzioni animali", che ha sostituito il D.L.vo 336/1999 attuativo delle Direttive 96/22/CE e 96/23/CE, e che istituiva il Piano Nazionale Residui (PNR).

Esso definisce le specie, le categorie, i punti di campionamento, le sostanze da ricercare, le modalità di ricerca, secondo il dettato della normativa vigente e le indicazioni della Commissione europea, ed è elaborato annualmente dal Ministero del Lavoro, della Salute e delle Politiche Sociali – Direzione Generale della Sicurezza degli Alimenti e della Nutrizione con la collaborazione delle Regioni, dei Laboratori nazionali di riferimento per i residui (LNR), e degli Istituti Zooprofilattici Sperimentali (IIZZSS).

L'elaborazione del PNR tiene conto, tra l'altro, dei risultati dell'anno precedente, al fine di operare opportune modifiche ed eventuali azioni mirate.

Il D.L.vo 158/2006 definisce residuo ogni rimanenza di sostanza ad azione farmacologia e di eventuali suoi prodotti di trasformazione o altre sostanze che si trasmettono ai prodotti animali e che possono essere nocive per la salute umana.

La parte più consistente dei controlli previsti dal PNR riguarda i residui di farmaci veterinari, autorizzati e meno, riscontrabili nei prodotti di origine animale. È bene specificare che solo i farmaci autorizzati possono essere utilizzati in allevamento su precisa indicazione di un medico veterinario.

Di seguito si riportano alcuni articoli del D.L.vo 158/2006 relativi agli aspetti salienti della materia e di diretto interesse anche per il settore apistico.

Art. 1
Campo d'applicazione e definizioni

1. Il presente decreto riguarda il divieto di utilizzazione di talune sostanze ad azione ormonica, tireostatica e delle sostanze β-agoniste nelle produzioni animali, nonché le misure di controllo su talune sostanze e sui loro residui negli animali vivi e nei loro prodotti.

[omissis]

2. Ai fini del presente decreto valgono le definizioni di:

[omissis]

g. trattamento illecito: l'utilizzazione di sostanze o prodotti non autorizzati, ovvero di sostanze o prodotti autorizzati, a fini o a condizioni diversi da quelli previsti dalle disposizioni vigenti;
h. sostanze o prodotti non autorizzati: sostanze o prodotti, compresi i medicinali, la cui somministrazione ad un animale è vietata;
i. sostanze o prodotti autorizzati: sostanze o prodotti, compresi i medicinali, la cui somministrazione ad un animale non è vietata;
l. residuo: residuo di sostanze ad azione farmacologica, di loro prodotti di trasformazione, nonché di altre sostanze che si trasmettono ai prodotti animali e che possono essere nocivi per la salute umana;

[omissis]

14.2.2.2 PNR e miele

Il miele è considerato a tutti gli effetti un alimento di origine animale (Regolamento (CE) n. 178/2002) ed è inserito fra quelli monitorati dal PNR fin dal 1998.

Il Piano proposto per il 2013 mantiene alcune caratteristiche di particolare interesse per gli apicoltori, rappresentate dal limite di azione per talune sostanze e dalla sede di campionamento del prodotto.

Il limite di azione è inteso come il livello minimo per la dichiarazione di non conformità del prodotto ai requisiti normativi e cioè è il valore di concentrazione al di sotto del quale non scattano i provvedimenti nei confronti del produttore e le restrizioni sul prodotto, ma solo indagini aggiuntive, mentre al di sopra del quale la legge trova piena applicazione (art. 5, Legge 283/62 e s.m.i. nel caso del miele campionato quando già in commercio; D.L.vo 158/06 nel caso del miele campionato dai melari in allevamento). Tale limite è stato fissato a 5 ng/g (ppb) per i seguenti principi attivi: tetracicline, sulfamidici, streptomicina e macrolidi (eritromicina, tilosina, tilmicosina, yosamicina). Nel febbraio 2012 lo stesso limite è stato esteso al prodotto confezionato con specifica nota del Ministero della Salute (NOTA DGISAN 0005830-P-24/02/2012 Antibiotici nel miele – Limite di azione).

La sede di campionamento del miele per gli operatori sanitari coinvolti nel PNR sono i favi del melario, direttamente nell'arnia, in apiario.

Art. 22
Sequestro degli allevamenti

1. Qualora si constati un trattamento illecito l'autorità competente sottopone a sequestro gli allevamenti sottoposti alle indagini di cui all'articolo 18, comma 1, lettera b), dispone che tutti gli animali interessati siano muniti di un contrassegno o di un'identificazione ufficiale e ordina un prelievo di campioni ufficiali su un insieme di animali statisticamente rappresentativo fondato su basi scientifiche internazionalmente riconosciute.

Art. 23
Misure da adottare in caso di superamento dei limiti massimi di residui

1. Qualora si riscontri il superamento dei limiti massimi di residui (*o dei limiti di azione, nda*), l'autorità competente:
   a. effettua un'indagine nell'azienda di origine o di provenienza, a seconda dei casi, per stabilire le cause di tale superamento;
   b. adotta, in base ai risultati dell'indagine, le misure necessarie per la tutela della sanità pubblica, compreso eventualmente il divieto di uscita degli animali o dei prodotti dall'azienda o dallo stabilimento di cui trattasi per un periodo determinato.
2. In caso di infrazioni ripetute al rispetto dei limiti massimi dei residui sia negli animali che nei prodotti immessi in commercio da parte di allevatori o di stabilimenti di prima trasformazione, l'autorità competente deve procedere:
   a. ad un controllo più rigoroso degli animali e dei prodotti dell'azienda o dello stabilimento per un periodo di almeno sei mesi, con sequestro dei prodotti o carcasse in attesa dei risultati dell'analisi dei campioni prelevati;
   b. se i risultati di cui alla lettera a) evidenziano un superamento del limite massimo di residui, al ritiro dal consumo umano delle carcasse o dei prodotti e al loro trattamento ai sensi del Regolamento (CE) n. 1774 del 2002.

Art. 25
Misure da adottare in caso di infrazione
[omissis]

3. Se risulta positiva almeno la metà dei prelievi effettuati sul campione rappresentativo ai sensi dell'articolo 22, l'autorità competente ordina l'abbattimento di tutti gli animali sospetti presenti nell'azienda.
4. Per un periodo di almeno dodici mesi successivo all'esecuzione della misura di cui al comma 3, le aziende appartenenti al medesimo allevatore sono sottoposte ad un controllo ufficiale più rigoroso per la ricerca dei residui; in tal caso, vengono meno i benefici di cui all'articolo 14, comma 6, derivati dal sistema organizzato di autosorveglianza cui eventualmente l'allevatore aderisce.

[omissis]

A differenza di quanto avviene nell'Unione Europea, negli USA esistono farmaci antibatterici autorizzati contenenti principi attivi come la terramicina e la tilosina, il cui utilizzo è limitato solo alla terapia della peste americana (non alla prevenzione), e prevede un tempo di sospensione di quattro settimane con un LMR di 100 ng/g (ppb).

Il D.L.vo 158/2006 definisce anche le sanzioni previste nel caso di non conformità dovuta ad un trattamento illecito. È prevista infatti una sanzione amministrativa da 10.329 a 61.974 euro, salvo che il fatto non costituisca reato.

Art. 32
Sanzioni
1. Chiunque viola le disposizioni di cui agli articoli 2, 3, comma 1, 4, commi 5 e 6, 5, commi 3 e 5, 7, comma 3, 10, 14, comma 3, è punito con la sanzione amministrativa pecuniaria da 10.329 euro a 61.974 euro.

[omissis]

Il miele prodotto nell'apiario indagato, dopo essere stato posto sotto sequestro, verrà degradato a sottoprodotto di origine animale non destinato al consumo umano (Regolamento (UE) n. 142/2011) e come tale trattato a spese del produttore. Nel caso l'apicoltore possieda più apiari l'indagine potrà estendersi anche agli altri allevamenti.

14.2.2.3 Livelli massimi di residui di antiparassitari nei o sui prodotti alimentari e mangimi di origine vegetale

Il Regolamento (CE) n. 396/2005 del Parlamento Europeo e del Consiglio concernente i livelli massimi di residui di antiparassitari nei o sui prodotti alimentari e mangimi di origine vegetale e animale e che modifica la direttiva 91/414/CEE del Consiglio dispone quanto segue.

[omissis]

Capo III - LMR Applicabili a prodotti di origine vegetale e animale

Art. 18
Rispetto degli LMR
1. A partire dal momento in cui sono immessi sul mercato come alimenti o mangimi o somministrati ad animali, i prodotti di cui all'allegato I non devono contenere alcun residuo di antiparassitari il cui tenore superi:
    a. gli LMR stabiliti per tali prodotti negli allegati II e III;
    b. 0,01 mg/kg per i prodotti per i quali non siano stati fissati LMR specifici negli allegati II o III, o per le sostanze attive non elencate nell'allegato IV a meno che per una sostanza attiva non siano fissati valori per difetto diversi secondo la procedura di cui all'articolo 45, paragrafo 2, tenendo conto dei consueti metodi analitici. Tali valori di base sono elencati nell'allegato V.

[omissis]

Allegato 14.1

Modello di certificato veterinario per gli scambi intracomunitari (Decisione della Commissione 2010/270/UE)

COMUNITÀ EUROPEA **Certificato per gli scambi intracomunitari**

Parte I - Informazioni relative

I.1. Speditore Nome Indirizzo Codice postale	I.2. N. di riferimento del certificato / I.2.a. N. di riferimento locale I.3. Autorità centrale competente I.4. Autorità locale competente
I.5. Destinatario Nome Indirizzo Codice postale	I.6. I.7.
I.8. Paese di origine / Codice ISO / I.9.	I.10. Paese di destinazione / Codice ISO / I.11.
I.12. Luogo di origine/Luogo di pesca Azienda ☐ Altro ☐ Nome N. di riconoscimento Indirizzo Codice postale	I.13. Luogo di destinazione Azienda ☐ Altro ☐ Nome N. di riconoscimento Indirizzo Codice postale
I.14. Luogo di carico Codice postale	I.15. Data e ora della partenza
I.16. Mezzo di trasporto Aereo ☐ Nave ☐ Treno ☐ Automezzo ☐ Altro ☐ Identificazione	I.17.
I.18. Specie animale/Prodotto	I.19. Codice NC del prodotto 01.08.90 I.20. Numero di animali/Peso lordo
I.21.	I.22. Numero di colli
I.23. N. del sigillo/N. del container	I.24.
I.25. Animali/prodotti certificate per: Allevamento ☐ Transumanza ☐	
I.26. Transito in un paese terzo ☐ Paese terzo — Codice ISO Punto di uscita — Codice Punto di entrata — N. posto ispezione frontaliero (PIF)	I.27. Transito negli Stati membri ☐ Stato membro — Codice ISO Stato membro — Codice ISO Stato membro — Codice ISO
I.28. Transito in un paese terzo ☐ Paese terzo — Codice ISO Punto di uscita — Codice	I.29.
I.30.	
I.31. Identificazione degli animali Specie (nome scientifico) — Quantità — N. della partita	

PAESE **92/65 EII Api** (*Apis mellifera*) e calabroni (*Bombus* spp.)

II.	**Informazioni sanitarie**	II.a. N. di riferimento del certificato	II.b.

Parte II: Certificazione

Il sottoscritto certifica che:

II.1.

o [2] [a) le api/i calabroni [2] provengono da una zona non soggetta a divieti connessi con il manifestarsi di peste americana. (La durata del divieto è stata prolungata di almeno 30 giorni a decorrere dall'ultimo caso accertato e dalla data in cui tutti gli alveari in un raggio di tre chilometri sono stati controllati dall'autorità competente e tutti gli alveari contaminati sono stati bruciati o trattati e controllati dalla suddetta autorità);]

o [2] [a) i calabroni provengono da una struttura isolata dal punto di vista ambientale, riconosciuta e controllata dall'autorità competente dello Stato membro e indenne da peste americana, ispezionata immediatamente prima della spedizione e tutti i calabroni e lo stock di riproduzione non mostrano alcun segno clinico o sospetto di malattia];

nonché b) le api/i calabroni [2] provengono da una zona di almeno 100 km di raggio non soggetta a restrizioni a seguito della presenza sospetta o confermata del piccolo scarabeo dell'alveare (*Aethina tumida*) o dell'acaro Tropilaelaps (*Tropilaelaps* spp.) e indenne da queste infestazioni;

nonché c) le api/i calabroni [2], al pari degli imballaggi, sono soggette ad un esame visivo al fine di rilevare la presenza del piccolo scarabeo dell'alveare (*Aethina tumida*), delle sue uova o delle sue larve o di altre infestazioni, in particolare l'acaro Tropilaelaps (*Tropilaelaps* spp.), che colpiscono le api;

II.2 le garanzie supplementari relative alle malattie elencate all'allegato B [1] della direttiva 92/65/CEE sono le seguenti [2]

Malattia	Decisione
Malattia	Decisione
Malattia	Decisione

Note

Parte I:

— Casella I.31: Specie: includere *Apis mellifera* o *Bombus* spp.

Quantità: indicare il numero delle colonie.

N. della partita: indicare il numero di sigilli.

Parte II:

[1] Su domanda di uno Stato membro che beneficia di garanzie supplementari ai sensi della normativa dell'UE
[2] Cancellare la menzione non pertinente.

— Il timbro e la firma devono essere in colore diverso da quello delle altre diciture contenute nel certificato.

Veterinario/funzionario riconosciuto

Nome e cognome (in stampatello) Qualifica e titolo:

Data: Firma:

Timbro:

Allegato 14.2

Modelli di certificato veterinario per l'esportazione nell'UE (Regolamento (UE) della Commissione n. 206/2010) di api regine (Modello QUE) e Bombus spp. (BEE)

Modello QUE

PAESE **Certificato veterinario per l'esportazione nell'UE**

Part I: Informazioni sulla partita spedita

I.1. Speditore
Nome
Indirizzo
Tel. N°

I.2. Numero di riferimento del certificato | I.2.a.

I.3. Autorità centrale competente

I.4. Autorità locale competente

I.5. Destinatario
Nome
Indirizzo
Codice postale
Tel. N°

I.6.

I.7. Paese di origine | Codice ISO | I.8. Regione di origine | Codice | I.9. Paese di destinazione | Codice ISO | I.10. Regione di destinazione | Codice

I.11. Luogo di origine
Nome — Numero di riconoscimento
Indirizzo
Nome — Numero di riconoscimento
Indirizzo
Nome — Numero di riconoscimento
Indirizzo

I.12.

I.13 Luogo di carico
Indirizzo — Numero di riconoscimento

I.14. Data della partenza — Ora della partenza

I.15. Mezzo di trasporto
Aereo ☐ Nave ☐ Vagone ☐
Autocarro ☐ Altro ☐
Identificazione
Riferimento documentale

I.16. PIF di entrata nell'UE

I.17. Numero/i CITES

I.18. Descrizione della merce

I.19. Codice del prodotto (codice NC) **01.03**

I.20. Numero di animali/ Peso lordo

I.21.

I.22. Numero di colli

I.23. Numero del sigillo e numero del container

I.24.

I.25. Merce certificata per
Allevamento ☐

I.26.

I.27. Per importazione o ammissione nell'EU ☐

I.28. Identificazione della merce
Specie (Nome scientifico) — Sistema di identificazione — Numero di identificazione

PAESE **Modello QUE**

II. Informazioni sanitarie	II.a. Numero di riferimento del certificato	II.b.

Parte II: Certificazione

II.1. **Attestato di polizia sanitaria**

Il sottoscritto certifica che gli animali di cui alla parte I del presente certificato soddisfano le seguenti condizioni:

II.1.1 Provengono dal territorio con il codice: .... ([1]) in cui la peste americana e il piccolo scarabeo dell'alveare (*Aethina tumida*) e l'acaro Tropilaelaps (*Tropilaelaps* spp.) sono malattie/parassiti soggetti a denuncia;

II.1.2 essi:

a) Provengono da un apiario di allevamento sottoposto a sorveglianza e controllo da parte dell'autorità competente;

b) Provengono da una zona che non è soggetta a restrizione a seguito dell'insorgenza di focolai di peste americana e dove non si sono registrati casi di questa malattia almeno nei 30 giorni precedenti il rilascio del presente certificato; in caso di precedente insorgenza di focolai di peste americana, tutti gli alveari situati nel raggio di 3 km sono stati controllati dall'autorità competente e tutti gli alveari infetti sono stati bruciati oppure trattati, ispezionati, e giudicati soddisfacenti dalle suddette autorità, entro 30 giorni dall'ultimo caso registrato;

c) Fanno parte di alveari o provengono da alveari o colonie (nel caso dei bombi) da cui negli ultimi 30 giorni sono stati prelevati campioni di favi sottoposti, con esito negativo, un test per la diagnosi della peste americana secondo il *Manual of Diagnostic Test and Vaccines for Terrestrial Animals* (Manuale dei test diagnostici e dei vaccini per gli animali terrestri) dell'OIE;

d) Provengono da una zona avente un raggio di almeno 100 km non soggetta a restrizioni associate alla presenza del piccolo scarabeo dell'alveare (*Aethina tumida*) o del *Tropilaelaps* spp. e indenne da queste infestazioni;

e) Fanno parte di alveari o provengono da alveari o da colonie (nel caso dei bombi) che sono stati ispezionati subito prima della spedizione e non presentano segni clinici o sospetti di malattia, comprese le infestazioni che colpiscono le api;

f) Hanno subito esami approfonditi volti ad accertare che le api e gli imballaggi non contengono il piccolo scarabeo dell'alveare (*Aethina tumida*), né le sue uova o le sue larve, e non presentano altre infestazioni, in particolare da *Tropilaelaps* spp, che colpiscono le api.

II.1.3 Il materiale di imballaggio, le gabbie delle regine, gli alimenti e i prodotti di accompagnamento sono nuovi e non sono stati a contatto con api malate o favi di covata infetti e sono state prese tutte le precauzioni necessarie per evitare la contaminazione da parte di agenti che causano malattie o infestazioni che colpiscono le api.

Osservazioni

Parte I:

- Casella I.20. Numero di api regine (*Apis mellifera* e *Bombus* spp.). Ciascuna ape regina può essere accompagnata da un massimo di 20 api accompagnatrici.

Parte II

([1]) Codice del territorio quale figura nell'allegato II, parte 1, o nell'allegato IV, parte 1, del Regolamento (UE) n. 206/2010 (SANCO/4787/2009).

Veterinario ufficiale/Ispettore ufficiale

Cognome e nome (in stampatello): Qualifica e titolo:

Data: Firma:

Timbro:

Modello BEE

PAESE **Certificato veterinario per l'esportazione nell'UE**

Part I: Informazioni sulla partita spedita

I.1. Speditore Nome Indirizzo Tel. N°	I.2. Numero di riferimento del certificato — I.2.a. I.3. Autorità centrale competente I.4. Autorità locale competente
I.5. Destinatario Nome Indirizzo Codice postale Tel. N°	I.6.
I.7. Paese di origine — Codice ISO I.8. Regione di origine — Codice	I.9. Paese di destinazione — Codice ISO I.10. Regione di destinazione — Codice
I.11. Luogo di origine Nome — Numero di riconoscimento Indirizzo Nome — Numero di riconoscimento Indirizzo Nome — Numero di riconoscimento Indirizzo	I.12.
I.13 Luogo di carico Indirizzo — Numero di riconoscimento	I.14. Data della partenza — Ora della partenza
I.15. Mezzo di trasporto Aereo ☐ Nave ☐ Vagone ☐ Autocarro ☐ Altro ☐ Identificazione Riferimento documentale	I.16. PIF di entrata nell'UE I.17. Numero/i CITES
I.18. Descrizione della merce	I.19. Codice del prodotto (codice NC) **01.03** I.20. Numero di animali/ Peso lordo
I.21.	I.22. Numero di colli
I.23. Numero del sigillo e numero del container	I.24.
I.25. Merce certificata per Allevamento ☐	
I.26.	I.27. Per importazione o ammissione nell'EU ☐
I.28. Identificazione della merce Specie (Nome scientifico) — Sistema di identificazione — Numero di identificazione	

PAESE **Modello BEE**

II. Informazioni sanitarie	II.a. Numero di riferimento del certificato	II.b.

Parte II: Certificazione

II.1. **Attestato di polizia sanitaria**

Il sottoscritto certifica che:

II.1.1

a) I bombi (*Bombus* spp.) di cui alla parte I del presente certificato sono stati allevati e tenuti in un ambiente controllato presso uno stabilimento riconosciuto, sorvegliato e controllato dall'autorità competente;

b) Lo stabilimento di cui alla parte I del presente certificato è stato ispezionato subito prima della spedizione e né i bombi né i riproduttori presentano segni clinici o sospetti di malattia, comprese le infestazioni delle api;

c) Tutte le colonie desinate a essere importate nell'Unione sono state accuratamente esaminate per accertarsi che i bombi, i riproduttori e gli imballaggi non contengano il piccolo scarabeo dell'alveare (*Aethina tumida*), le sue uova o le sue larve e che non presentino altre infestazioni, in particolare da *Tropilaelaps* spp., che colpiscono le api.

II.1.2 Il materiale da imballaggio, i contenitori, i prodotti di accompagnamento e gli alimenti sono nuovi e non sono stati a contatto con api malate o favi di covata infetti e sono state prese tutte le precauzioni necessarie per evitare la contaminazione da parte di agenti che causano malattie o infestazioni delle api.

Osservazioni

Parte I:

— Casella I.20. Numero dei contenitori di bombi (*Bombus* spp.) contenenti ciascuno una colonia di un massimo di 200 bombi adulti.

Veterinario ufficiale/Ispettore ufficiale

Cognome e nome (in stampatello): Qualifica e titolo:

Data: Firma:

Timbro

Allegato 14.3

Modello di certificato veterinario per l'esportazione nell'UE (Regolamento di esecuzione (UE) n. 1044/2013) di api regine (Modello QUE)

Modello QUE
PAESE **Certificato veterinario per l'esportazione nell'UE**

Part I: Informazioni sulla partita spedita

I.1. Speditore Nome Indirizzo Tel.	I.2. Numero di riferimento del certificato — I.2.a. I.3. Autorità centrale competente I.4. Autorità locale competente
I.5. Destinatario Nome Indirizzo Codice postale Tel. N°	I.6.
I.7. Paese di origine — Codice ISO I.8. Regione di origine — Codice	I.9. Paese di destinazione — Codice ISO I.10. Regione di destinazione — Codice
I.11. Luogo di origine Nome — Numero di riconoscimento Indirizzo	I.12. Luogo di destinazione
I.13 Luogo di carico Indirizzo — Numero di riconoscimento	I.14. Data della partenza
I.15. Mezzo di trasporto Aereo ☐ Nave ☐ Vagone ferroviario ☐ Veicolo stradale ☐ Altro ☐ Identificazione Riferimento documentale	I.16. PIF di entrata nell'UE I.17. Numero/i CITES
I.18. Descrizione della merce	I.19. Codice del prodotto (codice SA) **01.06.41** I.20. Quantità
I.21.	I.22. Numero di colli
I.23. Numero del sigillo e numero del container	I.24.
I.25. Merce certificata per: Allevamento ☐	
I.26.	I.27. Per importazione o ammissione nell'EU ☐
I.28. Identificazione della merce Specie (Nome scientifico)	

PAESE **Modello QUE**

II. Informazioni sanitarie	II.a. Numero di riferimento del certificato	II.b.

Parte II: Certificazione

II.1. **Attestato di polizia sanitaria**

Il sottoscritto certifica che gli animali di cui alla parte I del presente certificato soddisfano le seguenti condizioni:

II.1.1 Provengono dal territorio con il codice: .... ([1]) in cui la peste americana e il piccolo scarabeo dell'alveare (*Aethina tumida*) e l'acaro Tropilaelaps (*Tropilaelaps* spp.) sono malattie/parassiti soggetti a notifica.

II.1.2 essi:

a) provengono da un apiario di allevamento sottoposto a sorveglianza e controllo da parte dell'autorità competente;

b) provengono da una zona che non è soggetta a restrizione a seguito dell'insorgenza di focolai di peste americana e dove non si sono registrati casi di questa malattia almeno nei 30 giorni precedenti il rilascio del presente certificato. In caso di precedente insorgenza di focolai di peste americana, tutti gli alveari situati nel raggio di 3 km sono stati controllati dall'autorità competente e tutti gli alveari infetti sono stati bruciati oppure trattati, ispezionati, e giudicati soddisfacenti dalle suddette autorità, entro 30 giorni dall'ultimo caso registrato;

c) fanno parte di alveari o provengono da alveari o colonie (nel caso dei bombi) da cui sono stati prelevati campioni di favi sottoposti, negli ultimi 30 giorni, con esito negativo, un test per la diagnosi della peste americana secondo il *Manual of Diagnostic Test and Vaccines for Terrestrial Animals* (Manuale dei test diagnostici e dei vaccini per gli animali terrestri) dell'OIE;

d) provengono da una zona avente un raggio di almeno 100 km non soggetta a restrizioni associate alla presenza del piccolo scarabeo dell'alveare (*Aethina tumida*) o del *Tropilaelaps* spp. e indenne da queste infestazioni;

e) fanno parte di alveari o provengono da alveari o da colonie (nel caso dei bombi) che sono stati ispezionati subito prima della spedizione e non presentano segni clinici o sospetti di malattia, comprese le infestazioni che colpiscono le api;

f) hanno subito esami approfonditi volti ad accertare che le api e gli imballaggi non contengono il piccolo scarabeo dell'alveare (*Aethina tumida*), né le sue uova o le sue larve, e non presentano altre infestazioni, in particolare da *Tropilaelaps* spp., che colpiscono le api.

II.1.3 Il materiale di imballaggio, le gabbie delle regine, gli alimenti e i prodotti di accompagnamento sono nuovi e non sono stati a contatto con api malate o favi di covata infetti e sono state prese tutte le precauzioni necessarie a evitare la contaminazione da parte di agenti che causano malattie o infestazioni che colpiscono le api.

Note

Parte I:

— Casella I.12.: l'introduzione di api regine e delle relative nutrici (*Apis mellifera*) non è autorizzata nei territori degli stati membri elencati nella terza colonna della tabella nell'allegato della decisone di esecuzione 2013/503/UE della Commissione (GU L273 del 15.10.2013, pag. 38).
— Casella I.20.: numero di api regine (*Apis mellifera* e *Bombus* spp.). Ciascun'ape regina può essere accompagnata da un massimo di 20 nutrici.

Parte II

([1]) Codice del territorio quale figura nell'allegato II, parte 1, o nell'allegato IV, parte 1, del Regolamento (UE) n. 206/2010 della Commissione.

Veterinario ufficiale/Ispettore ufficiale

Cognome e nome (in stampatello): Qualifica e titolo:

Data: Firma:

Timbro:

Allegato 14.4

Modello di certificato veterinario per il commercio internazionale di api e favi di covata. Terrestrial Animal Health Code, Article 5.10.5. (OIE, 2013)

COUNTRIES:

Part I: Details of dispatched consignment	I.1. Consignor: Name: Address:	I.2. Certificate reference number: I.3. Veterinary Authority:
	I.4. Consignee: Name: Address:	
	I.5. Country of origin: ISO Code*:	I.6. Zone or compartment of origin**:
	I.7. Country of destination: ISO Code*:	I.8. Zone or compartment of destination**:
	I.9. Place of origin: Name: Address:	
	I.10. Place of shipment:	I.11. Date of departure:
	I.12. Means of transport: Aeroplane □ Ship □ Railway wagon □ Road vehicle □ Other □ Identification:	I.13. Expected border post: I.14. CITES permit No(s)**:
	I.15. Description of commodity:	I.16. Commodity code (HS code): I.17. Total quantity:
	I.18.	I.19. Total number of packages:
	I.20. Identification of container/seal number:	I.21.
	I.22. Commodities intended for use as: Breeding/rearing □	Other □
	I.23.	
	I.24. Identification of commodities:	
	Category:	Breed*/Variety*:
	Quantity:	Identification details
Part II: Zoosanitary information		II.a. Certificate reference number:
	The undersigned Official Veterinarian certifies that the bee(s)/brood comb(s) described above satisfy(ies) the following requirements:	
	Official Veterinarian: Name and address (in capital letters): Date: Stamp:	Official position: Signature:

* Optional.

** If referenced in Part II.

Letture consigliate

Comunicato del Ministero del Lavoro, della Salute e delle Politiche Sociali. Autorizzazione al mantenimento del regime di dispensazione senza obbligo di prescrizione veterinaria ai sensi del decreto 31 ottobre 2007, che recepisce la direttiva 2006/130/CE per alcuni medicinali veterinari (G.U. n. 144 del 21 giugno 2008)

Comunicato del Ministero della Salute. Modificazione dell'autorizzazione alla immissione in commercio del medicinale veterinario "Apivar 500 mg strisce per alveare per api". Provvedimento n. 193 del 11 marzo 2013 (G.U. n. 75 del 29 marzo 2013)

Decisione della Commissione del 1 marzo 2004 che modifica la direttiva 82/894/CEE del Consiglio concernente la notifica delle malattie degli animali nella Comunità al fine di includere talune malattie degli equidi e talune malattie delle api nell'elenco delle malattie soggette a denuncia (2004/216/CE). (G.U.U.E. L 67 del 5 marzo 2004, pp 27–30)

Decisione della Commissione del 6 maggio 2010 che modifica le parti 1 e 2 dell'allegato E della direttiva 92/65/CEE del Consiglio relativamente ai modelli di certificati sanitari per animali provenienti da aziende e per api e calabroni (2010/270/UE) (G.U.U.E. L 118 del 12 maggio 2010, pp 56–62)

Decisione della Commissione dell'11 dicembre 2003 relativa alle condizioni di polizia e di certificazione sanitaria per le importazioni di api (Apis mellifera e Bombus spp.) in provenienza da paesi terzi e che abroga la decisione 2000/462/CE (2003/881/CE) (G.U.U.E. L 328 del 17 dicembre 2003, pp 26–31)

Decisione di esecuzione della Commissione del 27 novembre 2012 che modifica gli allegati I e II della direttiva 82/894/CEE del Consiglio concernente la notifica delle malattie degli animali nella Comunità (2012/737/UE) (G.U.U.E. L 329 del 29 novembre 2012, pp 19–22)

Decisione di esecuzione della Commissione dell'11 ottobre 2013 relativa al riconoscimento di parti dell'Unione come indenni dalla varroasi nelle api e che stabilisce le garanzie complementari richieste per gli scambi all'interno dell'Unione e per le importazioni a tutela della loro indennità da tale malattia (2013/503/UE) (G.U.U.E. L 273 del 15 ottobre 2013, pp 38–40)

Decreto (Il Ministro del Lavoro, della Salute e delle Politiche Sociali di concerto con il Ministro delle Politiche Agricole Alimentari e Forestali) 4 dicembre 2009 Disposizioni per l'anagrafe apistica nazionale (G.U. n. 93 del 22 aprile 2010)

Decreto 31 ottobre 2007 Recepimento della direttiva 2006/130/CE, che attua la direttiva 2001/82/CE, concernente la fissazione dei criteri per l'esenzione dall'obbligo della prescrizione veterinaria vigente per taluni medicinali destinati ad animali da produzione alimentare (G.U. n. 272 del 22 novembre 2007)

Decreto del Presidente della Repubblica 8 febbraio 1954, n. 320 Regolamento di polizia veterinaria (G.U. n. 142 del 24 giugno 1954)

Decreto Legislativo 12 novembre 1996, n. 633 Attuazione della direttiva 92/65/CEE che stabilisce norme sanitarie per gli scambi e le importazioni nella Comunità di animali, sperma, ovuli e embrioni non soggetti, per quanto riguarda le condizioni di polizia sanitaria, alle normative comunitarie specifiche di cui all'allegato A, sezione I, della direttiva 90/425/CEE (G.U. n. 296 del 18 dicembre 1996 - Supplemento Ordinario n. 222)

Decreto Legislativo 16 marzo 2006, n.158 Attuazione della direttiva 2003/74/CE, concernente il divieto di utilizzazione di talune sostanze ad azione ormonica, tireostatica e delle sostanze beta-agoniste nelle produzioni animali (G.U. n. 98 del 28 aprile 2006)

Decreto Legislativo 24 Luglio 2007, n. 143 Disposizioni correttive ed integrative del decreto legislativo 6 aprile 2006, n. 193, concernente il codice comunitario dei medicinali veterinari, in attuazione della direttiva 2004/28/CE (G.U. n. 206 del 5 settembre 2007)

Decreto Legislativo 6 aprile 2006, n. 193 Attuazione della direttiva 2004/28/CE recante codice comunitario dei medicinali veterinari (G.U. n. 121 del 26 maggio 2006 - Supplemento Ordinario n. 127)

Direttiva 82/894/Cee del Consiglio del 21 dicembre 1982 concernente la notifica delle malattie degli animali nella Comunità (G.U.C.E. L 378 del 31 dicembre 1982, pp 58–62)

Direttiva 92/65/Cee del Consiglio, del 13 luglio 1992, che stabilisce norme sanitarie per gli scambi e le importazioni nella Comunità di animali, sperma, ovuli e embrioni non soggetti, per quanto riguarda le condizioni di polizia sanitaria, alle normative comunitarie specifiche di cui all'allegato A, sezione I, della direttiva 90/425/CEE (G.U.C.E. n. L 268 del 14 settembre 1992, pp 54–72)

Legge 23 dicembre 1978, n. 833 Istituzione del servizio sanitario nazionale (G.U. n. 360 del 28 dicembre 1978 - Supplemento Ordinario)

Legge 24 dicembre 2004 n. 313 Disciplina dell'apicoltura (G.U. n. 306 del 31 dicembre 2004)

Legge 30 aprile 1962, n. 283 Disciplina igienica della produzione e della vendita delle sostanze alimentari e delle bevande (G.U. n.139 del 4 giugno 1962)

Mutinelli F (2000) European legislation governing the use of veterinary medicinal products with particular reference to varroa control. Bee World 81:164–171

Mutinelli F (2006) Controlling diseases of bees in the EU. Regulatory Affairs J 17:207–210

Mutinelli F (2009) Novità in materia di limiti massimi di residui. Il Regolamento (CE) n. 470/2009. L'Apicoltore Italiano 6:12–15

Mutinelli F, Rademacher E (2002) European legislation governing the use of drugs in bee colonies to control varroosis: a case study. Regulatory Affairs J 13:401–406

Mutinelli F, Rademacher E (2003) The use of drugs to control varroosis in honeybee colonies and European legislation – the current situation. Bee World 84:55–59

Nota 3416/p-I.5.i.h/5 del 26 gennaio 2006 Importazione api vive. Profilassi nei confronti dell'Aethina tumida (prenotifica d'importazione al Dipartimento)

Nota DGSA 0017114-P-1/10/2011 Regolamento di polizia veterinaria-misure per nosemiasi

Nota DGSA 0019830-P-I.5.i.q/2010/1 dell'8 novembre 2010 Controlli su api provenienti da Paesi terzi

Nota DGSA del 15 aprile 2010 Importazione api vive (conferma applicazione nota 3416 del 26 gennaio 2006)

Nota DGSAF 0007575-P-18/4/2012 Regolamento di polizia veterinaria - Art. 155 misure di controllo della peste americana

Nota DGSAF 0009635-P-21/05/2012 Abrogazione delle O.M. 21 aprile 1983 e O.M. 17 febbraio 1995 concernenti "Norme per la profilassi della varroatosi"

Nota DGSAF 0013975-P-12/07/2013 Indicazioni operative riguardanti l'applicazione della O.M. 17 febbraio 1995 recante norme per la profilassi della varroasi

Nota DGSAF 0018065-23/09/2013-DGSAF-COD_UO-P Misure di controllo della peste europea – Regolamento di polizia veterinaria

Nota DGSAF 0022996-03/12/2013-DGSAF-COD_UO-P Indicazioni operative per il controllo della peste europea

Nota DGSAN 0005830-P-24/02/2012 Antibiotici nel miele - Limite di azione

OIE (World Organization for Animal health) Terrestrial Animal Health Code (2013) Volume I. Section 5. Trade measures, import/export procedures and veterinary certification. Chapter 5.10. Model veterinary certificates for international trade in live animals, hatching eggs and products of animal origin. Article 5.10.5. Model veterinary certificate for international trade in bees and brood combs. http://www.oie.int/index.php?id=169&L=0&htmfile=chapitre_1.5.10.htm

Ordinanza 17 febbraio 1995 Norme per la profilassi della varroasi (G.U. Serie Generale n. 79 del 4 aprile 1995)

Ordinanza 20 aprile 2004 Norme per la profilassi dell'Aethina tumida e del Tropilaelaps spp. (G.U. n. 141 del 18 giugno 2004)

Ordinanza 21 aprile 1983 Norme per la profilassi della varroasi (G.U. n. 120 del 4 maggio 1983)

Ordinanza 31 marzo 1978 Norme per l'importazione dall'estero di api vive e di covata di api al fine della prevenzione della varroasi (G.U. n. 130 del 12 maggio 1978)

Regio decreto 17 marzo 1927, n. 614 Regolamento per l'esecuzione del R.D.L. 23 ottobre 1925, n. 2079, contenente provvedimenti per la difesa dell'apicoltura (G.U. 5 maggio 1927, n. 104)

Regio Decreto 27 luglio 1934 Approvazione del testo unico delle leggi sanitarie (G.U. 9 agosto 1934, S.O. 186)

Regio Decreto Legge 23 ottobre 1925 n. 2079 Provvedimenti per la difesa dell'apicoltura (G.U. 3

dicembre 1925, n. 281) convertito in legge con la L. 18 marzo 1926 n. 562 (G.U. 3 maggio 1926, n. 102)

Regolamento (CE) N. 1398/2003 della Commissione del 5 agosto 2003 recante modifica dell'allegato A della direttiva 92/65/CEE del Consiglio al fine di includervi il piccolo scarabeo dell'alveare (Aethina tumida), l'acaro Tropilaelaps (Tropilaelaps spp.), il virus di Ebola e il virus del vaiolo delle scimmie (G.U.C.E. L 198 del 6 agosto 2003, pp 3–6)

Regolamento (CE) N. 178/2002 del Parlamento Europeo e del Consiglio del 28 gennaio 2002 che stabilisce i principi e i requisiti generali della legislazione alimentare, istituisce l'Autorità europea per la sicurezza alimentare e fissa procedure nel campo della sicurezza alimentare. (G.U.C.E. L 31 del 1 febbraio 2002, pp 1–24)

Regolamento (CE) N. 396/2005 del Parlamento Europeo e del Consiglio del 23 febbraio 2005 concernente i livelli massimi di residui di antiparassitari nei o sui prodotti alimentari e mangimi di origine vegetale e animale e che modifica la direttiva 91/414/CEE del Consiglio (G.U.U.E. L 70 del 16 marzo 2005, pp 1–16)

Regolamento (CE) N. 470/2009 del Parlamento Europeo e del Consiglio del 6 maggio 2009 che stabilisce procedure comunitarie per la determinazione di limiti di residui di sostanze farmacologicamente attive negli alimenti di origine animale, abroga il regolamento (CEE) n. 2377/90 del Consiglio e modifica la direttiva 2001/82/CE del Parlamento europeo e del Consiglio e il regolamento (CE) n. 726/2004 del Parlamento europeo e del Consiglio (G.U.U.E. L 152 del 16 giugno 2009, pp 11–22)

Regolamento (CE) N. 882/2004 del Parlamento Europeo e del Consiglio del 29 aprile 2004 relativo ai controlli ufficiali intesi a verificare la conformità alla normativa in materia di mangimi e di alimenti e alle norme sulla salute e sul benessere degli animali (G.U.C.E. L 165 del 30 aprile 2004, pp 1–141)

Regolamento (UE) N. 142/2011 della Commissione del 25 febbraio 2011 recante disposizioni di applicazione del regolamento (CE) n. 1069/2009 del Parlamento europeo e del Consiglio recante norme sanitarie relative ai sottoprodotti di origine animale e ai prodotti derivati non destinati al consumo umano, e della direttiva 97/78/CE del Consiglio per quanto riguarda taluni campioni e articoli non sottoposti a controlli veterinari alla frontiera (G.U.U.E. L 54 del 26 febbraio 2011, pp 1–254)

Regolamento (UE) N. 206/2010 della Commissione del 12 marzo 2010 che istituisce elenchi di paesi terzi, territori o loro parti autorizzati a introdurre nell'Unione europea determinati animali e carni fresche e che definisce le condizioni di certificazione veterinaria (G.U.U.E. L 73 del 20 marzo 2010, pp 1–121)

Regolamento (UE) N. 37/2010 della Commissione del 22 dicembre 2009 concernente le sostanze farmacologicamente attive e la loro classificazione per quanto riguarda i limiti massimi di residui negli alimenti di origine animale (G.U.U.E. L 15 del 20 gennaio 2010, pp 1–72)

Regolamento di esecuzione (UE) N. 489/2013 della Commissione del 27 maggio 2013 che modifica l'allegato del regolamento (UE) n. 37/2010 concernente le sostanze farmacologicamente attive e la loro classificazione per quanto riguarda i limiti massimi di residui negli alimenti di origine animale con riferimento all'acido ribonucleico a doppio filamento omologo all'acido ribonucleico virale che codifica una parte della proteina del capside e una parte della regione intergenica del virus israeliano della paralisi acuta (G.U.U.E. L 141 del 28 maggio 2013, pp 4–5)

Regolamento di esecuzione (UE) N. 1044/2013 della Commissione del 25 ottobre 2013 che modifica l'allegato IV del regolamento (UE) n. 206/2010 per quanto riguarda il modello di certificato veterinario per le partite di api regine e bombi regine (G.U.U.E. L 284 del 26 ottobre 2013, pp 12–15)

Indice analitico

MIX
Papier aus verantwortungsvollen Quellen
Paper from responsible sources
FSC® C105338

If you have any concerns about our products,
you can contact us on
ProductSafety@springernature.com

In case Publisher is established outside the EU,
the EU authorized representative is:
Springer Nature Customer Service Center GmbH
Europaplatz 3, 69115 Heidelberg, Germany

Printed by Libri Plureos GmbH
in Hamburg, Germany